地表过程与资源生态丛书

黄土高原生态过程与生态系统服务

赵文武 王 晶 冯 强 张 骁等 著

科学出版社

北 京

内 容 简 介

本书以"格局–过程–服务–可持续性"为总体框架,以黄土高原为研究区域,从基础理论、景观格局与生态过程、生态系统服务、可持续性四个方面系统探讨土地利用、植被恢复对生态过程、生态系统服务的影响与调控。在介绍生态过程与生态系统服务的研究进展与发展态势的基础上,探讨不同尺度景观格局对土壤侵蚀、土壤水分的影响,揭示不同尺度生态系统服务的形成机制与权衡协同机制,提出面向可持续发展目标的生态系统服务调控策略,以期为黄土高原生态保护与可持续发展提供参考。

本书可供自然地理学、景观生态学、自然资源管理、人–地系统耦合与可持续发展等相关领域的高校师生和科研人员参考阅读。

审图号:GS 京(2024)1984 号

图书在版编目(CIP)数据

黄土高原生态过程与生态系统服务 / 赵文武等著. -- 北京:科学出版社,2024. 10. --(地表过程与资源生态丛书). -- ISBN 978-7-03-079658-5

Ⅰ. Q14

中国国家版本馆 CIP 数据核字第 20243EA410 号

责任编辑:王 倩 / 责任校对:樊雅琼
责任印制:徐晓晨 / 封面设计:无极书装

科学出版社 出版
北京东黄城根北街 16 号
邮政编码:100717
http://www.sciencep.com
北京建宏印刷有限公司印刷
科学出版社发行 各地新华书店经销
*
2024 年 10 月第 一 版 开本:787×1092 1/16
2024 年 10 月第一次印刷 印张:32
字数:753 000
定价:398.00 元
(如有印装质量问题,我社负责调换)

总　　序

2017年10月，习近平总书记在党的十九大报告中指出：我国经济已由高速增长阶段转向高质量发展阶段。要达到统筹经济社会发展与生态文明双提升战略目标，必须遵循可持续发展核心理念和路径，通过综合考虑生态、环境、经济和人民福祉等因素间的依赖性，深化人与自然关系的科学认识。过去几十年来，我国社会经济得到快速发展，但同时也产生了一系列生态环境问题，人与自然矛盾凸显，可持续发展面临严峻挑战。习近平总书记2019年在《求是》杂志撰文指出："总体上看，我国生态环境质量持续好转，出现了稳中向好趋势，但成效并不稳固，稍有松懈就有可能出现反复，犹如逆水行舟，不进则退。生态文明建设正处于压力叠加、负重前行的关键期，已进入提供更多优质生态产品以满足人民日益增长的优美生态环境需要的攻坚期，也到了有条件有能力解决生态环境突出问题的窗口期。"

面对机遇和挑战，必须直面其中的重大科学问题。我们认为，核心问题是如何揭示人-地系统耦合与区域可持续发展机理。目前，全球范围内对地表系统多要素、多过程、多尺度研究以及人-地系统耦合研究总体还处于初期阶段，即相关研究大多处于单向驱动、松散耦合阶段，对人-地系统的互馈性、复杂性和综合性研究相对不足。亟待通过多学科交叉，揭示水土气生人多要素过程耦合机制，深化对生态系统服务与人类福祉间级联效应的认识，解析人与自然系统的双向耦合关系。要实现上述目标，一个重要举措就是建设国家级地表过程与区域可持续发展研究平台，明晰区域可持续发展机理与途径，实现人-地系统理论和方法突破，服务于我国的区域高质量发展战略。这样的复杂问题，必须着力在几个方面取得突破，一是构建天空地一体化流域和区域人与自然环境系统监测技术体系，实现地表多要素、多尺度监测的物联系统，建立航空、卫星、无人机地表多维参数的反演技术，创建针对目标的多源数据融合技术。二是理解土壤、水文和生态过程与机理，以气候变化和人类活动驱动为背景，认识地表多要素相互作用关系和机理。认识生态系统结构、过程、服务的耦合机制，以生态系统为对象，解析其结构变化的过程、认识人类活动与生态系统相互作用关系，理解生态系统服务的潜力与维持途径，为区域高质量发展"提质"和"开源"。三是理解自然灾害的发生过程、风险识别与防范途径，通过地表快速变化过程监测、模拟，确定自然灾害的诱发因素，模拟区域自然灾害发生类型、规模，探讨自然灾害风险防控途径，为区域高质量发展"兜底"。四是破解人-地系统结构、可持续发展机理。通过区域人-地系统结构特征分析，构建人-地系统结构的模式，综合评估多种区域发展模式的结构及其整体效益，基于我国自然条件和人文背景，模拟不同区域可持续发展能力、状态和趋势。

自 2007 年批准建立以来，地表过程与资源生态国家重点实验室定位于研究地表过程及其对可更新资源再生机理的影响，建立与完善地表多要素、多过程和多尺度模型与人-地系统动力学模拟系统，探讨区域自然资源可持续利用范式，主要开展地表过程、资源生态、地表系统模型与模拟、可持续发展范式四个方向的研究。

实验室在四大研究方向之下建立了 10 个研究团队，以团队为研究实体较系统开展了相关工作。

风沙过程团队：围绕地表风沙过程，开展了风沙运动机理、土壤风蚀、风水复合侵蚀、风沙地貌、土地沙漠化与沙区环境变化研究，初步建成国际一流水平的风沙过程实验与观测平台，在风沙运动-动力过程与机理、土壤风蚀过程与机理、土壤风蚀预报模型、青藏高原土地沙漠化格局与演变等方面取得了重要研究进展。

土壤侵蚀过程团队：主要开展了土壤侵蚀对全球变化与重大生态工程的响应、水土流失驱动的土壤碳迁移与转化过程、多尺度土壤侵蚀模型、区域水土流失评价与制图、侵蚀泥沙来源识别与模拟及水土流失对土地生产力影响及其机制等方面的研究。并在全国水土保持普查工作中提供了科学支撑和标准。

生态水文过程团队：研究生态水文过程观测的新技术与方法，构建了流域生态水文过程的多尺度综合观测系统；加深理解了陆地生态系统水文及生态过程相互作用及反馈机制；揭示了生态系统气候适应性及脆弱性机理过程；发展了尺度转换的理论与方法；在北方农牧交错带、干旱区流域系统、高寒草原-湖泊系统开展了系统研究，提高了流域水资源可持续管理水平。

生物多样性维持机理团队：围绕生物多样性领域的核心科学问题，利用现代分子标记和基因组学等方法，通过野外观测、理论模型和实验检验三种途径，重点开展了生物多样性的形成、维持与丧失机制的多尺度、多过程综合研究，探讨生物多样性的生态系统功能，为国家自然生物资源保护、国家公园建设提供了重要科学依据。

植被-环境系统互馈及生态系统参数测量团队：基于实测数据和 3S 技术，研究植被与环境系统互馈机理，构建了多类型、多尺度生态系统参数反演模型，揭示了微观过程驱动下的植被资源时空变化机制。重点解析了森林和草地生态系统生长的年际动态及其对气候变化与人类活动的响应机制，初步建立了生态系统参数反演的遥感模型等。

景观生态与生态服务团队：综合应用定位监测、区域调查、模型模拟和遥感、地理信息系统等空间信息技术，针对从小流域到全球不同尺度，系统开展了景观格局与生态过程耦合、生态系统服务权衡与综合集成，探索全球变化对生态系统服务的影响、地表过程与可持续性等，创新发展地理科学综合研究的方法与途径。

环境演变与人类活动团队：从古气候和古环境重建入手，重点揭示全新世尤其自有显著农业活动和工业化以来自然与人为因素对地表环境的影响。从地表承载力本底、当代承载力现状以及未来韧性空间的链式研究，探讨地表可再生资源持续利用途径，构筑人-地关系动力学方法，提出人-地关系良性发展范式。

人–地系统动力学模型与模拟团队：构建耦合地表过程、人文经济过程和气候过程的人–地系统模式，探索多尺度人类活动对自然系统的影响，以及不同时空尺度气候变化对自然和社会经济系统的影响；提供有序人类活动调控参数和过程。完善系统动力学/地球系统模式，揭示人类活动和自然变化对地表系统关键组分的影响过程和机理。

区域可持续性与土地系统设计团队：聚焦全球化和全球变化背景下我国北方农牧交错带、海陆过渡带和城乡过渡带等生态过渡带地区如何可持续发展这一关键科学问题，以土地系统模拟、优化和设计为主线，开展了不同尺度的区域可持续性研究。

综合风险评价与防御范式团队：围绕国家综合防灾减灾救灾、公共安全和综合风险防范重大需求，研究重特大自然灾害的致灾机理、成害过程、管理模式和风险防范四大内容。开展以气候变化和地表过程为主要驱动的自然灾害风险的综合性研究，突出灾害对社会经济、生产生活、生态环境等的影响评价、风险评估和防范模式的研究。

丛书是对上述团队成果的系统总结。需要说明，综合风险评价与防御范式团队已经形成较为成熟的研究体系，形成的"综合风险防范关键技术研究与示范丛书"先期已经由科学出版社出版，不在此列。

丛书是对团队集体研究成果的凝练，内容包括与地表侵蚀以及生态水文过程有关的风沙过程观测与模拟、中国土壤侵蚀、干旱半干旱区生态水文过程与机理等，与资源生态以及生物多样性有关的生态系统服务和区域可持续性评价、黄土高原生态过程与生态系统服务、生物多样性的形成与维持等，与环境变化和人类活动及其人地系统有关的城市化下的气溶胶天气气候与群体健康效应、人–地系统动力学模式等。这些成果揭示了水土气生人等要素的关键过程和主要关联，对接当代可持续发展科学的关键瓶颈性问题。

在丛书撰写过程中，除集体讨论外，何春阳、杨静、叶爱中、李小雁、邹学勇、效存德、龚道溢、刘绍民、江源、严平、张光辉、张科利、赵文武、延晓冬等对丛书进行了独立审稿。黄海青给予了大力协助。在此一并致谢！

丛书得到地表过程与资源生态国家重点实验室重点项目（2020–JC01~08）资助。

由于科学认识所限，不足之处望读者不吝指正！

2022 年 10 月 26 日

前　言

在气候变化和人类活动的影响下，全球生态系统正在以前所未有的速度退化。人类从自然界获取的大多数生态系统服务正处于退化或者不可持续利用的状态，亟待采取措施控制生态系统加速退化的趋势。为此，联合国推动实施了"生态系统恢复十年（2021—2030）"行动，旨在大规模恢复全球退化和被破坏的生态系统，提高全球生态系统服务功能，促进人类福祉与可持续发展。相应地，揭示生态系统结构、过程与服务的交互作用，识别生态过程、生态系统服务与可持续性的关系，已经成为地理学综合研究的重大前沿科学问题。黄土高原是我国乃至全球水土流失最为严重的区域之一，该区域生态系统脆弱、水土流失严重。揭示土地利用与水土流失的作用机理，开展小流域综合治理曾是黄土高原生态恢复的重要内容。1999 年以来，伴随着退耕还林还草工程的实施和生态恢复治理的深入，区域土地利用和生态系统发生了深刻变化，显著地改变了区域生态过程和生态系统服务，植被变绿、水土流失减少成为黄土高原生态系统与生态过程变化的重要特征。然而，伴随着黄土高原植被变绿，局部区域土壤水分过耗现象逐步凸显，部分区域甚至出现生态系统退化现象。黄土高原生态恢复能否在降低土壤流失的同时，维持土壤水分稳定性、持续提高区域生态系统服务，是黄土高原生态建设与可持续发展面临的新的重大挑战。

为深入揭示黄土高原土地利用、生态过程与生态系统服务的动态作用机制，服务黄土高原异质景观的生态恢复建设，笔者在国家自然科学基金等科研项目的支持下，针对黄土高原土壤侵蚀严重、土壤水分亏缺、生态系统服务亟待提升等重要生态环境问题，开展了长期系统的研究。2001 年 7 月，笔者有幸师从傅伯杰先生，开启了黄土高原学习与认知的大门。博士研究生学习期间，参与了国家自然科学基金重点项目"黄土丘陵沟壑区景观格局演变与水土流失机理"（No. 90102018）、中国与比利时弗拉芒大区科技合作项目"Farming system analysis and land use evaluation towards sustainable land use in the loess hilly area of China"，以"格局-过程-尺度"思想为指导，完成了博士学位论文《黄土丘陵沟壑区土地利用变化与土壤侵蚀》，系统分析了黄土丘陵沟壑区降雨、地形、径流、土地利用等因子与土壤侵蚀的关系，开展了流域尺度土壤侵蚀评价和土壤流失模拟，提出了流域尺度土地利用调控建议。2004 年 9 月，笔者进入北京师范大学工作，以博士学位论文研究工作为基础，申请了国家自然科学基金"基于土壤流失过程的多尺度土地利用格局指数研究"（No. 40501002）、"土地利用格局与土壤流失关系的尺度效应分析与尺度转换"（No. 41171069）等研究项目，综合采取定位监测、野外调查、模型设计与 GIS 开发等方法，以"格局–过程–尺度"为理论基础，以陕北黄土丘陵沟壑区为研究区域，针对坡面、小流域、区域不同尺度，基于尺度上推方法，提出了反映土壤流失过程的多尺度土壤侵蚀评价指数，发展了大尺度植被覆盖与管理因子、降雨侵蚀力因子、土壤可蚀性因子、水土保持措施因子的估算方法，研发了多尺度土地利用与土壤侵蚀分析软件，提出了有助于减少土壤流失的多尺度土地利用格局优化方案。2013 年 2 月，由中国生态学学会主办，国际景观生态学会中国分会、北京师范大学协办的"生态文明背景下文化景观保护与景观学科发展机遇与挑战学术沙龙"在北京召开，傅伯杰先生邀请了多名景观生态学家参加会议讨论，研讨了景观生态学研究的最新前沿和进展。在这次论坛上，傅伯杰先生以"景观生态学的机遇与挑战"为主题的报告、邬建国先生以"景观生态学研究：现状与前沿"为主题的报告，给笔者学术方向带来了新的深刻影响。专家们指出：生态系统服务、景观可持续性等研究已经成为目前景观生态学的发展新趋势。在后续学术研究中，不仅需要深化生态系统服务、景观可持续性的研究；更为重要的是，若把以往"格局–过程–尺度"理念和生态系统服务、景观可持续性连接到一起，就形成了"格局–过程–服务–可持续性"的新范式。2014 年 6 月，笔者在 2014 年中国生态学学会学术年会上做了题为"格局–过程–服务–可持续性：变化中的景观生态学"的学术报告，提出景观生态学研究范式正在从"格局–过程–尺度"经典范式，向"格局–过程–服务–可持续性"新范式变迁，并在《1981—2015 年我国大陆地区景观生态学研究文献分析》一文中阐述了新研究范式的内涵。

以"格局–过程–服务–可持续性"研究范式为框架，笔者以黄土高原为重点区域持续深化了相关研究。2014 年开始，笔者先后参与了国家自然科学基金重大项目"黄土高原生态系统与水文相互作用机理研究"（No. 41390460）、国家重点研发计划课题"黄土高原区域生态系统演变规律和维持机制研究"（No. 2016YFC0501600），以"黄土高原草灌生态系统与土壤水分关系的区域分异""生态修复的流域侵蚀产沙调控与尺度效应"为主题，综合采样定位监测、野外调查、模型模拟等技术方法，以土壤水分、土壤侵蚀为主线，从坡面、流域、区域不同尺度系统分析了生态系统结构与土壤水分关系、土壤侵蚀的区域分异特征和生态系统服务的作用机制，揭示了黄土高原生态恢复对土壤水分、土壤侵蚀的多尺度影响机制，深化了格局与过程耦合的研究范式。模型是进行情景分析与趋势预测的重要支撑。为发展生态系统服务模型，2018 年开始，笔者主持了国家自然科学基金面上项目"基于 SAORES 模型改进的区域生态系统服务权衡与调控"（No. 41771197）和国家自然科学基金面上项目"黄土高原生态系统服务对可持续发展的影响机制与模拟"（No. 42271292）的研究工作，参加了国家自然科学基金重大课题"干旱半干旱地区土地覆被变化及其生态-水文效应"（41991232），以"格局-过程-服务-可持续性"研究范式为指引，在探讨景观格局与生态过程作用机制、辨析生态系统服务权衡/协同关系及其与可持续性作用机制的基础上，集成生态系统服务评估方法、多目标优化算法等发展了生态系统服务空间优化模型，开展了黄土高原等区域的生态系统服务评估，识别了生态系统服务的动态变化特征、权衡/协同机制及其变化趋势，探索了生态系统服务与可持续发展的关联，初步实现了从格局与过程耦合，到生态系统服务与可持续性动态链接的研究范式转变。

　　本书是在上述研究过程中，以黄土高原为研究区域，围绕土地利用与生态过程、生态系统服务、可持续发展等方向所取得的部分成果，是对《黄土高原景观格局变化与土壤侵蚀》（傅伯杰等，2014）一书的传承和延续。本书以"格局-过程-服务-可持续性"为系统架构，是笔者和指导的多名学生的共同成果，凝聚了集体智慧，呈现了对黄土高原系统性的认知与观点。全书共分 10 章。第 1 章基于国内外相关研究文献，系统分析和综述生态过程、生态系统服务、格局-过程-服务-可持续性等研究进展；第 2 章基于景观生态学理论，定量研究黄土高原景观格局的演变特征和主要演变类型的空间分异规律，从植物功能性状的角度分析景观格局变化的内在机理；第 3 章基于修正的土壤流失方程（Revised Universal Soil Loss Equation，RUSLE）模型和土壤侵蚀评价指数，结合距水系水平距离、距水系垂直距离、坡度因子，发展了降雨和土地利用格局的表征方法，并在此基础上分析了不同尺度降雨和土地利用格局对土壤侵蚀影响的变化趋势；第 4 章针对不同的植被恢复类型，结合定位监测与样方调查，从不同尺度探讨人工林地和草地的土壤水分时空分异及其影响因素，在此基础上分析土壤水分有效性及其亏缺情况，探究不同降水梯度土壤水分的植被承载力；第 5 章针对不同的植被恢复年限，基于样地调查，探讨不同恢复年限植物功能性状对生态系统服务的影响；第 6 章针对不同的植被带，基于样地调查，分析不同植被带植物功能性状对生态系统服务的影响；第 7 章以已有区域生态系统服务评估与优化框架为基础，改进并开发了区域生态系统服务评估优化模型；第 8 章基于样地调查，在评估生态系统服务的基础上，探讨了生态系统服务间的权衡关系及其影响因素；第 9 章对流域进行了生态系统服务评估，分析了不同生态系统服务间的关系及其影响因素；第 10 章基于 2030 可持续发展议程和 17 项可持续发展目标（Sustainable Development Goals，SDGs），评估了 2000~2019 年黄土高原地区的可持续发展水平，建立了生态系统服务与可持续发展的动态链接，提出了黄土高原可持续发展面临的问题与挑战，以及调控对策。

　　在章节的总体架构上，本书共包括四篇 10 章内容。第 1 章属于总论，第 2 章是格局分析，第 3、4 章针对土壤侵蚀、土壤水分进行过程研究，第 5、6 章基于野外样点调查进行生态系统服务形成机制分析，第 7~9 章从模型研发、评估与权衡等方面进行生态系统服务研究，第 10 章链接了生态系统服务与可持续发展，呈现了黄土高原"格局-过程-服务–可持续性"的研究范式。在书稿撰写过程中，多位人员贡献了智慧和力量。全书由赵文武总体设计并拟定了各章节内容。第1章，生态过程与生态系统服务，由赵文武、张骁、华廷、刘源鑫、王涵撰写；第2章，黄土高原植被恢复与景观变化，由王晶、刘月、赵文武撰写；第3章，黄土高原土壤侵蚀，由钟莉娜、冯强、魏慧、丁婧祎、赵文武撰写；第4章，黄土高原土壤水分，由张骁、刘源鑫、房学宁、赵文武撰写；第5章，小流域植被恢复对生态系统服务的影响，由王晶、赵文武撰写；第6章，流域植被恢复对生态系统服务的影响，由王晶、赵文武撰写；第7章，黄土高原生态系统服务评估模型，由翟睿洁、赵文武撰写；第8章，样地生态系统服务评估与权衡，由冯强、赵文武撰写；第9章，流域生态系统服务评估与权衡，由冯强、赵文武撰写；第10章，面向SDGs的黄土高原生态系统服务调控，由尹彩春、张智杰、赵文武撰写。全书由赵文武统稿。在书稿撰写过程中，王晶、丁婧祎、韩逸、周奥、华廷、冯思远、严月、徐苡珊等开展了书稿资料的整理与校对工作。

本书是笔者团队对黄土高原部分成果的集成，也是区域人地系统耦合研究的初步工作。期待本书的出版，能够为自然地理学、景观生态学、自然资源管理等相关领域的科研人员、高校师生提供参考，为黄土高原生态保护与可持续发展提供借鉴。由于水平有限和时间仓促，本书有很多内容还有待于进一步深化与发展，诚挚期待批评指正。

赵文武

2023 年 12 月 26 日于北京

目 录

第三篇　生态系统服务

第四篇　可持续性

第一篇

基 础 理 论

第1章 生态过程与生态系统服务

1.1 生态过程

生态过程作为生态学研究的重要内容，主要涉及生态系统中的元素循环、种群动态、种子或生物体的传播、捕食者和猎物的相互作用、群落演替和干扰等方面（傅伯杰等，2006）。在地理学中，陆地表层系统过程可理解为陆地表层环境（要素、综合体）随时空变化的历程，按要素可分为自然过程和人文过程，按机制可以分为物理过程、化学过程、生物过程、人文过程等（冷疏影和宋长青，2005）。"格局–过程–服务–可持续性"研究范式中的"过程"，本质上是指"地理–生态过程"。但由于"格局–过程–服务–可持续性"研究范式是基于景观生态学范式变迁提出的，"过程"的表述也就沿用了"生态过程"的表述。这里的生态过程是一个比较宽泛的概念，不仅包括生态学中的生态过程，也包括地理学中的地理要素变化、人类活动与文化过程等。

黄土高原地处我国典型的干旱半干旱区，该区域地形破碎、水土流失严重、生态系统脆弱、景观复杂多样。黄土高原严重的土壤侵蚀不仅加剧了该区生态环境的恶化，严重影响了当地经济的发展和人民生活水平的提高；而且导致大量泥沙进入黄河，给黄河下游地区带来了一系列的生态和环境问题（傅伯杰等，2014）。1999年以来，该区域开展了大规模退耕还林还草的生态恢复工程，土壤侵蚀得到明显遏制。但是随着人工植被恢复的大面积推进，区域土壤水分匮缺现象日益凸显，部分地区甚至出现生态系统退化现象（邵明安等，2016）。在退耕还林还草工程持续实施的宏观背景下，黄土高原生态恢复能否在降低土壤流失的同时维持土壤水分稳定性、持续提高区域生态系统服务，是黄土高原生态建设与可持续发展所面临的重大挑战。基于此，本书的生态过程重点关注了土壤水分和土壤侵蚀这两个过程。

1.1.1 土壤水分

土壤水通常是指土壤非饱和带或包气带中所含的水（贾玉华，2013），以土壤含水量表征数量特征，以土壤水势表征能量特征。土壤含水量分为土壤水分体积含水量和土壤水分质量含水量。土壤水分储量是指土壤中贮存的水分，可以用来衡量某地的土壤水资源状况。土壤水分是水文循环不可或缺的组成部分，它不仅对大气、地貌、水文和生态过程具有重要的影响，更处于这些科学领域相互作用的交界位置，是自然地理科学的重要研究主题（Legates et al.，2011；Li H D et al.，2013）。在干旱与半干旱地区，土壤含水量是植被生长与更替的重要限制因素，是植被根系抗旱能力的关键影响因素，对于植被生长与生态系统的可持续发展具有十分重要的作用（Chen et al.，2008）。然而，由于人工植被恢复方式不尽合理且种植未充分考虑土壤水分的植被承载力，大规模的退耕还林反而导致了土壤水分的过度消耗，造成大范围土壤干层的产生，严重影响植被恢复的可持续性（Wang Y Q et al.，2012；Jia and Shao，2014）。因此，植被与土壤水分的作用关系对生态恢复的影响引起了研究者的兴趣与关注（Vivoni et al.，2009；Wang et al.，2009；Liu et al.，2013；Wang S et al.，2013）。相关研究主要聚焦于土壤水分的测定方法、土壤水分的时空分异、土壤水分的模型模拟、气候和植被对土壤水分的影响、土壤水分的植被承载力，以及土壤水分的尺度效应等方面。

1.1.1.1　土壤水分测定方法

数据获取是土壤水分研究的基础，可以通过直接或者间接方法进行测定。一般认为烘干法是最为经典和准确的实验方法，即利用烘箱恒温烘干土壤，通过称重烘干前后土壤质量变化以获取结果，测定结果为土壤水分质量含水量，其他方法多需要用烘干法校正（刘春利，2012）。然而，烘干法一般耗时费力，取样时破坏土体，也不利于土壤水分的长期定位监测。随着科技发展和新技术的不断推广，更多土壤水分测定方法得到了应用，如张力计法、中子仪法（Fan et al.，2014）、时域反射法（Biswas，2014）、频域反射法等。中子仪具有辐射危害，并不推荐长期使用。时域反射法主要是通过测量介电常数来推算土壤水分体积含水量。时域反射法与烘干法相比，不破坏样本、测量迅速而简单，且结合电子系统测定数据能够实现自动获取，大大地提高了土壤水分测量效率（Qiu et al.，2001b；Fu et al.，2003；Shi et al.，2013），成为众多科研人员的选择（Wang S et al.，2013）。随着时域反射技术（Time Domain Reflectometry，TDR）的不断改进，时域反射法已经在全球各个区域得到了广泛应用（Zhu et al.，2014）。

此外，在进行大尺度土壤水分研究时，常借助遥感卫星来获取表层土壤湿度状况，遥感卫星因覆盖面积广、不需要接触土壤，在大尺度和相对均一的下垫面研究中具有明显的优势（朱元骏等，2010；杨胜天等，2003）。尽管遥感指数可以较好地反演土壤水分，但植被覆盖对反演效果有较大的影响，往往会增加反演结果的不确定性（全兆远和张万昌，2008）。土壤是一个非均质的复杂系统（陈志强和陈志彪，2013），遥感方法获取的土壤表层或浅层水分信息与实际存在着一定差异，因此欧美等国家的学者开始应用探地雷达

（Ground Penetrating Radar，GPR）技术测定土壤含水量。GPR 是一种用于确定地下介质分布的地球物理方法，是利用电磁波原理解决各种地下目标探测问题的空间成像技术（Dobriyal et al.，2012）。其主要特点有：能够测量深层土壤水分，能够获得土壤水分三维空间分布，不会破坏土壤本来的结构。但 GPR 花费很高，且在林地应用受限。黄土高原研究区地形复杂多变，梁峁交错，沟壑纵横，当前烘干法（Wang Y P et al.，2008）、TDR 法（Qiu et al.，2001b）和中子仪法（Zhu et al.，2008）在测定土壤水分方面应用较多。但同时，由于土层深厚，深层土壤水分获取较为困难，GPR 在黄土高原也有一定的应用前景。因此，只有综合考虑经济性、精度要求、测定时长及当地的基本情况，才能合理选择适合某一特定研究尺度的土壤水分测定方法。

1.1.1.2　土壤水分时空分异

在半干旱地区，表层土壤水分影响着土壤和近地表大气的物质交换和能量流动，是刻画水文和气象过程的关键参数（Ruiz-Sinoga et al.，2011）。而由于降水不足，深层土壤水分决定着植被可利用的水资源量，对于维持植被生长具有重要的意义。土壤水分的时空分布受多种因素的影响，且在不同研究尺度上表现出不同的变化规律（Biswas and Si，2011；Zhang et al.，2016）。例如，已有研究探讨了点尺度和小流域尺度的土壤类型、植被覆盖、微地形对土壤水分动态的影响机制，结果表明土壤性质对于土壤水分及土壤水分储量动态变化的影响更大（Geris et al.，2016）。也有研究在半干旱区探讨了人工植被对土壤水分储量的影响，结果表明在人工植被种植后，土壤水分的消耗深度逐渐降低，且季节降水在人工种植五年后成为土壤水分的主要影响因素（Fan et al.，2014）。而在更大尺度上，地形、土层发育、气候和植被成为影响土壤水分及其储量的重要因素（Wilcox et al.，2006）。

土壤水分既具有空间分异特征，也具有一定的时间连续性特征。原因是空间上相近的采样点之间常具有一致的湿润或干旱状态，因此呈现出相似的时间变化格局（Biswas，2014），这一相似状态常被称为土壤水分的时间稳定性。Biswas 和 Si（2011）对加拿大萨斯喀彻温省（Saskatchewan）的 0~140cm 土壤水分储量进行了研究，结果表明土壤水分储量的空间分布具有很强的时间稳定性。而在黄土高原半干旱区，Gao 和 Shao（2012）分多个土层研究了土壤水分随时间和土壤深度的变化规律，发现各个土层的土壤水分空间格局都具有时间稳定性。土壤水分的时间稳定性也受到多种因子的影响。例如，美国亚利桑那州东南部流域草灌地的表层土壤水分（5~7cm）的相关研究表明，土壤性质如土壤容重和机械组成等能够解释 50% 的土壤水分时间稳定性，地形影响则相对较小（Cosh et al.，2008）。然而随着黄土高原干旱发生得越发频繁，植被在生长季中耗水强烈，这期间干旱事件的发生是否会改变土壤水分的时间稳定性特点仍不清楚，需要更加深入和系统的研究。

在研究土壤水分时空分异时,常应用经典统计学和地统计学两类方法。经典统计学方法是研究土壤水分数量特征的基本方法,各类指标包括平均值、方差、标准差、变异系数、偏度、峰度等,用以描述流域或坡面土壤水分时空异质性(Wang et al.,2009;Gao et al.,2013)。经典统计学方法并不考虑空间位置对变量的影响(高晓东,2007),而地统计学方法可以克服和弥补这一不足(Qiu et al.,2001b)。地统计学方法主要考虑复杂的地理空间系统,研究变量的空间变异和结构,如利用半方差函数表征土壤性质在研究尺度上的空间异质性(Bi et al.,2009)。但在有沟道存在的复杂地形中,地统计学方法适用性较低(Yao et al.,2013)。此外,还有学者应用谐波、分形理论等新方法研究土壤水分时空分布格局(Burrough,1989;Eghball et al.,1999)。

1.1.1.3 土壤水分的影响因素

1)植被对土壤水分的影响

在半干旱区生态系统中,植被斑块与斑块间区域的镶嵌造成了地表土壤水分的不均匀分布,同时植被对降水的再分配作用也对植物生物量动态和土壤表层水分变化有着重要的影响(Mascaro et al.,2011;Templeton et al.,2014;Jesus et al.,2015)。由植被引起的降水再分配过程具有季节性和尺度依赖性(Manfreda et al.,2007;Mascaro et al.,2011;Mahmood and Vivoni,2014)。在季节性干旱气候区,植被造成的土壤水分散失主要是通过根系吸水和蒸腾作用,并且湿季长度与最大生物量关系密切(Kumagai and Porporato,2012;Mahmood and Vivoni,2014;Feng et al.,2015)。在模拟水分限制地区的水分胁迫时,根系的垂直分布情况对模拟结果的重要性几乎等同于土壤类型对模拟结果的重要性。草地生态系统相关研究证实,根系水势可以影响土壤蒸散发(ET)和水汽压亏缺之间的滞后效应(VPD)(Kim et al.,2010;Zhang et al.,2014),体现出根系对水分的主导影响作用。

冠层是降水与地面之间的第一个截面,植物个体冠层的物理性质会影响叶片的辐射、水汽通量、二氧化碳和热量情况,这些特征与群落特征共同通过影响冠层截留、径流和入渗来影响降水的再分配过程(Mahat and Tarboton,2014;Baroni and Oswald,2015)。个体冠层的截留能力主要取决于叶片倾角、散射系数和传导系数;群落截留过程则受控于群落指标,如株高、叶面积指数和植被覆盖度等;而冠层的实际截留量则主要取决于降水量(Xiao and McPherson,2011;Dou et al.,2014)。降水再分配的下一个过程即为产流和入渗(Han et al.,2014)。冠层截留通过改变到达地面的降水量直接影响产流和入渗速率的分布,从而延迟产流的时间并且减少产流量,同时降低径流速率(Feng X M et al.,2012;Peng et al.,2013)。

在黄土高原地区,禾本科、菊科和豆科是常见的植被类型(Wang et al.,2009;Li

et al.，2013），不同植被类型个体和群落特征的差异对土壤水分有显著的影响（Wang Y Q et al.，2013；Yan et al.，2015）。例如，降水事件发生后，自然草地的土壤水分迅速入渗且湿润锋下移迅速，而人工草地入渗速率较低；灌丛则由于显著的冠层截留和树干茎流等使得降水再分配，导致土壤水分情况异于草地（Yang et al.，2014a；Yu et al.，2015）。为保持草地和灌丛生产力的可持续性，需重视不同恢复年限下的水量平衡（焦菊英等，2006；刘沛松等，2010）。已有研究表明，黄土高原地区紫花苜蓿的适宜种植年限为5~7年，主要原因为紫花苜蓿产量在第5~7年达到最大（Hu et al.，2009），但与此同时土壤干层的厚度逐渐加大，在10~12年后土壤干层深度可达5~6m，在种植28年后甚至可达13m（程积民等，2011；王学春等，2011）。在植被与土壤水分关系研究中，土壤深层水分的研究正逐渐成为一个热点领域（Robinson et al.，2008；Vereecken et al.，2008；Baroni et al.，2013）。然而，现有的关于土壤深层水分的研究多集中在小区、坡面或者小流域尺度（Yang et al.，2014a），研究内容多聚焦于黄土高原退耕还林与植被恢复对土壤深层水分动态的影响。少量大尺度研究多围绕土壤干层问题展开（Wang et al.，2010；Wang Y Q et al.，2011），土壤深层水分与植被因子的相互作用机制仍存在科学上的不确定性（Zehe et al.，2010）。

2）其他环境因子对土壤水分的影响

在研究大尺度植被与土壤水分关系时，环境因子的影响往往是不可忽略的。其中，降水作为黄土高原土壤水分的唯一来源，其特征与土壤水分的分布、季节性变化和年际变化密切相关（Feng X M et al.，2013；Yin et al.，2014）。土壤水分的空间分布模式受土壤水分状态的影响，在湿润状态下土壤水分呈现非局部分布模式且表层水分多受降雨影响，而干燥状态下则呈现局部模式且表层水分多受土壤质地和植被含水量的影响（Famiglietti et al.，2008）。由于地形崎岖，坡位、坡度、海拔、坡向和坡形等都对黄土高原土壤含水量有重要影响（Feng X M et al.，2013；Luo et al.，2013）。随着海拔升高，土壤含水量降低而地表入渗能力增强。黄土高原深层土壤水分在坡面尺度由坡底向坡顶递减，而在大尺度空间上则由东南向西北递减（Feng X M et al.，2013）。土壤质地也是影响土壤水分空间分布的主要环境因子之一。黄土高原地区多土壤侵蚀和超渗产流，这些过程降低了地表入渗率、有机质含量、细颗粒含量和土壤持水力等。由于土壤持水力取决于小孔隙的数量，因此随着土壤粒径的减小，土壤持水性能增加（Luo et al.，2013）。由于实地观测较难辨别影响机制和影响因素的贡献情况，目前相关研究多集中在个体尺度或群落尺度，生态系统尺度上植被与土壤水分相互作用机制的研究往往通过建立土壤-植被生长耦合模型或植被承载力模型来实现。

3）生态系统与土壤水分关系的尺度特征

生态系统与土壤水分关系及其影响因素在不同尺度上有明显的差异（Yao et al.，

2012）。通常来说土壤水分格局研究可以分为大尺度研究（区域、流域等）与小尺度（坡面、小区、小流域等）研究。土壤水分格局在小尺度上主要受土壤类型、地形因子和植被因子的影响，而在大尺度上降雨和蒸散等气候因素则成为土壤水分格局的主控因子（Entin et al.，2000）。坡面尺度是水文研究的基本单元，其土壤水分格局及其控制因素已经得到了大范围的研究，在同一坡面上，土壤类型、植被因子、气候因子一般具有一致性，因此土壤水分的变异主要取决于地形因子（Gómez-Plaza et al.，2000）。在小流域尺度上，地形因子、土壤因子、植被因子和微气候特征都会影响土壤水分的空间变异性。在大的集水区或者流域尺度上，影响土壤深层水分空间变异的主控因子则为降雨特征、土壤因子、植被因子。例如，区域尺度研究表明，与干旱相关的树木死亡会导致东南亚热带雨林水循环的急剧变化（Kumagai and Porporato，2012；Mahmood and Vivoni，2014）。而在更大尺度上，地表粗糙度、气候因素和植被是半干旱区土壤水分变化的最主要影响因子（Western et al.，2004；Muneepeerakul et al.，2011；Manzoni et al.，2013）。

1.1.1.4 土壤水分植被承载力

由于全球水资源短缺，水分的高效利用越来越受到人们的广泛关注。然而半干旱区水分不足及其时空分布不均的特点，使得植被恢复十分艰难，植被恢复的可持续发展亟须高度重视。土壤水分的植被承载力问题不但是半干旱地区合理调控植被生长和土壤水分的关系，以及科学恢复林草植被的核心问题，还是生态承载力研究的一个重要内容。郭忠升和邵明安（2003）根据西部环境和植被建设的需要，对土壤水分植被承载力进行了初步定义：土壤水分紧缺地区补充给土壤的部分雨水所能承载植物的最大负荷，即在较长时期内（一年至多年），当植被根层土壤水分消耗量等于或小于降雨补给量时，所能维持的特定植物群落健康生长的最大密度。Xia 和 Shao（2008）进一步发展了土壤水分植被承载力的概念，更加强调环境条件、可持续发展和承载力的量化方式。

土壤水分植被承载力的模拟是黄土高原草灌生态系统与土壤水分关系研究的前沿与热点。依据模型构建过程的不同，常用模型可以分为统计模型、概念模型和基于物理过程的模型。目前，黄土高原草灌与土壤水分关系研究中常见的土壤水分动态模型包括多元线性回归模型、EPIC5（Erosion-Productivity Impact Calculator 或 Environmental Policy Integrated Climate）模型、WAVES 模型、土壤–植被–大气传输（Surface-Vegetation-Atmosphere，SVAT）模型、基于土壤–植物–大气连续体（Soil-Plant-Atmosphere Continuum，SPAC）建立的模型、Biome-BGC 模型、土壤水分植被承载力（Soil Water Carrying Capacity for Vegetation，SWCCV）模型等。此外，国际研究还发展了一些综合考虑气候、土壤、植被和水文过程的分布式模型，如 RHESSys（Regional Hydro-Ecologic Simulation System）、DHSVM（Distributed Hydrology Soil Vegetation Model）、HBV（Hydrologiska Byrans Vattenbalansavdelning）、VIC（Variable Infiltration Capacity）等，这些模型在欧洲和北美洲均取得了较好的研究效果，但在黄土高原地区，虽然分布式模型是解决区域生态问题的有力工具，但受限于复杂多变的自然条件和频繁的人类活动，模型研究进展缓慢（邵明安等，2009）。在黄土高原构建的土壤水分植被承载力模型建立在植被生长与土壤水分动态调节概念的基础上，通过水文和生物地球过程的迭代计算分析蒸腾需水和水分对光合的限制之间的交互作用，从而量化土壤水分的植被承载力，适用于黄土高原地区的模型（Xia and Shao，2008；邵明安等，2009）。

1.1.1.5　土壤水分模拟

已有土壤水分分异及其影响因素的研究积累了大量的植被、土壤、水文资料，在此基础上利用模型模拟的方法能更详细地揭示植被与土壤水分的相互作用机制（Xia and Shao，2008；邵明安等，2009）。土壤水分运动遵循达西定律，Richard 利用数学物理方法推导出了非饱和流的基本方程。随着土壤水势和土壤水分运动参数测量技术的不断发展，各类土壤水分模型相继发展起来，经验模型、概念模型、机理模型等层出不穷。其中，经验模型通常是根据土壤水分与其主控因子间的数学关系，通过回归分析、神经网络等方法而建立的（Qiu et al.，2010）。经验模型一般能够较好地模拟土壤水分时空分异，但缺乏必要的物理机理，且模型应用也比较受限。概念模型通常基于土壤水量平衡方程，具有明确的物理意义。机理模型同时具有物理意义和较强的综合模拟能力，一般包括很多模块，土壤水分常作为其中的子模块存在。例如，机理模型 MIKE SHE 能够模拟水文循环的绝大多数重要的生态过程，在流域管理、环境影响评估和湿地管理等方面都得到了重要应用。而 CoupModel 模型也广泛应用于水量平衡模拟（Karlberg et al.，2006；Zhang et al.，2007），WAVES 模型已经在模拟地下水和水文过程中取得了相应成果。有学者已将生态水文模拟方法 HYDROBAL 应用于西班牙东南部半干旱区（Bellot and Chirino，2013）。但机理模型也存在一定问题，如运行模型所需的大量参数常常无法全部实测，利用默认参数或者其他模型推算容易影响模拟精度等（Moran et al.，2004）。在研究土壤水分时，国内应用较多的有土壤水动力学模型、时间序列分析模型、土壤水分平衡方程估算、人工神经网络模型等。例如，有研究将三维动态模型、根系生长系统和水分吸收过程综合分析，结果表明该模型能够较好地将根区生长和周围的水文过程联系起来，分析向水性对土壤水分吸收和根系格局的影响（Li et al.，2015）。

1.1.1.6　土壤水分的研究展望

近年来，基于微波遥感、地球物理探测器、同位素示踪和模型模拟等技术方法革新，在人地系统耦合和可持续发展等先进理念的引领下，土壤水分研究取得了多重发展，包括土壤水分测定方法的改进、土壤水分可持续性、土壤水分运移规律和尺度转换等方面。但由于土壤水分和植被之间复杂的互馈关系，以及人类活动对土壤水分运移的干扰强度逐渐增强等原因，未来土壤水分研究在如下方向有待加强。

（1）提高大尺度土壤水分动态监测精度，发展基于多数据源、多变量的土壤水分监测技术。遥感技术是目前大尺度土壤水分动态监测最现实和有效的手段，其中光学遥感和微波遥感各有优势，二者的综合运用提高了反演精度，但目前预测结果仍难以满足实际应用需要。因此，未来需要进一步挖掘光学和微波遥感的协同机理，探索新的土壤水分反演特征变量，结合地球物理探测器等多数据源，通过多变量、多传感器数据的综合运用提高土壤水分反演精度和时效性；进而改进算法，提高土壤水分反演模型算法对地表空间异质性变化的适应性，形成快速、准确的大尺度土壤水分监测技术。

（2）深化土壤水分与影响因子的耦合机理和多尺度综合研究。土壤水分在SPAC的生态、水文和能量过程中具有重要作用。现有研究虽然通过同位素示踪、模型模拟等方法分析了土壤水分的运移规律，但大多集中在小尺度，且土壤水分变化对SPAC连续体关系的影响阈值、土壤水分变化与植物生长动态和用水机制互馈关系仍有待强化。需要建立不同降水梯度、不同尺度植物生理指标和土壤水分指标的长期观测网络，发展深层土壤水分快速测定或准确模拟的方法，识别植物用水机制变化的阈值，构建土壤水分与SPAC耦合关系的多时空尺度研究框架，开展综合性研究。

（3）未来气候变化情景下的土壤水分模拟预测。现有未来气候变化情景下的土壤水分模拟预测多选用政府间气候变化专门委员会（Intergovernmental Panel on Climate Change，IPCC）预测情景，未充分考虑区域中长期经济建设规划和相关生态建设规划的作用，且土壤水分模拟模型仍面临所需驱动因子多、关系描述过程较为复杂的问题，难以在大范围、长时序预测中获取准确的模拟结果。因此，需要继续优化土壤水分模拟预测模型，更准确地表示环境因子与土壤水分之间的关系，从而获取高精度土壤水分模拟数据。同时，应综合IPCC最新未来气候变化情景和区域生态、社会、经济发展规划，加入植被动态预测，耦合人类活动与生态系统动态，为未来植被恢复建设提供区域化的指导意见。

（4）开展水分限制地区生态修复阈值研究，探讨人地耦合综合调控路径。关于土壤水分植被承载力已有许多研究，但其在生态修复中的应用还稍显不足，相关模型存在参数难获取、模拟准确性不足等问题，需要发展土壤水分植被承载力模型并提高其应用性，识别不同降水、地理环境等条件下生态修复阈值，制定合理的修复策略。此外，黄土高原地区油井开采、道路开挖和城市扩张等人类活动过程对流域水土运移过程的影响日益显著，今后的研究中应加入人类活动对黄土高原土壤水分空间分布的影响分析，探讨人地系统协调和可持续发展目标下的生态修复综合调控路径。

1.1.2　土壤侵蚀

　　土壤侵蚀（Arnold et al.，1990）是制约人类社会经济可持续发展的全球性环境问题之一，是许多研究计划和政策议程关注的焦点问题。在国际政策层面上，《变革我们的世界：2030 年可持续发展议程》《联合国防治荒漠化公约》《全球土地退化现状与恢复评估》等一系列文件与公约认为土地退化是陆地生态系统所面临的主要威胁之一，减少土地退化和恢复退化土地是保护生物多样性和生态系统服务，以及确保人类福祉的紧急优先事项，而土壤侵蚀是造成土地退化的重要原因。有关全球性重大研究计划，如全球变化与陆地生态系统研究（Global Change and Terrestrial Ecosystems，GCTE）项目、地中海荒漠化和土地利用（Mediterranean Desertification and Land Use，MEDALUS）、土地利用与土地覆盖变化（Land Use and Land Cover Change，LUCC）等都将土壤侵蚀列为重要研究内容。土壤水力侵蚀作为世界范围内广泛分布的土壤侵蚀类型（Wei et al.，2009），是土壤退化的主要形式之一，也是黄土高原的主要侵蚀类型。土壤侵蚀包括在雨滴击溅、地表径流冲刷等作用下发生的土壤矿物质和有机土壤颗粒的剥蚀、运移和沉积过程（Toy et al.，2002；Vaezi et al.，2017），涉及一系列化学物质和生物群落的运动过程（Fernández-Raga et al.，2017），引发土壤物理、化学和生物性质的改变，进而对粮食生产、水质、生物多样性等造成不可逆的影响。近年来，土壤侵蚀研究主要聚焦于基于模型、地球化学方法、现代信息技术的土壤侵蚀评估，全球变化对土壤侵蚀的影响，以农田生产力和非点源污染及以生物地球化学循环为主要研究对象的土壤侵蚀环境效应，以及土壤侵蚀的多尺度特征及尺度效应等方面。

1.1.2.1　土壤侵蚀评估

　　近十多年来，土壤侵蚀研究主要依托于日益提升的模型模拟技术、地球化学方法，以及现代计算机技术对土壤侵蚀状况进行综合评估，能够在一定程度上弥补实验观测在数据获取和数据科学性等方面的短板，为土壤侵蚀的认知和刻画提供更加科学精准的信息。

　　在基于模型开展的土壤水蚀评估研究中，最常用的侵蚀模型是修正的土壤流失方程（Revised Universal Soil Loss Equation，RUSLE）。RUSLE 可以评估长期的水蚀造成的土壤流失，为情景分析提供基础，是不同尺度研究中的常用模型（Kinnell，2010；Panagos et al.，2015）。但 RUSLE 模型缺乏对泥沙运移过程空间变异性的考虑，在评估侵蚀的时空分布方面存在限制（Alatorre et al.，2010）。对文献的关键词分析结果显示，近年来 SWAT、WaTEM/SEDEM、LISEM、WEPP 等空间分布模型的应用较多（表 1-1）。空间分布式模型的一个明显优势是可以刻画水蚀过程、模拟土壤侵蚀和沉积的空间变异性，从而为防治土壤侵蚀提供科学支撑（Alatorre et al.，2012）。然而，模型在参数设置和侵蚀子过程的量化方面还存在一定局限性，有待进一步发展。常用土壤侵蚀模型的适用性和局限性见表 1-1。

表 1-1　常用土壤侵蚀模型对比

模型	尺度	适用性	局限性	参考文献
RUSLE	坡面、流域（年）	评估长期的年均面蚀和细沟侵蚀造成的土壤流失，可以处理较大区域的数据，被用于不同尺度	缺乏对泥沙输送过程的空间变异性的考虑，在评估侵蚀时空分布方面存在限制	Renard 等（1997）
SWAT	流域（连续）	用于模拟流域尺度上的景观变化效应，评价土地管理措施及气候变化对水质、泥沙和化学物质的影响，预测模拟流域水文循环	水文响应单元不具有显式的空间分布，模型模拟结果通常是各单元简单的空间累加；模型参数如气象数据、土地覆盖变化及子流域划分对模拟精度具有较大影响	Arnold 等（1990）
WaTEM/SEDEM	流域（年）	用于模拟水蚀对景观结构的响应。同时，考虑了土地利用格局对土壤流失的拦截作用和泥沙的运移过程，可以模拟不同河段产沙量及水库、堤坝等水体对泥沙的拦截作用	不能模拟径流，模型假设进入河道的泥沙可以全部输出流域，没有考虑水流挟沙力	van Oost 等（2000）
LISEM	流域（次降雨）	可以计算土地利用变化的影响，模拟流域尺度上土壤侵蚀和沉积的空间变异性	不能较好地预报不同作物类型土壤侵蚀率的变化	de Roo 等（1996）
WEPP	坡面、流域（连续）	可以模拟不同坡度和不同流域的土地利用和土壤性质的空间变化。可以连续跟踪泥沙输移状况。用于评估小型山坡和水域的侵蚀和径流	不适用于模拟切沟、河道侵蚀和沟蚀，简化了坡面和沟道内泥沙的沉积和运移过程	Flanagan 等（2001）

地球化学方法是测量侵蚀和沉积时间与空间动态的有效方法，可以量化长时间尺度的侵蚀速率（Doetterl et al.，2016）。示踪技术是获取土壤侵蚀和沉积物再分配速率定量信息的有力工具，有助于明晰水蚀过程中泥沙分布及运移过程和沉积规律（史志华和宋长青，2016）。放射性核素如 ^{137}Cs、^{210}Pb 和 ^{7}Be 对细颗粒泥沙具有亲和力，是理想的示踪剂，非常适合区分地表和地下物质，以及获取不同时间跨度、不同空间尺度的土壤再分配模式和速率信息（Dercon et al.，2012），有助于理解土壤侵蚀的空间分异规律，在中期和长期的土壤侵蚀分析研究中得到广泛的应用（Alewell et al.，2009；Prosdocimi et al.，2016）。虽然放射性核素对于定量估算特定地点的沉积物运移具有很高的应用价值，但不适合确定特定的土地利用方式的剥蚀速率（Brandt et al.，2018）。复合特异性稳定同位素作为示踪工具被越来越多地应用于生态学研究中（Parnell et al.，2010；Blake et al.，2012）。近年来，考

虑到测量的时间成本和实验的经济成本,研究人员已经开始使用碳(C)稳定同位素来追踪沉积物的运移(Alewell et al.,2009),量化长时间尺度的土壤流失(Agata et al.,2015)。

随着计算能力的提高和现代化技术的应用,土壤侵蚀研究在方法、技术和设备上取得了一系列新的进展。应用全球定位系统可以高效地获取侵蚀区域实地点数据,结合地质统计学研究手段或相关技术方法对其进行插值或处理(Svoray and Atkinson,2013),可以估算侵蚀物质的体积,进而深刻理解水蚀规律。数字高程模型(Degital Elevation Model,DEM)融合空间分析技术和地学研究手段对地理信息数据进行综合分析,量化特定地区的土壤流失或沉积,是评估土壤侵蚀的一个行之有效的技术路径(Prosdocimi et al.,2016)。遥感技术是监测土壤侵蚀在不同尺度上变化的极为重要的工具。Mentaschi 等(2018)基于卫星遥感监测数据,结合全球地表水探测器数据集,建立了一个全球尺度的海岸地貌连续动态数据库,实现了对全球海岸侵蚀与沉积的定量评估。地理信息系统(Geographic Information System,GIS)可以综合不同来源的大型数据集,为模型的尺度转换提供了一个计算环境,有利于处理复杂、多尺度的空间信息(Karydas et al.,2014)。此外,由于大多数模型涉及许多变量,存在空间和时间上的变异性,随着尺度的上升,模型的建模思路难以推广,水蚀预报模型融合"3S"等现代化技术是实现研究尺度从坡面拓宽到小流域,再到大中流域的必然要求(饶丽和李斌斌,2016)。

1.1.2.2 土壤侵蚀的环境效应

土壤侵蚀对生态环境产生了深刻的影响,深入研究土壤侵蚀的环境效应,对确保全球生态安全、推动水土保持科学发展意义深远。文献分析结果显示,土壤侵蚀对农田生产力和非点源污染的影响,以及对生物地球化学循环的影响是近年来研究者关注的焦点。

土壤侵蚀对农田生产力和非点源污染具有显著的影响。土壤侵蚀在水力作用下损耗土地资源,导致农业生产力下降,特别是通过沉积物输送引起非点源污染和水质恶化(Zhuang et al.,2015)。土壤侵蚀通过降低有效水含量、减少有效生根深度、降低水分和养分利用效率,从而降低土壤生产力(Lal,2009;Rickson et al.,2015),在农用地上直接表现为农作物产量降低,对农业生产产生负面影响。在全球尺度上,受到土壤侵蚀的影响,每年损失谷物 1.9×10^8 t、大豆 6×10^6 t、其他豆类 3×10^6 t、根茎类作物 7.3×10^7 t;其中亚洲、撒哈拉以南的非洲地区和其他热带地区受到的影响最为严重(Lal,1998;吕一河等,2011)。另外,农业生产活动产生的大量污染物以颗粒和溶解的形式随地表径流进入地表水和地下水,从而造成非点源污染(张玉斌等,2007;Hao et al.,2013)。在污染发生过程中,降雨、灌溉和下垫面条件是农业非点源污染产生的诱因,而土壤侵蚀、暴雨径流和农田灌溉是农业非点源污染产生的驱动力和载体(史伟达和崔远来,2009;Hao et al.，2013），土壤侵蚀过程则增加了水体遭受非点源污染的风险。

土壤侵蚀能够改变生物地球化学循环。土壤是氮、磷等营养元素，以及有机碳的主要陆地储存库。土壤侵蚀的直接作用对象是土壤，显著改变营养元素和碳循环，对生物地球化学循环产生强烈的影响（Quinton et al.，2010）。相关研究发现，土壤侵蚀对全球碳循环具有重要影响，主要表现在以下几个方面（Lal，2003）：①减少或破坏有机碳的聚集；②径流或沙尘暴对碳的优先去除作用；③土壤有机质的矿化；④土壤有机质在景观上的迁移和再分配，以及在河流和沙尘暴中的运移；⑤土壤通过在沉积地点形成有机矿物复合体而再次聚集；⑥沉积区、洪泛平原、水库和海洋底部深埋富碳沉积物。另外，土壤侵蚀导致氮和磷的横向流动与再分配（Quinton et al.，2010；Berhe and Torn，2017）。土壤侵蚀通过改变表层土壤和次表层土壤，借助径流的作用，造成氮、磷等营养元素以颗粒相和溶解相的形式进行迁移和转化，改变养分动态（Berhe et al.，2018）。碳、氮、磷的循环是密切相关的（Quinton et al.，2010；Berhe et al.，2018）。例如，土壤的运移能够增强土壤碳的矿化作用，进而导致溶解态的氮和磷含量增加。此外，侵蚀引起的土壤埋藏有利于土壤养分和碳库的稳定，从而提高了生态系统的初级生产力和碳吸收，并可能反过来减少侵蚀（Quinton et al.，2010）。

1.1.2.3 全球变化对土壤侵蚀的影响

土壤侵蚀作为全球范围内一个重要的环境问题，受到气候变化、土地利用变化等一系列环境变化的影响，呈现出加速的趋势。全球变化的一个重要驱动因素是气候变化。全球气候变化对土壤侵蚀有直接和间接的影响（Li and Fang，2016；Raclot et al.，2017）。气候变化直接导致降水量、降雨强度及其时空格局的变化，并通过影响植被覆盖和降雨模式从而改变径流和土壤侵蚀率（Zabaleta et al.，2014；Wang Y et al.，2015）。气候变化的间接影响为大气中 CO_2 的浓度增加对作物生长产生影响（Norman，1998），进而导致土地利用变化，对土壤资源造成不同程度产生影响。随着气温升高，蒸发散增加，土壤水分减少，土壤渗透能力增强，这些变化也可以影响径流和土壤侵蚀强度（Xu，2003）。此外，气温也能够通过影响融雪量和植被覆盖度，进而影响土壤侵蚀变化（Li and Fang，2016）。全球变化的另一个重要驱动因素是土地利用和土地覆盖变化。土地利用可以通过影响土壤特性（覆盖植被、粗糙度、入渗能力等）和地表径流分布，进而影响土壤侵蚀（Raclot et al.，2017）。例如，在我国，土壤侵蚀强度增加和耕地面积变化密切相关，林地和草地扩张对水蚀强度的降低起到了促进作用（Wang et al.，2016）。值得注意的是，由于大多数农业实践活动涉及自然植物群落绝灭、生物多样性减少，以及物理破坏等过程（Ronald et al.，2015），农业扩张成为土壤碳循环失衡和土壤侵蚀加速的主要驱动因素（Gottschalk et al.，2012）。已有研究表明，水土保持措施能够显著减少水土流失（Xiong et al.，2018）。

尤其是在我国，经济体制改革的启动和退耕还林等一些重大的土地利用与土地覆盖变化与人类工程对土壤侵蚀产生了深远的影响（Wang et al.，2016）。

1.1.2.4　土壤侵蚀的尺度效应

土壤侵蚀过程具有尺度依赖性（Vanmaercke et al.，2011）。源于地球表层自然生态系统的等级组织的复杂性，以及时间和空间的异质性（傅伯杰等，2010），土壤侵蚀过程具有其发生发展的本征尺度和研究尺度这两个尺度。在不同尺度上，土壤侵蚀所表现出的特点有所差异（de Vente et al.，2005；Bracken et al.，2015；Akbarzadeh et al.，2016），因此需要从系统的角度研究坡面、流域、区域和全球等多种尺度上的土壤侵蚀过程和相关的地表过程及其尺度效应。

坡面尺度是研究土壤侵蚀过程机理的理想尺度，深入研究坡面尺度的土壤侵蚀有助于认识单一因素与侵蚀过程，以及其他因素的相互关系和规律，研究结果为分析较大尺度土壤侵蚀过程、建立侵蚀预报模型提供了基础。国内外关于坡面土壤侵蚀的研究取得了大量实质性的进展，从侵蚀机理到侵蚀发生演变规律，以及伴随的各水力要素动态变化特征等方面均取得了大量的研究成果（Nearing et al.，1997，2015；张光辉，2002）。

流域是江河水系的基本集水单元，也是一个独立的产沙、输沙系统（傅伯杰等，2003）。流域是获取侵蚀过程和坡面与河道关系信息的最佳尺度，也是分析土地利用与土地覆盖变化对侵蚀影响的最佳尺度（García-Ruiz et al.，2015），因而以流域为单元，进行土壤侵蚀的定量研究是评价流域治理效益的重要途径（傅伯杰等，2006）。近年来，流域水蚀研究的重点是景观格局与侵蚀产沙过程的相互关系及其定量化表达。由于土地利用的易变性，以及近年来土地利用结构与格局的急剧变化，一大批学者在流域尺度上研究水蚀对土地利用变化的响应，大量研究表明土地利用结构与格局的变化显著地改变了流域侵蚀产沙量（Yan et al.，2013）。

宏观的区域和全球尺度的侵蚀过程，通常涉及气候带、地形地貌、侵蚀类型的差异。在全球尺度上，土壤侵蚀造成的土壤有机碳、磷等营养物质的含量、组分的变化，对全球生态环境具有重要影响。因此，开展大尺度土壤侵蚀研究是探析全球变化与区域土壤侵蚀关系的必要途径。由于大尺度的土壤侵蚀研究涉及广泛的研究范围，且变化相对缓慢，存在极为复杂的空间异质性，数据收集相对困难，缺乏重复性和参照系统，模型模拟结果存在较大的不确定性，区域和全球尺度的土壤侵蚀研究有待进一步发展。

土壤侵蚀是一个多尺度的过程，不同的侵蚀过程在不同尺度上起主导作用（Tang et al.，2015）。例如，在某些情况下，冲刷侵蚀和细沟侵蚀是侵蚀小区的主要侵蚀类型，但在中小尺度的流域内，沟道侵蚀与重力侵蚀是主要的侵蚀类型，大尺度流域则更多地与长期的侵蚀和沉积过程有着密切联系（Lesschen et al.，2009；Cantón et al.，2011）。但是由于地表系统的异质性，同一尺度或不同尺度间组分的非线性关系及其与侵蚀过程的复杂反馈机制（赵文武等，2002）使得尺度推绎成为土壤侵蚀研究的难题。以往多单独研究单一空间尺度的土壤侵蚀过程，缺乏从系统的角度研究"坡面–流域–区域–全球"等不同空间尺度土壤侵蚀的耦合机制。系统研究多种尺度土壤侵蚀过程及其相关的地表过程及其尺度效应，进行不同空间尺度土壤侵蚀定量评价的分析和研究，能够促进土壤侵蚀与水土保护学科的发展。

1.1.2.5 水土保持措施体系

当前全球变化不断推动陆地生态系统的结构和功能的转变，对水土保持工作提出了新要求。水土保持措施主要包括工程措施、植物措施和耕作措施。研究表明，在全球尺度上，土壤保持技术对水蚀防控具有显著的积极影响；其中，生物技术对土壤侵蚀的调控作用优于土壤管理技术和工程技术（Xiong et al.，2018）。具体而言，工程措施如修建水坝、梯田可以通过改变小地形实现蓄水保土。其中，梯田是应用最广泛的水蚀防控的工程措施（de Oliveira et al.，2012），蓄水、保土、增产作用十分显著。植物措施以植被的应用为典型，植物既可以改善土壤物理性质、提高土壤抗蚀性，同时也能减少径流和侵蚀（Zhang et al.，2015），是水蚀治理研究的重点。以往研究大多聚焦于植物的地上部分，强调冠层结构和植被覆盖在控制土壤侵蚀过程中的重要作用，而植物地下根系部分由于其固持土壤、增强土壤抗剪切强度、提高土壤抗侵蚀能力等天然特性（王晶等，2019），也是控制土壤侵蚀的关键因素。近年来，研究者们开始关注植物的地下部分的水蚀防控能力（Ola et al.，2015；Vannoppen et al.，2017），但对其作用机理的科学认知有待进一步发展。耕作措施是水土保持的基本措施，包括改变地面微地形的横坡耕作、等高种植等措施，以增加地表覆盖为主的草田轮作、免耕或少耕等措施，以及以增加土壤入渗为主的积肥、深耕改土等农业技术措施。研究发现，在气候条件变化的背景下，保护性耕作或免耕可能是最有效的控制侵蚀的土壤管理措施（Routschek et al.，2014）。

1.1.2.6 土壤侵蚀研究展望

近十几年来，土壤侵蚀研究基于多学科交叉与融合，采用综合模型、地球化学方法、现代化信息技术和数理统计等研究方法，在土壤侵蚀评估、环境效应、尺度研究和水土保持方面取得了一系列发展，但由于地表环境和水蚀过程的复杂性，相关研究仍存在诸多薄弱环节，未来土壤侵蚀研究还需在以下方面进行加强。

（1）提高模型模拟精度，发展大尺度水蚀模型。现有的模型缺乏对人为侵蚀过程的深入考量，对侵蚀子过程之间相互作用的刻画存在局限性，模型参数在水蚀过程中的时空差异研究薄弱；同时大多数模型的研发以某一特定尺度的特定区域的观测资料为基础，随着研究尺度扩大，模型模拟的不确定性明显增加。因此，未来应深化研究水蚀机理，集成基础理论、试验观测和模型模拟，提高模型模拟精度；整合多要素、多过程参数信息，有机联系不同尺度、不同类型的模型，加强模型参数适用性研究，研发适应复杂环境的大尺度水蚀模型。

（2）深化水蚀作用下土壤碳循环研究。碳循环具有复杂的输入输出路径，不仅涉及侧向运移过程，在垂直方向上也存在更新与演变；土壤碳分布的变化改变了土壤环境，反过来，土壤侵蚀引起的土壤运移和沉积也不断改变碳固存和释放的环境参数，影响不同景观区域土壤有机碳的来源和流入。然而，土壤有机碳动态变化的模拟和预测存在较大的不确定性，陆地碳循环与土壤侵蚀的相互关系研究有待进一步深入。因此，未来应依托系统模型平台，进一步研发和应用新的科学工具以获取更高精度和更有效的定性、定量的土壤碳数据集，链接微生物动态，全面考虑影响碳循环的环境因素，准确刻画不同尺度上水蚀作用下的土壤有机碳库的动态机制。另外，碳、氮、磷的生物地球化学循环是紧密耦合的，未来需要在探究水蚀影响下碳循环的基础上，开展碳、氮、磷循环的综合研究。

（3）创新尺度转换的技术方法体系。土壤侵蚀研究往往基于不同的尺度和研究方法，在不同的试验观测环境条件下获取的资料缺乏统一规则或通用标准，研究成果很难进行比较分析和综合集成。另外，目前的研究以短期和小空间试验居多，简单的外推很可能产生较大的误差。不同尺度上的侵蚀过程和环境变量之间的非线性关系，以及主导的侵蚀过程的不同使尺度推绎问题更加复杂化。这一系列原因导致同一尺度的土壤侵蚀研究较难应用于其他系统或尺度，不同尺度间的信息推绎存在较大的困难。因此，今后的土壤侵蚀研究需要系统分析现有观测数据和研究成果，探索通用的研究标准和基准条件，提高结果的可比性；发展完善多尺度信息之间的数学或统计模型，对多尺度上的空间异质性进行定量化表达，以期发展和完善土壤侵蚀的尺度推绎技术体系。

（4）发展适应复杂变化环境、提升人类福祉、面向可持续发展目标的土壤侵蚀防治理论与方法技术体系。水蚀防控、环境变化与景观格局的作用机制不明确，治理效益在稳定性和可持续性方面广泛存在问题；现有水土保持措施和相关政策往往强调缓解已经产生的损害，政策体制相互独立且分散，大多聚焦于特定的、明显的水蚀驱动因素，鲜有系统考虑多元驱动因素，这使得目前的水土保持措施难以适应环境的快速变化和人类社会经济可持续发展的需求。未来需要进一步挖掘水蚀机理及其与生态环境的互动机制，科学认知水土保持措施防控效果的时空差异及变化规律，重点关注水土保持的生态系统服务价值与人居环境的相互关系；协调个人、社区、机构多个层面管理对策，制定协调一致的政策议程，发展既服务于人类社会系统可持续发展，又能适应生态系统固有属性和功能的水蚀调控方案与技术途径，以期促进生态环境、社会经济和人类福祉的协调发展。

1.2　生态系统服务

作为连接自然环境与人类福祉的桥梁，生态系统服务研究正经历着迅速发展，已成为当前地理学、生态学等领域研究的热点领域和重点方向（赵文武等，2018）。生态系统服务是指由生态系统和维持人类生命的生态过程所提供的自然条件和效用。生态系统是自然界的一个有组织的功能单元，为维持人类的生计提供了各种服务和商品。生态系统服务的概念为改善区域间交流和加强环境保护而应运而生。生态系统服务研究领域基本思想的形成始于20世纪70年代后期Westman的一篇论文。尽管Ehrlich和Mooney在20世纪80年代初全面地介绍了这一概念，但直到90年代末Costanza等（1998）开展了全球生态系统服务评估，这一概念才得到普及。人口增长、经济活动和城市化对自然资源影响的加剧使得研究生态系统服务的需求显著增加。"千年生态系统评估"提出的生态系统服务分类框架为评估人类对环境的影响提供了模板，即确定了四种生态系统服务类型：支持服务、供给服务、调节服务和文化服务。供给服务代表了可以从生态系统中获得的有形产品，如食品、纤维、原材料、水、遗传物质、矿物和药用资源。支持服务是使其他服务发挥作用的基础生态系统功能，包括初级生产（植物光合作用）、土壤形成和营养供应或营养循环。调节服务是通过将生态系统特征维持在一个稳定范围内，确保长期生态系统功能的服务，包括生态和动力学过程、害虫和疾病控制、水和空气净化、废物分解、气候调节和碳吸收。文化服务代表了一些无形的益处，可以增强娱乐、精神思想、认知（教育）发展或审美体验，如徒步旅行或生态旅游等娱乐用途。

1.2.1　生态系统服务评估

现有生态系统服务评估往往是针对生态系统所能提供的服务开展的评估，也称为生态系统潜在服务能力评估或者生态系统服务供给能力评估。生态系统服务评估方法和模型是生态系统服务研究的前提和基础。

1.2.1.1　生态系统服务评估方法

常见的生态系统服务评估方法包括价值量评估法、物质量评估法和能值评估法（Daily，1997）。其中，价值量评估法通过货币衡量生态系统服务价值（Costanza et al.，1998；Reitsma et al.，2002），分为直接市场评价法、揭示偏好法与陈述偏好法（Vermaat et al.，2016）；物质量评估法直接用物质量大小来衡量生态系统服务水平；能值评估法则用能值来衡量生态系统服务水平的高低（Odum，1986；Watanabe and Ortega，2014）。这些方法中，价值量评估法便于各项生态系统服务之间的比较，评估结果也可以纳入国民经济核算体系，进而为不同区域或类型生态系统的生态效益核算与生态补偿模式提供技术支撑（李文华等，2006；欧阳志云等，2016）。例如，全球 1997 年和 2011 年生态系统服务价值评估结果，可以为国际合作和政府决策提供科学参考（Costanza et al.，1998，2014）。中国也有学者评估全国范围内不同生态系统所提供服务的经济价值（欧阳志云等，1999；谢高地等，2001），并将其与社会经济价值比较，体现生态系统服务价值的稀缺性（谢高地等，2015）。但是该方法在评估过程中往往存在主观性强、结果存在不确定性的问题。物质量评估法得到的结果较为客观和稳定，不随人们偏好与生态系统服务稀缺性而发生明显的变化（Groot et al.，2010）。例如，2000~2010 年中国粮食生产、碳固定、土壤保持、沙尘暴防治、水分涵养、防洪和生物多样性栖息地保护等生态系统服务的物质量评估（Ouyang et al.，2016）。但是，该方法所评估的不同服务之间量纲并不相同，往往不易于比较。能值评估法将生态系统服务转化为能值单位，有助于反映生态系统服务的真实价值，便于对比分析；但是部分生态系统服务与能值的关系较弱，能值转换率不易确定（Ulgiati et al.，2009）。在上述不同方法中，物质量评估法因其连接生态系统结构与功能，能够揭示生态系统服务的作用机理（Feng et al.，2017），而有望在未来较长时期的生态系统服务评估中发挥积极的作用。

1.2.1.2 国际生态系统服务评估模型

生态系统服务评估模型可实现多种类型生态系统服务的价值量化、空间叠置分析，以及生态系统服务价值变化、权衡/协同关系和总体效益的定量模拟等（Liu et al.，2010）。目前，国际上涌现了多个生态系统服务评估模型，其中常见模型有 InVEST（Integrated Valuation of Ecosystem Services and Tradeoffs）、ARIES（Artificial Intelligence for Ecosystem Services）、MIMES（Multi-Scale Integrated Models of Ecosystem Services）、SolVES（Social Values for Ecosystem Services）和 EcoAIM（Ecosystem services Asset, Inventory and Management）、ESValue（Valuing Ecosystem Services）等。其中，应用最为广泛的是 InVEST 模型（Kareiva et al.，2011），它是一种生态生产过程评估和生态系统服务权衡的综合模型，可借助土地利用、环境因子、社会经济等数据评估包括生物多样性、碳储存、土壤保持等多种生态系统服务的物质量和价值量。目前，该模型在美国、中国、澳大利亚、印度尼西亚、非洲等多个国家和地区得到了广泛的应用。ARIES（Villa et al.，2011）模型可以进行生态系统服务空间流动过程分析，识别生态系统服务的供需矛盾。然而，目前该模型处于进一步完善和发展中，仅适用于美国和墨西哥部分地区。MIMES 模型（Boumans et al.，2015）把地球分为人类圈、生物圈、大气圈、水圈和化石圈五个部分，并据此对生态系统服务的价值进行评估，但其软件结构复杂，依赖参数众多，目前应用较少。其他模型，如 SolVES、EcoAIM 和 ESValue 模型的可推广性目前也相对较弱。

总体而言，目前流行的生态系统服务工具，更侧重于基于独立的生态系统服务评估，以实现某些生态系统服务的供给或流向流量的定量化评估；但是，在情景分析、关联关系挖掘、决策优化等环节比较薄弱（Bagstad et al.，2013），生态系统结构-过程模拟算法和服务评估结果的不确定性分析也有待提高（戴尔卓等，2016）。目前，生态系统服务的集成评估、权衡分析及优化管理决策方面的实质性定量化研究相对较少，难以满足学科发展需求。因此，生态系统服务评估模型除了细化生态系统结构、过程对生态系统服务供给的影响外，还必须考虑不同土地利用方式和管理措施之下，这几者之间的动态反馈作用；同时，结合多目标优化方法，为决策者提供最佳的管理方案（Liu et al.，2010）。这也正是将生态系统服务应用于规划管理和决策制定中的关键挑战（Groot et al.，2010）。

1.2.1.3 中国生态系统服务评估模型

在生态系统服务评估模型的应用与发展中，模型的应用和本土化是生态系统服务"量化—权衡—决策"的重要环节（戴尔卓等，2016），中国生态系统服务本土化模型的开发与应用亟待推动。同时，生态系统服务评估，以及与之相联系的生态系统管理决策支持工具，也必须从独立的生态系统服务评估走向多种生态系统服务的集成评估，更重要的是能够基于评估结果提供可视化的优化方案，进而服务于决策制定（Volk，2015）。

针对这些需求，中国科学院生态环境研究中心傅伯杰院士研究组于 2015 年提出了基于 GIS、生态系统模型和多目标优化算法的区域生态系统服务空间评估与优化工具（Spatial Assessment and Optimization Tool for Regional Ecosystem Services，SAORES）（Hu et al.，2015）。该模型是中国科学家自主研发的第一个生态系统服务评估模型。SAORES 模型主要是为探索中国黄土高原生态修复的政策影响和优化而设计的，涉及多种生态系统服务类型。模型包含水源涵养、土壤保持、碳固定、粮食生产四类，系统主要包括环境数据库与情景数据库、情景构建模块、生态系统服务模型库、综合评估与优化模块等部分。该模型以多目标优化算法 NSGA-Ⅱ 为基本框架，通过优化土地利用格局实现区域关键生态系统服务的最大化，进而实现自适应的生态系统管理（Hu et al.，2015）。与传统的生态系统服务工具相比，SAORES 模型主要是在 3 个方面进行了加强：①生态系统管理策略模拟和景观动态过程的情景构建；②不同生态系统管理条件下多种生态系统服务的权衡和集成分析；③基于生态系统服务的规划和管理决策优化方法。该模型由于实现了情景分析、生态系统服务量化评估，以及多目标优化等方面的多功能集成，得到了国际同行的积极评价，并被认为可为植树造林等生态修复项目提供科学依据（Barnett et al.，2016）。

1.2.2 生态系统服务权衡

生态系统服务之间往往表现为相互交织、复杂的非线性关系（Bennett et al., 2009），进而形成生态系统服务之间此消彼长或彼此增益的权衡/协同关系（戴尔阜等, 2015；傅伯杰和于丹丹, 2016）。同时，由于生态系统服务种类多样、分布不均（谢高地等, 2006），加之不同人群的需求各异（李双成等, 2014），人们对生态系统服务的选择也存在不同的偏好。生态系统服务权衡是辨析生态系统服务作用机制、遴选和优化生态系统服务类型，进而进行决策与调控的重要依据。

1.2.2.1 生态系统服务权衡类型

生态系统服务权衡为认识生态系统服务之间的关系提供了更加综合而辩证的途径（Lv et al., 2014）。生态系统服务权衡由于包含了诸多服务类型及利益相关者的时空关系，成为规划与政策制定的重要手段（Gissi et al., 2016；Vogdrup-Schmidt et al., 2017；彭建等, 2017）。国内外已将权衡研究成果应用在农业生产（Lautenbach et al., 2013）、渔业生产（Oken et al., 2016）、海洋空间规划（White et al., 2012）、能源管理（Gissi et al., 2016）、森林经营管理（Vauhkonen et al., 2017）等诸多方面。

在生态系统服务权衡的分类中，依据生态系统服务固有的时空尺度特征与其可逆与否，可将生态系统服务权衡划分为空间权衡、时间权衡和可逆性权衡（Tilman et al., 2002；Rodríguez et al., 2006）；根据生态系统服务之间的动态关系，可划分为无相互关联、直接权衡、凸权衡、凹权衡、非单调凹权衡，以及倒 "S" 形权衡等权衡关系（Lester et al., 2013）。相对于复杂的权衡类型，权衡的形成方式相对简单，即多种服务受共同驱动因子影响而发生变化或某一服务发生改变进而影响其他服务（Bennett et al., 2009）。难点在于权衡形成过程中，相关生态系统服务驱动因子的识别，以及这些因子导致的生态系统结构–过程–功能–服务变化的定量刻画。

1.2.2.2 生态系统服务权衡方法

生态系统服务权衡研究一般基于数学统计、空间制图、情景模拟、多目标决策和服务流动性分析等多种方法和模型，进而开展不同时空尺度下供给、调节、文化、支持四种类型服务（Raudsepp-Hearne et al., 2010；MartínLópez et al., 2012；Su et al., 2012）及其亚类服务（Bai et al., 2013；Frank et al., 2014；Zheng et al., 2016）之间权衡/协同关系的探究。有研究表明，生态系统服务权衡相关案例在一定程度上可以影响政府决策（Macdonald et al., 2014），是区域规划和生态建设的重要依据。然而，已有研究多关注区域当前生态系统服务评估与权衡/协同关系的判定，较少涉及不同因素干扰下生态系统服务之间的作用机制转变及其随时空尺度变化所表现出的权衡/协同关系的变化。基于数学关系的统计分析，可有效评估一段时间内各类生态系统服务静态供给能力的变化。在实际应用中，理解生态系统服务之间的相互作用机制是判断其权衡/协同关系的理论基础，尤其在不同自然和人文因素干扰情况下，生态系统格局–过程–功能–服务的变化也会进一步影响服务之间的相互作用机制，进而导致权衡/协同关系的转变。因此，深刻理解影响因子–生态过程–服务三者相互关系，探究影响因子对生态系统服务之间非线性动力特征的改变，是辨析生态系统服务权衡机制的关键。

总体而言，生态系统服务权衡既存在于同一生态系统的内部，也发生在不同生态系统之间；既包括当前生态系统服务的权衡，也涵盖当下与未来生态系统服务的关系冲突（Rodríguez et al., 2006）。由此可见，生态系统服务权衡具有相对复杂的时空尺度，要求学者必须从不同角度充分阐明不同尺度生态系统结构–过程–功能–服务的作用机制，探讨生态系统服务权衡关系的时空动态及其影响因素，辨识其内在机制和可能发生的关系转变，以期探索促进自然生态、社会经济与人类福祉的协调发展。

1.2.3　生态系统服务影响因素

影响生态系统服务的因素来自于自然生态系统和社会经济系统，涵盖地形、土壤、生物、气候、土地利用、社会经济等多个方面。其中，自然因素是决定生态系统服务时空分布的基础。土地利用变化能够通过改变生态系统结构与功能，影响生态系统服务变化；其他社会经济因素的区域分布不均与多元化发展导致人类对不同类型的生态系统服务存在着选择偏好，进而导致生态系统服务权衡差异。

1.2.3.1　自然因素

地形、土壤、生物和气候因素是生态系统和地理单元的基本组成要素。生态系统结构与地理空间格局通过影响生态过程，进而决定着生态系统服务的时空分布。

地形因素控制中小尺度空间的水热资源分配，影响实际太阳辐射量、温度、土壤矿化速率、植被分布等众多环境条件，直接决定生态系统服务的供给与维持。例如，不同地形位置具有不同的养分条件与地球化学循环特征（Stewart et al., 2014），湖泊、沙丘等地形变迁能够引起不同物种的消长变化（Marshall, 2014），坡度坡长直接影响径流冲刷和侵蚀泥沙运移（Biesemans et al., 2000）。但是地形对不同生态系统服务类型的作用方向并不一致。例如，在坡面尺度，淡水供给服务一般随坡度的增加而增加，但粮食供给服务却相反。通过梯田建设等地形改造工程措施，可提高涵养水源、保持土壤、提供美学价值等多项生态系统服务（Wei et al.，2016）。

土壤理化性质及土壤生物多样性与生态系统服务的关系密切。例如，土壤有机碳的保持与增加有助于促进土壤团聚体的形成，提高土壤通透性与抗蚀性，增加生态系统的初级生产力（Sauer et al.，2011），保证粮食供给服务（Lal et al.，2011），有利于生态系统服务的提升（Grathwohl et al.，2015）。土壤水分是连接地表水与地下水的纽带，具有调节水分运移的重要功能（Wang Y Q et al.，2013）。土壤为土壤生物提供生境并维持其物种多样性（Rutgers et al.，2012；Sandifer et al.，2015）。人口增长给土壤带来巨大压力，农业生态学试图通过改变耕作方式（少耕、免耕）与管理措施实现生态系统供给服务与其他服务的"双赢"（Fedoroff et al.，2010；Power et al.，2010）。目前，在政策决策中需要注重考虑常常被忽略的土壤因素（Bouma，2014），而连接土壤与生态系统服务的研究框架（Adhikari and Hartemink，2016）则为探究土壤在生态系统服务中的作用提供了可能的研究思路。

生物多样性与生态系统服务之间关系比较复杂，一般来说生物多样性对大多数生态系统服务具有积极影响。例如，在草地（Zavaleta and Tilman，2010）、森林（Gamfeldt et al.，2013）与农业生态系统（Iverson et al.，2015）中，较高的生物多样性均有利于提高生态系统的生产力、优化养分循环过程、提高系统稳定性。而生物多样性与生态系统服务评估指标体系的建立（傅伯杰和张立伟，2017）将有助于推动生物因素与生态系统服务关系的研究。然而，生态系统服务与生物多样性的定量关系尚不清楚（Balvanera et al.，2006），可能原因是目前生物多样性评估多基于物种多样性度量，而物种多样性并不能客观地体现生态系统功能。已有研究发现，功能多样性是生态系统服务最有力的预测因素（Mouillot et al.，2011），对其展开相关研究可实现生物因素与生态系统服务的科学链接。

气候因素特别是水热条件决定着生态系统的结构与功能，同时生态系统与气候之间存在着复杂的反馈关系。对农业生态系统来说，二氧化碳浓度升高能够增加作物产量，但不同作物的响应程度有所差异（Xiong et al.，2012）。气候变化影响物种与生态系统的分布，有助于中国森林生态系统净初级生产力（Net Primary Production，NPP）的整体增加（Fang et al.，2003），但是暖干化趋势也增加了森林火灾的风险。不同的生态系统服务对气候因素的响应并不相同，往往需要将气候变化预测与政策管理情景相结合，通过制定科学政策以应对气候变化对生态系统服务的不利影响（Mina et al.，2017）。

1.2.3.2　土地利用与社会经济因素

土地利用变化直接改变生态系统的结构与功能，进而影响生态系统服务的变化（肖玉等，2012；傅伯杰和张立伟，2014）。例如，毁林开荒与围湖造田等活动短期内提高了粮食与原材料供给服务，但在长期内损害了支持与调节服务；土地利用变化影响生态系统调节服务（Su et al.，2013），如森林的径流调节能力远远高于建设用地；土地利用变化对支持服务同样存在着深刻的影响，如城市化降低生态系统碳储量，改变了地球化学循环（李锋等，2014）。不同土地利用类型生态系统服务的供给差异是权衡产生的主要原因，如耕地具有较高的供给服务能力，但调节、支持与文化服务能力较弱；森林和草地的调节与支持服务能力最强，但供给服务能力较弱（傅伯杰和张立伟，2014）。因此，土地利用变化能够改变生态系统服务的相互作用关系，表现出不同的变化类型。已有研究表明，通过有效的土地利用管理策略能够实现各项生态系统服务的"双赢"（Goldstein et al.，2012），其中情景分析与多目标优化是制定管理决策的重要手段。

人口、教育、社会阶层、政策法规、宗教文化、城市化、经济水平等社会经济因素的区域分布不均与多元化发展导致人类对不同类型的生态系统服务存在着选择偏好，进而导致生态系统服务权衡的差异。例如，经济与人口增长带来资源需求，人们对供给服务的偏好往往高于调节、文化与支持服务，进而引起生态系统服务的权衡（Rodríguez et al.，2006）。不同的人群因其文化背景、思想意识与教育水平的差异，对生态系统服务的感知也表现出明显的不同（Zoderer et al.，2016）。政策与法律因素直接反映出社会对生态系统服务的需求与管理。例如，天然林保护工程与退耕还林还草工程是中国乃至世界范围内最大的为生态系统服务付费的政策项目。这些工程措施所带来的生态效应总体是有益的，但由于生态效应存在时滞，工程措施的长期影响可能也会发生相应的改变（Liu et al.，2008）。

1.2.4 生态系统服务供给、流动与需求

生态系统服务作为连接生物物理过程（生态系统）和人类福祉（社会经济系统）的桥梁，其研究应包括自然和经济社会两方面：既关注生态系统对生态系统服务的供给，同时重视人类对生态系统服务的需求（Boerema et al.，2017）。生态系统服务流是实现生态系统服务供给与需求耦合的中间环节。

1.2.4.1 生态系统服务供需框架

生态系统服务供给取决于生态系统结构、过程和功能，其客观存在而不以人的意志为转移，可以称其为生态系统提供服务的潜在能力，相应英文表述为 ecosystem service capacity（Schröter et al.，2014）、ecosystem service potential（Bagstad et al.，2014）、ecosystem service supply（Jones et al.，2016）或 ecosystem service provision。当这种生态系统服务供给被人类使用消费，用于满足人类需求和带来一系列惠益时，这种潜在的生态系统供给即变为生态系统为人类提供的实际生态系统服务，相应英文表述为 actual ecosystem service 或 realized ecosystem service（Burkhard et al.，2014）。因此，生态系统服务的研究需从供给、需求及其相关联系来进行开展。在这种理念的影响下，区别于传统的"结构–功能–服务–惠益–价值"生态系统服务级联评估框架，学者们提出了"景观服务能力–景观服务流–景观服务需求"的研究框架（Fang et al.，2015）、连接生态系统与社会经济系统的供需评估研究框架（Boerema et al.，2017）等（图 1-1）。该框架通过从概念和评估框架两方面区分了生态系统提供服务的能力和生态系统服务实际的需求，表明人类需求在生态系统服务研究中的必要性，指出需要同时关注人类社会经济发展阶段和生态系统演替的动态变化造成的生态系统服务供给和需求的变化（Locatelli et al.，2014）。在此基础上，可以从生态系统服务产生、传输到使用的不同环节，开展生态系统服务与景观可持续性评价（Fang et al.，2015）。

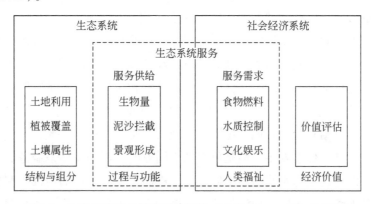

图 1-1　生态系统服务供需评估框架［改自 Boerema 等（2017）］

1.2.4.2　生态系统服务供给与需求

近年来，许多研究开始关注并强调生态系统服务的需求，针对不同的服务类型尝试对受益人的位置及需求量进行分析。供给类服务的需求可以用研究区实际消耗的能源、水和食物的数量表示（杨莉等，2012）。调节服务可以通过缺少服务后遭受损失区域来识别受益人的位置，然后以满足人类所需环境状况的调节量来确定需求总量（Stürck et al.，2014）。文化服务可以通过体验服务的人口数量来表示服务需求，如景观区内接待的游客数量（Schirpke et al.，2014）。由于目前有关生态系统服务需求的定量分析研究较少，具体指标选择还处于探讨阶段。就评价方法而言，主要是基于土地利用和社会经济调查数据对生态系统服务需求进行空间化。在大尺度分析中，也可以利用能显示夜间灯光分布的遥感数据提取人口密度等指标来反映人类需求（Ayanu et al.，2012）。与此同时，许多研究开始将生态系统服务供给与需求的空间特征相联系并分析二者的平衡状况。通常采用的方法是基于土地利用、社会经济调查数据或模型模拟分别对供给和需求进行空间化，然后再进行叠加分析。例如，在生物能源供给需求分析中，将耕地、森林作为燃料作物的供给区域，将城市、工业等用地类型作为需求区域，然后综合分析其供需空间格局特征（Kroll et al.，2012）。在量化全球授粉服务时，已有研究将昆虫栖息地作为服务供给区域，将种植区作为服务的需求区域（Serna-Chavez et al.，2014），以需求区面积大小来衡量需求强度。

1.2.4.3 生态系统服务流

在生态系统服务供给和需求分析中，需要对生态系统服务从产生到使用的传输过程进行研究，明确生态系统服务从哪里产生和在哪里被使用，即生态系统服务流的研究。生态系统服务流是供给区产生的生态系统服务，依靠某种载体，在自然因素或人为因素的驱动下，沿着一定的方向与路径传递到使用区的时空过程（刘慧敏等，2017）。理解生态系统供给和效益实现的空间关系是研究生态系统服务流动的基础，根据服务供给与使用的空间特征关系可以将生态系统服务分为全球非邻近、局部邻近、流动方向性、原位性和使用者迁移性5种类型（Costanza，2008；马琳等，2017）。相应地，生态系统服务流分为原位服务流、全向服务流和定向服务流3种类型（Fisher et al.，2009；肖玉等，2016）。土壤产生的支持服务，其供给和使用在同一位置或区域内，属于原位服务流；空气净化、碳汇等调节服务往往是在某一位置发生，但是可以从不同方向传输到使用该服务的区域，属于全向服务流；而上游地区生态系统控制土壤侵蚀，进而为下游提供的侵蚀控制服务，只能沿着水系从上游到下游这一固定方向进行传输，属于定向服务流。生态系统服务的传输通常要借助某种生物或者非生物的媒介，这种媒介可能是某种物质、信息或者能量，如水源供给服务需要通过河流向人类提供服务，旅游文化服务则是通过公路、铁路等交通使人类获得服务（Bagstad et al.，2013）。在生态系统/景观服务供给–流动–需求研究中，一般包括以下几个步骤：①确定服务供给区域与受益人群的空间位置；②确定生态系统服务传输的媒介；③刻画生态系统服务随媒介流向人类的过程与机理，并且通过过程分析，识别影响生态系统服务流的限制因素；④在明确机理与过程的基础上对生态系统服务流进行定量化与制图；⑤通过对生态系统服务实际流向人类的量与生态服务的供给能力进行比较从而测算生态系统服务的传输效率（Fang et al.，2015）。学者们利用框架分析（Bagstad et al.，2014）、模型模拟（Serna-Chavez et al.，2014）等方法，从不同角度对生态系统服务流进行了量化和制图，但由于生态系统服务从供给区到受益区流动的复杂性和动态特征，定量评价其流动过程中的消耗转移量，以及描述其确切的流动路径成为该领域研究中的难点和挑战（马琳等，2017）。

1.2.5　生态系统服务研究展望

在全球环境变化与可持续发展的宏观背景下，生态系统服务研究需要深化作用机制、供需动态与情景趋势分析，发展生态系统服务集成模型，有待在如下领域取得新的发展与突破。

1.2.5.1　生态系统服务对全球变化的响应特征和机制分析

以往研究注重不同空间尺度下的生态系统结构与过程，但辨析生态过程对生态系统服务的作用机制，以及生态系统服务间权衡关系的时空动态研究仍有待于深化，尤其需要加强耦合气候变化与生态系统服务、人类活动与生态系统服务动态分析。因此，亟待明确全球变化背景下，生态系统结构、过程对生态系统服务时空格局的影响机制与演变趋势，进而提出适应全球变化的生态系统可持续管理对策。

1.2.5.2　面向可持续发展目标的生态系统服务供给、流动与需求研究

生态系统服务研究的最终目的是通过合理的生态系统管理利用，提高人类福祉，最后实现可持续发展。目前，联合国已经提出了新的 17 项全球可持续发展目标（Sustainable Development Goals，SDGs）。在未来的研究中，有待于基于 17 项全球可持续发展目标，探讨全球不同区域对生态系统服务需求的空间差异，分析不同类型生态系统服务供给与可持续发展目标间的关系，明确实现可持续发展目标所需要的生态系统服务供给和生态系统服务的流动机理，探讨生态系统服务供给和需求变化的动态特征及驱动因素，建立生态系统服务供给和人类福祉之间的动态互馈机制，进而指导生态系统的科学管理并逐步推进可持续发展目标的实现。

1.2.5.3　生态系统服务的动态评价、集成与优化

目前，生态系统服务的研究多聚焦于局地尺度，对于宏观尺度生态系统服务的时空异质性评估有待进一步加强，生态系统服务的评价研究尚未得到足够重视，需要加强生态系统服务多尺度的集成研究。同时，生态系统服务模型经历了从统计模型向过程模型的深化转变，逐步实现了多元驱动因子的整合、多重空间要素的耦合，以及多重时空尺度的衔接。在未来的研究中，有待于通过完善生态系统服务评估指标与评估方法，进一步发展生态系统服务多元耦合机理模型，集成气候和土地利用变化情景，模拟和预测气候变化对生态系统服务的影响，进行多目标优化设计。相关研究不仅能为全球和区域可持续发展多目标调控方案的制定提供理论基础，并可应用于土地利用规划和生态系统管理决策的各个

阶段。

1.2.5.4 生态系统服务与人地系统耦合

人地关系是地理学研究的核心，人地系统耦合是地理学研究的前沿领域。生态系统服务研究作为连接自然生态系统与社会经济系统的桥梁，为研究人地系统耦合提供了重要的研究思路和方法。在未来人地系统耦合研究中，有待于以景观格局、生态过程与生态系统服务、可持续性研究为纽带，耦合陆地表层系统的自然过程与人为过程，开展不同尺度的监测调查、模型模拟、情景分析和优化调控，推动地理学研究范式从格局与过程的耦合，向复杂的人地系统模拟预测进行转变。

1.2.5.5 生态系统服务与大数据集成

遥感和 GIS 技术的发展，以及多源数据可利用性的提升有效地推动了生态系统服务研究的深化，然而多源异构数据同化能力的不足导致了生态系统服务评估数据源仍存在明显的不确定性，制约了生态系统服务演化机制的揭示。模型模拟和预测一方面极大地促进了生态系统服务的评估和动态变化研究，另一方面又容易在不准确的数据源输入下得出误导性的结论，不利于未来可持续的生态系统管理。依托日益提升的地理空间大数据信息挖掘水平，整合多尺度下生态系统服务局地供给、生态系统服务区域需求、生态系统服务管理目标等多要素、多过程的参数信息，研发基于大数据集成的生态系统服务权衡分析模块和多目标优化模块，为区域、国家和全球生态系统服务的可持续管理提供更加精准可靠的决策支持。

当前变化环境下生态系统的复杂性导致生态系统服务研究面临一系列的挑战。由于生态系统服务理论是在自然生态系统中产生的，生态学家需要界定人类活动对服务供给单元和需求的影响，以便深入理解人类史背景下生态系统服务的供给需求和流动机制。在生态系统服务评估方面，需要考量生态系统服务指标之间的关系，同时要考虑服务涉及的生态过程的不确定性，综合分析服务供给、生态系统管理和景观改造等方面。此外，目前缺乏对服务交互关系的深入研究及其统计分析框架的构建。同时，关于生物多样性与生态系统服务的研究往往侧重于小空间或短时间尺度，但生态系统保护的研究往往侧重于大空间尺度。因此，未来研究需要解决尺度转换问题，以便更好地实现对生态系统的有效管理和优化调控。

1.3 格局–过程–服务–可持续性

景观格局、生态过程、生态系统服务和可持续发展之间存在着密切的耦合关系。景观格局塑造和驱动着生态过程及其变化，生态过程也向景观格局做出一定的反馈，成为塑造不同景观格局的重要因素，景观格局及生态过程的时空分布变化影响着生态系统服务的供给。本节系统地分析了景观格局、生态过程与尺度、生态系统服务和区域可持续发展的耦合关系。

1.3.1 格局–过程–尺度

景观生态学中的格局（Pattern）指的是空间格局，包含了景观组成单元的类型、数目，以及空间分布与配置；过程（Process）更侧重于事件或现象的发生和发展的动态特征；尺度（Scale）是指研究某一物体或现象时所采用的空间或时间单位，也可以指某一现象或过程在时空上所涉及的范围和发生的频率。景观格局的变化（包括土地利用类型、景观面积和形状的变化）会引起相关生态过程的响应。例如，植被覆盖度的提高，可有效地遏制土壤侵蚀、增强水源涵养等。就过程而言，其可以广义地分为自然过程（元素和水分分布与迁移、径流与侵蚀等）和社会过程（交通、人口和经济发展等），这些过程是塑造或改变景观格局的动因之一。例如，种群的繁殖、竞争、灭绝等活动引起了植被类型的变化；水分、泥沙及养分的运移也会引起土壤类型、土壤水分与养分空间格局的变化。因此，景观格局也可以理解为各种自然与社会演变过程中的某一时间段内的景观状态。

景观格局与过程的相互作用，驱动着社会–生态系统的动态发展。格局与过程间的相互作用具有强烈的尺度依赖性（陈利顶等，2008）。针对坡面、小流域、流域、区域等不同尺度，主导的格局、过程特征和研究方法均存在一定的差异。例如，围绕水源涵养，较小的坡面尺度常利用储水量估算法，而大尺度多采用来水量平衡法或利用 Grace 卫星等的数据进行估算（Gao and Shao，2012；Tetzlaff et al.，2014；Zhao et al.，2016）。随着研究尺度的上升，景观格局与过程之间通常会表现出复杂的非线性关系（吕一河等，2007；陈利顶等，2008）。由于地理学中的尺度效应，基于小尺度研究的认知与结果，不能不加限制地进行尺度上推；某种特定的格局是否与某种特定的生态过程互为因果，也应该结合研究对象和研究尺度进行具体分析。因此，当研究的分析尺度与所研究对象的表征尺度相匹配时，格局与过程间的关系才能被更稳健地揭示（Zhang，2006；Wu et al.，2014）。总之，过程产生格局，格局作用于过程，格局与过程的相互作用具有尺度依赖性（邬建国，2004；傅伯杰，2014）。

自然环境和人类活动特征均表现出较大的空间异质性，在不同尺度上开展这些异质性环境下的格局与过程的耦合研究是地理学研究的核心议题（邬建国，2004；傅伯杰，2014）。耦合研究的方法主要有直接观测和系统分析与模拟（吕一河等，2007；傅伯杰等，2010；傅伯杰，2014；冯舒等，2017）。直接观测法通常是基于在样地、坡面、小流域等小尺度开展的定位监测与控制实验，建立起景观格局与生态过程之间的定量关系。同时，大规模样带调查和中国生态系统研究网络（CERN）等长期生态研究网络，为从不同时间尺度上揭示格局与过程的耦合关系提供了可能。在较大的尺度上，格局与过程耦合的研究涉及社会、经济、生态、政治环境等多重因素的影响，具有相当的复杂性（Tress et al.，2001；Haber et al.，2004），而多假设情景下的模型模拟则成为破题的有力途径。例如，SWAT 分布式水文模型，可用于模拟流域的水沙变化、水土流失空间格局等，在水文生态过程与土地利用格局演变方面得到了广泛的应用。近年来，在对地观测技术、计算机等学科发展的驱动下，不同时空分辨率的土地覆盖、植被指数、气象水文、社会经济等多参数数据产品快速涌现，为精确地描述不同时空尺度下的格局与过程耦合的显性表达与机理解释提供了数据来源。小尺度的观测成果在模型率定、数据输入、机理解释和模型发展等方面可以作为较大尺度系统分析与模拟的基础（傅伯杰和张立伟，2014）。系统的微观观测和实验，为宏观格局表征和管理策略的制定提供了可靠的依据，而宏观格局的规划和管理反过来强化了微观研究的实践意义（孙然好等，2021）。此外，大尺度的模型模拟工作可以明晰景观格局变化下的环境效应，并进行百年尺度的情景推估。这为调控人类活动、改善景观管理效率，以及保障区域可持续发展等提供了重要的依据。

格局-过程的耦合作用，对生态系统服务，包括生态系统服务权衡、协同和集成等，都产生了深远的影响（孙然好等，2021）。在快速城市化的背景下，人类活动对地球表层系统的影响范围越来越大，作用强度越来越深（Watson and Venter，2019）。生产和生活空间不同程度地挤占具有高生态价值的生态空间（沈悦等，2017），从格局与过程等方面损坏了由生态系统到生态系统服务的级联路径，制约了生态系统服务的供给能力。因此，基于评价、识别、调控、模拟等手段，聚焦多尺度景观格局演变特征，探究其社会-生态过程响应，明晰格局-过程的耦合互馈机理，能够为保障生态系统服务供给与改善区域人类福祉提供认知基础和实践途径。

1.3.2 生态过程与生态系统服务

生态系统服务是人类从生态系统中所获得的各种惠益，能够有效地链接自然环境与人类福祉，基于生态系统服务供给（生态系统服务恢复与提升）与需求（人类福祉改善）关系，能够有效地链接自然生态系统与社会人文系统，为耦合自然过程与社会人文过程、研究区域可持续发展提供了新的理论支撑（Zhao et al.，2018a）。已有的生态系统服务研究逐渐丰富了"格局-过程-服务"的研究范式（傅伯杰和张立伟，2014；赵文武等，2018）。目前，生态系统服务研究正在从侧重单一生态要素、单一生态过程的研究向多要素综合、多过程综合，以及格局与过程耦合、过程与服务耦合、自然与人文过程耦合等陆地表层系统集成的方向发展。影响生态系统服务的因素包括自然生态因素和社会经济因素，涵盖地形、土壤、生物、气候、土地利用、社会经济等多个方面。其中，地形、土壤、生物和气候因素是生态系统和地理单元的基本组成要素。生态系统结构与地理空间格局影响着生态过程，进而决定着生态系统服务的时空分布。土地利用变化直接改变生态系统的结构与功能，进而影响生态系统服务的变化。

生态系统服务作为连接生物物理过程（自然生态系统）和人类福祉（社会经济系统）的桥梁，是实现地理–生态过程集成分析的重要的研究路径。以土壤保持服务为例，自然界中的泥沙主要受侵蚀产沙、运移沉积等过程的影响。生态系统的土壤保持服务可以理解为自然生态系统对泥沙的产生、运移、沉积等过程的影响，使得泥沙在时间、空间、数量上发生变化，主要表现为侵蚀产沙量和河流输沙量的减少，从而达到对侵蚀的调节控制作用。泥沙从陆地产生到运移至海洋是一个复杂的动态过程，在这个过程中，生态系统保持的土壤总量不仅包括在地块尺度上由于植被覆盖和管理措施减少的土壤侵蚀量，还应包括泥沙运动过程中被植被拦截的量，以及由于平原、湖泊、河道、水库大坝等地形和人类活动引起的泥沙沉积量。土壤保持服务的评估应包括两部分，即针对自然系统的土壤保持服务供给评估，以及针对人类系统的人类受益评估。

生态系统的组成、结构和过程可以概括为生态系统的完整性，它反映了生态系统的抵抗力和恢复力，代表了生态系统提供生态系统服务的能力或潜力。在生态因子中，水、土壤和碳在调节生态系统过程中起着核心的作用，具有很强的时空尺度依赖性，为人类提供了重要的服务。生态系统服务产生的基础是生态系统的结构与过程。例如，坡度坡长直接影响径流冲刷和侵蚀泥沙的运移，而土壤侵蚀产沙、运移沉积过程决定土壤保持服务供给能力的大小。生态过程的演变与发展则影响着陆地表层系统结构和功能的形成，同时系统结构和功能决定生态系统服务供给的空间结构组成及服务类型、数量和质量。自然生态系统过程及其强度的地域分异是生态系统服务空间异质性的成因之一。同时，不同生态过程之间往往存在着交互作用，使得生态系统服务之间呈现出协同抑或权衡的作用关系。例如，泥沙运移和水质变化等过程通过水流流动而存在相互作用关系，因此河流生态系统提供的径流调节、泥沙调节和水质净化三种服务会存在协同关系。此外，生态系统服务会在自然因素或人为因素的驱动下，依靠某种载体，沿着一定的路径由供给区传递到使用区，这一过程也称为生态系统服务流。在内外力作用下，各种自然生态过程持续不断地发生发展是生态系统服务空间流动的基本动力。例如，泥沙调节和涵养水源服务通过水文循环过程可以实现服务的空间位移；风力传粉服务能够通过大气循环和气体流动产生服务流；昆虫传粉服务则通过生物的运动过程产生服务流。多个生态过程的综合作用导致的服务流是更为常见的现象，如在植被–土壤–水体综合体的作用下形成并输送水质净化服务这一现象。生态系统服务研究力求涵盖生态系统的多过程、多要素，从而准确揭示生态系统服务形成机制，预测生态系统服务的变化，进而应对全球环境变化。

1.3.3 生态系统服务与可持续性

可持续发展是 21 世纪重大的全球性研究议题，也是全球发展的优先事项。可持续发展被定义为"既满足当代人的需求，又不损害后代人满足其需求的能力"（Brundtland，1985）。在气候变化、生态退化、资源掠夺、区域发展失衡等全球性危机日益加剧的形势下，2000 年联合国通过了《千年宣言》，确定了"千年发展目标"（Millennium Development Goals，MDGs）。2015 年，联合国通过了《变革我们的世界：2030 年可持续发展议程》，提出了 17 项可持续发展目标（Sustainable Development Goals，SDGs），以承接"千年发展目标"，并对 2016～2030 年全球可持续发展提出了新的目标和要求（UN，2015）。17 项 SDGs 及其 169 项具体目标（Targets）涉及无贫穷、零饥饿、人口健康、性别平等、优质教育、资源安全、气候变化，以及生态系统保护等多个领域，强调了统筹社会、经济和生态环境三个方面的可持续发展路径。可持续发展目标框架的提出，进一步丰富和明确了可持续性的内涵，将可持续发展从一个概念性的政治议程，转变为数据和科学手段可以支撑的量化标准（Stafford-Smith et al.，2018）。而生态系统服务研究的最终目的是通过合理的生态系统统筹管理，提高人类福祉，进而实现可持续发展目标（赵文武等，2018）。因此，可持续发展目标可以视作生态系统服务优化调控的引领靶向。

生态系统服务到景观可持续性的延伸，体现了从关注生态系统服务的潜在供给，外延至生态系统对人类福祉的长期提升，以及对区域可持续性改善的贡献。早在联合国组织的《千年生态系统评估》报告中，就将生态系统服务作为人类福祉的影响因素，明确提出生态系统服务与福祉的密切关系（MEA，2005）。已有研究表明，生态系统服务与农牧民的劳动机会、水源、粮食和生产资料供给、空气质量，以及食品安全等福祉关系密切（杨莉等，2010；代光烁等，2014；蔡国英等，2014）。这些案例强调了生态系统服务提升对改善个人生计和人居环境的作用。生态系统服务对人类福祉的贡献受到社会、生态等因素的影响，包括土地利用类型（Wang B et al.，2017；Wei et al.，2018）、人为干预（Delgado and Marín，2016），以及政策管理实践等（Zhao et al.，2021）。Cumming 等（2014）提出了红-绿循环（Green-Red Loop）模型，认为随着城市化和农业集约化，人类-自然系统将从高度依赖当地生态系统服务（Green-loop），转变为高度依赖非生态系统服务，或者社会经济服务（Red-Loop）。这一观点强调了生态系统服务对人类福祉贡献的阶段性变化。在此推动下，相关研究以关注生态系统服务对人类福祉的贡献为重点，逐渐形成了"生态系统结构-过程与功能-服务-人类福祉"的级联框架（Potschin-Young et al.，2018）。但随着人类社会经济复杂系统作用变得愈发强烈，相较于侧重于个体状态的人类福祉，可持续发展目标多基于区域的统计数据，更适用于全面反映区域的自然社会系统的发展状态。Wood 等（2018）和 Yang 等（2020）发现气候调节、水源供给、粮食供给、生物多样性等服务与 SDG15、SDG13、SDG14 和 SDG6 等多个可持续发展目标关联紧密。这些工作强调了基于生态系统服务的解决方案可以为可持续发展目标的实施提供可能的助力。在地理学研究向人地系统耦合深化的过程中，目前对于生态系统服务的内涵理解与评估逐渐从传统的经济价值产出，转向了其对个体人类福祉与区域可持续性所发挥的效用。通过链接自然系统与社会系统，综合量化生态系统服务的价值。

生态系统服务与可持续性研究的应用终端是为区域生态文明发展与可持续管理提供理论依据。因此，探明生态系统服务到可持续性的反馈链条，也是决策管理的迫切需要。以生态系统服务的供给作为驱动表征，以个体的需求偏好、主观感知，区域的可持续发展目标进展作为不同尺度可持续发展水平的表征，在此基础上，系统梳理服务到可持续性的内在传导关系，识别和诊断生态系统服务与可持续性各要素间的交互胁迫关系，综合凝练区域可持续管理的优化调控政策与规划应用策略，以期为缓解服务与可持续性失调的矛盾、优化国土空间、推进生态文明建设提供重要的决策和实践参考。

1.3.4 人地系统耦合研究的新范式

近几十年来，人类活动对陆地表层影响的范围、强度和幅度不断扩大，全球可持续发展面临的威胁不断增加，其中社会面临的主要挑战之一是如何科学地理解和管理人类与自然之间的复杂互动（傅伯杰，2018）。面向深入理解现代环境变化机理和准确预测未来变化趋势的可持续发展科学诉求，需要耦合自然与人文要素与过程，通过发展系统整体的综合方法，探讨变化环境下的自然要素与人文要素的耦合机制和陆地表层系统动态的变化特征（傅伯杰，2018），即发展人地系统耦合研究。

人地系统耦合是地理学研究的核心内容。人地系统耦合强调自然过程与人文过程的有机结合，注重知识–科学–决策的有效链接，通过不同尺度监测调查、模型模拟、情景分析和优化调控，开展多要素、多尺度、多学科、多模型和多源数据集成，探讨系统的脆弱性、恢复力、适应性、承载边界等问题。人地系统耦合的核心是理解人类系统和自然系统之间复杂的双向反馈机制。国际上对人地系统耦合主要有四种表述方式：人与环境耦合系统（Coupled Human- Environment System，CHES）（Turner et al.，2003；Srinivasan et al.，2013）、社会生态系统（Social- Ecological System，SES）（Srinivasan et al.，2013；Mitchell et al.，2015）、人地耦合系统（Coupled Human and Natural System，CHANS）（Qi et al.，2012；Liu et al.，2013）、自然–人类耦合系统（Coupled Natural and Human Systems，CNH）（Fu et al.，2018）。目前，人地系统的耦合研究经历着快速发展，正在从直接相互作用深化为间接相互作用，从邻域效应发展为远程耦合，从局地尺度拓展到全球尺度，从简单过程演化为复杂模式。在这个研究过程中，具有导向性的总体研究框架则是人地系统耦合研究的重要理论基础。

生态系统服务作为耦合自然过程与社会过程的桥梁与纽带，为人地系统耦合研究框架提供了新的理论支撑（图1-2）。近年来，学者们在探讨景观格局与生态过程作用机制、辨析生态系统服务权衡/协同机制及其与景观可持续性的互馈关系中，逐渐形成了"格局–过程–服务–可持续性"的研究范式（赵文武和王亚萍，2016）。将该研究范式应用到人地系统耦合研究过程中，其基本内容可以表述为针对某一区域，探讨地理格局与过程作用机制，进行生态系统服务权衡与协同分析，辨析生态系统服务动态变化与人类福祉、可持续性的互动机制，进而有效地链接自然生态系统和人类社会系统，为区域土地利用规划与生态系统服务优化调控提供科学依据（赵文武等，2018）。

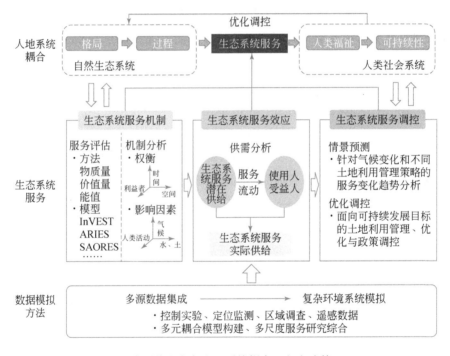

图 1-2　生态系统服务与人地系统耦合（赵文武等，2018）

生态系统服务研究注重科学与决策的衔接，生态系统服务研究也呈现出明显的空间转向、决策转向和综合转向的趋势（李双成等，2014；傅伯杰等，2017）。依托土地利用的情景分析，估算生态系统服务的供给，进而指引生态资产核算、土地利用与生态管理决策，改善人地关系是当前国内外生态系统服务研究的前沿领域（Goldstein et al.，2012；欧阳志云等，2016；彭建等，2017；赵文武等，2018）。然而相比于生态系统服务的理论认知与区域实践的快速发展，生态系统服务模型，尤其是国产模型的研发却相对滞后。目前，广泛应用的模型的重点在于不同服务的定量估算和权衡/协同关系的分析，但是在情景分析、空间优化、决策支持等方面相对欠缺，限制了生态系统服务从供给评估走向区域可持续管理的可能。国务院先后颁布《全国主体功能区规划》《全国生态功能区划》《中国落实 2030 年可持续发展议程国别方案》等文件，明确强调了构建生态系统安全格局。党的十九大报告也提出"要提供更多优质生态产品以满足人民日益增长的优美生态环境需要"，凸显了自然资源优化配置和生态系统综合管理的实践需求。面向生态系统服务区域集成研究趋势和国土空间治理对空间优化的决策需求，未来的研究需要发展"服务评估–权衡分析–空间优化"全周期的生态系统服务模型，进而为生态系统综合管理、自然资源合理配置，以及国土空间格局优化等提供科学有效的技术支撑。

第二篇

景观格局与生态过程

|第 2 章| 黄土高原植被恢复与景观变化

黄土高原经历大规模退耕还林后，植被覆盖发生了巨大的变化。在局地尺度上，往往通过植被群落和功能性状刻画植被恢复的时空变化特征（McGill et al., 2006）；在区域尺度上，则通过遥感和景观格局分析技术探讨区域景观格局变化特征。本章综合采用野外调查、遥感指数提取、景观格局分析等技术方法，在小流域尺度上，探讨不同植被类型植物功能性状随植被恢复年限和植被带的变化特征，揭示植被恢复机理；在区域尺度上，分析NDVI和土地利用的景观变化规律；从而在微观尺度和宏观尺度两个方面把握黄土高原植被恢复与景观变化特征，以期为黄土高原土地利用和生态系统管理提供支撑。

2.1 植物群落和功能性状的时空变化特征

在传统研究上，景观格局的形成和生态过程大多是通过分析植物物种组成与植被群落特征的时空变化来分析内在的机理过程（McGill et al., 2006）。近年来，随着功能生态学的兴起和发展，植物功能性状特征被用于解决一些生态研究的基本问题（Kooyman and Westoby, 2009）。植物功能性状被定义为"从细胞到个体，可测量的任何形态、生理和生化等特征"（Garnier et al., 2017），植物功能性状影响植物物种的适应性，影响生长、繁殖、资源利用等（Garnier and Navas, 2012）。由于物种间的植物性状有很大差异，不同植被类型植物功能性状的变化对生态系统过程和服务的影响尤为重要（McLaren and Turkington, 2010）。本节基于野外调查，分析不同植被类型植物功能性状随植被恢复年限和植被带的变化，同时，对同一植被带不同演替阶段自然草地间的植物功能性状进行分析，探讨植被恢复对植物功能性状时空变化的影响机制，为黄土高原植被恢复提供科学理论依据。

2.1.1 研究区概况及样点布设

2.1.1.1 大南沟小流域

大南沟小流域（109°16′E～109°18′E，36°54′N～36°56′N）位于黄土高原的延河流

域，属典型的黄土丘陵沟壑区（图 2-1）。流域占地面积约 3.5km²，主沟道长 1.6km，平均海拔 1200m。流域年平均气温为 9℃，7 月平均气温可达到 22.5℃，1 月平均气温约为 −7℃。年平均降水约为 520mm，降水量较多的月份出现在 7 ~ 9 月。研究区的土壤类型主要为黄绵土，占总面积 81%，土质疏松、抗蚀抗冲性差，土壤侵蚀剧烈，流域内垦殖指数高，自然植被破坏殆尽（Qiu et al., 2001a）。该区域是森林和草原交错的区域。当前的土地利用类型包括乔木林地、灌木林地、草地、农田、果园和居民区。

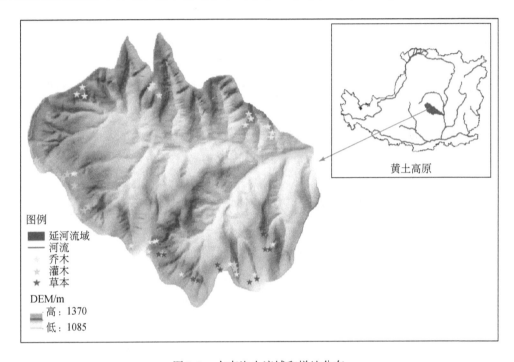

图 2-1　大南沟小流域和样地分布

　　大南沟小流域共设置了 48 个样地，其中 24 个刺槐样地（阳坡和阴坡各 12 个）、12 个柠条样地和 12 个自然恢复草地。每种植被类型的恢复年限分别为 10 年、20 年、30 年和 40 年，自然恢复草地的年龄是指从退耕自然恢复到调查年份的年限。植被恢复年限是通过对研究区多年的实验监测和与当地农民访谈获得的。所有样地的海拔、坡度和地形均保持基本相同，阳坡和阴坡的方向分别为 90° ~ 270° 和 0° ~ 90° 或 270° ~ 360°。样地的选择尽量选取退耕前种植相同农作物的样地。刺槐样地、柠条样地和自然恢复草地的样方大小分别为 100m²（10m×10m）、25m²（5m×5m）和 4m²（2m×2m）。在每个样地中选择三个取样点作为重复样本（将每个样地分成相等面积的四个正方形，并在左上和右下正方形的中心点，以及整个样地的中心点取三个样本作为三个重复样本），以确保实验数据的准确性。

2.1.1.2 延河流域

延河流域（108°45′E ~ 110°28′E，36°23′N ~ 37°17′N）位于陕北黄土丘陵沟壑区（图2-2），它是黄河中游的一级支流。流域总长度为286.9km，总面积为7867km²。黄土丘陵沟壑区面积占整个流域的90%。流域的植被退化加上人类活动的干扰，加剧了土壤侵蚀和地质灾害。该流域属于温带大陆性半干旱季风气候，年平均温度为8.8 ~ 10.2℃，年平均降水量约为500mm。降水和温度从东南到西北表现出明显的下降趋势。植被随环境梯度的变化也很明显，从北向南依次为草原带、森林草原带和森林带，基本信息见表2-1（Zeng et al.，2018）。

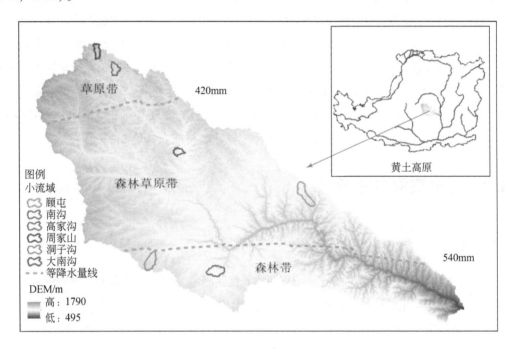

图 2-2　延河流域的位置及六个小流域的分布

表 2-1　三个植被带气候和植被信息

植被带	年平均降水量/mm	年平均温度/℃	造林物种	自然恢复草地优势种
草原带	395	7.8	刺槐、柠条	铁杆蒿（*Artemisia gmelinii*）、茭蒿（*Artemisia giraldii*）和百里香（*Thymus mongolicus*）等
森林草原带	490	8.6	刺槐、柠条	铁杆蒿、长芒草（*Stipa bungeana*）和白羊草（*Bothriochloa ischaemum*）等
森林带	550	8.6 ~ 9.5	刺槐、柠条	铁杆蒿、长芒草和赖草（*Leymus secalinus*）等

在 2017 年，对延河流域进行了实地调查、野外实验样品采集及一些室内样品的测量。选择了 6 个有代表性的小流域来设置样地，包括草原带的周家山小流域（ZH）和高家沟小流域（G），森林草原带的大南沟小流域（DN）和顾屯小流域（GT），以及森林带的洞子沟小流域（D）和南沟小流域（N）。在每个小流域设置不同植被类型的样地（刺槐样地、柠条样地和自然恢复草地），其中自然恢复草地选择以铁杆蒿为优势种的样地，这些样地的植被恢复年限均控制在 20 年。同时，还设置了不同群落的自然恢复草地，主要根据退耕后的演替顺序选取样地，按照演替顺序依次为猪毛蒿（Artemisia scoparia）样地、铁杆蒿样地、赖草样地和长芒草样地。其中，铁杆蒿样地就是不同植被类型样地中的自然恢复草地，恢复年限为 20 年，其余三个群落的样地并不是恢复 10 年、30 年和 40 年的样地，只是演替顺序为猪毛蒿样地、铁杆蒿样地、赖草样地和长芒草样地。设置不同群落自然恢复草地主要是分析各植被带中不同群落自然恢复草地间功能性状的变化。因此，在延河流域的每个植被带均设置了刺槐样地、柠条样地、猪毛蒿样地、铁杆蒿样地、赖草样地和长芒草样地，每种类型的样地至少设置 3 个重复，即每个小流域至少设置 18 个样地。最后在整个流域共设置 110 块样地。采样点在每个样地中的位置及样地的大小同大南沟小流域。另外，尽量选择海拔、坡度和坡向无显著差异且退耕前农作物相同的样地。

2.1.2　数据获取与分析

2.1.2.1　数据获取

植物功能性状数据来源于群落样方调查和功能性状测定。利用大南沟小流域和延河流域的功能性状指标测定结果，分析不同植被类型在不同时空变化下地上、地下功能性状的变化。

1）群落样方调查

乔木样方进行每木检尺，记录每棵乔木的种名、种数、高度、盖度、冠幅、多度、胸径、基径、枝下高及生长状况（主要看枝条和叶子有无枯死的现象）；灌木样方首先要记录灌木的丛数，其次记录每丛灌木的种名、高度、冠幅、盖度、株数，最后记录每个物种的丛数；草本样方需要记录种名、种数、高度、盖度和多度。其中，乔木高度用测高仪测量；乔木枝下高，以及灌木和草本的高度、冠幅用钢卷尺测量；盖度用拍照法；胸径和基径用卷尺测量。

所有样方均需记录样方的总盖度、枯枝落叶层厚度。海拔和经纬度用 GPS（Garmin dTrex 30）测量；坡向和坡度用罗盘测量。

2）地上部分功能性状采集和测定

在每个样方中选取群落的几个优势种（总盖度占群落总盖度的 95% 以上）进行叶子

采集，每个物种至少对 10 个个体进行取样，从 4 个不同方位的枝条上选取叶片各 15 片用于测定叶片指标。以下是植物地上部分功能性状测量方法：叶面积（Yaxin-1241 叶面积仪）、叶长和叶宽（钢尺）、叶厚度（游标卡尺）、叶干重（烘干称重）、比叶面积（比叶面积=叶面积/叶干重）、叶组织密度 [叶组织密度=叶干重/叶体积（叶体积=叶面积×叶厚度）] 和地上生物量（乔木样地和灌木样地采用生物量异速生长模型来估算，草地样地是将地上部分全部剪下带回实验室烘干称重）。

3）地下部分功能性状采集和测定

选取群落内植物分布较均匀且较为平整的地面，用剪刀将地表的杂草剪去，用毛刷去除地表枯落物。用取样器（长 20cm、宽 10cm、高 10cm）分别取出不同土壤层（0～20cm、20～40cm 和 40～60cm）的原状土，每层有 3 个重复。将所有原状土带回实验室，在进行土壤分离能力测定后洗出所有根系。以下是植物地下部分功能性状测量方法：根长、根表面积、根平均直径和根系体积（WinRHIZO 根系分析系统）；根干重（烘干称重）；比根长（比根长=根长/根干重）；根组织密度（根组织密度=根干重/根系体积）；根长密度（根长密度=根长/取样器体积）；根重密度（根重密度=根干重/取样器体积）。

2.1.2.2 数据分析

对每个样地功能性状的分析全部用群落功能性状，地下部分功能性状本身为群落功能性状，地上部分功能性状需通过加权计算得到。我们只对盖度之和能达到 95% 以上的所有群落内物种进行加权计算，即偶见种不参与计算。公式为

$$CWM_j = \sum_i^n T_{ij}P_{ij} \tag{2-1}$$

式中，CWM_j 为样地 j 的群落功能性状；T_{ij} 为物种 i 在群落 j 内的某种功能性状值；P_{ij} 为物种 i 在群落 j 内的加权值。

数据分析用 SPSS 实现，作图用 Sigmaplot 12.5。

2.1.3 植物群落特征的变化

2.1.3.1 植物群落特征随植被恢复年限的变化

图 2-3 显示了不同植被恢复年限的刺槐人工林的群落特征。阳坡刺槐样地和阴坡刺槐样地的密度随植被恢复年限先增加后减小，在 30 年时均达到最大值。阳坡刺槐样地和阴坡刺槐的盖度随植被恢复年限呈现增加后减小的趋势，分别在 20 年和 30 年达到最大值。柠条样地的密度和盖度的变化趋势均与阴坡刺槐样地一致。由图 2-3 和图 2-4 可知，阳坡

刺槐、阴坡刺槐和柠条的高度均随年限的增加而增加，于40年达到最大值。阳坡刺槐和阴坡刺槐的胸径随着年限的增加而增加，于40年时达到最大值。自然恢复草地的盖度和高度随植被恢复年限的增加而增加。

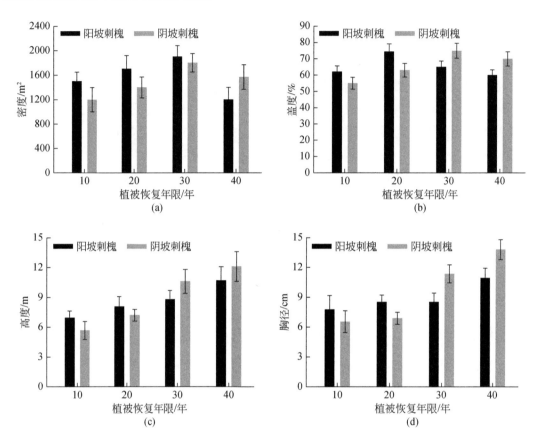

图2-3　刺槐样地的群落特征随植被恢复年限的变化

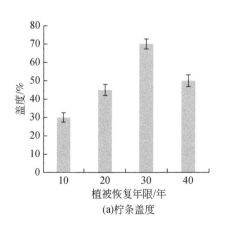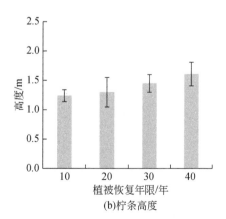

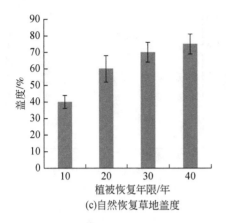

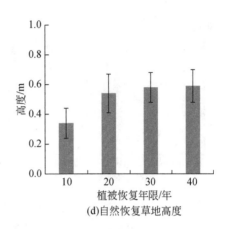

(c)自然恢复草地盖度   (d)自然恢复草地高度

图2-4 柠条和自然恢复草地的群落特征随植被恢复年限的变化

2.1.3.2 植物群落特征随植被带的变化

刺槐样地的盖度和高度为草原带<森林草原带<森林带（图2-5）。柠条样地和自然草地的盖度和高度变化趋势与刺槐样地一致。在森林草原带和森林带中，植被盖度为长芒草样地>赖草样地>铁杆蒿样地>猪毛蒿样地（图2-6）。在草原带中，赖草样地和长芒草样地

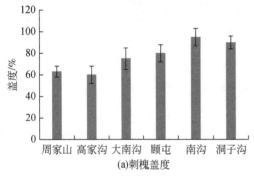

(a)刺槐盖度

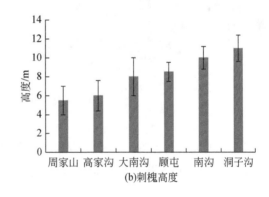

(b)刺槐高度

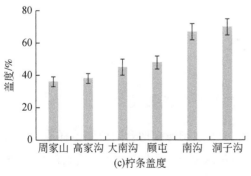

(c)柠条盖度

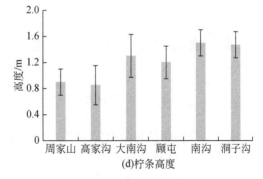

(d)柠条高度

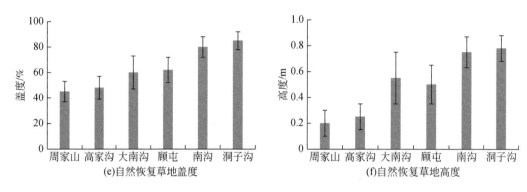

图 2-5　不同植被类型的群落特征随植被带的变化

周家山和高家沟在草原带；大南沟和顾屯在森林草原带；洞子沟和南沟在森林带

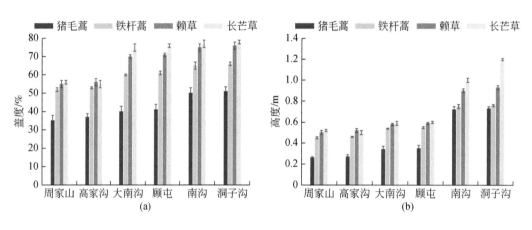

图 2-6　不同群落自然恢复草地间的群落特征

的植被盖度无显著差异。在草原带和森林草原带中，赖草样地和长芒草样地的植被高度无显著差异。上述结果均与样地中土壤的水分和养分，以及优势种的叶面积和所属科属有关。

2.1.4　植物地上部分功能性状的变化

2.1.4.1　植物地上部分功能性状随植被恢复年限的变化

地上功能性状共 6 个指标（图 2-7 和图 2-8）。阳坡刺槐样地和阴坡刺槐样地的叶面积随植被恢复年限均呈先减小后增加的趋势，分别在恢复 20 年和 30 年时达到最低（图 2-7）。叶面积在所有恢复年限均为阳坡刺槐样地<阴坡刺槐样地。柠条样地的叶面积变化趋

势同阴坡刺槐。自然恢复草地的叶面积在 30 年达到最高。不同植被类型叶厚度随植被恢复年限的变化与叶面积相反。阳坡刺槐和阴坡刺槐样地的叶厚度随植被恢复年限均呈先增加后减小的趋势，分别在恢复 20 年和 30 年时达到最大值（图 2-7）。柠条的叶厚度随着恢复年限变化趋势与阴坡刺槐一致。自然恢复草地的叶厚度变化与叶面积相反，在恢复 30 年时达到最低。叶体积是由叶面积和叶厚度决定的。阳坡刺槐样地和阴坡刺槐样地的叶体积随植被恢复年限的变化趋势和叶厚度相同。然而，柠条样地和自然恢复草地的叶体积随植被恢复年限的变化趋势和叶面积相同。叶干重与叶片形态和叶片储水量有关。阳坡刺槐样地和阴坡刺槐样地的叶干重分别在恢复 20 年和 30 年时达到最大值。柠条样地和自然恢复草地的叶干重在植被恢复 30 年时比其他年份高。人工林地（刺槐样地和柠条样地）的比叶面积随植被恢复年限的变化趋势同叶面积相同，自然恢复草地比叶面积在恢复 10 年时最小。所有植被类型的叶组织密度随植被恢复年限的变化均与比叶面积相反。

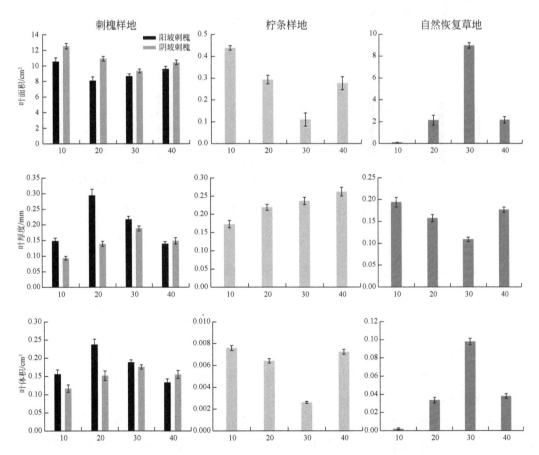

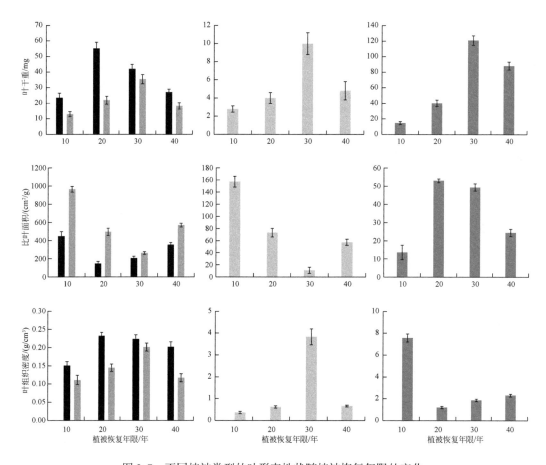

图 2-7 不同植被类型的叶形态性状随植被恢复年限的变化

2.1.4.2 植物地上部分功能性状随植被带的变化

刺槐样地的叶面积为草原带<森林草原带<森林带（图 2-8）。叶面积的大小与降水密切相关，水分充足的地方叶面积较大；干旱的地方叶面积较小，以防止水分流失。因此，森林带的叶面积最大而草原带的叶面积最小。柠条样地和自然恢复草地的叶面积在植被带间的变化规律同刺槐样地。不同植被类型间的叶面积无明显规律，这是由于物种间的叶形态不同。刺槐样地的叶厚度为草原带>森林草原带>森林带（图 2-8）。叶厚度会随干旱的增加而增加，较厚的叶片可增加水分储备，使植物安全度过干旱期。因此，草原带叶厚度最大而森林带叶厚度最小。柠条样地和自然恢复草地的叶厚度在植被带间的变化规律同刺槐样地。叶体积由叶厚度和叶面积决定，刺槐样地和柠条样地的叶体积分别为草原带>森林草原带>森林带和草原带<森林草原带<森林带（图 2-8）。刺槐样地、柠条样地和自然恢复草地的叶干重变化趋势同叶厚度，这是由于森林带植物的叶片含水量较草原带和森林草

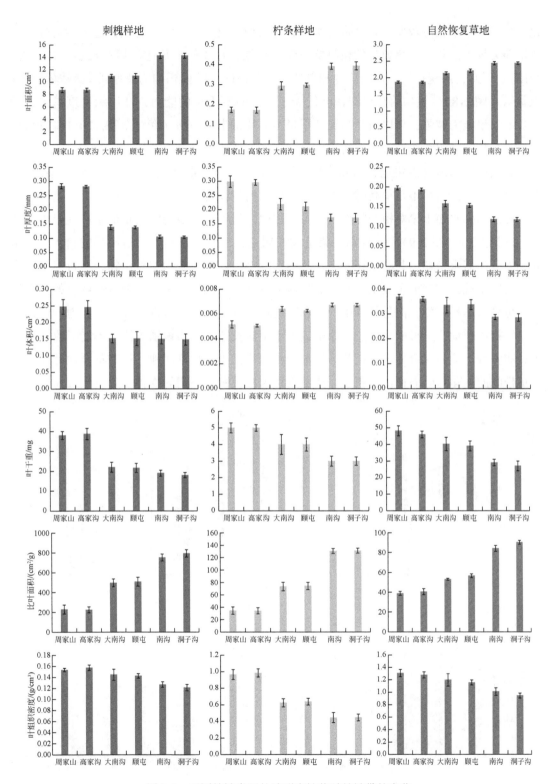

图 2-8　不同植被类型的叶形态性状随植被带的变化

原带多，叶干重相对较低。森林带的水分和养分相对较充足，叶片的生长速率相对较大且抗旱能力较差。相反，草原带的植物抗旱能力较强，叶片的生长速率相对较小（郑颖等，2015）。因此，刺槐样地、柠条样地和自然恢复草地的比叶面积均为草原带<森林草原带<森林带（图2-8）。植物的叶组织密度代表了叶片防御干旱的能力，叶组织密度越大说明叶片的耐旱能力越强，可以防止高温和干旱给叶片带来的损伤（龚时慧等，2011）。因此，草原带植物的叶组织密度最大，防御力最强（图2-8）。

自然恢复草地（退耕地）自然恢复初期土壤中水分和养分较少，首先出现的先锋种是对水分和养分需求量不是很高的植物。这些植物的特征为叶面积小、叶厚度大，这样可以减少叶片的失水使干旱对植物的伤害减少。因此，猪毛蒿样地的叶面积最小且叶厚度最大（森林带除外）（图2-9）。铁杆蒿与猪毛蒿同属菊科，它是继猪毛蒿后出现的物种，对水分和养分的需求增加，其叶面积变大，叶厚度变小。赖草属于禾本科植物，在自然恢复中期或后期出现，其叶形态决定了其叶面积最大且叶厚度较小。长芒草为自然恢复的顶级群落，也是禾本科植物，但是其叶子的长和宽均较赖草小。在草原带，长芒草样地的叶面积小于铁杆蒿样地，这可能是由于草原带过于干旱而长芒草的须根系较浅，不能吸收太多的水分和养分。然而在森林带，长芒草样地的叶面积仅小于赖草样地。长芒草样地叶厚度在植被带间的变化与叶面积正好相反。猪毛蒿作为植被恢复初期的物种，只有生长速率较低

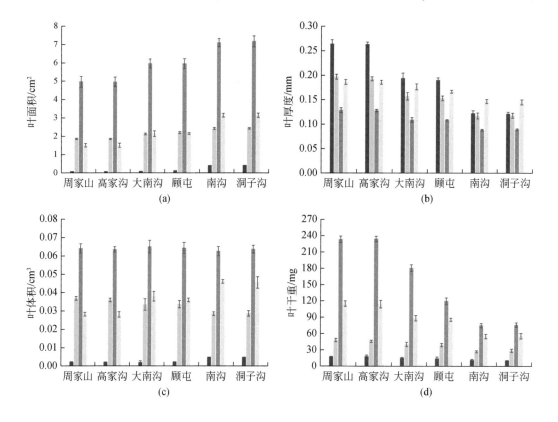

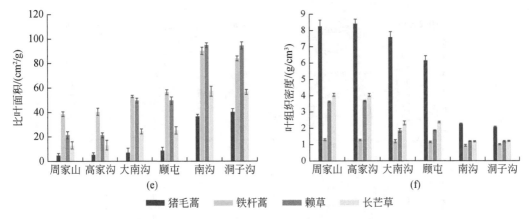

图 2-9　各植被带下不同群落自然恢复草地间的叶形态性状的变化

才能够存活。在草原带，只有赖草的比叶面积较铁杆蒿样地低，而在森林带却较铁杆蒿样地高。这也是由于草原带环境干旱而森林带相对湿润。猪毛蒿、铁杆蒿、赖草和长芒草样地各草本植物的叶组织密度在群落间的变化与叶面积正好相反。各群落间叶碳、叶氮和叶磷含量的差异主要是优势种叶形态和根系特征的差异较大所致。

2.1.5　植物地下部分功能性状的变化

2.1.5.1　植物地下部分功能性状随植被恢复年限的变化

地下部分功能性状共 10 个指标（图 2-10）。根长、根长密度、根表面积、根系表面积密度、根干重和根重密度（0～20cm）在阳坡刺槐样地和阴坡刺槐样地随植被恢复年限的变化均为先增加后减少的趋势，分别在恢复 20 年和 30 年达到最高值（图 2-10）。在柠条样地，6 个地下部分功能性状随着恢复年限的变化与阴坡刺槐一致。在自然恢复草地，6 个地下部分功能性状均随植被恢复年限的增加而增加，40 年达到最大值。6 个植物功能性状在任一植被恢复年限均为 0～20cm 土层最大，随着土层的加深呈逐渐减小的趋势。

总体上，当阳坡刺槐样地和阴坡刺槐样地的根长、根表面积和根干重达到最大时，根系平均直径和根系体积也达到了最大（图 2-10）；各植被类型在各土壤层的根系平均直径、根系体积随植被恢复年限的变化均与根长、根表面积和根重密度随植被恢复年限的变化趋势一致。比根长代表了根系的生长速率。在土层 0～20cm，人工林地的比根长随植被恢复年限的变化均与根长等一致（图 2-10）。自然恢复草地比根长随着植被恢复年限的增加在恢复 30 年达到最大值，这个结果与根长等在 40 年达到最大值不同。在 20～40cm 和 40～60cm 土层，阳坡刺槐样地的比根长在植被恢复 10 年、20 年和 30 年差异较小；阴坡刺槐样地的比根长与 0～20cm 土层中趋势一致。自然恢复草地在土层 20～40cm 和 40～60cm

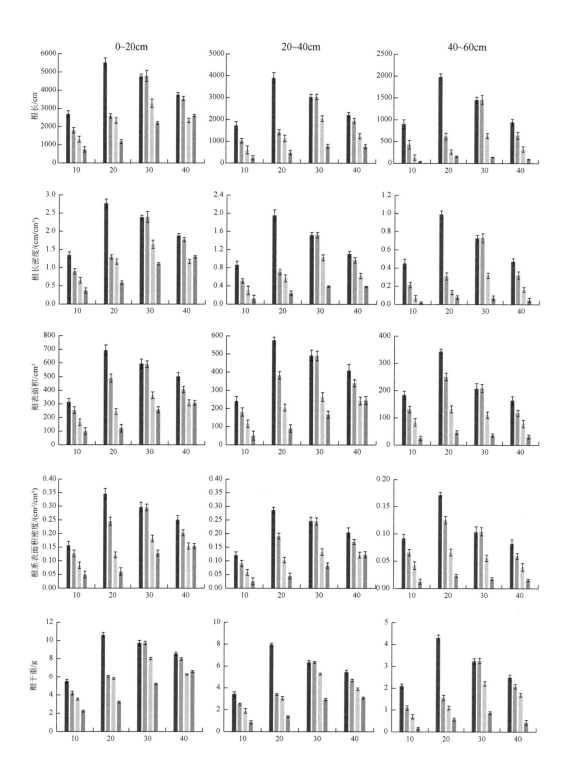

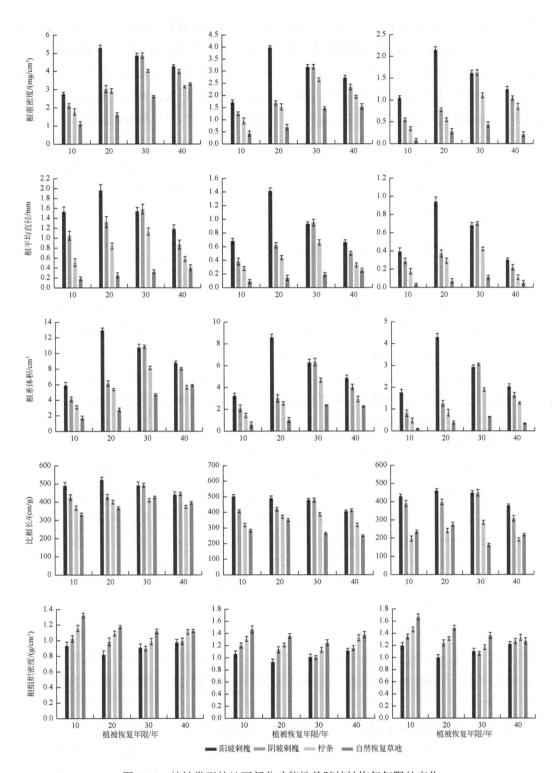

图 2-10　植被类型的地下部分功能性状随植被恢复年限的变化

的比根长在 30 年和 40 年较 10 年和 20 年低。另外，每种植被类型在任一植被恢复年限的比根长总体上均随着土壤层的加深而呈逐渐减小的趋势。在土层 0～20cm，根组织密度在阳坡刺槐样地和阴坡刺槐样地随植被恢复年限的变化趋势与比根长相反，均为先减少后增加的趋势，在恢复 20 年和 30 年时达到最低值；柠条样地的根组织密度随着恢复年限的变化与阴坡刺槐样地一致；自然恢复草地的根组织密度随植被恢复年限的增加而减小，在恢复 30 年最低。在 20～40cm 和 40～60cm 土层，各植被类型随植被恢复年限的变化趋势总体上同 0～20cm 土层一致。然而，40～60cm 土层的自然恢复草地在恢复 40 年时的根组织密度小于 30 年。另外，每种植被类型在任一植被恢复年限的根组织密度均随着土壤层的加深而呈逐渐增加的趋势。

2.1.5.2 植物地下部分功能性状随植被带的变化

刺槐样地的根长、根长密度、根表面积、根系表面积密度、根干重和根重密度在土层 0～20cm 均为大南沟和顾屯>周家山和高家沟>南沟和洞子沟，即森林草原带>草原带>森林带（图 2-11）。森林带降水较森林草原带和草原带多，土壤水分相对较充足，根长、根表面积不需要过多吸收水分和养分就可供植物地上部分生长。如果按照此规律推算，草原带的根长和根表面积应大于森林草原带，但草原带的土壤水分太少从而限制了根系的延伸，使得根长和根表面积被迫小于森林草原带。在柠条样地和自然恢复草地，6 个植物地下部分功能性状在不同植被带的变化总体上同刺槐一致。各植被类型样地的 6 个植物地下部分功能性状在土层 20～40cm 和 40～60cm 随植被带的变化总体上与土层 0～20cm 一致。对于每种植被类型来说，在任一植被带，6 个植物地下功能性状总体上均随着土壤层的加深而呈逐渐减小的趋势，与前人的研究结果一致（Geng et al.，2021）。另外，随着土层的加深，刺槐、柠条和自然恢复草地间的各地下部分功能性状的差异均逐渐增大，这可能是由于自然恢复草地的根系随土层加深显著减少，尤其在 40～60cm 土层，草本植物的 6 个地下部分功能性状（根组织密度除外）远小于 0～20cm 和 20～40cm 土层。

刺槐样地所有土层的根平均直径为森林带>森林草原带>草原带（图 2-11）。根平均直径与地上部分的盖度和高度呈显著正相关，地上部分的盖度和高度越大，就越需要较粗的根系来支撑。所有植被类型各土层的根系体积均为森林草原带>草原带>森林带（图 2-13），同根长、根表面积和根干重在植被带的变化趋势一致。另外，随着土层的加深，刺槐样地、柠条样地和自然恢复草地的根系体积均逐渐减少，变化趋势同根长、根长密度等一致。

刺槐样地的比根长在土层 0～20cm 为森林草原带>草原带>森林带（图 2-11），同根长、根生物量、根系体积在植被带的变化趋势一致。较为干旱的植被带需要提高根系生长速率来吸收水分和养分以支撑地上部分的生长，但是草原带极度缺水限制了根系的生长，

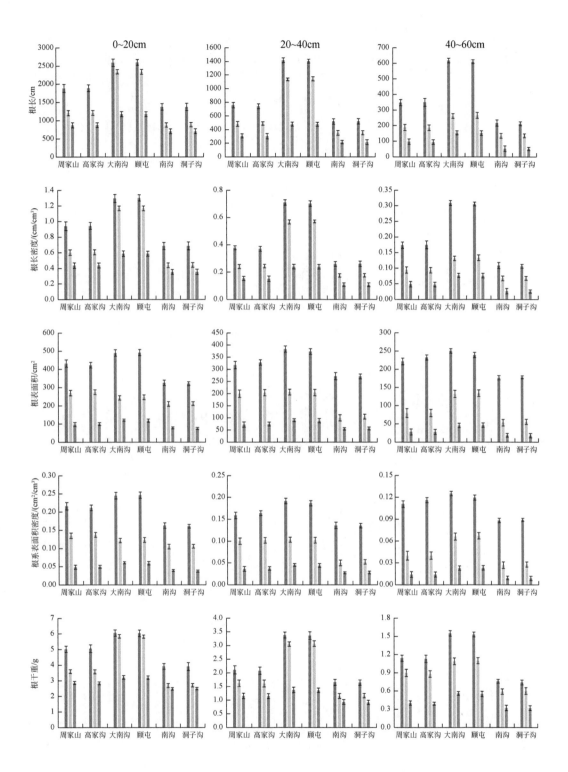

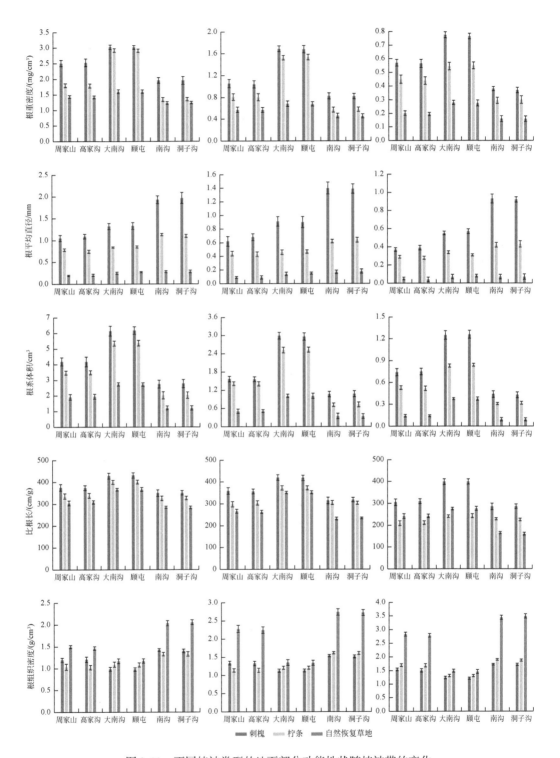

图 2-11　不同植被类型的地下部分功能性状随植被带的变化

使得草原带的比根长小于森林草原带。柠条样地和自然恢复草地的比根长也为森林草原带>草原带>森林带。不同植被类型在土层 20 ~ 40cm 和 40 ~ 60cm 的比根长随植被带的变化，以及每个植被带不同植被类型间的变化总体上与土层 0 ~ 20cm 一致。然而，在 40 ~ 60cm 土层，自然恢复草地的比根长远小于刺槐样地，这是因为自然恢复草地在 40 ~ 60cm 土层的根系较少。对于每种植被类型来说，在任一植被带，比根长均随着土壤层的加深而呈逐渐减小的趋势，但减小的幅度较根长和根系生物量小。

刺槐样地的根组织密度在土层 0 ~ 20cm 为森林草原带<草原带<森林带（图 2-11），与比根长相反。根组织密度越大说明水分的供应相对充足，根系在水分和养分上的获取更有利，根系不进行快速生长而是处于防御状态（施宇等，2011）。因此，森林带根系的防御能力最强，根组织密度最大。草原带水分的缺乏不支撑根系快速生长，因此草原带植物根系的防御能力也被迫为较森林带弱但较森林草原带强。柠条样地和自然恢复草地的根组织密度也为森林草原带<草原带<森林带。自然恢复草地的水分较充足，根系防御力最强，因此根组织密度在每个植被带均为人工林地<自然恢复草地。在土层 20 ~ 40cm 和 40 ~ 60cm，不同植被类型根组织密度随植被带的变化，以及每个植被带不同植被类型间的变化与土层 0 ~ 20cm 一致。另外，每种植被类型在任一植被带的根组织密度总体上均随着土壤层的加深而呈逐渐增大的趋势。然而，随着土层的加深，自然恢复草地的根组织密度与人工林地之间差异增大，这是由于自然恢复草地的根系随土层深度增加而显著减少且自然恢复草地地上部分耗水量远小于人工林地。

如图 2-12 所示，4 个自然恢复草地在 0 ~ 20cm 土层的根长、根长密度、根表面积、根表面积密度、根干重和根重密度均为长芒草样地>赖草样地>铁杆蒿样地>猪毛蒿样地。猪毛蒿群落对水分和养分需要量较少，因此可以作为先锋物种首先出现。铁杆蒿群落是继猪毛蒿群落出现一段时间后出现的，对养分和水分的需求较猪毛蒿群落大，铁杆蒿群落的根长较猪毛蒿群落长。随后禾本科的植物相继出现，赖草群落的地上部分需要大部分水分和养分，表层根系较菊科植物发达。长芒草群落是最后出现的顶级群落，它对水分和养分的需求也较高。在 40 ~ 60cm 土层中，禾本科植物的须根系很难达到 40 ~ 60cm 土层，赖草和长芒草群落的根长、根长密度、根表面积和根表面积密度均小于铁杆蒿群落。随着土层的加深，所有群落类型在任一植被带的根长、根长密度、根表面积、根表面积密度、根干重和根重密度均逐渐减小且 20 ~ 40cm 到 40 ~ 60cm 土层的减小幅度大于 0 ~ 20cm 到 20 ~ 40cm 土层。

禾本科植物的高度和盖度较大，因此 0 ~ 20cm 土层的根平均直径为猪毛蒿样地<铁杆蒿样地<赖草样地<长芒草样地（图 2-12）。然而在 40 ~ 60cm 土层，长芒草样地的根平均直径较小，这是由于其根系特征是须根系所致。在 0 ~ 20cm 土层，四个不同群落自然恢复草地的比根长在每个植被带均为从猪毛蒿样地到赖草样地，比根长不断增大，随着演替的

进行地上部分需水量不断增大且大部分来源于土壤表层（图2-12）。猪毛蒿样地、铁杆蒿样地、赖草样地和长芒草样地的根组织密度在各土层均为猪毛蒿样地和铁杆蒿样地>赖草样地和长芒草样地，即菊科植物群落较禾本科植物群落大。另外，各草本植物群落的根组织密度总体上均随着土壤层的加深而呈逐渐增大的趋势。

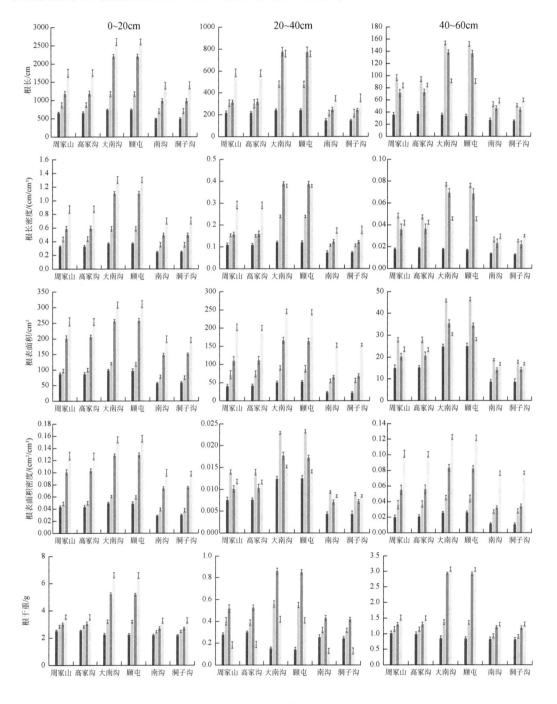

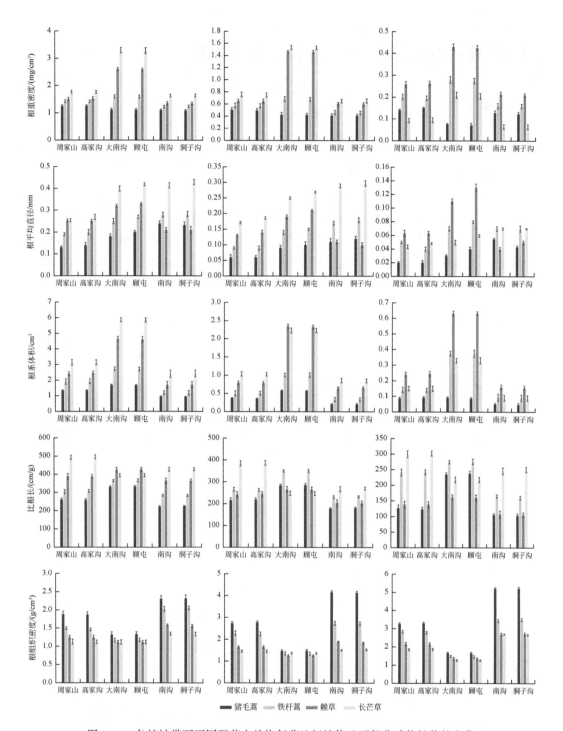

图 2-12　各植被带下不同群落自然恢复草地间植物地下部分功能性状的变化

2.1.6 植物地上和地下部分功能性状的关系

2.1.6.1 不同植被恢复年限地上和地下部分功能性状的关系

针对地上和地下部分功能性状的关系随植被恢复年限的变化，我们选取了 3 对典型的指标进行分析，分别是比叶面积和比根长、叶组织密度和根组织密度，以及叶厚度和根平均直径（图 2-13）。选择这几对指标的原因一方面是通过主成分分析（Principal Components Analysis，PCA）发现一些地上或地下部分功能性状间相关性较强，在相关性很强的性状中选择一个性状来分析；另一方面选择可以综合反映多个功能性状的指标来分析，如比叶面积是由叶面积和叶干重计算而来，反映叶片的生长速率，这样的指标可以综合反映植物对环境的适应能力。

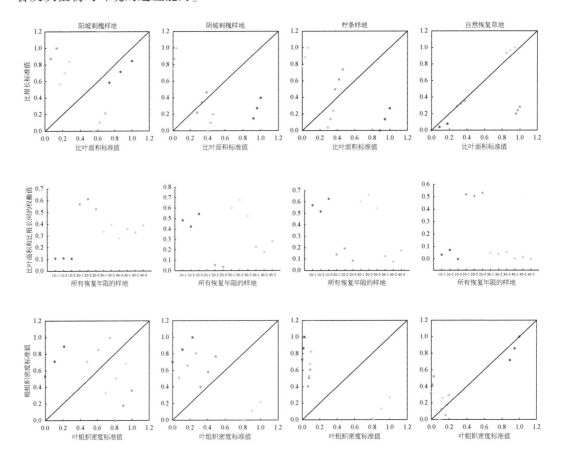

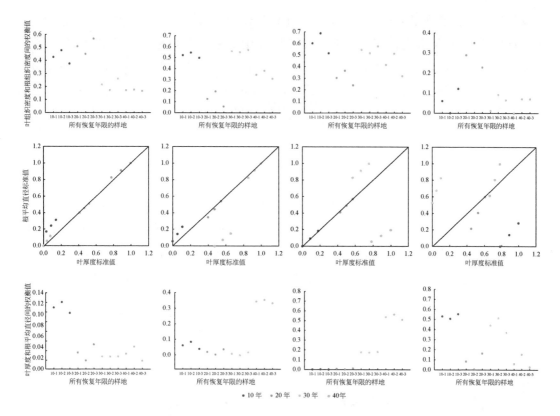

图 2-13　不同植被类型地上和地下部分功能性状权衡值随植被恢复年限的变化

10-1～10-3 表示某一植被类型下植被恢复 10 年的 3 个样地；20-1～20-3 表示某一植被类型下植被恢复 20 年的 3 个样地；30-1～30-3 表示某一植被类型下植被恢复 30 年的 3 个样地；40-1～40-3 表示某一植被类型下植被恢复 40 年的 3 个样地

　　由研究结果可知，人工林地的比叶面积和比根长的权衡值在 20 年或 30 年时最大，成熟林时期，由于缺水，植物降低了叶子的生长速率且增加了根系的生长速率。在植被恢复 10 年时，植物偏向于促进叶片的生长，在 10 年到成熟林之间逐渐偏向于促进根系生长且在成熟林时期根系生长速率最大，成熟林时期过后，随着植被恢复年限的增加，植物又开始增加叶片的生长速率并降低根系的生长速率。由于叶组织密度和根组织密度随植被恢复年限的变化趋势与比叶面积和比根长相反，因此在植被恢复 10 年时，植物根系防御性较强，在 10 年到成熟林之间根系防御力逐渐减弱且在成熟林时期最小，成熟林时期过后，植物根防御能力开始增强。人工林的叶厚度和根平均直径随植被恢复年限增加均呈先增加后减小的趋势。因此，它们的权衡值在所有恢复年限均较低。由于自然恢复草地在不同恢复年限的群落优势种不同，所有优势种的叶形态和根形态差异较大。在植被恢复 20 年时，比叶面积和比根长的权衡值最大且植物主要偏向于促进比叶面积的增加，因为此时的优势种为铁杆蒿，铁杆蒿是直根系，处于防御的状态。其余植被恢复年限的自然恢复草地的比叶面积和比根长权衡值均较小；叶组织密度和根组织密度权衡值也为 20 年最大，其余植被恢复年限叶组织密度和根组织密度均无显著差异。由于自然恢复草地在 10 年时土壤水分相对其他年限少，此时植物倾向于发展叶厚度来度过干旱环境。随着演替的进行，植被恢复 30 年的群落优势种变为禾本科植物，其叶厚度较小且根平均直径相对较大，这是由于地上部分需水量较多，植物倾向于发展根系来吸收水分供地上部分生长。

2.1.6.2 不同植被带下地上和地下功能性状的关系

由图 2-14 可知，从草原带到森林草原带植物均偏向于发展根系，但从森林草原带到森林带植物更偏向于发展比叶面积，因为在森林带植物不需要发展较多根系来吸收水分。叶组织密度和根组织密度随植被带的变化趋势与比叶面积和比根长相反，森林草原带的根组织密度比草原带更弱，但从森林草原带到森林带，随着土壤水分的增加，植物根组织密

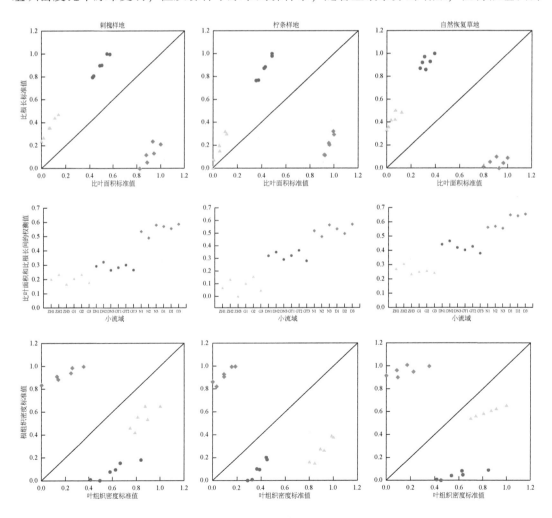

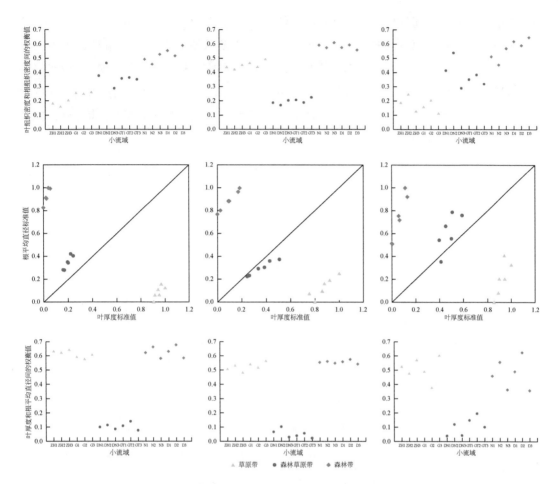

图 2-14　不同植被类型地上和地下部分功能性状权衡值随植被带的变化

ZH1 ~ ZH3 表示某一植被类型在草原带周家山小流域的 3 个样地；G1 ~ G3 表示某一植被类型在草原带高家沟小流域的 3 个样地；DN1 ~ DN3 表示某一植被类型在森林草原带大南沟小流域的 3 个样地；GT1 ~ GT3 表示某一植被类型在森林草原带顾屯小流域的 3 个样地；N1 ~ N3 表示某一植被类型在森林带南沟小流域的 3 个样地；D1 ~ D3 表示某一植被类型在森林带洞子沟小流域的 3 个样地

度逐渐增加。对叶厚度和根平均直径来说，从草原带到森林草原带，植物主要倾向于发展根平均直径去吸收更多水分来满足地上部分的生长。从森林草原带到森林带，虽水分逐渐增多，但植物仍倾向于发展根平均直径，这是由于地上部分较大，需增加根平均直径来支撑地上部分的生长。

除分析延河流域不同植被类型地上和地下部分功能性状关系随植被带的变化外，我们还对各植被带下自然恢复草地不同群落间地上和地下部分功能性状关系进行了分析（图 2-15）。在演替初期，由于土壤水分和养分较少，植物的比叶面积和比根长权衡值较低，二者均较小。随着演替的进行，土壤水分和养分逐渐增多，植物的比叶面积和比根长均显著增大，但它们间的权衡值仍然较小。然后继续演替到禾本科植物时，草原带倾向于发展比根长，森林草原带倾向于发展比叶面积。由于演替初期土壤水分相对其他年限少，此时叶厚度较大且根平均直径较小，植物倾向于发展叶厚度来度过干旱环境。随着演替的进行，群落优势种从菊科变为禾本科植物，不同科的叶和根形态均不一样，禾本科植物叶厚度较小且根平均直径相对较大，由于地上部分需水量较多且生物量较大，植物倾向于发展根来支撑地上部分的生长。

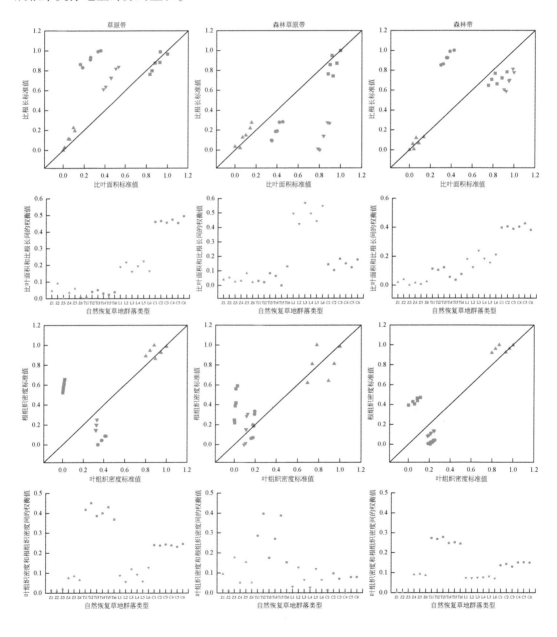

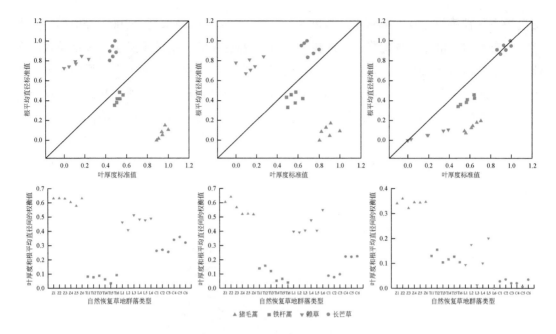

图 2-15　不同植被带下自然恢复草地不同群落间地上和地下部分功能性状权衡值的变化

Z1～Z6 表示某一植被带下的 6 个猪毛蒿样地；Ti1～Ti6 表示某一植被带下的 6 个铁杆蒿样地；

L1～L6 表示某一植被带下的 6 个赖草样地；C1～C6 表示某一植被带下的 6 个长芒草样地

2.2　黄土高原植被覆盖变化

植被作为陆地生态系统的重要组成部分，是气候和人文因素对环境影响的敏感指标。NDVI 是对地表植被覆盖和生长情况的一种反映，可以指示植被覆盖的变化，是监测植被和生态变化的有效指标。植被覆盖状况可以直接反映所在地区的生态环境状况。黄土高原是我国生态环境最为脆弱的地区之一，自然环境条件不稳定，植被覆盖度低，抵御自然灾害的能力弱，对气候和人文活动影响较为敏感。黄土高原地区植被覆盖变化特征的研究对支撑黄河流域乃至全国生态环境保护及修复有重要意义。本节基于 2000 年、2010 年和 2020 年的 NDVI 数据，对黄土高原不同地区 NDVI 值进行空间自相关分析，并在此基础上对其空间热点分布进行探测，以期丰富植被覆盖动态变化的研究案例，揭示黄土高原地区植被覆盖格局随时间的演变特征，并在一定程度上反映黄土高原地区退耕还林（草）政策的成效。

2.2.1　研究区概况

黄土高原是世界上最大的黄土堆积区，也是水土流失最严重的地区之一。该区域属于暖温带大陆性季风气候。多年平均温度 8～11℃，多年平均降水量为 300～650mm。降水年内分布不均，超过 60% 的降水出现在 7～9 月，在此期间暴雨频繁发生，极易导致水土流失。以 200mm 和 400mm 等降水量线为界，西北部为干旱区，中部为半干旱区，东南部为半湿润区。黄土高原处于从平原向山地高原过渡、从湿润向干旱过渡、从森林向草原过渡、从农业向牧业过渡的地区，各种自然要素相互交错，自然环境条件多样（图 2-16）。黄土高原地区自 1999 年开始全面实行退耕还林（草）政策，不仅强化了全民的生态意识，而且促进了黄土高原地区生态环境建设和农业生产结构优化，取得了比较明显的水土保持、生态和经济效益。

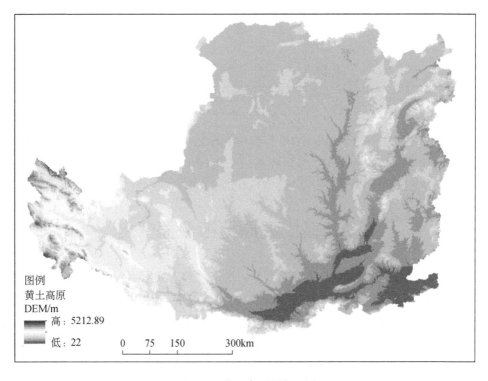

图 2-16　黄土高原研究区图

2.2.2　数据获取与分析

2.2.2.1　数据获取

植被覆盖数据来自比利时弗拉芒技术研究所（Flemish Institute for Technological Research，Vito）VEGETATION 影像处理中心（VEGETATION Processing Centre，CTIV），

该数据是基于法国 SPOT-4 卫星拍摄的遥感影像处理得到的全球 NDVI 数据，空间分辨率为 1km×1km。结合植被生长的季节变化特征和年份周期，选择 1998 年、2003 年、2008 年和 2012 年每年 8 月 21 日的 SPOT-VGT NDVI 数据进行黄土高原植被覆盖的时空变化分析。

2.2.2.2 数据分析

应用空间数据分析软件 GeoDa 095i 和 ArcGIS 9.3 对研究区数据进行空间自相关分析和空间热点探测。空间自相关分析是进行空间热点探测的前提。

空间自相关是指地理事物分布于不同空间位置的某一属性之间的统计相关性，通常距离越近的值之间相关性越大。空间相关性由空间自相关系数度量，检验空间事物属性是否高相邻分布或者是高低间错分布（王劲峰等，2010）。基于 GeoDa 095i 以指标 Moran's I 来度量黄土高原不同地区的 NDVI 数据之间是否存在空间自相关。Moran's I 统计方法首先假设研究对象间没有任何空间相关性，然后通过 Z-score 得分检验来验证假设是否成立。

空间热点探测从某种意义上来说是空间聚类的特例。热点探测采用的是 Getis-Ord Gi* 统计模型。每一个要素计算的 Gi* 统计成为 Z 分值。对于具有显著统计学意义的 Z 分值，Z 分值越高，高值（热点）的聚类就越紧密；Z 分值越低，低值（冷点）的聚类就越紧密。Z 分值与置信度相关联，所以根据置信度来确定冷点和热点的分级。综合考虑黄土高原地区植被覆盖度较低、植被覆盖度变化范围不大的区域特点，参考 ArcGIS 热点分析模块的相关原理，选择可接受的置信水平为 90%（$p<0.1$）。在这种情况下，Z 得分小于 -1.65 的区域称为 NDVI 冷点区，Z 得分大于 1.65 的区域称为 NDVI 热点区。同时，为了方便进一步的分析，分别在置信水平为 95%（$Z<-1.96$ 或 $Z>1.96$）、99%（$Z<-2.58$ 或 $Z>2.58$）处划分等级，将冷点区和热点区又分别划分为 3 个等级。

2.2.3 不同年份植被覆盖度比较

将黄土高原地区 NDVI 数据重分类为五个等级，即 -1.0~0.2、0.2~0.4、0.4~0.6、0.6~0.8、0.8~1.0（图 2-17）。不同年份各等级面积比较见表 2-2。由表 2-2 可知，2010 年较 2000 年而言，第四等级和第五等级面积增幅较大，分别增加了 52 069km² 和 42 541km²，第三等级面积基本无变化，而第一等级和二等级面积均减少，说明 2010 年的植被覆盖度较 2000 年有显著增加。2020 年黄土高原植被覆盖状况进一步好转，第一等级、第二等级和第三等级的土地面积逐渐减少，而第四等级和第五等级面积则显著增加。

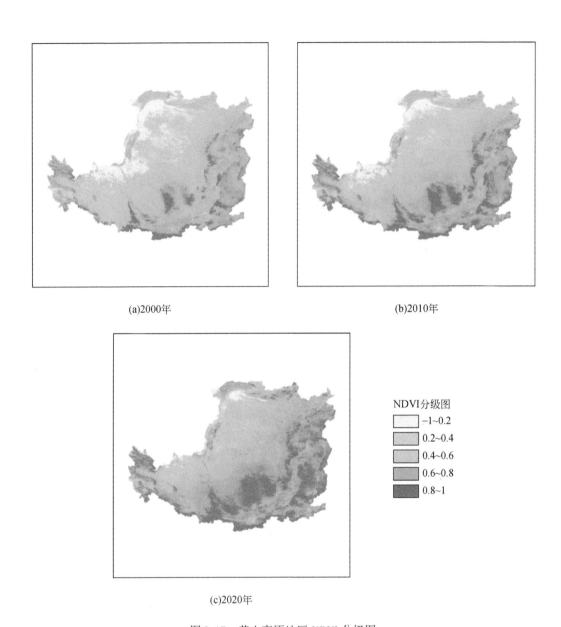

(a)2000年　　　　　　　　　　　　　　　(b)2010年

(c)2020年

NDVI分级图
- −1~0.2
- 0.2~0.4
- 0.4~0.6
- 0.6~0.8
- 0.8~1

图 2-17　黄土高原地区 NDVI 分级图

　　黄土高原地区在 1999 年开始全面推行退耕还林（草）政策（钟莉娜等，2014），由表 2-2 中的 NDVI 年际变化可知，退耕还林（草）政策在黄土高原地区取得了明显的成效，黄土高原整体的植被覆盖显著增加，生态环境质量得到了显著提升。

表 2-2　植被覆盖不同等级面积及变化率

年份	第一等级 (−1.0~0.2)		第二等级 (0.2~0.4)		第三等级 (0.4~0.6)		第四等级 (0.6~0.8)		第五等级 (0.8~1.0)	
	面积/km²	年变化率/%	面积/km²	年变化率/%	面积/km²	年变化率/%	面积/km²	年变化率/%	面积/km²	年变化率/%
2000	81 752		189 869		159 408		148 929		44 155	
2010	41 642	−0.49	129 263	−0.32	165 513	0.04	200 998	0.35	86 696	0.96
2020	17 752	−0.57	94 652	−0.27	122 184	−0.26	245 827	0.22	143 697	0.66

注：年变化率的计算公式为 $d=(A-B)/B\times100\%$，其中 d 为年变化率，A 为当年 NDVI 某一等级的土地面积，B 为上一研究年份同等级 NDVI 土地面积。

2.2.4　空间自相关分析

将黄土高原按照行政区域划分，统计每一个行政区内的 NDVI 值，计算其平均值并赋为行政区划的属性。利用空间数据分析软件 GeoDa 095i 分别分析 2000 年、2010 年和 2020 年各行政区 NDVI 之间是否具有空间自相关关系（图 2-18）。2000 年、2010 年、2020 年各年的 Moran's I 值分别为 0.702、0.686、0.657，并且计算结果通过了 Z 值检验（p 值分别为 0.0050、0.0100、0.0100，均小于 0.05），说明各年 NDVI 在空间上具有空间正相关性，即在 2000 年、2010 年和 2020 年，植被覆盖高的地区与植被覆盖高的地区相邻，植被覆盖低的地区与植被覆盖低的地区相邻。空间自相关分析的结果表明，黄土高原地区植被覆盖表现出良好的空间聚集性。

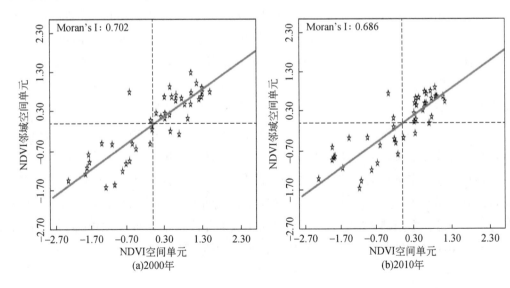

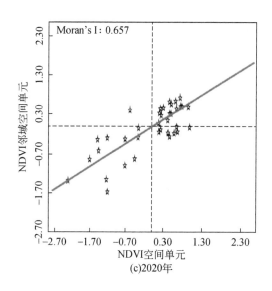

图 2-18   NDVI 单变量 Moran's I 散点图

2.2.5   空间热点探测

2000 年、2010 年和 2020 年 NDVI 值的热点和冷点如图 2-19 所示。图中红色区域表示 NDVI 值的热点区，蓝色区域表示 NDVI 值的冷点区。由图 2-19 可知，冷点区主要分布在黄土高原的西北方，热点区则分布在黄土高原的东南方向；冷点区面积和热点区面积总体上呈减少趋势。2000 年，黄土高原冷点区主要集中在固原市、中卫市、白银市、吴忠市、银川市、石嘴山市、乌海市、鄂尔多斯市和巴彦淖尔市；热点区主要集中在晋中市、晋城市、长治市、临汾市、济源市、洛阳市、郑州市、三门峡市、运城市、渭南市、铜川市、咸阳市、西安市和宝鸡市。2000～2010 年，NDVI 值的冷点区和热点区范围均缩小，冷点减少区域为固原市，热点减少区域为晋中市；2010～2020 年，冷点区及其范围没有变化，2020 年的热点区较 2010 年减少，减少区域为三门峡市和郑州市。

在干旱、半干旱的黄土高原地区，水分条件是制约植被生长的瓶颈，降水对植被的空间分布有决定性的意义。黄土高原地区热点区和冷点区的变化与当地的降水条件有关。黄土高原多年平均降水量总的趋势是从东南向西北递减，东南部 600～700mm，中部 300～400mm，西北部 100～200mm。以 200mm 和 400mm 等年降水量线为界，西北部为干旱区，中部为半干旱区，东南部为半湿润区。可见黄土高原年降水量分布与 NDVI 值分布有较高的一致性，说明降水量在很大程度上决定了该地区的植被覆盖情况。

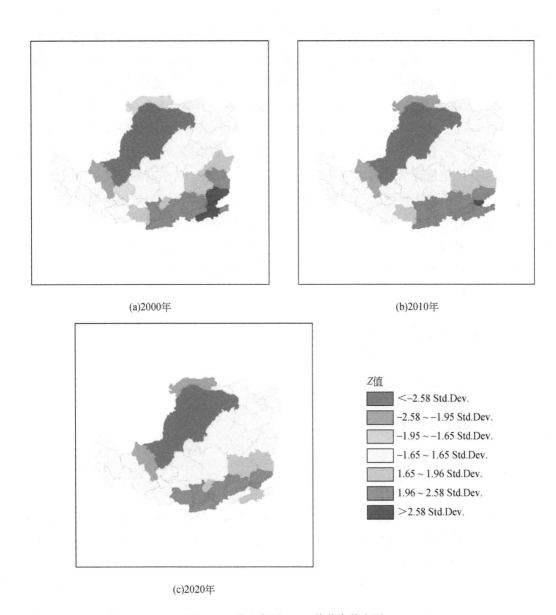

(a)2000年

(b)2010年

(c)2020年

Z值

■ <−2.58 Std.Dev.
■ −2.58 ~ −1.95 Std.Dev.
□ −1.95 ~ −1.65 Std.Dev.
□ −1.65 ~ 1.65 Std.Dev.
■ 1.65 ~ 1.96 Std.Dev.
■ 1.96 ~ 2.58 Std.Dev.
■ >2.58 Std.Dev.

图 2-19 黄土高原 NDVI 值分布热点图

2.3 黄土高原景观变化

景观生态学中的景观格局一般指空间格局，是指大小和形状不一的景观斑块在空间上的配置（傅伯杰等，2001）。景观格局变化与气候变化、土地利用/土地覆盖变化及生物多样性变化密切相关，了解景观格局的演变特征是进行景观格局分析的前提与基础（Hassett et al.,

2012；Paudel and Yuan，2012）。近年来，景观格局演变及其对生态过程的影响引起了国际学者的广泛关注，成为当前景观生态学研究中的热点问题（Burel et al.，2013；Gustafson，2013）。学者们对景观格局演变的分析多是利用景观格局指数、景观单元类型转移矩阵等方法，从景观格局的变化特征、驱动机制，以及对景观格局的模型预测等不同角度进行探讨（Aithal and Sanna，2012；Brown et al.，2013），但是景观指数反映的是景观格局的几何特征，往往难以揭示景观格局变化的深层规律，而模型方法也存在着很大的不确定性。在景观格局变化的定量评估方面尚需要探索新的适用性方法。黄土高原是世界上最大的黄土堆积区，人类活动历史悠久，自然环境脆弱。对黄土高原地区景观格局变化的研究一直是国内学者研究的热点问题之一。本节基于景观生态学理论，借助 GIS 技术，利用多距离空间聚类分析、主要景观演变类型的地形梯度分析等方法定量研究黄土高原景观格局的演变特征和主要演变类型的空间分异规律，以期为黄土高原土地利用和生态系统管理提供可能参考。

2.3.1 研究区概况

研究区概况同 2.2.1 节。

2.3.2 数据获取与分析

2.3.2.1 数据获取

以黄土高原 2000 年、2010 年和 2020 年三期土地覆盖数据、地形图生成的数字高程模型（DEM）为基本图件，分析黄土高原景观格局的演变特征。基于 DEM 数据获取研究区高程图、坡度图和坡向图。土地覆盖数据采用的是 GlobeLand30，其是中国研制的 30m 空间分辨率全球地表覆盖数据，数据总体精度为 85.72%，下载于国家基础地理信息中心。结合当地土地利用现状和土地资源特点，参考国内外土地利用分类系统，将黄土高原景观单元划分为九种类型，分别是耕地、林地、草地、灌木地、湿地、水体、人造地表、裸地、冰川和永久积雪。

2.3.2.2 数据分析

采用空间统计和数理统计方法对 2000 ~ 2020 年黄土高原不同景观单元类型的数量变化进行分析。

1) 景观单元类型变化特征分析

为探讨不同景观组分之间复杂的相互转化过程，基于 ArcGIS 9.3 操作平台，将三期景观单元类型图进行了空间叠置运算，由此得到景观单元类型转移矩阵，初步分析黄土高原景观单元类型的动态变化过程。

2）空间聚类分析

用 Ripley' K 函数对黄土高原景观格局进行多距离空间聚类分析，Ripley' K 函数公式为

$$L(d) = \sqrt{\dfrac{A \sum\limits_{i=1}^{n} \sum\limits_{j=1, j\neq i} k(i,j)}{\pi n(n-1)}} \quad (i,j=1,2,\cdots,n) \qquad (2\text{-}2)$$

式中，A 为研究区面积；n 为点的个数；d 为期望值（随机空间模式）；$L(d)$ 为观测值（研究区特定距离的空间模式）；$k(i,j)$ 为权重。$L(d) > d$ 表明景观单元类型呈聚集分布；$L(d) = d$ 表示景观单元类型呈随机分布；$L(d) < d$ 表示景观单元类型的离散程度较高。Ripley's K 函数分析会在结果中生成置信区间，如果 $L(d)$ 大于（小于）置信区间上限值（下限值），则该距离的空间聚集（离散）具有统计学上的显著性。$L(d)$ 的第一个峰值所对应的值表示景观单元类型间聚集的特征空间尺度，用来度量分布强度或拥挤度。

本研究分析了研究区九种主要景观单元类型（耕地、林地、草地、灌木地、湿地、水体、人造地表、裸地、冰川和永久积雪）在 2000~2020 年的空间聚集情况，分析其在二维空间上的演变特征。基于 ArcGIS 9.3 软件生成 2000 个随机点图层，将该图层分别与三期景观单元类型图叠加以确定随机点的景观单元类型，然后利用多距离空间聚类工具对不同时期的不同景观单元类型进行 Ripley's K 函数分析。

3）景观格局变化的地形分布特征分析

2000 年和 2020 年的景观单元类型图叠加得到 2000~2020 年景观单元演变类型图。将景观单元演变类型图与基于 DEM 数据获取的研究区高程数据、坡度数据和坡向数据进行空间叠加分析，对所获得的数据进行数理统计，以揭示五种主要景观单元类型（耕地、林地、草地、灌木地、人造地表）格局变化在三维空间上的演变特征。

2.3.3 景观单元类型的数量变化特征

由表 2-3、图 2-20 和图 2-21 可知，三期景观单元类型图中耕地和草地面积最大，均占黄土高原面积的 35% 以上，在 2000~2020 年呈下降趋势，减少面积分别为 7186.90km² 和 15 472.70km²。与此同时，林地、灌木地和人造地表的面积均呈现增加趋势，林地所占的面积比例从 2000 年的 15.15% 增加到了 2020 年的 16.15%，增加面积为 6200.99km²；灌木地所占的面积比例从 2000 年的 0.63% 增加到了 2020 年的 1.02%，增加面积为 2433.37km²；人造地表增加面积最大，面积占比从 2000 年的

1.97%增加到了 2020 年的 4.33%，增加面积为 14 613.25km²。湿地、水体、裸地、冰川和永久积雪面积变化不大，湿地、裸地面积总体上呈下降趋势，水体、冰川和永久积雪面积总体呈增加趋势。

表 2-3 黄土高原景观单元类型面积统计

景观单元类型	2000 年		2010 年		2020 年	
	面积/km²	比例/%	面积/km²	比例/%	面积/km²	比例/%
耕地	242 166.70	38.85	237 972.50	38.18	234 979.80	37.70
林地	94 441.01	15.15	98 305.66	15.78	100 642.00	16.15
草地	240 018.00	38.50	233 879.40	37.52	224 545.30	36.03
灌木地	3 930.25	0.63	7 262.34	1.16	6 363.62	1.02
湿地	1 483.54	0.23	1 215.20	0.19	1 192.58	0.19
水体	2 805.17	0.49	2 911.75	0.46	3 489.07	0.55
人造地表	12 336.95	1.97	15 466.05	2.48	26 950.20	4.33
裸地	25 966.82	4.16	25 769.36	4.14	24 289.15	3.90
冰川和永久积雪	161.63	0.02	527.81	0.08	858.35	0.13

(a)2000年

(b)2010年

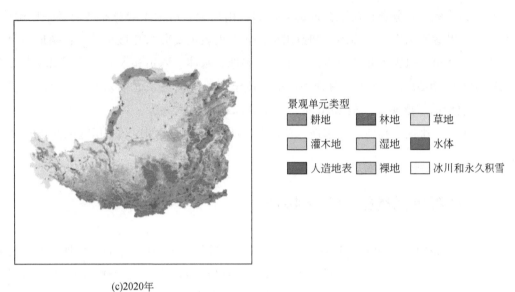

(c)2020年

图 2-20　黄土高原景观单元类型图

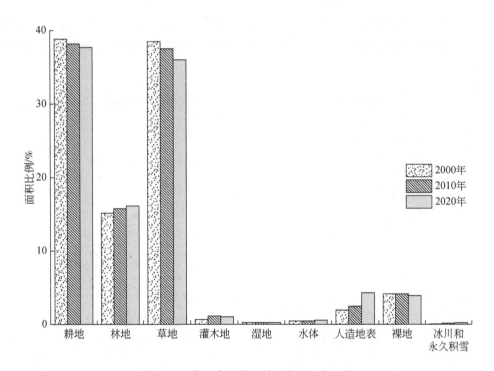

图 2-21　黄土高原景观单元类型面积比较

林地和草地主要分布在黄土高原的东南和西南地区，耕地主要分布在河谷平原地区、河套平原、巴彦淖尔市、石嘴山市和银川市；人造地表主要分布在城市地区；裸地主要分布在鄂尔多斯市、白银市和中卫市；灌木地、湿地、水体、冰川和永久积雪面积较小（图2-20）。2000～2020年，耕地、林地和草地是黄土高原的优势景观单元类型，由于退耕还林（草）政策的广泛实施，至2020年，黄土高原耕地数量减少，林地、灌木地的数量增加。总体来看，耕地、林地、灌木地、草地四者所占的面积比例达到了研究区面积的90%以上。

2.3.4 景观单元类型的变化特征

从2000～2010年黄土高原景观单元类型的演变情况（表2-4）来看，耕地主要转变为草地和人造地表，转移面积分别为2256.86km² 和4081.41km²，占2000年耕地总面积的0.93%、1.68%；林地主要转变为草地和耕地，转移面积分别占2000年林地总面积的0.66%和0.29%；草地主要转变为耕地、林地和灌木地，转移面积分别占2000年草地总面积的0.62%、1.49%和1.51%；灌木地主要转变为林地，转移面积为2000年灌木地总面积的6.11%；人造地表主要转变为耕地，转移面积为2000年人造地表总面积的10.32%；湿地和水体主要转变为耕地和草地；裸地主要转变为草地；冰川和永久积雪基本无变化。

表2-4 2000～2010年黄土高原景观单元类型转移矩阵 （单位：km²）

景观单元类型		2010年								总计
		耕地	林地	草地	灌木地	湿地	水体	人造地表	裸地	冰川和永久积雪	
2000年	耕地	234 003.60	811.41	2 256.86	110.14	236.83	624.65	4 081.41	41.50	0.00	242 166.7
	林地	280.23	93 439.9	627.99	54.85	4.82	16.74	17.01	0.02	0.00	94 441.01
	草地	1 481.13	3 577.65	230 242.00	3 641.13	109.95	176.64	455.90	315.00	18.60	240 018.00
	灌木地	67.98	240.48	84.17	3421.35	1.09	1.93	111.61	1.63	0.01	3 930.25
	湿地	344.41	27.84	167.59	11.53	677.92	229.37	7.74	6.40	0.01	1 483.54
	水体	498.85	30.88	163.16	10.28	688.65	1 852.06	76.50	6.54	0.05	2805.17
	人造地表	1 272.79	169.63	122.30	6.24	1.08	8.09	10 689.69	58.13	0.00	12 336.95
	裸地	23.48	7.88	214.97	6.55	6.47	2.27	17.19	25 340.14	347.87	25 966.82
	冰川和永久积雪	0.00	0.00	0.36	0.00	0.00	0.00	0.00	0.00	160.38	161.63
总计		237 972.50	98 305.66	233 879.40	7 262.34	1 215.20	2 911.75	15 466.05	25 769.36	527.81	623 310.07

从 2010～2020 年黄土高原景观单元类型的变化情况（表 2-5）来看，耕地主要转变为草地和人造地表，转移面积分别为 6387.82km² 和 9883.60km²，占 2010 年耕地总面积的 2.68% 和 4.15%；林地主要转变为耕地和草地，转移面积分别占 2010 年林地总面积的 1.47% 和 4.20%；草地主要转变为耕地、林地、人造地表和裸地，转移面积分别占 2010 年草地总面积的 4.71%、2.80%、1.27% 和 0.93%；灌木地主要转变为草地，转移面积为 2010 年灌木地总面积的 10.36%；人造地表主要转变为耕地，转移面积为 2010 年人造地表总面积的 10.57%；裸地主要转变为耕地和草地，转移面积分别占 2010 年裸地总面积的 4.07% 和 10.51%；湿地和水体主要转变为耕地；冰川和永久积雪主要转变为裸地。综合 2000～2010 和 2010～2020 年两期结果发现，在不同景观单元类型演变过程中，转变为耕地的面积最大，其次是草地和林地，这反映了 2010～2020 年黄土高原地区开荒种田、增加耕地面积的现象较为普遍，同时退耕还林（草）政策在该地区也取得了显著的成效。

表 2-5 2010～2020 年黄土高原景观单元类型转移矩阵 （单位：km²）

景观单元类型		2020 年									总计
		耕地	林地	草地	灌木地	湿地	水体	人造地表	裸地	冰川和永久积雪	
2010 年	耕地	218 871.80	1 665.08	6 387.82	89.82	178.27	734.88	9 883.60	161.19	0.00	237 972.50
	林地	1 444.58	92 248.76	4 130.37	205.97	18.26	51.62	169.44	35.34	1.32	98 305.66
	草地	11 039.20	6 556.74	209 794.20	470.92	40.45	318.88	2 963.14	2 185.85	510.07	233 879.40
	灌木地	284.32	132.56	752.44	5 562.31	2.94	15.52	441.35	70.75	0.15	7 262.34
	湿地	187.32	1.69	77.92	0.77	723.13	206.92	0.81	16.64	0.00	1 215.20
	水体	465.98	7.37	74.59	1.35	220.27	2 058.90	77.59	5.69	0.01	2 911.75
	人造地表	1 635.44	17.58	617.57	17.51	2.53	59.70	13 108.87	6.85	0.00	15 466.05
	裸地	1 051.12	12.10	2 710.44	14.97	6.73	42.65	305.40	21 623.73	2.02	25 769.36
	冰川和永久积雪	0.00	0.12	0.00	0.00	0.00	0.00	0.00	183.11	344.58	527.81
总计		234 979.80	100 642.00	224 545.30	6 363.62	1 192.58	3 489.07	26 950.20	24 289.15	858.35	623 310.07

2000～2010 年黄土高原各景观单元类型的演变较为复杂，但景观单元类型的演变主要表现为耕地、林地、草地、灌木地和人造地表之间的相互转换，这五种景观类型在 2000～2020 年演变的总面积为 51 197.15km²（表 2-6）。其中，草地和人造地表转变为耕地的面积占总演变面积的 21.16%，反映了 2000～2020 年开荒种田现象普遍；耕地转变为人造地表的面积占总演变面积的 24.99%，这可能与城市化过程对耕地的侵占有关；耕地转草地、草地转林地的面积分别占总演变面积的 9.78%、16.97%，反映了我国政府在 1999 年推行的退耕还林（草）等水土保持政策在黄土高原地区取得了显著的成效（方炫，2011；陈

国建，2006）。

表 2-6 2000~2020 年黄土高原主要景观演变类型

景观演变类型	演变面积/km²	占总演变面积的比例/%
耕地转为林地	1 544.10	3.02
耕地转为草地	5 006.24	9.78
耕地转为灌木地	117.15	0.23
耕地转为人造地表	12 793.20	27.99
林地转为耕地	749.02	1.46
林地转为草地	3 167.77	6.19
林地转为灌木地	135.79	0.27
林地转为人造地表	154.06	0.30
草地转为耕地	9 050.18	17.68
草地转为林地	8 690.26	16.97
草地转为灌木地	3 526.54	6.89
草地转为人造地表	3 257.49	6.36
灌木地转为耕地	139.86	0.21
灌木地转为林地	219.02	0.43
灌木地转为草地	624.38	1.22
灌木地转为人造地表	28.67	0.06
人造地表转为耕地	1 782.76	3.48
人造地表转为林地	31.89	0.06
人造地表转为草地	162.44	0.32
人造地表转为灌木地	16.33	0.03

2.3.5 景观单元类型变化的空间分异规律

2.3.5.1 景观单元类型的空间聚集特征

景观单元类型的演变是一个动态的过程。景观单元类型的空间聚集特征在一定程度上可以反映人类活动对自然景观演变的影响。研究景观单元类型的空间聚集特征可以为调整人类社会经济活动、优化土地利用格局提供科学依据。

综合分析表 2-7 和图 2-22，2000 年、2010 年和 2020 年耕地聚集的最大尺度分别是 24km、18km 和 18km。总体来看，耕地在研究期内呈聚集分布 $[L(d)>d]$，但聚集强度较低，在观测距离内未出现离散格局。林地在 2000 年、2010 年和 2020 年聚集的最大尺度分别是 18km、14km 和 14km。总体来看，林地在研究期内呈聚集分布 $[L(d)>d]$，但聚集强度较低，在观测距离内未出现离散格局。草地在 2000 年、2010 年和 2020 年聚集的最大尺度分别是 23km、22km 和 15km。总体来看，草地在研究期内呈聚集分布 $[L(d)>d]$，但聚集强度较低，在观测距离内未出现离散格局。灌木地在 2000 年、2010 年和 2020 年聚集的最大尺度分别是 8km、9km 和 10km。总体来看，灌木地在研究期内呈聚集分布 $[L(d)>d]$，聚集强度较高，在观测距离内未出现离散格局。湿地在 2000 年、2010 年和 2020 年聚集的最大尺度分别是 9km、6km 和 6km。总体来看，湿地在研究期内呈聚集分布 $[L(d)>d]$，聚集强度较高，在观测距离内未出现离散格局。水体在 2000 年、2010 年和 2020 年聚集的最大尺度分别是 8km、14km 和 15km。总体来看，水体在研究期内呈聚集分布 $[L(d)>d]$，聚集强度较高，在观测距离内未出现离散格局。人造地表在 2000 年、2010 年和 2020 年聚集的最大尺度分别是 8km、10km 和 8km。总体来看，人造地表在研究期内呈聚集分布 $[L(d)>d]$，聚集强度较高，在观测距离内未出现离散格局。裸地在 2000 年、2010 年和 2020 年聚集的最大尺度分别是 13km、15km 和 15km。总体来看，裸地在研究期内呈聚集分布 $[L(d)>d]$，聚集强度较高，在观测距离内未出现离散格局。冰川和永久积雪在 2000 年、2010 年和 2020 年聚集的最大尺度分别是 9km、6km 和 7km。总体来看，湿地在研究期内呈聚集分布 $[L(d)>d]$，聚集强度较高，在观测距离内未出现离散格局。

表 2-7   各景观单元类型空间聚集的最大尺度及离散临界值   （单位：km）

年份	耕地		林地		草地		灌木地		湿地		水体		人造地表		裸地		冰川和永久积雪	
	聚集	离散	聚集	离散	聚集	离散	聚集	离散	聚集	离散	聚集	离散	聚集	离散	聚集	离散	聚集	离散
2000	24		18		23		8		9		8		8		13		9	
2010	18		14		22		9		6		14		10		15		6	
2020	18		14		15		10		6		15		8		15		7	

2000～2020 年，耕地、林地、草地、湿地、冰川和永久积雪聚集的最大尺度减小，灌木地、水体和裸地聚集的最大尺度增大，说明研究期内耕地、林地、草地、湿地和冰川和永久积雪在二维空间上逐渐聚集，而灌木地、水体和裸地在二维空间上逐渐分散。

2.3.5.2 景观单元类型转换的地形梯度特征

基于 1:5 万数字高程模型（DEM），利用 ArcGIS 9.3 软件获取高程图、坡度图和坡向图，将高程图、坡度图和坡向图分级，并分别与主要景观单元演变类型数据进行空间叠

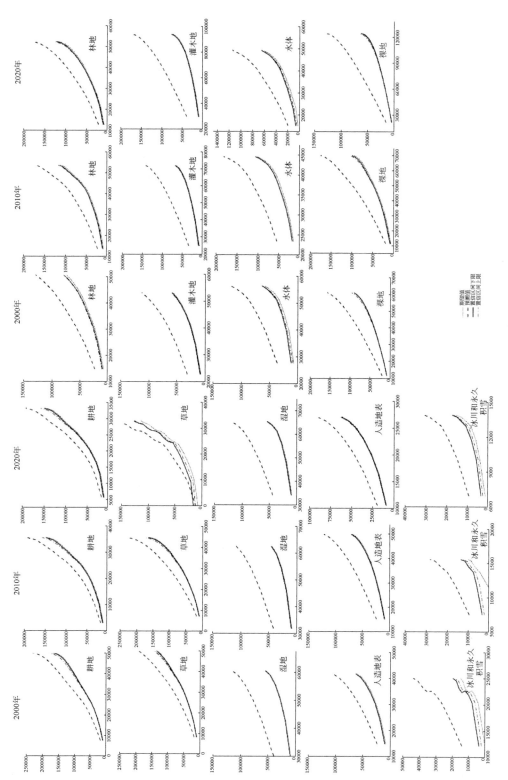

图2-22 不同时期各景观单元类型多距离空间聚集图
横坐标为距离（m），纵坐标为观测值（d）

加分析，经统计得到景观单元演变类型在不同高程、坡度、坡向的分布情况（表2-8~表2-10）。分析主要景观单元演变类型在各高程梯度、坡度梯度、坡向梯度分布的数据，发现景观格局变化具有较为明显的空间分布规律，尤其与高程和坡度因子密切相关。其中，耕地和林地向人造地表的转变主要发生在海拔小于700m、坡度小于7°的区域，可见耕地、林地向人造地表的转变主要发生在海拔偏低、坡度较缓的平川缓丘地带；林地向灌木地、草地和耕地的转变主要发生在海拔高于900m、坡度介于7°~21°的区域；灌木和草地向其他主要景观单元类型的转变主要发生在海拔高于900m、坡度小于14°的区域；人造地表向耕地和林地的转变主要发生在海拔低于700m、坡度小于7°的区域，人造地表向草地和灌木地的转变发生在海拔介于900~1300m、坡度小于7°区域。

景观单元演变类型的主要分布坡向如表2-10所示，在平地，耕地转为人造地表、草地，人造地表转为耕地、草地和灌木地的比例较大；在北坡，主要是耕地、林地、草地和灌木地相互转变；在西北坡，林地转灌木地、灌木地转林地，草地、人造地表转为林地的比例较大；在西坡、南坡、东南坡，耕地转为灌木地、灌木地转为林地和草地的比例较大；在西南坡，耕地、林地、草地和人造地表转为灌木地的比例较大；在东坡，耕地转为灌木地、草地转为林地、灌木地转为耕地、人造地表转为林地和灌木地的比例较大；在东北坡，林地转为耕地和灌木地、草地转为林地、灌木地转为林地和人造地表的比例较大。

表 2-8　主要景观单元演变类型高程分级统计　　　　　　　（单位:%）

景观单元演变类型	<700m	700~900m	900~1100m	1100~1300m	1300~1500m	>1500m
耕地转为林地	11.17	8.78	15.11	16.54	14.95	33.45
耕地转为草地	5.28	6.38	21.21	26.67	21.54	18.92
耕地转为灌木地	0.33	1.85	35.17	31.91	24.75	5.99
耕地转为人造地表	28.74	11.83	22.00	12.49	7.71	17.32
林地转为耕地	16.77	11.07	24.40	22.11	14.74	10.91
林地转为草地	8.65	7.30	15.00	17.73	15.60	35.72
林地转为灌木地	0.31	2.61	19.72	29.02	23.94	24.40
林地转为人造地表	23.90	9.59	20.81	17.12	13.52	15.06
草地转为耕地	1.49	2.82	25.19	28.56	24.78	17.16
草地转为林地	3.24	3.63	9.48	12.47	12.63	58.66
草地转为灌木地	0.07	0.36	11.30	27.95	34.22	26.10
草地转为人造地表	3.93	3.84	17.34	37.39	22.61	14.89
灌木地转为耕地	0.00	0.17	17.56	21.68	43.81	16.78
灌木地转为林地	0.00	0.17	2.78	10.66	19.38	67.01
灌木地转为草地	0.01	0.08	4.88	14.34	14.14	66.55
灌木地转为人造地表	0.00	0.41	6.48	28.08	55.02	10.72

续表

景观单元演变类型	<700m	700~900m	900~1100m	1100~1300m	1300~1500m	>1500m
人造地表转为耕地	46.33	8.32	28.38	7.68	4.60	4.69
人造地表转为林地	48.27	8.29	9.33	12.78	11.24	10.09
人造地表转为草地	17.73	3.66	28.08	18.61	21.84	10.08
人造地表转为灌木地	0.43	0.04	73.42	18.55	7.05	0.51

表 2-9　主要景观单元演变类型坡度分级统计　　　　　　　（单位:%）

景观单元演变类型	<7°	7°~14°	14°~21°	21°~28°	>28°
耕地转为林地	23.39	32.72	24.50	12.37	7.03
耕地转为草地	53.04	25.05	13.55	5.93	2.43
耕地转为灌木地	60.11	22.52	10.74	4.34	2.27
耕地转为人造地表	83.62	12.00	3.09	0.94	0.35
林地转为耕地	29.83	33.82	22.19	9.64	4.52
林地转为草地	14.37	28.43	25.99	17.94	13.27
林地转为灌木地	11.17	22.87	21.10	21.45	23.41
林地转为人造地表	38.81	30.76	19.00	8.37	3.06
草地转为耕地	73.40	14.88	7.50	3.03	1.19
草地转为林地	12.62	25.23	25.47	18.87	17.81
草地转为灌木地	37.84	25.08	18.96	10.74	7.38
草地转为人造地表	71.30	18.80	6.79	2.11	1.00
灌木地转为耕地	83.32	9.86	4.84	1.08	0.90
灌木地转为林地	16.04	21.38	25.39	20.27	16.92
灌木地转为草地	32.66	21.59	21.34	13.88	10.53
灌木地转为人造地表	88.89	7.41	1.85	0.93	0.92
人造地表转为耕地	87.81	9.06	2.00	0.63	0.50
人造地表转为林地	56.88	26.61	11.01	4.59	0.91
人造地表转为草地	77.31	14.97	5.09	1.85	0.78
人造地表转为灌木地	73.53	13.24	10.29	2.94	0.00

表 2-10　主要景观单元演变类型坡向分级统计　　　　　　　（单位:%）

景观单元演变类型	平地	北	西北	西	西南	南	东南	东	东北
耕地转为林地	0.71	12.40	11.90	12.61	12.24	12.16	12.37	12.79	12.82
耕地转为草地	2.69	10.36	11.83	12.74	13.18	12.63	12.24	12.36	11.97
耕地转为灌木地	2.07	7.64	6.82	14.05	16.32	15.70	14.05	11.16	12.19

续表

景观单元演变类型	平地	北	西北	西	西南	南	东南	东	东北
耕地转为人造地表	4.15	8.95	10.65	11.77	12.85	13.82	13.52	12.42	11.87
林地转为耕地	1.09	12.90	12.41	13.67	11.71	11.95	11.39	11.78	13.10
林地转为草地	0.65	11.36	11.14	12.81	12.98	13.39	11.44	13.28	12.95
林地转为灌木地	0.35	9.75	16.13	12.77	13.30	11.35	10.28	10.64	15.43
林地转为人造地表	1.93	11.43	13.53	12.72	10.47	12.88	11.43	14.01	11.60
草地转为耕地	4.15	9.40	11.53	12.10	12.56	12.65	12.16	12.65	12.80
草地转为林地	0.61	13.24	12.21	11.86	10.54	11.19	12.58	13.70	14.07
草地转为灌木地	2.07	10.03	11.49	12.75	13.44	14.93	12.77	11.18	11.34
草地转为人造地表	3.04	9.71	10.33	12.94	13.54	13.47	11.89	13.08	12.00
灌木地转为耕地	3.94	9.86	11.65	13.80	13.62	9.50	11.29	13.80	12.54
灌木地转为林地	1.11	12.81	17.82	15.81	11.92	11.80	8.24	7.46	13.03
灌木地转为草地	2.24	13.47	15.71	16.38	11.57	9.95	9.00	9.78	11.90
灌木地转为人造地表	3.77	6.60	15.09	12.26	13.21	14.15	9.43	12.26	13.23
人造地表转为耕地	4.91	8.66	11.47	12.08	13.26	14.36	12.23	11.53	11.50
人造地表转为林地	0.92	8.26	21.10	9.17	9.17	10.09	12.84	18.35	10.10
人造地表转为草地	4.32	8.18	12.35	10.65	14.51	14.20	11.42	13.43	10.94
人造地表转为灌木地	5.88	8.82	5.88	4.41	14.71	17.65	16.18	16.18	10.29

一般情况下，坡向通过影响土壤水分和日照时数对地表景观格局产生影响。不同坡向有各自适宜生长的植被类型。若不加人类活动的干扰，不同坡向上景观单元类型的演变是相当缓慢的。但是，退耕还林（草）以来黄土高原实行了一系列土地利用结构调整措施，包括将原有坡耕地退耕、坡耕地改为水平梯田，以及扩大人工乔灌木面积等。这些措施是景观单元类型演变存在坡度分异的主要原因（卓静等，2008）。

2.4 小 结

对于样地尺度上植物功能性状的时空变化，人工林地的植被盖度、叶面积、叶厚度、根长密度等均随着恢复年限的增加呈先增加后减小的趋势，分别在成熟林时期达到最大值。自然恢复草地的植物功能性状（除 40~60cm 土层的地下部分功能性状外）在 30 年和 40 年均较 10 年和 20 年高。在不同植被带下，不同植被类型的盖度、叶面积和比叶面积均为草原带<森林草原带<森林带，地下部分功能性状（除根系平均直径、根组织密度和根碳含量外）均为森林草原带>草原带>森林带。这些结果为区域尺度提供了过程和机理认识。

在区域尺度上，黄土高原地区植被覆盖在 2000 年、2010 年和 2020 年具有较好的空间自相关性和良好的集聚性分布特征。2000~2020 年黄土高原的植被覆盖增加，退耕还林（草）政策有效增加了黄土高原地区的植被覆盖度，对遏制黄土高原地区生态环境退化起到了一定的控制作用。由于黄土高原地区降水等生态环境条件的空间异质性，黄土高原植被覆盖具有明显的空间差异。NDVI 冷点区一直位于黄土高原的西北方向，热点区分布在黄土高原的东南方向。研究结果对黄土高原地区的景观格局分析具有参考价值。

关于黄土高原景观变化，耕地、林地和草地构成了黄土高原的复合景观，其他景观单元类型以斑块或廊道形式镶嵌其中。2000~2020 年耕地和草地面积减少，林地面积增加。黄土高原主要景观单元类型的演变大都发生在海拔介于 900~1300m 和坡度介于 7°~21°的区域。耕地和林地向人造地表的演变主要发生在海拔较低（<700m）、坡度较缓（<7°）的平川缓丘地带。主要景观单元演变类型在坡向上没有明显的分布规律。随着黄土高原经济发展和城市化速度加快，人造地表面积增加。与此同时，退耕还林（草）政策使得林地面积增加和聚集尺度减小，耕地和草地面积和聚集尺度减小，以及灌木地面积和聚集尺度增加。退耕还林（草）政策和城市化是推动黄土高原 2000~2020 年景观格局演变的主要因素。

第 3 章 | 黄土高原土壤侵蚀

黄土丘陵沟壑区地处中国干旱与半干旱区，强烈的人类活动和土壤的易侵蚀性使该区成为中国乃至世界水土流失最严重的地区之一（Wang et al., 2002）。剧烈的土壤侵蚀对该地区生态安全和农业可持续性造成了威胁。因此，如何控制水土流失成为该地区生态环境建设的重要议题。在诸多影响土壤侵蚀的因子中，植被对控制水土流失有重要作用（Zhang et al., 2004；Zheng, 2006；Wei et al., 2007）。在坡面尺度上，植被的增加能够通过减少地表径流从而改变泥沙在地表的运移（Martínez et al., 2006）；而在区域尺度上，植被镶嵌格局的改变影响了径流连通性（Mayor et al., 2008），进而减少了土壤侵蚀量和输入河流的泥沙量（Chen et al., 2003）。因此，在不同尺度下探讨不同土地利用下植被覆盖和土壤侵蚀的关系及其内在机理对于黄土高原生态环境建设至关重要。中国黄土高原人多地少，选择人工草地或将耕地与草地结合形成作物–草地植被格局既能控制水土流失又具有一定生产意义。但在天然降雨条件下，作物–草地植被格局的水土流失效应研究在中国黄土高原地区还十分缺乏。在黄土高原人地矛盾尖锐的情况下，亟须探讨并筛选既能控制水土流失又具有一定生产意义的土地利用类型或土地利用格局，为黄土高原生态建设和可持续发展提供决策依据。本章利用径流小区比较了不同土地利用方式的水土保持效果。在实验小区植被恢复和土壤侵蚀关系的分析基础上，以安塞集水区作为黄土高原地区典型案例研究区，探讨了植被恢复对土壤侵蚀的影响，从而为集水区水土保持和植被建设提供重要的理论和实践意义。此外，本章基于 RUSLE 模型中的降雨侵蚀力因子 R 和植被覆盖与管理因子 C，综合考虑黄土丘陵沟壑区特殊的地形地貌，进一步发展了降雨和土地利用格局的表征方法，优化了 RUSLE 模型在黄土高原区域尺度上的应用。

3.1　坡面尺度土地利用对土壤侵蚀的影响

黄土高原是中国乃至世界水土流失最为严重的地区之一。我国从 1999 年开始在黄土高原实施大规模退耕还林（草）政策，植被覆盖得到显著提高，但人工林由于长势弱或群落结构不完整，其控制水土流失的作用常常低于天然草地（王飞等，2013）。在中国黄土高原人多地少的情况下将坡耕地全面撂荒是不现实的，选择人工草地或将耕地与草地结合形成作物–草地植被格局既能控制水土流失又具有一定生产意义，但天然降雨条件下作物–

草地植被格局的水土流失效应研究在中国黄土高原地区相对缺乏。在黄土高原地区人多地少、人地矛盾尖锐的情况下，需要探讨并筛选既能控制水土流失又具有一定生产意义的土地利用类型或土地利用格局。本研究选择作物、撂荒、柳枝稷、作物–柳枝稷、作物–撂荒5种植被配置方式的径流小区，于2006～2014年在天然降雨条件下连续观测不同土地利用方式的植被盖度、土壤性质、径流深、土壤流失量，比较不同土地利用方式的水土保持效果，为探索适合黄土高原地区的土地利用方式提供理论依据。

3.1.1 研究区概况

研究区位于黄土高原腹地延河流域的安塞集水区，定点样地（径流小区）靠近安塞集水区东南边缘，位于延安市安塞区西侧墩滩山（腰鼓山）的东北坡上（109°18′53″E，36°51′17″N）（图3-1 红色圆点），坡脚下是中国科学院水土保持研究所安塞水土保持综合试验站。

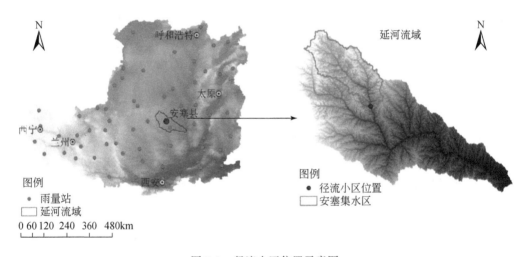

图3-1 径流小区位置示意图

3.1.2 数据获取与分析

3.1.2.1 数据获取

1）径流小区植被配置

径流小区设计2个坡度（5°和15°），每个坡度设置3种单一植被和2种复合植被，共计5种植被配置方式（图3-2），共10个小区。其中，单一植被配置方式包括作物、柳枝稷、撂荒（2006 年开始撂荒）；复合植被配置方式包括作物–柳枝稷与作物–撂荒。作物采用当地传统农作方式，即谷子（*Setaria italica*）与糜子（*Panicum miliaceum*）轮作（第一年播种谷子，第二年播种糜子，依次交替），横坡种植；柳枝稷为多年生草本，第一年播种后，每年秋季刈割地上部分，第二年春天自然萌发生长；撂荒地由耕地撂荒而来，主要植物为早熟禾（*Poa annua*）、狗尾草（*Setaria viridis*）；复合植被配置方式作物–柳枝稷为坡上配置 2/3 比例作物，坡下配置 1/3 比例柳枝稷，作物–撂荒配置比例与之相同。此外，每个径流小区下方连接两个直径 60cm 的镀锌铁皮桶，用于收集径流泥沙样品，以便实时监测径流量和土壤流失量。

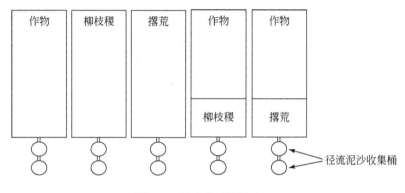

图 3-2　径流小区植被配置

2）指标监测与计算

（1）次降雨特征监测与计算。在坡面径流小区附近安装精度 0.2mm 的自记雨量计，记录 2006~2014 年降雨过程数据。根据降雨过程数据计算每次降雨的降水量、降雨持续时间、平均雨强、最大 5 分钟雨强 I_5、最大 10 分钟雨强 I_{10}、最大 20 分钟雨强 I_{20}、最大 30 分钟雨强 I_{30}、最大 60 分钟雨强 I_{60}。按照 Foster（1981）的公式计算降雨动能 E，并计算 EI_5、EI_{10}、EI_{20}、EI_5、EI_{60} 等参数。依据 USLE/RUSLE 模型，选取降雨动能与最大 30min 雨强的乘积（EI_{30}）表示降雨侵蚀力（Wischmeier and Smith，1978），反映降雨对土壤侵蚀的作用。

（2）径流量与土壤流失量监测。2006~2014 年每次降雨产流后，测定径流泥沙收集桶中径流的体积即径流量，径流量与径流小区面积的比值为径流深（mm）。将径流泥沙收集桶中泥水混合物静置 24h，倒掉澄清水，65℃烘干至恒重称取泥沙重量（g），泥沙重量与径流小区面积的比值为土壤流失量（g/m²）。统计 2006~2014 年发生径流与土壤流失事件的次数。

（3）消除降雨影响的水土流失指标构建。EI_{30} 综合反映了降雨动能、降雨强度对水土流失的影响，而且 USLE/RUSLE 模型以 EI_{30} 表征降雨对土壤流失的贡献部分。因此，为消除降雨因素对径流深与土壤流失量的影响，比较不同植被配置的水土流失效应，特构建单位降雨侵蚀力的径流深［径流深/EI$_{30}$，（hm^2·h）/MJ］与单位降雨侵蚀力的土壤流失量［土壤流失量/EI$_{30}$，g·hm^2·h/（m^2·MJ·mm）］两个指标。其计算公式分别为

$$径流深/EI_{30} = \frac{某次降雨的径流深(mm)}{该次降雨的EI_{30}[MJ·mm/(hm^2·h)]} \tag{3-1}$$

$$土壤流失量/EI_{30} = \frac{某次降雨的土壤流失量(g/m^2)}{该次降雨的EI_{30}[MJ·mm/(hm^2·h)]} \tag{3-2}$$

（4）植被盖度测定。每次径流事件后，拍照法测定此时植被盖度（每个小区5张照片）。6~9月每月中旬测定的植被盖度代表该月植被盖度，由于绝大部分径流事件发生在6~9月，因此以6~9月植被盖度平均值代表该年植被盖度。

（5）土壤粒径组成测定。每个小区沿对角线均匀选取6个采样点，使用激光粒度分析仪（Malvern Instruments Ltd., Worcestershire, UK）测定0~5cm土层土壤砂粒（>0.05mm）、粉粒（0.002~0.05mm）、黏粒（<0.002mm）的含量（%）；通过重铬酸钾氧化法测定土壤有机质含量。

3.1.2.2　数据分析

利用SPSS 20.0对2006~2014年侵蚀性降雨（指能够引起土壤侵蚀的降雨）、次降雨径流深与土壤流失量进行描述性统计。对次降雨特征与对应径流深进行Pearson相关分析；对年均植被盖度、容重、土壤粒径含量与年均径流深、土壤流失量进行Pearson相关分析；对次降雨径流深、土壤流失量与植被盖度进行非线性回归。

整理同一坡度各植被配置方式条件下的径流量和土壤流失量数据。经检验，径流深/EI$_{30}$、土壤流失量/EI$_{30}$数据不满足正态分布与方差齐次性检验，因此应用Kruskal-Wallis（K-W）非参数检验比较同一坡度不同植被配置方式间径流深/EI$_{30}$、土壤流失量/EI$_{30}$的差异显著性。整理同一植被配置方式两个坡度条件下的径流量和土壤流失量数据，应用两样本配对Wilcoxon检验比较同一植被配置方式两个坡度之间径流深/EI$_{30}$、土壤流失量/EI$_{30}$的差异显著性。

整理产流产沙同时发生的降雨事件的径流深和土壤流失量数据，对径流深和土壤流失量进行曲线拟合，通过分析径流深–土壤流失量的响应关系，明确不同植被配置方式径流深对土壤流失量的影响。

3.1.3　不同植被配置方式的径流与土壤流失比较

3.1.3.1　不同植被配置方式的植被盖度与土壤物理性质

由表3-1可知，不同植被配置方式的植被盖度存在一定差异，2006~2014年，植被盖

度在 24.74%~68.90% 变化，摞荒地的植被盖度是作物的 2.2~2.8 倍，整体趋势表现为摞荒>柳枝稷>作物-摞荒>作物-柳枝稷>作物。同一坡度表层土壤容重表现为摞荒<柳枝稷<作物，作物-摞荒与作物-柳枝稷的容重数值介于三种单一植被配置方式之间。根据砂粒、粉粒、黏粒含量查询美国农业部制土壤质地三角形，各植被配置方式土壤质地均属于粉砂壤土；其中粉粒含量最高，砂粒次之，黏粒含量最低；同一坡度下，粉粒和黏粒含量均表现为摞荒>柳枝稷>作物，砂粒表现为摞荒<柳枝稷<作物，复合植被配置方式作物-摞荒与作物-柳枝稷各土壤粒径含量介于各自单一植被配置方式之间。

表 3-1 不同植被配置方式的植被盖度与土壤物理性质

坡度	植被配置方式	植被盖度/%	容重/(g/cm³)	土壤粒径含量/%		
				砂粒	粉粒	黏粒
5°	作物	24.74	1.27	23.22	73.61	3.17
	作物-柳枝稷	39.19	1.24	22.28	74.25	3.47
	作物-摞荒	42.07	1.23	21.19	75.01	3.80
	柳枝稷	56.74	1.22	21.33	74.87	3.80
	摞荒	68.90	1.20	18.75	77.20	4.05
15°	作物	28.38	1.27	23.60	72.97	3.43
	作物-柳枝稷	37.35	1.24	22.99	73.39	3.62
	作物-摞荒	40.73	1.21	20.89	75.23	3.88
	柳枝稷	54.56	1.23	21.33	74.67	4.00
	摞荒	61.08	1.18	18.15	77.45	4.40

3.1.3.2 不同植被配置方式的径流与土壤流失特征描述

2006~2014 年共发生 53 次侵蚀性降雨事件，其描述性统计结果如表 3-2 所示。观测期内，侵蚀性降雨差别很大，降水量介于 8.40~96.60mm、持续时间为 0.48~58.09h、雨强为 1.02~26.87mm/h，均可能导致土壤侵蚀。

表 3-2 侵蚀性降雨的描述性统计

降雨参数	平均值	最小值	最大值	中值
降水量/mm	36.27	8.40	96.60	32.27
持续时间/h	15.11	0.48	58.09	12.48
雨强/（mm/h）	4.79	1.02	26.87	2.76

一定降雨条件下是否产生径流与土壤流失可以反映该植被配置方式的水土保持能力。

由表3-3可知，2006～2014年观测期内，不同植被配置方式产生径流与土壤流失的次数不同。在5°坡面，作物与作物–柳枝稷径流次数相同，作物的土壤流失次数大于作物–柳枝稷；在15°坡面，作物与作物–柳枝稷径流次数相同，土壤流失次数仅差1次。不同植被配置方式的径流与土壤流失次数的整体趋势为作物与作物–柳枝稷>作物–撂荒>柳枝稷>撂荒。15°坡面各植被配置方式的径流与土壤流失次数均高于5°坡面，但径流次数的差异程度要小于土壤流失次数（两个坡度径流次数相差4次及以下，而土壤流失次数相差5～10次），可见，土壤流失的产生相比径流的产生对坡度因素更敏感。

表3-3　2006～2014年不同植被配置方式的径流与土壤流失次数　　　（单位：次）

坡度	径流与土壤流失次数	作物	作物–柳枝稷	作物–撂荒	柳枝稷	撂荒
5°	径流次数	53	53	52	49	41
	土壤流失次数	48	42	41	35	25
15°	径流次数	55	55	54	51	45
	土壤流失次数	53	52	49	43	33

由图3-3可知，2006～2014年次降雨径流深和土壤流失量波动较大，其中作物的变化幅度最大。各植被配置方式的径流深数值均偏向低值区域，径流深总体表现为作物>作物–柳枝稷>作物–撂荒>柳枝稷>撂荒。各植被配置方式的土壤流失量数值亦更偏向于低值区，土壤流失量中值和本体最小值差异不大。土壤流失量极端值远远大于中值，这也说明一两次极端侵蚀事件对整体土壤流失的重要贡献。土壤流失量总体表现为作物>作物–柳枝稷>作物–撂荒>柳枝稷与撂荒，柳枝稷与撂荒各统计值差异不大。总的来看，15°坡面径流深与土壤流失量大于5°坡面，并且数据变异程度更大。

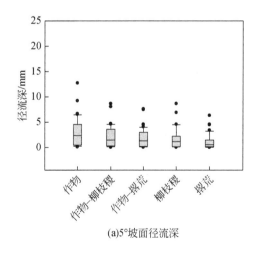
(a)5°坡面径流深

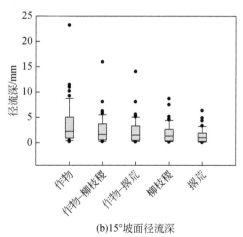
(b)15°坡面径流深

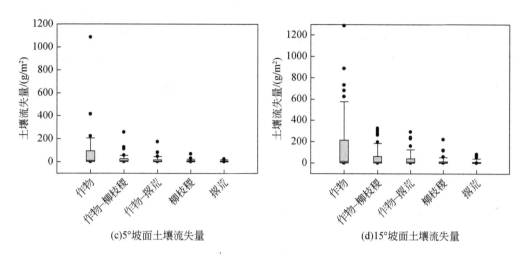

(c)5°坡面土壤流失量　　　　　　　　(d)15°坡面土壤流失量

图3-3　不同植被配置方式的径流深与土壤流失量的描述性统计

3.1.3.3　不同植被配置方式的径流深与土壤流失量比较

整理同一坡度次降雨下各植被配置方式均产生径流的数据。因为降雨条件的差异，径流深数据变异很大。由于 EI_{30} 与径流深相关系数最大，因此通过构建径流深/EI_{30}（单位降雨侵蚀力的径流深）来消除降雨影响，衡量不同植被配置方式本身的径流效应。对同一坡度不同植被配置方式径流深/EI_{30}进行 K–W 非参数检验，差异显著后进行多重比较。结果表明，同一坡度各植被配置方式径流深/EI_{30}差异显著（$p<0.05$），整体趋势为作物>作物–柳枝稷>作物–撂荒>柳枝稷>撂荒。5°坡面，作物–柳枝稷与作物–撂荒的径流深/EI_{30}显著小于作物，可见在坡脚配置柳枝稷与撂荒地能降低产流。作物–撂荒与柳枝稷差异不显著，说明在坡脚配置撂荒地能够达到与单一草地柳枝稷相似的产流效应。15°坡面，各植被配置方式间差异与5°相似，不同的是作物–柳枝稷径流深/EI_{30}与作物差异不显著，可见随着坡度增加，在坡脚配置1/3比例柳枝稷的减流效应将降低。

通过两样本配对 Wilcoxon 检验，比较同一植被配置方式不同坡度径流深的差异。各植被配置方式均表现为15°坡面径流深/EI_{30}显著大于5°坡面径流深/EI_{30}。两个坡度径流深/EI_{30}的差值以作物最高，作物–柳枝稷与作物–撂荒居中，柳枝稷与撂荒最低。可见随着坡度增加，径流深也增加，但柳枝稷与撂荒径流深增加幅度最小。

不同植被配置方式导致植被覆盖及土壤性质的差异，进而产生不同的水文过程（Descheemaeker et al.，2006）。植被覆盖是控制径流产生的重要因素，植被可以直接拦截降雨，降低降雨动能（Descroix et al.，2001），减缓径流速度，增加径流入渗机会（Bochet et al.，1998）。此外，植被还可以增加土壤有机质含量，提高水分入渗速率

（Puigdefábregas et al.，1999）。撂荒地与柳枝稷地具有最高的植被盖度，因此具有最少的产流次数和最低的径流深，而且撂荒与柳枝稷在2006~2014年观测期内径流深变异较小（图3-4）。复合植被配置方式作物-撂荒与作物-柳枝稷不仅具有一定的植被覆盖，而且将撂荒和柳枝稷配置于坡脚能起到拦截径流的作用，因此复合植被配置方式比单一耕地具有更好的径流控制作用。

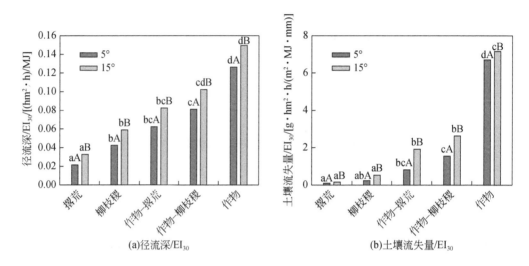

(a)径流深/EI₃₀   (b)土壤流失量/EI₃₀

图3-4 不同植被配置方式的径流深/EI_{30}、土壤流失量/EI_{30}比较

图中小写字母表示某坡度上不同植被配置方式之间的差异显著性（$p<0.05$），大写字母表示同一植被配置方式不同坡度之间的差异显著性（$p<0.05$），只要具有一个相同字母就表示差异不显著，字母完全不同表示差异显著

Feng等（2016）研究发现，在相同植被配置方式下，5°坡面径流发生的降雨临界值大于15°坡面，而降水量-径流深响应方程斜率却相反。这反映了坡度增加，径流产生需要更低的降雨临界点，径流以更高的比率随降雨增加，因此在相同植被配置方式下，15°坡面比5°具有更大的径流深。同时，坡度增加，径流速度增大，导致入渗减少，因此坡面会产生更多径流（Kateb et al.，2013）。

整理同一坡度次降雨下各植被配置方式均产生土壤流失的数据，构建指标土壤流失量/EI_{30}以消除降雨对土壤流失的影响。K-W非参数检验表明同一坡度不同植被配置方式土壤流失量/EI_{30}差异显著（$p<0.05$），整体趋势为作物>作物-柳枝稷>作物-撂荒>柳枝稷>撂荒，不同植被配置方式之间土壤流失量/EI_{30}的差异程度远远大于径流深/EI_{30}，说明植被因素对土壤侵蚀的控制作用远远大于径流。5°与15°坡面各植被配置方式间多重比较结果相似，撂荒与柳枝稷的土壤流失量/EI_{30}显著低于作物-柳枝稷与作物，复合植被配置方式作物-柳枝稷与作物-撂荒土壤流失量/EI_{30}显著低于作物。总之，单一草地柳枝稷或在耕地坡脚配置1/3比例草地（撂荒地或柳枝稷）比单一耕地能有效拦截泥沙。

通过两样本配对 Wilcoxon 检验比较同一植被配置方式不同坡度土壤流失量的差异。各植被配置方式均表现为 15°坡面土壤流失量/EI_{30} 显著大于 5°坡面土壤流失量/EI_{30}。

植被覆盖是控制土壤侵蚀的主导因素（Zheng，2006；Wei et al.，2007），土壤的紧实程度同样影响土壤流失（Liu et al.，2012）。中国黄土丘陵沟壑区相关研究表明，草地能够直接拦截泥沙（于国强等，2010），无论是牧草地（焦菊英和王万忠，2001）还是撂荒地（靳婷等，2012），均比耕地具有更好的水土保持作用。本研究中，撂荒地与柳枝稷地具有较低的土壤容重、较高的植被盖度，因此具有最低的土壤流失量，而且在观测期内土壤流失量变异性最小。耕作活动使土壤团聚体遭到破坏，低植被覆盖导致裸露土壤受雨滴直接打击而剥离，使表层土壤更易被地表径流带走，因此耕地相对于自然植被往往具有更高的土壤流失量（Mohammad and Adam，2010），尤其在暴雨条件下易发生极端侵蚀事件，因此耕地土壤流失量在观测期内变异性最大。植被在坡面上的分布位置是植被控制土壤流失的重要因素（Francia et al.，2006）。植被格局将坡面分为侵蚀区与泥沙沉积区，一般裸地斑块发生侵蚀，植被斑块发生沉积（Puigdefábregas，2010）。在西班牙东南部橄榄园配置 4m 宽大麦隔离带，与免耕无隔离带相比，可以降低 92% 的土壤流失和 49% 的径流（Francia et al.，2006），而且不同植物种类隔离带对泥沙的拦截效应不同（Martínez et al.，2006；Xiao et al.，2011）。Zhang 等（2012）通过人工降雨研究了中国黄土高原茵陈蒿植被格局对土壤侵蚀的影响，研究表明棋盘状与横坡带状格局比顺坡带状格局具有更好的土壤侵蚀控制作用。本研究复合植被配置方式作物–撂荒与作物–柳枝稷将撂荒地与柳枝稷地配置于坡脚，能够有效地拦截泥沙，因此复合植被配置方式比单一耕地具有更低的土壤流失次数与土壤流失量。

在临界坡度范围内，土壤流失量随坡度增加而增加，多数学者确定的临界坡度均在 25°~50°（和继军等，2012）。本研究径流场坡度从 5°增加到 15°，各植被配置方式土壤流失量/EI_{30} 均显著增加，但撂荒地的增加幅度最小，反映了在较大坡度上配置撂荒地具有更好的水土保持效果。

3.1.3.4 不同植被配置方式的径流深与土壤流失量关系

图 3-5 展示了不同植被配置方式的径流深与土壤流失量之间的幂函数关系（拟合关系显著）。5°坡面，相同径流深下，土壤流失量表现为作物>作物–柳枝稷>作物–撂荒>柳枝稷与撂荒。单一草地与复合植被配置方式的径流深与土壤流失量均较低，在径流深低于 6mm 时拟合曲线较为接近，而作物的拟合曲线与这四者偏离较远，说明径流较低时，5°坡面复合植被配置方式的径流产沙效应与单一草地相似，远远优于单一作物。15°坡面，相同径流深下，土壤流失量表现为作物>作物–柳枝稷与作物–撂荒>柳枝稷>撂荒。作物–柳枝稷与作物–撂荒具有相似的径流–土壤流失关系曲线，并且与单一草地的径流–土壤流失

关系差异明显（这不同于5°坡面）。可见作物–摞荒与作物–柳枝稷对径流冲刷产沙的控制作用高于单一作物，但低于单一草地。该结果与植被配置方式间多重比较结果一致。从两个坡度比较来看，相同径流深下，15°坡面具有更高的土壤流失量，可见坡度增加，径流对坡面的冲刷更易导致土壤侵蚀。

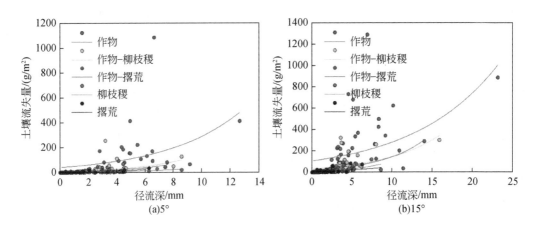

图 3-5　不同植被配置方式的径流深与土壤流失量曲线拟合

降雨—径流—土壤流失是相继发生的过程。一旦产生地表径流，土壤侵蚀会加剧（Ferreira and Singer，1985）。土壤流失量随径流增大以更高的比率增加，因此两者一般为幂函数关系（李明贵和李明品，2000；Jordán and Martínez-Zavala，2008；陈月红等，2009），也有学者研究认为土壤流失量与径流量之间为线性关系。本研究不同植被配置方式的土壤流失量与径流深之间均为幂函数关系。低植被覆盖度导致径流连通性增加（Mayor et al.，2008），会加剧土壤侵蚀，因此在相同径流深下，作物具有最高的土壤流失量。综合考虑不同植被配置方式下径流–土壤流失关系曲线、径流深与土壤流失量特点，认为复合配置方式作物–柳枝稷与作物–摞荒、单一配置柳枝稷在土壤侵蚀控制方面明显优于单一作物，而且具有一定农业生产价值。

3.1.4　径流深及土壤流失量与环境因子关系分析

3.1.4.1　径流深及土壤流失量与降雨特征参数相关分析

由表3-4可知，除平均雨强外，径流深与各降雨特征参数的相关系数均达到显著或极显著水平，说明了降雨对径流的控制作用。土壤流失量与降雨特征参数的相关性小于径流深，尤其5°坡面，部分降雨特征指标与土壤流失量相关性不显著，说明土壤流失量还受植被、土壤等其他因素控制。除去 5°坡面 EI_5 与土壤流失量的相关系数较小外，降雨动能与雨强组成的复合指标与径流深、土壤流失量的相关系数要大于其他单一降雨特征参数，反映了径流与土壤流失不仅取决于降水量、降雨强度，更取决于降雨过程中最大雨强与降雨动能的综合作用。其中，EI_{30} 与径流深、土壤流失量的相关系数最大。径流深与降雨特征参数的相关系数在两个坡度之间差异不大，而土壤流失量与降雨特征参数的相关系数表现为 15°>5°，说明土壤侵蚀对坡度的敏感性大于径流，而且随坡度增加降雨对土壤侵蚀的影响力增强。

表 3-4 径流深及土壤流失量与降雨特征参数相关分析

指标	坡度	P	T	I	I_5	I_{10}	I_{20}	I_{30}	I_{60}	E	EI_5	EI_{10}	EI_{20}	EI_{30}	EI_{60}
土壤流失量	5° $N=191$	0.13	0.14 *	−0.02	0.07	0.11	0.14	0.15 *	0.13	0.15 *	0.13	0.16 *	0.16 *	0.16 *	0.14 *
土壤流失量	15° $N=230$	0.24 **	0.15 *	0.05	0.21 **	0.25 **	0.31 **	0.31 **	0.29 **	0.32 **	0.34 **	0.36 **	0.36 **	0.36 **	0.33 **
径流深	5° $N=248$	0.49 **	0.15 *	0.09	0.43 **	0.52 **	0.59 **	0.61 **	0.58 **	0.64 **	0.66 **	0.70 **	0.69 **	0.71 **	0.65 **
径流深	15° $N=260$	0.52 **	0.23 **	0.04	0.33 **	0.42 **	0.52 **	0.56 **	0.53 **	0.65 **	0.65 **	0.69 **	0.69 **	0.70 **	0.64 **

注：P 为降水量；T 为降雨持续时间；I 为平均雨强；$I_5 \sim I_{60}$ 分别为最大 5 分钟雨强、最大 10 分钟雨强、最大 20 分钟雨强、最大 30 分钟雨强、最大 60 分钟雨强；E 为降雨动能；$EI_5 \sim EI_{60}$ 为降雨动能与不同雨强组成的降雨侵蚀力指标。

* 为显著相关；** 为极显著相关。

3.1.4.2 径流深及土壤流失量与植被盖度及土壤物理性质关系分析

计算各植被配置方式 2006 ~ 2014 年平均径流深与土壤流失量，对径流深、土壤流失量与植被盖度及土壤物理性质进行相关分析。结果表明（表 3-5），两个坡度上，径流深与植被盖度呈显著负相关，径流深与土壤容重呈显著或极显著正相关；5°坡面径流深与砂粒含量呈极显著正相关，与粉粒及黏粒含量呈显著或极显著负相关；但是 15°坡面径流深只与黏粒含量呈显著相关，可能是坡度增加，径流流速增加，土壤质地对径流的影响减弱。两个坡度土壤流失量与植被盖度均呈显著负相关，5°坡面土壤流失量与土壤容重、黏粒含量显著相关。可见，由于撂荒地与柳枝稷地具有较高的植被盖度、较高的粉粒含量、较低的容重与砂粒含量，因此撂荒与柳枝稷的径流深/EI_{30}、土壤流失量/EI_{30} 显著低于作物。

表 3-5　径流深及土壤流失量与植被盖度、土壤容重、不同土壤粒径含量的相关性

坡度	水土流失指标	植被盖度	土壤容重	砂粒含量	粉粒含量	黏粒含量
5°	径流深	−0.975*	0.988**	0.956**	−0.956*	−0.973**
5°	土壤流失量	−0.902*	0.921*	0.750	−0.698	−0.844*
15°	径流深	−0.944*	0.882*	0.846	−0.826	−0.922*
15°	土壤流失量	−0.851*	0.828	0.740	−0.719	−0.824

*为显著相关；**为极显著相关。

　　径流深、土壤流失量与植被盖度的相关系数较大，但该植被盖度为多年 6~9 月平均植被盖度，而且植被盖度季节变化很大，因此整理次降雨事件下各植被配置方式径流深、土壤流失量、植被盖度数据。鉴于径流深及土壤流失量与植被盖度之间存在形如 $y=a\cdot e^{-bx}$ 的回归关系（Durán and Rodríguez，2008），开展负指数拟合。结果如表 3-6 所示，R^2 为决定系数，反映自变量对因变量的解释程度，植被盖度可以解释 18.9% 及 24.4% 土壤流失量的变异，可以解释 11.9% 及 12.3% 径流深的变异，可见植被盖度对侵蚀的影响要大于对径流的影响。径流深、土壤流失量与植被盖度拟合方程的决定系数均表现为 15° 坡面大于 5° 坡面，可见坡度增加，植被盖度对侵蚀与径流的影响均增大。大量研究表明，系数 b 介于 0.01~0.09（Durán and Rodríguez，2008），本研究的系数值也在该范围内。

表 3-6　径流深、土壤流失量与植被盖度关系拟合

坡度	回归方程		N/次	决定系数（R^2）	显著性
5°	径流深（mm）与植被盖度（%）	$y=2.267e^{-0.0205x}$	248	0.119	0.000
15°	径流深（mm）与植被盖度（%）	$y=3.059e^{-0.0187x}$	260	0.123	0.000
5°	土壤流失量（g/m²）与植被盖度（%）	$y=21.72e^{-0.0407x}$	191	0.189	0.000
15°	土壤流失量（g/m²）与植被盖度（%）	$y=86.73e^{-0.0536x}$	230	0.244	0.000

注：N 为径流次数或土壤流失次数。

3.2　流域尺度土地利用对土壤侵蚀的影响

　　植被恢复是黄土高原生态重建和水土流失控制的必要措施（Zhao et al.，2018a）。退耕还林还草工程实施以来，大规模的植被恢复使得黄土高原的土壤侵蚀环境发生巨大改变（Feng Q et al.，2013）。在"生态系统恢复十年"决议颁布的全球背景下，评估 1999 年大规模退耕还林以来植被恢复对黄土高原地区土壤侵蚀的影响，对持续维持植被恢复的水土保持效益至关重要。本节以安塞集水区作为黄土高原地区典型案例研究区，通过对比植被恢复初期和植被恢复现状两种土地利用情景下，安塞集水区 2000~2015 年土壤侵蚀模数

的差异，探讨植被恢复对土壤侵蚀的影响，对区域水土保持和植被建设具有重要的理论和
实践意义。

3.2.1 研究区概况

安塞集水区（108°5′44″E ~ 109°26′18″E，36°30′45″N ~ 37°19′3″N）位于延河流域上
游，陕西北部，地处西北内陆黄土高原腹地（图3-6）。集水区总面积1334.00km²，属典
型黄土丘陵沟壑区（Zhao et al.，2018a）。土壤类型以肥力较低、易于侵蚀的黄绵土为主
（Zhao et al.，2012；Yu et al.，2015）。地形地貌复杂多样，境内梁峁起伏，沟壑纵横，地
表被分割成不同的土地利用方式，且以农田、草地、灌木林地和乔木林地为主（Feng Q

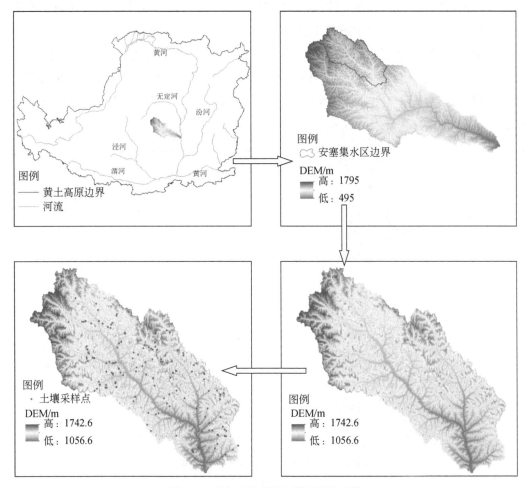

图 3-6　研究区位置及土壤采样点布设

et al., 2013)。集水区地势西北高，东南低，海拔在 495~1795m（Zhao et al., 2018a）。境内气候属中温带大陆性半干旱季风气候，多年平均降水量 505.3mm，且 74% 集中在 6~9 月（Feng Q et al., 2013）。

3.2.2　数据获取与分析

3.2.2.1　数据获取

25m 空间分辨率的 DEM 数据来源于国家基础地理信息中心 1:50 000 数据库；2000 年和 2015 年两期土地覆盖矢量数据来源于中国科学院资源环境科学与数据中心；2000~2015 年安塞集水区及其周边 20 个降雨站点的日降水数据来源于《中华人民共和国水文年鉴》黄河流域水文资料黄河中游区上段（河口镇至龙门）；2000~2015 年生长季（6~9 月）遥感影像来源于地理空间数据云网站；2000~2015 年梯田、淤地坝等工程措施数据来源于《安塞县统计年鉴》；土壤理化性质来源于 2014 年 7~8 月土壤调查获取的 151 个典型样点数据集（图 3-7）。151 个土壤采样点均匀分布在安塞集水区内，能够很好地代表研究区土壤属性条件，样点位置采用手持 GPS 精确定位。

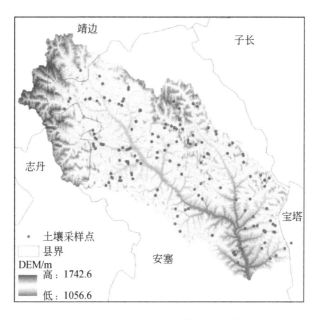

图 3-7　安塞集水区土壤采样点空间分布图

3.2.2.2　数据分析

中国土壤流失方程（Chinese Soil Loss Equation，CSLE）是基于 USLE 模型，结合中国土壤侵蚀实际，在充分考虑生物、工程和耕作措施对土壤侵蚀过程和结果的影响的基础上，提出来的适用于中国土壤侵蚀特征的土壤流失预报模型（Liu et al.，2002）。模型表达式为

$$A = R \cdot K \cdot L \cdot S \cdot B \cdot E \cdot T \tag{3-3}$$

式中，A 为土壤侵蚀模数，$t/(hm^2 \cdot a)$；R 为降雨侵蚀力因子，$MJ \cdot mm/(hm^2 \cdot h \cdot a)$；$K$ 为土壤可蚀性因子，$t \cdot hm^2 \cdot h/(hm^2 \cdot MJ \cdot mm)$；$L$ 为坡长因子，无量纲；S 为坡度因子，无量纲；B 为植被覆盖与生物措施因子，无量纲；E 为工程措施因子，无量纲；T 为耕作措施因子，无量纲。

本研究基于 CSLE 模型和控制变量法，计算植被恢复初期和植被恢复现状两种土地利用情景下安塞集水区 2000 ~ 2015 年逐年土壤侵蚀模数；在此基础上，对比两种情景下 16 年年均土壤侵蚀模数的差异，识别研究时段内植被恢复对土壤侵蚀的影响。需要说明的是，在植被恢复初期和植被恢复现状情景下，同一年份的土壤侵蚀模数计算中，R、K、L、S、E、T 因子保持不变，仅改变与植被恢复密切相关的 B 因子，即分别基于 2000 年和 2015 年土地利用图和遥感影像计算 B 因子。

1）降雨侵蚀力因子（R）

降雨侵蚀力反映降雨对土壤侵蚀的影响作用（章文波等，2002）。考虑到次降雨和日降雨不是一一对应的关系，本研究将日降雨资料以半月时段为单位进行合并，基于半月侵蚀力的简易模型计算研究区降雨侵蚀力：

$$M = \alpha \sum_{i=1}^{k} P_i^{\beta} \tag{3-4}$$

式中，M 为某半月时段的降雨侵蚀力，$MJ \cdot mm/(hm^2 \cdot h)$；$k$ 为半月时段内的天数，P_i 为半月时段内第 i 天的侵蚀性日雨量，要求日雨量 ≥12mm（阈值 12mm 根据中国侵蚀性降雨标准确定），否则以 0mm 计算；α、β 为模型特定参数。

$$\beta = 0.8363 + 18.144 P_{d_{12}}^{-1} + 24.455 P_{y_{12}}^{-1} \tag{3-5}$$

式中，$P_{d_{12}}$ 为日雨量 ≥12mm 的日平均雨量，mm；$P_{y_{12}}$ 为日雨量 ≥12mm 的年平均雨量，mm。

$$\alpha = 21.586 \beta^{-7.1891} \tag{3-6}$$

2）土壤可蚀性因子（K）

土壤可蚀性表示土壤对侵蚀、径流量和径流速率的敏感性（Sun et al.，2014）。研究发现，现有的国外 K 因子计算方法不能直接应用于我国 K 因子的计算中，其模拟值远高于实测值，但它们之间存在一定的线性关系（张科利等，2007）。为此，本研究基于土壤调

查获取的安塞集水区土壤数据，根据式（3-7）和式（3-8）计算 K 因子（张科利等，2007）：

$$K_{\text{Shirazi}} = 7.594 \left\{ 0.0017 + 0.0494 \, e^{-\frac{1}{2} \left[\frac{\log(D_{\text{g}}) + 1.675}{0.6986} \right]^2} \right\} \tag{3-7}$$

$$D_{\text{g}} = e^{0.01 \sum f_i \ln m_i} \tag{3-8}$$

式中，D_{g} 为几何平均粒径；f_i 为某一粒径等级的含量，%；K_{Shirazi} 为基于 Shirazi 等（1988）提出的方程［式（3-7）］估计的 K 值。

3）坡度坡长因子（LS）

地形是直接影响土壤侵蚀的重要因素。坡长因子（L）和坡度因子（S）因子分别代表坡长和坡度对土壤侵蚀的影响（Wischmeier and Smith，1978）。L 因子和 S 因子可由以下公式计算得到：

$$L = (\lambda / 22.13)^m \tag{3-9}$$

$$m = \beta / (1 + \beta) \tag{3-10}$$

$$\beta = (\sin\theta / 0.0896) / [3.0(\sin\theta)^{0.8} + 0.56] \tag{3-11}$$

$$S = \begin{cases} 10.8\sin\theta + 0.03, & \theta < 5.14° \\ 16.8\sin\theta - 0.53, & \theta \geqslant 5.14° \end{cases} \tag{3-12}$$

式中，λ 为水平投影坡长；m 为可变的坡长指数；β 为细沟侵蚀与细沟间侵蚀的比值；θ 为基于 DEM 计算的坡度。

4）植被覆盖与生物措施因子（B）

B 因子反映土壤侵蚀对地表覆盖的响应特征，是指在一定条件下，有植被覆盖或实施田间管理的土地的土壤流失总量与实施清耕的连续休闲地的土壤流失总量之间的比值（Yan et al.，2018；Wen et al.，2020），介于 0~1。本研究基于 2000~2015 年 6~9 月遥感影像图，提取 VI（赵文武等，2004），对 B 因子赋值（表 3-7）。

$$f = \frac{\text{NDVI} - \text{NDVI}_{\min}}{\text{NDVI}_{\max} - \text{NDVI}_{\min}} \tag{3-13}$$

式中，f 为植被盖度；$\text{NDVI}_{\min}$ 和 $\text{NDVI}_{\max}$ 为 NDVI 的最小值和最大值。

5）工程措施因子（E）

工程措施因子（E）是指采取某种工程措施的土壤流失量与同等条件下无工程措施的土壤流失量之比（Liu et al.，2002）。研究区水土保持工程措施主要有淤地坝和梯田等。鉴于工程措施数据资料收集的困难性，本研究基于安塞区统计年鉴查找梯田、淤地坝数据，参考前人（谢红霞等，2009）在延河流域计算 E 因子的公式计算 E 值。

$$E = \left(1 - \frac{S_{\text{t}}}{S} \times \alpha\right)\left(1 - \frac{S_{\text{d}}}{S} \times \beta\right) \tag{3-14}$$

式中，S_{t} 为梯田面积；S_{d} 为淤地坝控制面积；S 为土地总面积；α 和 β 分别为梯田和淤地坝的减沙系数。参考已有研究，本研究分别将 α 和 β 确定为 0.836 和 1。

表 3-7　不同土地利用类型和不同植被盖度下的 B 值

土地利用类型	植被盖度/%	B 值	土地利用类型	植被盖度/%	B 值
乔木林地和灌木林地	0~20	0.100	草地	0~20	0.450
	20~40	0.080		20~40	0.240
	40~60	0.060		40~60	0.150
	60~80	0.020		60~80	0.090
	80~100	0.004		80~100	0.043
水域	—	0	耕地	—	0.476
建设用地	—	0.353	未利用地	—	1

6）耕作措施因子（T）

耕作措施因子（T）是指在其他条件相同的情况下，采取某种专门耕作措施的土壤流失量与平作或顺坡耕作情况下产生的土壤流失量之比（Xu et al., 2012）。本研究基于研究区 DEM 提取坡度，根据坡度与 T 因子的关系，采用赋值法计算 T 因子（表 3-8）。

表 3-8　不同坡度条件下的耕作措施因子

坡度	≤5°	5°~10°	10°~15°	15°~20°	20°~25°	>25°
T 值	0.100	0.221	0.305	0.575	0.735	0.800

3.2.3　植被恢复的土地利用动态变化

植被恢复的大规模开展使安塞集水区土地利用变化显著（图 3-8）。2000 年土地利用以草地和耕地占绝对优势，乔、灌木林地分布零散，未形成连片格局。2015 年土地利用以草地为主，乔、灌木林地大幅增加，形成了从东南到西北乔、灌木林地逐渐减少的分布格局。得益于相对优越的自然条件和更接近市区的区位条件，与上游地区相比，生态恢复政策在安塞集水区下游地区的落实更加积极到位，植被恢复效果更加明显。

2000~2015 年，安塞集水区乔木林地、灌木林地和草地面积明显增加，耕地面积明显减少，建设用地、水域和荒漠面积略有增加（表 3-9）。植被恢复以来，耕地主要转换为草地，其次为乔木林地、灌木林地，少部分转换为建设用地、水域和荒漠，这种变化的首要驱动因素是 1999 年以来国家实行的退耕还林（草）政策。

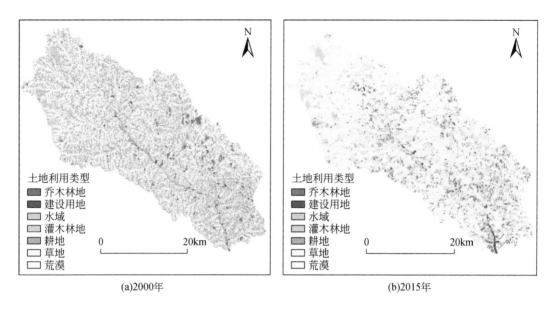

(a)2000年   (b)2015年

图 3-8   安塞集水区 2000 年和 2015 年土地利用类型空间分布图

表 3-9   2000～2015 年安塞集水区土地利用变化转移矩阵   （单位：km²）

土地利用类型		2015 年							2000 年总计
		乔木林地	灌木林地	草地	耕地	建设用地	水域	荒漠	
2000 年	乔木林地	2.41	1.20	16.01	0.04	0.14	0.16	0.01	19.97
	灌木林地	1.22	16.07	2.00	0.07	0.02	0.04	0.01	19.43
	草地	44.83	23.43	643.08	1.66	2.13	3.13	1.24	719.50
	耕地	50.72	35.25	422.78	32.57	3.84	1.86	0.89	547.91
	建设用地	0.03	0.02	0.18	0.02	1.89	0.01	0.00	2.15
	水域	0.04	0.01	0.20	0.00	0.00	0.00	0.00	0.25
	荒漠	0.00	0.00	0.00	0.00	0.00	0.00	0.00	0
2015 年总计		99.25	75.98	1084.25	34.36	8.03	5.20	2.15	—
2000～2015 年变化量		79.28	56.55	364.75	-513.55	5.88	4.95	2.15	—

3.2.4   基于植被恢复初期的土壤侵蚀量估算

基于植被恢复初期（2000 年）土地利用状况计算所得 2000～2015 历年土壤侵蚀模数分别为 31.18t/（hm²·a）、116.45t/（hm²·a）、170.88t/（hm²·a）、99.92t/（hm²·a）、

147.21t/（hm² · a）、167.17t/（hm² · a）、88.56t/（hm² · a）、91.38t/（hm² · a）、55.03t/（hm² · a）、162.21t/（hm² · a）、80.11t/（hm² · a）、68.66t/（hm² · a）、115.97t/（hm² · a）、291.11t/（hm² · a）、115.96t/（hm² · a）和31.19t/（hm² · a），16 年平均土壤侵蚀模数为 114.56t/（hm² · a）（表 3-10）。对比各侵蚀强度占比及面积可知，轻度侵蚀占比最高，为 22.61%；剧烈侵蚀次之，面积为 300.67km²，占比为 22.54%；中度侵蚀、极强度侵蚀和强度侵蚀面积均超过了 150km²，占比分别为 17.09%、14.66% 和 12.29%；微度侵蚀占比最小，为 10.81%，面积为 144.25km²。据此可知，植被恢复初期土地利用情景下，安塞集水区土壤侵蚀以剧烈侵蚀和轻度侵蚀为主，土壤侵蚀状况较为严峻。

表 3-10　基于植被恢复初期的土壤侵蚀量及其分级

年份	土壤侵蚀模数 /［t/（hm² · a）］	土壤侵蚀强度面积占比/%					
		微度	轻度	中度	强度	极强度	剧烈
2000	31.18	22.88	41.67	15.47	8.51	8.86	2.60
2001	116.45	8.18	18.44	18.64	13.75	16.19	24.80
2002	170.88	6.12	13.65	14.53	13.15	18.39	34.16
2003	99.92	9.55	21.30	19.14	13.77	14.60	21.64
2004	147.21	7.21	15.29	16.66	13.20	17.45	30.19
2005	167.17	6.59	13.96	15.02	13.09	17.97	33.36
2006	88.56	10.69	23.77	19.44	13.11	13.90	19.09
2007	91.38	10.25	22.74	19.37	13.52	14.23	19.88
2008	55.03	14.67	33.43	19.72	10.53	11.42	10.23
2009	162.21	6.74	14.46	15.26	13.31	17.67	32.55
2010	80.11	11.15	25.45	19.80	12.87	13.49	17.24
2011	68.66	15.07	29.23	18.47	11.36	12.02	13.85
2012	115.97	8.52	18.78	18.40	13.71	15.92	24.67
2013	291.11	4.45	9.45	8.81	10.59	17.54	49.16
2014	115.96	8.61	18.41	18.64	13.74	15.75	24.85
2015	31.19	22.34	41.79	15.98	8.41	9.10	2.38
平均	114.56	10.81	22.61	17.09	12.29	14.66	22.54

注：微度侵蚀［≤5t/（hm² · a）］、轻度侵蚀［（5，25]t/（hm² · a）］、中度侵蚀［（25，50]t/（hm² · a）］、强度侵蚀［（50，80]t/（hm² · a）］、极强度侵蚀［（80，150]t/（hm² · a）］和剧烈侵蚀［>150t/（hm² · a）］。

3.2.5　基于植被恢复现状的土壤侵蚀量估算

基于植被恢复现状（2015 年）土地利用状况计算所得 2000～2015 历年土壤侵蚀模数

分别为 20.88t/(hm²·a)、80.67t/(hm²·a)、119.51t/(hm²·a)、68.41t/(hm²·a)、101.07t/(hm²·a)、114.77t/(hm²·a)、60.17t/(hm²·a)、62.51t/t/(hm²·a)、36.16t/(hm²·a)、111.59t/(hm²·a)、54.80t/(hm²·a)、46.05t/(hm²·a)、80.01t/(hm²·a)、197.60t/(hm²·a)、79.13t/(hm²·a)和21.44t/(hm²·a)，16年平均土壤侵蚀模数为 78.42t/(hm²·a)（表 3-11）。其中，轻度侵蚀占比最高，为 23.71%，面积为316.30km²；中度侵蚀次之，占比为 19.35%；极强度侵蚀和强度侵蚀占比分别为17.57%和14.96%，面积分别为 234.32km² 和 199.53km²；剧烈侵蚀面积为 188.68km²，占比为14.14%；微度侵蚀占比最小，为 10.28%，面积为 137.10km²。据此可知，不同于植被恢复初期以剧烈侵蚀和轻度侵蚀为主，现状情景下安塞集水区土壤侵蚀以轻度侵蚀为主，中度侵蚀占比有所增加，侵蚀状况得到了较大程度的改善。

表 3-11　基于植被恢复现状的土壤侵蚀量及其分级

年份	土壤侵蚀模数 /[5t/(hm²·a)]	土壤侵蚀强度面积占比/%					
		微度	轻度	中度	强度	极强度	剧烈
2000	20.88	22.16	49.11	20.38	5.63	2.28	0.44
2001	80.67	7.82	18.43	19.00	18.51	22.08	14.16
2002	119.51	5.85	13.72	13.52	15.15	24.09	27.67
2003	68.41	8.93	20.98	21.86	18.03	20.51	9.69
2004	101.07	6.86	15.22	15.58	17.19	23.53	21.62
2005	114.77	6.19	13.97	13.84	15.71	24.07	26.22
2006	60.17	9.91	23.61	23.74	17.39	18.12	7.23
2007	62.51	9.42	22.58	23.50	17.54	19.26	7.70
2008	36.16	14.47	34.98	26.34	14.77	7.32	2.12
2009	111.59	6.16	14.84	14.88	15.96	23.49	24.67
2010	54.80	10.38	25.14	25.15	17.16	16.68	5.50
2011	46.05	14.21	31.27	23.00	14.27	12.81	4.44
2012	80.01	7.87	19.09	19.72	17.85	21.54	13.93
2013	197.60	4.22	9.32	8.86	9.85	21.00	46.75
2014	79.13	7.94	18.72	19.33	18.50	21.91	13.60
2015	21.44	22.05	48.37	20.87	5.78	2.37	0.56
平均值	78.42	10.28	23.71	19.34	14.96	17.57	14.14

注：微度侵蚀[≤5t/(hm²·a)]、轻度侵蚀[(5,25]t/(hm²·a)]、中度侵蚀[(25,50]t/(hm²·a)]、强度侵蚀[(50,80]t/(hm²·a)]、极强度侵蚀[(80,150]t/(hm²·a)]和剧烈侵蚀[>150t/(hm²·a)]。

3.2.6 植被恢复前后土壤侵蚀量的变化

植被恢复初期和植被恢复现状两种土地利用情景下，2000～2015年平均土壤侵蚀模数分别为114.56t/（hm²·a）和78.42t/（hm²·a），年均减少土壤侵蚀量4.81×10⁶t。植被恢复较好，改善了研究区土壤侵蚀状况，2000～2015年历年土壤侵蚀量均有所减少，依次减少了 10.30t/hm²、35.78t/hm²、51.37t/hm²、31.51t/hm²、46.14t/hm²、52.40t/hm²、28.39t/hm²、28.87t/hm²、16.87t/hm²、50.62t/hm²、25.31t/hm²、22.61t/hm²、35.96t/hm²、93.51t/hm²、36.83t/hm²、9.75t/hm²。此外，由于降水年际差异大，不同年份植被恢复对土壤侵蚀的影响不同。植被恢复的水土保持效益在2002年、2005年、2009年和2013年等强降雨年份更为明显（图3-9）。

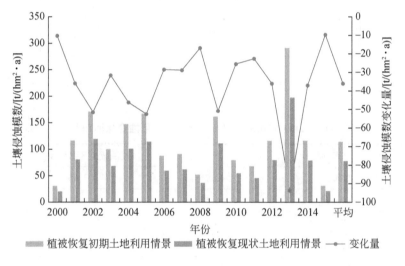

图3-9 2000～2015年安塞集水区植被恢复对土壤侵蚀的影响

利用 ArcGIS10.6 重分类功能，将研究区 2000～2015 年平均土壤侵蚀变化量分为侵蚀量增加和侵蚀量减少两大类，得到 2000～2015 年平均土壤侵蚀变化量空间分布图（图3-10）。研究时段内，安塞集水区土壤侵蚀增加区和土壤侵蚀减少区相间分布。其中，集水区南部和东南部侵蚀状况改善效果较为明显，为主要的土壤侵蚀减少区；集水区西北部则为主要的土壤侵蚀增加区。尽管土壤侵蚀量增加区和土壤侵蚀量减少区相间分布，但从整体效果来看，历年（2001年除外）土壤侵蚀量减少区面积均高于土壤侵蚀量增加区面积（表3-12）。其中，2000～2015年侵蚀减少区和侵蚀增加区面积分别为696.92km²和637.12km²，分别占安塞集水区土地总面积的52.24%和47.76%。

图 3-10　2000~2015 年安塞集水区植被恢复前后土壤侵蚀变化量的空间分异

表 3-12　2000~2015 年安塞集水区土壤侵蚀变化面积及占比

年份	侵蚀增加区面积/km²	占比/%	侵蚀减少区面积/km²	占比/%
2000	630.34	47.25	703.66	52.75
2001	673.74	50.51	661.73	49.60
2002	625.30	46.87	707.83	53.06
2003	634.18	47.54	699.67	52.45
2004	614.26	46.05	719.81	53.96
2005	614.26	46.05	719.81	53.96
2006	640.90	48.04	693.10	51.96
2007	642.82	48.19	691.18	51.81
2008	640.46	48.01	693.54	51.99
2009	640.81	48.04	693.19	51.96
2010	638.50	47.86	695.50	52.14
2011	640.93	48.05	693.06	51.95
2012	638.06	47.83	695.94	52.17
2013	653.53	48.99	680.47	51.01
2014	637.94	47.82	696.06	52.18

续表

年份	侵蚀增加区面积/km²	占比/%	侵蚀减少区面积/km²	占比/%
2015	627.85	47.07	706.14	52.93
平均值	637.12	47.76	696.92	52.24

3.2.7 植被恢复对土壤侵蚀的影响及政策启示

不同土地利用类型不仅影响土壤下垫面的性质，还影响着降雨的再分配及径流产沙过程。据王森等在延安市的研究，不同土地利用类型的土壤保持模数不同，且以林地和草地的土壤保持效果最佳。自 1999 年退耕还林还草工程实施以来，安塞集水区土地利用结构发生了明显的变化，以坡耕地向草地、乔木林地和灌木林地转换为主要特点。退耕还林还草工程的有效开展显著改善了安塞集水区的土壤侵蚀状况，年均土壤侵蚀模数由 2000 年的 114.56t/（hm²·a）降至 2015 年的 78.42t/（hm²·a），土壤侵蚀强度由以剧烈侵蚀和轻度侵蚀为主转为以中度侵蚀和轻度侵蚀为主，这与前人对安塞退耕还林还草工程建设对土壤侵蚀影响的研究结果基本保持一致。此外，据国家林业和草原局（http://www.forestry.gov.cn/）公布数据，退耕还林还草工程实施近 20 年来，安塞年均土壤侵蚀模数由 1998 年的 140.00t/(hm²·a)降至 2018 年的 54.00t/(hm²·a)，这也进一步佐证了本研究结果的准确性和可信度。截至 2018 年底，安塞累计完成造林面积约 9.492 万 hm²，其中退耕还林 5.652 万 hm²，荒山荒地造林 3.647 万 hm²，封山育林 1930hm²。坡耕地退耕和荒山荒地造林，使研究区植被盖度增大，生物量增多，茂密的植被冠层降低了林地的有效降水量，延长了降水、产流历时，消减了雨滴动能；地表覆盖物分散了径流动能；发达的植被根系提高了土壤抵抗径流侵蚀的能力，有效地加强了区域的水土保持效益，使得土壤侵蚀状况得到较大改善。此外，相关研究表明，黄土丘陵沟壑区坡耕地实施退耕后，侵蚀破坏的土体剖面构型日趋完整，土壤性能在某种程度上得以恢复，土壤容重、pH 减小，而土壤有机质、C 和 N 含量增加。坡耕地退耕使得人类干扰活动相对减少，有利于土壤养分的积累和孔隙度的保持，有效增强了土壤的保水保肥性能。

土壤侵蚀变化的空间分异特征也进一步说明了退耕还林还草工程对土壤侵蚀的正向影响。集水区东南部和南部地区退耕还林还草工程积极开展且效果良好，土地利用变化较为剧烈，主要包括耕地向草地、灌木和乔木，以及草地向灌木、乔木等的转变。该区域植被的大量恢复有效地加强了区域的水土保持效益，使得土壤侵蚀状况得到较大改善。而集水区西北部地区退耕还林还草工程实施效果较差，使得局部地区土壤侵蚀状况愈发严重。

集水区西北部地区土壤侵蚀治理效果较差，部分地区土壤侵蚀加剧。退耕还林还草工程的未有效开展和土地利用方式在局部地区的不合理转变（耕地、草地转为建设用地等）是造成这一现象的主要原因。鉴于此，地方政府应积极开展退耕还林还草工程，严格土地利用规划，加强土地用途管制，从严控制非农建设占用耕地，严防土地利用方式的不合理转变。

安塞集水区野外调研发现，集水区西北部地区虽然实施了退耕还林还草工程，种植了一定数量的沙棘和柠条，但疏于监督管理，绝大多数并未存活，植被恢复效果较差。安塞区退耕还林相关研究也表明，很多退耕还林地块存在"只见树苗，不见森林"的现象。究其原因主要在于：一是农户缺乏对林地幼苗管理的主动性，存在退耕农户只拿退耕补助，对林地后续管理置之不理的现象；二是退耕还林没有配套的科技推广、病虫害防治、森林防火等项目支持，直接影响着退耕还林质量和后期效益的发挥。退耕还林还草工程的实施是一个长期的过程，地方政府应加强退耕还林还草的监督管理，遵循"谁造谁管谁受益"的原则，加强对植被幼苗的管护，确保幼林的正常生长。而考虑到黄土高原地区脆弱的生态环境，退耕还林还草应选用适应性强、品质好、质量高的优良树种和草种，提高幼苗成活率。地方政府应不定期开展退耕还林还草的验收，对成活株数不达标、成活率低的不合格退耕地，采取原地补植补造、抚育、修剪、浇水、除草和病虫害防治等措施，保障植被恢复效果。

3.3 降水和土地利用格局对土壤侵蚀影响的尺度效应

土壤侵蚀评价指数（Soil Loss Evaluation Index，SL）是基于景观生态学中"尺度–格局–过程"原理，在考虑土地利用、地形、土壤、降雨等影响因素的基础上，借鉴 RUSLE 模型中相关因子的计算方法构建的（赵文武等，2008）。土壤侵蚀评价指数可以在一定程度上反映流失过程，在土壤侵蚀评价方面具有良好的应用前景。傅伯杰等（2006）基于景观生态学的有关理论和土壤侵蚀的主要过程，在提出坡面尺度土壤侵蚀评价指数的基础上，通过尺度的逐级上推，构建了小流域和流域尺度的土壤侵蚀评价指数，并运用尺度下推的方法，提出了多尺度土壤侵蚀评价指数的研究思路。Zhao 等（2012）以黄土丘陵沟壑区的延河流域为研究对象，分析比较了土壤侵蚀评价指数和 RUSLE 模型中 C 因子计算方法，结果表明，土壤侵蚀评价指数与 C 因子相比能够更好地刻画土地利用格局对土壤侵蚀的影响，可以为通过调整流域的土地利用格局来减少水土流失提供科学依据。本节基于 RUSLE 模型和土壤侵蚀评价指数，综合考虑陕北黄土丘陵沟壑区特殊的地形地貌，结合距水系水平距离、垂直距离、坡度等地形因子，发展降雨和土地利用格局的表征方法，并在此基础上分析不同面积流域上降雨和土地利用格局对土壤侵蚀的影响及其尺度效应，对该区开展水土流失综合治理和土地利用格局优化设计具有积极的意义。

3.3.1　研究区概况

研究区域位于黄土丘陵沟壑区（图 3-11），包括延河流域、清涧河流域、汾川河（云岩河）流域和无定河流域中的大理河流域，主要涉及延安、延长、安塞、子长、清涧等县市，位于 108°45′E～110°25′E，36°10′N～37°55′N，总面积 17 488km²。其中，延河流域、清涧河流域、汾川河流域和大理河流域面积分别为 7725km²、4078km²、1781km² 和 529.9km²。该区域共有水文站点 13 个，雨量站点 114 个。以水文站为出口的集水区面积介于 187～5891km²，最大集水区为甘谷驿集水区，面积 5891km²；最小集水区为曹坪集水区，面积 187km²。

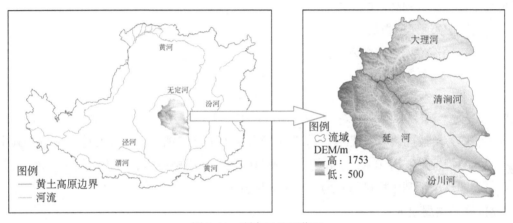

图 3-11　研究区地理位置

研究区气候属于中温带大陆性半干旱季风气候，四季变化明显，干湿分明，年温差大。春温高于秋温，春季升温缓慢，秋季降温迅速。研究区年平均降水量为 513.8mm，丰雨年与贫雨年降水量相差较大。90% 以上的降水集中在 5～9 月，6～9 月为汛期，多暴雨，空气湿度较大，其他月份降雨极少。年日照时数平均为 2504.6 小时，年平均气温为 10.2℃。近年来年日照时数和年平均气温均呈现上升趋势。研究区地表径流的年内分配集中，汛期（6～9 月）的径流量占年径流量的 70% 以上，甚至集中于几场大暴雨中。

3.3.2　数据获取与分析

3.3.2.1　数据获取

在 ArcGIS 平台支持下，基于 1∶5 万地形图生成的数字高程模型（DEM）获取研究区点距水系水平距离数据、距水系垂直距离数据，以及坡向数据。基于美国 MODIS 遥感影像提取的 NDVI 数据（500m 分辨率），统计 2006~2012 年植被覆盖度均值。2006~2012年研究区 57 个站点的降水量、输沙量等水文资料源于《中华人民共和国水文年鉴·黄河流域水文资料》。

3.3.2.2 数据分析

降雨和土地利用格局是指降雨和土地利用在坡度、距水系水平距离和距水系垂直距离方面的分布状况。某一特定的降雨和土地利用类型单元所在的位置距水系的距离越近、坡度越陡、垂直距离越高，该降雨和土地利用方式对小流域/流域的泥沙输出贡献就越大；反之，贡献越小。根据此规律，借鉴土壤侵蚀评价指数的思想（赵文武等，2008），发展土地利用格局指数和降雨格局指数。

1）土壤侵蚀评价指数

土壤侵蚀评价指数概念公式为

$$SL=\frac{f(R,K,T,C)}{f(R,K,T)} \tag{3-15}$$

式中，SL 为土壤侵蚀评价指数；R 为降雨侵蚀力因子；K 为土壤可蚀性因子；T 为地形特征因子；C 为植被覆盖与管理因子；f 为不同尺度上土壤侵蚀评价指数的计算函数。其中，SL 为无量纲因子，介于 0~1，SL 越大，表明该土地利用格局越有助于增加土壤流失，SL 越小，表明该土地利用格局越有助于减少土壤流失。

2）降雨格局指数

降雨格局指数基于降雨侵蚀力因子 R，借鉴土壤侵蚀评价指数的思想，表征降雨格局对土壤侵蚀影响的潜在能力，降雨格局指数基本形式为

$$SL_R=\frac{\sum S \cdot H \cdot D \cdot R}{\sum S \cdot H \cdot D} \tag{3-16}$$

式中，SL_R 为降雨格局指数；S 为坡度因子指数；H 为土壤流失垂直距离指数；D 为土壤流失水平距离指数；R 为降雨侵蚀力因子。

3）土地利用格局指数

土地利用格局指数基于植被覆盖与管理因子 C，借鉴土壤侵蚀评价指数的思想，表征土地利用格局变化对土壤侵蚀影响，土地利用格局指数基本形式为

$$SL_C=\frac{\sum S \cdot H \cdot D \cdot C}{\sum S \cdot H \cdot D} \tag{3-17}$$

式中，SL_C 为土地利用格局指数；S 为坡度因子指数；H 为土壤流失垂直距离指数；D 为土壤流失水平距离指数；C 为植被覆盖与管理因子。

4）指数中各因子的计算方法

（1）降雨侵蚀力因子。降雨侵蚀力因子的计算公式采用针对黄土丘陵沟壑区修正的章文波降雨侵蚀力简易算法，其计算公式为

$$R = 0.849\alpha \sum_{j=1}^{k}(D_j)^{\beta} - 29.651 \tag{3-18}$$

式中，R 为月降雨侵蚀力，$MJ \cdot mm/(hm^2 \cdot h)$；$D_j$ 为第 j 日侵蚀性降雨（要求降水量 $\geq$ 12mm，否则以 0mm 计算）；k 为侵蚀性降雨日数；α、β 为模型待定参数。

$$\beta = 0.8363 + 18.44 P_{d_{12}}^{-1} + 24.455 P_{y_{12}}^{-1} \tag{3-19}$$

式中，$P_{d_{12}}$ 为日雨量 $\geq$ 12mm 的日平均雨量，mm；$P_{y_{12}}$ 为日雨量 $\geq$ 12mm 的年平均雨量，mm。

$$\alpha = 21.586\, \beta^{-7.1891} \tag{3-20}$$

（2）植被覆盖与管理因子。植被覆盖与管理因子与植被盖度之间有着十分复杂的关系，我们采用的 C 因子计算公式为（蔡崇法等，2000）

$$F_C = (NDVI - NDVI_{min})/(NDVI_{max} - NDVI_{min}) \tag{3-21}$$

$$\begin{cases} C = 1 & F_C = 0 \\ C = 0.6508 - 0.3436 \lg F_C & 0 < F_C < 78.3\% \\ C = 0 & F_C \geq 78.3\% \end{cases} \tag{3-22}$$

式中，C 为植被覆盖与管理因子；F_C 为植被盖度。

（3）土壤流失距离指数。土壤流失距离指数反映的是距水系的距离差异导致的相应土地利用类型对河流泥沙的贡献程度的差异（赵文武等，2008）。在流域尺度，某种土地利用类型距水系的距离可以进一步分解为水平距离和垂直距离（图3-12），d_i 是小流域中 i 点的土壤流失水平距离，h_i 是小流域中 i 点的土壤流失垂直距离。基于 ArcGIS-Desktop 中 Spatial Analyst 的 Straight Line 函数，提取距水系水平距离的空间分布图，进而获得点 i 的土壤流失水平距离。土壤流失垂直距离的提取相对复杂，具体可分为 4 步：①将水系矢量数据转为栅格数据，栅格值设为 1；②基于 ArcGIS 平台中的 Raster Calculator 模块，将水系栅格与 DEM 数据相乘，获得具有高程值的水系图；③应用 ArcGIS Workstation 中 Grid Tools 的 Expand Zones 函数，将水系的高程值向外拓展，得到覆盖整个小流域的水系高程面（即水系所在的曲面）；④将 DEM 数据与该水系高程面数据相减，即可得到土壤流失垂直距离分布图。基于获得的土壤流失水平距离和土壤流失垂直距离进一步计算土壤流失水平距离指数（D）和土壤流失垂直距离指数（H）。

土壤流失水平距离指数的计算公式为

$$D_i = \frac{D_{max} - d_i}{D_{max}} \tag{3-23}$$

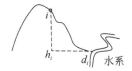

图 3-12　土壤流失水平距离 d_i 和土壤流失垂直距离 h_i

式中，D_i 为流域中 i 点的土壤流失水平距离指数；D_{max} 为流域中土壤流失水平距离的最大值；d_i 为流域中 i 点的土壤流失水平距离。土壤流失水平距离是指流域中 i 点沿着泥沙运移路径距离水系的最小直线距离。

土壤流失垂直距离指数的计算公式为

$$H_i = \frac{H_{max} - h_i}{H_{max}} \tag{3-24}$$

式中，H_i 为流域中 i 点的土壤流失垂直距离指数；H_{max} 为流域中土壤流失垂直距离的最大值；h_i 为流域中 i 点的土壤流失垂直距离。

（4）坡度因子指数。坡度因子指数的计算公式为（Liu et al., 1994）

$$S'_i = 21.91\sin\theta - 0.96 \tag{3-25}$$

式中，θ 为坡度。

将 S'_i 进行标准化处理之后得到坡度因子指数。

$$S_i = \frac{(S'_i - S'_{min})}{(S'_{i\,max} - S'_{min})} \tag{3-26}$$

3.3.3　降雨和土地利用格局指数因子计算

3.3.3.1　降雨侵蚀力因子计算

采用针对黄土丘陵沟壑区修正的章文波降雨侵蚀力简易算法，计算 2006～2012 年研究区 57 个站点的降雨侵蚀力。将降雨侵蚀力进行插值后得到 2006～2012 年研究区降雨侵蚀力空间分布（图 3-13）。总体来说，延河和大理河流域降雨侵蚀力较低，而清涧河和汾川河流域降雨侵蚀力较高。汾川河流域、清涧河流域上游降雨侵蚀力较高，下游次之；延河流域、大理河流域下游降雨侵蚀力较高，上游次之。研究区降雨侵蚀力存在两个高值区，分别是清涧河上游地区和汾川河上游地区；低值区分别位于大理河上游和延河流域上中游。统计研究区 2006～2012 年的降雨侵蚀力得到图 3-14。从图中可以看出，2006～2012 年降雨侵蚀力总体呈现上升趋势。2008 年和 2010 年降水量较小，所以 2008 年和 2010 年的降雨侵蚀力较低。

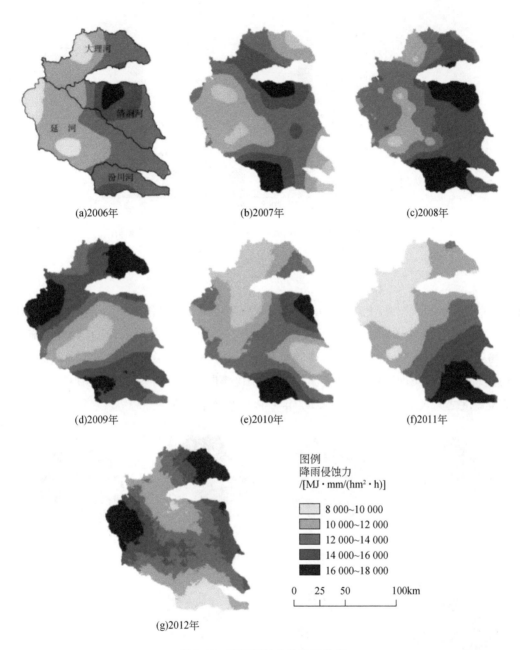

图 3-13　降雨侵蚀力的空间分布

3.3.3.2　植被覆盖与管理因子计算

经计算得到 2006~2012 年的植被覆盖与管理因子分布图（图 3-15）。从图中可以看出，研究区北部大理河流域的 C 因子值较高，南部汾川河流域 C 因子值较低。研究区由北

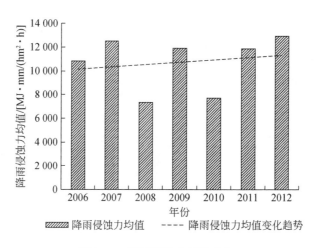

图 3-14　降雨侵蚀力年际变化

至南，C 因子值降低。统计流域内 C 因子均值的年际变化得到图 3-16，从图中可以看出，2006～2012 年，C 因子均值总体上呈现下降趋势。自 1999 退耕还林（草）政策实施以来，植被覆盖明显增加，生态环境质量得到了显著提升，并且随着时间的推移和对退耕还林（草）政策的持续贯彻执行，研究区的植被覆盖度不断升高（钟莉娜等，2014）。C 因子与植被覆盖度之间联系密切，2006～2012 年 C 因子总体上呈现下降趋势。

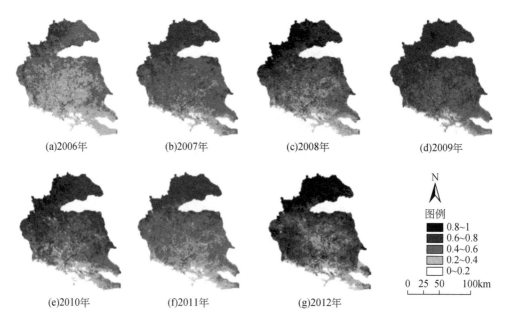

图 3-15　植被覆盖与管理因子空间分布图

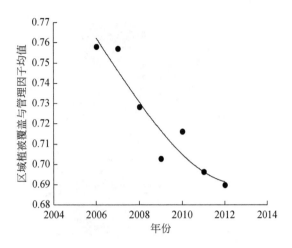

图 3-16　区域植被覆盖与管理因子均值年际变化

3.3.3.3　其他因子计算

基于 DEM 提取研究区内水平面上各点距离水系的最小直线距离、据水系的垂直距离，以及坡度信息，计算研究区土壤流失水平距离指数、土壤流失垂直距离指数、坡度因子指数。研究区的土壤流失水平距离指数、土壤流失垂直距离指数、坡度因子指数分布图见图 3-17。

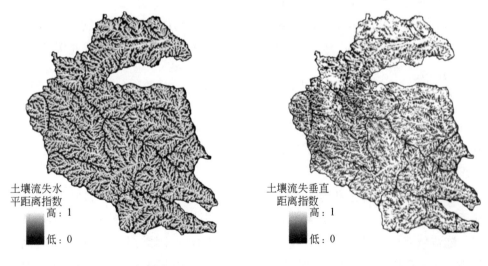

(a)土壤流失水平距离指数分布图　　　　(b)土壤流失垂直距离指数分布图

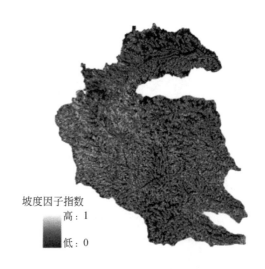

坡度因子指数
高：1

低：0

(c)坡度因子分布图

图 3-17　土壤流失水平距离指数、土壤流失垂直距离
指数和坡度因子指数的分布

3.3.4　土地利用格局对土壤侵蚀的影响及其尺度效应

土地利用通过改变土壤性质、植被覆盖、径流速率等来影响土壤侵蚀的发生和发展（Klaus et al.，2014；Morvan et al.，2014）。不同的土地利用格局会引起水文结构和侵蚀系统的改变，最终影响流域的产沙量。根据土地利用格局指数（SL_C 指数）的基本形式 $SL_C = \dfrac{\sum S \cdot H \cdot D \cdot C}{\sum S \cdot H \cdot D}$，计算 13 个小流域 2006～2012 年的 SL_C 指数，分析小流域的 SL_C 指数与输沙量的相关性，得到图 3-18。从图中可以看出，13 个流域 SL_C 指数与输沙量的相关系数由低到高的排序是：延川、安塞、甘谷驿、临镇、子长、曹坪、杏河、青阳岔、新市河、延安、绥德、李家河、枣园。

将 13 个小流域的 SL_C 指数与输沙量的相关系数与流域面积进行相关分析（在 0.05 水平上显著相关），得到多流域土地利用格局对土壤侵蚀的影响，如图 3-19 所示。从图中可以看出，随流域面积的增加，研究区内土地利用格局对土壤侵蚀的影响逐渐升高。流域面积越小，土地利用格局对土壤侵蚀的贡献越小；流域面积越大，土地利用格局对土壤侵蚀的贡献越大。

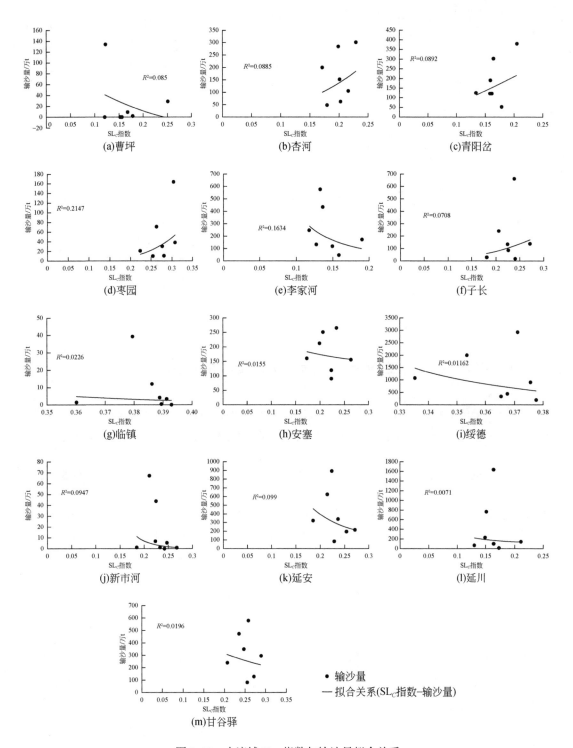

图 3-18　小流域 SL_C 指数与输沙量拟合关系

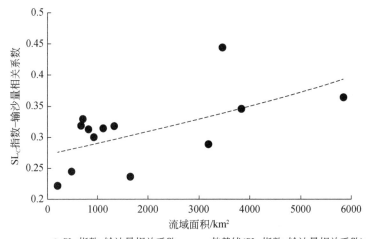

图 3-19　土地利用格局对土壤侵蚀影响的尺度效应

3.3.5　降雨格局对土壤侵蚀的影响及其尺度效应

　　土壤或土体的特性、降水特征及水流冲刷力的大小、植被情况、地面坡度等因素的综合作用决定了水力侵蚀的强度，降水是最重要的自然因素（Klaus et al., 2014）。根据降雨格局指数（SL_R 指数）的基本形式 $SL_R = \dfrac{\sum S \cdot H \cdot D \cdot R}{\sum S \cdot H \cdot D}$，计算 13 个小流域 2006 ~ 2012 年的 SL_R 指数，将各小流域的 SL_R 指数与输沙量进行相关分析，得图 3-20。从图中可以看出，13 个流域 SL_R 指数与输沙量的相关系数由低到高的排序是：甘谷驿、新市河、安塞、延安、子长、青阳岔、曹坪、延川、李家河、枣园、绥德、临镇、杏河。

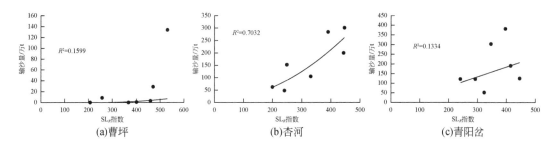

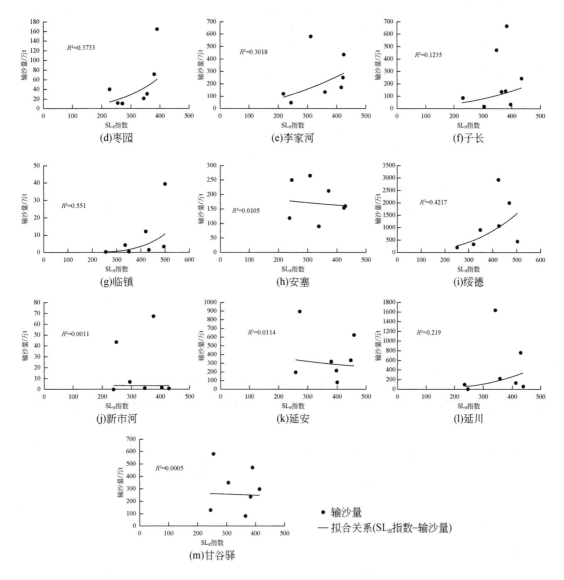

图 3-20　小流域 SL_R 指数与输沙量拟合关系

　　将 13 个小流域的 SL_R 指数和输沙量的相关系数与流域面积进行相关分析，得到降雨格局对土壤侵蚀影响的尺度效应，如图 3-21 所示。从图中可以看出随流域面积的增加，研究区内降雨格局对土壤侵蚀的影响逐渐降低。流域面积越小，降雨格局对土壤侵蚀的贡献越大；流域面积越大，降雨格局对土壤侵蚀的贡献越小。SL_R 指数和输沙量的相关系数与流域面积之间可以建立拟合关系式 $y = 0.6822\,e^{-0.001x}$，拟合系数达到了 0.6244。

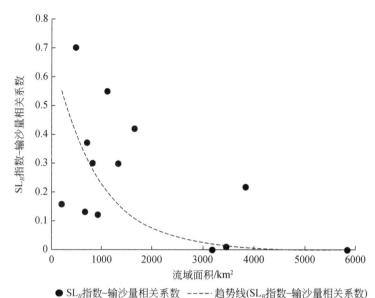

图 3-21　降雨格局对土壤侵蚀影响的尺度效应

3.3.6　降雨和土地利用格局对土壤侵蚀的综合影响及其尺度效应

比较 13 个小流域的降雨格局指数和输沙量的相关系数（SL_R-输沙量），以及土地利用格局指数和输沙量的相关系数（SL_C-输沙量）得到图 3-22。从图中可以看出，在曹坪、杏河、青阳岔、枣园、李家河、子长、临镇、绥德、延川 9 个小流域中，降雨格局指数和输沙量的相关系数均比土地利用格局指数和输沙量的相关系数大，而在安塞、新市河、延安、甘谷驿 4 个小流域中，土地利用格局指数和输沙量的相关系数比降雨格局指数和输沙量的相关系数大。图 3-22 中，横坐标小流域面积从左到右依次增大。据此可以推断，在流域面积较小时，降雨格局对土壤侵蚀的影响要大于土地利用格局对土壤侵蚀的影响，而在流域面积较大时，土地利用格局对土壤侵蚀的影响大于降雨格局对土壤侵蚀的影响。

根据 SL_{RC} 指数（基于降雨侵蚀力因子 R 和植被覆盖与管理因子 C 的格局指数）的基本形式 $SL_{RC} = \dfrac{\sum S \cdot H \cdot D \cdot C \cdot R}{\sum S \cdot H \cdot D}$，计算 13 个小流域 2006~2012 年的 SL_{RC} 指数，将各小流域的 SL_{RC} 指数与输沙量进行相关分析，得图 3-23。从图中可以看出，13 个流域 SL_{RC} 指数与输沙量的相关系数由低到高的排序是：延安、曹坪、枣园、甘谷驿、青阳岔、新市

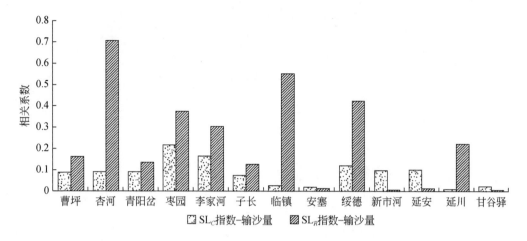

图 3-22 降雨格局和土地利用格局对土壤侵蚀的影响比较

河、延川、安塞、杏河、李家河、临镇、子长、绥德。

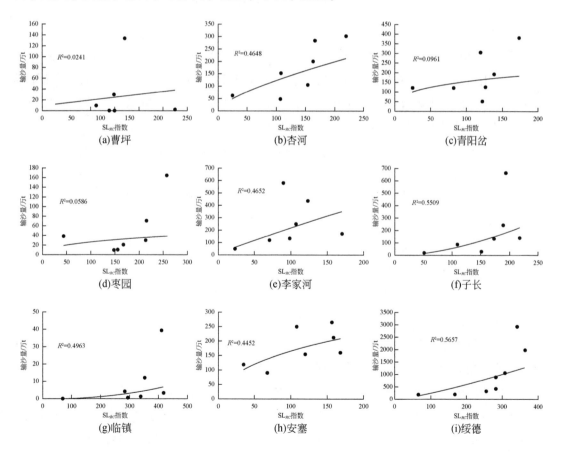

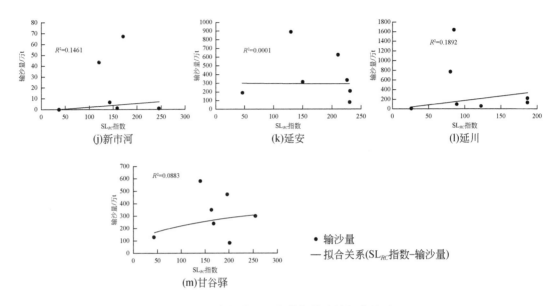

图 3-23　小流域 SL_{RC} 指数与输沙量拟合关系

将 13 个小流域的 SL_{RC} 指数和输沙量的相关系数与流域面积进行相关分析,得到降雨和土地利用格局对土壤侵蚀影响的尺度效应,如图 3-24 所示。从图中可以看出,随流域面积的增加,研究区内降雨和土地利用格局对土壤侵蚀的综合影响降低。当流域面积增大时,研究区植被类型、气温甚至气候、土壤类型等因子都具有较大的空间变异,对土壤侵蚀的影响较大;土壤侵蚀的主要类型也从片流侵蚀、细沟侵蚀发展到了切沟侵蚀,降雨和土地利用格局对土壤侵蚀的综合影响相应减小。

土壤侵蚀的发生是降水、土地利用、地形、土壤等各种因素相互影响与制约的综合结果,影响因子繁多,作用过程复杂。根据侵蚀方式和侵蚀动力的不同,土壤侵蚀可以分为雨滴溅蚀、片流侵蚀、细沟侵蚀、切沟侵蚀等多种方式。雨滴降落到坡面上形成土壤侵蚀的过程是一个相互联系的侵蚀链,即雨滴溅蚀→片流侵蚀→细沟侵蚀→浅沟侵蚀→切沟侵蚀(包括重力侵蚀)的发展过程。有研究指出流域面积较小时,流域内土壤侵蚀更多的是雨滴溅蚀、片流侵蚀、细沟侵蚀,细沟下切到心土和底土时逐步发育成浅沟;当流域面积增大时,径流在浅沟中汇集,使沟床下切,沟岸扩展,沟头前进,形成割裂地面的切沟。切沟侵蚀(包括重力侵蚀)是黄土高原地区重要的侵蚀方式,切沟侵蚀(包括重力侵蚀)在黄土丘陵沟壑区非常普遍。而侵蚀方式的演变对土壤侵蚀过程有重要影响。当侵蚀方式以雨滴溅蚀和片流侵蚀为主时,侵蚀产沙量较小且稳定;当侵蚀方式以浅沟侵蚀为主时,侵蚀产沙量增加;当切沟侵蚀(包括重力侵蚀)成为主要侵蚀方式时,侵蚀产沙量明显增加,侵蚀泥沙主要来自切沟壁崩塌和沟槽下切。而地形和土壤是造成重力侵蚀的重要

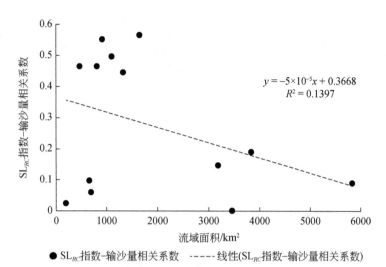

$$y = -5 \times 10^{-5}x + 0.3668$$
$$R^2 = 0.1397$$

● SL$_{RC}$指数-输沙量相关系数   ----- 线性(SL$_{RC}$指数-输沙量相关系数)

图 3-24　降雨和土地利用格局对土壤侵蚀影响的尺度效应

因素。

　　基于 ArcGIS 平台分析地形因子中对土壤侵蚀影响较大的因子（沟壑密度、地形起伏度、地表粗糙度、高程变异系数）随流域面积增加的变化规律（图 3-25）。从图中可以看出，沟壑密度、地形起伏度、地表粗糙度、高程变异系数随流域面积的增加呈现上升趋势。随着流域面积的增大，地形因子对土壤侵蚀的影响增大。同时，黄土丘陵沟壑区的主要土壤类型是黄绵土，质地组成以粉沙为主，颗粒细，土质松软，有明显的垂直节理，遇水易崩解发生重力侵蚀。松软的土壤性质和沟壑纵横的地形增大了发生重力侵蚀的可能性。

　　综上所述，当流域面积增加时，切沟侵蚀（包括重力侵蚀）成为侵蚀产沙的主要来源，降雨和土地利用对土壤侵蚀的影响降低，沟壑密度、地形起伏度、地表粗糙度、高程变异系数等地形因子和松软的土壤性质成为土壤侵蚀的主要影响因子。

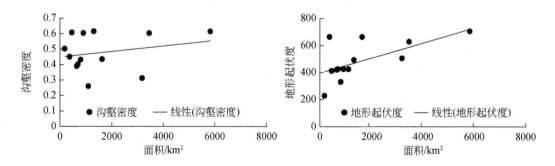

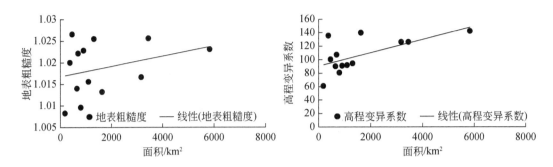

图 3-25　地形因子的尺度效应

3.4　小　　结

　　复合植被配置方式作物–撂荒、作物–柳枝稷，以及人工草地柳枝稷是坡面植被恢复的最佳选择。对于安塞集水区，自植被恢复以来，土壤侵蚀状况得到很大改善。其中，土壤侵蚀量减少区主要位于植被恢复良好的集水区东南部和南部地区，而土壤侵蚀量增加区则多位于植被恢复未有效开展的集水区西北部地区。土地利用方式在局部地区的不合理转变（耕地、草地转变为建设用地等）和植被恢复的未有效开展，是导致部分地区土壤侵蚀加剧的主要原因。因此，加强对植被恢复的监督管理，通过规划和用途管制控制土地利用方式的合理转变，防止植被盖度的降低，对控制土壤侵蚀十分必要。

　　2006～2012 年，黄土丘陵沟壑区植被覆盖与管理因子均值总体呈上升趋势。随流域面积的增加，研究区内降雨和土地利用格局对土壤侵蚀的影响均逐渐降低。流域面积越小降雨和土地利用格局对土壤侵蚀的影响越大，流域面积越大，降雨和土地利用格局对土壤侵蚀的影响越小。在流域面积较小时，降雨格局对土壤侵蚀的影响要大于土地利用格局对土壤侵蚀的影响，而在流域面积较大时，土地利用格局对土壤侵蚀的影响大于降雨格局对土壤侵蚀的影响。降雨和土地利用格局对土壤侵蚀的综合影响随流域面积的增加逐渐降低。随流域面积的增加，切沟侵蚀（包括重力侵蚀）成为侵蚀产沙的主要来源，而黄土丘陵沟壑区沟壑纵横的地形和松软的土壤性质是造成这一现象的主要原因。产生尺度效应的原因十分复杂且多样化，涉及很多土壤侵蚀动力学的相关内容，需要从野外观测、实验研究和理论分析等方面进一步研究。

|第4章| 黄土高原土壤水分

黄土高原位于中国半干旱区，降水从东南向西北逐渐减少。由于土层深厚，地下水埋藏很深很难被植物利用，因此土壤水成为植被直接用水的唯一来源（Lv et al.，2012；Yao et al.，2012）。为解决该区生态环境危机，中国政府于1998年启动退耕还林还草工程，在水分条件较好的地方种植乔木或乔灌混交林，水分条件较差的地方推行人工灌丛、人工草地或农田自然弃耕撂荒（Wang et al.，2007）。退耕还林还草工程实施之后，尽管黄土高原植被覆盖率增加（Liu et al.，2008），但是由于人工物种耗水量大、天然降水不能满足植被生长的需要等因素，土壤水分过度消耗，许多地区甚至出现难以恢复的土壤干层（杨文治和邵明安，2000；Wang et al.，2010）。因此，亟须在合适的尺度上探讨土壤深层水分的空间变异特性与影响因素，从而为植被的可持续恢复提供科学依据。本章重点关注人工林地和草地，以自然恢复草地为对照，结合定点监测与区域调查，从不同尺度探讨人工林地和草地的土壤水分时空分异规律及其影响因素，尤其关注深层土壤水分分异规律，并在此基础上分析土壤水分有效性及其亏缺情况。通过探讨不同尺度植被与土壤水分的相互作用机制，明确不同降水梯度下土壤水分有效性的主控因子，为黄土高原植被可持续恢复提供案例支撑和理论参考。

4.1 坡面土壤水分变化及其影响因素

黄土高原半干旱区多干旱少雨天气，在生长季出现干旱事件时，土壤水分状况是否能够满足人工灌丛生态系统的需要值得深入探究。同时，坡面尺度土壤水分的研究对于生态水文模型的参数获取、土壤水分变化趋势预测有重要作用。然而，多数研究仅关注正常年份土壤水分的补给状况，忽略了生长季发生干旱时土壤水分的补给特点。因此，本节借助坡面典型灌丛和自然恢复草地的定位监测，分析不同降水年型下土壤水分的变化特征，评价土壤水分的时间稳定性特征，探究典型灌草坡面植物用水来源及其影响因素，为黄土高原草原生态恢复提供建议。

4.1.1 研究区概况及样地布设

刘坪沟坡面位于黄土高原安塞集水区的南端（图4-1），地理坐标为108°5′E～109°26′E，

36°19′N～36°32′N，流域面积约 24.26km²。在刘坪沟内选定 3 个灌草坡面，其中坡面 1 和坡面 2 为灌木坡面，优势种为柠条，林下植被主要包括铁杆蒿、角蒿、胡枝子等；坡面 3 为草地坡面，优势种为长芒草、草木樨状黄芪、白羊草等。每个坡面自坡底向坡顶布设 9 个采样点，根据坡面长度和地表植被分布的空间异质性，灌木坡面采样点间隔约为 20m，草地坡面采样点间隔约为 15m。分别在坡面 2 和坡面 3 的上、中和下部挖掘 2m 深的土壤剖面以获取原状土，同时在每个剖面周围设置三个样方用于群落调查。此外，在坡面 1 和坡面 3 的中部埋设土壤水分自动监测装置，在坡脚位置安装雨量筒用于测定降水。

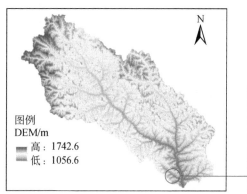

图 4-1　研究区位置示意图

4.1.2　数据获取与分析

4.1.2.1　数据获取

划分降水年型所用的数据为延安站降水年值资料（1952～2015 年），来源于中国气象数据网（http://data.cma.cn/）；利用 2015 年生长季 TDR 剖面速测数据（0～195cm）、表层速测数据分析生长季干旱时期土壤水分对降雨的响应；利用 2015 年和 2016 年生长季 EM50 自动监测系统数据（0～200cm）分析不同降水年型土壤水分的变化特征。土壤水分和相关指标的获取和计算具体如下。

1）土壤含水量数据测定

土壤含水量测定在不同尺度上有所不同，主要包括深层土壤（0～5m）含水量测定和浅层土壤（0～2m）含水量动态监测。

A. 深层土壤（0~5m）含水量样品采集与测定

在样带、流域、坡面尺度各采样点利用土钻法（钻头直径4cm）采集0~5m深度土壤样品，以20cm为间隔进行取样，取出的土样放入密闭铝盒内待测，每个样地重复三次取样。样品测定原重（湿重）后，采用105℃烘箱烘干至恒重，然后取出所有样品称取土壤干重并计算含水量。所用电子天平精度为0.001g。

B. 浅层土壤（0~2m）含水量动态监测方法

在草地坡面和灌木坡面中部分别安装 EM50 自动监测装置，配 Decagon-5TE 传感器5个，埋设深度分别为40cm、80cm、120cm、160cm 和 200cm。测定时间间隔设定为 1 小时。待测定数据稳定后，在距离埋设点1m处用土钻采集土样以测定土壤含水量，用于校正仪器数据。传感器可能对不同类型的土壤表现出不同的精度，因此采用典型的烘干法进行校正。校准方程为 $SWC_{ca} = 0.6844 \times SWC_{TM} - 0.0237$，$R^2 = 0.9248$（式中，$SWC_{ca}$ 表示通过烘箱干燥法测量的土壤含水量，SWC_{TM} 表示通过传感器测测得的土壤含水量）。

2）土壤理化性质

常见的与土壤水分相关的土壤理化性质包括土壤容重、田间持水量、饱和导水率、地表非饱和入渗率、土壤水分吸湿和脱湿特征、土壤剪切力和贯入度、土壤机械组成、土壤养分和有机质含量、土壤稳定同位素含量等。

A. 土壤容重与土壤孔隙度样品采集与测定

采集所有采样点表层和坡面土壤剖面深层的原状土，所用环刀体积为100cm³，每个采样点重复三次采样，105℃烘干至恒重后称取干重计算土壤容重。

土壤容重计算公式如下：

$$\rho_b = \frac{m}{V(1 + \theta_m)} \tag{4-1}$$

式中，ρ_b 为土壤容重，g/cm³；m 为环刀内湿样质量，g；V 为环刀容积，cm³；θ_m 为样品含水量，%。

土壤孔隙度计算公式如下：

$$f = \left(1 - \frac{\rho_b}{\rho_s}\right) \times 100\% \tag{4-2}$$

式中，f 为土壤孔隙度；ρ_b 为土粒密度（研究区 $\rho_b = 2.65$），g/cm³；ρ_s 为土壤容重，g/cm³。

B. 土壤田间持水量样品采集与测定

采集样带和流域草地和灌木林地样点表层原状土样品，置于水中泡至饱和，水面控制略低于环刀上缘。在铁皮槽内均匀铺撒采样区风干后的土样，厚度为30cm，将环刀置于干土上静置8小时，采用烘干法测定此时环刀内土样的含水量，即土壤田间持水量。

C. 土壤饱和导水率样品采集与计算

土壤饱和导水率样品测定范围为样带草地和灌木林地表层原状土，采用水滴法，保持下渗过程中压力水头不变，每 5min 记录下渗水量，当连续 3 次水量相同时，即认为土壤达到饱和导水状态。饱和导水率的计算公式如下：

$$K_t = \frac{10 \times Q_n \times L}{t_n \times S \times (h+L)} = V \times \frac{L}{h+L} \tag{4-3}$$

式中，K_t 为温度为 t（℃）时的饱和导水率（渗透系数），mm/min；Q_n 为 n 次渗出水量，mL；t_n 为每次渗透所间隔的时间，min；S 为环刀的截面积，cm^2；h 为水层厚度，cm；L 为土层厚度，cm；V 为渗透速度，mm/min。

D. 土壤剪切力和贯入度的测定

采用便携式十字板剪切力仪和便携式贯入度仪测定样带、流域草地和灌木林地采样点地表剪切力和贯入度。剪切力仪应力范围为 0～50kPa，测量精度为 0.5kPa；贯入度仪测量深度为 5mm，应力范围为 0～0.5MPa。

E. 土壤表层非饱和入渗的测定

采用便携式土壤入渗仪测定样带草地和灌木林地采样点地表非饱和入渗率。依据入渗速度调整压力室压强，使入渗保持在适宜速度。每隔 1min 记录读数，当连续 5min 水位下降幅度相同时，即认为入渗达到稳定状态。

F. 土壤水分特征曲线特征点样品采集与测定

在坡面土壤剖面以 40cm 为间隔获取 0～200cm 土壤原状土。采样环刀体积为 200cm^3。样品浸润至饱和后，保持原状转移至离心管内。采用 Hitech 高速冷冻离心机，测定不同压强对应的土壤含水量。样品取出后，测量土样表层与离心管边缘的垂直距离，用于计算并减小离心过程中形变造成的土壤容重变化对数据的影响。

G. 土壤机械组成样品采集与测定

测定坡面、流域（草地和灌木林地样点分层、其他土地利用类型样点表层）、样带（草地和灌木林地样点分层）扰动风干土壤机械组成。由于土壤粒径的空间异质性随深度的增加而减弱，因此分层测定深度设定为 20cm、40cm、80cm、100cm、120cm、140cm、160cm、180cm、200cm、300cm、400cm 和 500cm。测定前采用消煮法进行有机前处理，将土壤溶液酸碱度处理至呈中性。土壤机械组成测定使用英国 Malvern 公司的 Mastersizer-2000 激光粒度分析仪（测定范围为 0～2000μm），在上机测定前 30min 时，向土壤溶液中加入 5% 的六偏磷酸钠 [（NaPO$_3$）$_6$] 溶液作为分散剂，提高土壤粒径分布曲线的测定精度。

H. 土壤有机质和养分样品采集与测定

采集样带和流域草地和灌木林地样点土钻获取的扰动土，风干后测定。其中，土壤有机质测定采用重铬酸钾−硫酸外加热法；土壤全氮采用凯氏定氮法；土壤全磷采用碱熔−钼锑抗分光光度法；土壤全钾测定采用 NaOH 熔融−火焰光度法；土壤速效氮测定采用碱解扩散法；土壤速效磷测定采用全自动元素分析仪；土壤速效钾测定采用火焰光度法。

I. 土壤稳定同位素含量样品采集与测定

采用土钻法获取坡面 0~500cm 深度土壤样品置于密封的玻璃瓶中，然后置于冰盒中以避免蒸发和分馏。由于随着土壤深度的增加，土壤空间异质性降低，因此 0~200cm 深度采样间隔设定为 20cm；200~320cm 深度采样间隔设定为 40cm；320~500cm 深度采样间隔设定为 60cm。采样时间为夏季（2016 年 8 月）、秋季（2016 年 11 月）和春季（2017年 4 月）。同时，采集靠近土壤采样点的植物木质部组织。对于灌木，采集距离地面约 5cm 处的茎干样品并去除表皮；对于草本植物，采集根茎连接处样品。所有植物样品去除绿色部分后，立即置于密封玻璃瓶中以避免分馏。在采样日期附近采集最近一次降水样品。

以上获取的样品在北京师范大学地表过程与资源生态国家重点实验室进行同位素分析样品提取和分析。使用低温真空蒸馏萃取系统收集所有植物和土壤样品所含水分。用红外光谱（IRIS）系统（型号 DLT-100，Los Gates Research，Mountain View，CA，USA）分析土壤和植物水样品的同位素组成。由于从植物水中获得的稳定同位素易受到大分子有机物污染的影响，植物抽提水样品首先通过大分子过滤器进行过滤，然后进行光谱检验（Spectral Contamination Identifier，LWIA-SCI，Los Gatos Research 公司），最后通过 Los Gatos 工程师创建的标准曲线校正植物水样的 δ^{18}O 值，以避免由有机污染物引起的光谱误差（Zhang et al.，2017）。稳定同位素组成的方程式可表示如下：

$$\delta^{18}O / \delta^2 H = \left(\frac{R_p}{R_{std}} - 1 \right) \times 1000 \tag{4-4}$$

式中，R_p 和 R_{std} 分别为待测样品和标样同位素摩尔丰度比（$^{18}O / ^{16}O$ 或 $^2H / ^1H$）。

3）植物生态指标

植物生态指标一般包括盖度、株高、地径、叶面积、生物量等。草地样方面积为 2m×2m，灌木林地样方面积为 5m×5m，乔木林地样方面积为 10m×10m。采用钢卷尺测定株高；采用测围尺（或游标卡尺）测定灌木基径；采用刈割法测定地上生物量；采用根钻−烘干法测定地下生物量（依据根系分布特征，采样土层划分为 0~20cm、20~50cm、50~80cm 和 80~100cm）；采用扫描法获取叶面积；采用垂直拍照法测定植被盖度。

4）气象、地理数据获取

坡面、径流小区降水、温度数据采用微型气象站自动监测，设备为美国 Onset 公司 HOBO Onset H21 翻斗式自记雨量计，测定精度为 2mm。样点的经度、纬度和高程是采用全球定位系统 Garmin GPS（version eTrex 30）获取。坡度和坡向是由田间调查罗盘法测得；为方便定量化分析，本研究将坡度转化成正切的三角函数形式，将坡面（由正北顺时针旋转）转化成三角函数余弦的形式。

4.1.2.2 数据分析

本研究对坡面采样点的分层土壤含水量进行了描述分析：计算了土壤水分数据的最大值（Max）、最小值（Min）、平均值（Mean）、标准差（SD）、变异系数（CV）。其中，使用土壤水分标准差和变异系数来表征土壤水分的空间变异状况。采用单因素方差分析来评价不同植被类型对土壤水分总体变异的贡献率。采用最低显著性差异法进行多重比较。为了确定深层土壤水分变异的影响因素，本研究采用 Spearman 相关性分析的方法来检验土壤水分和环境变量之间的关系。采用主成分分析方法探究不同植被类型土壤水分变异的主要影响因素。所有的统计分析均是采用 SPSS 20.0 软件进行操作。此外，利用 ArcGIS 10.2 中的 Interpolation 模块对土壤水分表层速测数据进行插值，以获取不同时期土壤水分表层数据的坡面分布情况，以分析表层土壤水分对降雨的响应。采用线性回归分析研究分层土壤水分对降雨的响应程度，通过样本数据点聚集在回归线周围的密集程度来检验回归方程是否准确。

4.1.3 黄土高原典型灌草坡面土壤水分动态

4.1.3.1 坡面土壤水分时空分布

坡面降水和 0~2m 深度土壤含水量的时间动态监测结果如图 4-2 所示。在监测期间，大部分降水发生在 6~10 月。连续监测数据表明，0~40cm 土层的土壤含水量在降水时发生迅速变化。在生长季，灌木对地表 0~40cm 土层土壤含水量保持能力更强，且对降水的响应速度更快。在黄土高原区域，夏季径流多为超渗产流（吴发启，2003；张科利等，2007）。灌木的冠层结构对即将到达地面的降水进行再分配，灌木叶片可以截留或缓冲部分降水，另外有部分降水沿茎干向下进入土壤中（Baroni and Oswald，2015；Yu et al.，2015）。该过程延长了降水到达土壤表面的时间，并且茎干和根系的存在加强了土壤表层入渗和深层渗透的能力。相比之下，草本植物的地上部分通常因为太软而无法承受较大的雨强，对降水的再分配能力较弱（Zhang et al.，2016）。因此，当夏季高强度降水发生时，大部分降水可以进入土壤中。

在本研究中，当生长季结束后，灌木和草本的地上部分开始枯萎，降水强度和降水量逐渐减小。随着草地覆盖率的降低，土壤含水量对降雨的响应速度加快。在正常年份，大部分区域土壤含水量在生长季多降水的情况下反而减小，这是由于植物生长对土壤水分的

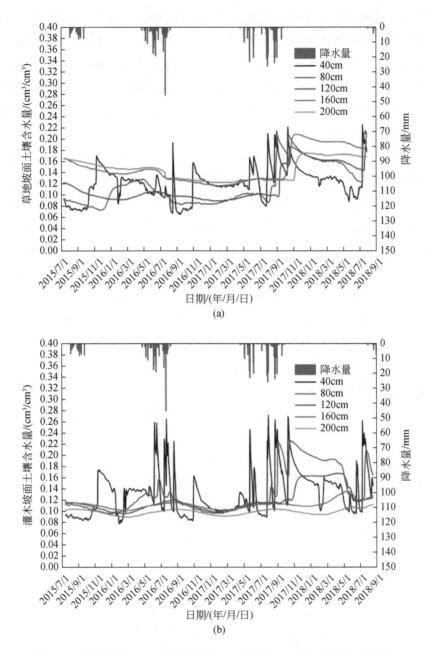

图 4-2　草地坡面（a）和灌木坡面（b）降水和土壤含水量的时间动态

消耗量显著增大（Chen et al., 2007）。在生长季中，大部分土层（灌木坡面 80～200cm 土层和草地坡面 80～120cm 土层）的土壤含水量明显增加。在枯水年（2015 年），灌木林地 0～200cm 和草地 0～120cm 深度的土壤含水量均显著低于正常水平，地表蒸发对土壤含水量的影响随深度的增加逐渐减弱。当降水增加时，土壤水分逐渐恢复。当降水事件发生时，输入的水分能够迅速到达80cm深度并逐渐到达200cm，而蒸发的影响仅到达80cm深度。灌木林地的0~5m深度平均土壤含水量在平水年和枯水年均显著低于草地。

在垂直方向，枯水年灌木林地0~500cm土壤含水量和草地0~100cm土壤含水量均维持在较低水平（图4-3）。灌木林地和草地土壤含水量的差异随土壤深度的加深而增大。平水年浅层（0~200cm）土壤平均含水量高于深层（200~500cm），而在枯水年，降水对土壤水分的补充较少，强烈的蒸发和蒸腾导致浅层土壤含水量显著低于深层。在0~500cm土层内，草地坡面土壤含水量平均值显著高于灌木坡面，然而在0~100cm土层内，草地坡面土壤含水量显著低于灌木坡面。这表明枯水年灌木能够更好地保持浅层土壤水分。水平方向的研究表明土壤含水量由坡顶至坡脚逐渐增大，且增大幅度与坡度显著相关。而本研究中，枯水年土壤含水量自坡下至坡上波动减少且在整个坡面都维持较低水平，浅层的变化幅度显著小于深层。这表明枯水年浅层土壤水分极低，可供蒸发蒸腾和植物生长的水量极少，水分消耗难以维持。在200cm以下深度，草地土壤水分随深度的增大幅度在枯水年和平水年均高于灌木林地，表明灌木消耗更多的深层土壤水分。由于未来黄土高原地区枯水年出现频率增加的趋势，以柠条为代表的人工灌木林地将对包气带深厚且地下水埋藏较深区域的植被可持续性建设造成威胁。

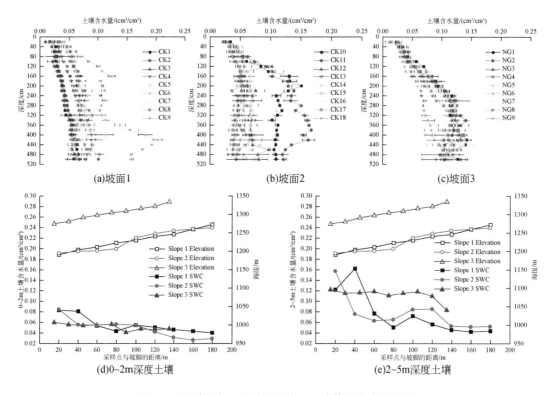

图4-3　不同深度、不同坡面位置土壤体积含水量分布

CK表示灌木坡面，NG表示草地坡面，Slope表示坡面，Elevation表示海拔，SWC表示土壤含水量

4.1.3.2 不同降水年型土壤水分的变化特征

通过中国气象数据网获取了延安站 (36°36′N, 109°30′E) 64 年 (1952~2015 年) 的年降水量数据, 采用根据文献划分降水年型的方法, 本研究将延安市各年所属降水年型划分为丰水年 ($P_i > \bar{P} + 0.33S$)、枯水年 ($P_i < \bar{P} - 0.33S$) 和平水年 ($\bar{P} - 0.33S \leq P_i \leq \bar{P} + 0.33S$), 其中 P_i 为研究区第 i 年的降水量 (mm), $\bar{P}$ 为研究区多年平均降水量 (mm), S 为多年降水量的标准差 (mm)。延安站的多年平均降水量为 538.1mm, 本研究的坡面监测在 2015 年和 2016 年进行, 延安市年降水量分别为 392.9mm 和 497.5mm, 因此 2015 年为枯水年, 2016 年为平水年。以 2015 年和 2016 年为例, 分别探讨不同降水年型下的土壤水分变化规律及对降雨的响应特征。

根据 EM50 土壤水分自动监测系统记录的数据, 绘制了枯水年 (2015 年) 和平水年 (2016 年) 相同时期的土壤水分均值并进行比较 (图 4-4)。从图中可以看出, 在枯水年土壤水分最高值出现在 160cm 深度 (0.114cm³/cm³), 最低值出现在 40cm 深度 (0.088cm³/cm³), 随着土层的加深呈现先增加后减少的变化趋势 (40~200cm), 而平水年土壤含水量最高值在 40cm 深度 (0.132cm³/cm³), 最低值出现在 200cm 深度 (0.103cm³/cm³), 随着土层的加深呈现下降趋势 (40~200cm)。对于单一观测时期, 土壤含水量浅层的变异性高于深层, 如 40cm 深度土壤含水量变异性高于 200cm 深度。对于不同观测时期, 土壤含水量越高, 变异性越强, 如平水年 40cm 土层土壤含水量变异性高于枯水年。此外, 图 4-4 还表明降雨波动对人工灌木坡面影响的深度可达 160cm 左右, 坡面 160cm 深度以下的土壤含水量值基本相似, 波动较小。

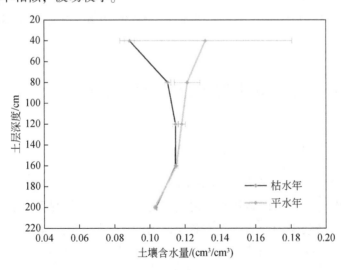

图 4-4 枯水年和平水年土壤含水量剖面分布

　　土壤含水量表明了研究区土壤水分状况，而土壤水分储量的变化则能够评价该区土壤水分的消耗与补给，从图 4-5 中可以看出，枯水年坡面各个土层的土壤水分都表现为消耗，且以 120cm 深度消耗最多（3.38mm），200cm 深度消耗最少（0.12mm）；平水年多数土层土壤水分储量表现为得到补给（40cm、80cm、120cm、160cm），其中补给量最多的为 80cm 深度土层（9.31mm），只有 200cm 深度土壤水分储量表现为消耗，但消耗量较小（0.36mm）。对于土壤水分储量补给，枯水年和平水年差异明显，平水年柠条灌木坡面是能够得到降雨有效补给，从而保证生态系统的正常运行的，但枯水年多数土层得不到降雨的有效补给，土壤水分亏缺严重，特别是根系层（80cm 深度以上）土壤水分储量消耗最严重。

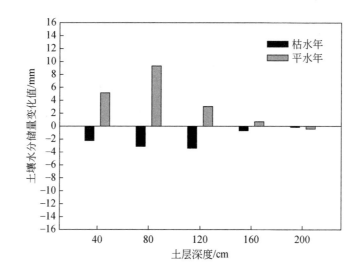

图 4-5　枯水年和平水年同时期土壤水分补给（土壤水分储量变化量）

4.1.4　干旱年份生长季土壤水分对降雨的响应

4.1.4.1　不同深度土壤水分之间的关系

　　利用 2015 年剖面速测水分数据分析不同坡面不同深度土壤水分均值的 Pearson 相关性关系。结果表明，三个坡面多数土层之间表现出了显著或极显著的相关性关系，说明研究区土壤水分具备较强的均质性。在各层之间的相关性方面，灌木坡面 1 最大值出现在 140～195cm（0.834），灌木坡坡面 2 最大值出现在 160～195cm（0.997），草地坡面 3 最大值出现在 160～180cm（0.993）；灌木坡面 1 最小值出现在 80～180cm（0.026），柠条灌木坡面 2 最小值在 20～120cm（0.04），草地坡面 3 最小值则出现在 80～100cm

（0.09）。此外，自然草地坡面 3 的 20cm 和 40cm 深度土壤水分与 120cm 深度以下多数土层都具有显著或极显著的相关性，但柠条灌木坡面（1 和 2）不存在类似现象，说明自然恢复草地的浅层和深层土壤水分具有更强的均质性，而人工灌丛对土壤的影响改变了这一现象。

4.1.4.2 土壤水分的时间稳定性

表 4-1 ~ 表 4-3 为 3 个坡面不同时间土壤含水量测量均值之间的 Spearman 秩相关系数矩阵。从表中可以看出，3 个坡面的绝大多数 Spearman 秩相关系数在 $p < 0.01$ 水平上极显著，说明不论是灌木坡面还是草地坡面的土壤含水量的分布格局都具有较强的时间稳定性特征。只有 2015 年 9 月 11 日的测量值和其他时间测量值的相关性不够显著，也许是因为观测前 9 月 8 日、9 日和 10 日分别有降雨事件（1mm、5.6mm 和 7.2mm）造成了土壤水分稳定性的变化。除 8 月 25 和 9 月 11 日测量值之间相关性较小且不显著外，其他各相邻两次测量值之间的 Spearman 秩相关系数都 ≥0.70，且灌木坡面 2 和草地坡面 3 的系数都大于 0.80，说明不同植被对土壤水分的稳定性影响不大。对每个坡面的 Spearman 秩相关系数取平均值，然后从大到小排序，可以得到：灌木坡面 2（0.881）> 草地坡面 3（0.845）> 灌木坡面 1（0.818），即对于三个坡面来说，灌木坡面 2 的土壤水分时间稳定性更强，灌木坡面 1 的相对较弱。

表 4-1 灌木坡面 1 不同测定时间的土壤含水量 Spearman 秩相关系数矩阵（2015 年）

时间（月/日）	7/17	7/24	8/1	8/7	8/13	8/19	8/25	9/11	9/20
7/11	0.93**	0.88**	0.96**	0.79**	0.86**	0.98**	0.99**	0.43	0.70*
7/17	1.00	0.87**	0.88**	0.84**	0.89**	0.90**	0.94**	0.49	0.71*
7/24		1.00	0.84**	0.96**	0.98**	0.86**	0.87**	0.79**	0.90**
8/1			1.00	0.76*	0.82**	0.99**	0.98**	0.44	0.72*
8/7				1.00	0.99**	0.78**	0.81**	0.84**	0.92**
8/13					1.00	0.84**	0.87**	0.78**	0.88**
8/19						1.00	0.99**	0.43	0.70*
8/25							1.00	0.44	0.71*
9/11								1.00	0.92**

* 为显著相关；** 为极显著相关。

表 4-2　灌木坡面 2 不同测定时间的土壤含水量 Spearman 秩相关系数矩阵（2015 年）

时间（月/日）	7/17	7/24	8/1	8/7	8/13	8/19	8/25	9/11	9/20
7/11	0.96 **	0.95 **	0.86 **	0.98 **	0.99 **	0.94 **	0.95 **	0.76 *	0.89 **
7/17	1.00	0.94 **	0.82 **	0.96 **	0.98 **	0.94 **	0.92 **	0.81 **	0.93 **
7/24		1.00	0.95 **	0.99 **	0.98 **	0.96 **	0.98 **	0.65 *	0.84 **
8/1			1.00	0.92 **	0.88 **	0.89 **	0.93 **	0.43	0.67 *
8/7				1.00	0.99 **	0.95 **	0.95 **	0.74 *	0.89 **
8/13					1.00	0.98 **	0.96 **	0.77 **	0.92 **
8/19						1.00	0.96 **	0.71 *	0.88 **
8/25							1.00	0.59	0.79 **
9/11								1.00	0.94 **

＊为显著相关；＊＊为极显著相关。

表 4-3　草地坡面 3 不同测定时间的土壤含水量 Spearman 秩相关系数矩阵（2015 年）

时间（月/日）	7/17	7/24	8/1	8/7	8/13	8/19	8/25	9/11	9/20
7/11	0.99 **	0.98 **	1.00 **	0.88 **	0.93 **	1.00 **	1.00 **	0.49	0.67 *
7/17	1.00	0.95 **	0.99 **	0.87 **	0.92 **	0.99 **	0.99 **	0.53	0.71 *
7/24		1.00	0.98 **	0.92 **	0.94 **	0.98 **	0.98 **	0.54	0.70 *
8/1			1.00	0.88 **	0.93 **	1.00 **	1.00 **	0.49	0.68 *
8/7				1.00	0.99 **	0.88 **	0.88 **	0.81 **	0.89 **
8/13					1.00	0.93 **	0.93 **	0.73 *	0.84 **
8/19						1.00	1.00 **	0.49	0.67 *
8/25							1.00	0.49	0.67 *
9/11								1.00	0.96 **

＊为显著相关；＊＊为极显著相关。

4.1.4.3　土壤水分对降雨的响应特征

不同坡面表层土壤含水量对降雨的响应如图 4-6 所示。2015 年研究区 7～9 月累计降水量为 63.6mm，相当于同期多年降雨均值的 21% 左右（303mm，1981～2010 年），降雨稀少，干旱程度严重。三个坡面表层土壤水分在多数观测时间内低于 6%，土壤干旱程度严重；三个坡面各次观测中均以 9 月 12 日数值较大，整个坡面表层土壤水分较高，这是因为此段时间前发生了两次降雨事件，且降水量都超过 5mm，使得表层土壤迅速湿润。此外，灌木坡面 1 和灌木坡面 2 表层土壤水分都表现出随着距坡底距离增加而减小的空间格局，但自然草地并未表现出类似格局，三个坡面各次观测中，表层土壤含水量最大值为 9月 12 日灌木坡面 1 测得，说明在相同降水量的情况下，灌木坡面 1 土壤水分得到雨水的

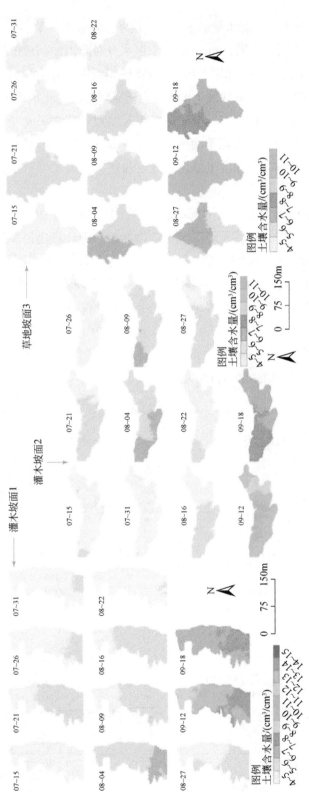

图 4-6 2015年灌木坡面和草地坡面表层土壤水分变化特征

补给更多。2016 年生长季中，降水量适中，与年均降水量较为一致，而这一时期土壤水分对降雨的响应与 2015 年同期不同，40cm 深度土壤水分对降雨的响应依然是最迅速的，当单次降水量较大或者连续多次降雨时，土壤水分能够得到迅速补给，也反映出降雨对浅层土壤含水量的影响最强；而 80cm 深度土壤水分也随着降雨的变化呈现出类似 40cm 深度土层的变化趋势，但对降雨的响应不如 40cm 深度土层剧烈；其他深度（120mm、160mm 和 200cm）土壤水分变化较小，随着雨季的到来，呈现出一定的增加趋势，也得到了一定的补给。此外，降雨能够使 40cm 深度土壤含水量迅速增大，但雨停后该值也迅速回落，直到下一次降雨再次变大。

为进一步验证不同深度土壤水分对降雨的响应，本节分析了 2015 年和 2016 年两次生长季期间的土壤水分，引入变量——前三日累积降水量，即计算出每次测量前三日的降水量累加和，以分析土壤水分如何随着前三日累积降水量的增加而变化（图 4-7）。40cm 深度的土壤水分对前三日累积降水量有明显的响应，表现为随着前三日累积降水量的增加，土壤含水量也显著增加（$p < 0.01$）。而对于其他测量深度（80cm、120cm、160cm 和 200cm），土壤含水量并未随着前三日累积降水量的增加而呈现显著的变化，只表现为较为稳定的数值。以上说明研究期内只有浅层土壤水分受到降雨的显著影响，其他各层受到降雨的影响较小，难以形成有效的降雨补给。

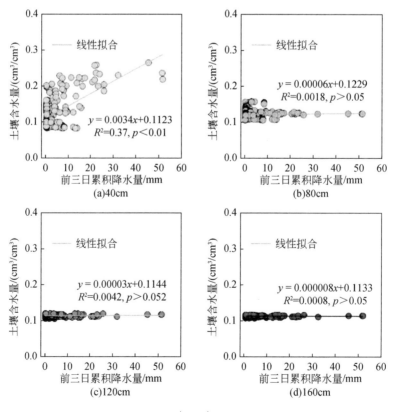

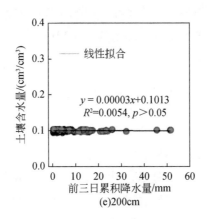

图 4-7 不同深度土壤水分对前三日累积降水量的响应

本研究计算了各个土层土壤水分的日变异系数,并将降雨数据合并作图(图4-8)。由图4-8可以看出,对于一定深度的土壤,其水分变异系数随着土壤含水量的增大而变大。在2016年干旱少雨的生长季时期,土壤各层土壤水分变异程度较小,且对于少量降雨,并未呈现出显著的变化规律。而在2016年正常年份,土壤水分变异系数在降雨发生后迅速增大,在降雨结束后迅速回落,其中40cm浅层土壤水分尤为明显,随降雨而变化的程度也最剧烈,其中变异系数较大值出现在2015年6月和7月,而这两个月降水量也相对较多,这也与该层植被根系发达所带来的耗水量大有密切关系。80cm深度土壤水分

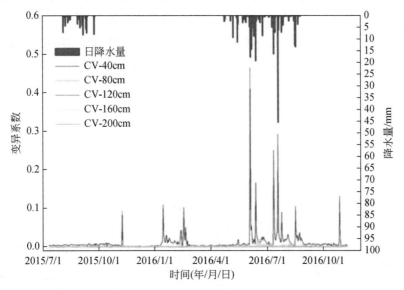

图 4-8 不同深度土壤水分变异系数(CV)对降雨的响应

的变异系数对降雨也表现出类似的响应规律，但响应程度较弱，而其余深度土层土壤水分变异程度较小，这说明深层土壤水分对降雨的响应程度弱于浅层，且具有较强的时间稳定性特征。

4.1.4.4 坡位和坡向对土壤水分的影响

图4-9为不同坡位条件下土壤水分在不同深度的变化。由图可以看出，在20cm、40cm和80cm深度，观测到的土壤含水量多数表现为坡下>坡中>坡上；但在120cm、160cm和195cm深度，土壤含水量总体表现为坡中>坡下>坡上。结合同期降雨特征，可以发现土壤水分在20cm深度对少量降雨的响应较为明显，表现为随着降雨事件的发生土壤水分也随之上升，在这一次降雨事件结束而下一次降雨事件还没有发生时，土壤水分迅速下降。其余土层土壤水分在干旱条件下对降雨响应较少，少量降雨难以对40cm以下的土壤水分产生有效补给。此外，从图4-9中还可以看出，在80cm以下的土层，不同坡位的土壤含水量差异性相对较小，甚至在160cm深度，坡上和坡下土壤水分的多数观测值极为近似。方差分析表明，同一深度土层的土壤水分并未受到坡位的显著性影响，这一结果与前人研究有所不同，推测可能是由于生长季干旱的发生加重了土壤水分亏缺，土壤含水量长期处于较低水平，减弱了坡位造成的土壤水分差异。

以不同坡位的土壤含水量作为因变量，以前三日累积降水量作为自变量，通过线性拟合分析不同坡位影响下的土壤水分对降水的响应差异。从表4-4中可以看出，不论是灌木坡面1还是草地坡面3，土壤水分对降水的响应都随着坡上–坡中–坡下而变化，表现为线性拟合的决定系数 R^2 先减小后增大，且两个坡面均为坡下的 R^2 最大。此外，不同坡面也有所不同，对于灌木坡面1，坡面中部和坡面上部对降水的响应程度差异较小；对于自然草地坡面，坡面中部土壤水分对降水的响应程度明显弱于坡面下部。

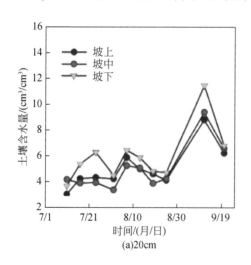

(a)20cm

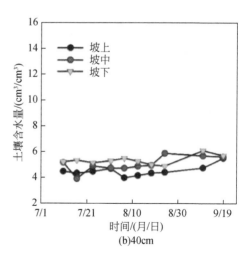

(b)40cm

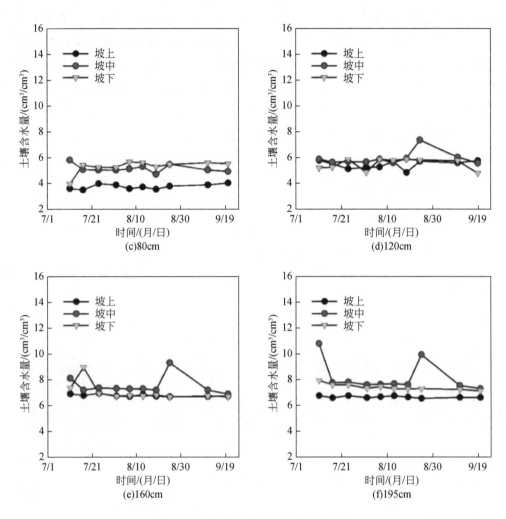

图 4-9　不同坡位条件下土壤水分变化

表 4-4　不同坡位影响下的土壤水分对降水的响应

坡面类型	坡位	线性拟合	R^2
灌木坡面 1	坡上	$y=0.3x+5.25$	0.71
	坡中	$y=0.38x+3.69$	0.70
	坡下	$y=0.42x+5.07$	0.78
自然草地坡面 3	坡上	$y=0.29x+3.95$	0.65
	坡中	$y=0.32x+3.72$	0.55
	坡下	$y=0.31x+4.39$	0.74

　　干旱期土壤水分对降雨的响应可能会受到坡向的影响，因此本研究选择了两个不同坡

向的坡面（阳坡和半阳坡）进行对比。图 4-10 为不同坡向条件下土壤水分在生长季干旱时期对降雨的响应过程。图 4-10 表明阳坡（灌木坡面 1）土壤水分状况略好于半阳坡（灌木坡面 2），两个坡面在生长季干旱时期都保持较低的土壤含水量，干旱现象明显。在观测前期，由于没有降雨，土壤水分维持在一个较为稳定的状态，随着中期降水事件的发生，土壤水分有了微弱的变化，这是由于降水量较小，不足以补给到土壤水分。例如，8 月 2 日的一场雨量 7mm 的降雨事件并未对灌木坡面 1 土壤水分形成有效补给，只在 120～140cm 深度出现了较小的波动；柠条灌木坡面 2 120～140cm 深度土壤水分变化与灌木坡面 1 类似，但 150～195cm 深度土壤水分显著增大，考虑到较少的降水量难以对深层土壤水分形成有效补给，发生这一现象可能是由于少量的水汽进入到探管底部，使得深层测值过高。而在干旱期 9 月初和中旬，由于多场降雨的作用，土壤水分得到了一定补给，土壤水分较前期有所提高，其中在 40cm 深度以上的浅层土壤，两个坡面都发生了土壤水分迅速升高现象；在 120cm 深度以下，灌木坡面 1 土壤水分稳定下降，灌木坡面 2 则维持较为稳定的状态，变化较小。

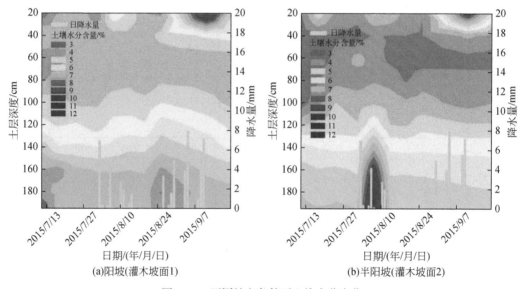

(a)阳坡(灌木坡面1)　　　　　　　　　(b)半阳坡(灌木坡面2)

图 4-10　不同坡向条件下土壤水分变化

以上结果表明，在灌木丛生长年限一致的情况下，生长季干旱期不同坡面土壤水分对降雨的响应并不相同。为进一步量化不同坡向的影响，研究对比分析了不同坡面每一次测量的土壤含水量。图 4-11 表明，除 8 月 7 日外其他采样时间灌木坡面 1 的土壤含水量显著高于柠条灌木坡面 2（$p<0.05$），即在生长季干旱时期，阳坡灌木丛土壤水分显著高于半阳坡。结合图 4-10 可知，8 月 7 日灌木坡面 2 深层测量值过高（6.51%），导致本次的土壤含水量高于灌木坡面 1（5.85%），但并不显著，且灌木坡面 2 在这一时间的变异程度

高于其他采样时间（标准差为2.4）。若不考虑8月7日测量情况，则两个坡面的土壤含水量最大值都在9月11日测得，且都具有较高的变异程度（图4-10），这是由于连续两场超过5mm的降雨事件对浅层土壤水分有一定的补给作用，提升了整个坡面的土壤水分状况。

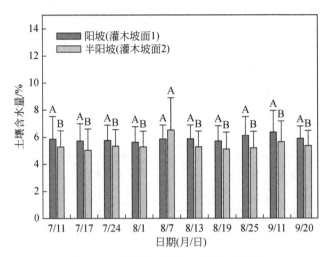

图4-11　阳坡和半阳坡土壤水分对比

不同的大写字母表明不同坡向土壤水分具有显著性差异，$p<0.05$

4.1.5　干旱年份土壤水分补给与植物用水来源

4.1.5.1　生长季干旱时期灌丛土壤水分补给

图4-12表示生长季干旱时期的土壤水分储量变化，以灌木坡面1为例，草地坡面3作为对照。对于干旱期中的灌木坡面1，土壤水分储量减少主要发生在坡面上部100cm深度以下、坡面中部40cm深度以下和坡面下部80cm深度以下；对照草地坡面的土壤水分储量减少则分别发生在40cm深度以下（坡上）、100cm深度以下（坡中和坡下）。在研究期间，坡面累积降水量为63.6mm，灌木坡面1的土壤水分剖面总补给量分别为17.46mm（坡上）、6.89mm（坡中）和8.8mm（坡下），三者的差异不具有显著性（$p>0.05$），假设不考虑土壤水分从下往上的补给，则不同坡位的土壤水分储量补给量分别占降水量的27.5%（坡上）、10.8%（坡中）和13.8%（坡下）；而相同条件下草地坡面3在不同坡位的土壤水分补给量分别为-14.3mm（坡上）、5.6mm（坡中）和6.6mm（坡下），分别占降水量的-22.5%（坡上）、8.8%（坡中）和10.4%（坡下）。

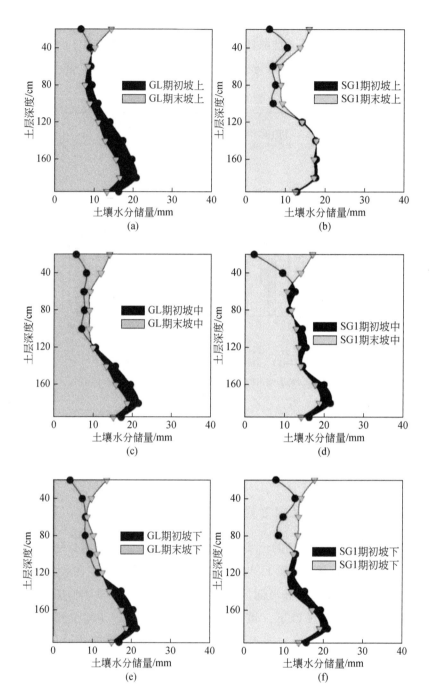

图 4-12　生长季干旱时期土壤水分储量

（a）（c）（e）分别代表草地坡面 3（GL）土壤水分在坡上、坡中、坡下的剖面特征；（b）（d）（f）分别代表
灌木坡面 1（SG1）的土壤水分在坡上、坡中、坡下的剖面特征

以上说明在生长季干旱期少量降雨的情况下，灌木坡面土壤水分的补给量高于草地坡面，草地坡面上部得不到有效补给，整个剖面都表现为土壤水分的消耗，这可能与草本根系较浅有关，较浅的根系对深层土壤水分利用有限，所在土层在干旱期不像灌丛土层一样能够得到植被冠层遮盖，导致蒸发强烈。具体来说，灌木坡面 1 坡上部的土壤水分在生长季干旱期初表现为表层到 100cm 深度内，每 20cm 土柱的土壤水分储量多低于 8mm，而 100cm 深度以下的则高于 10mm；在整个研究期内 100cm 以上各深度平均土壤水分储量增加量为 3.75mm（200mm 土柱，下同），100cm 深度以下的土壤水分储量表现为减少，平均减少量为 0.25mm。灌木坡面 1 坡中部的土壤水分储量在 0～20cm 和 20～40cm 土层表现为增长，期末比期初分别增长 14.72mm 和 4.51mm；在 40cm 深度以下的各层，土壤水分储量多表现为以消耗为主，平均消耗量为 1.54mm。柠条灌木坡面 1 坡下的土壤水分储量变化也表现为不同深度土层之间存在不同的变化规律，浅层以增加为主，深层以消耗为主，其中 80cm 深度以上的各土层平均增加 5.0mm，这一深度以下的各土层平均消耗 1.86mm。此外，草地坡面和灌木坡面 10～40cm 土层都表现为土壤水分储量正向补给，这是由于该层在降雨事件发生后入渗率高且根系在表层较少，降雨得以在该层留存。

4.1.5.2　坡面土壤水分稳定同位素的时空分布

测定坡面不同位置、不同季节 δ^2H 和 $\delta^{18}O$ 值的分布，同时与土壤含水量分布进行对比（图 4-13）。δ^2H 和 $\delta^{18}O$ 均随土层深度而变化，在坡面上部，其值分别在 60cm 土层和 120cm 土层出拐点。在坡面中部，不同植被类型拐点有显著不同，其中灌木坡面 δ^2H 和 $\delta^{18}O$ 变化拐点分别出现在 60cm 和 120cm 处，而草地坡面 3δ^2H 和 $\delta^{18}O$ 变化拐点分别出现在 200cm 和 280cm 处。在坡面下部，灌木坡面 δ^2H 和 $\delta^{18}O$ 变化拐点分别出现在 60cm 和 200～280cm 深度。对于所有坡面位置，春季土壤表层 0～40cm 深度 δ^2H 和 $\delta^{18}O$ 与其他季节有显著不同。此外，两种植被坡面土壤水分同位素差异在坡面中部 200～280cm 处最为显著。土壤表层同位素的季节变化受蒸发和降水季节性变化的影响，这些影响随着深度的增加而逐渐减弱（Wu et al.，2016）。同位素 δ^2H 和 $\delta^{18}O$ 的剖面分布在 200～280cm 和 300～400cm 处各出现了一个拐点，这与已有研究只存在一个拐点的现象显著不同。这是由于本研究的深度显著大于其他研究。其他研究区一项深度超过 5m 的研究中出现了类似现象（Allison and Hughes，1983）。推测原因为，在温带干旱气候区，降水进入土壤后，表层水分的蒸发减少了浅层 δ^2H 和 $\delta^{18}O$ 的含量，产生了位于较浅层的拐点；水中剩余的 δ^2H 和 $\delta^{18}O$ 由于重力向下移动，在移动过程中与向上的水力运移交汇，产生了位于深层的拐点。

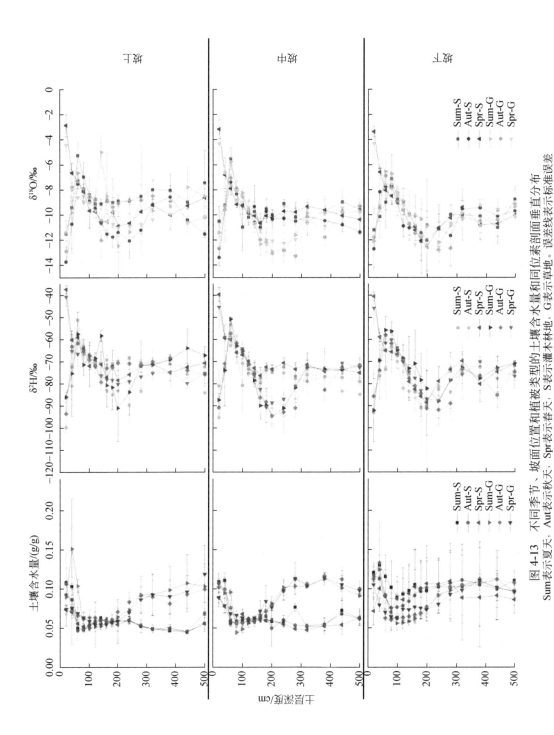

图 4-13　不同季节、坡面位置和植被类型的土壤含水量和同位素剖面垂直分布

Sum 表示夏天、Aut 表示秋天、Spr 表示春天。S 表示灌木林地、G 表示草地。误差线表示标准误差

选取¹⁸O为表征指标分析植物用水来源。植物木质部δ¹⁸O值随坡面位置和季节的变化而显著变化（图4-14）。两个坡面δ¹⁸O值在上、中、下三个位置均显著不同。灌木坡面夏季δ¹⁸O值从坡下向坡上逐渐增加，而草地坡面3则逐渐下降。在秋季，草地坡面3上部δ¹⁸O值低于灌木坡面和草地坡面3的其他位置。在春季，灌木坡面中部位置的δ¹⁸O值低于其他位置，而草地坡面3中部δ¹⁸O值则高于草坡其他位置。对比不同季节，植物木质部δ¹⁸O值的变化规律在两个坡面的大部分位置均有差异，且在春季差异最为显著。灌木坡面全部和草地坡面上部夏季δ¹⁸O值最高，春季δ¹⁸O值最低。而在草地坡面3中部和下部秋季δ¹⁸O值高于夏季δ¹⁸O值。对比不同植物类型，灌木坡面中部δ¹⁸O值的季节变化幅度小于坡面下部和上部。而自然草地坡面δ¹⁸O值的季节变化幅度从坡面下部至上部逐渐增大。

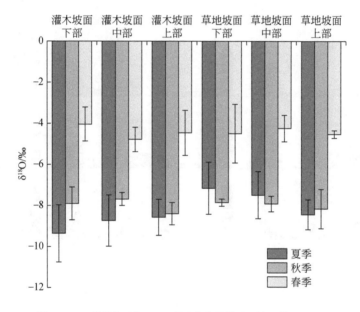

图4-14 不同坡面位置、不同季节植物木质部δ¹⁸O含量

4.1.5.3 不同分析情境下植物用水来源

前人研究表明，当分别用0~200cm和0~1000cm作为研究深度时，豆科草地土壤水分在垂直剖面上的总体变化趋势有所不同（李玉山，2002）。因此，根据土壤水分的垂直分布情况，设定三种情景。①情景1，0~100cm土层被等分为5个层次：0~20cm、20~40cm、40~60cm、60~80cm和80~100cm［图4-15（a）］。②情景2，0~200cm土层同样采用等分，划分为0~40cm、40~80cm、80~120cm、120~160cm和160~200cm［图4-15（b）］。③情景3，综合考虑0~500cm土层δ¹⁸O值和土壤水分在土壤剖面上的纵向

分布，将土壤划分为以下 5 层：0~40cm、40~120cm、120~200cm、200~300cm 和 300~500cm ［图 4-15（c）］。

综合三种情景，以植物用水差异最大的夏季为例分析三种情景对结果的影响。在夏季，0~20cm 和 20~40cm 土层的用水占总用水的比例均自坡面上部至坡面下部增大。对于灌木坡面，0~40cm 用水量占全部用水量的比例自情景 1 至情景 3 逐渐减少，而深层所占比例逐渐增大。在 300~500cm 土层，植物用水占总用水比例达到 20%，这表明灌木在 500cm 处仍有较高的耗水量，其用水来源深度至少为 500cm。尽管研究已表明大部分灌木和草本类植物的根系主要分布在 0~200cm，但这个深度区间并不足以分析或反映该地区灌木水分利用模式。对于自然草地坡面，情景 1 中植物用水格局随坡面位置的变化而变化，这表明土壤水分状况对草地土壤水分利用方式的影响大于其对灌木林地的影响。在自

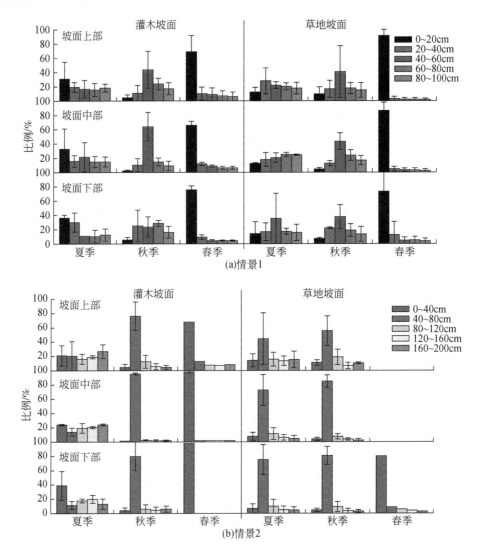

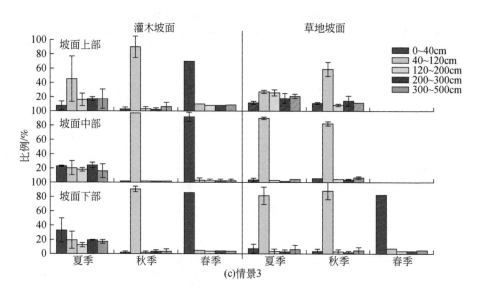

图4-15　不同分析情景下灌木坡面和自然草地坡面不同坡位植物用水来源的季节变化

然草地坡面的中部和下部，40～120cm土层用水所占比例从情景1到情景3逐渐增加。在自然草地坡面上部，其用水深度比其他坡位更深，这表明浅层土壤水分的减少能够促使草本根系向更深处寻找水源。因此，对于土壤含水量相对较高的自然草地坡面，0～120cm是较为适合的研究深度。

4.2　流域土壤水分变化及其影响因素

4.2.1　研究区概况及样地布设

研究区概况和样点位置同3.2.1。具体实验设计如下。

深层土壤水分调查时间为2014年7月10日至8月6日，浅层土壤水分动态监测时间为2015年7月10日至8月6日。结合林相图，本研究主要选取了三类植被：①浅根系天然植被，即天然草地（NG）；②人工引进深根系植被，包括人工草地（PG）、沙棘（SB）、柠条（CK）、野山桃（DP）、刺槐（BL）；③人工农业管理措施植被，包括农田（FL）和苹果园（AO）（表4-5）。样地在研究区内尽量均匀分布，样地选择要有代表性，即要求每种土地利用类型典型植被面积大于30m×30m，具有一定的主导作用。其中，耕地和草地样方设置为2m×2m，灌木样方设置为5m×5m，林地样方设置为10m×10m，利用GPS精确定位样地位置。

表 4-5　不同植被类型根系结构与分布深度

植被类型	根系分布特征	数据来源
天然草地	天然草地的根系主要分布在 0～50cm 深度	王力等（2004）
人工草地	人工草地主要为紫花苜蓿，其须根系主要分布于 0～50cm 深度，而主根系可深达 300cm 以上	Wang 等（2010）
农田	农田（玉米）植被的根系主要分布于 0～40cm 深度	李军等（2008）
苹果园	苹果树的根系主要分布于 0～150cm 深度，并且 90% 的根系分布于以树干为原点的 400cm 半径范围内	王力等（2004）
柠条	柠条的须根系主要分布于 0～100cm 深度，而主根系可延伸至 64cm 深	Wang 等（2010）
沙棘	侧根分布在 0～160cm 深度，水平根系分布于枝干周边 200cm 半径之内，垂直深度为可达 300cm 深度	Zhao 等（2012）
野山桃	野山桃根系的水平分布主要在距树干 260cm 范围内，垂直分布可达 150cm 深度	Feng Q 等（2013）
刺槐	刺槐的粗根分布深度大于 350cm，而细根的分布深度为 0～260cm	Han 等（2009）

　　本研究选取了四类影响因子：地形因子、土壤因子、植被因子和气候因子。这些因子共涵盖了 22 个具体指标：年平均降水量（AAR）、高程（Al）、坡位（SP）、坡面（SA）、坡度（SG）、土壤黏粒含量（Cl）、土壤粉粒含量（Sl）、土壤砂粒含量（Sa）、土壤有机质（Or）、土壤孔隙度（Po）、土壤容重（SBD）、植被盖度（VC）、草本生物量（GB）、草本高度（GH）、种植密度（PD）、株高（PH）、胸径（DBH）、冠幅（CW）、基径（BD）、枯枝落叶最大持水率（LMWH）、枯枝落叶生物量（LB）、枝下高（CBH）。每种植被类型的采样点数量及其主要特征见表 4-6。

表 4-6　不同植被类型的采样点数量及其主要特征

植被状况	浅根系天然植被	人工引进深根系植被			人工农业管理措施植被			
	天然草地	农田	苹果园	人工草地	柠条	沙棘	野山桃	刺槐
样点数	25	22	10	11	18	15	12	38
海拔/m	1392	1380	1370	1401	1350	1435	1377	1326
坡向/(°)	170	200	173	195	161	195	128	156
坡度/(°)	16.72	6.27	19.9	13.10	17.56	16.40	24.17	27.24
土壤砂粒含量/%	44.87	39.44	38.22	55.33	46.42	46.19	52.66	39.96
土壤粉粒含量/%	47.08	52.63	53.60	38.19	46.57	46.87	47.34	51.75
土壤黏粒含量/%	8.05	7.93	8.18	6.48	7.01	6.94	7.40	8.29
土壤有机质含量/(g/kg)	7.04	5.31	5.75	6.30	13.30	8.91	5.99	8.10

续表

植被状况	浅根系天然植被	人工引进深根系植被			人工农业管理措施植被			
	天然草地	农田	苹果园	人工草地	柠条	沙棘	野山桃	刺槐
土壤容重/(g/cm³)	1.26	1.29	1.25	1.28	1.26	1.23	1.26	1.23
土壤孔隙度/%	0.48	0.46	0.48	0.47	0.49	0.48	0.49	0.49
植被盖度/%	57.36	53.27	39.70	67.82	45.61	66.07	33.75	59.58
株高/m	0.59	1.83	3.58	0.68	1.73	1.85	3.02	11.77
胸径/cm	—	—	6.32	—	—	—	4.98	10.37
冠幅/cm	—	—	398.39	—	199.65	184.85	293.40	455.25
基径/cm	—	—	10.17	—	1.31	3.76	8.13	12.85
种植密度/(株/m²)	—	—	30.5	—	129.67	262.40	36.17	58.66

对于土壤水分及其潜在影响因素的采样调查，依据各土地利用类型的实际分布情况，在安塞流域内共选取人工恢复草地样地 11 个、自然恢复草地样地 25 个、人工恢复灌木林地（优势种为柠条）18 个、沙棘灌木林地（优势种为沙棘）15 个。此外，为对比典型灌草类型土壤水分与其他土地利用类型土壤水分的不同，在流域内选取乔木林地（优势种为刺槐）、园地样方（苹果）和农田样方进行对比。同样，为使分析结果具有代表性，依据谷歌地图影像和实际野外现场观察，同种土地利用类型样方在流域内尽量均匀、分散分布。

4.2.2 数据获取与分析

土壤水分及相关指标的获取与分析同 4.1.2。

4.2.3 深层土壤水分变异特征

黄土高原地区深层土壤水分具有复杂的时空变异特征。其时空异质性是不同影响因子经过长期生态物理过程作用形成的。土壤深层水分的时空变异性及其变化特点是黄土高原植被可持续性恢复研究的热点话题，同时也是土壤水文科学研究中的新挑战。

4.2.3.1 流域土壤水分统计特征

表 4-7 是不同深度土壤水分的统计特征。其中，峰度、偏度和科尔莫戈罗夫-斯米尔

诺夫检验表明土壤水分数据属于标准正态分布，因此水分数据可以不通过数据转换而直接进行统计分析。总体来看，平均土壤水分、标准差、变异系数随着土壤深度的变化而不同。平均土壤水分最高值（10.65%）分布于 20~40cm 深度，最低值（8.15%）分布于 120~140cm 深度，而 300cm 以下深度的平均土壤水分随着深度的变化保持相对稳定。然而土壤水分的标准差和变异系数随土壤深度的增加呈波浪形态变化，并且二者的变化趋势相对较为一致。标准差和变异系数的高值出现在 0~20cm、100~120cm 和 480~500cm 三个深度，表明土壤水分在这三个深度范围内具有较高的空间变异性，同时标准差和变异系数的低值出现在 40~60cm 和 260~300cm（包括 260~280cm、280~300cm）两个深度，说明在这两个深度范围内土壤水分的空间变异性较小。

表 4-7　安塞集水区不同深度土壤水分基本统计特征

深度	取样点数/个	Mean/%	SD/%	Min/%	Max/%	CV	K	S	K-S
0~20cm	151	9.78	3.87	2.76	20.73	0.40	−0.32	0.35	N（0.73）
20~40cm	151	10.65	2.91	3.68	18.98	0.27	0.03	0.06	N（0.70）
40~60cm	151	10.20	2.91	2.30	17.52	0.29	−0.14	−0.12	N（0.59）
60~80cm	151	9.35	3.25	2.97	17.53	0.35	−0.50	0.04	N（0.93）
80~100cm	151	8.84	3.35	2.60	18.29	0.38	−0.45	0.28	N（0.95）
100~120cm	151	8.21	3.31	3.29	18.23	0.40	−0.27	0.57	N（1.36）
120~140cm	151	8.15	3.25	3.22	18.95	0.40	0.30	0.75	N（0.93）
140~160cm	151	8.16	3.09	3.37	18.56	0.38	0.40	0.80	N（0.99）
160~180cm	151	8.30	2.92	3.14	17.85	0.35	0.70	0.85	N（1.06）
180~200cm	151	8.47	2.70	3.22	17.89	0.32	1.48	1.01	N（1.13）
200~220cm	151	8.66	2.58	3.47	19.19	0.30	2.35	1.06	N（1.23）
220~240cm	151	8.83	2.54	3.59	19.72	0.29	2.99	1.05	N（1.02）
240~260cm	151	9.00	2.49	3.92	19.47	0.28	2.33	0.88	N（0.94）
260~280cm	151	9.00	2.37	4.08	18.46	0.26	1.94	0.74	N（1.11）
280~300cm	151	9.14	2.41	3.56	18.72	0.26	1.35	0.53	N（0.65）
300~320cm	151	9.15	2.46	3.26	18.08	0.27	1.45	0.54	N（0.73）
320~340cm	151	9.24	2.66	3.09	19.56	0.29	1.92	0.67	N（0.81）
340~360cm	151	9.36	2.83	2.98	19.38	0.30	1.31	0.59	N（0.91）
360~380cm	151	9.32	2.99	3.13	19.88	0.32	1.49	0.61	N（0.91）
380~400cm	151	9.35	3.09	2.81	20.85	0.33	1.99	0.60	N（1.00）

深度	取样点数/个	Mean/%	SD/%	Min/%	Max/%	CV	K	S	$K\text{-}S$
400~420cm	151	9.41	3.19	2.68	21.92	0.34	2.09	0.60	N (0.80)
420~440cm	151	9.33	3.21	2.70	20.97	0.34	1.43	0.55	N (0.57)
440~460cm	151	9.33	3.24	2.65	19.63	0.35	0.20	0.23	N (0.73)
460~480cm	151	9.35	3.43	2.67	19.88	0.37	-0.08	0.26	N (0.84)
480~500cm	151	9.45	3.58	2.43	19.98	0.38	-0.22	0.23	N (0.87)

注：Mean 为平均值；Min 为最小值；Max 为最大值；SD 为标准差；CV 为变异系数。K、S、$K\text{-}S$ 分别为峰度、偏度、科尔莫戈罗夫–斯米尔诺夫检验；N 为正态分布。

4.2.3.2 不同植被类型土壤水分的剖面分布特征

基于前人的研究结果可知，不同植被覆盖区域的土壤水分剖面的特征比较复杂。因此，本研究分植被类型对土壤水分剖面进行分析。图 4-16 显示，深层土壤水分的剖面分布和变异特征随着植被类型的变化而变化。

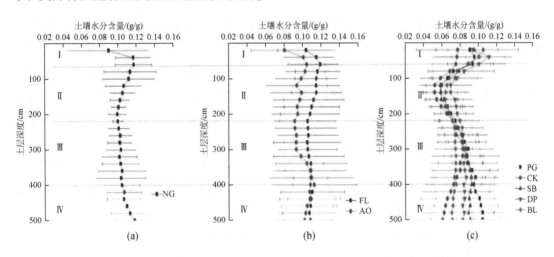

图 4-16 不同植被类型下土壤水分的剖面分布特征

（a）浅根系天然植被（NG-天然草地）；（b）人工引进深根系植被（FL-农田，AO-苹果园）；（c）人工农业管理措施植被（PG-人工草地，CK-柠条，SB-沙棘，DP-野山桃，BL-刺槐）。误差条代表标准差，Ⅰ~Ⅳ代表不同的土壤深度范围（Ⅰ：0~60cm，Ⅱ：60~120cm，Ⅲ：120~400cm，Ⅳ：400~500cm），虚线代表不同土壤深度范围的边界

天然草地的根系系统比较浅，天然草地下的深层土壤水分较少受植被的影响，因此本研究将天然草地下的深层土壤水分状况作为对照。基于天然草地土壤含水量随深度变化的拐点，以及标准差的变化趋势，将 500cm 土壤深度划分为四层：①表面速变层（Ⅰ）(0~

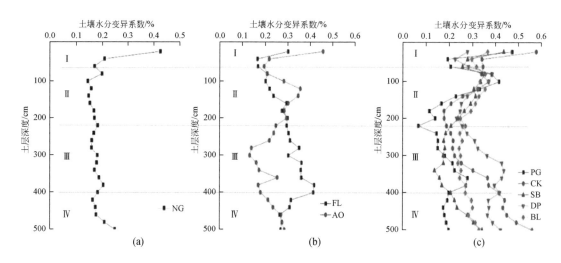

图 4-17　不同植被类型下土壤水分变异系数的剖面分布特征

（a）浅根系天然植被（NG-天然草地）；（b）人工引进深根系植被（FL-农田，AO-苹果园）；（c）人工农业管理措施植被（PG-人工草地；CK-柠条；SB-沙棘；DP-野山桃；BL-刺槐）。误差条代表标准差，Ⅰ～Ⅳ代表不同的土壤深度范围（Ⅰ：0~60cm，Ⅱ：60~120cm，Ⅲ：120~400cm，Ⅳ：400~500cm），虚线代表不同土壤深度范围的边界

60cm）。在本层中，土壤含水量随着土壤深度的增加而增加，而土壤水分标准差则随着土壤深度的增加而降低，该层深度土壤水分通常极易受到降雨事件与蒸发的影响，变异性较强（张良德和徐学选，2011）。②降雨入渗层（Ⅱ）（60~220cm）。在本层中，土壤含水量和标准差均随土壤深度的增加而降低，这表明该层深度土壤主要受降雨入渗的影响，随着深度的增加，降雨入渗量减少。③过渡层（Ⅲ）（220~400cm）。在该层中，土壤含水量随着土壤深度的增加而保持相对稳定，而土壤水分的标准差则随着深度的增加而增大，这表明该层的土壤水分仍处于不稳定的状态，我们将其称为由降雨入渗到稳定层之间的过渡层。④稳定层（Ⅳ）（400~500cm）。该层的土壤水分较为稳定，该层的土壤含水量随着土壤深度的增加而增大，而土壤水分的标准差却随着土壤深度的增加保持稳定，这表明该深度的土壤含水量处于较为稳定的状态，较少受降雨与土壤蒸发的影响。本研究的分层分析方法或许不是最理想的方法，但与先前的研究相比，它能够从一定程度上反映出水文过程。除了稳定层外，农田的土壤水分剖面分布特征与天然草地的土壤水分剖面分布特征相似，主要是由于人类管理措施增加了降雨入渗的深度，同时，苹果园的土壤水分分布也表现出类似的特征。

对于人工恢复植被，由于不同植被类型对降雨再分配与蒸散的影响，表面速变层（0~60cm）的土壤水分变异性比较复杂，深层土壤水分（60~500cm）的剖面特点可以划分为三类（图4-17）：①随着土壤深度的增加，土壤含水量先下降再增加（如人工草地）。②随着土壤深度增加，土壤含水量先减少后增加，最后趋于稳定（如沙棘、野山桃和刺槐）。③随着土壤深度的增加，土壤含水量先减少后增加，随后再次减少（如柠条）。不同的剖面分布特点可以反映出不同人工引入植被对土壤水分的不同消耗特征。

4.2.3.3 不同土壤深度土壤含水量的关系

根据前人研究可知，不同深度范围的浅层土壤水分由于降雨入渗和土壤蒸散影响通常表现出较高的相关性（Shi et al., 2014）。然而，探究深层土壤水分之间的关系，以及深层土壤水分与浅层土壤水分的关系的研究很少。因此，本研究探索了研究区不同深度范围（Ⅰ~Ⅳ）土壤水分之间的线性关系。由图4-18的散点图可知，表面速变层（0~60cm）土壤水分与不相邻的2个深层土壤水分没有显著的相关性（$0.045 < R^2 < 0.049$）。然而不同的深层土壤水分之间［入渗层（60~220cm）、过渡层（220~400cm）、稳定层（400~500cm）］具有显著的正相关性（$p < 0.01$），并且相邻土层的相关性相对较高（$0.675 < R^2 < 0.777$），而非相邻土层之间的相关性较低（$R^2 = 0.472$）。

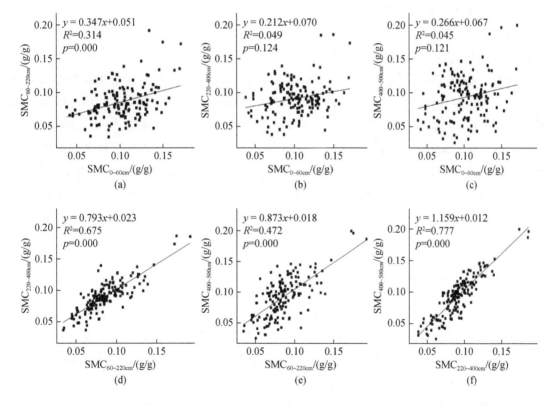

图4-18 不同深度范围土壤水分之间的线性相关性

4.2.3.4 不同植被类型下深层土壤含水量比较

表4-8显示了不同植被类型的土壤水分统计特征，结果表明在整个土壤剖面的可比较的土层深度范围内，人工引进植被（人工草地、沙棘、柠条、野山桃、刺槐）土壤含水量总体低于天然草地和人工管理植被（农田和苹果园）。其中，农田具有最高的土壤含水量（11.07%～11.90%），其次为天然草地（10.47%～11.19%）。LSD显著性检验表明，几乎在所有的深度范围内天然草地和农田的土壤含水量都显著高于人工引进植被（$p <$ 0.05）。在60～500cm土层范围内，人工草地土壤水分变化范围为7.56%～10.4%，沙棘土壤水分变化范围为7.42%～9.75%，柠条土壤水分变化范围为6.49%～8.07%，刺槐土壤水分变化范围为7.46%～7.66%，野山桃土壤水分变化范围为8.10%～8.51%。LSD显著性检验表明，在400～500cm深度范围内不同人工引进植被的土壤水分具有显著差异性，如柠条的土壤含水量与人工草地、野山桃和沙棘土壤含水量差异显著，刺槐与沙棘和人工草地土壤水分差异显著。

由图4-19可以得出农田的土壤含水量明显高于天然草地，所有人工引进植被几乎都出现了不同程度的土壤干化现象。然而，不同引进植被的土壤干化剖面分布特征不相同。总体来看，在所有人工引进植被类型中降雨入渗层（60～220cm）的土壤干化程度均为最严重的；人工草地和沙棘与其他三种人工引进植被相比，对于过渡层（220～400cm）和稳定层（220～500cm）的土壤水分消耗较轻，野山桃和刺槐对过渡层（220～400cm）和稳定层（220～500cm）消耗则较为严重，且消耗程度随深度变化不大；柠条却出现了双"干层现象"，即降雨入渗层（60～220cm）和稳定层（400～500cm）土壤水分消耗严重，而表面速变层（0～60cm）与过渡层（220～400cm）土壤水分消耗较轻。此外，尽管苹果园同样具有深层根系，但在整个土壤剖面中（0～500cm）未出现土壤干化现象，甚至在320～450cm土层深度，苹果园地土壤含水量高于天然草地。

4.2.3.5 集水区尺度深层土壤水分空间变异特点

集水区尺度深层土壤水分空间变异随着土壤深度的变化而变化。表面速度层（0～60cm）比较容易受到土壤蒸散和降雨事件影响，降雨事件导致该土层的土壤水分迅速增加，而降雨后该土层的土壤水分又会被迅速蒸散消耗，因此在表面速变层土壤水分随着土层深度的增加而增加。在入渗层（60～220cm），土壤蒸发对土壤水分的影响相对较弱，在没有植被根部强吸水消耗的状况下，降雨入渗水分能够较好地进行储存，并且在该土层中由于降雨入渗量随着土壤深度的增加而减少，因此该层土壤水分也随着深度增加而降低。在过渡层（220～400cm）土壤水分较少受降雨入渗影响，因此随着深度的增加土壤含水量保持相对稳定，而400cm以下则是稳定的深层储水层。浅层由于降雨和土壤蒸发

表 4-8 不同植被类型下不同深度范围的土壤水分

（单位：%）

土地管理类型	植被类型	0~60cm				60~220cm				220~400cm				400~500cm			
		Min	Max	Mean	SD	Min	Max	Mean	SD	Min	Max	Mean	SD	Min	Max	Mean	SD
天然植被	NG	6.74	16.95	11.15ab	2.81	6.76	13.56	10.47a	1.95	8.35	12.84	10.52ab	1.62	8.17	14.72	11.19ab	2.03
人工管理植被	FL	9.27	17.10	11.90a	2.19	6.91	19.19	11.07a	3.28	7.78	18.62	11.07a	3.20	7.53	20.01	11.77a	3.58
	AO	5.84	13.09	10.01abc	2.59	7.32	14.68	9.60ab	2.40	7.72	14.06	10.45abc	1.73	7.40	15.33	11.40ab	2.26
人工引进植被	PG	6.35	12.80	9.43bcd	2.15	6.81	8.36	7.56c	0.52	7.69	13.14	8.97bcd	1.55	8.49	14.29	10.4abc	1.85
	SB	4.52	14.51	9.44cd	2.77	5.15	10.74	7.42c	1.64	7.11	12.09	8.93cd	1.62	5.12	14.67	9.75bc	2.64
	CK	3.82	13.15	7.90d	2.84	5.05	10.50	7.25c	1.35	4.94	11.62	8.07d	2.11	2.63	12.50	6.49e	2.92
	BL	4.81	15.31	10.21bc	2.69	3.56	11.88	7.46c	2.05	4.16	10.94	7.66d	1.77	4.00	13.29	7.47de	2.47
	DP	7.16	13.00	10.4abc	2.04	3.47	10.80	8.10bc	2.11	3.82	13.95	8.51d	3.17	3.21	13.09	8.49cd	3.24

注：NG、FL、AO、PG、CK、SB、DP 和 BL 分别代表天然草地、农田、果园、人工草地、柠条、沙棘、野山桃和刺槐；Min、Max、Mean、SD 分别代表最小值、最大值、平均值、标准差；在同一列的均值中，带有不同字母的代表值均具有显著性差异（LSD, $p<0.05$）。

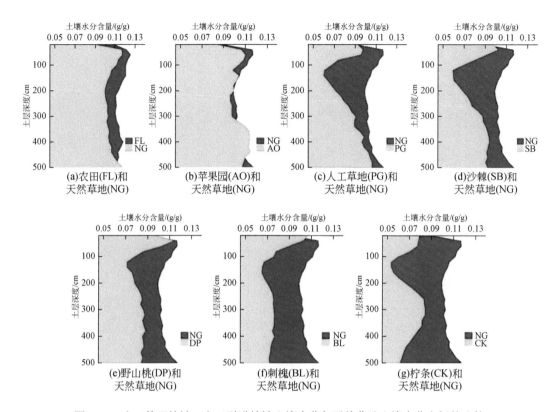

图4-19 人工管理植被、人工引进植被土壤水分与天然草地土壤水分之间的比较

的影响土壤水分变化迅速，与之不同的是，深层土壤中蒸发和降雨入渗过程比较缓慢，这种滞后效应降低了深层土壤水分和浅层土壤水分之间的相关性关系。然而，人工农业管理措施和深根系植被的耗水作用能够改变土壤水分的垂直剖面分布，从而导致更加复杂的空间变异特征。集水区尺度土壤水分变异性最高的土壤深度为0~20cm、100~120cm和480~500cm。表层土壤水分（0~20cm）极易受到日蒸发和降雨事件的影响，同时，不同取样点的气候特征和植被覆盖状况存在差异，导致该层土壤水分高度变异性（Shi et al.，2014）。根据前人的研究结果，土壤含水量高的土层，其水分空间变异性较高；土壤含水量低的土层，水分空间变异性较低（Cantón et al.，2004），然而在本研究区内，土壤含水量在120~140cm处极低，变异性却很高。产生这种结果的原因是人工引进植被在该土层中都发生了严重的土壤干化现象，土壤干化现象增大了人工引进植被、天然草地、人工管理植被之间的差异，从而导致高变异性。而在400~500cm土层深度，土壤水分的高度变异性可能是由于不同人工引入植被在该层具有不同的土壤水分消耗状况，而该层土壤水分很少受降雨入渗和土壤蒸散的影响（Chen et al.，2008）。

土壤含水量的空间变异性同样也随着植被类型的变化而不同。在人工草地中，只有表层土壤水分表现出较高的空间变异性，而在较深层，土壤水分比较稳定且变异性较小。通常而言，天然草地的根系主要分布在 0～50cm 深度土层内 (Han et al., 2009)，因此在天然草地中，较深层土壤水分很少受到植被蒸散的影响，而局地因素如地形因子、土壤因子和气候因子则是影响深层土壤水分变异的主要因素。在具有人工耕作措施的农田中，土壤水分及其空间变异性明显高于天然草地，这表明人工农业管理措施能够极大增加土壤含水量及其空间变异性。对于所有的人工引进植被，其土壤含水量均显著低于天然草地，这表明人工引进植被均产生了土壤干化现象，由前人的研究结果可知，不同的人工引进植被之间土壤水分没有显著差异性；然而在本研究中，不同的植被类型具有不同的土壤水分消耗特征。这可能是研究区域的降水量的差异导致，在人工引进植被类型中，刺槐往往对土壤水分消耗最为严重 (Wang L et al., 2011)，然而在本研究中，柠条对土壤水分的消耗能力最强，这可能是该区柠条具有较高的种植密度所致。此外，不同人工引进植被的土壤干化差异性在 60～220cm 和 400～500cm 深度最显著；这也是导致该土层深度的土壤水分表现出高度变异性的重要因素之一。

4.2.4 深层土壤水分空间变异影响因素

不同生态系统土壤水分格局受若干因素的影响，目前研究者普遍认同的影响因素有：地形因子、土壤因子、气候因子、植被因子等。本部分选取了这四类影响因子共计 18 个环境变量来探讨深层土壤水分的影响因素及其作用机理。

4.2.4.1 土壤水分与选定环境变量间的相关性

由前面研究结果可知，不同深度的土壤水分之间具有相关性，故本研究采用 Spearman 相关性分析来检验不同植被类型下土壤水分与所选取的环境变量之间可能的相关性。根据土壤水分垂直变异特征，土壤水分与环境变量的相关性程度随着植被类型和土层深度的变化而不同。

天然草地表面速变层 (0～60cm) 土壤水分与多年平均降水量具有显著相关性 (−0.43，$p<0.05$)，而深层土壤水分与高程 (Ⅱ、Ⅲ、Ⅳ；−0.49、−0.56、−0.53，$p<0.01$)、坡度 (Ⅲ、Ⅳ；0.67，$p<0.01$；0.59，$p<0.05$)、土壤黏粒含量 (Ⅱ、Ⅲ、Ⅳ；0.67，$p<0.01$；0.56，$p<0.01$；0.43，$p<0.05$)、土壤粉粒含量 (Ⅱ；0.56，$p<0.01$)、土壤砂粒含量 (Ⅱ、Ⅲ；−0.62，$p<0.01$；−0.42，$p<0.05$) 和年平均降水量 (Ⅲ；0.46；$p<0.05$) 具有显著相关性。农田表面速变层 (0～60cm) 土壤水分与高程、土壤黏粒含量和土壤容重具有显著相关性 (−0.51、0.43、−0.49，$p<0.05$)，而较深层仅与土壤容重 (Ⅱ；0.45，$p<0.05$) 具有显著相关性。

而在人工引进植被中，土壤水分除了与地形因子、土壤特性和年平均降水量有显著相关性外，与植被的生长状况也具有显著相关性。例如，刺槐土壤水分在 60～220cm 深度与株高呈显著负相关关系（-0.35，$p<0.05$），在 400～500cm 深度与胸径具有显著负相关关系（-0.34，$p<0.05$）；野山桃土壤水分在 0～60cm 深度与冠幅和基径都具有显著的负相关关系（-0.59，-0.61，$p<0.05$）；沙棘土壤水分在 60～220cm、220～400cm 和400～500cm 深度均与种植密度呈现显著负相关关系（-0.69，-0.57，$p<0.01$；-0.56，$p<0.05$）。与天然植被和人工管理植被不同的是，人工引进植被土壤水分与坡面呈现出不同程度的相关性，如人工草地土壤水分在 400～500cm 深度与坡面具有显著正相关性（0.86，$p<0.05$），刺槐土壤水分在 60～220cm、220～400cm 深度与坡面具有显著正相关性（0.34，0.34，$p<0.05$）。

此外，值得注意的是，土壤水分与地表覆盖状况具有显著的正相关关系，如苹果园在 400～500cm 深度分别与草本生物量（-0.66，$p<0.05$）和枯枝落叶生物量（0.72，$p<0.05$）具有显著相关性，在 60～220cm、220～400cm 深度与土壤容重具有显著负相关性（-0.65，$p<0.05$；-0.82，$p<0.01$），在 60～220cm 深度与土壤孔隙度具有显著正相关性（0.86，$p<0.05$）；柠条土壤水分在 220～400cm、400～500cm 深度均与枯枝落叶最大持水率具有显著正相关性（0.59，$p<0.05$；0.60，$p<0.01$）。

4.2.4.2　不同植被类型土壤水分主导影响因素识别

基于 Spearman 相关性分析，在主成分分析中只保留与土壤水分具有显著相关性（$p<0.05$）的环境变量进行进一步分析。草地和农田保留 9 个环境变量，灌木林地保留 9 个环境变量，林地和苹果园地保留 15 个环境变量。在保留的这些环境变量中可能有一些具有线性相关性，因此需要对这些变量数据集进行降维处理，由 Xu 等的研究可知，可以采用主成分分析方法来获取最小化环境变量数据集（MDS）。根据主成分分析结果，最终草地、农田选了 6 个环境变量，灌木选取了 7 个环境变量，林地和果园选取了 10 个环境变量分别组成了最小环境变量数据集（MDS），由表 4-9 可得出，在集水区尺度，天然草地土壤水分的主导影响因素为土壤粒径组成和年平均降水量；农田土壤水分的主要影响因素为土壤黏粒含量和土壤容重；而对于人工引进植被，土壤水分的影响因素比较复杂，除了土壤质地、物理性质、地形因子外，植被特性为影响土壤水分空间变异的主要因素之一。此外，不同主要影响因素对土壤水分的影响随深度的变化而不同，如在天然草地和苹果园中，土壤粒径组成主要影响 60～220cm 深度土壤水分，而在人工草地中，土壤粒径组成对土壤水分影响最显著的深度为 220～400cm，这也表明植被覆盖和人工农业管理措施可以改变环境因子对土壤水分影响的深度。

表 4-9　不同植被类型最小环境变量数据集

植被类型	主要影响因素
天然草地	Cl、Sl、Sa、AAR
农田	Cl、SBD
苹果园地	SG、Cl、Sl、Sa、SBD、Po
人工草地	SA、Sl
沙棘	Al、Sl、Sa、Cl、PD
柠条	Al、Sl、Or、LMWH
刺槐	SA、SG、DBH
野山桃	Cl、Sa、BD、LMWH

注：Cl、SA、SG、Sl、Sa、Or、Po、SBD、DBH、BD、LMWH 分别代表土壤黏粒含量、坡面、坡度、土壤粉粒含量、土壤砂粒含量、土壤有机质、土壤孔隙度、土壤容重、胸径、基径、枯枝落叶最大持水率。

4.2.4.3　深层土壤水分空间变异控制机制

在集水区尺度，深层土壤水分空间变异是植被因子、土壤因子、气象因子和地形因子综合作用的结果。在本研究中，植被覆盖是影响土壤水分空间变异的最重要的因子之一。植被因子对土壤水分的影响表现在众多方面。首先，由于根系系统的存在，植被覆盖区域的土壤水分消耗往往高于缺乏植被覆盖的区域，并且不同植被类型的根系耗水特点也不相同，因此不同植被类型对土壤水分的消耗特征也不相同。例如，天然草地的根系分部主要在 0～50cm，农田根系分布主要在 0～40cm，而紫花苜蓿和柠条的根系却分别能够达到 300cm 和 600cm（Wang et al., 2010）。因此，人工引进的深根系植被比农田和天然草地消耗更多的深层土壤水分。此外，植被的生长状况和种植密度同样能够影响深层土壤水分。例如，刺槐土壤水分和株高及胸径表现为负相关关系，而沙棘则与种植密度具有显著的负相关关系，这个现象表明，对于根系系统更深的乔木植被而言，植被的个体生长状况对深层土壤水分影响较大，而对于根系稍浅一些的灌木植被而言，植被的个体生长状况对土壤水分的影响不如种植密度大。除了土壤水分消耗外，植被的冠幅降雨截留系统和地表覆盖系统对土壤水分也具有积极的影响。总体而言，发育较好的表层能够保持住更多的土壤水分；较厚的枯枝落叶层、腐殖质层和较好的林下草能够增加降雨入渗，同时减少土壤蒸发，从而保持更多的土壤水分（Vivoni et al., 2008）。在本研究中，枯枝落叶生物量、枯枝落叶持水能力和林下草在不同的植被类型中与土壤水分均显示出不同程度的正相关关系。

气象因子对土壤水分的影响主要表现在降雨入渗和太阳辐射的差异性上。根据其他学者的研究结果，深层土壤水分与浅层土壤水分相比更加稳定，尤其是在 200cm 深度土层以下的土壤水分。例如，Chen 等（2008）研究发现，在干旱年份降雨仅能影响 0~200cm 深度以上土层的土壤水分。基于连续 6 年的土壤水分观测数据，Wang 等同样发现 200cm 深度以下土壤含水量并没有显著变化。因此，深层土壤水分较少能够受到降雨事件的影响。然而，在本研究中，深层土壤水分与 6 年平均降水量具有显著的正相关关系（柠条 60~220cm 深度和天然草地 220~400cm 深度），这表明深层土壤水分可能是长期水分收支平衡的结果。

地形因子是影响土壤水分再分配与消耗的另一个十分重要的因子。坡位、海拔、坡度主要影响土壤水分的侧向流动。低坡位或者低海拔区域通常具有较高的土壤含水量（He et al.，2003），坡度通常与土壤水分具有负相关关系，即陡坡的土壤含水量通常小于缓坡。坡面通常影响太阳辐射，从而导致不同坡面土壤水分蒸发的差异性，因此阳坡的土壤含水量往往低于阴坡（Galicia et al.，1999；Zhao et al.，2007）。在本研究中，海拔与深层土壤水分具有显著的负相关关系；在草地中，坡度与土壤水分呈正相关关系（220~500cm），而在刺槐林地中，坡度却与土壤水分呈显著负相关关系（400~500cm）。这表明人工引进植被能够改变地形因子对土壤水分变异的影响，这个结论同样适用于坡面因子，在本研究中，坡面仅与人工草地（400~500cm）和刺槐林地（60~400cm）土壤水分具有显著正相关关系。此外，不同的土壤特性能够导致土壤不同的水分传输与保持特性，从而影响土壤水分在土壤中的流动与储存。土壤粒径组成是影响集水区尺度深层土壤水分空间变异的重要因子。土壤黏粒和粉粒含量与土壤水分都具有显著的正相关关系，而土壤砂粒含量与大多数植被类型的深层土壤水分具有显著的负相关关系。土壤容重和土壤孔隙度仅与农田（0~220cm）和苹果园（60~400cm）具有显著的相关关系，这表明人工农业管理或者其他能导致低土壤容重和高孔隙度的措施，能够有效地促进降雨入渗，从而改善深层土壤水分状况。

4.2.5 基于深层土壤水分的植被可持续性恢复管理

土壤水分补给与植被消耗之间的平衡是维持生态系统健康的关键，尤其是在干旱与半干旱的黄土高原地区。退耕还林（草）政策的实施已经有效地控制住了黄土高原土壤侵蚀状况，但导致了土壤干燥化的产生，因此如何针对该区域深层土壤水分空间分布状况合理地制定植被恢复策略对退耕还林的可持续性具有重要意义。

4.2.5.1 不同深度土壤水分空间分布

将流域 151 个样点土壤水分数据采用普通克里金（Ordinary Kriging）插值法得到不同深度土壤水分的空间分布（图 4-20）。从图 4-20 中可以看出，不同深度土壤水分的空间分布并不均匀，在表面速变层（0~60cm），土壤含水量范围为 0.06~0.11g/g，其中中部区域土壤含水量较高，而西北部区域和东南部部分区域土壤含水量较低；在入渗层（60~220cm），土壤含水量范围为 0.05~0.10g/g，在空间上中部区域和东南部区域土壤含水量较高，而西北部区域土壤含水量较低。而在过渡层（220~400cm）和稳定层（400~500cm），土壤含水量分布范围分别为 0.06~0.11g/g 和 0.05~0.12g/g。入渗层、过渡层和稳定层土壤水分空间分布规律较为一致：西北部土壤含水量低，东南部土壤含水量高，而中部区域土壤含水量中等。

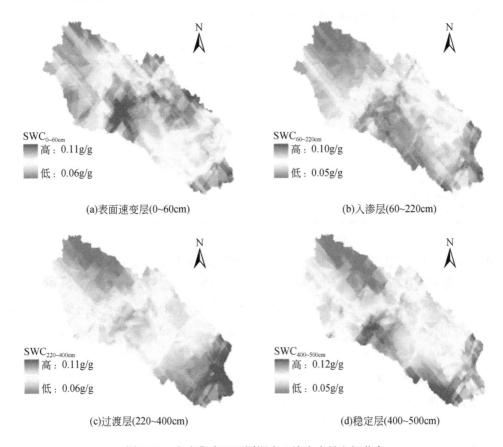

图 4-20　安塞集水区不同深度土壤含水量空间分布

4.2.5.2　土壤水分等级划分与空间识别

根据土壤干燥化的定义，只要某一深度土壤含水量小于田间稳定持水量，就可以将该层划分为干燥化土壤。土壤干燥化程度是可以定量化的，目前常见的土壤干燥化量化指标有两个：①土壤干燥化厚度，即当土壤剖面上某一层次的土壤含水量小于田间稳定持水量时，该层次的土壤厚度；②干燥化土层中的平均土壤含水量，即位于干燥化土层范围内的平均土壤含水量。土壤干燥化厚度作为研究土壤干层的常用指标，其大小可直接反映土壤的干燥化程度，受到了一些学者的重视并广泛使用。然而由于土壤干燥化厚度的单位是长度单位，不能与其判定阈值进行比较，也不便于干燥化程度分级，因此一些学者采用干燥化土层中平均土壤含水量来评价土壤干燥程度，如王力等（2004）将土壤干层分为三级，土壤含水量低于5%的为严重干燥化土层，土壤含水量在5%～8%的为中度干燥化土层，土壤含水量在8%～9%的则为低度干燥化土层。本研究在王力等（2004）的研究成果基础上结合安塞集水区的实际情况，将土壤含水量划分为五级：严重干燥化、中度干燥化、低度干燥化、正常土壤含水量和高土壤含水量（表4-10）。

表4-10 安塞集水区土壤水分状况等级划分

土壤含水量等级	土壤含水量/（g/g）
严重干燥化	≤0.05
中度干燥化	0.05～0.08
低度干燥化	0.08～0.09
正常土壤含水量	0.09～0.10
高土壤含水量	>0.10

由图4-21可以得出安塞集水区不同土层深度土壤水分等级空间分布状况。其中，在土壤表面速变层（0～60cm），大部分区域为正常土壤含水量（42%）或者高土壤含水量（25%），其中西北部及东南部小片区域属于低度干燥化（31%），而严重干燥化和中度干燥化分布面积较少，不足3%。对于入渗层（60～220cm），大部分区域都出现了干燥化的状况，干燥化的总面积占82%，其中严重干燥化土壤（23%）和中度干燥化土壤（22%）主要分布在安塞集水区的西北部，低度干燥化土壤（37%）主要分布于集水区中部和南部，而正常土壤含水量仅占17%，主要分布于安塞集水区的南部和东南部边缘区域。对于过渡层（220～400cm），大部分区域为低度干燥化（48%）和正常土壤含水量（25%），而中度干燥化土壤（16%）和严重干燥化土壤（4%）主要集中分布于安塞集水区的西北部区域。而对于稳定层（400～500cm），大部分区域为正常土壤含水量和高土壤含水量，占总面积的60%，中度干燥化土壤（10%）和高度干燥化土壤（3%）主要分布于安塞集水区的西北部小片区域，而低度干燥化土壤（26%）主要分布于安塞集水区北部和西北部部分区域。综上分析可知，安塞集水区表层（0～60cm）和深层（400～500cm）土壤干燥化程度较低，主要分布于集水区西北部小部分区域。而60～220cm和220～400cm土层的干燥化状况严重，干燥化面积分别达到了82%和67%，仅有小部分南部和东南部边缘区域土壤未发生干燥化。因此，该深度土层的干燥化区域是需要重点解决的区域。

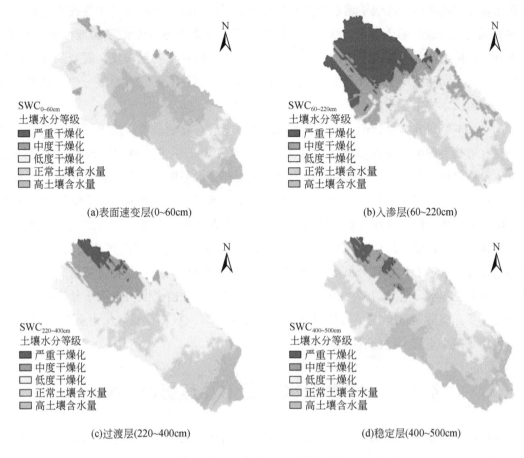

(a)表面速变层(0~60cm)

(b)入渗层(60~220cm)

(c)过渡层(220~400cm)

(d)稳定层(400~500cm)

图 4-21　安塞集水区不同深度土壤水分等级空间分布

4.2.5.3　基于深层土壤水分状况的植被恢复和管理措施

由本研究的结果可知，几乎所有人工引进植被中都发生了土壤干化状况，而天然草地和农田中具有较高的土壤水分。这表明不恰当的植被类型选择是导致该区域土壤干化的主要因素之一。因此，在进行植被恢复过程中，应当根据植被与土壤水分之间的相互作用关系合理选择植被类型。在所选取的植被类型中，柠条和刺槐的土壤干化状况最为严重，因此这两种植被类型尤其不适合在该区域进行大规模种植，而沙棘、野山桃、人工草地可以在土壤水分状况较好的区域，在适当的人工管理措施下进行种植。

此外，我们在进行植被恢复前需要基于深层土壤水分状况合理选择种植区域。由于多年平均降水量能够显著影响深层土壤水分空间变异。因此，多年平均降水量是我们选择植被种植区域应当考虑的一个重要因素。在年降水量低的区域，围栏保护与自然恢复可能是比较好的选择；在年降水量较高的区域，我们可以合理地种植一些灌木和乔木植被。即使在降水量相同的区域，深层土壤水分空间分布也是不均匀的：低海拔（如谷底或者低坡位区域）通常具有较好的土壤水分状况，而陡坡位置土壤含水量通常低于缓坡位置。因此，灌木和乔木植被等具有较高土壤水分消耗能力的植被可以种植在低海拔、缓坡区域。而在高海拔、坡上和陡坡等土壤含水量较少的位置，应当以自然恢复或者种植一些土壤水分消耗能力弱的灌木为主。

同时，本章研究结果显示，人工农业管理措施能够有效地改善深层土壤水分状况。农田是所有植被类型中土壤含水量最高的类型，甚至在人工引进的具有深根系的苹果园地中，也没有出现土壤干层。本研究中的大部分农田都为水平梯田并且具有不同程度的人工耕作措施，而苹果园地也有许多配有人工集雨设施。所有的这些农业管理措施能够显著增加降雨入渗，从而使得这些植被类型具有较高的土壤含水量。此外，在本研究中，林下草地、枯枝落叶生物量、枯枝落叶最大持水率与土壤水分都具有显著的正相关关系。因此，增加地表覆盖（如农作物秸秆覆盖、地膜覆盖或者林地草地间作）是促进降雨对土壤水分补给、减少土壤水分蒸发的又一有效措施。同时，考虑到种植密度与土壤水分具有显著的负相关关系，植被控制措施（当林地和灌木林地成熟时，根据土壤水分状况控制种植密度）可能是减少土壤干化的有效措施。

4.3 区域土壤水分变化及其影响因素

退耕还林（草）政策实施以来，黄土高原土壤含水量及其空间分布格局发生了显著变化。以往关于草地和灌木林地生态系统土壤水分的研究多集中于坡面尺度，然而这些研究均在平水年开展，极端干旱年份研究较少（Wang et al., 2014；Yang et al., 2014b；Wang J et al., 2015；Fang et al., 2016）。区域尺度的研究多借助遥感手段，实地采样分析较少，且已有研究少有人工种植植被类型与自然恢复植被类型的对比。由于南向坡面（阳坡）蒸散量较大，这些坡面的土壤含水量显著低于北向坡面（阴坡）（Qiu et al., 2001a）。因此，在相同降水条件下，阳坡更容易发生水分过耗。此外，未来北半球中纬度区域气候趋于暖干化，且全球范围内极端气候出现频率增大（秦大河等，2002，2014；沈永平和王国亚，2013）。因此，研究极端年份或干旱坡面土壤水分变化情况、对比人工种植植被与自然恢复植被的用水特征，能够更好地为未来气候变化情景下植被恢复可持续性建设提供科学依据。

4.3.1 研究区概况及样地布设

黄土高原是世界最大的黄土堆积区，也是水土流失最为严重的地区之一。该区域属于暖温带大陆性季风气候。多年平均温度 8~11℃，多年平均降水量为 300~650mm。降水年内分布不均，超过 60% 的降水出现在 7~9 月，期间暴雨频繁发生，极易导致水土流失。以 200mm 和 400mm 等降水量线为界，西北部为干旱区，中部为半干旱区，东南部为半湿润区。黄土高原处于从平原向山地高原过渡、从湿润向干旱过渡、从森林向草原过渡、从农业向牧业过渡的地区，各种自然要素相互交错，自然环境条件不够稳定。黄土高原地区自 1999 年开始全面实行退耕还林（草）政策，不仅强化了全民的生态意识，而且促进了黄土高原地区生态环境建设和农业生产结构优化，取得了比较明显的水土保持、生态和经济效益。

样带沿南北方向位于黄土高原中部和北部（34°1′N~41°6′N，107°12′E~111°12′E）（图 4-22）。采样年份（2014 年和 2017 年）均为平水年。样带植被带包括典型草原和森林草原区。以紫花苜蓿为优势种的草地、以长芒草为主的草地、以沙棘为优势种的灌木林地和以柠条为优势种的灌木林地是区域尺度上分布最广的土地利用类型（杨文治和邵明安，2000）。

依据中国气象局在黄土高原及其周边的 62 个站点 15 年（1998~2012 年）的平均降水量，采用普通克里金插值法获取黄土高原多年平均降水量空间分布图。以 300mm 为起始，设定 70mm 为间隔提取等降水量线，将黄土高原分为不同降水梯度。在每个降水梯度上，综合考虑采样区为多年平均降水量为 300~370mm 的伊金霍洛旗，多年平均降水量为370~440mm 的神木县（现神木市）和绥德县，多年平均降水量为 440~510mm 的安塞县（现安塞区）和宝塔区北部，以及多年平均降水量为 510~580mm 的宝塔区南部和富县。多年平均降水量 370~440mm 的区域面积大且涵盖高原沟壑区和峡谷沟壑区两大地貌类型，因此选择了两个采样区。每个区域根据不同土地利用类型分布比例，每种类型选择 2~5 块样地采样。选择样地时，同种土地利用类型样地在同一区域内尽量分散，以使样地具有区域代表性。采样分为雨季初和雨季末 2 个时段，其中雨季初采样时间为 2014 年 5月，草地和灌木林地共选取 60 个样点（图 4-22）。雨季末采样时间为 2014 年 9 月。由于伊金霍洛旗接近风蚀区且雨季前采样时发现其土层发育较差，因此雨季末未在此进行采样。此外部分紫花苜蓿等人工植被样地因收割翻耕等遭到破坏，雨季末采样时最终在样带上供选择草地和灌木林地样地 58 个。为直接对比草地和灌木林地土壤水分与其他常见土地利用类型土壤水分的差异，依据不同植被分布实际情况，在神木县、绥德县、安塞县、宝塔区、富县和宜君县补充采集乔木林地、园地和农地土壤样品测定土壤水分。每个采样区域选取刺槐样地 3 个、果园样地 2 个和农田样地 1 个。采样时间为 2017 年，采样点分布尽量均匀。由于果园和农地受灌溉等人为活动影响巨大，样地选择避开刚灌溉过的区域。采样地分布如下（图 4-22）。

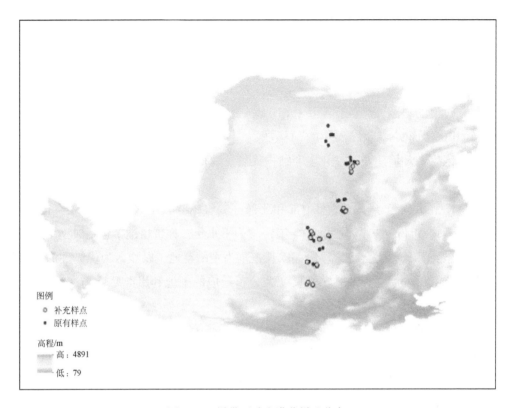

图 4-22　样带雨季末灌草样地分布

4.3.2　数据获取与分析

　　土壤水分及相关指标的获取与分析同 4.1.2。区域降水数据采用黄土高原及其周边 63 个国家气象监测台站数据差值获取，气象台站数据来源于中国气象数据网，差值方法为普通克里金插值法，差值软件为 ArcGIS 10.0。

4.3.3　不同土地利用类型土壤水分空间分布

　　本节选取典型人工和自然灌草样地为主要研究对象，同时选取研究区常见其他土地利用类型（乔木林地、果园和农地）作为对照，分析区域土壤水分空间分布，对比不同降水梯度土壤水分雨季动态，对比不同土地利用类型土壤水分空间分布格局，以期明确黄土高原土壤水分现状。利用雨季前（5 月）和雨季末（9 月）采样数据，计算四种不同灌草恢复类型土壤含水量，如图 4-23 所示。结果表明，采样时段的年平均降水量与多年平均降水量接近，属于平水年。土壤含水量在区域尺度与降水变化趋势相同，随降水量的增加而增大。多年平均降水量为 370~440mm 的 A 和 B 区域空间位置较远，但其位于相同降水梯

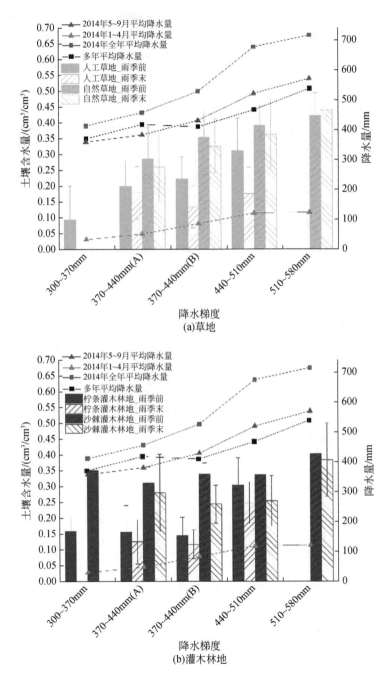

图 4-23　区域尺度雨季前和雨季末土壤平均含水量变化

度内，且其土壤含水量差异未达到显著水平。对 440～510mm 区域内不同土地利用类型土壤含水量进行对比，在同一降水梯度中，自然恢复物种土壤含水量均高于人工种植物种，且随降水变化的幅度呈现相反规律。例如，自 370～440mm（A）区域至 440～510mm 区域，多年平均降水量增加了 11.8%，自然草地的土壤含水量仅增加 23.1%，而人工草地土壤含水量增加了 59.8%。这表明随着多年平均降水量的变化，人工植被的土壤含水量变化比自然植被更为显著。随多年平均降水量的增加，人工草地土壤水分雨季消耗显著增加，然而在其他草灌类型中变化差异不显著。变异系数表明，在多年平均降水量较低区域，雨季前土壤含水量空间分异较小。在雨季末，雨季中大量的地表蒸发和植物蒸腾导致降水较少区域的土壤含水量始终较低。

不同降水梯度平均土壤含水量垂直分布情况如图 4-24 所示。结果表明，草地和灌木林地浅层（0～200cm）土壤含水量均高于深层（200～500cm）。以雨季前草地为例，土壤含水量自浅层向深层下降比例分别达到 58.1%（300～370mm）、7.3%［370～440mm（A）］、1.0%［370～440mm（B）］、0.9%（440～510mm）和 4.2%（510～580mm）。草地除 510～580mm 区域 0～200cm 土层外，其余土层雨季前土壤含水量均高于雨季末。灌木林地大部分土层有同样的规律，但 370～440mm<B>和 440～510mm 区域在 360mm 以下深度雨季前后土壤含水量无显著变化。同一降水梯度内，不同物种土壤含水量垂直方向的变化规律显著不同（图 4-24）。除雨季末 510～580mm 区域外，其他区域和时段四种典型灌草类型 0～20cm 土壤含水量无显著差异，然而随着土壤深度的增加，不同植被类型样地间的差异逐渐增大。以草地为例，人工草地和自然草地土壤含水量差异自北向南分别为 1.7%［370～440mm（A）］、128.0%［370～440mm（B）］和 125.0%（440～510mm），且二者差异在 0～200cm 土层尤为显著。

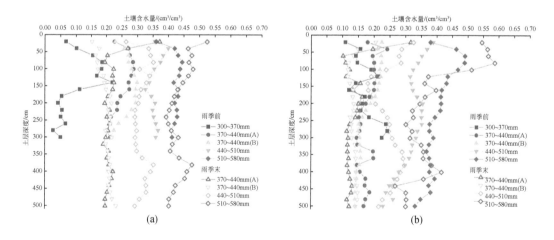

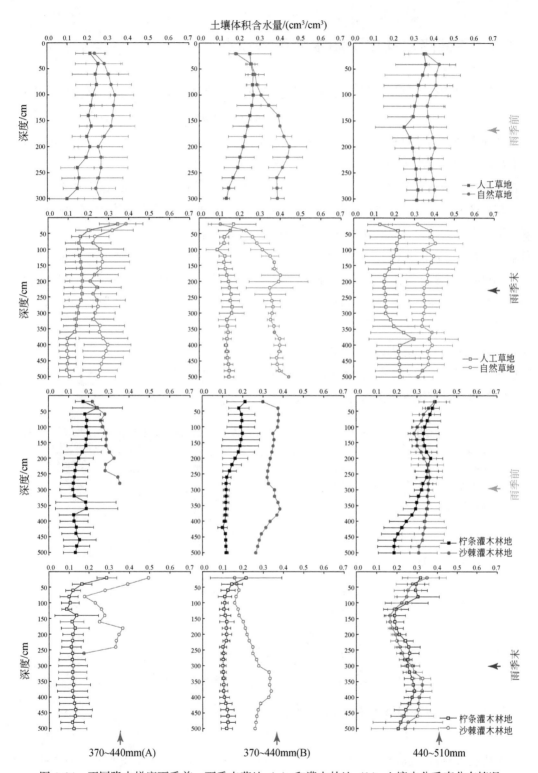

图 4-24　不同降水梯度雨季前、雨季末草地（a）和灌木林地（b）土壤水分垂直分布情况

4.3.4 不同降水梯度土壤水分雨季动态

不同降水梯度不同植被类型土壤含水量雨季变化量如图 4-25 所示。不同植被类型土壤垂直剖面含水量雨季变化显著不同。人工草地土壤水分雨季消耗量随着多年平均降水量的增加而逐渐增大，且在 440~510mm 区域土壤水分消耗量在 100cm 深度以下逐渐增大。自然草地土壤水分雨季消耗显著少于人工草地，且在 510~580mm 区域 0~140cm 深度土壤含水量在雨季得到补充。柠条灌木林地表现出与人工草地相似的规律，即在多年平均降水量较大区域土壤水分雨季消耗较大，在 440~510mm 区域土壤水分雨季消耗在 100cm 深度以下逐渐增大，但在 200cm 深度以下逐渐减小，随后在 400cm 深度以下得到补充。沙棘灌木林地 0~120cm 土壤水分雨季消耗高于柠条灌木林地，在 510~580mm 区域土壤水分在 0~100cm 深度得到补充，然而 100cm 深度以下持续消耗，且在 400mm 深度以下消耗量增大。综合分析在样带北部，较低的土壤水分限制了植物的生长，各种植物的生命力都很低，因此对土壤水分的消耗较少，而在样带南部，降水增加，土壤水分雨季补充能够满足部分植物的生长需求，因此植物可以健康地生长并更好地保护土壤。而样带中部区域植物生长状况良好，因而对土壤水分的消耗反而大于多年平均降水量较低区域。在这种情况下，样带中部是植被恢复造林选择的关键区域。

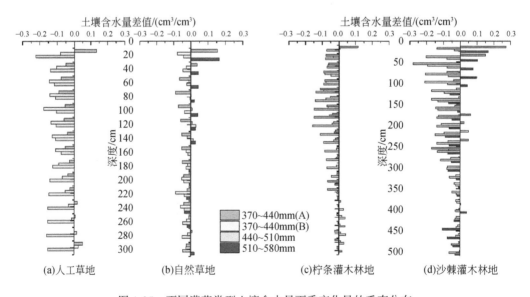

图 4-25 不同灌草类型土壤含水量雨季变化量的垂直分布

根据前人对黄土高原水分区域的划分，300~370mm 区域属于土壤水分不平衡补偿区，370~440mm（A）属于土壤水分低消耗区，370~440mm（B）和 440~510mm 属于土壤水分周期性亏缺区，而 510～580mm 属于土壤水分平衡补偿区（Yang et al., 1994）。上述结果和前人研究均表明，随着多年平均降水量的增加，土地利用类型对土壤含水量的影响在半湿润和湿润地区变得更加明显（Wang L et al., 2011）。由于雨季前温度较低，植物生长缓慢，因此土壤水分垂直分布变化较小，此时的土壤含水量可以代表黄土高原土壤水分相对稳定的状态（Chen et al., 2007）。与多数前人研究认为土壤水分在雨季得到补充不同的是，除 510～580mm 区域的部分土层外，其他区域其他土层雨季末土壤含水量显著低于雨季前。综合分析其原因有三点：①降水对土壤水分的补充与土壤水分消耗之间的关系随降水梯度的变化而变化。在本研究中，当多年平均降水量高于 510mm 时，降水对土壤水分的补偿可以满足自然草地生长季的水分消耗。由此推测，当降水持续增加时，二者间的关系存在再次变异的可能性。②采样前一年（2013 年）研究区出现极端降水事件（Yang et al., 2014b），经过长时间高强度降水后，区域地表产流模式由超渗产流转变为蓄满产流，土壤水分得到大量补充，这可能导致采样年份前期含水量较高。③在现有采样中对于雨季初、末采样点的时间节点往往设定为 6 月和 10 月（Yao et al., 2012）。然而在区域尺度大部分地区 6 月植被已开始迅速生长，土壤水分已产生了大量消耗，此时的土壤含水量无法代表初始的稳定状态；而 10 月气温降低，植物生长减缓，但此时仍有部分降水，因此降水对土壤含水量的补偿效果加强。因此，本研究雨季动态结果与前人研究有所不同，综合二者并结合坡面动态监测数据可以推测在黄土高原地区，随着植物开始生长（5 月），土壤含水量逐渐减少，当植物进入快速生长阶段（6～9 月）后土壤含水量减少更为显著，而当温度逐渐降低，草本植物枯萎、灌木生长减缓（10 月），土壤含水量逐渐恢复。

本研究进一步采样分析了区域尺度乔木林地、果园和农地的土壤水分空间分布情况（表4-11），以期与灌草地土壤水分进行对照。根据植被实际分布情况，乔木林地、果园和农地的采样样带向南扩展至多年平均降水量为 580～650mm 的区域。在该区域，三种土地利用类型土壤含水量仍随深度呈现先减少后缓慢增大的趋势，且在 120cm 深度以下农田土壤含水量高于其他两种对照植被。乔木林地在多年平均降水量最高的 580～650mm 区域的土壤平均含水量反而最低，推测原因为南部区域地表蒸散发更加强烈，且植株密度往往较大，对土壤水分的消耗显著高于其他区域。

4.3.5 土壤水分模拟

植被建设的推进与可持续管理需要借助长期历史数据来分析土壤水分环境的变化过程，对比不同区域土壤水分在多种因子影响下的变化规律，评价水分状况能否支持后续植被建设并维持当前生态系统的结构和功能，最终为决策和管理提供支持。黄土高原半干旱区面积广大，通过坡面监测和区域样带调查获取数据，能够为模型模拟提供参数支持，进而借助模型获取各个降水梯度内土壤水分多年动态数据。WAVES 模型已在黄土高原多种土地利用类型中得到了良好的模拟效果，本章通过引入 WAVES 模型，借助其水文模拟模块，通过野外实测和文献提取确定植被、土壤、气候等参数，模拟人工灌丛柠条坡面土壤水分及储量的变化。

表4-11　不同降水梯度乔木林地、果园、农地土壤含水量分布

地类	降水梯度	平均值 /（cm³/cm³）	平均值的95%置信区间		最小值 /（cm³/cm³）	最大值 /（cm³/cm³）
			下限	上限		
乔木林地	370~440mm（A）	0.195±0.003	0.179	0.210	0.080	0.345
	370~440mm（B）	0.203±0.004	0.181	0.226	0.106	0.610
	440~510mm	0.175±0.003	0.131	0.216	0.080	0.398
	510~580mm	0.312±0.006	0.282	0.342	0.186	0.636
	580~650mm	0.141±0.372	0.347	0.398	0.212	0.583
果园	370~440mm（A）	0.171±0.004	0.080	0.424	0.030	0.160
	370~440mm（B）	0.237±0.005	0.106	0.398	0.040	0.150
	440~510mm	0.279±0.012	0.080	0.716	0.030	0.270
	510~580mm	0.350±0.006	0.212	0.557	0.080	0.210
	580~650mm	0.513±0.004	0.292	0.716	0.110	0.270
农地	370~440mm（A）	0.334±0.005	0.239	0.451	0.090	0.170
	370~440mm（B）	0.313±0.003	0.239	0.398	0.090	0.150
	440~510mm	0.609±0.012	0.292	0.875	0.110	0.330
	510~580mm	0.373±0.008	0.239	0.583	0.090	0.220
	580~650mm	0.481±0.008	0.292	0.583	0.110	0.220

4.3.5.1　模型准备

在本节中，首先利用黄土高原定位监测土壤、植被、水文数据率定模型参数，然后将模型应用到其他柠条灌丛。模型本身的植被参数不需要重复输入，在更换研究区时，对应输入新的土壤参数和气象参数即可驱动模型运转，因此本节将该模型应用到黄土高原不同降水水平地区，选择不同样点模拟柠条灌丛土壤水分的多年变化。

在黄土高原中部区域选择9个模拟样点（盐池、定边、靖边、榆林、绥德、神木、吴旗、延安和长武），假设9个样点的柠条灌丛都是相同的种植年限。以距离最近的气象站点监测数据为模型气象数据模块输入，以中国科学院南京土壤研究所制作的 HWSD 土壤数据集 v1.1 为模型土壤参数输入项，模拟不同降水条件下的柠条灌丛多年土壤水分变化。样点年均降水量 290.97~583.2mm；土壤质地类型包括壤土、沙壤土、壤质沙土、沙土等；模拟时间为 1997～2015 年，部分年份数据缺失；模拟日尺度土壤水分状况。由于中国 HWSD 数据集为 0～100cm 深度土壤属性，因此本节以 10cm 为模拟间距，模拟 0～100cm 深度土壤水分。此外，土壤参数中饱和导水率数据较难获取，将根据文献中改进方法（张瑜，2014），通过土壤粒径及土壤容重计算得出。各样点及其靠近的气象站点基本情况如图 4-26 所示。在选择的样点中，位于黄土高原最西侧的为盐池样点，多年平均降

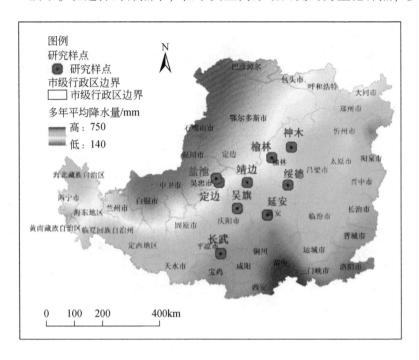

图 4-26   研究区位置

水量为 290.97mm，风沙侵蚀严重，属于中温带大陆性季风气候，干燥少雨，光能充足（刘任涛等，2014）；最北侧的样点为神木样点，多年平均降水量为 397.57mm，属于水蚀风蚀交错带，属于中温带大陆性半干旱气候，土壤受到侵蚀，风沙化严重；最南侧的研究样点为长武，该样点属于黄土高原半湿润区，多年平均降水量为 583.2mm，可以将该点作为与半干旱区的对比站点；最东侧的为绥德样点，该点多年平均降水量为 414.3mm，属于中温带大陆性半干旱季风气候。

图 4-27 为各研究样点年降水量分布图，其中靖边和神木样点气象数据不完整，只获取了 2009～2015 年的数据。从图 4-27 可以看出，各研究样点降水量年际分配差异较大，但部分样点的降水量也存在空间上的一致性。例如，对于盐池、定边、榆林、绥德、吴旗和延安，2000 年和 2005 年属于研究期内降水量较少的年份；对于吴旗、延安、绥德和神木，2013 年属于降水量较大的年份。对于年降水量均值，数值从小到大依次为盐池<定边

<榆林<绥德<靖边<吴旗<神木<延安<长武。

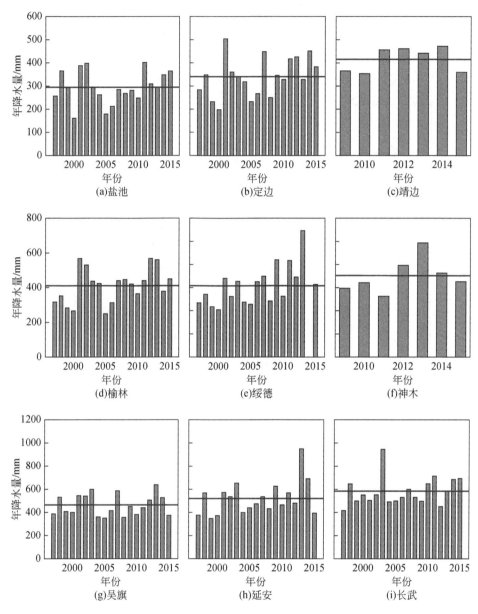

图 4-27　各研究样点年降水量

水平线为年降水量均值

4.3.5.2　土壤水分年值变化

借助 WAVES 模型模拟 9 个样点柠条灌丛土壤含水量，从图 4-28 可以看出，盐池样点的土壤含水量在各年份都是最低的，多数年份都在 $0.06\text{cm}^3/\text{cm}^3$ 以下；其次为榆林，多数年份土壤含水量在 $0.06 \sim 0.1\text{cm}^3/\text{cm}^3$ 波动变化；总体来说，延安和长武样点柠条灌丛的土壤含水量相对较高；绥德、延安、靖边、神木和长武5个样点的土壤含水量在多数年份都较为相近，同时随着时间也表现出相似的变化趋势。此外，通过计算各样点柠条灌丛土壤含水量年值的变异系数，分析在不同时间的变异程度。结果表明，榆林的土壤含水量变异性最大（0.14），吴旗的变异性最小（0.04），其余研究区变异性从大到小为盐池（0.11）>靖边（0.09）>定边（0.08）>长武（0.07）>神木（0.07）=长武（0.07）>延安（0.06）>绥德（0.05）；对于土壤含水量日值变异程度，同一年份不同研究样点和相同样点不同年份，都表现出土壤含水量越大，其变异性越大的规律。在观察柠条灌丛土壤含水量随时间的变化时，发现所有研究样点的最大值都为模拟期首年，而当年的降水量多数都非模拟期间的最高值，故推测模型在模拟初期并不稳定，因此从模拟期第二年开始分析土壤水分状况较为合理准确。对于具体样点来说，模拟期间盐池、定边和绥德的土壤含水量最低值都出现在2000年，而该年降水量为模拟期最低；榆林、吴旗和延安的土壤含水量最高值出现在2013年，该年的降水量也为模拟期最高或较高。

柠条灌丛土壤水分储量的模拟情况如图4-28（a）所示。土壤水分储量均值从小到大依次为盐池<榆林<吴旗<定边<神木<靖边<绥德<延安<长武。定边、靖边和神木的土壤水分储量年值分布在平均值两侧，较为均匀；盐池和吴旗的土壤水分储量年值多数在平均值以下。对于土壤水分储量随时间的变化，在整个研究期，盐池、榆林和吴旗的土壤水分储量都低于其他区域，且三个站点的数值从小到大为盐池<榆林<吴旗，与三地的多年降水量差异一致；盐池的土壤水分储量多在 $40 \sim 60\text{mm}$ 变化，而榆林的水分储量多集中在 $60 \sim 100\text{mm}$，两个研究区都表现为较为严重的土壤水分亏缺；绥德、长武和延安的土壤水分储量数值较为接近，且变化趋势在多数年份呈现出一致的状态。结合图4-28（b），可以看出土壤水分储量随着年降水量的增加而增加，变化较为一致。此外，土壤水分储量的变异性随着土壤水分储量年值的增大而增大。单因素方差分析和多重比较表明，在降水水平不同的各个样点，盐池、靖边和神木三者的土壤水分储量两两相关，绥德、延安和长武三者也存在两两相关的现象，其他情况下，不同研究样点的土壤水分储量存在显著性差异（$p < 0.05$）。

4.3.6　区域尺度土壤水分的影响因素

区域尺度人工草地、自然草地、柠条灌木和沙棘灌木四种典型灌草植被土壤含水量与多年平均降水量、当年降水量、雨季前降水量和雨季降水量的相关性不同，但均达到显著水平。土壤含水量雨季变化量和变化率与其影响因子的关系见表4-12和表4-13。结果表

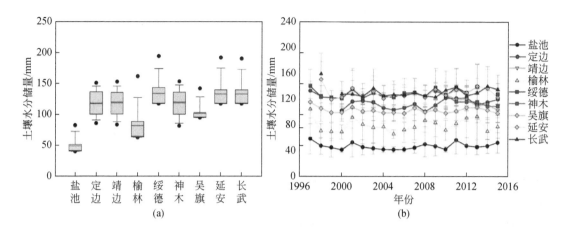

图 4-28　1999～2015 年分样点模拟土壤水分储量及其随时间的变化

红线代表土壤水分储量均值

明，不同植被类型土壤含水量雨季变化量和变化率与降水等环境因子的关系有显著不同。其中，草地土壤含水量雨季变化率与当年降水量、雨季前降水量、雨季降水量、雨季前土壤含水量（即初始土壤含水量）均显著或极显著相关。灌木林地土壤含水量雨季变化量与雨季前土壤含水量相关性较强。其中，柠条灌木土壤含水量雨季变化量与各期降水均呈极显著相关，而沙棘灌木土壤含水量雨季变化量与各期降水的关系不明显。由此可见，人工植被雨季生长用水模式对降水的变化比自然植被更为敏感。在四种典型灌草类型样地中，自然草地与雨季前土壤含水量相关性最弱，推测原因为自然草地大多以禾本科植物为优势种，其生长状况受当季降水量影响较大。结合坡面枯水年和平水年对比，以及黄土高原其他区域相关研究，在干旱条件下，草本植物生长缓慢，在降水到来后，其可在较短时间内迅速生长，对土壤水分的消耗能力也随之改变。而灌木形态在不同降水年型下则相对稳定。

表 4-12　草地土壤含水量雨季变化量和变化率与其影响因素的关系

影响因子	人工草地				自然草地			
	Var.	p	C. R.	p-value	Var.	p	C. R.	p
深度	-0.288 **	0.001	-0.319 **	0.000	-0.086	0.230	-0.092	0.199
容重	-0.261 **	0.002	-0.263 **	0.002	0.216 **	0.002	0.256 **	0.000
盖度	-0.192 *	0.026	-0.142	0.101	0.305 **	0.000	0.198 **	0.006
株高	-0.056	0.516	0.004	0.966	0.223 **	0.002	0.251 **	0.000
雨季前土壤含水量	0.797 **	0.000	0.519 **	0.000	-0.005	0.947	-0.353 *	0.000
降水量 1	0.295 **	0.001	0.118	0.174	0.059	0.413	-0.110	0.124

续表

影响因子	人工草地				自然草地			
	Var.	p	C. R.	p-value	Var.	p	C. R.	p
降水量2	0.588 **	0.000	0.397 **	0.000	−0.027	0.707	−0.200 **	0.005
降水量3	0.572 **	0.000	0.411 **	0.000	−0.069	0.336	−0.241 **	0.001
降水量4	0.584 **	0.000	0.396 **	0.000	−0.019	0.787	−0.193 **	0.007

注：Var. 表示土壤含水量雨季变化量；C. R. 表示土壤含水量雨季变化率；降水量1表示多年平均降水量；降水量2表示采样年份当年降水量；降水量3表示采样年份雨季前降水量，即1~4月平均降水量；降水量4表示采样年份雨季降水量，即5~9月平均降水量。

*表示显著相关（$p<0.05$）；**表示极显著相关（$p<0.01$），皮尔逊双尾检验（Pearson Correlation Coefficient, 2-tailed test）。

表4-13 灌木土壤含水量雨季变化量和变化率与其影响因素的关系

影响因子	柠条灌木				沙棘灌木			
	Var.	p	C. R.	p-value	Var.	p	C. R.	p
深度	0.374 **	0.000	0.070	0.138	0.010	0.882	−0.247 **	0.000
容重	0.142 **	0.003	0.035	0.459	−0.125	0.069	0.044	0.526
盖度	0.072	0.129	0.076	0.108	0.076	0.267	0.118	0.087
地径	0.067	0.155	−0.018	0.708	0.266 **	0.000	0.096	0.163
株高	0.002	0.963	0.032	0.505	0.132	0.054	0.044	0.522
前含水量	−0.581 **	0.000	−0.184 **	0.000	−0.141 *	0.040	−0.172 *	0.012
降水量1	−0.134 **	0.004	0.059	0.213	0.129	0.060	−0.003	0.965
降水量2	−0.144 **	0.002	0.103 *	0.028	−0.019	0.781	−0.118	0.086
降水量3	−0.156 **	0.001	0.072	0.126	−0.080	0.243	−0.189 **	0.006
降水量4	−0.129 **	0.006	0.118 *	0.012	0.008	0.908	−0.092	0.179

注：Var. 表示土壤水分雨季变化量；C. R. 表示土壤水分雨季变化率；降水量1表示多年平均降水量；降水量2表示采样年份年均降水量；降水量3表示采样年份雨季前降水量，即1~4月平均降水量；降水量4表示采样年份雨季降水量，即5~9月平均降水量。

*表示显著相关（$p<0.05$）；**表示极显著相关（$p<0.01$），皮尔逊双尾检验（Pearson Correlation Coefficient, 2-tailed test）。

综合上述分析，不同植被类型土壤含水量有显著差异，针对同一植被类型，土壤含水量空间分布受到雨季（5~9月）降水的影响强于雨季前（1~4月）降水的影响，而其雨季变化率和变化量则与雨季前降水有更强的相关性。土壤浅层受蒸散发影响较大，而降水的入渗深度有限，植被根系耗水深度远远超出降水入渗范围，因此在雨季大部分样点土壤含水量随深度的增加而减小。植被根系的生长影响土壤团粒结构等属性，进而影响土壤的渗透性。根据前面研究结果，370～440mm 区域内自然草地地表非饱和入渗率相对较高，而 440～510mm 区域沙棘灌木地表非饱和入渗率相对较高，这些植被类型土壤含水量也相对较高。因此，区域土壤含水量补偿情况除受降水量和降水强度影响外，还受到入渗等土壤水力传导能力的影响。

4.4　土壤水分的多尺度分析

4.4.1　研究区概况及样地布设

坡面、流域和区域的研究概况和样地布设同 4.1.2。

4.4.2　数据获取与分析

4.4.2.1　数据获取和计算

关于土壤可利用含水量计算，数据来源为坡面尺度土壤水分特征曲线特征点、土壤含水量、土壤粒径分布曲线数据，以及流域、区域（样带）尺度草地和灌木林地土壤含水量、土壤粒径分布曲线、群落调查与根系生物量、土壤常规物理性质等数据。采用高速离心机测定 0bar、-0.03bar、-0.1bar、-0.2bar、-0.4bar、-0.6bar、-0.8bar、-1bar、-2bar、-4bar、-6bar、-8bar、-10bar 压强下 13 个特征点的土壤含水量，用以拟合土壤水分特征曲线中的脱湿曲线，通常认定压力水头为-15bar 时的土壤含水量为萎蔫系数。所选取的直接拟合模型为 van Genuchten 模型，并将其模拟结果作为参照值验证四种间接模型在研究区的模拟效果。

1）土壤可利用含水量计算

土壤可利用含水量作为土壤水分中能够直接被植物利用的部分，直接反映着土壤水分与植被生长的关系。土壤可利用含水量通常被定义为土壤田间持水量与萎蔫系数之间的水分，由于研究区大部分区域土壤含水量无法达到土壤田间持水量，因此采用分段计算，其公式如下：

$$\text{AWC}_i = \begin{cases} \text{SWC}_i - \text{WP}_i, & \text{SWC} < \text{FC} \\ \text{FC}_i - \text{WP}_i, & \text{SWC} \geq \text{FC} \end{cases} \tag{4-5}$$

式中，AWC_i 为 i 样点的土壤可利用含水量，cm^3/cm^3；SWC_i 为 i 样点的土壤含水量，cm^3/cm^3；WP_i 为 i 样点的萎蔫系数，cm^3/cm^3；FC_i 为 i 样点的田间持水量，cm^3/cm^3。

2） van Genuchten 模型计算

土壤水分特征曲线的直接估算模型是通过测定一系列压力水头下的土壤含水量，通过非线性模型拟合出的曲线。在常见的直接拟合模型中，van Genuchten 模型已被验证为研究区较为适宜的拟合模型。van Genuchten 模型的计算公式如下（van Genuchten，1980）：

$$\frac{\theta-\theta_r}{\theta_s-\theta_r}=\left[\frac{1}{1+(\alpha\times h)^n}\right]^m \tag{4-6}$$

式中，θ 为土壤含水量，cm^3/cm^3；h 为压力水头，$mm\ H_2O$；θ_s 为饱和含水量，cm^3/cm^3；θ_r 为残余含水量，cm^3/cm^3；α、n 和 m 为拟合参数（其中 $m=1-1/n$）。

3） 基于间接模型的萎蔫系数计算

常用的间接模型包括三种非线性模型和一种线性模型。非线性模型中，压力水头为 h（mm，H_2O）时的土壤含水量计算公式如下（Tuller et al.，1999）：

$$\theta_i=\sum_{j=1}^{j=i}\frac{V_j}{V_b},i=1,2,\cdots,n \tag{4-7}$$

$$V_i=\pi\,r_i^2 h_i=\left(\frac{w_i}{\rho_s}\right)e,i=1,2,\cdots,n \tag{4-8}$$

$$e=\frac{\rho_s-\rho_b}{\rho_b} \tag{4-9}$$

式中，θ_i 为第 i 区间土壤含水量，cm^3/cm^3；V_i 为第 i 区间的土壤孔隙体积；V_b 为土壤体积；e 为孔隙比，无量纲；ρ_s 为土壤颗粒密度（黄土高原一般取 $\rho_s=2.65g/cm^3$）；ρ_b 为土壤容重，g/cm^3；w_i 为第 i 区间土壤质量，g；r_i 为第 i 区间孔隙半径，cm；h_i 为第 i 区间压力水头，$cm\ H_2O$；$\pi=3.14$。

Arya & Paris 模型计算公式如下（Arya et al.，1999）：

$$h_i=\frac{2\gamma\cos\phi}{\rho_w g\,r_i}=\frac{0.18}{R_i\sqrt{e\,n_i^{(1-\alpha_i)}}} \tag{4-10}$$

$$\alpha_i=\frac{a+b\lg(w_i/R_i^3)}{\lg n_i} \tag{4-11}$$

式中，γ 为空气和水交界面的表面张力，g/s^2；ϕ 为水面接触角（本研究中，$\phi=0$）；R_i 为第 i 区间平均土壤颗粒半径，cm；α_i 为第 i 区间换算因数；ρ_w 为水的密度，g/cm^3；g 为重力加速度（$9.8cm/s^2$）；n_i 为第 i 区间颗粒的个数。

Mohammadi & Vanclooster 模型计算公式如下（Mohammadi and Vanclooster，2011）：

$$h_i=\xi\frac{C_{pi}\gamma\cos\phi}{A_{pi}}\frac{1}{\rho_w g} \tag{4-12}$$

$$e=\frac{64\,R_i^3-8\xi(4\pi\,R_i^3)/3}{8\xi(4\pi\,R_i^3)/3} \tag{4-13}$$

$$\frac{C_{pi}}{A_{pi}} = \frac{2\pi}{(4-\pi)R_i} = \frac{7.318}{R_i} \tag{4-14}$$

式中，ξ 为堆积状态系数，无量纲；C_{pi} 为颗粒周长（$2\pi R_i$）；A_{pi} 为颗粒表面积（$4R_i^2 - \pi R_i^2$）。

Tyler & Wheatcraft 模型计算公式如下（Tyler and Wheatcraft，1990）：

$$h_i = \frac{2\gamma\cos\phi}{\rho_w g\, r_i} = \frac{2\gamma\cos\phi/\rho_w}{\rho_w g R_i}\left[4e\,N_i^{(1-D)}/6\right]^{-1/2} \tag{4-15}$$

$$\frac{v(r<R_i)}{V_r} = \left(\frac{R_i}{R_{max}}\right)^{3-D} \tag{4-16}$$

式中，$v(r<R_i)$ 为半径小于 R_i（mm）的累计粒径比例；V_r 为土壤颗粒总比例（$V_r = 100$）；R_i 为粒径区间 i 的颗粒半径，mm；R_{max} 为最大粒径分组的最大半径（本研究中，$R_{max} = 2$ mm）；$(3-D)$ 为对数线性回归方程斜率。

线性模型计算公式如下：

$$WP_i = a\,Clay\%_i + b \tag{4-17}$$

式中，WP_i 为萎蔫系数；$Clay\%_i$ 为 i 点黏粒含量，%；a 和 b 为需要拟合的参数。

4）土壤水分亏缺计算

其他土地利用类型与自然草地土壤含水量（可利用含水量）的差值占自然草地土壤含水量（可利用含水量）的比值即为土壤水分亏缺率，值为负表示土壤水分发生亏缺情况，值为正表示土壤水分未发生亏缺情况。其计算公式如下：

$$WD_i\% = \begin{cases} (SWC_i - SWC_{NG})/SWC_{NG}\% \\ (AWC_i - AWC_{NG})/AWC_{NG}\% \end{cases} \tag{4-18}$$

式中，$WD_i\%$ 为土壤水分亏缺率；SWC_{NG} 为自然草地土壤含水量，cm^3/cm^3；SWC_i 为 i 土地利用类型土壤含水量，cm^3/cm^3；AWC_{NG} 为自然草地土壤可利用含水量，cm^3/cm^3；AWC_i 为 i 土地利用类型土壤可利用含水量，cm^3/cm^3。

5）模型评价指标计算

用于评价模型的指标包括相关系数（CC，无量纲）、均方根误差（RMSE，cm^3/cm^3）、平均误差（ME，cm^3/cm^3），其计算公式如下：

$$CC = \frac{1}{n-1}\sum_{i=1}^{n}\left(\frac{X_i - \overline{X}}{\sigma_X}\right)\left(\frac{Y_i - \overline{Y}}{\sigma_Y}\right) \tag{4-19}$$

$$RMSE = \sqrt{\frac{\sum_{i=1}^{n}(Y_i - X_i)^2}{n}} \tag{4-20}$$

$$ME = \frac{1}{n}\sum_{i=1}^{n}(Y_i - X_i) \tag{4-21}$$

式中，$\overline{X}$ 为 X 的平均值；$\overline{Y}$ 为 Y 的平均值；σ_X 为 X 的标准差；σ_Y 为 Y 的标准差；n 为样本个数。

4.4.2.2　数据分析

采用单因素方差分析来分析不同降水梯度和不同土地利用类型下土壤可利用含水量变化；并用最小二乘差分（LSD）方法进行结果验证；采用相关系数（CC）、均方根误差（RMSE）和中误差（ME）作为验证指标进行模型优选。随机森林（Random Forest，RF）用于影响因素排序；Pearson 参数检验用于验证土壤水分与影响因素之间的相关性。用 Pearson 应变系数检验土壤含水量与影响因素的相关性（双尾检验，其中 $p<0.05$ 为显著、$p<0.01$ 为极显著）。

4.4.3　土壤水分影响因子的尺度效应

4.2 节和 4.3 节研究结果显示，土壤含水量在不同降水梯度、不同尺度、不同植被类型等条件下的分布规律不同。以往关于土壤水分影响因素的分析多为单一尺度，且多关注土壤性质等的影响，对物种之间的差异分析较少。因此，分析不同尺度土壤含水量变化与其影响因素的关系有助于识别植被恢复建设的敏感区域。本节针对坡面、流域和区域尺度典型灌草样地，采用冗余分析（Redun Dancy Analysis，RDA）进行相关因子排序，同时采用 Pearson 相关系数双尾检验分析土壤含水量与植物指标（生物量、盖度等）、土壤指标（机械组成、容重等）和环境指标（降水、坡度等）之间的相关性，同时对比影响因素的尺度效应，以期明确不同尺度影响土壤含水量变化的主控因子。

4.4.3.1　坡面、流域尺度土壤水分的影响因素

不同深度土壤含水量与相关因子的关系不同，使用去趋势对应分析（Detrended Correspondence Analysis，DCA）验证土壤含水量数据，根据梯度长度<3 的结果，选用冗余分析研究不同深度土壤含水量的影响因素在不同排序轴的分布情况（图 4-29）。结果表明，土壤含水量与土壤粉粒含量、土壤黏粒含量、单重分形维数和深度呈显著正相关，而与土壤砂粒含量呈显著负相关。生物量与土壤粒径均一度、粉粒域和黏粒域的单重分形维数显著相关，这表明土壤细颗粒对植物生长的影响比粗颗粒更强。综上可见，生物量的增加能够增加地表覆盖度，地表覆盖度增加能减少浅层土壤水分的散失，但是地表覆盖度增加会增大深层土壤水分的消耗。

流域尺度，由于土壤异质性进一步增大，土壤含水量与土壤砂粒含量、土壤粉粒含量、土壤黏粒含量均显著相关（-0.322，$p<0.01$；0.297，$p<0.05$；0.366，$p<0.01$），与

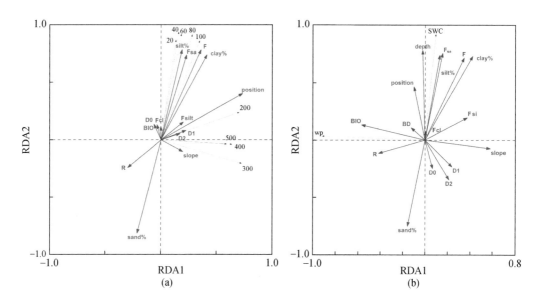

图4-29 土壤含水量与相关因子在不同深度的关系（a），以及土壤水分指数（土壤含水量和萎蔫点）
与相关因子之间的关系（b）

sand%表示土壤砂粒含量；silt%表示土壤粉粒含量；clay%表示土壤黏粒含量；Fsa表示砂粒域的单重分形维数；Fcl
表示黏粒域的单重分形维数；Fsi表示粉粒域的单重分形维数；BIO表示生物量；R表示多重分形维数；SWC表示土壤
含水量；wp表示土壤萎蔫系数。（a）图中的数字表示土层深度，单位为cm

海拔和平均株高呈现负相关（-0.256、-0.305，$p<0.05$）。其中，与坡面相似的是，细颗粒（粉粒和黏粒）比粗颗粒更有利于土壤水分保持。此外，土壤含水量与物种显著相关（-0.320，$p<0.01$），不同植物用水模式不同，对土壤水分消耗有显著差异。降水与土壤含水量呈正相关，但是相关性未达到显著水平。在流域尺度采样中，为便于对比，样点选择多位于阳坡的坡顶或坡上位置，且受可达性限制，样点坡度多小于30°，因此坡位、坡度和坡向变化有限，与土壤含水量的相关性未达到显著水平。

4.4.3.2 区域尺度土壤水分的影响因素

人工草地、自然草地、柠条、灌木四种典型灌草植被土壤含水量与多年平均降水量（0.625，$p<0.05$；0.716、0.640、0.376，$p<0.01$）、当年降水量（0.657、0.634，$p<0.05$；0.648、0.211，$p<0.01$）、雨季前降水量（0.640、0.618，$p<0.05$；0.620、0.177，$p<0.01$）和雨季降水量（0.644、0.639，$p<0.05$；0.637、0.234，$p<0.01$）相关性不同，但均达到显著水平。此外，人工草地土壤含水量还与土壤容重呈极显著负相关（-0.686，$p<0.01$），与田间持水量呈显著正相关（0.622，$p<0.05$）；自然草地与平均株高呈显著负相关（-0.579，$p<0.05$），同样与田间持水量呈显著正相关（0.564，$p<0.05$）。柠条灌木

土壤含水量与坡度、田间持水量、饱和导水率呈显著正相关（0.170、0.453、0.213，$p<$ 0.01），而与植株平均地径、容重呈显著负相关（-0.149、-0.380，$p<0.01$）；沙棘灌木土壤含水量则与胸径、株高、饱和导水率呈显著正相关（0.366、0.211、0.180，$p<$ 0.01），与土壤容重呈显著负相关（-0.273，$p<0.01$）。

进一步将不同深度土壤含水量与其影响因子进行 DCA 分析，物种数据梯度长度<3，因此选择冗余分析对影响因子进行重要性排序（图 4-30）。结果表明，当不考虑植被对土壤水分的影响时，多年平均降水量和土壤属性是影响土壤含水量的主要因素。其中，降水对 0~1m 深度土壤含水量影响较大，而 1~5m 深度土壤含水量变化主要受土壤属性的影响。当加入植被的影响后，相关性发生了变化。其中，植被类型对 0~1m 深度土壤含水量影响较大，而生物量和株高等主要影响 2~5m 深度的土壤含水量，且在此深度范围内，植被对土壤含水量的影响仅次于降水。

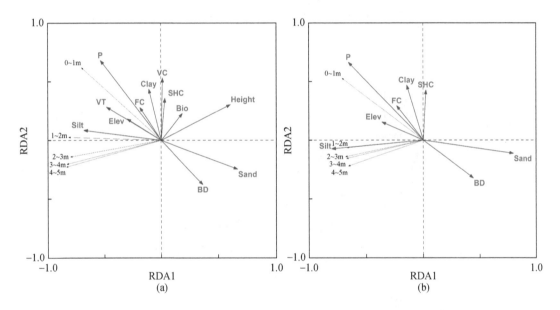

图 4-30 有植被（a）和无植被（b）不同深度土壤水分影响因素冗余分析

Sand 表示砂粒的百分含量；Silt 表示粉粒的百分含量；Clay 表示黏粒的百分含量；BD 表示土壤容重；P 表示降水量；VC 表示植被覆盖度；VT 是土地利用类型；FC 表示田间持水量；Height 表示株高；Elev 表示海拔；Bio 表示生物量；SHC 表示饱和导水率

4.4.3.3 不同尺度土壤水分影响因素的尺度效应

土壤含水量的变化受多种因素的综合影响，且表现出一定的尺度效应。已有研究认为，黄土高原土壤含水量的下降是由于气候变暖（Wang X et al., 2011），而另有研究认为不合理的植被恢复是导致土壤含水量下降的主要因素。由此可见，针对不同尺度的影响因素分析结果有显著不同。由于包气带深厚，降水是黄土高原土壤水分补给的唯一来源。由于坡面尺度面积较小，其降水可视为均一值，因此仅对流域和区域尺度土壤含水量与多年平均降水量的关系进行拟合，其拟合优度（R^2）见图4-31。拟合优度越接近于1，表明二者相关性越强。结果表明，流域尺度土壤含水量与多年平均降水量的相关性随深度的增加逐渐减小，至80cm处又开始随深度的增加而增大，并在320cm深度以下保持稳定。区域尺度的垂直变化规律则呈现先增大后减小的趋势，且0~120cm深度的拟合优度显著高于120cm深度以下，此外，在140cm深度以下，雨季前拟合优度显著高于雨季末，雨季前土壤含水量与多年平均降水量的相关性更强。这也证明了雨季前土壤含水量能够代表黄土高原土壤含水量相对稳定的水平。对比不同尺度，区域土壤含水量与多年平均降水量的拟合优度显著高于流域尺度，两者间的差异随深度的增加而逐渐减小。

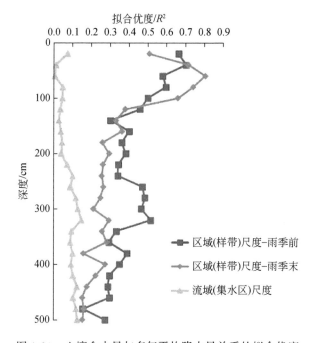

图4-31 土壤含水量与多年平均降水量关系的拟合优度

不同尺度土壤含水量影响因素及其排序的冗余分析结果如图4-32所示。在坡面尺度，由于降水较为均一，与植被影响相比，降水的影响可以忽略不计。坡面位置对0~1m深度土壤含水量的影响最大，而物种对4~5m深度土壤含水量影响最大。在流域尺度，植被对土壤含水量的影响同样远高于降水对其的影响，且在不同深度上，0~2m深度土壤含水量主要受降水和土壤机械组成的影响，而2~5m深度土壤含水量主要受坡位、坡向和物种的影响。区域尺度，多年平均降水量对土壤含水量的影响程度逐渐增大，同时土壤机械组成对降水的影响也逐渐增大，而植被对1~5m深度土壤含水量的影响强于多年平均降水量。

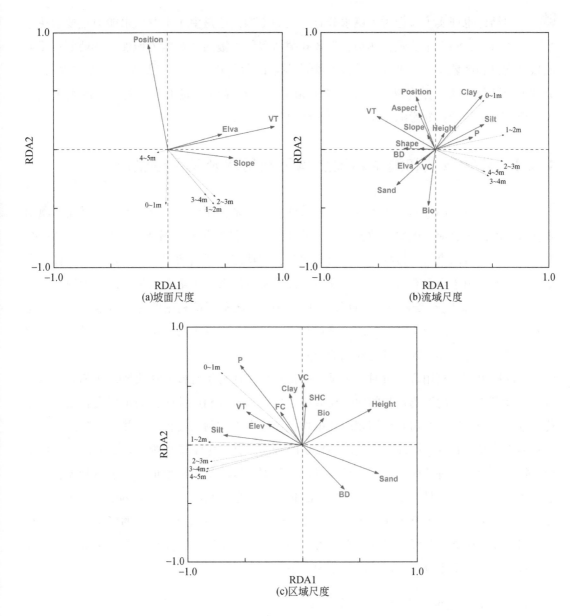

图 4-32　不同尺度不同深度土壤含水量与其影响因素的关系

Sand 表示砂粒的百分含量；Silt 表示粉粒的百分含量；Clay 表示黏粒的百分含量；BD 表示土壤容重；P 表示降水量；
VC 表示植被覆盖度；VT 是土地利用类型；FC 表示田间持水量；Height 表示株高；Elev 表示海拔；Bio 表示生物量；
SHC 表示饱和导水率

在区域尺度，海拔对土壤含水量影响较小，表明地形因子的作用在区域尺度并不显著，降水和土壤物理性质（粒径分布和容重）对土壤水分分异影响较大，根系层（0~1m）土壤水分分异是各种因子综合作用的结果，而其他土层土壤水分分异更多受到土壤本身的影响。上述结论也证实了粒径对土壤水分有较大的影响，这是由于土壤保水能力主要取决于小孔隙的数量，随着土壤颗粒变小，有效孔隙增多，土壤的持水能力增加。从坡面尺度到流域尺度再到区域尺度，土壤水分潜在影响因素的数量逐渐增大。此外，在影响因素中，具有地带性分布的指标（降水、土壤本底值等）对土壤含水量的影响随尺度的增大而增大，而非地带性指标的影响在小尺度更为明显。

4.4.4 典型草地和灌木林地土壤可利用水及其亏缺情况

土壤水分可利用性是基于土壤水分有效性概念而来，而土壤水分有效性通常用土壤有效含水量的值来表征。土壤有效含水量是指土壤田间持水量和萎蔫系数之间的水分含量，是土壤水分中可以直接被植物根系吸收的部分，在特定区域内通常为一个定值。然而在黄土高原区域，由于降水有限、地下水埋藏深而蒸发量巨大，土壤含水量不能达到田间持水量（杨文治和邵明安，2000），因此该区可以被植物根系直接利用的为土壤水分中高于萎蔫系数的部分，该部分土壤水分即土壤可利用含水量。在黄土高原地区，土壤可利用含水量与土壤水分等指标一样，具有较强的空间异质性。

在计算土壤可利用含水量时，土壤田间持水量往往易于直接采样获取，而萎蔫系数则难以直接实测，因此萎蔫系数的便捷获取成为土壤水分可利用性研究的重要内容之一。萎蔫系数的标准方法需在田间种植相应的植物，通过人工控制土壤含水量并实时监测植物吸水和生长状况来获取。因此，实测法不仅费时费力，其测定结果也难以在更大范围推广应用。随着土壤水分特征曲线研究的日益成熟，萎蔫系数的估算模型也经历了不断改进。本节对 Arya & Paris 模型、Mohammadi & Vanclooster 模型、Tyler & Wheatcraft 模型和一元线性模型进行了评价，为黄土高原土壤水分特征曲线间接模拟选择最合适的模型。同时，根据不同土地利用类型和降水量计算土壤可利用含水量亏缺情况，并与土壤含水量亏缺情况进行对比，从土壤水分可利用性的角度为当地植被恢复提供建议。

4.4.4.1 土壤可利用含水量估算

萎蔫系数很难通过田间实验直接测定（Yang et al.，1999），因此利用土壤水分特征曲线估算萎蔫系数已被广泛应用。由于直接拟合模型所需的原状土很难在大范围、深土层中获取，因此利用易于获取的土壤粒径等指标拟合土壤水分特征曲线具有重要意义。模型与土壤性质密切相关，不同模型在不同研究区的适用性有较大差异。因此，在典型区域对直接拟合模型进行参数本地化与计算，进而验证和优选最适于研究区的间接估算模型是解决这一问题的重要方法。本节选择黄土丘陵沟壑区典型草地和灌木林地坡面，通过挖掘剖面获取深层原状土测定土壤水分特征曲线，进而计算萎蔫系数作为参照值验证和优选间接拟合模型，以期利用优选出的模型计算研究区不同尺度土壤可利用含水量的空间分布。

1）直接拟合模型的参数本地化

利用刘坪坡面不同坡位、不同深度原状土离心数据，根据 van Genuchten 模型拟合土壤水分特性曲线（脱湿曲线），结果表明，在 1~10kPa，拟合结果略有偏低；当压力水头在 10~700kPa，内拟合结果最好；当压力水头大于 700kPa 拟合结果略有偏高，拟合结果与特征点高度吻合。已有研究结果也提供了支撑，即 van Genuchten 模型是黄土区土壤水分特征曲线模拟的最佳模型，通过其拟合结果计算出的萎蔫系数可作为参考值用于验证间接拟合模型精度与适用性。

根据拟合结果，灌木坡面萎蔫系数范围为 0.134~0.213cm³/cm³，坡下、坡中、坡上平均值分别为 0.202cm³/cm³、0.180cm³/cm³、0.149cm³/cm³；草地坡面萎蔫系数范围为 0.133~0.162cm³/cm³，坡下、坡中、坡上平均值分别为 0.146cm³/cm³、0.143cm³/cm³、0.149cm³/cm³。对比拟合结果，灌木林地萎蔫系数由坡下至坡上逐渐降低，而草地萎蔫系数在坡面不同位置无明显差异，总体来看，灌木林地萎蔫系数高于草地。

2）间接拟合模型优选

不同间接拟合模型对萎蔫系数的模拟结果表现出显著不同，这是由于间接拟合模型多基于土壤粒径参数进行拟合。由于土壤粒径的空间异质性和模型对参数敏感性的不同（Li and Fang，2016），在拟合萎蔫系数用于土壤可利用含水量计算时，需首先对在研究区的适用性进行验证。通过对比平均值、相关系数、均方根误差和平均误差，定量验证各间接拟合模型的精度和适用性。基于统计学理论，当相关系数趋近于 1、均方根误差和平均误差趋近于 0 且平均值接近参考值平均值时，模型精度和适用性最佳。以直接拟合模型模拟结果作为参考值计算的验证参数如表 4-14。间接拟合模型中，一元线性模型的均方根误差和平均误差最小，且平均值最接近参考值，然而该模型的相关系数最低，表明模型模拟结果可信度较低。以上结果表明，尽管已有研究表明黄土高原萎蔫系数与土壤黏粒含量具有很强的相关性（杨文治和邵明安，2000），且仅用黏粒含量作为变量拟合出的一元线性模型模拟结果较为稳定，但该模型并不能很好地反映实际情况，因此该模型仅可作为数据严重缺乏时（如分析早期史料数时）的替代模拟。Tyler & Wheatcraft 模型具有最佳相关系数，土壤颗粒分形维数的引入提高了模型对土壤性质描述的准确性，然而分形维数的使用导致模型预测结果对土壤粒径分布高度敏感。在本研究区，该模型均方根误差和平均误差值显著高于其他模型，表明该模型稳定性较低，并不适于研究区大范围萎蔫系数的模拟。此外，该模型模拟结果的平均值约为参考值的 3 倍，模拟效果较差。Arya & Paris 模型和 Mohammadi & Vanclooster 模型均基于土壤粒径分布曲线，拟合结果相似且均低于参考值。Mohammadi & Vanclooster 模型相关系数、均方根误差和平均误差均优于 Arya & Paris 模型，且拟合结果平均值更接近参考值。因此，Mohammadi & Vanclooster 模型是研究区用于模拟萎蔫系数的最优模型。

表4-14 萎蔫系数拟合的平均值，以及间接模型与直接模型检验参数

模型	Mean/ （cm³/cm³）	Max/ （cm³/cm³）	Min/ （cm³/cm³）	CC	RMSE/ （cm³/cm³）	ME/ （cm³/cm³）
van Genuchten 模型	0.162±0.025	0.213	0.133			
Arya & Paris 模型	0.102±0.018	0.129	0.073	0.658	0.063	0.060
Mohammadi & Vanclooster 模型	0.138±0.024	0.175	0.096	0.700	0.030	0.024
Tyler & Wheatcraft 模型	0.429±0.069	0.543	0.296	0.736	0.272	0.267
一元线性模型	0.162±0.005	0.170	0.154	0.179	0.025	0.000

注：Mean 表示平均值；Max 表示最大值；Min 表示最小值；CC 表示相关系数；RMSE 表示均方根误差；ME 表示平均误差。

3）不同尺度土壤可利用含水量空间分布

根据上节选定的模型，使用坡面、流域和区域尺度分层土壤粒径数据拟合计算萎蔫系数，进而结合土壤含水量计算土壤可利用含水量。

坡面尺度土壤可利用含水量随深度变化，并且不同坡位、不同土地利用类型的变化是不同的。由于部分土层土壤含水量显著低于萎蔫系数，为表示缺水状况，我们计算土壤水分与萎蔫系数的差值（图4-33）。在极端干旱年份，阳坡柠条灌木大部分土层、草地0～100cm 土层内土壤水分与萎蔫系数的差值为负值，表明该土层土壤可利用含水量为0cm³/cm³，水分呈现亏缺状态，无法被植物直接利用。在坡上位置，部分样点0～5m 深度土壤可利用含水量均低于萎蔫系数，证明在极端干旱年份0～5m 深度土壤水分均不能被植物直接利用。而在平水年，土壤可利用含水量随季节和坡位的变化而不同（图4-34）。

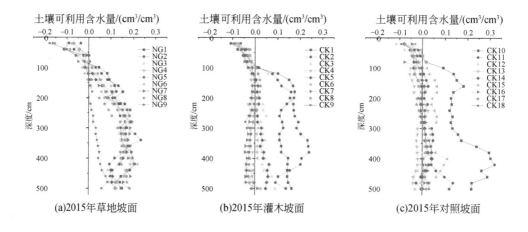

(a)2015年草地坡面　　(b)2015年灌木坡面　　(c)2015年对照坡面

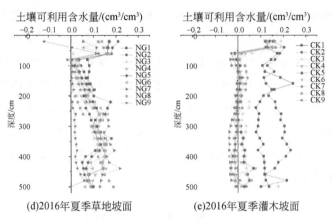

(d)2016年夏季草地坡面   (e)2016年夏季灌木坡面

图 4-33　土壤可利用含水量与萎蔫系数差值的空间分布

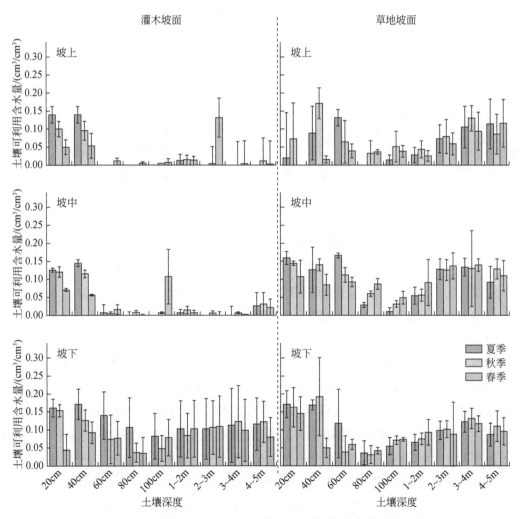

图 4-34　平水年（2016）不同坡位土壤可利用含水量的季节变化

　　流域尺度不同灌草类型土壤可利用含水量剖面分布见图4-35。自然草地土壤可利用含水量与土壤含水量趋势一致，均显著高于其他灌草类型。对于人工草地、沙棘灌木林地和柠条灌木林地，0～100cm深度土壤可利用含水量呈现先增加后减少的趋势，在100～200cm深度土壤内，土壤可利用含水量出现低值拐点。在200cm深度以下，人工草地和沙棘灌木林地土壤可利用含水量逐渐增加后趋于稳定，而柠条灌木林地土壤可利用含水量在逐渐增加后，在300cm以下持续随深度的增加而减少。这表明柠条灌木林地至少有两个主要耗水层次，其造成的土壤干层在500cm深度或更深的位置。在400cm深度以下，两种草地土壤可利用含水量均高于灌木林地。

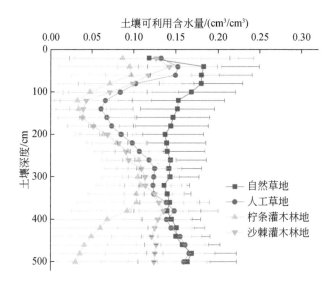

图4-35　流域尺度不同土地利用类型土壤可利用含水量剖面分布

　　区域尺度不同降水梯度下土壤可利用含水量沿土壤剖面的分布见图4-36。土壤可利用含水量与土壤含水量类似，均随着降水量的增加而增加。由于一定范围内土壤质地变化是有限的，因此土壤可利用含水量剖面分布曲线变化趋势与土壤含水量剖面分布曲线相似。但是土壤可利用含水量曲线拐点的位置、不同降水梯度之间对的差异与土壤含水量曲线有显著不同。不同降水梯度之间土壤可利用含水量差异小于土壤含水量差异。在370～440mm降水梯度内，区域A和区域B表现出显著不同。这两个区域的土壤可利用含水量曲线也是相交的，与土壤含水量相比，土壤含水量曲线交点为240cm深度，而土壤可利用含水量交点深度为300cm。区域B的土壤含水量在深层（300cm以下）高于区域A，然而两个区域深层土壤水分可利用性相似。在440～510mm降水梯度内，土壤可利用含水量的变化与土壤含水量相似，均随着深度的增加而波动，两者的最低点均出现在180cm深度土层中。在510～580mm降水梯度内，土壤可利用含水量的变化也随着深度而波动。

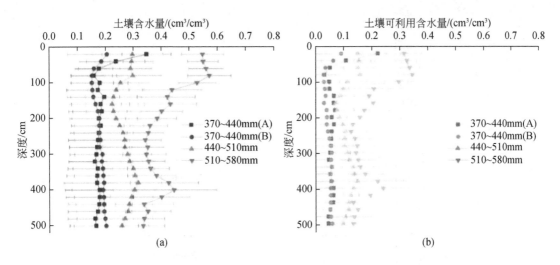

图 4-36　区域尺度不同降水梯度下土壤含水量（a）和土壤可利用含水量（b）的垂直分布

4.4.4.2　土壤可利用含水量的影响因素

土壤含水量的影响因素表现出了明显的尺度效应。随着尺度的不断增大，影响因素不断增加，单一因素的影响力逐渐减弱。土壤可利用含水量也具有类似的规律。在不同降水梯度下，植被配置格局、植物生长状况、土壤质地等因素均有显著差异，各因素的相关性和重要性也表现出明显不同。因此，分析不同降水梯度下的土壤可利用含水量影响因素能够进一步识别植被恢复的敏感区域，也可以为不同降水梯度带的植被恢复建设提供区域化建议与理论支持。本节分析不同土地利用方式对土壤可利用含水量的影响，在此基础上实测不同降水梯度样地的海拔、植被盖度、地表土壤剪切力和贯入度、土壤容重、土壤机械组成、田间持水量、饱和导水率、分层根系密度等因子，通过随机森林法和 Pearson 相关性检验识别主控因子并计算其相关性，以期为不同降水梯度下的植被恢复建设提供建议和理论支撑。

1）不同土地利用方式对土壤可利用含水量的影响

分别计算不同土地利用类型分层土壤可利用含水量。由图 4-37 看出人工种植的灌木林地和草地在 2～4m 土层土壤可利用含水量的空间异质性最大。而沙棘灌木林地和自然恢复草地未表现出明显规律。在 0～5m 深度范围内，沙棘灌木林地和自然恢复草地的土壤可利用含水量在各层均高于人工种植的灌木林地和草地。以往不对人工植被和自然植被加以区分的研究多表明灌木林地土壤水分状况显著差于草地。然而当对灌木和草地的类型进行更为细致的划分后，发现人工种植草地（紫花苜蓿）的土壤可利用含水量在各个深度均低于灌木林地。

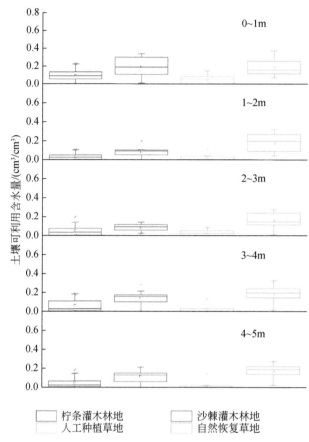

图 4-37　不同深度不同植被类型的土壤可利用含水量（置信区间：5%~95%）

　　划分不同降水梯度并对不同植被类型、不同降水梯度土壤可利用含水量进行显著性检验。如表 4-15 所示，三个降水梯度内自然恢复草地土壤可利用含水量均高于其他土地利用类型。在 370~440mm（B）区域，沙棘灌木林地土壤可利用含水量也显著高于人工恢复草地和柠条灌木林地。

表 4-15　不同降水梯度、不同土地利用类型土壤可利用含水量均值

（单位：cm³/cm³）

降水梯度	人工种植草地	柠条灌木林地	沙棘灌木林地	自然恢复草地
370~440mm（A）	0.030Aa	0.010Aa	0.106ACab	0.126BCa
370~440mm（B）	0.026Aa	0.029ACa	0.090BCa	0.165Bab
440~510mm	0.060Aa	0.091Ab	0.109Aac	0.196Bac
510~580mm			0.167bc	0.246bc

　　注：同一列中小写字母相同表示差异在 0.05 级别上不显著，同一行中相同大写字母表示差异在 0.05 水平上不显著。

尽管370~440mm梯度内的两个区域土壤含水量垂直空间分异差异显著，但所有四种土地利用类型土壤可利用含水量均值在两个区域差异不显著。随着多年平均降水量的增加，除人工草地外，不同土地利用类型土壤可利用含水量变化差异达到显著水平（0.05）。

人工种植草地土壤可利用含水量均值在不同降水梯度间差异不显著；柠条灌木林地中，多年平均降水量440mm以上区域土壤可利用含水量高于多年平均降水量低于440mm的区域；而对于自然恢复草地和沙棘灌木林地，当多年平均降水量高于510mm时，土壤可利用含水量高于其他区域。已有研究证明，区域尺度土壤体积含水量与植被类型、降水、土壤质地等因素相关，但使用土壤体积含水量作为唯一指标评价土壤水分状况可能并不全面。例如，370~440mm（A）和（B）区域的平均土壤含水量在300mm以下显示出随着深度增加的变化规律，而在这些土壤层中土壤可利用含水量较稳定，并未随深度加深而变化。因此，当比较不同土地利用类型、不同深度的土壤水分状况时，土壤可利用含水量比土壤含水量更能代表与植被相关的土壤水分状况。

2）不同降水梯度土壤可利用含水量的影响因素

在不同的降水梯度内，采用随机森林法对植被和环境变量等因子进行重要性排序，结果如图4-38。不同降水梯度内结果差异显著。对于370~440mm（A）和510~580mm区域，深度对预测精度的贡献最大。对影响土壤可利用含水量变化的因素进行重要性排名，前三的因子分别为深度、物种和0~20cm土层内根系密度［370~440mm（A）区域］；海拔、深度和20~50cm土层内根系密度［370~440mm（B）区域］；20~50cm土层内根系密度、80~100cm土层内根系密度和降水量（440~510mm区域）；深度、20~50cm土层内根系密度、50~80cm土层内根系密度（510~580mm区域）。在一定区域范围内，土壤性质的空间异质性有限，在本研究中也未表现出高贡献率。上述排序中对于土壤可利用含水量变化的单因素解释率均非常低，这表明土壤可利用含水量变化是多因素综合作用的结果。

在进行分区研究时，土壤本身的属性和土层深度对土壤水分空间分异有较好的解释度（Fang et al.，2016），而植被因子对土壤可利用含水量的解释度和相关性均优于对土壤含水量的解释度和相关性，这也证明了土壤可利用含水量可以更好地反映与植被相关的土壤水分状况。结合重要性排序、相关性分析和已有研究，本研究综合分析确定了不同降水梯度下土壤可利用含水量最主要的影响因素（表4-16）。结果表明，在多年平均降水量较低（370~440mm）或较高（510~580mm）的区域，土壤可利用含水量的主要影响因素是土层深度，其次是植物因子。推测原因是在降水较少的区域，植被生长受到限制，植物用水策略发生变化，耗水量较少；而在降水量较多的区域，土壤水分能够满足植物生长的需要。440~510mm区域内，物种、降水和土壤机械组成均为主要的影响因子，因此该区域植被恢复需要格外关注物种的选择。

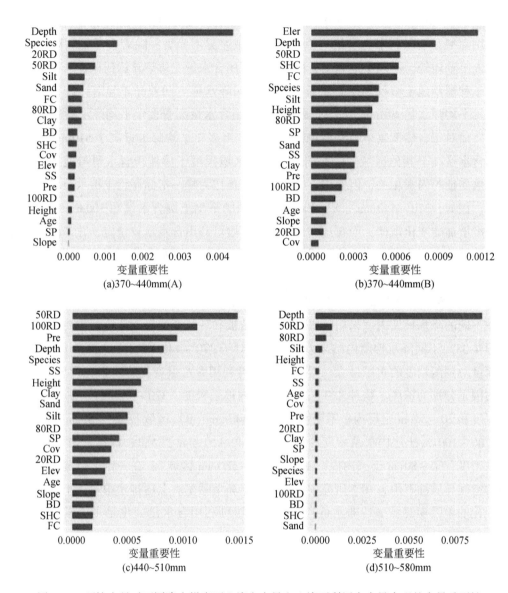

图 4-38 环境变量对不同降水梯度下土壤含水量和土壤可利用含水量表现的变量重要性

Cov 表示植被覆盖度；Elev 表示海拔；Height 代表植物高度；SS 表示土壤剪切（N/m²）；Sand、Silt、Clay 分别表示土壤砂粒、粉粒、黏粒含量的比例；Pre 表示年平均降水量（mm）；SP 表示土壤渗透率（N/m²）；BD 表示土壤容重（g/cm³）；FC 表示田间持水量（g/g）；SHC 代表饱和导水率；20RD、50RD、80RD、100RD 分别表示 0～20cm、20～50cm、50～80cm、80～100cm 土层内根系密度（g/m²）；Depth 表示土层深度；Species 表示土地利用类型；Age 表示植被恢复年限；Slope 表示坡度。在多年平均降水量 370～510mm 区域，物种与土壤可利用含水量相关。植被地上指标（盖度、株高）在 370～440mm（A）和 510～580mm 区域与土壤可利用含水量相关，而植被地下指标（不同深度根系密度）在 370～440mm（A）和 440～510mm 区域与土壤可利用含水量相关性较强。此外，440～510mm 区域的土壤可利用含水量还与土壤质地（砂粒、粉粒、黏粒含量，美国制）显著相关（0.05）

表 4-16　不同降水梯度下土壤可利用含水量空间分异的主控因子

区域	主要影响因子
370~440mm（A）	深度、物种、0~20cm 土层内根系密度
370~440mm（B）	海拔、深度、土壤饱和导水率
440~510mm	物种、降水、土壤机械组成
510~580mm	深度、20~50cm 土层内根系密度、株高

　　370~440mm 区域比样带中其他降水梯度区域所占面积大。其中，370~440mm（A）区域属于高原沟壑区域，而370~440mm（B）区域属于峡谷沟壑区。区域（B）的平均海拔低于区域（A），而地表起伏和景观破碎程度均强于区域（A）。土壤含水量的分析已经表明，尽管两个区域属于相同降水梯度带，但其土壤水分状况有明显差异。由此可见，土壤可利用含水量的影响因子在不同地貌类型区也有明显不同，推测其差异是由于不同地形会影响地表入渗和土壤保水能力。因此，对于该地区的植被恢复，应考虑海拔和地形的因素。440~510mm 区域位于黄土丘陵沟壑区，降水仅在此梯度上与土壤可利用含水量显著相关，而且分析结果表现为显著的因子数量最多。因此，该地区土壤水分可利用性对物种的选择、降水空间格局等的变化都较为敏感，应作为黄土高原植被恢复重点关注的区域。对于 510~580mm 区域，土壤可利用含水量与深度相关性最强，而对物种等人为可控因素敏感度较低。因此，在这一区域，植被恢复可以更加关注所选物种的经济效益。

4.4.4.3　不同尺度土壤可利用含水量的亏缺

　　根据自然演替规律，坡耕地退耕后的自然恢复类型应为自然草地。本研究结果表明，自然恢复草地的土壤含水量和可利用含水量均显著高于其他土地利用类型，土壤水分状况稳定。与自然恢复草地土壤含水量相对比，其他土地利用类型均出现亏缺情况。这表明人工种植草地、沙棘灌木林地和柠条灌木林地对土壤水分的利用均处于过耗的状态。长期的土壤水分过耗将使土壤深层出现难以恢复的干层，严重威胁植被恢复建设的可持续性。因此，本节计算不同尺度、不同土地利用类型的土壤水分亏缺情况，特别是土壤可利用含水量的亏缺情况，探讨其可能出现的原因，为不同降水梯度下的植被种类选择提供建议。

　　计算不同降水梯度下不同土地利用类型土壤可利用含水量亏缺率，同时计算土壤含水量亏缺率作为对照（表 4-17）。结果表明，370~440mm（B）区域是土壤含水量和土壤可利用含水量亏缺均最为严重的区域。尽管 370~440mm（A）和（B）位于相同降水梯度内，但区域（B）三种土地利用类型（人工种植草地、柠条灌木林地和沙棘灌木林地）土壤水分亏缺状况均较区域（A）相比更为严重。对比不同物种可以看出，人工种植的柠条灌木林地和草地土壤水分亏缺程度在全部降水梯度均较沙棘灌木林地相比更为严重。现有研究多认为，灌木林地土壤水分消耗大于草地，然而当区分人工种植和自然恢复物种，并

考虑能被植物直接利用的水分时，370～440mm（B）区域人工草地土壤可利用水分亏缺情

表 4-17 不同降水梯度下不同土地利用类型的水分亏缺率

区域	土壤含水量				土壤可利用含水量			
	NG	IG	IS	NS	NG	IG	IS	NS
	/（cm³/cm³）	WD/%	WD/%	WD/%	/（cm³/cm³）	WD/%	WD/%	WD/%
370～440mm（A）	0.263	−42.3	−52.1	+15.2	0.126	−76.4	−68.4	−12.3
370～440mm（B）	0.352	−57.1	−59.7	−30.5	0.165	−84.1	−82.6	−45.4
440～510mm	0.354	−45.8	−30.2	−26.9	0.200	−69.7	−53.5	−44.6
510～580mm	0.450			−14.5	0.245			−31.8

注：NG 表示自然恢复草地土壤水分；IG 表示人工种植草地；IS 表示柠条灌木林地；NS 表示沙棘灌木林地；WD 代表水分亏缺率。

况比柠条灌木林地更为严重。而当分析土壤含水量时，二者表现出相反的规律。土壤含水量亏缺最严重的是 370～440mm（B）区域的柠条灌木林地，其亏缺率达到 59.7%；而土壤可利用含水量亏缺最严重的是 370～440mm（B）区域的人工种植草地，其亏缺率达到了 −84.1%。

根据选定的土壤水分特征曲线拟合模型参数，萎蔫系数的变化仅与土壤粒径分布和体积密度有关。黄土区一定区域范围内成土母质、侵蚀基准面等空间分异较小，土壤的初始状态可能是极其相似的，然而这些土壤性质在相同降水梯度内不同土地利用类型下却表现出显著差异。推测原因是植物根系的生长改变了土壤团聚体等土壤结构和有机质等土壤理化性质，且不同植物对土壤颗粒的保持能力不同。由于植物在不同降水梯度内的生长状况不同，因此萎蔫系数的相互关系在不同降水梯度也不相同。在降水量较少的 370～440mm（A）区域，萎蔫系数最低值出现在柠条灌木林地，其值为 0.088cm³/cm³；最高值出现在沙棘灌木林地，其值为 0.195cm³/cm³（表 4-18）。而在相同降水梯度、地形更为崎岖的 370～440mm（B）区域，萎蔫系数最低值同样出现在柠条灌木林地，其值为 0.131cm³/cm³；最高值出现在自然恢复草地，其值为 0.190cm³/cm³（表 4-18）。由于（A）区域地势较为平坦，水蚀相对较弱，草本和灌木对土壤颗粒的保持能力多体现在风蚀发生时。而（B）区域峡谷纵横，坡度较大，草地和灌木在水蚀发生时保持土壤颗粒能力的差别被显示出来。沙棘灌木林地和自然恢复草地萎蔫系数的相互关系在两个区域显著不同。在 440～510mm 区域和 510～580mm 区域，不同土地利用类型之间萎蔫系数差异不显著。由于区域尺度变量进一步增加，为使不同降水梯度之间可以相互比较，样地多选在阳坡上部或顶部，因此 440～510mm 区域分析结果与流域尺度研究结果有所不同。

表 4-18　不同降水梯度、不同土地利用类型下的萎蔫系数均值

（单位：cm³/cm³）

区域	人工种植草地	柠条灌木林地	沙棘灌木林地	自然恢复草地
370~440mm（A）	0.143	0.088	0.195	0.137
370~440mm（B）	0.138	0.131	0.156	0.190
440~510mm	0.158	0.157	0.153	0.159
510~580mm			0.217	0.205

　　分析发现，植物地上和地下部分都表现出对土壤水分状况的影响。当相同的风或地表径流经过时，不同植被覆盖类型下不同粒度土壤颗粒的流失情况不同，因此土壤质地会发生不同变化。这些土壤性质与土壤持水能力密切相关，进而影响土壤含水量和萎蔫系数，而土壤含水量和水力参数的变化同时也影响植物生长，形成耦合循环的系统（图4-39）。因此，对于相同的土壤含水量，植物可直接使用的部分可能不同，土壤可利用含水量对水分亏缺的评价程度优于土壤含水量。在分析土壤水分亏缺情况时，土壤可利用含水量亏缺比土壤体积含水量亏缺更为严重。

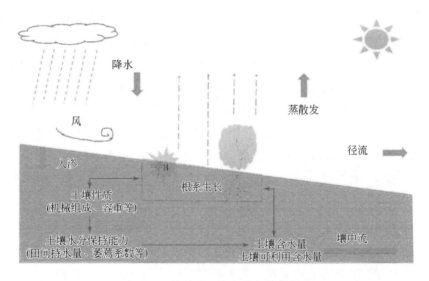

图 4-39　植被对土壤水分变化的影响

　　以往在440~510mm区域（Fang et al., 2016）和本研究流域尺度的研究均表明，沙棘灌木林地土壤水分消耗最多的土层为100~200cm深度，柠条灌木林地有双层消耗。本章中沙棘灌木林地土壤可利用含水量在100~300cm深度比其他土层更低，通过土壤可利用含水量反映出的水分亏缺更为严重。自然恢复草地比其他三种土地利用类型消耗更少的水

分，但是对土壤的保持能力弱于其他三种土地利用类型，因此植被恢复的建设应考虑土壤保持与土壤水分亏缺减少之间的权衡。

4.5 小 结

坡面 0~80cm 深度土壤水分对次降雨事件响应迅速，在强降水条件下，灌木林地土壤表面水的渗透能力强于草地，但其对深层水分的消耗显著强于草地。在流域尺度，人工林地深层土壤水分的空间变异随着植被类型和土壤深度的变化而变化。几乎所有的人工引进植被都发生了不同程度的土壤干化现象。此外，在人工引进植被中，主要降雨入渗层（60~220cm）是发生土壤干化最严重的土壤深度。人工引进植被植株的生长状况、种植密度和枯枝落叶的持水特性都与深层土壤水分具有影响。该结果对黄土高原地区植被恢复策略和恢复后生态系统可持续性保持具有重要的实践价值。在区域尺度，根系活跃层土壤含水量在雨季下降较为明显。随着多年平均降水量的增加，平均土壤含水量增加。在垂直方向，多数样地 0~200cm 深度土壤含水量显著高于 200~500cm 深度，且雨季末低于雨季初。多年平均降水量小于 510mm 区域多数土层土壤水分在雨季获得的补偿无法满足植物生长和地表蒸散发的需求。

本研究在不同尺度土壤水分空间变异的基础上，对土壤可利用含水量及其亏缺情况进行了分析，结果表明，极端干旱年份和平水年相比，坡面 0~100cm 深度土壤可利用含水量变化显著。季节变化方面，坡面上部 80~400cm 深度土壤可利用含水量从夏季到秋季逐渐增加，而从秋季至次年春季逐渐减少；坡面中部和下部土壤可利用含水量自秋季至次年春季逐渐增加。区域尺度，对于相同的降水梯度，地形的变化对土壤可利用含水量产生了显著影响。440~510mm 区域的土壤可利用含水量对环境因素和植被因子变化最敏感，因此该降水梯度是黄土高原植被恢复建设的关键区域。

综合上述结果，对不同尺度土壤含水量及其影响因素的关系进行分析，地上生物量与 0~100cm 土层土壤含水量呈正相关，但在 200~500cm 土层中相关性变为负值。植被对地表的覆盖有助于减少地表土壤水分的蒸发。随着研究尺度的增大，降水对土壤含水量的影响逐渐增大；土壤机械组成在各个尺度均显著影响土壤含水量。在黄土高原大规模植被恢复过程中，降水和植被类型的重要性需要被同等对待。在全球气候变化的背景下，极端天气年（干旱或洪水）的频率可能会增加，未来黄土高原气候可能会向暖干化发展。自然恢复草地是土壤含水量较低区域适宜的植被恢复方式。灌木林地适合土壤含水量较高的区域，但需严格控制其种植面积与种植年限，以免对深层土壤水造成短期内不可逆的消耗。

第三篇

生态系统服务

|第5章| 小流域植被恢复对生态系统服务的影响

　　植树造林通常用来恢复退化的生态系统，从而对该地区的生态系统服务产生积极影响（Yu et al., 2018）。联合国宣布 2021～2030 年为生态系统恢复的十年。在这种情况下，了解植被恢复的成效至关重要（Yu et al., 2020）。目前，黄土高原大规模植树造林已有 20 多年且取得了显著的成效，但一些问题也开始涌现（Yu et al., 2020；Kou et al., 2016；Liu et al., 2016）。因此，黄土高原植被恢复不仅是一种政策，而且也需要长期的预测和评估，才能有效解决其带来的利弊问题。尤其是在种植的物种不是本地种的情况下，长期监测植物功能性状、土壤理化性质和生态系统服务的变化尤为重要。生态系统服务可能受到多个功能性状的影响，而特定的功能性状可能同时影响多个生态系统服务（de Bello et al., 2010）。近年来，关于植物功能性状对生态系统服务的影响研究逐渐增多，但目前仍缺乏足够的实证研究（Shipley et al., 2016）。尽管植物地下部分功能性状对生态系统服务起着至关重要的作用，但是现有研究对于植物地下部分功能性状的研究却更为短缺。因此，本章基于野外调查，开展植物功能性状和生态系统服务研究，揭示不同恢复年限条件下植物功能性状对生态系统服务及服务间关系的影响机制，以期为黄土高原植被恢复过程中多种生态系统服务的协同提升和退耕植被的后续经营管理提供科学依据，以服务黄土高原生态系统稳定性和可持续发展。

5.1 小流域植被恢复对固碳服务的影响

　　在全球范围内，陆地生态系统含有 2100 亿 t 碳（Schulze, 2006），其中超过三分之二的碳储存在土壤中（Jobbagy and Jackson, 2000；Amundson, 2001）。植被和土壤碳库随时间的变化受到生物群落和气候变化的驱动。土壤碳有很大一部分来源于植物，植物对土壤碳贡献的大小与植物生长速度有关（Chapi, 2003）。生长率高的植物物种往往比生长率低的植物物种拥有更大的光合能力，植物的生长率又与植物叶片和根的生物量、根长和叶面积等植物功能性状有关（Aerts and Chapin, 2000）。另外，减少碳的流失也是固碳能力的一种表现形式，如豆科植物菌根可以通过固定菌丝体中的碳来延长根系寿命和改善土壤性质以减少土壤碳的流失（Rillig and Mummey, 2006）。因此，植被地上部分和地下部分的功能性状的变化都会对固碳产生影响。黄土高原大规模植树造林已有 20 余年且以豆科植物为主，无论是植被碳库还是土壤碳库都发生了很大的变化。本节基于植物功能性状的方法深入分析固碳服务随植被恢复年限的变化规律及植物功能性状和环境因子对土壤固碳服务的影响与机制，为黄土高原固碳服务变化提供理论依据。

5.1.1 研究区概况及样地布设

研究区概况和样地布设同 2.1.1 的大南沟小流域。

5.1.2 数据获取与分析

5.1.2.1 数据获取和计算

本节数据来源于测定的植物功能性状、地上生物量、根生物量、土壤有机质含量及其他土壤理化性质。通过地上生物量、根生物量和土壤有机质含量去计算植被地上和地下部分碳储量，以及土壤碳储量。

1）植被地上部分碳储量

由于刺槐属于高大乔木，对其地上部分生物量的测定无法采用砍伐称干重的方式，故通过前人在此区域建立的方程去估算。树干、树枝、树叶和树皮的生物量（W）估算用到的指标为胸径（D）和株高（H），每部分的计算方程见表 5-1。

表 5-1 乔木地上各部分生物量计算方程

组分	生长方程	R^2
树干	$\lg W = -0.269 + 0.406 \lg (D^2 H)$	0.982
树枝	$\lg W = -0.187 + 0.285 \lg (D^2 H)$	0.838
树叶	$\lg W = -1.370 + 0.478 \lg (D^2 H)$	0.837
树皮	$\lg W = -1.908 + 0.687 \lg (D^2 H)$	0.986

注：植被地上部分碳储量=生物量×含碳率。乔木的含碳率为 0.5。

柠条采用标准枝法，在样地内选择至少 3 丛能代表样地内柠条平均水平的标准丛（基径、高度和冠幅处于所有柠条的平均水平），在标准丛上选择标准枝用枝剪将其剪下带回实验室进行烘干称重。单丛生物量=标准枝干重×枝数，样地内柠条生物量=单丛生物量×丛数。

草地地上部分生物量的测定采用将地上部分全部割取的方式。割取的面积为 0.40m×

0.40m，将割下的部分全部带回实验室烘干称重。样地内草地地上部分生物量 = 割取部分生物量×样地面积/0.16m^2。

灌木和草本的含碳率分别为 0.49 和 0.40。乔木样地的地上部分碳储量为样地内乔灌草碳储量之和，灌木样地的地上部分碳储量为样地内灌草碳储量之和，自然草地的地上部分碳储量为样地内所有草本物种碳储量之和。

2）植被地下部分碳储量

对于植被地下部分碳储量的测量，由于将植物的全部根挖出是不现实的，不仅对植被造成了很大的破坏还会消耗巨大的人力物力，因此本研究的植被地下部分主要是指细根生物量，在黄土高原，细根对水土保持有重要的作用。在样地内选择合适的地面（避开结皮较多的地面），用大环刀 [长（20cm）×宽（10cm）×高（10cm）] 分别取 0~20cm、20~40cm 和 40~60cm 土壤层的原状土，每个土壤层 3 个重复。将所有的原状土带回实验室进行冲刷洗根，将原状土内所有的根系洗出进行烘干称重，得到每个土壤层在 2000cm^3 体积下的细根生物量，样地内每个土壤层的细根生物量 = 2000cm^3 体积下的细根生物量×样地面积（cm^2）/2000cm^3。整个 0~60cm 土层的细根生物量总和为每个土壤层的细根生物量之和。样地内细根总碳储量 = 细根总生物量×细根含碳量，其中细根含碳量（每克细根中含有多少碳）的测定是将烘干后的细根研磨，用 $K_2Cr_2O_7$–H_2SO_4 氧化法进行测定，此方法操作简便且有足够的精确度。

3）土壤碳储量

在样地内选择至少 3 个（斜对角线）点进行扰动土的取样，每个点分别取 0~20cm、20~40cm 和 40~60cm 三个土层的土壤样品，带回实验室进行土壤有机质含量的测定（重铬酸钾容量法）。然后通过土壤有机质和土壤有机碳的换算公式得到土壤有机碳含量。

土壤有机碳密度（SOCD）计算：

$$SOCD = \sum_{i=1}^{n} SOCD_i = \sum_{i=1}^{n} SOC_i BD_i D_i \tag{5-1}$$

式中，SOCD 为土壤有机碳密度，g/cm^2；$SOCD_i$ 为第 i 层土壤有机碳的密度，g/cm^2；SOC_i 为第 i 层土壤有机碳的含量，g/g；BD_i 为第 i 层土壤的土壤容重，g/cm^3；D_i 为第 i 层土层的深度，cm。

样地内土壤碳储量（SOCT）计算：

$$SOCT = SOCD \times Area \tag{5-2}$$

式中，SOCT 为样地内土壤碳储量，g；Area 为样地总面积，cm；SOCD 为样地内 0~60cm 土层的土壤有机碳密度，g/cm^2。根据公式计算样地内土壤的总碳储量，然后将单位换算成 kg。

4）总碳储量

$$总碳储量 = 植被地上部分碳储量 + 植被地下部分碳储量 + 土壤碳储量 \tag{5-3}$$

本节用样地内的总碳储量表示该样地的固碳服务。

5.1.2.2 数据统计分析

采用双因素方差分析（植被类型和植被恢复年限/植被带）和三因素方差分析（植被类型、植被恢复年限/植被带和土层深度）对碳储量在时空变化上的差异进行显著性检验。结果显著后进行简单效应分析，得到每种植被类型的植被地上、地下部分碳储量和土壤碳储量在某种因素上的显著性检验结果，通过 SPSS 实现。其他土壤性质数据的显著性检验同碳储量。植物功能性状与固碳服务和其他土壤理化性质间相关性的分析用 Canoco 5.0 和 R 语言 Spaa 包。植物功能性状对固碳服务的影响用结构方程模型分析，通过 R 语言 Lavaan 包实现。

5.1.3 小流域植被和土壤碳储量的变化

5.1.3.1 植被地上部分碳储量随植被恢复年限的变化

阳坡刺槐和阴坡刺槐样地的地上部分碳储量均随植被恢复年限的增加而增加（$p<0.01$），并在 40 年达到最大值（图 5-1）。每棵刺槐地上部分碳储量主要由生物量来决定的，而生物量主要通过刺槐的高度和胸径计算得到。柠条样地的地上部分碳储量在 10～30 年随植被恢复年限的增加而增加（$p<0.01$），在植被恢复 30 年时达到最大值，而植被恢复 30 年和植被恢复 40 年无显著差异（$p>0.05$）。柠条的高度、盖度和密度均在植被恢复 30 年达到最大，因此生物量也在植被恢复 30 年时达到最大。自然草地在植被恢复前 30 年随恢复年限的变化趋势同柠条一致，在 30 年时达到最大值。然而，植被恢复 40 年的地上部分碳储量较植被恢复 30 年的有下降，这与不同群落优势种地上部分的结构不同有关。

5.1.3.2 植被细根碳储量随植被恢复年限的变化

各土层阳坡刺槐样地的细根碳储量随植被恢复年限的变化呈先增加后减少的趋势，均在植被恢复 20 年达到最大值（图 5-1）。这与叶碳含量、根生物量和根碳含量的变化趋势一致。阴坡刺槐样地与柠条样地随植被恢复年限的变化也与叶碳含量、根生物量和根碳含量的变化趋势一致，均在植被恢复 30 年达到最大值。各土层自然草地的细根碳储量随植被恢复年限的增加而增加，但是在 40～60cm 土层，植被恢复 40 年的自然草地细根碳储量有减少的趋势，这是因为此层的根系较少。另外，在各植被恢复年限下所有植被类型的细根碳储量随土层的加深而降低。

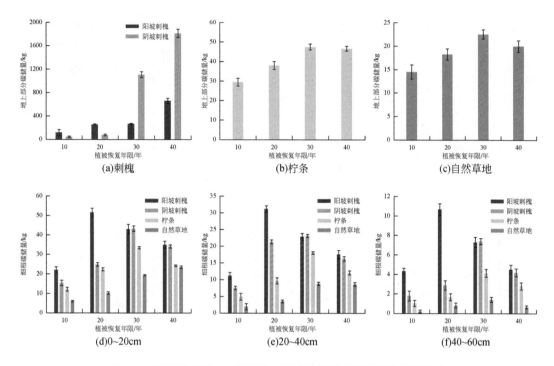

图 5-1　植被地上部分碳储量和细根碳储量随植被恢复年限的变化

5.1.3.3　土壤碳储量随植被恢复年限的变化

土壤中的碳主要来源于植物的枯枝落叶和根系。土壤有机碳含量和土壤碳储量在 0～20cm 土层为随着植被恢复年限的增加而增加，表层受枯落物的影响较大且枯落物会随着恢复年限不断在表层积累，就会有越来越多的叶碳进入土壤中。因此，各植被带的土壤表层碳储量均呈现不断增加的趋势，均在植被恢复 40 年时达到最大值（图 5-2）。然而，在 20～40cm 和 40～60cm 土层，阳坡刺槐和阴坡刺槐样地的土壤有机碳含量和土壤碳储量均随植被恢复年限的增加呈先增加后减小的趋势，分别在植被恢复 20 年和 30 年时达到最大值。这是由于在 20 年和 30 年时阳坡刺槐和阴坡刺槐分别达到成熟，此时的植被根系生物量较大。柠条样地的土壤有机碳含量和土壤碳储量随植被恢复年限的变化同阴坡刺槐样地。自然草地的土壤有机碳含量和土壤碳储量随植被恢复年限呈逐渐增加的趋势，这也是地上部分及枯枝落叶逐渐增多的缘故（de Souza et al.，2021）。另外，每种植被类型的土壤有机碳含量和土壤碳储量在各植被恢复年限均随着土层的加深而不断减小（$p<0.01$）。

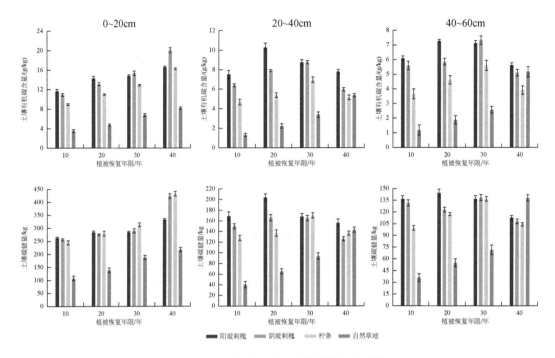

图 5-2　土壤碳储量随植被恢复年限的变化

5.1.4　小流域总碳储量的变化

　　总碳储量为植被地上部分碳储量、土壤碳储量和细根碳储量之和。总碳储量随着恢复年限的变化总体上与地上部分碳储量和土壤有机碳含量一致（图 5-3）。由于本节的细根碳储量和土壤碳储量指的是 0～60cm 土层，所以在某些年限，植被地上部分碳储量占总碳储量的比例较大，如阴坡刺槐在达到成熟后地上部分碳储量甚至超过了土壤碳储量。

5.1.5　小流域植物功能性状对固碳服务的影响

　　由图 5-4（a）可知，人工林地的根功能性状（除根组织密度外）彼此间呈高度正相关（$p<0.01$）。根长、根生物量和根平均直径的增加会使根体积、根表面积增加，进而根系中的碳氮磷含量就会增加，比根长的增加说明根系生长速率越来越快，而此时根系的防御性较小，根组织密度较小。因此，根组织密度随植被恢复年限的变化与其余根功能性状呈负相关（$p<0.05$）。对于叶功能性状，植被盖度、叶干重、叶体积、叶面积、叶碳含量、叶氮含量、叶磷含量间呈显著正相关，比叶面积与叶面积和叶干重呈显著正相关，而

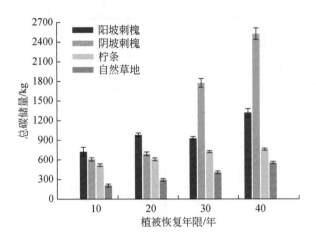

图 5-3　总碳储量随植被恢复年限的变化

叶组织密度与所有叶功能性状呈显著负相关（$p<0.01$）。这是由于叶组织密度较大，叶片的防御力较强，此时的叶片生长速率较慢，且为了适应极端环境，叶面积、叶体积也会相应减小。固碳服务与叶功能性状（除叶组织密度外）和根功能性状（除根组织密度外）均呈正相关，与土壤容重、叶组织密度和根组织密度均呈负相关。样地 Tsunny10、Tsunny20、Tsunny30、Tsunny40、Tshady20、Tshady30、Tshady40、Shrub30 的固碳服务在所有人工林地中大于均值，其中样地 Tsunny20 和 Tshady30 较其余样地大；样地 Tshady10、Shrub10、Shrub20 和 Shrub40 的固碳服务在所有人工林地中小于平均值，其中样地 Shrub10 为最小[1]。

由图 5-4（b）可知，自然草地的固碳服务与根功能性状（除根组织密度）和叶功能性状（除叶组织密度和叶厚度）均呈显著正相关，与土壤容重、根组织密度和叶组织密度均呈显著负相关。这个结果总体上与人工林地的结果一致，但各变量间的相关性较人工林地更大，尤其是呈显著正相关的变量之间。样地 Herb30 和 Herb40 的投影点落在固碳服务箭头的正方向，说明这些样地的固碳服务在所有自然草地中大于平均值，其中样地 Herb40 的固碳服务较 Herb30 大。样地 Herb10 和 Herb20 的投影点落在固碳服务箭头的反向延长线上，说明这些样地的固碳服务在所有自然草地中小于平均值，其中样地 Herb20 的固碳服务较 Herb10 大。这说明随着恢复年限的增加，自然草地固碳服务和大部分植物功能性状均增加。

---

[1]　Tsunny10、Tsunny20、Tsunny30 和 Tsunny40 分别表示植被恢复年限为 10 年、20 年、30 年和 40 年的阳坡刺槐样地；Tshady10、Tshady20、Tshady30 和 Tshady40 分别表示植被恢复年限为 10 年、20 年、30 年和 40 年的阴坡刺槐样地；Shrub10、Shrub20、Shrub30 和 Shrub40 分别表示植被恢复年限为 10 年、20 年、30 年和 40 年的柠条样地；Herb10、Herb20、Herb30 和 Herb40 分别表示植被恢复年限为 10 年、20 年、30 年和 40 年的自然草地。

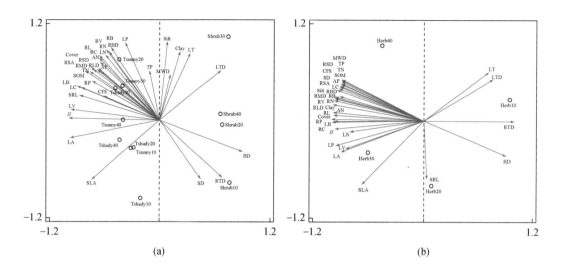

图 5-4　随植被恢复年限变化（a）人工林地和（b）自然草地植物功能性状与固碳服务的相关性

Cover，盖度；H，高度；LA，叶面积；LT，叶厚度；LB，叶干重；SLA，比叶面积；LV，叶体积；LTD，叶组织密度；LC，叶碳；LN，叶氮；LP，叶磷；Clay，黏粒；Silt，粉粒；BD，容重；MWD，土壤团聚体；SOM，土壤有机质含量；TN，土壤全氮含量；AN，土壤碱解氮含量；TP，土壤全磷含量；AP，土壤速效磷含量；RL，总根长；RLD，根长密度；RB，根生物量；RBD，根重密度；RSA，根表面积；RSD，根表面积密度；RV，根体积；RMD，根平均直径；SRL，比根长；RTD，根组织密度；RC，根碳；RN，根氮；RP，根磷；SD，物种多样性；CFS，固碳服务。本章其他
图中相同变量含义同此

　　由于植物功能性状和土壤性质指标均较多，因此在构建结构方程模型时从相关性较大的一些指标中挑选几个典型的指标去分析功能性状和土壤性质对固碳服务的影响。图 5-5 为植被恢复年限变化下人工林地和自然草地功能性状对固碳服务影响的结构方程模型图，由图 5-5（a）可知，外生变量叶面积、地上生物量和叶干重之间互相呈显著正相关，其中叶干重和地上生物量路径系数达到 0.64。根长密度和根重密度的路径系数也较大，为 0.79。叶面积、叶干重、地上生物量、根长密度和根重密度对土壤有机质和土壤黏粒的路径系数均为正，与土壤容重的路径系数均为负，这与 PCA 分析的结果一致。叶面积、叶干重、地上生物量、根长密度和根重密度对固碳服务的影响不仅有直接效应而且有间接效应，即叶面积、叶干重、地上生物量、根长密度和根重密度可以通过影响土壤有机质、土壤黏粒和土壤容重间接影响固碳服务。其中，外生变量对土壤有机质和土壤黏粒影响的效应值均为正值，对土壤容重影响的效应值均为负值。地上生物量对固碳服务影响的直接效应值为 0.60，再加上通过土壤有机质、土壤黏粒和土壤容重影响固碳服务的间接效应值得到总效应为 0.91。叶干重对固碳服务的总效应值仅次于地上生物量，分别为 0.55。根长密度和根重密度对固碳服务的总效应值分别为 0.33 和 0.30。土壤有机质对固碳服务的效应值为 0.45，较植被的总效应值低。以上结果说明人工林地的碳储量主要由地上生物量

决定。

由图 5-5（b）可知，自然草地外生变量地上生物量和叶干重之间，以及根长密度和根重密度之间呈显著正相关，路径系数分别为 0.84 和 0.86。叶干重、地上生物量、根长密度和根重密度对土壤有机质和土壤黏粒的路径系数均为正，与土壤容重的路径系数均为负，这与人工林地的结果一致。对自然草地来说，不同恢复年限的优势种不同，地上生物量也有很大的区别。因此，地上生物量对固碳服务比较重要，总效应值为 0.90。根长密度和根重密度对固碳服务的总效应值较地上生物量小，分别为 0.33 和 0.32。另外，土壤有机质对固碳服务的影响较人工林大，这可能是由于人工林的地上生物量远远大于自然草地，其地上生物量对固碳服务的影响占有绝对优势。虽然自然草地的地上生物量的影响较大，但是土壤有机质也具有相对重要的影响。

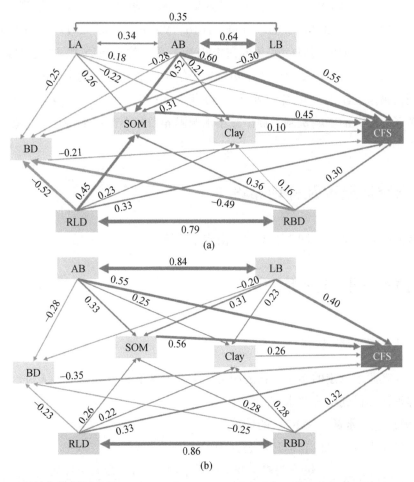

图 5-5　随植被恢复年限变化（a）人工林地和（b）自然草地植物功能性状对固碳服务的影响

AB，地上生物量；其余字母含义同图 5-4

5.2　小流域植被恢复对水源涵养服务的影响

水源涵养是陆地生态系统一项重要的生态服务功能（吕一河等，2015）。在整个森林生态系统中，土壤层水源涵养能力最强，可在很大程度上反映森林涵养水源的能力，是评价不同类型森林蓄水和调节水分潜在能力的指标（Núñez et al.，2006）。植物水分的主要来源是土壤水分，许多研究表明土壤水分是植被生产力的重要指标（Zhang et al.，2017），特别是在干旱和半干旱地区。干旱和半干旱地区土壤水分的动态变化受多种因素影响，尤其是不同植被类型对土壤水分动力学的影响将有助于了解引起水分短缺的机制。自从黄土高原退耕还林以来，造林已经产生了负面影响，如土壤干层（Zhu et al.，2014；Chen et al.，2015）。因此，造林对黄土高原植被生态的正负影响已成为学者讨论的话题（Woziwoda and Kopec，2014；Oelofse et al.，2016；Viedma et al.，2017）。但有关不同植被类型下土壤干燥状况如何随时间变化的研究仍然不足。黄土高原大规模退耕还林已有20余年，未来土壤水分将如何变化？为了更好地了解植树造林后土壤水分的变化趋势，本节将分析不同植被恢复年限（10年、20年、30年和40年）下，植物地上和地下部分功能性状对水源涵养服务的影响机制，提出减小水源涵养服务损耗和维持当地生态平衡的管理方法。

5.2.1　研究区概况及样地布设

研究区概况和样地布设同2.1.1的大南沟小流域。

5.2.2　数据获取与分析

5.2.2.1　数据获取和计算

本节数据来源于测定的功能性状的测定、土壤含水量和土壤容重。通过土壤质量含水量和土壤容重计算得到土壤储水量。

1）土壤质量含水量（SMC）的计算

土壤质量含水量（SMC）的计算公式为

$$\text{土壤质量含水量} = \frac{\text{烘干前铝盒及土样质量} - \text{烘干后铝盒及土样质量}}{\text{烘干后铝盒及土样质量} - \text{烘干空铝盒质量}} \times 100\% \quad (5\text{-}4)$$

2）土壤质量含水量和土壤体积含水量换算

土壤质量含水量和土壤体积含水量换算公式为

$$SMC = SWC \times \frac{BD}{\rho_w} \tag{5-5}$$

式中，SMC 为土壤体积含水量，cm^3/cm^3；SWC 为土壤质量含水量，g/g；BD 为土壤容重，g/cm^3；ρ_w 为水的密度，g/cm^3。

3）土壤水分储量的计算

土壤水分储量的计算公式为

$$SVMC = SMC \times D \tag{5-6}$$

式中，SVMC 为土壤水分储量，cm；SMC 为某一测点的土壤体积含水量，cm^3/cm^3；D 为取样深度，cm。

4）造林后人工林地引起土壤水分变化的计算

使用对数响应比（LNRR）计算造林引起的土壤水分变化

$$LNRR = \ln(SMC_P / SMC_{NG}) \tag{5-7}$$

式中，SMC_P 为人工林地土壤水分；SMC_{NG} 为自然草地土壤水分；LNRR<0 表示造林造成土壤水分的降低；LNRR>0 表示造林对土壤水分有积极的影响（Zhang et al., 2019）。

每个样地 LNRR 的计算：

$$LNRR_j = \frac{1}{i} \sum_{i=1}^{n} LNRR_{ij} \tag{5-8}$$

式中，i 为样地 j 的测量土壤层数；n 为土壤层数；$LNRR_{ij}$ 为土壤层 i 在样地 j 的对数响应比。

由于土壤储水量通常占生态系统水源涵养量的85%以上，在很大程度上反映涵养水源的能力，并作为评价不同植被类型调节水分的潜在关键指标，因此本章中样地的水源涵养服务主要用土壤储水量来表示。

5.2.2.2　数据统计分析

通过线性回归模型分析土壤水分的垂直变化。采用双因素和三因素方差对储水量在时空变化上的差异进行显著性检验。随后进行简单效应分析，得到每种植被类型的土壤质量含水量和储水量在某种因素上的显著性检验结果，同样通过 SPSS 实现。植物功能性状和土壤储水量间的相关性采用主成分分析，通过 Canoco5.0 实现。植物功能性状对固碳服务的影响用结构方程模型分析，通过 R 语言 Lavaan 包实现。

5.2.3　小流域土壤水分的变化

5.2.3.1　阳坡刺槐和阴坡刺槐土壤水分的垂直分异

各植被恢复年限下的阳坡刺槐和阴坡刺槐样地土壤水分在 0~500cm 土壤深度均随着

土层深度的加深而逐渐减少（图5-6）。在每个植被恢复年限中，阴坡刺槐样地土壤表层（0~20cm）的土壤水分均显著高于阳坡刺槐样地（$p<0.01$）。有两个可能的原因：一方面是植被盖度的增加减少了土壤表面接收的光照，从而使土壤表层土壤水分的蒸发减少；另一方面，浅层（20~200cm）土壤水分补充了表层的土壤水分。在20~200cm土层中，各植被恢复年限下的阳坡刺槐和阴坡刺槐样地的土壤水分随土层深度的加深而减小（$p<0.05$）。在200~500cm土层中，阳坡刺槐和阴坡刺槐样地（植被恢复年限分别为20年、30年和40年）的土壤水分随土层深度的加深而减小，而阳坡刺槐和阴坡刺槐样地之间的土壤水分差异在30年之前逐渐减少（图5-6）。

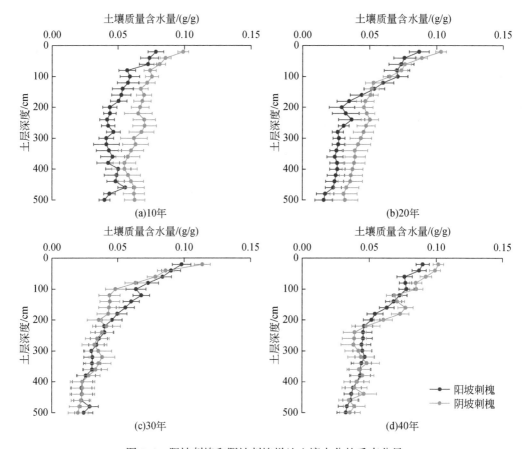

图5-6 阳坡刺槐和阴坡刺槐样地土壤水分的垂直分异

5.2.3.2　不同植被类型土壤水分的垂直分异

图5-7表明，不同植被类型间的土壤水分差异显著（$p<0.05$），为刺槐样地<柠条样地<自然草地样地。图5-7还表明，除植被恢复40年外，不同植被类型土壤表层（0~20cm）的土壤水分差异显著（$p<0.05$），为刺槐样地>自然草地样地>柠条样地。刺槐样地较大的

植被盖度减少了表层土壤水分的蒸发（Kou et al., 2016）。在 20 ~ 200cm 土层中，所有植被类型的土壤水分随土壤深度的加深而降低，这与前人的研究结果一致（Amin et al., 2020）。而刺槐样地的土壤水分下降幅度在所有植被类型中最大，说明其消耗的土壤水分最多。自然草地的土壤水分消耗集中在恢复 10 年和 40 年的 20 ~ 100cm 土层和 20 年和 30 年的 20 ~ 200cm 土层。在 200 ~ 500cm 土层，除 10 年外，人工林地的土壤水分均随土壤深度的加深而减小。相比之下，各植被恢复年限下自然草地土壤水分随土壤深度（200 ~ 500cm）的加深而增加。这是由于随着恢复年限的增加，自然草地优势种的根逐渐从直根变成须根，而须根系通常位于小于100cm 的深度。因此，自然草地深层土壤水分呈上升趋势（Huang et al., 2019）。

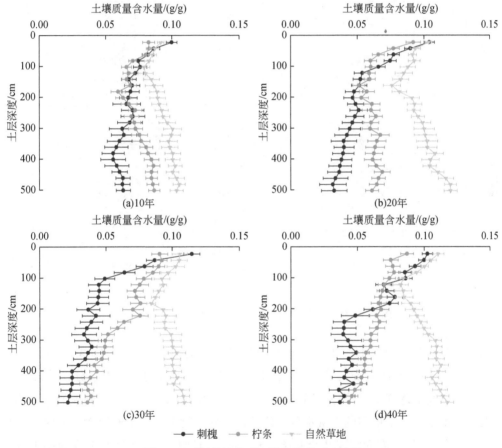

图 5-7　不同植被类型土壤水分的垂直分异

5.2.3.3　不同植被类型总土壤水分的变化机制

随着植被恢复年限的增加，阳坡刺槐样地的土壤水分总体呈先减小后增加的趋势，最小值出现在 20 年（$p<0.05$）（图 5-8）。阴坡刺槐样地的土壤水分变化趋势总体与阳坡刺槐样地一致，但最小值出现在 30 年（$p<0.05$）。自然草地的土壤水分总体随着植被恢复年限的增加而增加，单因素方差分析表明，自然草地所有恢复年限间存在显著差异（$p<0.05$）。

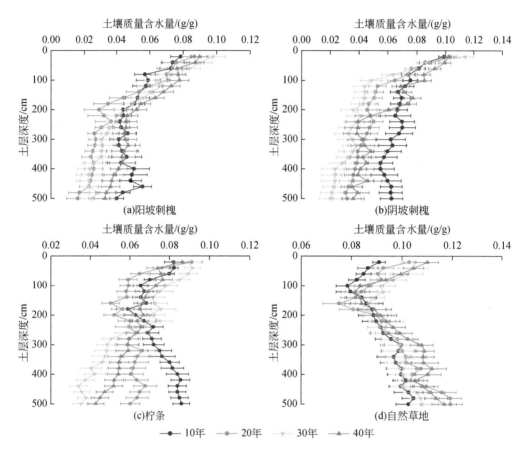

图 5-8　各植被类型土壤含水量随植被恢复年限的变化

前人很多研究表明，土壤水分随植被恢复年限的增加而降低（Jia and Shao, 2014; Jian et al., 2015）。本研究证实了这一点，但发现阳坡刺槐样地的土壤水分在植被恢复 20 年达到最低后又呈逐渐上升趋势。当植被的盖度和密度达到最大值时，刺槐的根生物量达到最大值，植物吸收了更多的土壤水分。此后，一些植物由于缺水而死亡，出现了"自疏效应"。然后，植被盖度和密度开始下降，土壤水分再次增加。阴坡刺槐样地的土壤水分趋势与阳坡刺槐一致，但是在 30 年最低。同样地，柠条样地的土壤水分也在植被恢复 30 年达到最低点。然而，自然草地的土壤水分却随着恢复年限的增加而增加，没有观察到阈值（图 5-9）。此研究结果与其他研究的结果一致（Zhu et al., 2015）。因此，根据人工林地土壤水分随植被恢复年限变化的这种机制，提出了 10~40 年人工林地"土壤水分-植被动态平衡"假说（图5-10）。具体包括：①在植被生长早期，尽管植被生长迅速，土壤水分开始下降，但植被生长与土壤水分消耗是平衡的；②在植被生长中期，水分消耗增加，植被生长受到限制，甚至出现"自疏效应"，此时植被生长和土壤水分消耗不平衡；③在植被生长后期，植被生长和土壤水分消耗逐渐恢复平衡，土壤水分又开始逐渐增加。

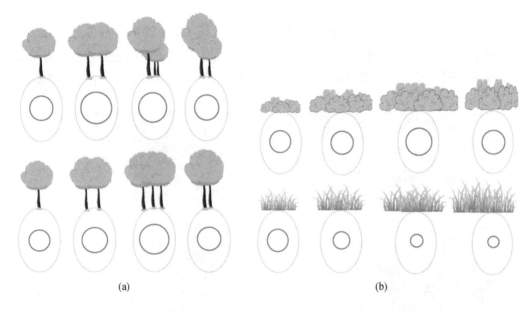

(a)   (b)

图 5-9 不同植被类型土壤水分消耗随植被恢复年限变化示意图

所有圆形代表土壤水分消耗量，圆形越大说明土壤水分消耗量越大。图（a）的上排和下排分别表示阳坡刺槐和阴坡刺槐样地的植被特征和土壤水分消耗随植被恢复年限的变化。图（b）的上排和下排分别表示柠条样地和自然草地的植被特征和土壤水分消耗随恢复年限的变化

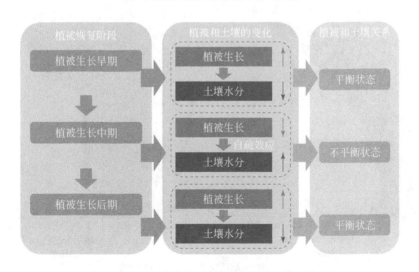

图 5-10 "土壤水分–植被动态平衡"假说框图

5.2.4 小流域土壤储水量的变化

5.2.4.1 不同坡向刺槐样地储水量的垂直分异

图 5-11 表示的是阳坡和阴坡刺槐样地在 1cm² 的面积下地下 500cm 范围的土壤水分储量。在各植被恢复年限下，阳坡刺槐样地的土壤储水量总体低于阴坡刺槐样地，这跟阳坡刺槐样地光照较充足，植被和土壤的蒸散发量较大有关。20～200cm 土层储水量的减少幅

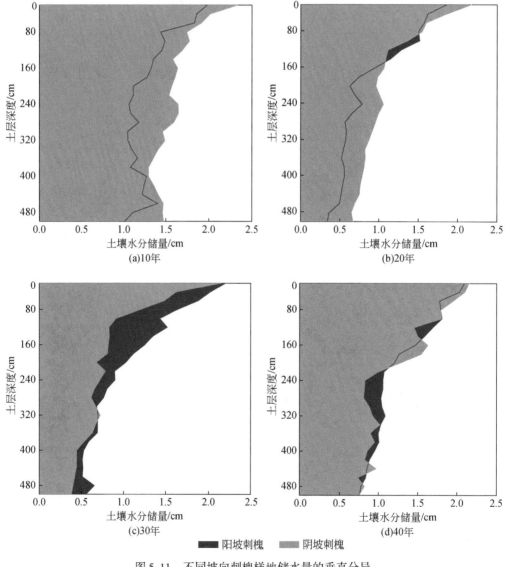

图 5-11　不同坡向刺槐样地储水量的垂直分异

度显著大于 200~500cm 土层（$p<0.05$），储水量较少是由于植物根系吸收水分较多。总体来看，阳坡刺槐和阴坡刺槐样地在 0~500cm 土层的土壤储水量均随着土层深度的加深而逐渐减少。

5.2.4.2 不同植被类型土壤储水量的垂直分异

图 5-12 表明，不同植被类型的土壤储水量差异显著（$p<0.05$），刺槐样地<柠条样地<自然草地。在 0~20cm 土层，土壤储水量均为自然草地大于人工林地，这是由于人工林地土壤表层的容重显著小于自然草地，虽然人工林地土壤质量含水量较自然草地大，但其储水量却相对较小。在 20~200cm 和 200~500cm 土层中，人工林地的土壤储水量随土层

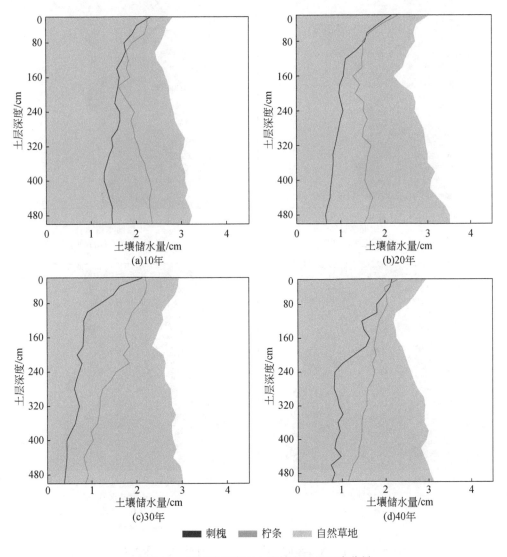

图 5-12 不同植被类型土壤储水量的垂直分异

深度的加深而减少且20~200cm土层的减小幅度大于200~500cm土层。自然草地的土壤储水量在恢复10年和40年的20~100cm土层和恢复20年和30年的20~200cm土层同土壤含水量一样呈减小趋势。而在土层200~500cm却随土层的加深而增加。这是由于草本植物在深层根系极少，深层土壤水分没有被植物根系吸收利用。

5.2.4.3 同一植被类型不同恢复年限的土壤储水量垂直分异

阳坡刺槐和阴坡刺槐样地的储水量分别在植被恢复20年和30年达到最低值，此变化趋势与土壤含水量的变化一致（$p<0.05$）（图5-13）。其中的机制也是刺槐样地在达到成

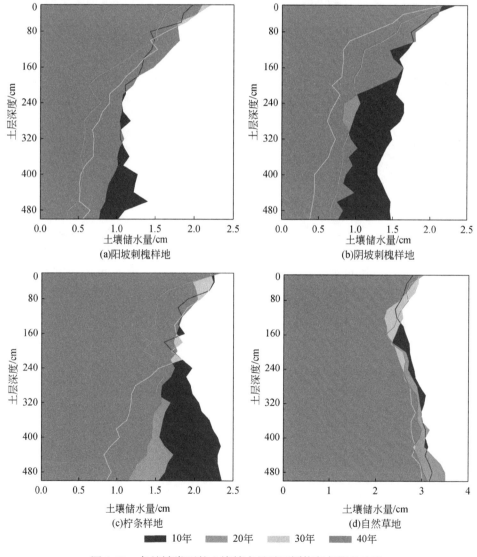

图5-13　各植被类型的土壤储水量随不同恢复年限的变化

熟时消耗的水分最多且会出现"自疏效应"。柠条样地储水量随年限的变化与阴坡刺槐样地一致。自然草地的总土壤储水量随着年限的增长变化不显著（$p>0.05$），主要是由于随着恢复年限的增加虽然土壤含水量为逐渐增加的趋势，但是土壤容重呈减小的趋势，导致土壤储水量变化不显著。

5.2.5 小流域植物功能性状对水源涵养服务的影响

由图 5-14（a）可知，水源涵养服务与土壤容重、叶组织密度、根组织密度和物种多样性均呈正相关，与叶功能性状（除叶组织密度外）和根功能性状（除根组织密度外）均呈负相关。上述结果同固碳服务与各功能性状和土壤性质样地间的关系总体上相反。同时，各样地与水源涵养服务的关系总体上也与固碳服务相反，样地 Tshady10、Shrub10、Shrub20 和 Shrub40 的水源涵养服务在所有人工林地中大于均值，其中样地 Shrub10 为最大，灌木样地地上部分需水量较乔木样地小且刚开始恢复时，需水量相对成熟林小，因此水源涵养服务最大。然而，样地 Tsunny10、Tsunny20、Tsunny30、Tsunny40、Tshady20、Tshady30、Tshady40、Shrub30 的水源涵养服务在所有人工林地中小于均值，其中样地 Tsunny20 和 Tshady30 较其余样地小，因为植被恢复 20 年的阳坡刺槐样地和植被恢复 30 年的阴坡刺槐样地处于成熟林时期，耗水量最多，因此水源涵养服务最少。

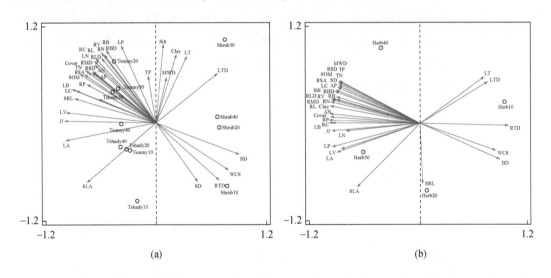

图 5-14 随植被恢复年限变化（a）人工林地和（b）自然草地功能性状与水源涵养服务的相关性

WCS 为水源涵养服务；其余各字母的含义同图 5-4

自然草地的水源涵养服务与土壤容重、根组织密度、叶厚度、比根长和叶组织密度均呈显著正相关，与根系功能性状（除根组织密度和比根长）和叶功能性状（除叶组织密度和叶厚度）均呈显著负相关［图5-14（b）］。与水源涵养服务呈负相关的各指标间相关性较强。样地 Herb10 和 Herb20 的水源涵养服务大于自然草地的均值，其中样地 Herb10 的储水量较 Herb20 大。样地 Herb30 和 Herb40 的水源涵养服务在所有自然草地中小于均值。这与土壤水分的变化正好相反，因为水源涵养服务的变化还会受到土壤容重的影响。

图5-15（a）为植被恢复年限的变化下人工林地和自然草地功能性状对水源涵养服务影响的结构方程模型图，图中所有的路径的显著性均达到 $p<0.05$，不符合显著条件的路径已去除。叶面积、叶干重、地上生物量、根长密度和根重密度对水源涵养服务的影响分为直接效应和间接效应。其中，间接效应中叶面积对有机质的影响为正，对容重和黏粒影响为负。叶面积对水源涵养服务的总效应值为-0.45。根长密度和根重密度与土壤有机质和土壤黏粒的路径系数均为正，与土壤容重的路径系数均为负，总效应值分别为-0.79 和-0.73。土壤有机质、土壤黏粒和土壤容重对水源涵养服务的效应值分别为-0.30、-0.25 和0.20。以上结果说明，地上生物量对水源涵养服务的影响相对别的外生变量重要，根长密度和根重密度对水源涵养服务的影响仅次于地上生物量。人工林地的水源涵养服务同样主要由地上生物量决定，其次是地下功能性状。

由图5-15（b）可知，外生变量地上生物量和叶干重之间，以及根长密度和根重密度之间呈显著正相关，路径系数分别达到0.83 和0.85。叶干重、地上生物量、根长密度和根重密度对土壤有机质和土壤黏粒的路径系数均为正，与土壤容重的路径系数均为负。但是，外生变量对水源涵养服务的影响均为负值，土壤性质中土壤有机质和土壤黏粒是负值，土壤容重是正值。地上生物量对水源涵养服务的影响较大，总效应值为-0.95，其中直接影响较大，路径系数为-0.67。叶干重、根长密度和根重密度对水源涵养服务的总效应值分别为-0.74、-0.69 和-0.70。

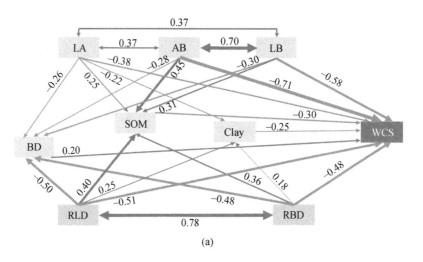

(a)

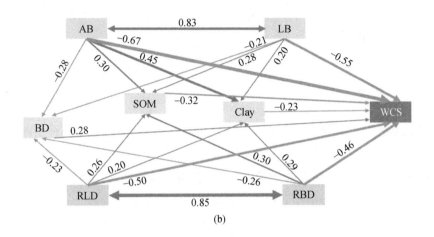

图 5-15　随植被恢复年限变化 （a）人工林地和 （b）自然草地功能性状对水源涵养服务的影响

字母含义同图 5-4 和图 5-14

5.3　小流域植被恢复对土壤保持服务的影响

植物通常可通过拦截雨滴，增加土壤渗透性，增加土壤表面粗糙度，增强土壤质量稳定性来保护土壤表面不受降雨或径流剥离，降低径流速度和泥沙的输移（Bakker et al.，2005；Vannoppen et al.，2015）。因此，植被对土壤保持有利。在大多数土壤侵蚀模型中，植被被认为是影响土壤侵蚀速率的重要因素，植被覆盖度是模型中最常用的表征植被的参数。然而，土壤保持的增加不仅来自覆盖度或地上生物量，还来自植物根系和土壤性质（Gyssels et al.，2005）。实际上，植被覆盖是减少溅蚀和面蚀的重要因素，而植物根系是减少细沟浸蚀的重要因素（Gyssels et al.，2005）。随着植被恢复年限的增加，植物地上部分和地下部分都会发生变化。因此，本节分析了不同植被恢复年限（10 年、20 年、30 年和 40 年）下土壤保持服务的变化，揭示随恢复年限变化植物地上和地下部分功能性状对土壤保持服务的影响，为当地土壤保持服务的维持提出管理对策。

5.3.1　研究区概况及样地布设

研究区概况和样地布设同 2.1.1 的大南沟小流域。

5.3.2 数据获取与分析

5.3.2.1 数据获取和计算

本节数据来源于测定的植物功能性状和土壤被冲刷泥沙量。通过被冲刷泥沙量计算得到土壤保持服务，以及土壤分离率和抗冲系数。

1）土壤分离率（单位时间单位面积内径流分离土壤的质量）计算

土壤分离率（单位时间单位面积内径流分离土壤的质量）计算公式为

$$D_r = \frac{W}{t \times A} \tag{5-9}$$

式中，D_r 为土壤分离速率，$g/(cm^2 \cdot min)$；W 为冲刷过程中收集的泥沙样品干重，g；t 为冲刷时间，min；A 为土壤放样室投影面积，cm^2。

2）土壤抗冲系数（每冲刷掉 1g 的烘干土所需的水量）计算

土壤抗冲系数（每冲刷掉 1g 的烘干土所需的水量）计算公式为

$$AS = \frac{f \times t}{W} \tag{5-10}$$

式中，AS 为土壤抗冲系数；f 为冲刷流量，L/min；t 为冲刷时间，min；W 为冲刷过程中收集的泥沙样品干重，g。

样地中总的被冲刷泥沙量为三个泥沙层取样器中被冲刷泥沙量之和再乘以一个倍数（样地面积除以取样器底部面积）。样地中泥沙保持服务为 $0 \sim 60cm$ 土层的总泥沙干重减去总的被冲刷泥沙量。

本节中的泥沙保持服务是 $0 \sim 60cm$ 土层在当地平均径流速度的冲刷下保持的泥沙质量（样地内 $0 \sim 60cm$ 土层总的泥沙干重减去总的被冲刷泥沙干重）。

5.3.2.2 数据统计分析

通过线性回归模型分析被冲刷泥沙量随冲刷时间的变化。采用双因素和三因素方差对被冲刷泥沙量、土壤分离率和抗冲系数在时空变化上的差异进行显著性检验。随后进行简单效应分析，得到每种植被类型的被冲刷泥沙量、土壤分离率和抗冲系数在某种因素上的显著性检验结果。植物功能性状和土壤保持服务间的相关性采用主成分分析，通过 Canoco5.0 实现。植物功能性状对土壤保持服务的影响用结构方程模型分析，通过 R 语言的 Lavaan 包实现。

5.3.3 小流域土壤流失量的变化

冲刷实验的土壤流失量与根系和土壤有关。植物根系是植物吸收水分和养分的主要通道。有研究表明，在温带地区，根系对土壤稳定性的贡献很大（Stokes et al.，2009）。根系可以通过物理捆绑的方式阻碍土壤流失，还可以通过分泌物来改变土壤理化性质从而增强土壤结构稳定性，进而提高土壤的抗侵蚀能力（de Baets et al.，2006）。例如，Zhou 和 Shangguan（2005）发现黄土高原土壤的抗侵蚀能力随着根表面积密度和土壤有机质的增加而增加。Burylo 等（2011）也发现在法国南阿尔卑斯地区的一种灌木的根生物量的增加可增加土壤抗剪强度。此外，根系的增多可以产生更多的有机和无机物质，从而促进土壤团聚体的形成，团聚体的絮凝可以减少土壤流失量（Wang J G et al.，2012）。本研究表明各土层下刺槐样地和柠条样地的土壤流失量均呈先减少后增加的趋势（图 5-16）。例如，在 0～20cm 土层，阳坡刺槐样地在植被恢复 20 年时土壤流失量达到最小值（10.81±0.05）g，阴坡刺槐样地和柠条样地在植被恢复 30 年时分别达到最小值（9.68±0.08）g 和（19.02±0.11）g。由前面章节对根功能性状的研究结果可知，除根组织密度外其余根功能性状均随恢复年限的变化趋势均同土壤流失量一致。这进一步说明了人工林地可通过增加根生物量来有效增强土壤抗侵蚀能力。自然草地在 0～20cm 和 20～40cm 土层的土壤流失量均随恢复年限的增加而减小，然而 40～60cm 土层的土壤流失量在恢复 30 年达到最小值（203.85±2.00）g。这是由于自然草地在 40 年时，群落优势种的根系在 40～60cm 土层较少，因此没有较多的根系去阻碍土壤的流失。

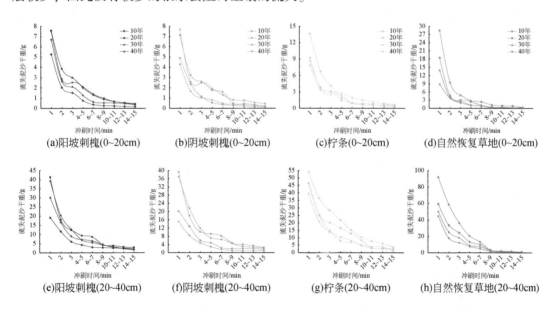

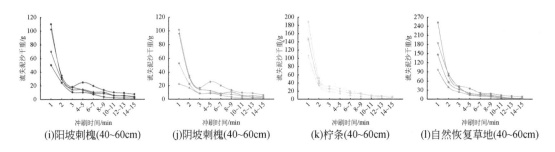

(i)阳坡刺槐(40~60cm)　(j)阴坡刺槐(40~60cm)　(k)柠条(40~60cm)　(l)自然恢复草地(40~60cm)

图5-16　各植被类型土壤流失量随植被恢复年限的变化

由图5-17可知，植被恢复10年和20年时所有土层的土壤流失量为阳坡刺槐样地＝阴坡刺槐样地＜柠条样地＜自然草地。根功能性状（除根组织密度）在植被恢复10年和20年时均为阳坡刺槐样地＞阴坡刺槐样地＞柠条样地＞自然草地。阳坡刺槐样地的根功能性状大于阴坡刺槐样地，但是土壤流失量却不是阳坡刺槐样地小于阴坡刺槐样地，这是由于土壤流失量不仅受植物根系的影响，还受土壤理化性质的影响。虽然根系的增多会使土壤黏粒、团聚体和有机质增加，但当水分条件差异较大时，土壤水分也会影响土壤理化性质。阴坡刺槐样地的土壤水分较多，使得土壤黏粒、团聚体和有机质较多，它们都是土壤可蚀性的重要指标，团聚体越多，土壤越不易被侵蚀，黏粒比例越高越有利于土壤的絮凝和团聚。在恢复30年时，土壤流失量为阴坡刺槐样地＜阳坡刺槐样地＜柠条样地＜自然草地，然而根长在恢复30年时为阳坡刺槐样地与阴坡刺槐样地相等，所以阴坡刺槐样地土壤流失量较阳坡刺槐样地小也是坡向不同造成土壤水分差异显著所致。在植被恢复40年时，0~20cm和20~40cm土层的土壤流失量和根长大小也不完全呈相反趋势，这也是水分不同所致。

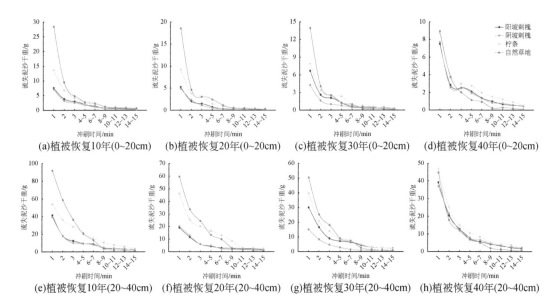

(a)植被恢复10年(0~20cm)　(b)植被恢复20年(0~20cm)　(c)植被恢复30年(0~20cm)　(d)植被恢复40年(0~20cm)

(e)植被恢复10年(20~40cm)　(f)植被恢复20年(20~40cm)　(g)植被恢复30年(20~40cm)　(h)植被恢复40年(20~40cm)

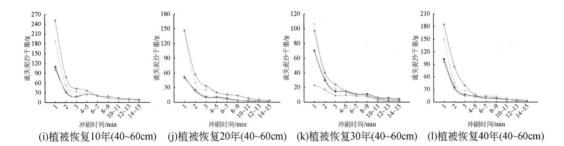

(i)植被恢复10年(40~60cm)　(j)植被恢复20年(40~60cm)　(k)植被恢复30年(40~60cm)　(l)植被恢复40年(40~60cm)

图 5-17　各植被恢复年限下不同植被类型土壤流失量的变化

相关研究表明，根系除通过改变土壤理化性质来阻碍土壤流失外，还可直接释放稳定土壤颗粒的物质，通过菌丝和根系使土壤颗粒稳固，或者促进根际微生物活动，从而影响土壤的聚集。由于表层土壤的根系网络密集，土壤流失也就更少。本研究也表明，随着土层的加深，根功能性状（除根组织密度外）在土壤剖面上呈现出由上至下递减的趋势，表层根系能够黏结更多的土壤，提供较好的土壤结构条件，更易阻碍土壤的流失。

从土壤流失量随时间的变化可看出，前 3 分钟的土壤流失量占比最大（图 5-17）。这表明径流冲刷的前 3 分钟为主要土壤流失时间段，只要径流冲刷时间达 3 分钟，就会产生大量的土壤流失，因此在考虑植被恢复树种的时候需要尽量选择根系较大的、固土能力较强的物种。

5.3.4　小流域土壤分离率和土壤抗蚀性的变化

土壤分离率为单位时间单位面积内径流分离土壤的质量，与土壤流失量成正比。阳坡刺槐样地、阴坡刺槐样地和柠条样地的土壤分离率在土层 0~20cm 随植被恢复年限均呈先减少再增加的趋势，分别在 20 年、30 年和 30 年达到最低值（图 5-18）；在 20~40cm 和 40~60cm 土层随年限的变化趋势同 0~20cm 土层。各植被类型的土壤分离率为刺槐样地<柠条样地<自然草地。土壤分离率随土层的加深的变化趋势同土壤流失量一致。土壤抗冲系数为每冲刷掉 1g 的烘干土所需水量，因此土壤抗冲系数随植被恢复年限和土层的变化与泥沙流失量和土壤分离率相反（图 5-18）。

5.3.5　小流域植物功能性状对土壤保持服务的影响

由图 5-19（a）可知，样地 Tsunny10、Tsunny20、Tsunny30、Tsunny40、Tshady20、Tshady30、Tshady40、Shrub30 的投影点落在土壤保持服务箭头的正方向，说明这些样地的

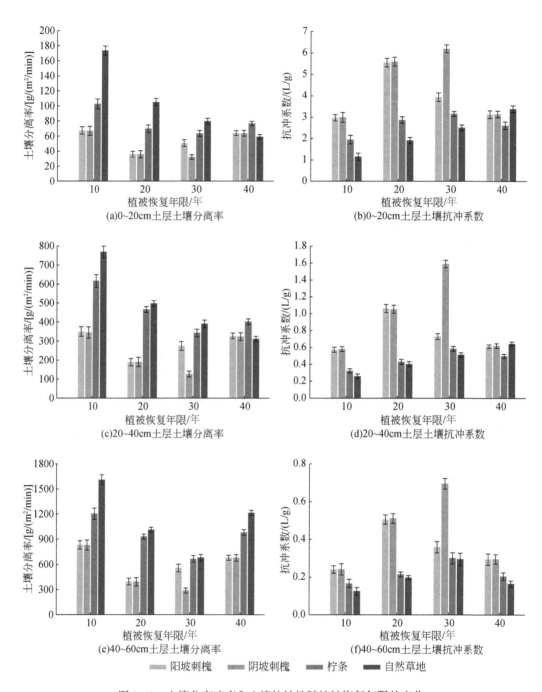

图 5-18　土壤分离速率和土壤抗蚀性随植被恢复年限的变化

土壤保持服务在所有人工林地中大于平均值，其中样地 Tsunny20 和 Tshady30 较其余样地大。这是由于阳坡刺槐样地和阴坡刺槐样地分别在恢复 20 年和 30 年时达到成熟林，此时的植被盖度和根系生物量达到最大。样地 Tshady10、Shrub10、Shrub20 和 Shrub40 的投影点落在土壤保持服务箭头的反向延长线上，说明这些样地的土壤保持服务在所有人工林地中小于平均值，其中样地 Shrub10 为最小。

由图 5-19（b）可知，自然草地的土壤保持服务与根功能性状（除根组织密度）和叶功能性状（除叶组织密度和叶厚度）均呈显著正相关，与土壤容重、根组织密度和叶组织密度均呈显著负相关。样地 Herb20、Herb30 和 Herb40 的投影点落在土壤保持服务箭头的正方向，说明植被恢复 20 年、30 年和 40 年时的土壤保持服务在所有自然草地中大于平均值，其中样地 Herb30 的土壤保持服务最大。

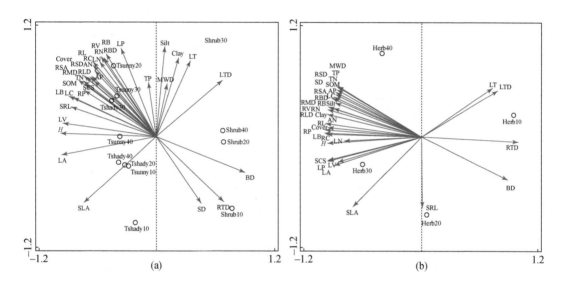

图 5-19　随植被恢复年限变化（a）人工林地和（b）自然草地功能性状与土壤保持服务的相关性

SCS 为土壤保持服务；其余各字母的含义同图 5-4

图 5-20 为植被恢复年限变化下人工林地和自然草地功能性状对土壤保持服务影响的结构方程模型图，同样选择与固碳服务相同的功能性状和土壤性质指标，不显著的路径不显示。外生变量叶面积、地上生物量和叶干重之间互相呈显著正相关，其中叶干重和地上生物量路径系数达到 0.84。根长密度和根重密度的路径系数也较大，为 0.79。由图 5-20（a）可知，各外生变量（除叶面积外）对土壤有机质和土壤黏粒为正影响，对容重为负影响。其中，地上生物量对土壤有机质的影响较大，路径系数为 0.54，明显大于水源涵养服务中地上生物量对土壤有机质的影响。根长密度和根重密度对有机质的影响也较水源涵养服务中根长密度和根重密度对有机质的影响大，路径系数分别为 0.45 和 0.37。地上生物量、叶干重、叶面积、根长密度和根重密度对土壤保持服务的总效应值分别为 0.85、0.70、0.40、0.95 和 0.87。土壤有机质、土壤黏粒和土壤容重对土壤保持服务的效应值

分别为 0.53、−0.11 和−0.28。以上结果说明，地上部分对土壤保持服务的重要性相对地下部分低且主要通过增加土壤有机质来影响土壤保持服务。地下部分不仅是通过土壤有机质对土壤保持服务产生影响，其直接效应也较大。土壤有机质对土壤保持服务的影响较土壤有机质对水源涵养服务的影响显著增大。

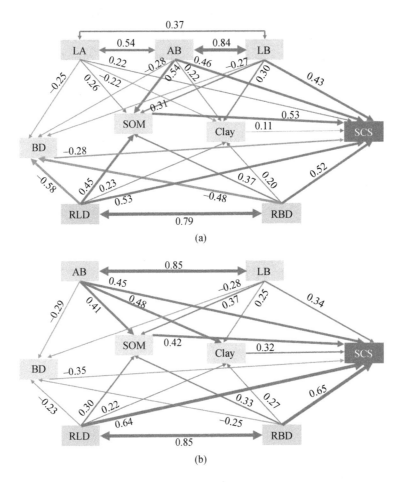

图 5-20　随植被恢复年限变化（a）人工林地和（b）自然草地功能性状对土壤保持服务的影响

字母含义同图 5-4 和图 5-19

由图 5-20（b）可知，外生变量地上生物量和叶干重之间，以及根长密度和根重密度之间呈显著正相关，相关系数均达到 0.85。叶干重、地上生物量、根长密度和根重密度对土壤有机质和土壤黏粒的路径系数均为正，与土壤容重的路径系数均为负。外生变量对水源涵养服务的影响均为正值，土壤性质中土壤有机质和土壤黏粒是正值，土壤容重是负值。以上结果同固碳服务一致。由图 5-20（b）可知，地上和地下功能性状通过土壤有机质对土壤保持服务产生的影响相对较大，其中地下部分对土壤有机质的影响较多，地上生物量和叶干重与土壤有机质的路径系数分别为 0.41 和 0.37。地上部分对土壤保持服务的直接影响较地下部分小。根长密度和根重密度对土壤保持服务的总效应分别为 0.92 和 0.96。地上生物量和叶干重对土壤保持服务的总效应分别为 0.87 和 0.67。因此，无论是总效应还是直接效应，相对地上部分，地下部分对土壤保持服务均更重要。

5.4　小流域植被恢复对生态系统服务间关系的影响

生态系统服务供给与生态系统生物学特性相关（de Bello et al.，2010），特别是对于植物来说，植物功能性状对生态系统过程的影响是生态系统服务的重要基础。分析植物功能性状对生态系统服务间关系的影响，将更有力地促进我们对生态系统服务协同和权衡关系的理解。尤其是在黄土高原退耕还林 20 余年以来，各生态系统服务的变化趋势出现了不一致的现象。因此，本节基于前几节对生态系统服务随植被恢复年限变化的分析，进一步分析植物功能性状对生态系统服务间关系的影响，为更好地理解生态系统间权衡和协同关系提供机制上的支撑，进而为当地生态系统服务的提升和可持续发展提供理论依据。

5.4.1　研究区概况及样地布设

研究区概况和样地布设同 2.1.1 的大南沟小流域。

5.4.2　数据获取与分析

5.4.2.1　数据获取和计算

本节数据来源于测定和计算的功能性状、土壤性质、固碳服务、水源涵养服务和土壤保持服务。采用 Bradford 和 D'Amato（2012）提出的方法量化生态系统服务之间关系，其基本思想是将两类生态系统服务之间关系表示为点到直线距离，距离越大生态系统服务之间权衡（冲突）越严重，距离越小生态系统服务之间越趋于协同（图 5-21），具体计算方法如下：

对生态系统服务指标进行标准化，使数据值在 0～1，标准化方法为

$$V_{std} = (V_{obs} - V_{min})/(V_{max} - V_{min}) \tag{5-11}$$

式中，V_{std} 为标准化的值；V_{obs} 为通过实验获得的值；V_{min} 为实验观测的最小值；V_{max} 为实验观测的最大值。

权衡值的计算公式如下，其实质为均方根偏差：

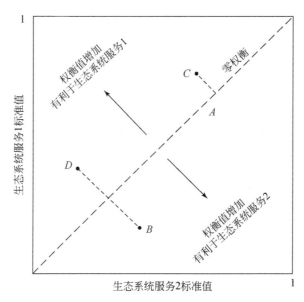

图 5-21　生态系统服务关系示意图

在 1∶1 线上（如 A 点），生态系统服务 1 和 2 的权衡值为 0；距离 1∶1 线越远（如 B 点和 D 点）/越近（如 C 点），生态系统服务 1 和 2 间的权衡值更大/更小。点 B 表示有利于生态系统服务 2，点 D 点表示有利于生态系统服务 1

$$\text{RMSD} = \sqrt{\frac{1}{n-1} \sum_{i=1}^{n} \left(\text{ES}_i - \overline{\text{ES}} \right)^2} \qquad (5\text{-}12)$$

式中，ES_i 为某类生态系统服务标准化之后的值；$\overline{\text{ES}}$ 为某类生态系统服务的期望值，它在零权衡线上。

5.4.2.2　数据统计分析

功能性状和各生态系统服务间权衡值的相关性采用主成分分析，通过 Canoco5.0 实现。功能性状对生态系统服务权衡值的影响用结构方程模型分析，通过 R 语言的 Lavaan 包实现。

5.4.3　小流域生态系统服务间关系的变化

根据各植被类型在不同恢复年限下固碳服务和水源涵养服务间权衡值的散点图 5-22 可知，人工林地水源涵养服务和固碳服务的权衡值在恢复 10 年时最高。各植被类型的固碳服务和水源涵养服务在植被恢复 20 年、30 年和 40 年时的权衡值的变化趋势有差异。在阳坡刺槐样地，恢复 40 年时权衡值最小，此时的固碳服务达到最高且水源涵养在恢复 20 年时达到最小后恢复到 40 年时又达到了相对较高的状态。阴坡刺槐样地在植被恢复 20

年、30 年和 40 年时权衡值均相对较小，20 年时固碳服务较水源涵养服务大，30 年和 40 年时固碳服务较水源涵养服务小。在柠条样地，植被恢复 20 年时权衡值最小，这是由于此时的固碳服务和水源涵养服务均较小的缘故。自然草地的固碳服务随着恢复年限的增加而增加，但是水源涵养服务随恢复年限的变化不显著甚至略微下降，这是由于储水量涉及容重的变化，导致储水量的变化和土壤水分的变化有差异。因此，自然草地权衡值相对较高的是 10 年和 40 年，10 年的固碳服务最低而 40 年最高。

在不同恢复年限下，各植被类型固碳服务和土壤保持服务间权衡关系与固碳服务和水源涵养服务间权衡关系表现出截然不同的规律。人工林地和自然草地在植被恢复 10 年时

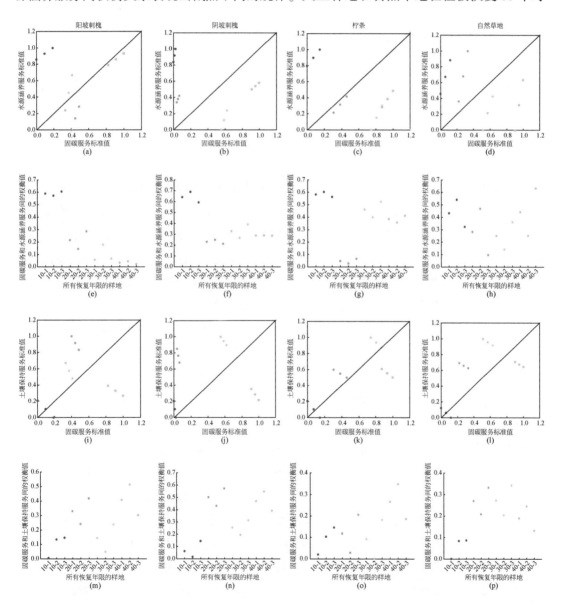

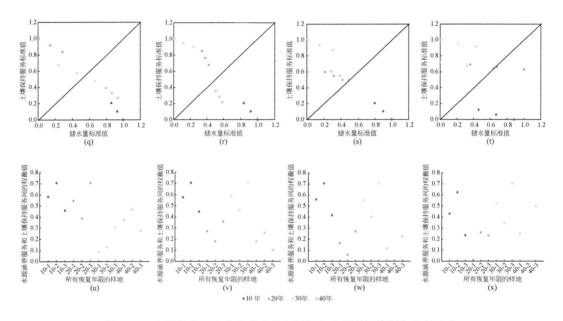

图 5-22　各植被类型的生态系统服务间权衡值随植被恢复年限的变化

固碳服务和土壤保持服务均为最小值。由于两者同时最小的原因，在恢复 10 年时，各植被类型固碳服务和土壤保持服务的权衡值最小。阳坡刺槐、阴坡刺槐和柠条样地的土壤保持服务分别在植被恢复 20 年、30 年和 30 年时达到最高，但此时的固碳服务并非达到最高。当植被恢复 40 年时，阳坡刺槐、阴坡刺槐和柠条样地的固碳服务均达到最高，土壤保持服务又开始逐步下降。这主要是由于阳坡刺槐、阴坡刺槐和柠条样地在达到成熟林时根生物量等根功能性状达到最大，根系对土壤有很好的物理固着作用，使得此时的土壤保持服务达到最高。随后随着部分树木的死亡，根生物量减少，土壤保持服务表现出随恢复年限逐渐减小的趋势。因此，各植被类型的固碳服务和土壤保持服务在植被恢复 20 年、30 年和 40 年的权衡值的变化趋势也是有差异的。在阳坡刺槐样地，植被恢复 40 年的权衡值最高，这是由于 40 年时固碳服务达到最大但土壤保持服务随着 20 年后的不断减小在 40 年表现出相对较小值。阴坡刺槐样地在恢复 20 年和 40 年时的权衡值均较大，恢复 20 年时土壤保持服务远大于固碳服务，恢复 40 年时固碳服务远远大于土壤保持服务。柠条样地的权衡值在恢复 10 年、20 年和 30 年时均较小，但其中的不同是随着恢复年限的增加固碳服务和土壤保持服务在不断增大，在恢复 30 年时达到最大。自然草地的固碳服务和土壤保持服务均随着恢复年限的增大而增大，增大的幅度不同导致了恢复 20 年和 30 年的权衡值大于 10 年。然而，虽然自然草地在恢复 40 年时的权衡值小于 30 年，但是土壤保持服务相对 30 年时下降。这是由于恢复到 40 年的草本植物为须根系，根系很难达到 40～60cm，此土壤层土壤保持服务的下降直接导致土壤保持服务整体在恢复 40 年时的下降。

在不同恢复年限下各植被类型水源涵养服务和土壤保持服务间权衡关系与固碳服务和水源涵养服务间权衡关系在一些年限上表现出相同规律。阳坡刺槐、阴坡刺槐和柠条样地均为在植被恢复 10 年时水源涵养服务达到最高且土壤保持服务达到最低，它们之间的权衡值也均为恢复 10 年时最高。阳坡刺槐、阴坡刺槐和柠条样地的土壤保持服务分别在植被恢复 20 年、30 年和 30 年时达到最高且水源涵养服务在此时达到最低。这主要是由于人工林地在达到成熟林时消耗的水分最多且根生物量最大。成熟之后，随着恢复年限的增加，一些树木的死亡，使得水源涵养服务逐渐增大，而土壤保持服务却随着根生物量的减少而减少。因此，水源涵养服务和土壤保持服务随恢复年限的变化一直呈现相反的变化趋势。人工林地的权衡值在刚开始恢复的 10 年和达到成熟的年限均最大。自然草地的土壤保持服务在 10 ~ 30 年呈增加趋势而水源涵养服务随恢复年限变化不显著甚至略微下降，因此权衡值在恢复 30 年时达到最大。

由图 5-23 可知，阳坡刺槐样地与阴坡刺槐和柠条样地的物种多样性均随植被恢复年限的增加呈先减少后增加的趋势，分别在恢复 20 年与 30 年时达到最低。这是由于人工林地在恢复 20 年与 30 年时植被盖度达到最大影响了林下植被的生长。而人工林地优势种较为单一，物种多样性主要由林下植被决定。人工林地固碳服务和土壤保持服务随植被恢复年限的变化与物种多样性相反。人工林地固碳服务和物种多样的权衡值均在植被恢复 40 年时最小，此时的固碳服务达到最大且物种多样性在成熟年份之后逐渐增大。在恢复 10 年时，人工林地固碳服务和物种多样性的权衡值最大，这是由于植被恢复 10 年时固碳服务最小且树木对林下植被的遮挡较小。人工林地的土壤保持服务和物种多样性的权衡值也是在植被恢复 10 年达到最大，同时在人工林达到成熟的年份权衡值也较大。人工林地水源涵养服务随植被恢复年限的变化与物种多样性相同，由于相同的变化趋势，它们之间的权衡值相对固碳服务和土壤保持服务小很多，权衡值均处于一般权衡和微弱权衡的范围内，二者为协同变化的关系。

自然草地的物种多样性随着恢复年限的增加呈不断增加的趋势。因为自然草地的植物生长不受林上植被的影响，接收到的降水和光照均大于人工林地林下植被且土壤水分和养分均随植被恢复年限不断增大。因此，自然草地的物种多样性将随着植被恢复年限越来越大。自然草地固碳服务和物种多样性的变化趋势相同，它们的权衡值在各恢复年限均小于 0.2，二者协同变化。自然草地的土壤保持服务和物种多样性在植被恢复 10 ~ 30 年变化趋势也相同，恢复 40 年的自然草地土壤保持服务略有下降。尽管变化趋势相同但是权衡值却处于一般权衡的状态，这是因为土壤保持服务随恢复年限的变化较物种多样性快。由于自然草地的水源涵养服务随时间变化不显著甚至呈下降趋势，物种多样性与水源涵养服务表现出相反变化趋势，权衡值均处于一般权衡范围内。

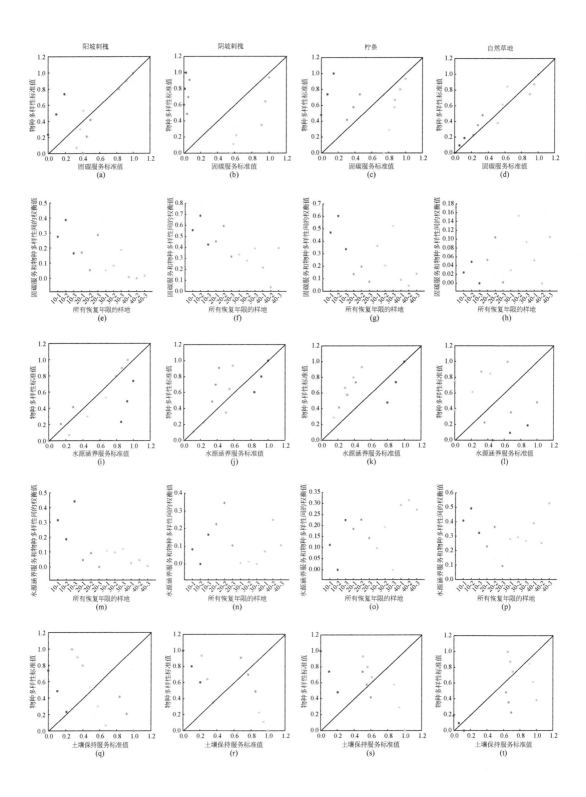

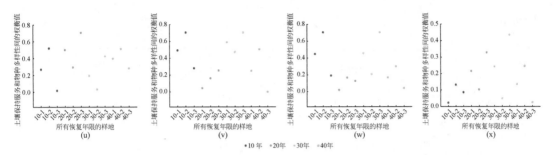

图 5-23   各植被类型生态系统服务和物种多样性的权衡值随植被恢复年限的变化

5.4.4   小流域植物功能性状对生态系统服务间关系的影响

在图 5-24（a）中，固碳服务与土壤保持服务呈显著正相关且与水源涵养服务和物种多样性呈显著负相关（$p<0.01$）。固碳服务–土壤保持服务（CFS-SCS）的权衡值、水源涵养服务–土壤保持服务（WCS-SCS）的权衡值和土壤保持服务–物种多样性（SCS-SD）权衡值呈显著正相关，且它们与植被盖度、叶碳含量、叶干重、叶体积、叶面积、根功能性状（根组织密度除外）和土壤有机质呈显著正相关，说明它们随着植被恢复年限的变化均为先增加后降低。权衡值越高说明权衡强度越大，因此两个变化趋势相反的服务权衡值会随恢复年限呈现先增加后减小趋势，如水源涵养服务–土壤保持服务和土壤保持服务–物种多样性，但是固碳服务和土壤保持服务随植被恢复年限的变化趋势相同也出现了权衡值先增加后减小的趋势，这说明它们变化的幅度不同，由实测数据可得出，固碳服务的变化幅度远小于土壤保持服务。图 5-24（a）显示，固碳服务–水源涵养服务的权衡值、固碳服务–物种多样性的权衡值和水源涵养服务–物种多样性的权衡值与叶组织密度、根组织密度和土壤容重呈显著正相关，且它们与固碳服务–土壤保持服务的权衡值、水源涵养服务–土壤保持服务的权衡值和土壤保持服务–物种多样性的权衡值呈显著负相关。它们随植被恢复年限的变化呈先减小后增加的趋势。其中，固碳服务和水源涵养服务随年限变化趋势相反，但是权衡值却先减小后增加，这也是变化幅度不同所致。由图 5-24（a）可知，阳坡刺槐样地、阴坡刺槐样地和柠条样地中，固碳服务–土壤保持服务与土壤保持服务–物种多样性的权衡值最小的样地分别为 Tsunny10、Tshady10 和 Shrub10，而固碳服务–水源涵养服务、固碳服务–物种多样性和水源涵养服务–物种多样性的权衡值最小的样地分别为 Tsunny20、Tshady30 和 Shrub30，这个结果与实际测量的数据有所偏差，原因可能是两者变化幅度差异较大或者与 PCA 图本身的运算规则有关。实际阳坡刺槐样地、阴坡刺槐样地和柠条样地的固碳服务–水源涵养服务的权衡值最小的样地分别为 Tsunny40、Tshady20 和 Shrub20，固碳服务–物种多样性的权衡值最小的样地分别为 Tsunny40、Tshady40 和

Shrub40。

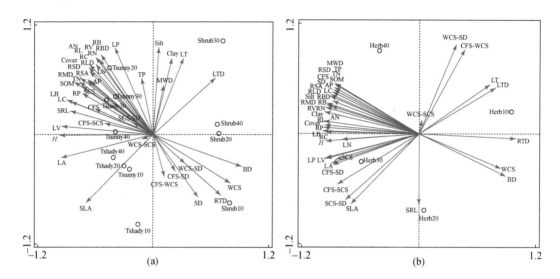

图5-24 随植被恢复年限变化（a）人工林地和（b）自然草地功能性状与生态系统服务间权衡值的相关性

字母含义同图5-4、图5-14和图5-19

由图5-24（b）可知，植被恢复年限变化下自然草地的固碳服务、土壤保持服务和物种多样性呈显著正相关，它们与水源涵养服务呈显著负相关（$p<0.01$）。固碳服务–土壤保持服务的权衡值、固碳服务–物种多样性的权衡值和土壤保持服务–物种多样性的权衡值间均呈显著正相关，它们与植被盖度、叶功能性状（叶组织密度和叶厚度除外）、根功能性状（根组织密度除外）和土壤有机质（容重除外）呈显著正相关，均随着恢复年限的增加而增加，即在自然草地恢复10年（Herb10）时这些权衡值最小，Herb40也小于均值。固碳服务–水源涵养服务的权衡值、水源涵养服务–土壤保持服务的权衡值和固碳服务–物种多样性的权衡值随年限的变化正好相反，与叶厚度、叶组织密度和根组织密度呈显著正相关。

在功能性状对生态系统服务权衡影响的结构方程模型中，从相关性较大的指标中选择了一个指标分析。其中，植被地上部分功能性状指标、地下部分功能性状指标和土壤性质分别选择了地上生物量、根重密度和土壤有机质。由图5-25（a）可知，地上生物量和根重密度对土壤有机质均为正效应，路径系数分别为0.50和0.30。地上生物量、根重密度和土壤有机质对固碳服务–土壤保持服务的权衡值、水源涵养服务–土壤保持服务的权衡值和土壤保持服务–物种多样性的权衡值的影响为正，对固碳服务–水源涵养服务的权衡值、固碳服务–物种多样性的权衡值和水源涵养服务–物种多样性的权衡值的影响为负，这一结果与PCA结果一致。从表5-2人工林地功能性状对各服务间权衡值的效应值可知，地上生物量对各服务间权衡值的效应值均比根重密度大，可见地上生物量对各服务间的权衡较重要。

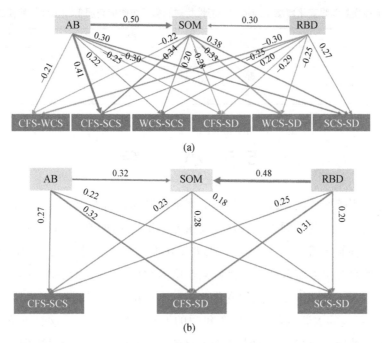

图 5-25 随植被恢复年限变化 (a) 人工林地和 (b) 自然草地功能性状对生态系统服务间权衡值的影响

字母含义同图 5-4、图 5-14 和图 5-19

表 5-2 随植被恢复年限变化功能性状指标对人工林地各服务间及服务与物种多样性间权衡值

指标	CFS-WCS	CFS-SCS	WCS-SCS	CFS-SD	WCS-SD	SCS-SD
AB	−0.32	0.58	0.32	−0.39	−0.47	0.49
RBD	−0.31	0.35	0.26	−0.37	−0.35	0.38
SOM	−0.22	0.34	0.2	−0.28	−0.33	0.38

由图 5-25 (b) 可知，在不同恢复年限下自然草地的地上生物量和根重密度对土壤有机质均为正效应，路径系数分别为 0.32 和 0.48。这一结果与人工林地相反，自然草地的地上生物量远远小于人工林地，根重密度虽小于人工林地但与地上生物量相比减小程度较小。地上生物量、根重密度和土壤有机质对固碳服务-土壤保持服务的权衡值、固碳服务-物种多样性的权衡值和土壤保持服务-物种多样性的权衡值的影响为正，对固碳服务-水源涵养服务的权衡值、水源涵养服务-土壤保持服务的权衡值和固碳服务-物种多样性的权衡值的影响均不显著。从表 5-3 自然草地功能性状对各服务间权衡值的效应值可知，自然草地的地上生物量对各服务间权衡的效应值较根重密度小但不显著。因此，地上生物量和根重密度对各服务间的权衡均较为重要。

表5-3　随植被恢复年限变化自然草地植物功能性状对服务间权衡值与服务和多样性间权衡值的效应值

指标	CFS-SCS	CFS-SD	SCS-SD
AB	0.34	0.41	0.28
RBD	0.36	0.44	0.29
SOM	0.23	0.28	0.18

5.5　小　结

人工林地的固碳服务随植被恢复年限的增加而增加，自然草地的总碳储量随植被恢复年限的增加而增加，二者的固碳服务均主要由地上生物量决定。对自然草地而言，除地上生物量及其相关性较大性状外，根功能性状（除根组织密度外）对固碳服务也有促进作用。人工林地的水源涵养服务随着植被恢复年限的增加呈先减少后增加的趋势，在成熟林期达到最小值。人工林随恢复年限的变化对土壤水分的消耗机制存在"土壤水分-植被动态平衡"。自然草地的水源涵养服务随着年限的增长变化不显著，这是土壤容重随年限的下降所致。人工林地和自然草地的水源涵养服务均主要由地上生物量决定。人工林地的土壤保持服务随植被恢复年限的增加呈先增加后减少的趋势，在成熟林期达到最大值。根长密度和根重密度对土壤保持服务的总效应值最大，其次是地上生物量。自然草地在0~20cm和20~40cm土层的土壤保持服务均为随着恢复年限的增加而增加，在40~60cm土层恢复40年的土壤保持服务较小。地下部分对不同恢复年限自然草地土壤保持服务的影响较地上部分大。

人工林地的地上生物量和根重密度对固碳服务-土壤保持服务和水源涵养服务-土壤保持服务的权衡值的影响均为正，但它们的权衡值随植被恢复年限的总体变化趋势不同。地上生物量和根重密度对固碳服务-水源涵养服务的权衡值的影响为负。其中，地上生物量对各服务间的权衡值较重要。自然草地的地上生物量和根重密度对固碳服务-土壤保持服务的权衡值的影响为正，而对固碳服务-水源涵养服务和水源涵养服务-土壤保持服务的权衡值的影响不显著。

综上，人工林地的固碳服务、水源涵养服务和土壤保持服务随植被恢复年限的增加变化趋势均不一致，尤其是水源涵养服务与其他服务之间处于权衡关系。自然草地的固碳服务、水源涵养服务和土壤保持服务随植被恢复年限的增加均呈增加趋势，水源涵养服务增加幅度小于其他服务但也未出现下降趋势。由于水源涵养服务对黄土高原植物的生长起到限制作用，因此最好的植被恢复方式是自然恢复。如果考虑人类对木材的需求，可以在人工林地上生物量和根重密度达到最大（成熟林）之前进行间伐，即阳坡刺槐林地在植被恢复20年前（10年）间伐，阴坡刺槐和柠条林地在植被恢复30年前（20年）进行间伐。

第6章 | 流域植被恢复对生态系统服务的影响

作为典型的半干旱地区，中国黄土高原经历了世界上最严重的水土流失和人为干扰（Wang F et al.，2015；Yang X M et al.，2015）。为了减少这种影响，我国在 20 世纪 50 年代和 80 年代对黄土高原进行了大规模的植被恢复，随后对小流域进行了现场监测和植被恢复。1999 年，我国对黄土高原进行了大规模的退耕还林（Fu et al.，2011；Chen and Cao，2014；Jian et al.，2015）。由于较高的生长速度和固氮能力，刺槐和柠条被选为合适的物种在黄土高原进行了大面积种植（Liang et al.，2018）。目前，黄土高原大规模植树造林使得一些生态系统服务得到提升，如土壤保持服务和固碳服务，但水源涵养服务却出现了下降的现象（Kou et al.，2016；Liu et al.，2016a）。由于黄土高原植被唯一的用水来源为降水，植物功能性状和生态系统服务均会随着降水梯度而发生显著变化。因此，本章对黄土丘陵沟壑区不同植被带的生态系统服务及服务间关系进行分析，揭示不同植被带植物功能性状对生态系统服务及服务间关系的影响，为不同植被带的生态恢复和可持续发展提供科学理论依据。

6.1 流域植被恢复对固碳服务的影响

植被和土壤碳库在空间上具有高度异质性，它们受到生物群落和气候变化的驱动。在黄土高原，植被生长主要受到降水的影响，从而影响植被和土壤碳库。植物功能性状是植被生长的敏感性指标，目前关于功能性状对植被碳库影响的研究主要是通过分析地上部分生物量对植被碳储量的影响（仇瑶等，2015；辛福梅等，2017），涉及的地下性状功能较少。另外，关于植物功能性状和固碳服务的研究在草地生态系统较多，而在森林生态系统相对较少。因此，本节对不同植被带的植物地上部分碳储量、植物地下部分碳储量、土壤碳储量和总碳储量进行分析，揭示不同植被带植物功能性状对固碳服务的影响，为不同植被带固碳服务变化和可持续发展提供理论依据。

6.1.1 研究区概况及样地布设

研究区概况和样地布设同 2.1.1 的延河流域。

6.1.2　数据获取与分析

数据获取与分析同5.1.2。

6.1.3　流域植被和土壤碳储量的分异特征

6.1.3.1　植被地上部分碳储量随植被带的变化

刺槐样地、柠条样地和自然草地的地上部分碳储量排序为草原带<森林草原带<森林带（$p<0.05$）（图6-1）。草原带的降水较少不利于植被生物量的积累，植被碳储量为最低。而森林带水分相对充足，生物量积累较大，碳储量最大。

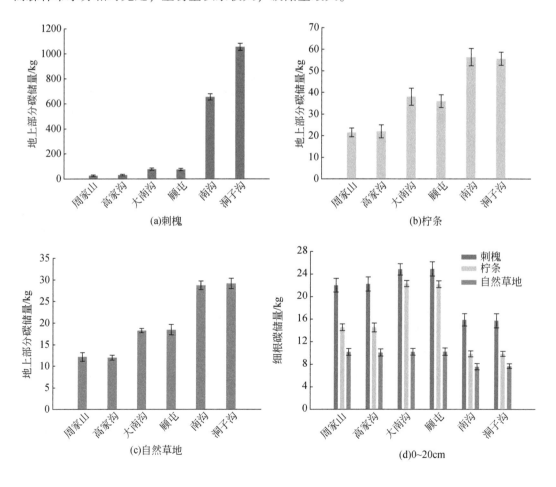

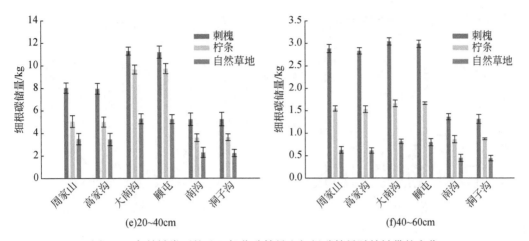

图 6-1　各植被类型的地上部分碳储量和细根碳储量随植被带的变化

6.1.3.2　植被细根碳储量随植被带的变化

刺槐样地、柠条样地和自然草地的细根碳储量排序为森林草原带>草原带>森林带（$p<0.05$）（图 6-1）。根生物量排序为森林草原带>草原带。细根碳储量与根生物量一致，为森林草原带>草原带，说明细根碳储量主要由根生物量决定。

6.1.3.3　土壤碳储量随植被带的变化

刺槐、柠条和自然草地的土壤有机碳含量在所有土层排序均为草原带<森林草原带<森林带（图 6-2）。这与叶碳含量和地上部分生物量的变化趋势均一致。但是，刺槐的土壤碳储量在草原带和森林草原带无显著差异，这是由于土壤容重为草原带大于森林草原带。柠条和自然草地的土壤碳储量在各植被带的变化同土壤有机碳含量的变化一致。随着土层的加深，每种植被类型的土壤碳储量均降低。

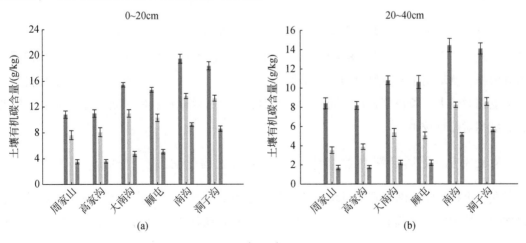

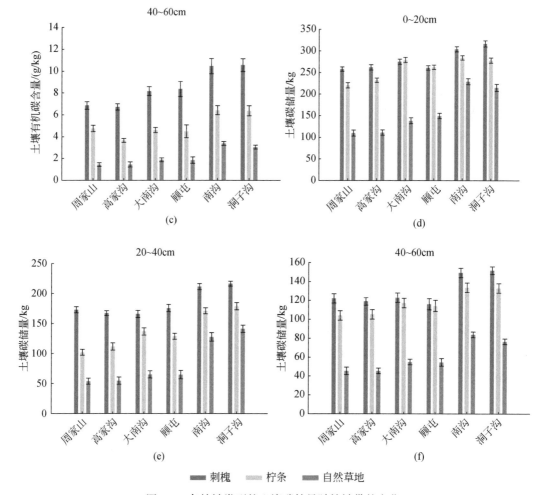

图 6-2　各植被类型的土壤碳储量随植被带的变化

6.1.3.4　不同群落自然草地间地上部分碳储量的变化

在每个植被带，不同群落自然草地的地上部分碳储量均为猪毛蒿样地<铁杆蒿样地<长芝草样地<赖草样地，这跟群落优势种自身的结构有关（图 6-3）。猪毛蒿和铁杆蒿都属于菊科植物，赖草属于禾本科植物，禾本科植物的高度、叶面积和叶碳含量均大于菊科，碳储量也相对较大。长芒草和赖草同属禾本科但长芒草的叶面积和叶碳含量小于赖草，因此碳储量相对赖草较小。

6.1.3.5　不同群落自然草地间细根碳储量的变化

在每个植被带，细根碳储量均为猪毛蒿样地<铁杆蒿样地<长茅草样地<赖草样地，这跟群落优势种的根系特征有关（图 6-4）。猪毛蒿和铁杆蒿都是直根系，赖草是须根系。

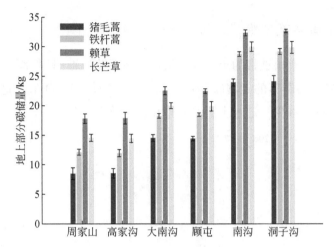

图 6-3 各植被带下不同群落自然草地间地上部分碳储量的变化

长芒草样地的细根碳储量在 0～20cm 土层大于赖草样地，在 20～40cm 土层和赖草样地无显著差异，在 40～60cm 土层小于赖草样地。另外，随着土层加深，长芒草的细根碳储量随土层加深减小幅度较大，这是由于长芒草的须根系很难到达较深的土层。

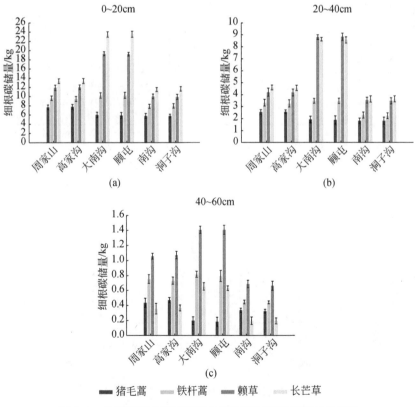

图 6-4 各植被带下不同群落自然草地间细根碳储量的变化

6.1.3.6 不同群落自然草地间土壤碳储量的变化

在每个土层下，所有植被带的土壤碳储量均为猪毛蒿样地<铁杆蒿样地<赖草样地<长芒草样地（图6-5）。各群落的土壤碳储量均随着土层的加深而降低，这是由于枯枝落叶和根生物量随土层逐渐减少，进入土壤的叶碳和根碳随之逐渐减少。

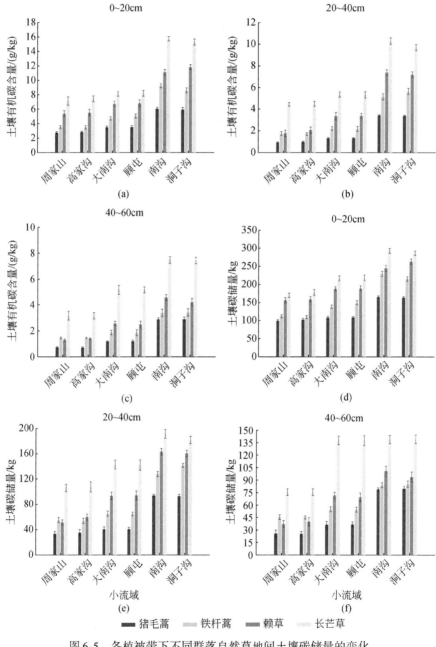

图6-5　各植被带下不同群落自然草地间土壤碳储量的变化

6.1.4 流域总碳储量的分异特征

6.1.4.1 各植被类型的总碳储量随植被带的变化

刺槐样地、柠条样地和自然草地的总碳储量在植被带上的变化主要受地上部分碳储量的影响，均为草原带<森林草原带<森林带（图6-6）。

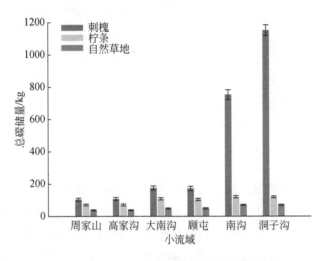

图6-6 各植被类型的总碳储量随植被带的变化

6.1.4.2 不同群落自然草地间总碳储量的变化

由于自然草地的地上部分生物量较小，地上部分碳储量也较小，而土壤碳储量远远大于地上部分碳储量。因此，各群落自然草地间的总碳储量变化趋势与土壤碳储量一致（图6-7）。

6.1.5 流域植物功能性状对固碳服务的影响

6.1.5.1 各植被类型植物功能性状对固碳服务的影响

由图6-8（a）可知，不同植被带下人工林地的根功能性状间（除根组织密度外），以及叶功能性状间（除叶组织密度外）均呈正相关（$p<0.05$）。固碳服务与盖度、叶功能性状、土壤有机质、土壤黏粒含量、土壤粉粒含量和土壤团聚体呈正相关（$p<0.05$），与土壤容重和物种多样性呈负相关（$p<0.01$）。这是由于森林带的水分相对充足，叶面积和叶

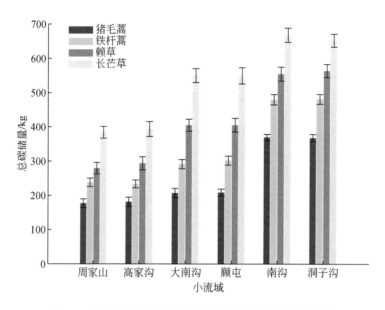

图 6-7　各植被带下不同群落自然草地间总碳储量的变化

干重的增加会使得枯落物增加，枯落物被分解后会增加土壤有机质，进而提高了土壤碳储量。再加上人工林地的盖度和高度均为森林带最大，也就是地上生物量也为森林带最大，因此固碳服务在森林带最大。然而，刺槐和柠条盖度的增大会影响林下的物种多样性，森林带物种多样性最低，使得固碳服务与物种多样性呈负相关。从图 6-8（a）可看出，森林带刺槐样地（F-T）、森林带柠条样地（F-S）和森林草原带刺槐样地（FS-T）的固碳服务在所有人工林地中大于均值，其中样地 F-T 最大，即森林带刺槐样地最大。草原带刺槐样地（S-T）、森林草原带柠条样地（FS-S）和草原带柠条样地（S-S）的固碳服务在所有人工林地中小于均值，其中样地 S-S 为最小。

自然草地的根功能性状间（除根组织密度外）均呈正相关（$p<0.05$）。但叶功能间的相关性出现了相反的趋势，叶干重、叶碳含量、叶厚度和叶组织密度呈显著正相关，叶面积和比叶面积呈显著负相关。由于草原带的植物为了适应较干旱的环境，叶面积和比叶面积会变小，叶厚度和叶组织密度会增加，叶子中会保存相对较多的碳来满足自身的需求，因此叶碳含量和叶干重在草原带最大。固碳服务与植被盖度、叶面积、比叶面积、物种多样性，以及土壤性质（容重除外）均呈显著正相关，与容重、叶干重、叶碳含量、叶厚度，以及根功能性状呈显著负相关。这说明固碳服务主要是由地上部分和土壤有机质含量决定。由图 6-8（b）可知，森林带自然草地样地（F-H）的碳储量最大。

由于延河流域人工林地的根长密度和根重密度对碳固定的影响不显著，图 6-9（a）中未出现地下生物量。造成这一结果可能是由于延河流域不同植被带地上部分生物量远远大于地下部分（地下部分只计算了细根生物量），以及人工林地地上部分对固碳服务的影

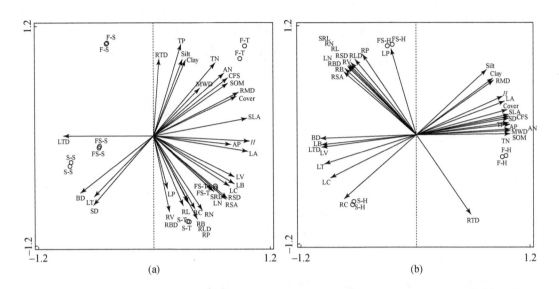

图 6-8　植被带变化下（a）人工林地和（b）自然草地植物功能性状与固碳服务的相关性

F-T 表示森林带刺槐样地；F-S 表示森林带柠条样地；F-H 表示森林带自然草地；FS-T 表示森林草原带刺槐样地；FS-S 表示森林草原带柠条样地；FS-H 表示森林草原带自然草地；S-T 表示草原带刺槐样地；S-S 表示草原带柠条样地；S-H 表示草原带自然草地。其余字母含义同图 5-4

响占有绝对优势，因此，地下部分功能性状对固碳服务的影响不显著。地上生物量对固碳服务的影响的总效应值为 0.91，其中直接效应值为 0.52，对土壤有机质的效应值为 0.45，说明地上生物量对延河流域人工林地固碳服务相对其他功能性状重要。另外，土壤有机质对延河流域人工林地固碳服务的效应值也较大，为 0.50。

由图 6-9（b）可知，延河流域自然草地地上生物量对固碳服务的影响的总效应值为 0.91，说明地上生物量对延河流域自然草地固碳服务相对其他功能性状重要。另外，土壤有机质对延河流域自然草地固碳服务的效应值也较大，为 0.55。

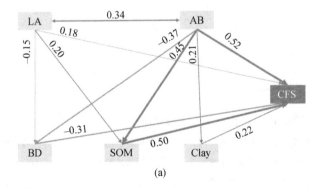

(a)

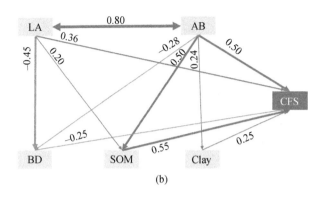

(b)

图 6-9　不同植被带（a）人工林地和（b）自然草地功能性状对固碳服务的影响

字母含义同图 5-4

6.1.5.2　不同群落自然草地功能性状对固碳服务的影响

延河流域不同群落自然草地的根功能性状间（除根组织密度外）及其与叶碳含量和叶干重间均呈正相关（$p<0.05$）（图 6-10）。固碳服务与土壤性质（容重除外）、叶面积、比叶面积和物种多样性均呈显著正相关，而与叶碳含量、叶干重和根功能性状呈不相关或负

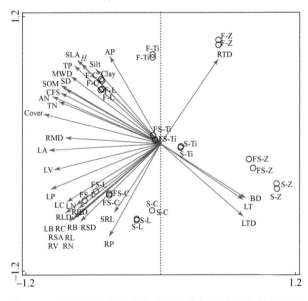

图 6-10　不同群落自然草地功能性状与固碳服务的相关性

F-Z、F-Ti、F-L 和 F-C 分别表示森林带猪毛蒿群落、森林带铁杆蒿群落、森林带赖草群落和森林带长芒草群落；FS-Z、FS-Ti、FS-L 和 FS-C 分别表示森林草原带猪毛蒿群落、森林草原带铁杆蒿群落、森林草原带赖草群落和森林带长芒草群落；S-Z、S-Ti、S-L 和 S-C 分别表示草原带猪毛蒿群落、草原带铁杆蒿群落、草原带赖草群落和草原带长芒草群落。其余字母含义同图 5-4

相关。森林带猪毛蒿群落（F-Z）、森林带铁杆蒿群落（F-Ti）、森林带赖草群落（F-L）、森林带长芒草群落（F-C）、森林草原带长芒草群落（FS-C）、森林草原带赖草群落（FS-L）和森林草原带铁杆蒿群落（FS-Ti）的固碳服务在所有自然草地中大于均值，其中 F-L 和 F-C 较大，即森林带的赖草样地和长芒草样地较大。草原带猪毛蒿群落（S-Z）、草原带铁杆蒿群落（S-Ti）、草原带长芒草群落（S-C）、草原带赖草群落（S-L）和森林草原带猪毛蒿群落（FS-Z）的固碳服务在所有自然草地中小于均值，其中 S-Z 和 FS-Z 较小，即草原带的猪毛蒿样地和森林草原带的猪毛蒿样地。

图 6-11 为延河流域不同群落自然草地类型功能性状对固碳服务的影响。根长密度和根重密度的路径系数较大，为 0.85。叶面积、叶干重、地上生物量、根长密度和根重密度对固碳服务影响的总效应值分别为 0.69、0.66、0.91、0.58 和 0.49。另外，土壤有机质对固碳服务的效应值为 0.50，较地上生物量的总效应值低，但与根重密度的总效应值差异不显著。以上结果说明，延河流域不同群落自然草地类型功能性状对固碳服务的影响主要由地上生物量和土壤有机质决定。

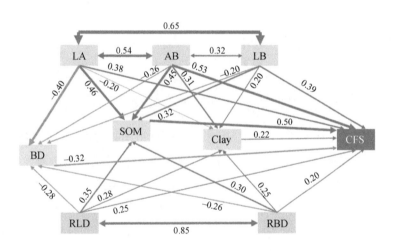

图 6-11　不同群落自然草地功能性状对固碳服务的影响

字母含义同图 5-4

6.2　流域植被恢复对水源涵养服务的影响

干旱和半干旱地区土壤水分的动态变化受多种因素影响，土地利用和植被恢复年限的变化会导致土壤水分的变化（de Queiroz et al.，2020；Huang et al.，2019）。除此之外，在干旱生态系统中，降水量对土壤水分变化的影响较显著。由于降水量的差异，空间上形成了不同的植被带，对不同植被带植物功能性状和水源涵养服务变化的研究有重要意义

（Montenegro and Ragab，2012；Cohen et al.，2014）。目前，这方面的研究较多，但很少有研究结合植物地上和地下部分功能性状去分析植被对水源涵养服务的影响。因此，本节对不同植被带的水源涵养服务进行分析，揭示不同植被带水源涵养服务的变化规律，探究植物地上和地下部分功能性状对水源涵养服务的影响，为不同植被带水源涵养服务的可持续发展提供理论依据。

6.2.1 研究区概况及样地布设

研究区概况和样地布设同 2.1.1 的延河流域。

6.2.2 数据获取与分析

数据获取与分析同 5.2.2。

6.2.3 流域土壤水分的变化

6.2.3.1 各植被类型土壤水分随植被带的变化

由于半干旱区的土壤水分不饱和，降水除一部分被植被的地上部分截留外，大部分会渗透到土壤中以土壤水分的形式存在。研究表明，每种植被类型的土壤水分为草原带<森林草原带<森林带（图6-12）。人工林地的土壤水分在 20～200cm 土层中的下降幅度大于 200～500cm 土层（p<0.05）。这是由于人工林地在浅层（20～200cm）具有较多的根系，深层（200～500cm）的根系比浅层少（Fang et al.，2016）。人工林地这两个土层的土壤水分减少幅度为草原带>森林草原带>森林带。

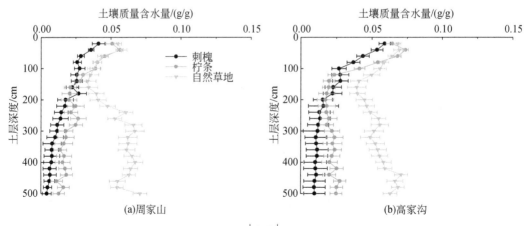

(a)周家山　　(b)高家沟

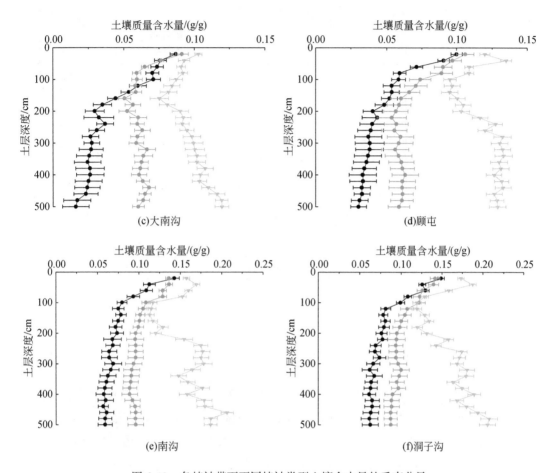

图 6-12 各植被带下不同植被类型土壤含水量的垂直分异

自然草地土壤水分在植被带上的变化与人工林地极为不同（图 6-12），到达自然草地的光照和水分不受树冠的影响。因此，降水较多的森林带表层中的土壤水分最高。在每个植被带，自然草地的土壤含水量在 20～200cm 土层表现出明显的下降趋势，尤其是在 20～140cm 土层中。这是由于大多数草本植物的根系在 0～140cm 土层中（Shangguan，2007）。但随着土层的加深，自然草地（200～500cm）的深层土壤水分呈增加趋势。这主要归因于两个因素：①草本植物在 200～500cm 土层中几乎没有根系；②深层土壤水分通过毛细作用补充浅层土壤水分，表现出深层土壤水分从深层到浅层逐渐减少的趋势（Chen et al.，2019）。

通过计算 LNRR，分析了不同植被带造林引起的土壤水分变化。LNRR 表示人工林地相对于自然恢复草地的土壤水分变化程度。在所有植被带中，刺槐样地和柠条样地的LNRR 均小于零（图 6-13）（$p < 0.05$）。结果表明，在所有植被带，造林对土壤水分均产生了负面影响。

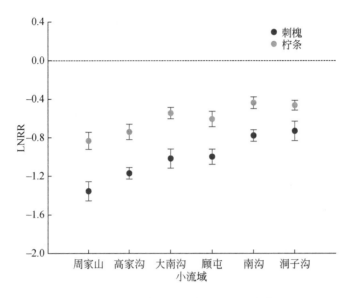

图 6-13　植被带下人工林地 LNRR 变化

6.2.3.2　不同群落自然草地间土壤水分的变化

在每个植被带，不同群落自然草地的总土壤水分为猪毛蒿样地<铁杆蒿样地<赖草样地<长芒草样地（图 6-14）。主要有两个原因：一是随着演替的进行，植物地上部分盖度和枯枝落叶层厚度的增加对降雨的截留作用增强，增加土壤水分的入渗；二是随着演替下植被对土壤的影响，土壤中的有机质含量越来越高，这也促进了水分的入渗。

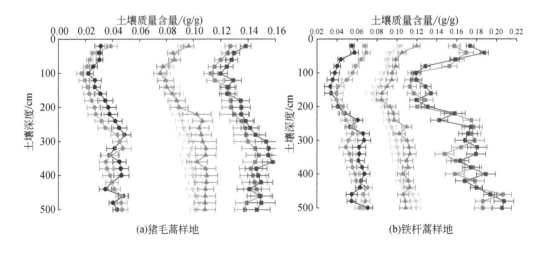

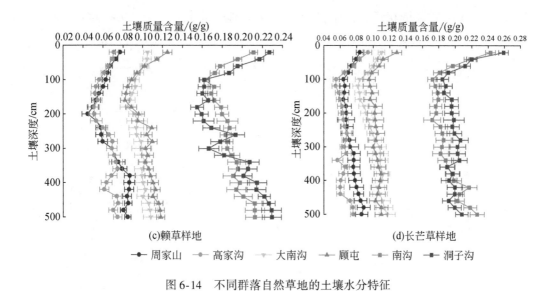

图 6-14 不同群落自然草地的土壤水分特征

6.2.4 流域土壤储水量的变化

6.2.4.1 各植被类型土壤储水量随植被带的变化

各植被类型的土壤储水量均与降水的变化一致,为周家山和高家沟<大南沟和顾屯<南沟和洞子沟,即草原带<森林草原带<森林带(图 6-15)。

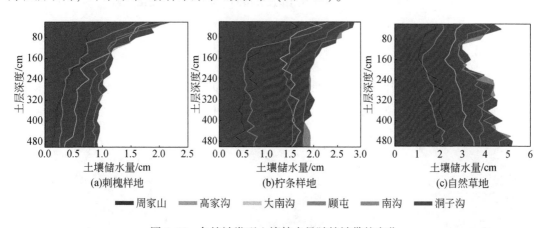

图 6-15 各植被类型土壤储水量随植被带的变化

在每个小流域,不同植被类型下的总土壤储水量为刺槐样地<柠条样地<自然草地($p<0.05$)(图 6-16)。土壤表层(0~20cm)储水量为刺槐样地<柠条样地<自然草地。这

个结果与土壤质量含量相反，这也是由于自然草地容重较大。在 20~200cm 和 200~500cm 土层中，各植被类型及类型间土壤储水量的变化均同土壤质量含水量一致。

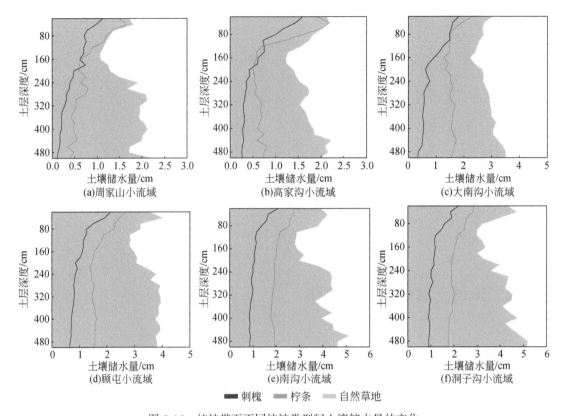

刺槐　柠条　自然草地

图 6-16　植被带下不同植被类型间土壤储水量的变化

6.2.4.2　不同群落自然草地间土壤储水量的变化

在每个小流域，不同群落自然草地间的储水量在草原带和森林带为从猪毛蒿样地<铁杆蒿样地<赖草样地，土壤储水量呈逐渐增加趋势（$p<0.05$）（图 6-17）。由于随着演替的

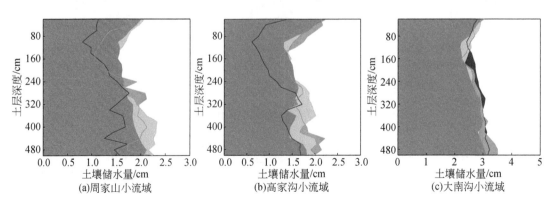

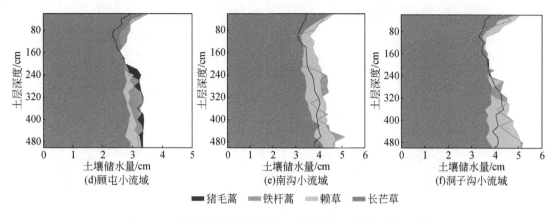

图 6-17　各植被带下不同群落自然草地间土壤储水量的变化

进行土壤入渗率逐渐增加且根系由直根系向须根系演变，深层土壤储水量增加。森林草原带不同群落自然草地间的储水量没有显著差异（$p>0.05$）。这可能是由于容重对储水量的影响。

6.2.5　流域植物功能性状对水源涵养服务的影响

6.2.5.1　不同植被类型功能性状对水源涵养服务的影响

由图 6-18（a）可知，不同植被带下人工林地的根功能性状间（除根组织密度外）、叶功能性状间（除叶组织密度外）及它们之间均呈显著正相关（$p<0.05$）。水源涵养服务与植被盖度、根组织密度和土壤性质（容重除外）呈正相关（$p<0.05$），与土壤容重、叶功能性状（比叶面积和叶组织密度除外）、根功能性状（除根组织密度外）和物种多样性呈负相关（$p<0.01$）。森林带枯枝落叶层的增加会增加水分入渗率同时会增加土壤有机质等土壤性质。根长等根功能性状在森林草原带最大，再到森林带出现下降的趋势。因此，水源涵养服务与根功能性状（除根组织密度外）变化相反。另外，由于森林带植被盖度较大会影响林下植物生长，物种多样性较低，因此物种多样性与水源涵养服务呈显著负相关。图 6-18（a）可看出，样地 F-T、样地 F-S 和样地 FS-S 的水源涵养服务在所有人工林地中大于均值，其中样地 F-S 最大。样地 S-T、样地 FS-T 和样地 S-S 的水源涵养服务在所有人工林地中小于均值，其中样地 S-T 最小。由图 6-18（b）可知，水源涵养服务与植被盖度、叶面积、比叶面积、物种多样性，以及土壤性质（容重除外）均呈显著正相关，与容重、叶干重、叶碳含量、叶厚度，以及根功能性状呈显著负相关。这说明固碳服务和水源涵养服务显著正相关。样地有 F-H 和样地 FS-H 的水源涵养服务在所有植被带中大于均

值，样地 S-H 的水源涵养服务最小。

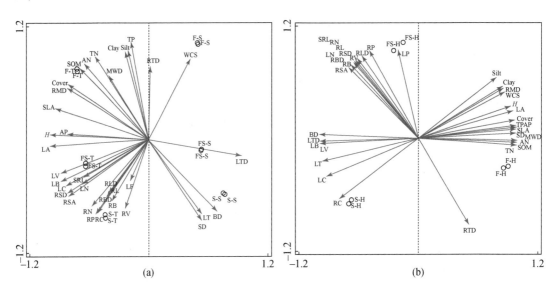

图 6-18　不同植被带（a）人工林地和（b）自然草地功能性状与水源涵养服务的相关性

WCS，水源涵养服务；其余字母含义同图 6-8

由图 6-19（a）可知，延河流域人工林的地上生物量和叶干重无显著的相关性，这是由于地上生物量随植被带的变化较显著，而叶干重随植被带的变化较小所致。地上生物量对水源涵养服务的直接影响为正，而对地下部分的直接影响为负。地上生物量从草原带到森林带的变化为不断增大，但是根长密度和根重密度却为森林草原带最大，从森林草原带到森林带呈现了降低的趋势。因此，地上和地下的变化趋势相反。地上生物量、根长密度和根重密度对水源涵养服务的总效应值分别为 0.83、−0.57 和 −0.61。因此，延河流域人工林地植物功能性状对水源涵养服务的影响主要是地上生物量。我们对人工林地随时间变化的结果表明，地上生物量越大耗水量越大，但是在延河流域这一结论并不成立。因为延河流域不同植被带的降水差异很大，且森林带的降水量最大，所以虽然森林带的地上生物量最大，但是水源涵养服务也是最高。

由图 6-19（b）可知，地上生物量和叶干重呈显著负相关，路径系数为 −0.75，根长密度和根重密度为正相关，路径系数为 0.72。在叶面积、叶干重、地上生物量、根长密度和根重密度对水源涵养服务的间接效应中，地上生物量对土壤有机质和土壤黏粒的影响为正，对土壤容重的影响为负，而叶干重、根长密度和根重密度正好相反。地上生物量、叶干重、根长密度和根重密度对水源涵养服务的总效应分别为 0.82、−0.75、−0.57 和 −0.65。因此，地上生物量对水源涵养服务的影响最重要。另外，土壤有机质对水源涵养服务的效应值较固碳服务小。

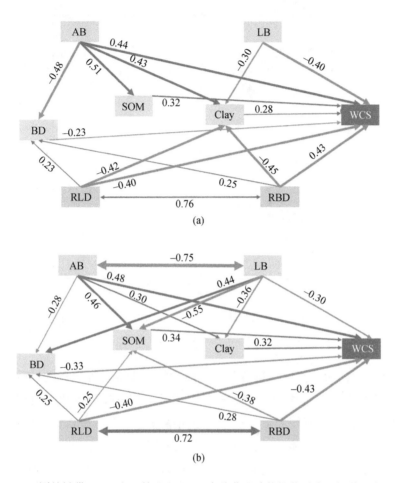

图6-19　不同植被带（a）人工林地和（b）自然草地功能性状对水源涵养服务的影响

字母含义同图5-4和图5-13

6.2.5.2　不同群落自然草地功能性状对水源涵养服务的影响

水源涵养服务与土壤性质（容重除外）、叶面积、比叶面积、叶体积和物种多样性均呈显著正相关，而与叶碳含量、叶干重和根功能性状（根组织密度除外）呈显著负相关（图6-20）。森林带降水较多可使植物生长旺盛，叶面积、比叶面积较大，根长和比根长却较小。样地F-Z、样地F-Ti、样地F-L、样地F-C和样地FS-Ti的水源涵养服务在所有自然草地中大于均值，其中森林带的水源涵养服务均较大。样地S-Z、样地S-Ti、样地S-C、样地S-L、样地FS-Z、样地FS-C、样地FS-L的水源涵养服务在所有自然草地中小于均值，其中样地S-Z最小。

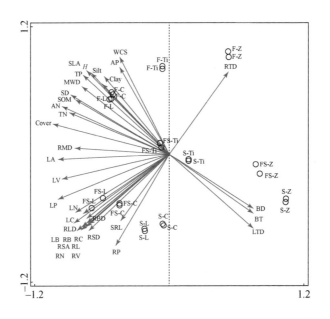

图6-20　不同群落自然草地功能性状与水源涵养服务的相关性

WCS，水源涵养服务；其余字母含义同图6-10

　　图6-21为延河流域不同群落自然草地功能性状对水源涵养服务的影响。外生变量叶面积、地上生物量和叶干重之间互相呈显著正相关，其中叶干重和叶面积路径系数达到0.65，同固碳服务。根长密度和根重密度的路径系数也较大，为0.87。叶面积、叶干重、地上生物量、根长密度和根重密度对水源涵养服务影响的总效应值分别为0.81、-0.25、0.95、-0.11和0.05。其中，根长密度和根重密度的总效应很低，这是因为不同优势种的

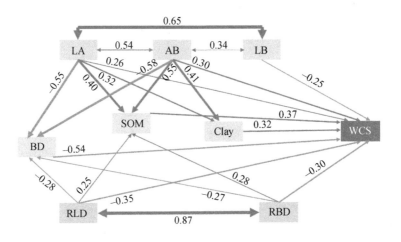

图6-21　不同群落自然草地功能性状对水源涵养服务的影响

字母含义同图5-4和图5-13

根系特征不同，导致差异程度和其他指标不同所致。另外，土壤有机质对水源涵养服务的影响较对固碳服务的小，路径系数为 0.37。因此，同样固碳服务一样，地上生物量对水源涵养服务的影响最大。

6.3 流域植被恢复对土壤保持服务的影响

越来越多的研究表明，根长密度、根重密度等地下部分功能性状在减少土壤侵蚀方面可能更为重要（Berendse et al.，2015；Zhang et al.，2013）。但无论是根长密度还是根重密度，对它们进行直接测量通常涉及大量的野外工作（Garnier and Navas，2012），目前对地下部分功能性状的研究较缺乏。然而，不同植被带植物地上和地下部分功能性状变化对土壤保持服务的影响有显著差异。因此，本节对不同植被带的土壤保持服务进行分析，揭示不同植被带土壤保持服务的变化规律，探究不同植被带植物地上和地下部分功能性状对土壤保持服务的影响，为当地土壤保持服务的维持和可持续发展提出管理对策。

6.3.1 研究区概况及样地布设

研究区概况和样地布设同 2.1.1 的延河流域。

6.3.2 数据获取与分析

数据获取与分析同 5.3.2。

6.3.3 流域土壤流失量的变化

6.3.3.1 各植被类型土壤流失量随植被带的变化

一些前人的研究表明，根系可以将土壤结合在一起，将松软的土壤连接成强大而稳定的结构并形成一个密集的网络，更多的根系可以提供较大的土壤黏聚力，从而为土壤流失创造一个机械屏障（Wang and Zhang，2017）。然而，我们在前面章节的研究表明刺槐的根长、根长密度、根表面积、根表面积密度、根生物量和根生物量密度在各土层均为森林草原带>草原带>森林带，土壤流失量为草原带>森林草原带>森林带（图 6-22）。土壤流失量随植被带的变化同根系的变化不是完全相反的趋势，这与它们随植被恢复年限变化的机理不相同。这是由于不同植被带间的降水差异显著，降水引起的土壤水分的变化差异也显著，而土壤水分的变化会引起其他土壤理化性质的变化。例如，随着土壤水分的增大，土壤容重会减小，土壤黏粒、粉粒和团聚体会增大。有研究表明，不仅根系增多可以促进团聚体的形成，土壤水分的增多也可以促进团聚体和黏粒的形成，团聚体越多越不容易被侵蚀，黏粒越高越有利于絮凝和团聚。因此，森林带土壤流失量最少的原因可能有两方面。一方面是森林带的降水最多使得土壤水分最大进而引起土壤理化性质的不同。根系可以促进土壤水分的渗透性，森林带的草本植物根系虽少但是土壤水分足够多，有利于土壤黏粒和团聚体的形成。另一方面是森林带的枯枝落叶层较厚，枯落物会渗入到土壤中，尤其是表层土壤。枯落物的渗入不仅会在物理上起到固着土壤的作用，而且枯落物在经过微生物分解后可增加土壤有机质，这也会阻碍土壤的流失（Gogichaishvili，2012）。这个结论说明了在植被带上，土壤物理性质和化学性质主导了土壤流失量的变化。

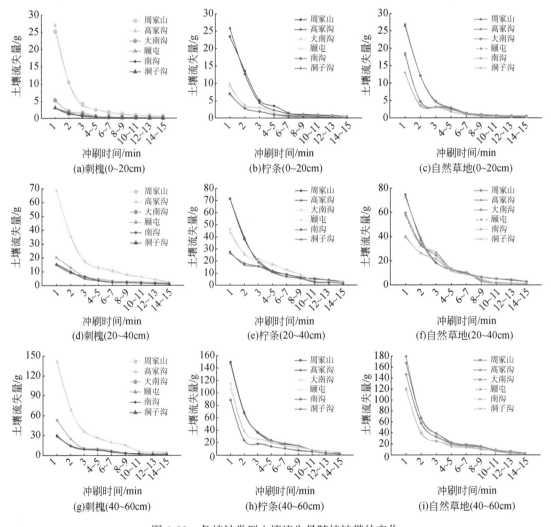

图 6-22　各植被类型土壤流失量随植被带的变化

在草原带，各植被类型的土壤流失量无显著差异，尤其是 0~20cm 和 20~40cm 土层（图 6-23）。在 40~60cm 土层，自然草地的土壤流失量显著大于人工林地。这是由于自然草地在 40~60cm 土层的植物根系较少。草原带各植被类型的根功能性状（除根组织密度外）均为刺槐样地>柠条样地>自然草地，但各植被类型间土壤流失量却无显著差异，这可能是由于草原带土壤水分极其短缺，刺槐样地的根虽多但土壤水分较少。在森林草原带和森林带，各植被类型的土壤流失量均为刺槐样地<柠条样地<自然草地，与根功能性状（除根组织密度外）、土壤黏粒、粉粒、团聚体和土壤有机质的变化相反，说明在这两个植被带，根系是阻碍土壤流失的主要因素。

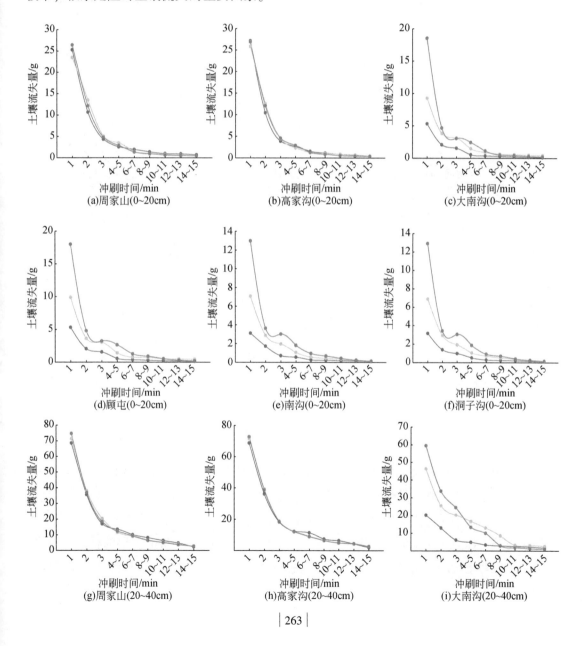

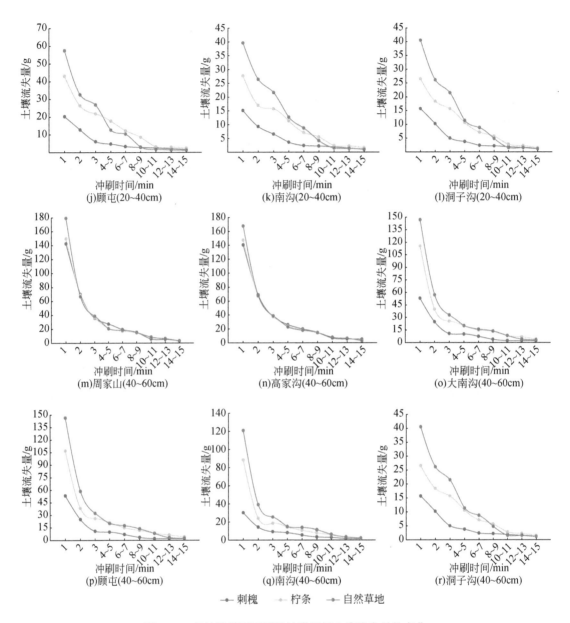

图 6-23　各植被带下不同植被类型间土壤流失量的变化

在各植被带每种植被类型在各土层的土壤流失量均为 0~20cm<20~40cm<40~60cm。这一方面是由于根系随土层的加深逐渐减少，根系对土壤的机械作用降低。另一方面是由于根系的减少，根系向土壤中释放的各种有机或无机物质减少，而这些变化最终减少了土壤团聚体等可以阻碍土壤流失的土壤物理性质。此外，表层 0~20cm 土层的枯落物较多，枯落物可以对土壤产生物理固着作用，同时枯落物的分解可以增加土壤有机质进而减少土壤流失量。

土壤流失量随时间的变化同样均为前 3 分钟的占比较大。例如，刺槐样地在周家山与高家沟小流域（草原带），0 ~ 20cm、20 ~ 40cm 和 40 ~ 60cm 土层的土壤流失量在前 3 分钟分别占总土壤流失量的 82%、73% 和 76% 与 85%、74% 和 76%。这表明在延河流域的各植被带，径流冲刷的前 3 分钟均为主要的土壤流失时间段。

6.3.3.2 不同群落自然草地间土壤流失量的变化

在 0 ~ 20cm 土层，所有群落在各植被带上的土壤流失量为猪毛蒿样地 > 铁杆蒿样地 > 赖草样地 > 长芒草样地（图 6-24）。在 0 ~ 20cm 土层中，根长等根功能性状均为长芒草样地 > 赖草样地 > 铁杆蒿样地 > 猪毛蒿样地。这说明在同一植被带不同群落自然草地之间，根系是土壤流失量的主要控制因素。另外，赖草样地和长芒草样地地上部分的叶面积和生物量均较大，从而产生较多的枯枝落叶，这也是土壤流失量较少的一个原因。在 20 ~ 40cm 土层中，森林草原带赖草样地的根长和根生物量和长芒草样地无显著差异，土壤流失量也无显著差异。禾本科的赖草样地和长芒草样地的根系很难达到 40 ~ 60cm 土层，因此长芒草样地的土壤流失量仅次于猪毛蒿样地。

各群落自然草地在不同土层的土壤流失量均为 0 ~ 20cm < 20 ~ 40cm < 40 ~ 60cm，不同群落自然草地土壤流失量随土层加深而增大的机制同各植被类型。另外，各草本群落样地的土壤流失量随时间的变化同样均为前 3 分钟的占比大。

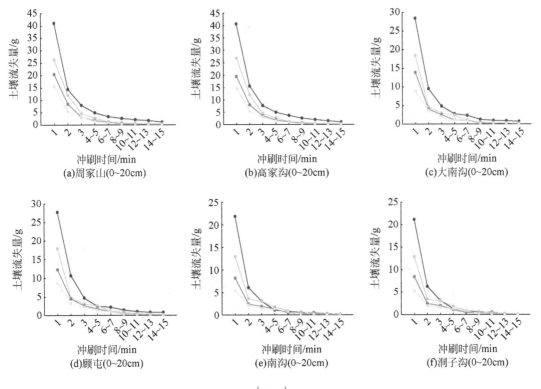

(a) 周家山(0~20cm) (b) 高家沟(0~20cm) (c) 大南沟(0~20cm)

(d) 顾屯(0~20cm) (e) 南沟(0~20cm) (f) 洞子沟(0~20cm)

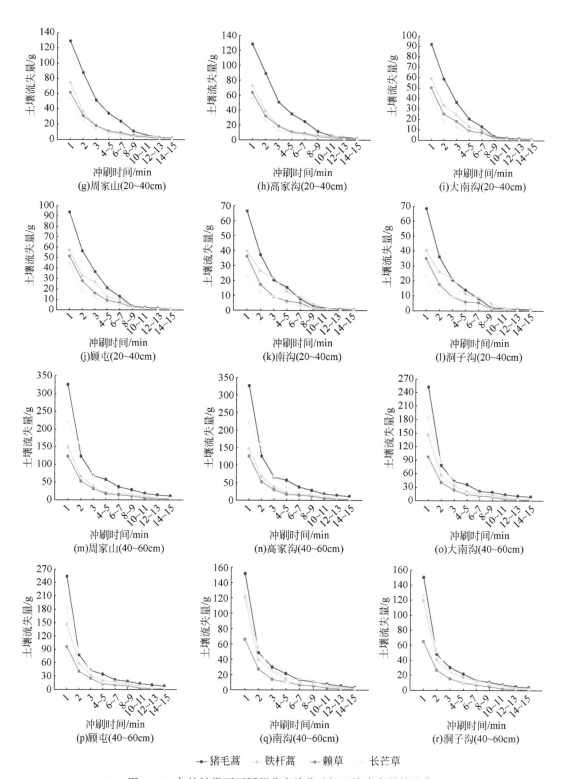

图6-24　各植被带下不同群落自然草地间土壤流失量的变化

6.3.4 流域土壤分离率和土壤抗蚀性的变化

6.3.4.1 各植被类型土壤分离率和土壤抗蚀性随植被带的变化

在各土层下，每种植被类型的土壤分离率随植被带的变化趋势与土壤流失量一致，均为草原带>森林草原带>森林带（图6-25）。在草原带，各植被类型的土壤分离率均无显著差异（$p>0.05$）。在森林草原带和森林带，植被类型的土壤分离率均为刺槐样地<柠条样地<自然草地。随着土层的加深，各植被类型的土壤分离率均呈不断增加的趋势，这同土壤流失量的变化趋势一致。各植被类型的土壤抗冲系数在不同植被带和土层下的变化与土壤流失量和土壤分离率的变化趋势相反。

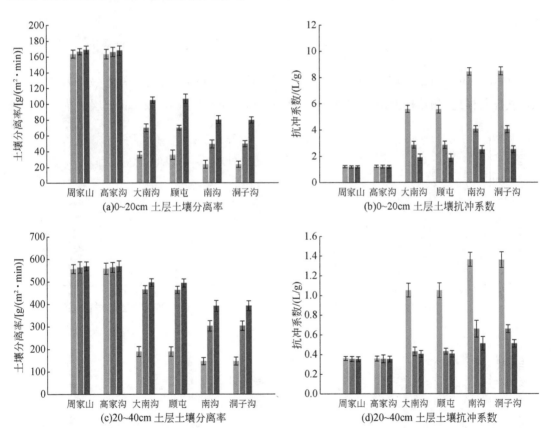

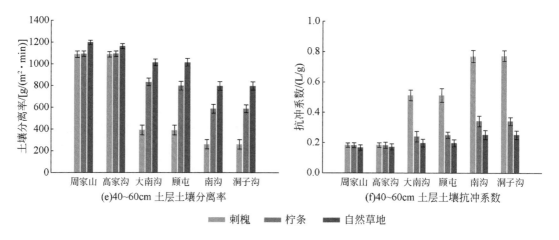

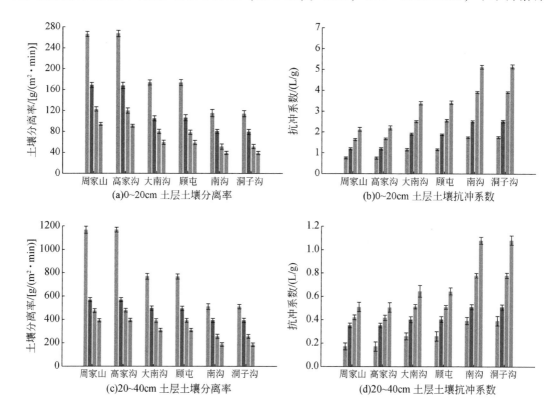

图 6-25　各植被类型的土壤分离速率和土壤抗蚀性随植被带的变化

6.3.4.2　不同群落自然草地间土壤分离率和土壤抗蚀性的变化

在 0~20cm 和 20~40cm 土层，草本群落样地在各植被带的土壤分离率均为猪毛蒿样地>铁杆蒿样地>赖草样地>长芒草样地（图 6-26）。例如，在 0~20cm 土层，草本群落样

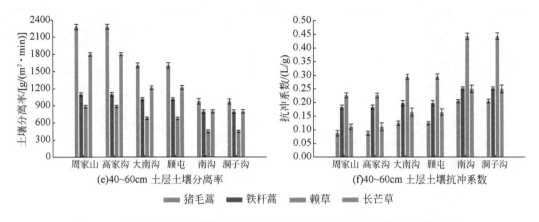

图 6-26　各植被带下不同群落自然草地间土壤分离速率和土壤抗蚀性的变化

地在南沟的土壤分离率为猪毛蒿样地>铁杆蒿样地>赖草样地>长芒草样地。然而在 40～60cm 土层，长芒草样地的土壤分离率仅次于猪毛蒿样地。这还是由于长芒草的须根很难达到 40～60cm 土层。随着土层的加深，各草本群落的土壤分离率均呈不断增加的趋势，这同土壤流失量的变化趋势一致。另外，所有草本群落样地的土壤抗冲系数在不同植被带下和土层下的变化与土壤流失量和土壤分离率的变化趋势相反。

6.3.5　流域功能性状对土壤保持服务的影响

6.3.5.1　不同植被类型功能性状对土壤保持服务的影响

由图 6-27（a）可知，土壤保持服务与盖度、叶面积、比叶面积和土壤性质（容重除外）呈显著正相关（$p<0.05$），与土壤容重、叶组织密度、根功能性状（根组织密度除外）和物种多样性呈负相关（$p<0.01$）。森林带的土壤有机质、粉粒和黏粒含量的增加会减少土壤流失量，根功能性状在森林带不是最大，说明了在不同植被带土壤性质的差异较大，较大的土壤有机质含量、土壤团聚体和土壤黏粒可以大大减少土壤流失进而提高土壤保持服务。样地 F-T、样地 F-S 和样地 FS-T 的土壤保持服务在所有人工林地中大于均值，样地 F-T 最大。样地 S-T、样地 FS-S 和样地 S-S 的土壤保持服务在所有人工林地中小于均值，样地（S-S）最小。由图 6-27（b）可知，不同植被带碳储量和土壤保持服务呈显著的正相关（$p<0.01$）。森林带和森林草原带的自然草地土壤保持服务较草原带大，只有草原带自然草地的土壤保持服务小于平均值。

延河流域人工林地的叶面积和叶干重对土壤保持服务均无显著影响，因此不出现在框图上。由图 6-28（a）可知，地上生物量对土壤保持服务的直接影响较水源涵养服务小，

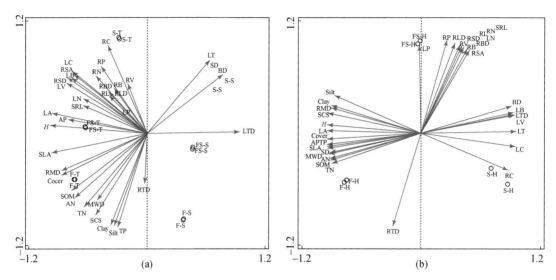

图 6-27　不同植被带（a）人工林地和（b）自然草地功能性状与土壤保持服务的相关性

SCS，土壤保持服务；其余字母含义同图 6-8

但是它对土壤有机质影响较大，路径系数为 0.56。因此，地上生物量通过对土壤有机质的影响来间接影响土壤保持服务的效应值相对较大，为 0.29。根长密度和根重密度对土壤保持服务的影响无论是直接影响还是间接影响均较小，总效应分别为 -0.49 和 -0.47。因此，延河流域人工林地地上生物量对土壤保持服务的影响最大，其次是土壤有机质，地下功能性状的影响最小。

　　由图 6-28（b）可知，同人工林地，延河流域自然草地地上生物量对土壤保持服务的直接较小，但是对土壤有机质的影响较大。因此，地上生物量通过对土壤有机质的影响来间接影响土壤保持服务的效应值相对较大，甚至大于人工林地，为 0.34。地上生物量、根长密度和根重密度对土壤保持服务的总效应分别为 0.84、-0.62 和 -0.63。延河流域自然

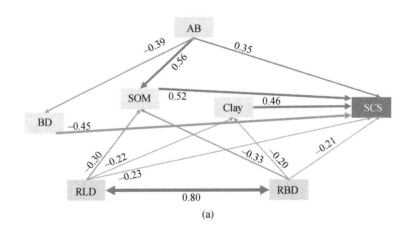

(a)

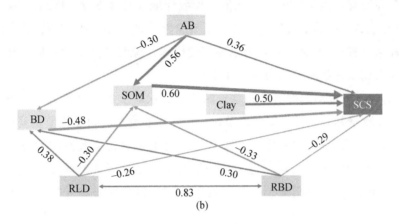

图 6-28 不同植被带 （a） 人工林地和 （b） 自然草地功能性状对土壤保持服务的影响

字母含义同图 5-4 和图 5-18

草地地下功能性状对土壤保持服务的影响虽然大于人工林，但还是小于地上生物量。因此，自然草地对土壤保持服务的影响最重要的依然是地上生物量。

6.3.5.2 不同群落自然草地功能性状对土壤保持服务的影响

延河流域不同群落自然草地碳储量和土壤保持服务呈显著正相关（$p<0.01$）（图 6-29）。样地 F-Z、样地 F-Ti、样地 F-L、样地 F-C、样地 FS-C、样地 FS-L 和样地 FS-Ti 的

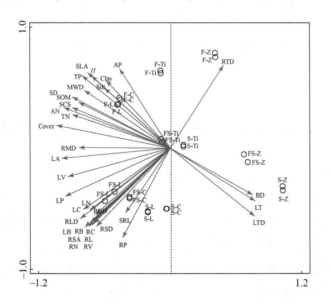

图 6-29 不同群落自然草地功能性状与土壤保持服务的相关性

SCS，土壤保持服务；其余字母含义同图 6-10

土壤保持服务在所有自然草地中大于均值。少数样地（样地 S-Z、样地 S-Ti、样地 S-C、样地 S-L 和样地 FS-Z）的土壤保持服务在所有自然草地中小于平均值，其中除森林草原带的猪毛蒿样地（样地 FS-Z）外均为草原带的样地，说明自然草地各群落样地的土壤保持服务从草原带到森林草原带的增加幅度较大。

图 6-30 为延河流域不同群落自然草地的功能性状对土壤保持服务的影响。外生变量叶面积、地上生物量和叶干重之间，以及根长密度和根重密度间互相呈显著正相关。叶面积、叶干重、地上生物量、根长密度和根重密度对土壤保持服务影响的总效应值分别为 0.75、0.45、0.85、0.43 和 0.40。地上生物量对土壤保持服务的间接效应和直接效应值分别为 0.55 和 0.30，这说明地上生物量通过土壤有机质对土壤保持服务产生的影响很重要。

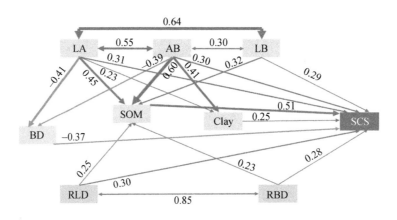

图 6-30　不同群落自然草地功能性状对土壤保持服务的影响

字母含义同图 5-4 和图 5-18

6.4　流域植被恢复对生态系统服务间的影响

近年来，生态系统服务是地学领域的研究热点，尤其是单独对某种生态系统服务的分析相对较多。目前，一些研究不仅对生态系统服务的变化进行分析，还对生态系统服务间的权衡和协同关系进行了讨论分析（Lv et al.，2014）。降水是黄土高原植被生长唯一的用水来源，不同降水梯度形成了不同的植被带，探讨各植被带生态系统服务间关系对当地植被恢复的可持续有重要意义。因此，本节基于前几节对生态系统服务随植被带变化的分析，进一步分析植物功能性状与权衡和协同关系的相关性及其影响，了解不同植被带植被恢复的内在机制，进而为当地植被恢复的可持续提供科学理论依据和实践建议。

6.4.1　研究区概况及样地布设

研究区概况和样地布设同 2.1.1 的延河流域。

6.4.2　数据获取与分析

数据获取与分析同 5.4.2。

6.4.3　流域生态系统服务间关系的变化

　　6.4.3.1　不同植被类型生态系统服务间及服务与物种多样性间关系随植被带的变化

　　由图 6-31 可知，在草原带各植被类型固碳服务、水源涵养服务和土壤保持服务均最小，而在森林带，三个服务均最大。三个生态系统服务随植被带的变化趋势相同，相互间为微弱权衡，尤其是柠条样地和自然草地。刺槐样地三个服务间的权衡值与柠条样地和自然草地略有差异，主要是由于森林草原带刺槐样地三个服务的变化幅度有差异。具体地，刺槐样地在森林草原带的固碳服务显著大于水源涵养服务和土壤保持服务。因此，刺槐样

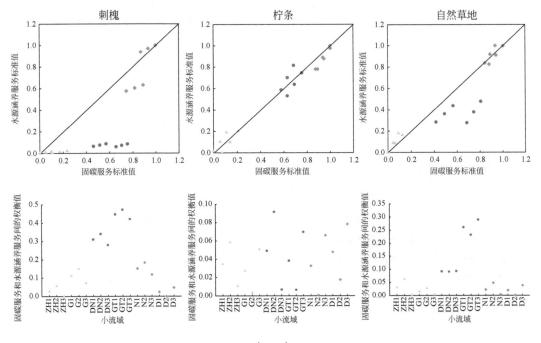

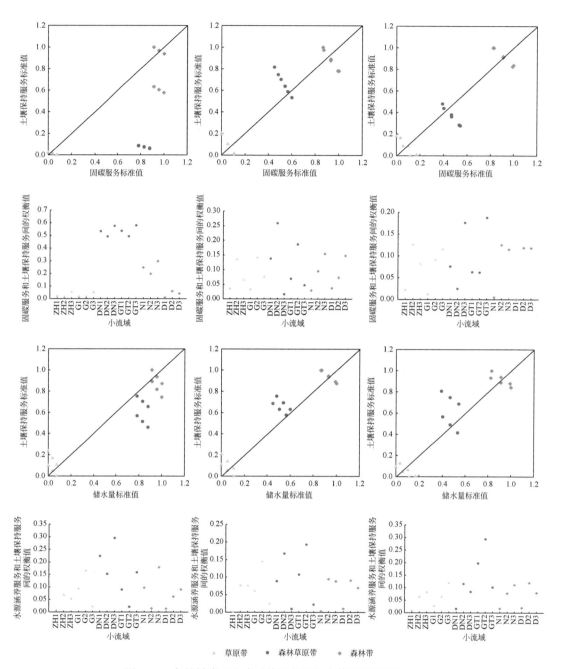

△ 草原带　　● 森林草原带　　◆ 森林带

图 6-31　各植被类型生态系统服务间权衡值随植被带的变化

ZH1～ZH3 表示某一植被类型在草原带周家山小流域的 3 个样地；G1～G3 表示某一植被类型在草原带高家沟小流域的 3 个样地；DN1～DN3 表示某一植被类型在森林草原带大南沟小流域的 3 个样地；GT1～GT3 表示某一植被类型在森林草原带顾屯小流域的 3 个样地；N1～N3 表示某一植被类型在森林带南沟小流域的 3 个样地；D1～D3 表示某一植被类型在森林带洞子沟小流域的 3 个样地。本章余图同此地的固碳服务和水源涵养服务与固碳服务和土壤保持服务的权衡值均为森林草原带最高，草原带和森林带均为微弱权衡。

由图 6-32 可知，刺槐样地和柠条样地的三个生态系统服务均在草原带最小且在森林带最大，但物种多样性却为在草原带最大在森林带最小。人工林地在草原带的植被盖度和高度均为三个植被带中最小，林下植被较为丰富。人工林地在森林带的植被盖度和高度最大，使得林下植被接受的光照较少，一些阳性植物不能存活。因此，人工林地在草原带物种多样性最大而在森林带最小。由此可得出，人工林地物种多样性与固碳服务、水源涵养服务和土壤保持服务的权衡值在草原带和森林带较大。自然草地的物种多样性和三个生态系统服务均为在草原带时最小，森林草原带较草原带大，森林带为最大。因此，自然草地的物种多样性和三个生态系统服务均为协同变化的关系，它们相互之间的权衡值均较低，处于微弱权衡。

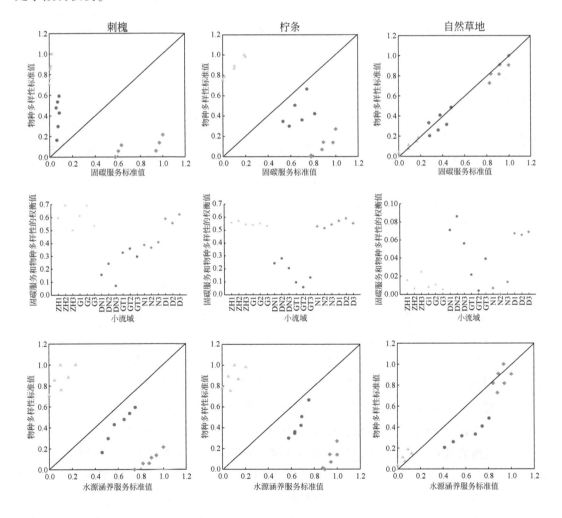

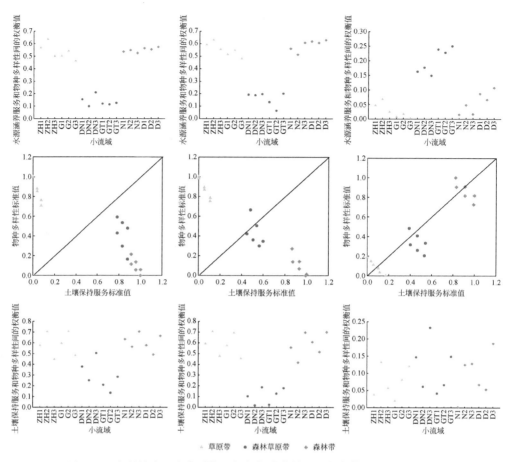

图 6-32　各植被类型生态系统服务与物种多样性的权衡值随植被带的变化

6.4.3.2　生态系统服务间及服务与物种多样性间关系在不同群落自然草地间的变化

在不同植被带下，各草本植物群落的三种生态系统服务之间标准值和权衡值变化均有差异（图6-33）。在各植被带，长芒草样地的固碳服务均最大，猪毛蒿样地的固碳服务均最小。这是因为固碳服务随着草本植物演替逐渐增大是由群落优势种地上部分的形态所决定，禾本科植物的固碳能力比菊科植物要强。在草原带，各草本群落的储水量为猪毛蒿样地最小，赖草样地最大。因此，猪毛蒿样地固碳服务和水源涵养服务的权衡值最小。在森林草原带，由于长芒草样地的储水量相对较小且固碳服务最大，长芒草样地固碳服务和水源涵养服务的权衡值最大。在森林带，长芒草样地固碳服务和水源涵养服务的权衡值仍为最大，这是由于长芒草水源涵养服务较小的缘故。猪毛蒿样地的土壤保持服务和固碳服务在不同植被带下均最小，权衡值也最小。从猪毛蒿样地演替到赖草样地土壤保持服务逐渐增大，固碳服务也逐渐增大，变化趋势相同。因此，所有草本群落这两种服务之间的权衡值均较小。

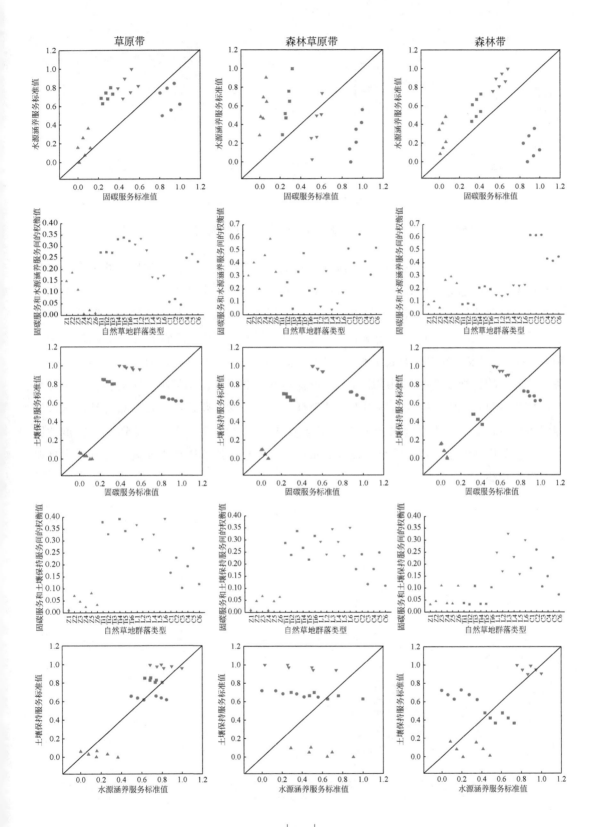

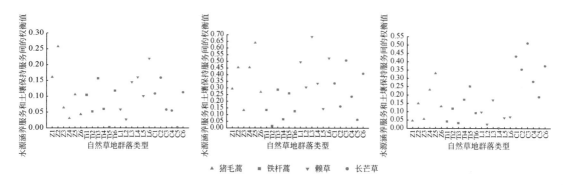

图 6-33　各植被带生态系统服务间权衡值在不同群落自然草地间的变化

　　在不同植被带下，猪毛蒿样地、铁杆蒿样地、赖草样地和长芒草样地的物种多样性均呈现逐渐增加的趋势（图6-34）。在不同植被带下，四种草本群落的固碳服务和土壤保持服务也随群落演替呈逐渐增加的趋势。土壤保持服务随着植被演替逐渐增强是因为顶级群落为须根系，侧根较多有利于土壤保持。长芒草样地的土壤保持服务有所下降是由于其40~60cm土层根系变少，但表层和浅层的土壤保持服务仍为最大。因此，不同植被带下各草本群落的物种多样性与固碳服务和土壤保持服务的权衡值均较小。所有植被带下物种多样性与水源涵养服务的权衡值均为长芒草样地最大。这主要是由于长芒草样地的水源涵养服务相对较小。虽然土壤水分为长芒草样地最大，但是储水量还会受到土壤容重的影响，长芒草样地的土壤容重较小导致其储水量与其他草本群落样地无显著差异甚至出现略微下降的趋势。

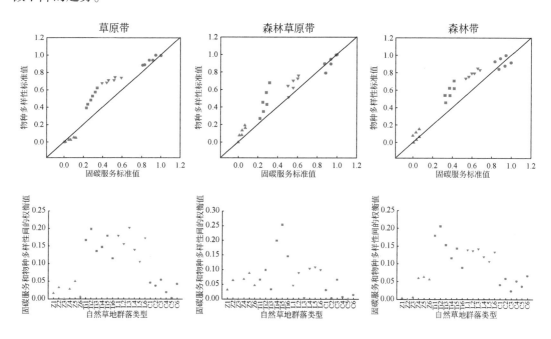

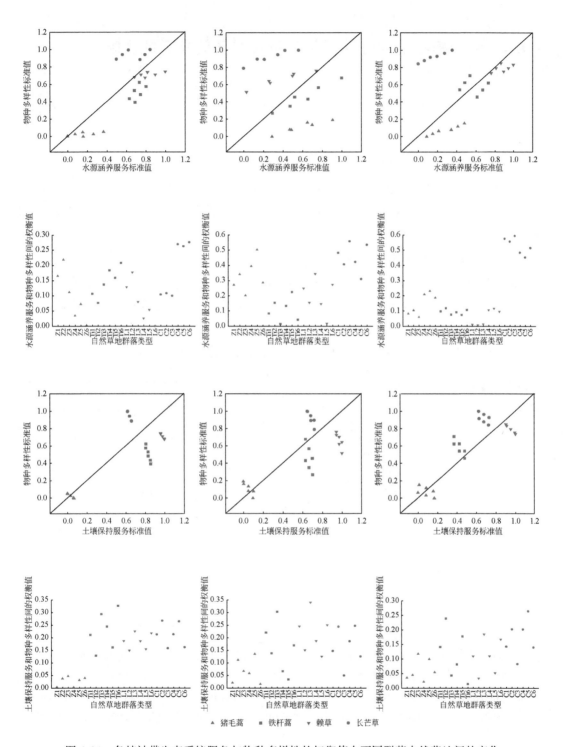

图6-34　各植被带生态系统服务与物种多样性的权衡值在不同群落自然草地间的变化

6.4.4 流域植物功能性状对生态系统服务间关系的影响

6.4.4.1 植物功能性状对生态系统服务间及服务与物种多样性间关系的影响

在图6-35（a）中，延河流域人工林地固碳服务、水源涵养服务和土壤保持服务三个服务间呈显著正相关，但它们与物种多样性呈显著负相关（$p<0.01$）。由图6-35（a）可知，固碳服务-水源涵养服务权衡值、固碳服务-土壤保持服务权衡值和水源涵养服务-土壤保持服务权衡值均与植被盖度、叶功能性状（叶组织密度和叶厚度除外）、根功能性状（除根组织密度外）呈正相关（$p<0.05$），与土壤容重、叶组织密度、叶厚度、根组织密度和土壤容重呈负相关（$p<0.05$）。这些功能性状均从草原带到森林带呈现逐渐增加的趋势，但由于三个服务为正相关关系，因此三个服务相互间的权衡值在所有样地均较低。土壤保持服务-物种多样性权衡值同上，但是固碳服务-物种多样性和水源涵养服务-物种多样性权衡值在所有样地中有差别，权衡值最小的均为森林草原带。

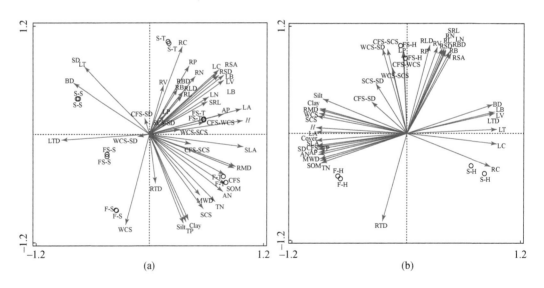

图6-35 不同植被带下（a）人工林地和（b）自然草地功能性状与生态系统服务间关系的相关性
SCS，土壤保持服务；WCS，水源涵养服务；CFS-WCS，固碳服务和水源涵养服务的权衡值；CFS-CSC，固碳服务和土壤保持服务的权衡值；WCS-CSC，水源涵养服务和土壤保持服务的权衡值；CFS-SD，固碳服务和物种多样性的权衡值；WCS-SDS，水源涵养服务和物种多样性的权衡值；CSC-SD，土壤保持服务和物种多样性的权衡值；其余字母含义同图6-8

由图6-35（b）可知，延河流域自然草地的固碳服务、水源涵养服务和土壤保持服务三个服务间，以及它们与物种多样性间均呈显著正相关（$p<0.01$）。固碳服务–水源涵养服务权衡值、固碳服务–土壤保持服务权衡值、水源涵养服务–土壤保持服务权衡值、土壤保持服务–物种多样性权衡值、固碳服务–物种多样性权衡值和水源涵养服务–物种多样性权衡值全部呈正相关，与叶功能性状（叶组织密度、叶体积、叶干重、叶碳含量和叶厚度除外）、根功能性状（除根组织密度外）呈正相关，与叶组织密度、叶体积、叶干重、叶碳含量和叶厚度和根组织密度呈负相关。所有样地的六个权衡值均较小，相比之下森林草原带自然草地的权衡值更小。

由图 6-36（a）可知，延河流域人工林地的地上生物量和根重密度对土壤有机质的影响分别为正和负，路径系数分别为 0.48 和 –0.18，其中根重密度对土壤有机质的影响较小。地上生物量、根重密度和土壤有机质对水源涵养服务–物种多样性权衡值的影响为负，对其余服务间权衡值的影响为正。从表 6-1 延河流域人工林地植物功能性状和土壤有机质对各服务权衡值的效应值可知，地上生物量对各服务间权衡值的效应值均较大，根重密度对各服务间权衡值影响的效应值均较小，甚至对某些服务权衡值的效应值小于土壤有机质，这与根重密度在森林草原带最大有关。因此，在延河流域人工林地，地上生物量对各服务间的权衡影响较大。

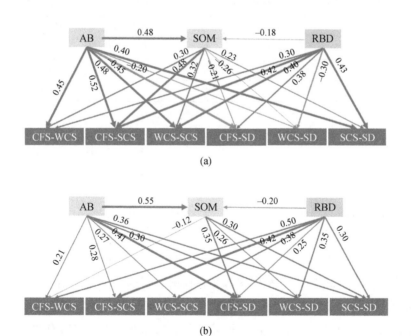

(a)

(b)

图 6-36　不同植被带下（a）人工林地和（b）自然草地功能性状对生态系统服务间关系的影响
字母含义同图 5-4、图 5-13 和图 5-18

表 6-1　不同植被带下人工林地各服务间及服务与物种多样性间权衡值的效应值

指标	CFS-WCS	CFS-SCS	WCS-SCS	CFS-SD	WCS-SD	SCS-SD
地上生物量	0.59	0.75	0.63	−0.55	−0.32	0.51
根重密度	0.25	0.33	0.34	0.42	−0.25	0.39
土壤有机质	0.3	0.48	0.32	−0.21	−0.26	0.23

由图 6-36（b）可知，延河流域自然草地的地上生物量和根重密度对土壤有机质的影响分别为正和负，路径系数分别为 0.55 和−0.20，其中根重密度对土壤有机质影响的路径系数较人工林地大。地上生物量、根重密度和土壤有机质对大部分服务间权衡值的影响均为正。从表 6-2 延河流域自然草地功能性状对各服务权衡值的效应值可知，地上生物量对固碳服务、水源涵养服务和土壤保持服务间权衡值的影响较根重密度小，对各服务与物种多样性间权衡值的影响较根重密度大。这说明延河流域自然草地物种多样性的变化主要与地上生物量有关。总的来说，根重密度是影响自然草地三个生态系统服务间权衡值的主要因素。

表 6-2　不同植被带下自然草地各服务间及服务与物种多样性间权衡值的效应值

指标	CFS-WCS	CFS-SCS	WCS-SCS	CFS-SD	WCS-SD	SCS-SD
地上生物量	0.14	0.28	0.27	0.6	0.44	0.53
根重密度	0.52	0.5	0.42	0.18	0.3	0.24
土壤有机质	−0.12	0	0	0.35	0.26	0.3

6.4.4.2　不同群落自然草地对生态系统服务间及服务与物种多样性间关系的影响

延河流域不同群落自然草地的固碳服务、水源涵养服务和土壤保持服务三个服务间，以及它们与物种多样性间均呈显著正相关（$p<0.01$）（图 6-37）。因此，三个服务和物种多样性从草原带到森林带的变化趋势一致且相互之间的权衡值均较低。权衡值虽然较低但还是可以分出大小，因此 PCA 图根据样地和各权衡值间的关系分配出六个权衡值的位置，它们与土壤容重、叶厚度、叶组织密度和根组织密度呈负相关，与其余指标呈正相关。虽然在 PCA 图上表现出来的是权衡值随着恢复年限的增加而增大，但所有的权衡值均较小。

由图 6-38 可知，延河流域不同优势种群落自然草地的地上生物量和根重密度对土壤有机质的影响均为正，路径系数分别为 0.60 和 0.12，其中根重密度对土壤有机质影响的路径系数较小且地上生物量对土壤有机质影响的路径系数大于人工林地。地上生物量、根重密度和土壤有机质对水源涵养服务−土壤保持服务权衡值、水源涵养服务−物种多样性权

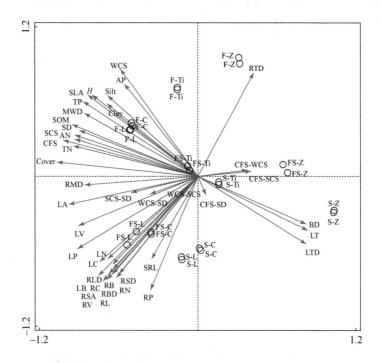

图 6-37　不同植被带下不同群落自然草地功能性状与生态系统服务间关系的相关性

字母含义同图 6-10 和图 6-35

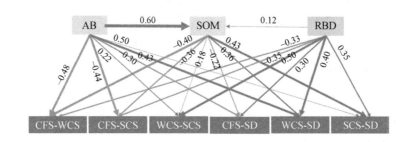

图 6-38　不同植被带下不同群落自然草地功能性状对生态系统服务间关系的影响

字母含义同图 5-4、图 5-13 和图 5-18

衡值和土壤保持服务-物种多样性权衡值的影响均为正，对固碳服务-水源涵养服务权衡值、固碳服务-土壤保持服务权衡值和固碳服务-物种多样性权衡值的影响均为负。这一结果与 PCA 的分析结果相一致。从表 6-3 延河流域不同优势种群落自然草地功能性状对各服务权衡值的效应值可知，地上生物量对大部分服务权衡值影响的效应值均比根重密度大，只有对水源涵养服务-土壤保持服务权衡值的影响为根重密度较大。因此，地上生物量对延河流域不同优势种群落自然草地各服务间的权衡相对重要。

表 6-3　不同植被带下各演替自然草地各服务间及服务与物种多样性间权衡值

指标	CFS-WCS	CFS-SCS	WCS-SCS	CFS-SD	WCS-SD	SCS-SD
地上生物量	-0.72	-0.66	0.33	-0.43	0.65	0.76
根重密度	-0.38	-0.39	0.52	-0.27	0.44	0.4
土壤有机质	-0.4	-0.36	0.18	-0.22	0.36	0.43

6.5　小　　结

各植被类型样地的固碳服务均为草原带<森林草原带<森林带，地上生物量对不同植被带人工林地和自然草地固碳服务的影响较其他功能性状重要，其次是土壤有机质。同一植被带不同群落自然草地的固碳服务为猪毛蒿样地<铁杆蒿样地<赖草样地<长芒草样地，这跟群落优势种的结构和根系特征有关，即同时受到地上和地下功能性状的影响。其中，地上生物量和土壤有机质对不同群落自然草地对固碳服务的影响较大。各植被类型样地的水源涵养服务均为草原带<森林草原带<森林带，但人工林地在所有植被带中的 LNRR 均小于零，说明各植被带造林对水源涵养服务均产生了负面影响。地上生物量对水源涵养服务表现出较大的正效应，其次是根长密度和根重密度对水源涵养服务表现出负效应。不同演替阶段自然草地在草原带和森林带的水源涵养服务为猪毛蒿样地<铁杆蒿样地<赖草样地，而长芒草样地的水源涵养服务较赖草样地小。在森林草原带，不同自然草地水源涵养服务无显著差异。人工林地的土壤保持服务为草原带<森林草原带<森林带，地上生物量对土壤保持服务的影响较大，其次是土壤有机质。不同群落自然草地在各植被带上的土壤保持服务为猪毛蒿样地<铁杆蒿样地<赖草样地<长芒草样地，地上生物量通过土壤有机质对土壤保持服务产生的间接效应值远大于直接效应，根长密度和根重密度对土壤保持服务产生的直接效应和间接效应均小于地上生物量。

人工林地的固碳服务、水源涵养服务和土壤保持服务与物种多样性的权衡值在草原带和森林带较大，在森林草原带最小。地上生物量和根重密度对各服务间权衡值的影响均为正。自然草地三个生态系统服务间的权衡值，以及三个生态系统各自与物种多样性的权衡值在所有植被带都属于微弱权衡，地上生物量和根重密度均对自然草地各服务间的权衡有正效应。不同群落自然草地的三种生态系统服务间及它们各自与物种多样性间的权衡值均属于微弱权衡。地上生物量和根重密度均对固碳服务–水源涵养服务、固碳服务–土壤保持服务和固碳服务–物种多样性的权衡值有负效应，对水源涵养服务–土壤保持服务、水源涵养服务–物种多样性和土壤保持服务–物种多样性的权衡值有正效应。

　　综上，所有植被类型的固碳服务、水源涵养服务和土壤保持服务均为森林带最大，但森林带的物种多样性却最小。另外，各植被带人工林地的水源涵养服务始终小于自然草地。因此，各植被带植被恢复的最佳方式为自然恢复。如果一些区域需要种植植物来控制水土流失，可以选择适合的草本植物进行栽种，如在森林带种植赖草和长芒草，既可以提高土壤保持服务、固碳服务和物种多样性，也可以使水源涵养服务保持不变。

|第7章| 黄土高原生态系统服务评估模型

生态系统服务评估是对生态系统进行管理和决策的科学基础。生态系统服务评估及制图可以有效地确定服务供给的空间单元、权衡/协同作用的发生区域，以及需要针对性管理的优先区域（李婷和吕一河，2018）。随着生态系统服务研究方法及内容的深化，将评估结果纳入土地利用规划和决策框架也成为实现区域生态系统可持续管理的重要手段。目前的生态系统服务模型在多种类型生态系统服务的评估制图、关联关系挖掘、总体效益的定量评估方面均有所应用。但总体而言，当前流行的生态系统服务模型，侧重于对不同服务的定量评估和权衡/协同分析，在情景分析、空间优化和管理决策等方面相对欠缺。同时，现有生态系统服务评估模型多由国外研究团队开发，在引进并用于国内生态系统服务评估时，难以避免模型参数取值的适宜性、模型算法的适用范围等问题，这些问题增加了生态系统服务评估模型在国内实际应用的不确定性（戴尔阜等，2016）。因此，亟须发展符合中国生态系统区域特点的生态系统服务综合集成模型，为区域生态系统管理提供科学依据。本章在总结梳理生态系统服务评估与优化方法相关研究进展，提出生态系统服务模型框架的基础上，研发了本土化的生态系统服务评估模型，并以黄土高原安塞流域为典型区域开展了应用研究。

7.1 生态系统服务评估与优化方法

自从生态系统概念提出以来，各类生态系统服务评估理论框架和定量方法在世界各地得以广泛应用和迅猛发展，相关的研究进一步推进了模型研发的进展。在过去二十多年里，基于 GIS，结合地理学、生态学、经济学等跨学科知识的服务评估模型的种类、数量及应用急速增加，以空间显性的方式支持了区域土地利用规划和生态系统保护（李婷和吕一河，2018）。

7.1.1 生态系统服务评估

生态系统服务模型是研究生态系统服务及其权衡/协同关系的重要工具。生态系统服务模型作为评估生态系统服务的主要技术，有效地推动了服务供给评估、服务流研究、供需匹配分析和服务之间关系的定量化模拟。随着生态系统服务研究的深入，越来越多生态系统服务评估分析模型不断涌现，其中应用较为广泛的模型主要有 InVEST 模型、MIMES、ARIES 模型等。

InVEST 模型是一个生态系统服务综合评估模型，它可以测算和空间化不同土地利用配置下的生态系统服务供给，评估多种生态系统服务的物质量和价值量（Sharp et al.，2015）。InVEST 模型基于 Python 语言开发，具有涵盖服务类型多、算法简化、对输入数据要求少、模型适用难度低等特点，在全球范围内被广泛使用。但其不少参数基于不同土地利用情景赋值，简化了生物物理过程，使得服务评估结果依赖用户输入，模型准确度有待提高。ARIES 模型是应用多尺度过程和贝叶斯概率模型模拟生态系统服务价值空间流动过程，以实现生态系统服务评估和量化的综合模型（Ferdinando et al.，2014）。ARIES 模型与其他模型的不同之处在于设定了生态系统服务三个不同主体，分别是提供者、使用者、传输者。此外，还增加了服务流动中物理过程的动态模拟分析，可以为不同主体物质供需之间的矛盾和服务的空间不匹配提供决策管理方案。其优势在于建模技术基于贝叶斯概率理论，能够表达输入数据和输出结果的不确定性，因此即使数据稀缺，模型也能够正常运行。但由于建模平台原因，与 InVEST 相比，ARIES 需要更多的时间和专业知识将这些模型参数化。MIMES 模型是一个多尺度综合地球系统模型（Roelof et al.，2015）。MIMES 把地球分为五个圈层进行建模：人类圈、生物圈、大气圈、水圈和化石圈，据此对生态系统服务的价值进行估算。SolVES 模型是一个基于 ArcGIS 的生态系统服务功能社会价值评估模型（Sherrouse et al.，2011），旨在评估、绘制和量化生态系统感知的社会价值，如美学、生物多样性和游憩等，其评估结果以非货币化价值指数呈现，SolVES 模型应用于新地区时通常需要进行问卷调查以率定参数。IMAGE 模型是一个社会系统和自然系统耦合的综合模型框架，它通过整合跨学科知识、生态系统及其评价指标来评价人类活动对自然环境的影响程度。EcoAIM 模型是一个基于 GIS 的生态系统服务决策分析支持工具，它通过风险分析来平衡生态系统服务变量，包括利益相关者偏好的度量权重（Booth et al.，2014）。NAIS 模型是一个决策支持综合系统框架，基于 GIS 数据库和查询引擎，用于估算生态系统服务价值。NAIS 模型适合于样点，但由于其建模方法的问题，评估结果不准确，误差较大。LUCI 模型是一个生态系统服务评估和空间优化的综合模型（Bethanna et al.，2013），它基于土地利用和土壤属性信息，侧重于评估农业生态系统及其服务，如调节服务（侵蚀、水源涵养）、供给服务（粮食生产）等。LUCI 模型应用潜力较大，但现阶段仅供部分组织小范围试用，未开放下载，故在全球应用的案例较少。

上述模型均为国外开发的生态系统服务评估模型，现阶段应用于中国本土的生态系统服务评估模型只有 SAORES 模型（Hu et al.，2015）。SAORES 模型是主要针对黄土高原退耕补偿政策的影响和后续决策管理而设计的，包括调节服务（侵蚀、水源涵养、固碳）和供给服务（粮食生产）两种服务类型，该模型以 NSGA-Ⅱ算法为基本框架，通过优化土地利用配置以实现研究区的生态系统服务最大化和退耕补偿政策的合理利用。但 SAORES 模型评估方法较少，目前只适合于黄土高原，也并未考虑评估服务间关系并将其纳入到优化过程中。现有模型具体特点如表 7-1 所示。

表 7-1 不同模型的生态系统服务评估类型概述

模型	适用尺度	服务类型			
		供给服务	支持服务	文化服务	调节服务
InVEST	区域	灌溉用水、粮食生产等	授粉	旅游等	固碳、侵蚀等
ARIES	全球	水供给、渔业等	—	美景等	固碳、侵蚀等
MIMES	全球	粮食生产、原材料生产	土壤形成	文化	气候调节等
SolVES	区域	—	—	休闲、美学	—
IMAGE	全球	农业生产、木材等	土壤肥力	—	空气污染、水蚀等
EcoAIM	全球	粮食生产、水供给等	—	—	温室气体、空气污染等
NAIS	样点	—	栖息地		
LUCI	区域	农业生产	栖息地		固碳、侵蚀等
SAORES	区域	粮食生产			侵蚀、水源涵养、固碳

土壤保持服务、水源涵养服务、固碳服务和粮食生产服务是最为主要的四种服务类型。由于不同区域的自然环境条件的差异，四种类型生态系统服务在不同区域的模型和算法也存在差异。同时相同的模型在不同区域适应性也不同。

7.1.1.1 土壤保持服务

土壤保持量被认为是潜在土壤侵蚀量和实际土壤侵蚀量的差值。潜在土壤侵蚀量为在裸地条件下的土壤侵蚀量；实际土壤侵蚀量则为在植被覆盖和水土保持因素下的土壤侵蚀量。因此，土壤保持服务评估的前提是评估土壤侵蚀。土壤侵蚀是导致我国土壤退化的重要因素之一（张骁等，2017），它不仅破坏着人类生存必不可少的珍贵土壤资源，并且间接造成土壤中微生物的种类的减少和粮食产量的下降，严重制约着以第一产业为重心的地区的经济发展（Li et al.，2017；刘月等，2019）。随着世界各国学者们对土壤侵蚀研究的进一步深入，越来越多的传统方法和新兴技术手段得以结合并被应用到研究中（Wang et al.，2016；赵明松等，2016；Hernandez and Nearing，2017；Dymond and Simon，2018）。由于径流小区实验的繁杂，现阶段常使用模型对土壤侵蚀进行预报，根据模型建模原理的不同，往往将其分为经验模型和物理过程模型（表 7-2）。Wischmeier 和 Smith（1978）根据美国十年的土壤侵蚀数据分析得出 5 个影响土壤侵蚀的因子，建立了目前广泛使用的USLE 模型。1993 年，美国农业部发布改进后的 RUSLE 模型（Renard and Ferreira，

1993）。与 USLE 模型不同的是，RUSLE 模型考虑了潜在土壤侵蚀量和实际土壤侵蚀量，可以应用于不同土地利用类型的土壤保持量评估。我国学者在 RUSLE 模型 5 个因子的基础上，添加耕作措施因子而建立的 CSLE 模型在中国坡面尺度的土壤侵蚀预报中被广泛应用。同时，物理模型如欧洲的 EUROSEM 模型（Morgan et al.，1998）、美国的 WEPP 模型（Ascough et al.，1997）、意大利的 LISEM 模型（De et al.，2015）和地中海区域的 SEMMED 模型（Jong et al.，1999）等也在快速发展中，但其因参数较为复杂而并未得到广泛应用。除此以外，各类嵌入经验模型的生态系统服务评估模型在世界各地得到大量应用，使用较多的有 InVEST 模型、ARIES 模型（Villa et al.，2014）、LUCI 模型（Bethanna et al.，2013）等。现在针对土壤保持服务的研究中，往往大尺度研究使用 RUSLE 模型，中小尺度研究使用 InVEST 模型（翟睿洁等，2020）。

表 7-2　国内外常用土壤侵蚀模型

模型	年份	适用范围
USLE	1965	多用于大尺度平原等地形条件简单的地区
RUSLE	1993	同上
WEPP	1995	适用于小流域。常用于水土流失的物理过程
USPED	1997	适用于陡坡地区和降雨强度较低的地区
EUROSEM	1980	适用于小尺度的水土流失研究
LISEM	20 世纪 90 年代	可用于集水区泥沙输移特点的模拟
SEMMED	1999	可用于区域尺度/多时间卫星数据和缺少土壤数据时侵蚀的预测
CSLE	2002	适用于坡面尺度的受细沟侵蚀影响的耕地侵蚀的预测
坡面土壤流失预报模型	2005	适用于坡面尺度受细沟侵蚀的水蚀的预测

上述模型在土壤侵蚀预测的实际运用中仍存在很多问题。土壤侵蚀物理模型通常适用于小尺度区域的研究，应用较为局限。土壤侵蚀经验模型多根据研发者当地地形创建，多适用于缓坡地，而我国地形条件复杂，导致上述模型在我国推广受限；同样，中国学者基于 RUSLE 建立的适用于中国的预测模型适用尺度较小，在大尺度上开展研究的结果往往具有不确定性。

7.1.1.2　水源涵养服务

由于人口的不断增加，水资源需求量也随之增加，各种污染等环境问题使得水环境逐渐恶化，淡水资源的匮乏已成为世界各地共同关注的全球性议题（刘艳丽等，2019）。森林生态系统是净水资源的发源地（Bisson，2011），因而其涵养水源的功能受到了广泛关注（鲁绍伟等，2005；傅斌等，2013）。水源涵养作为一项重要的调节服务，其功能有调节径流、净化水质、供给淡水等。自 20 世纪初开始探索森林与清洁水的关系以来，森林的涵养水源功能成为生态学与水文学研究的热门方向，学者们基于此发表了大量研究成果（莫菲等，2011；周佳雯等，2018）。目前，森林生态系统水源涵养服务的研究已由过去的单纯定性分析和单因素评价，演变成定量、多因素的综合计量估算。现阶段，常用的评估方法有水量平衡法、综合蓄水量法、多因子回归法、降水储存法、林冠截留量法等（王晓学等，2013），如表 7-3 所示。有许多生态系统水源涵养服务的评估模型基于上述计量方法发展而来，其中大多模型基于水量平衡法，应用最为广泛的模型有 InVEST 模型和 SWAT 模型。InVEST 模型基于水量平衡法，并考虑土壤饱和导水率、实际降水和蒸发量、地形指数等一系列指标来评估产水量和水源涵养量。从时间尺度特征看，InVEST 模型反映的是年尺度的水源涵养量。InVEST 模型已在国内外水源涵养服务估算中得到了较为广泛的应用（Hamel et al.，2015；Redhead et al.，2016）。SWAT 模型基于水文循环的物理过程，将研究区每个流域划分为若干个集水区，通过计算每个集水区的径流量，河道汇流演算，最后求出口断面的流量（林峰等，2020）。SWAT 模型计算效率高，结果时段连续，在数据充分的情况下，能够计算径流、土壤水和蒸散发等多项指标。但 SWAT 模型的模拟精度依赖输入参数值，导致其不确定性大（White et al.，2009）。

表 7-3 常用水源涵养的计量方法

名称	公式	解释
水量平衡法	$W=P-E-C$	根据地球水循环原理，将生态系统水视为平衡，即水源涵养量为降水量与蒸散量，以及其他消耗的差
降水储存法	$W=P_\alpha \times 0.55$	在林区，林冠和树干的蒸腾量和扩散量约占降水量的30%，树木的蒸腾量又占15%，因而平均降水量与森林覆盖率乘积的55%为水源涵养量
林冠截留量法	$W=P \times (1-I) \times 10$	在降水过程中未被林冠层截留而落到地面的雨水，不断向土壤下渗，而森林的土壤不会由于含水饱和而产生地表径流，因此被冠层所保留的残余水量即为水源涵养量
年径流量法	$W=P \times (R_0-R_g)$	水源涵养量等于年径流量，将每年蒸发量视为固定值

注：W 为水源涵养量（mm）；P 为降水量（mm）；E 为森林蒸发量（mm）；C 为地表径流量（mm）；P_α 为森林覆盖率（%）；I 为林冠截留率（%）；R_0 为产生径流情景下的裸地径流率（%）；R_g 为产生径流情景下的森林径流率（%）。

表 7-3 中几种水源涵养计量方法复杂度不同，优缺点也不同：①水量平衡法，参数最多，可用于各种尺度，也是目前计算水源涵养量运用最多的方法；②降水储存法，参数较少，适用于各种尺度，但准确度不高；③林冠截留量法，适用于各种尺度，但只能用于计算森林生态系统水源涵养量；④年径流量法，适用于流域尺度，由于将蒸发量视为固定值，准确度不高。

7.1.1.3 固碳服务

固碳服务是指生态系统捕获、收集和封装至安全碳库的过程，根据碳库的不同分为自然植物固碳与人工固碳（李新宇和唐海萍，2006）。陆地生态系统自然植被具有强大的固碳能力。根据植物光合作用原理可知，生态系统每生产 1g 干物质就能够捕获收集 1.63g 二氧化碳，这就是陆地生态系统的固碳服务（黄麟等，2016）。固碳服务关联着若干重要的生态系统服务，如木材、纤维和燃料的供应，以及气候调节（Lu et al.，2015）。测量碳变量十分费力和昂贵，模型预测是评估陆地生态系统碳固定量最主要的途径。目前，对于固碳服务的评估，多数研究都是利用 InVEST 模型，它将陆地生态系统的碳储量分为四个碳库，分别是地上碳库、地下碳库、土壤碳库和死有机物碳库，InVEST 模型通过土地利用数据评估碳固定量。其中，土壤碳模型被广泛用于估计土壤碳储量及其在不同尺度上的评估（Peng et al.，2002；Karhu et al.，2011）。然而，根据模型的复杂性和输入信息的要求，现有的几种土壤碳模型各不相同（Liski et al.，2005）。其中，一些模型是面向过程的，如 Century 模型、RothC 模型、CANDY 模型和 DAISY 模型，它们需要详细的输入信息。然而，这些详细的信息不容易获得，尤其是在很大的范围内，这限制了这些模型的广泛应用（Tuomi et al.，2011；Wu et al.，2015）。但上述模型评估的碳储量均为土壤碳储量，并未考虑整个陆地生态系统的碳储量。因此，在对生态系统碳储量进行评估时，大多研究依然使用碳库法。

7.1.1.4 粮食生产服务

粮食生产服务是最重要的供给服务之一，它与人类生存息息相关，是社会经济发展的基本需求，为人类提供了粮食等生产和生活原料，具有极高的生态系统服务价值（Swinton et al.，2007；谢余初等，2017）。在估算生态系统粮食生产能力方面，余强毅等（2011）从人口承载力、粮食生产与增产潜力、居民消费能力等方面创建一套完整的指标体系，并利用层次分析法对亚太经济合作组织各成员的粮食安全状况进行了分析与评价。毕红杰（2015）同样应用层次分析法对 6 个粮食主产省（河北、吉林、黑龙江、安徽、山东和湖北）和全国的粮食综合生产能力进行了评估。在研究方法上，大多学者是借鉴谢高地等提出的中国生态系统服务价值系数对不同空间或不同时间的生态系统服务价值案例进行测算与评价（李晓赛等，2015；谢余初等，2017）或者将统计年鉴上的粮食生产量空间化成栅格（李晶等，2016），如表 7-4 所示。

层次分析法由于因子不确定，结果不确定性较大；统计年鉴法准确度最高，但由于最小单位为县级，在空间应用中精度较低；Thornthwaite Memoriai 模型代表了一定气候（光热水）条件下的最大粮食产量，通常结果会比实际产量大，但在粮食产量预测和土地利用配置优化中运用较多。

表 7-4 粮食生产评估方法

名称	公式	解释
层次分析法	—	从粮食生产出发,建立与其相关的指标体系,将各种因素分解为若干层次,进行两两判断比较得出权重,然后进行测算和评价
统计年鉴法	—	根据当年研究区统计年鉴的粮食产量将其转换成栅格
Thornthwaite Memoriai 模型	$P_v = 30000\ (1-\mathrm{e}^{-0.000956(v-20)})$ $v = \dfrac{1.05R}{\sqrt{1+(1.05R/L)^2}}$ $L = 300 + 25t + 0.05\,t^3$	该模型计算气候生产力,即理想状态下的单位土地面积上的最大产量。P_v 为作物的气候生产力 [kg/(hm²·a)];v 为年平均蒸散量(mm);R 为年降水量(mm);L 为平均蒸发量(mm);t 为年平均气温(℃)

7.1.2　生态系统服务权衡/协同

目前,国内外相关学者在生态系统服务权衡的概念类型、形成机理,以及研究方法等方面展开了探讨。根据服务的内在时空差异特点及其可逆性,可将权衡类型划分为空间权衡、时间权衡和可逆性权衡三种类型(Tilman et al.,2002;Rodríguez et al.,2006);生态系统和生物多样性经济学评估(2010)提出了类似的分类:空间权衡、时间权衡、受益者之间的权衡和生态系统服务之间的权衡。Mouchet 等(2014)将之前的分类归纳为三类:供给-供给、供给-需求和需求-需求。此外,权衡的驱动因素也得到了系统的总结(Dade et al.,2018)。由于不断增长的人口对自然资源的需求不断增加,生态系统服务之间的权衡呈现加剧趋势。解析潜在的权衡关系将有助于减少替代服务的损失,并制定更有效、更高效、更合理的决策(Zheng et al.,2019)。生态系统服务权衡/协同关系的研究通常基于数理统计、情景分析、服务流向分析和多目标优化决策等多种方法和模型,针对不同时空尺度,探究供给、调节、文化、支持四种类型服务之间的权衡/协同关系(Martín-López et al.,2012;Raudsepp-Hearne et al.,2010;Su et al.,2013)。多数研究关注于生态系统服务权衡的量化和可视化(Kang et al.,2016),利用相关指标为机构和政府提供更好的管理方法(Pan et al.,2014)或土地利用情景(Bai et al.,2013),或探寻生态系统服务权衡关系与人类福祉之间的纽带(Xu et al.,2016)。近年来,学者发现部分生态系统服务权衡的研究成果会在一定程度上影响政府部门的决策管理(MacDonald et al.,2014),是区域规划和建设的重要理论依据。不同服务之间的权衡是动态的、非线性的,许多研究者尝试协调权衡以取得双赢结果(Howe et al.,2014)。生态系统服务模型是辨析不同生态系统服务权衡/协同关系的重要工具,现有的模型着重于不同类型服务物质量供给的测算,在服务间关系的挖掘、空间优化和管理等方面相对薄弱。目前，学者常用的分析生态系统服务间关系的方法有：相关系数分析、均方根偏差分析、生态系统服务簇等。相关系数的正负反映生态系统服务间的权衡/协同关系，可以快速辨识服务间的关联关系，但却无法揭示其时空变化差异（巩杰等，2020）。均方根偏差量化两个或多个服务间相互作用的方向和程度（Bradford et al.，2012；Lu et al.，2014），它将权衡的含义从负相关关系扩展到包括服务之间同向变化的不均匀速率。均方根偏差可以定量识别权衡/协同程度，但对要素间的关联性等方面有待进一步深入。生态系统服务簇的引入和研究为服务间关系及综合决策管理提供了理论框架（柳冬青，2019）。生态系统服务簇可以描述服务之间在空间上的关联、权衡/协同关系，并通过集合形式展示关联的生态系统服务，但目前生态系统服务簇相关研究以定性为主，定量研究相对较少。

7.1.3　多目标优化算法在生态系统服务优化中的应用

多目标优化问题在权衡问题的分析研究中很普遍且处于非常重要的位置。自 20 世纪 60 年代以来，多目标优化问题引起了许多不同学科背景的专家的广泛关注（肖晓伟等，2011）。在早期多目标优化的研究中，采用的方法基本上是将多目标优化问题通过某些设定的权重系数转换，从而降维成单目标优化问题或一系列不同优先级的单目标优化问题，再利用常规的数理分析模型求解这些单目标优化问题。降维的方法主要有四种：加权系数法、约束条件法、距离函数法、分层序列法。可以看出，这些方法都是借鉴参考完善的单目标优化算法，优点是应用简单，能够得到唯一的最优解。然而单目标优化算法并不适合于所有多目标优化问题。单目标优化算法将各个目标加权排出优先级再进行单目标优化（Mark et al.，2002），对于实际问题，许多目标优先级一直无法区分开来，并且通过单目标优化算法求出的解是唯一的，缺少多样性。

在多目标优化问题中，各个子目标之间往往存在权衡关系，一个子目标的增进可能会导致其他多个子目标的减退，通常不存在让所有子目标一起达到最优的解决方案，只能在中间调和，尽量让更多的子目标实现最优，但这势必要以牺牲部分子目标为代价。近年来，许多学者开发了多目标优化算法，如多目标遗传优化算法、模拟退火算法和蚁群算法等。多目标进化算法（MOEA）是一种模拟生物进化体系而形成的全局性概率优化搜索算法（Deb et al.，2000），多目标进化算法被证明是解决多目标优化问题的有效途径。多目标进化算法具有与单目标优化算法不同的特殊的评价体系。为充分发挥进化算法的群体搜索优势，大多数多目标优化算法采用基于 Pareto 前沿的适应度评价方法。多目标优化算法的目标是在目标空间中找到一个近似 Pareto 前沿的非支配解集。元素至少有一个目标上优先级高于其他元素且其余目标优先级相等的情况下，才占据主导地位。Pareto 解集中的个体称为 Pareto 最优解或非劣最优解集（图 7-1）。图 7-1 中，求目标 1、目标 2 同时最小的解，解 1 和解 2 优先级高于解 3，但解 1、解 2 优先级相等，所以解 1 和解 2 称为 Pareto 非劣最优解集。由算法发现的非支配解集通常用于后验决策过程（Miettinen，1998）。决策者根据实际需求或自己的偏好从最优解集中选取一个或多个最终的解决方案（Tanabe and Ishibuchi，2019）。

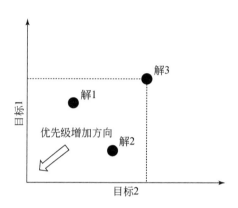

图 7-1   Pareto 非劣最优解集的优先级比较

遗传算法是多目标优化问题中运用较多也相对成熟和完善的方法。遗传算法（Genetic algorithm，GA）是基于生物学进化机制和遗传学理论而研发的，它是具备一定随机性的生物界自然选择和遗传学进化机制的通用优化搜索算法。许多算法已成功实现，包括 MOGA（Fonseca and Fleming，1993）、NPGA（Erickson et al.，2002）、RWGA（Murata et al.，1999）、NSGA（Bagchi，1999）、SPEA（Ishibuchi et al.，1995）、NSGA-Ⅱ（Deb et al.，2000）等。由于算法适应度评价方法不同，所以其适应的多目标优化问题也不同。如 SPEA 算法具有很好的解集分布性，在高维问题中表现良好，但由于其运行效率低，使得许多学者不得不在解集分布性和效率中做取舍；NSGA-Ⅱ算法则相反，运行效率高、解集特别在低维的多目标优化问题同样具备良好的分布性，有十分优秀的表现，但在高维的多目标优化问题中解集多样性有所欠缺。多目标优化算法通常用于路径规划（谢涛和陈火旺，2002；Togelius et al.，2010）、能源调度（周灿煌等，2018；陈聪等，2019）等方面。国外学者 Groot 等（2018）将多目标优化算法运用到景观规划上，并开发 LandscapeIMAGES 模型用于农业景观的生态系统服务供应之间的权衡和协同的多尺度空间显式分析。该模型生成大量明确的土地利用和管理场景，为参与景观规划过程的利益相关者之间的讨论提供信息。针对生态系统服务供应的多个指标，对生成的计划进行评估和优化。LandscapeIMAGES 模型目前已用于改善亚洲、非洲、拉丁美洲和欧洲景观中多种生态系统服务的项目。

7.2 生态系统服务评估模型设计

在区域生态系统服务综合评估与优化框架的基础上,基于 C#语言,开发一套集成生态系统服务评估、权衡和优化的区域生态系统评估模型,搭建起量化评估到规划管理的桥梁,为决策者提供一套空间优化的解决方案。

7.2.1 生态系统服务评估模型框架

生态系统服务评估优化系统基于 C/S 软件架构模式(客户端/服务器端),客户端面向全体使用者,负责评估数据输入输出、生态系统服务估算,以及可视化等所有交互功能;服务器端面向管理员,与客户端不同,主要负责用户的管理和后台算法的正常运行工作。为便于系统后续的发展,提升整个模型系统框架的变通性、可拓展性和复用性,本模型以数据层、逻辑层和表现层三层体系为基本框架进行设计与开发,表现层为模型软件界面,包含数据管理模块和数据可视化模块,是使用者的操作界面;逻辑层为系统模型库,包含了生态系统服务评估和优化的所有核心算法,是表现层和数据层进行数据交互的桥梁,只面向管理员开放;数据层为系统的数据基础,主要用于为逻辑层提供数据支持服务,包含服务器端的用户信息数据和使用者输入输出的全部地理数据(图7-2)。

该模型基于生态系统服务评估和优化土地利用配置的要求,采用 C#语言,结合支持多种地理数据转换的开源地理空间数据转换库(Geospatial Data Abstraction Library,GDAL),设计和开发区域生态系统服务评估和优化工具。

针对上述需求,SOMES 模型的功能主要划分为三个模块:①服务模块,土壤保持、水源涵养、固碳、粮食生产四种服务;②分析模块,权衡/协同关系、生态系统服务簇和均方根偏差;③优化模块,以快速非支配排序遗传算法 NSGA-Ⅱ 为框架,进行土地利用配置优化以实现该区域生态系统服务最大化。在本研究中,服务模块主要针对黄土高原丘陵地区的应用提供四种服务。

SOMES 模型的功能特点包括如下两方面。

(1)面向生态系统服务评估、关系分析和管理决策的需要,集成多项生态系统服务评估优化决策框架,构建了一套集成 GIS、生态系统服务评估模型和快速非支配排序遗传算法的生态系统服务空间优化模型。

(2)引入多目标优化方法,将生态系统服务直接作为目标和指标,参与生态系统的管理决策。

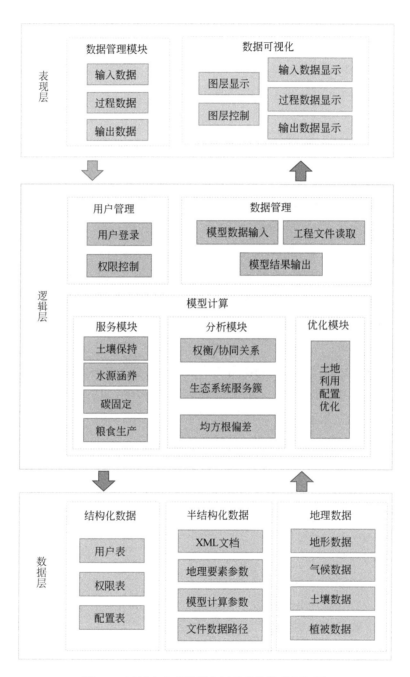

图 7-2 区域生态系统服务评估优化模型框架图

7.2.2 生态系统服务评估方法

7.2.2.1 土壤保持服务

土壤保持服务基于 RUSLE 模型进行评估。其中，坡度坡长（LS）因子计算过程中，地形数据输入后，基于 D8 算法计算坡向，基于坡度公式计算坡度。D8 算法常用于计算地理高程数据的水流方向，它假设单个像元中的水流方向只能是与之相邻的 8 个像元中的一个，计算中心像元与相邻像元间的高度落差，取落差最大的像元为中心像元的流出像元，即坡向。计算完坡向后，根据相邻像元的流出像元，叠加得到该像元的流入可能。设定流入可能等于 0 的像元为地形高点。根据地形高点与坡长，结合坡度坡长因子算法计算得到 LS 因子。

章文波等（2002）分别利用日降水量、月降水量和年降水量评价不同降雨侵蚀力简易算法的准确度，本研究根据不同算法的精度，采用目前精度最高、应用最广泛的日雨量简易算法。基于安塞周边 13 个气象站点，每 10 年数据为一期，以日雨量简易算法，计算降雨侵蚀力 R，然后将其空间化至整个研究区。本研究 K 因子根据安塞土壤分类数据进行赋值（张岩等，2001），得到集水区不同种类土壤 K 值（粗骨土为 0.0292、黑垆土为 0.0546、红土为 0.0214、新积土为 0.0348，以及黄绵土为 0.0784）。植被覆盖因子从张岩等（2001）关于延安市安塞县实际水土保持试验研究结果中获取；工程措施因子参照李天宏和郑丽娜（2012）与游松财和李文卿（1999）的研究成果赋值得到（表 7-5）。

表 7-5 不同土地利用类型对应的 C 值和 P 值

土地利用类型	土地编码	C 值	P 值
林地	1	0.004	0.7
灌丛	2	0.004	1.0
草地	3	0.012	0.5
耕地	4	0.6	1.0
聚落	5	0	1.0
水域	6	0.001	1.0

7.2.2.2 水源涵养服务

水源涵养模型根据周斌（2011）的研究结果，输入土壤最大根系深度、坡度、汇水面积、年实际蒸散发、年降水量、土壤饱和导水率与流速系数数据。模型根据土壤最大根系深度、坡度和汇水面积计算得到地形指数；根据年实际蒸散发和年降水量计算得到产水量；再结合土壤饱和导水率与流速系数运算得出水源涵养量。

计算所需数据来源如表 7-6 和表 7-7 所示。降水量、气温和实际蒸散发根据安塞周边 13 个气象站点和水文站点的数据，采用普通克里金插值得到。土壤深度数据根据《陕西土壤》和《陕西省第二次土壤普查数据集》获取。根系深度和流速系数根据土地利用数据查阅相关文献（包玉斌等，2016）。土壤饱和导水率根据 SPAW 软件输入土壤质地数据计算获得。

表 7-6　水源涵养模型数据及其来源

数据	来源
降水量	安塞及周边 13 个气象站多年降水量插值
实际蒸散发	安塞及周边 13 个气象站多年蒸发量插值
土壤深度	《陕西土壤》和《陕西省第二次土壤普查数据集》
根系深度和流速系数	根据土地利用数据查阅相关文献
土壤饱和导水率	根据 SPAW 软件输入土壤质地数据计算获得

表 7-7　根系深度及流速系数参数表

土地利用类型	根系深度/mm	流速系数
林地	3000	180
灌丛	2000	249
草地	500	500
耕地	400	800
聚落	1	2012
水域	1	2012
裸土	1	1500

7.2.2.3 固碳服务

固碳服务原有框架将生态系统分为四个碳库，根据土地利用赋值得到碳固定量，与原有模型框架相比,增加了一种计算方法,增加净初级生产力(NPP)计算,根据光合作用原理,计算得到碳固定量。

基于安塞 1990 年、2000 年、2010 年和 2015 年土地利用数据,并结合文献(Liu et al., 2018;董玉红等, 2017)获得碳库数据(表 7-8),将其输入至模型计算得到安塞固碳服务空间分布图。

表 7-8 安塞碳库　　　　　　　　(单位: t/hm²)

类型	地上	地下	死亡	土壤
林地	30.17	10.4	13	68.79
灌丛	7.14	3.09	2	64.79
草地	2.37	5.48	2.47	34.36
耕地	3.27	0.65	0	41.02
聚落	0	0	0	25.25
水域	2.28	1.21	0.15	14.95
裸土	0	0	0	0

7.2.2.4 粮食生产服务

粮食生产模块首先采用 Thornth waite Memoriae 模型计算潜在的气候生产力。它代表了一定气候(光热水)条件下作物的最大粮食产量。再根据气候生产力空间化实际粮食产量。与原有框架相比,增加了实际产量空间化步骤,使得评估结果更接近实际粮食产量,并且与传统方法相比空间精度更高。

平均蒸发量和气温来自安塞周边 13 个气象站的年平均数据,采用普通克里金插值得到。土地利用指数根据我国《农用地分等规程》(TD/T 1004—2003)计算,黄土高原的土地利用指数计算因子包括地形坡度(0.27)、有效土层厚度(0.27)、灌溉保证率(0.18)、岩石露头度(0.08)、表层土壤质地(0.08)、土壤有机质含量(0.08)、土壤酸碱度(0.04)。地形坡度用高程数据计算得到,有效土层厚度和岩石露头度根据《陕西土壤》得到,灌溉保证率查阅安塞地区 2016 年统计年鉴数据,表层土壤质地、土壤有机质含量和土壤酸碱度通过安塞地区土壤数据属性获得。

7.2.3 生态系统服务权衡/协同关系分析

7.2.3.1 相关系数分析

原有的模型框架中没有关于服务间关系的分析，改进后的框架加入权衡/协同分析。权衡/协同分析基于相关系数，当结果为正时，服务间为协同关系；当结果为负时，服务间为权衡关系；当结果等于 0 时，服务间不存在相关关系。该模块基于上述模型计算得到服务的物质量数据，两两选择输入系统，根据相关系数算法计算得到服务间的相关系数，以此分析权衡/协同关系。

7.2.3.2 均方根偏差

为进一步研究权衡/协同关系，在改进后的框架中加入均方根偏差分析。均方根偏差将权衡的意义从负相关关系扩展到包括服务间同向变化的不均匀速率，可量化两个或多个服务间的权衡程度（Lu et al.，2014）。该模块基于上述模型计算得到服务的物质量数据，两两选择输入系统，根据均方根偏差算法计算得到服务间的均方根偏差，以此量化权衡程度。

7.2.3.3 生态系统服务簇

在改进后的框架中加入生态系统服务簇。生态系统服务簇常用于分析多个服务间关系。在土地管理决策过程中，它们有助于划分关联服务，并考虑多种服务的权衡/协同效应。该模块基于上述模型计算得到服务的物质量数据，选择两个以上服务输入系统，根据 k 均值聚类（k-means）算法进行迭代聚类得到服务簇结果，以此分析多个服务间的权衡/协同关系。

7.2.4 基于生态系统服务多目标优化的土地利用优化

原有优化框架是针对黄土高原退耕补偿政策的，但这样的框架并不适合中国的大部分地区，改进后的框架将原有约束条件改变，以提升各项服务值为目标。本研究选取四种生态系统服务为目标，根据多目标优化算法的特点，最终采用 NSGA-Ⅱ算法。NSGA-Ⅱ算法根据非占优和多样性来选择最好的个体，通常是由非占优等级和拥挤距离来确定排序。输入需要优化的目标（如土壤侵蚀量最小、水源涵养量最大等）和初始土地利用情景集，系统基于 NSGA-Ⅱ算法计算目标值，然后进行土地利用交叉变异，再排序优选出满足目标的最佳空间配置（图 7-3）。

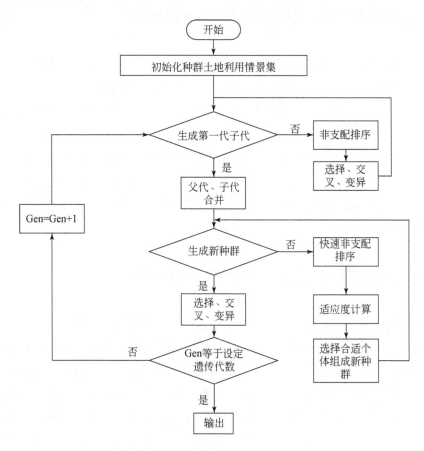

图 7-3 空间优化计算流程图

7.3 生态系统服务模型开发

在 SAORES 模型基础上，研发了生态系统服务评估优化模型（Spatial Optimization Models of Ecosystem Services，SOMES）。SOMES 模型是基于生态系统服务集成景观格局−过程−服务评估与优化景观可持续发展的一套集成 GIS 和生态系统模型、多目标优化算法为一体的评估优化模型。SOMES 模型评估的准确性和功能取决于用户输入数据的精度及软件系统优劣，用户可利用该模型对研究区的景观、生态系统服务和可持续发展进行研究，描述研究区景观格局，量化区域生态系统服务供给量，分析服务之间的权衡关系，并通过优化可持续发展目标，提供一套空间优化的解决方案。SOMES 软件基于 C#语言，结合 GDAL 库完成，且不依赖于任何第三方商业软件模块。

7.3.1　生态系统服务模型用户管理功能开发

在首次使用 SOMES 模型系统时，用户需注册账号，然后登录进入系统，且一台计算机对应一个注册码，便于对系统用户的追溯和管理。用户打开软件后先根据电脑 MAC 地址进行加密后生成唯一注册码，然后根据注册码文件解密后登录系统，进入系统初始化界面，菜单栏等。系统根据账号的权限提供相应的功能，分为管理员权限和普通用户权限，管理员拥有系统最高管理使用权限，可以增删管理用户和服务-分析-优化模块的全部功能；普通用户只能使用服务-分析-优化模块的功能，如使用服务模块进行评估、权衡/协同关系模块和优化土地利用配置优化模块，无法管理用户，需要向系统超级管理员申请提升权限开启系统其他功能。

7.3.2　生态系统服务模型数据管理功能开发

实现系统底层数据层的高效管理是区域生态系统服务评估优化模型的基石，也是系统推广使用的前提。由于 SOMES 模型在计算中需要大量栅格数据的输入，以及过程数据和结果数据的输出，这就要求在使用中必须能够系统地管理展示所有数据，以提高灵活性和可用性。不同类型数据如栅格数据、模型参数和表格文件在模型中的加载、读取和存储是系统运行的基础。考虑到系统嵌入多种生态系统服务算法模型，不同模型输入数据的体量不同，系统以工程形式实现对整个模型数据的管理，工程包含一些基础操作：新建、打开和保存，这些操作简化了使用者对同区域进行评估的重复步骤。系统通过工程保留了模型计算的所有过程数据，使用者可通过工程文件夹查验所有数据。

7.3.3　生态系统服务的估算

7.3.3.1　土壤保持服务的估算

土壤保持模块包含对土壤保持量和土壤侵蚀量的计算，该模块基于最大坡降 D8 算法、非累积坡长算法等计算得到坡度坡长因子，再与输入的其他因子结合得到土壤保持量和土壤侵蚀量。用户输入研究区填洼后的地形数据，系统根据 D8 算法得到坡向；若某像元周围的 8 个像元中无指向该像元的坡向，则该像元流入可能为 0，以此得到坡面流入可能性；若坡面流入可能性为 0 且该像元不属于边界则为地形高点。得到地形高点坡向数据后根据非累积坡长算法得到坡长因子，由于栅格图像采用最小单位像元进行计算，传统的坡长计算公式将坡长累积至低洼处，使得每个像元坡长过大，本研究采用非累积坡长算法，根据像元计算坡长，使得后续计算更为精确。坡度则利用地形数据根据坡度公式进行计算得到。获得地形因子后结合其他因子计算得到土壤保持量和土壤侵蚀量。系统需要输入 R 因子、K 因子、高程数据、土地利用数据和输入赋值表进行计算。

7.3.3.2 水源涵养服务的估算

水源涵养模块根据周斌（2011）的研究结果，需要输入栅格格式的土壤最大根系深度、坡度、汇水面积、年实际蒸发量、年降水量、土壤饱和导水率与流速系数数据（图 7-20）。根据土壤最大根系深度、坡度和汇水面积数据计算得到地形指数（图 7-5）。结合产水量算法计算得到整个研究区域的产水量和水源涵养量。

7.3.3.3 固碳服务的估算

碳固定量计算方法分为两种：第一种为利用净初级生产力将其转化成碳固定量，根据植被光合作用原理，干物质量与碳固定量为 1∶1.63 的比例关系，系统需要输入净初级生产力，将其乘以 1.63 即为碳固定量；第二种是将陆地生态系统碳库划分为 4 个部分：地上碳库、地下碳库、死亡有机质碳库和土壤碳库，需要输入栅格格式的土地利用分类数据和 Excel 格式碳库数据，也可在系统界面自行输入碳库，赋值得到研究区域的碳固定量空间分布。

7.3.3.4 粮食生成服务的估算

粮食生产模块首先根据气候生产力模型计算得到生产潜力，然后根据生产潜力高低，将实际粮食产量赋值到每个像元。需要输入的数据包括栅格格式的年平均蒸散量、年降水量和土地利用指数，之后根据气候生产力模型计算得到在一定气候（光热水）条件下的最大粮食产量。为了更好地分配土地利用类型，识别出生产潜力较高的区域，本研究将实际粮食产量空间化至整个研究区，将粮食产量高值区分配为耕地，低值区合理规划为森林/灌丛/草地。

7.3.4 生态系统服务权衡/协同关系分析

7.3.4.1 权衡/协同关系

权衡/协同关系分析模块需要输入两个栅格格式的生态系统服务物质量图层，根据相关系数算法计算得到服务间的权衡/协同关系。

7.3.4.2 均方根偏差

参考 Bradford 等（2012）提出的方法，使用统计参数均方根偏差（RMSD）作为指标来量化两个或多个服务之间的权衡关系。简而言之，它将权衡的含义从负相关关系（即传统意义上的权衡）扩展到包括服务之间同向变化的不均匀速率。这是一种简单且有效的方法，可以表示任意两个或多个服务之间的权衡程度，无论服务间是如何相互关联的。系统需要输入两个栅格格式的生态系统服务物质量图层，根据 RMSD 计算得到服务间的权衡/协同程度。

7.3.4.3 生态系统服务簇

生态系统服务簇需要输入矢量格式的包含 4 种生态系统服务物质量的图层，选择聚类变量和输入聚类数，系统根据 k 均值聚类算法进行迭代聚类，识别生态系统服务簇。

7.3.5 基于生态系统服务多目标优化的土地利用优化

由于本研究选取四种生态系统服务为目标，根据多目标优化算法的特点，最终采用 NSGA-Ⅱ算法。NSGA-Ⅱ算法根据非占优和多样性来选择最好的个体，通常是由非占优等级和拥挤距离来确定排序。NSGA-Ⅱ与其他遗传算法相比，优势在于运行效率高、Pareto 解集分布性较好，尤其针对低维度的多目标优化问题表现优秀。用户根据需求设定约束条件，如粮食生产>人口粮食需求，输入需要优化的目标（如土壤侵蚀量最小、水源涵养量最大等）和初始土地利用情景集，系统基于 NSGA-Ⅱ算法计算目标值，然后进行土地利用交叉变异，再排序优选出满足目标的最佳空间配置。遗传算法中的核心算法便是交叉和变异算法，它代表了进化过程中染色体的重组。生态系统管理空间优化是为了通过改变土地利用类型来达到多项生态系统服务的最大化。交叉操作将两个不同个体在某一随机节点打断，交换后一部分染色体。变异操作在个体中随机选择若干个节点，随机改变基因值。在空间优化中，这种随机操作需要设置一定的限制，如居民区和水域不能进行转换。在操作前先判断可行性，查询周围的基因，如果周围有此基因方可进行交叉变异，以防止土地利用过于破碎。优化模块计算界面见图7-4。

7.3.6 数据的可视化

数据可视化通过空间显性的方式向使用者直观地呈现栅格数据的空间位置信息和数据的属性信息。SOMES 模型计算中需要的数据主要有地理数据和 Excel 表格文件，考虑到使

图 7-4　优化模块计算界面

用者在进行数据运算时的便捷性，提供了一些必不可少的基础操作，如地理数据空间可视化，以及地图的放大、缩小和全局显示等。同时，在用户界面中展示数据的行列、地址、空间参考等信息。此外，系统模型计算过程中所有过程数据和输出数据也需要同步可视化显示。

改进后的 SOMES 模型与 SAORES 模型相比做了很多调整。在开发平台方面，SAORES 模型基于 ArcEngine 开发，改进后的 SOMES 模型不依赖任何第三方平台。在模块设计方面，SAORES 模型只有服务评估模块和优化模块；改进后的 SOMES 模型添加分析模块，可对两种及以上服务间的关系进行定性或定量分析。在评估算法方面，固碳服务的评估添加 NPP 转换的方法；粮食生产服务是在原有算法基础上增加实际产量空间化气候生产力步骤，提高了评估结果的准确程度；分析模块中添加权衡/协同关系、均方根偏差和生态系统服务簇算法，可对服务间关系进行多种分析；SAORES 模块优化模块主要针对退耕补偿政策，适用范围较小，改进后的 SOMES 模型将目标设定为提升生态系统服务值，扩大了适用范围（表 7-9）。

表 7-9   模型改进前后对比

项目	SAORES 模型	SOMES 模型
平台	基于 ArcEngine 开发	不依赖第三方平台
模块	1）评估（土壤保持、水源涵养、碳固定和粮食生产） 2）优化	1）评估（土壤保持、水源涵养、碳固定和粮食生产） 2）分析（相关系数、均方根偏差和生态系统服务簇） 3）优化
算法	1）土壤保持：RUSLE；水源涵养：水量平衡法；碳固定：碳库；粮食生产：气候生产力 2）— 3）优化以尽可能减少退耕补偿为前提，提升各项生态系统服务值	1）土壤保持：RUSLE；水源涵养：水量平衡法；碳固定：碳库和 NPP 转换；粮食生产：气候生产力空间化实际产量 2）相关系数、均方根偏差和 k 均值聚类 3）优化以提升生态系统服务物质量为目标
适用区域	黄土高原	无区域限制

7.4   生态系统服务模型的应用

基于 SOMES 模型的评估模块与分析模块，本研究选取黄土丘陵沟壑区典型区域安塞为研究区。对安塞 1990 年、2000 年、2010 年和 2015 年四种生态系统服务的物质量进行评估。在此基础上，计算简单相关系数和均方根偏差（RMSD），识别生态系统服务簇，分析和量化服务间权衡/协同关系。

7.4.1   研究区概况

研究区概况和样地布设同 3.2.1。

7.4.2   数据获取与分析

每个生态系统服务的计算方法和生态系统服务间权衡的分析方法同 7.2.2 和 7.2.3。

7.4.3   区域生态系统服务状况

7.4.3.1   土壤保持服务

由图 7-5 可知，安塞土壤保持量在 1990～2015 年先减少后增加，1990 年、2000 年、

2010 年和 2015 年土壤保持量分别为 1547.45t/（hm²·a）、1200.67t/（hm²·a）、1673.98t/
（hm²·a）和 2505.26t/（hm²·a）。土壤保持量在 2000 年降到最低值后呈上升趋势，在
2015 年达到最大值。模型中土壤保持服务是基于 RUSLE 模型计算得出的，其中 K 因子和
坡度坡长因子（LS 因子）较为稳定，保持不变，所以土壤保持量主要受 R 因子、C 因子
和 P 因子的影响，即受降雨、土地利用和水土保持措施的影响（饶恩明等，2013）。
1990～2000 年土地利用变化较小，而 R 因子从 1990 年的 1581.82MJ·mm/（hm²·h）降低
至 2000 年的 1218.53 MJ·mm/（hm²·h），从而导致土壤保持量减少；2000～2015 年耕地
面积从 5.45×10⁴hm² 降至 4.59×10³hm²，林地面积从 2.03×10³hm² 增加至 1.02×10⁴hm²，R
因子增加至 1884.66MJ·mm/（hm²·h），R 因子和林地面积同时增加导致土壤保持量增加。
在空间分布上，安塞土壤保持量西北低、东南高，土壤保持量为上游 1633.92t/（hm²·a）、
下游 1942.41t/（hm²·a）（图 7-6）。集水区下游地势平坦，侵蚀方式以雨滴溅蚀为主（刘
婷等，2021），侵蚀轻微，因此具有较高的土壤保持量；集水区上游陡坡较多，易受土壤
侵蚀影响，但实施退耕还林工程以来耕地减少、林地草地面积增加，固土能力增加，从而
导致土壤保持量增加。

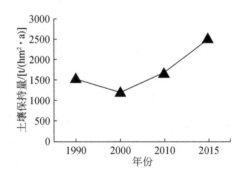

图 7-5　安塞 1990～2015 年 4 期土壤保持量时间变化

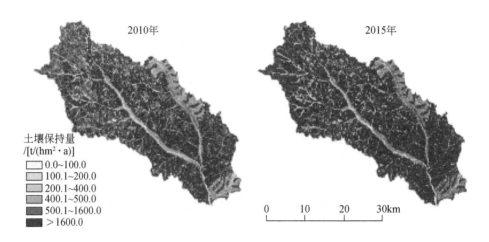

图 7-6　安塞 1990～2015 年 4 期土壤保持量空间分布图

7.4.3.2　水源涵养服务

安塞 1990 年、2000 年、2010 年和 2015 年水源涵养量分别为 1.49 亿 t/a、2.13 亿 t/a、0.90 亿 t/a 和 1.51 亿 t/a（图 7-7）。水源涵养量在 1990～2000 年上升，在 2000 年达到研究时段的最大值，随后在 2010 年大幅度减少，降低至整个研究时段的最低值，随后在 2010～2015 年上升。2010 年水源涵养量骤降是由于安塞耕地面积从 2000 年的 5.45 万 hm² 降至 2010 年的 1.95 万 hm²，林地面积从 0.203 万 hm² 增加至 0.445 万 hm²，退耕还林还草工程使研究区植被覆盖变好的同时加大了地面蒸发量，植被的生态需水量增加，对涵养水量的耗损加大（包玉斌等，2016）。在空间分布上，水源涵养服务西北低、东南高（图 7-8），表现为上游水源涵养量为 370 万 t/a、下游水源涵养量为 620 万 t/a。其空间分布主要受气候因素的影响，与降水量和蒸发量的空间分布的相关性强。

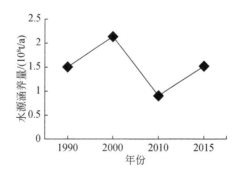

图 7-7　安塞 1990～2015 年 4 期水源涵养量时间变化

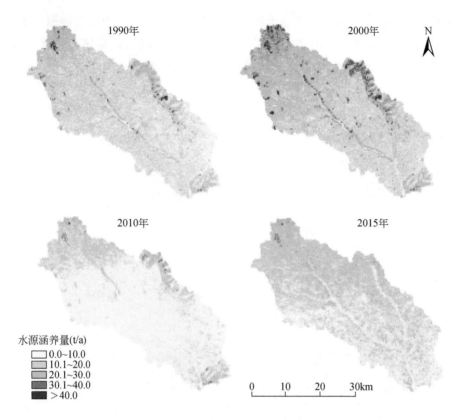

图 7-8　安塞 1990～2015 年 4 期水源涵养量空间分布图

7.4.3.3　固碳服务

安塞碳固定量随时间先减少后增加，1990 年、2000 年、2010 年和 2015 年固碳量分别为 46.61t/hm²、46.38t/hm²、47.80t/hm² 和 52.09t/hm²（图 7-9）。碳固定量在 2000 年稍有减少，随后逐渐增加，2015 年达到最大值。在空间分布上，安塞碳固定量高值区域逐年

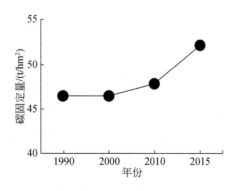

图 7-9　安塞 1990～2015 年 4 期碳固定量时间变化

增加，高值地区主要集中在中下游，上游分布较少（图7-10）。由于固碳服务主要受土地利用变化的影响，林地灌木和草地固碳能力强于耕地，故随着退耕还林还草工程的进行，安塞林地灌木和草地面积逐渐增加，耕地面积逐渐减少，碳固定量也逐渐增加。

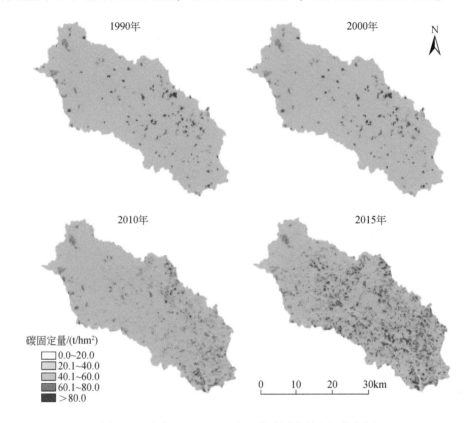

图 7-10 安塞 1990～2015 年 4 期碳固定量空间分布图

7.4.3.4 粮食生产服务

安塞粮食产量 1990～2000 年减少、2000～2010 年增加、2010～2015 年减少，1990年、2000 年、2010 年和 2015 年粮食产量分别为 129.40kg/hm²、125.87kg/hm²、165.54kg/hm² 和 156.47kg/hm²（图7-11）。在空间分布上粮食产量高值区域主要分布在坡度平缓地区，1990～2009 年集中在安塞中下游缓坡区，2010 年集中在安塞中上游缓坡区（图7-12）。本研究以生产潜力分布图为蓝本，将实际粮食产量空间化至全域范围。生产潜力即该地区可能达到的粮食产量的上限，生产潜力主要受气候和地形影响（张永红和葛徽衍，2006）。安塞 1990～2015 年的年均降水量呈下降趋势，造成生产潜力下降。但根据安塞统计年鉴，1990～2015 年粮食实际亩产呈上升趋势，表明由于技术进步和政策支持，气候对粮食生产的影响正在减弱，使得在耕地和生产潜力减少的同时粮食产量逐渐升高。

在空间分布上，粮食产量主要受地形坡度和降水量影响较大，高值区分布在降水量高的平缓地区。

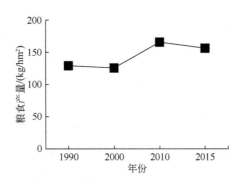

图 7-11 安塞 1990～2015 年 4 期粮食产量时间变化

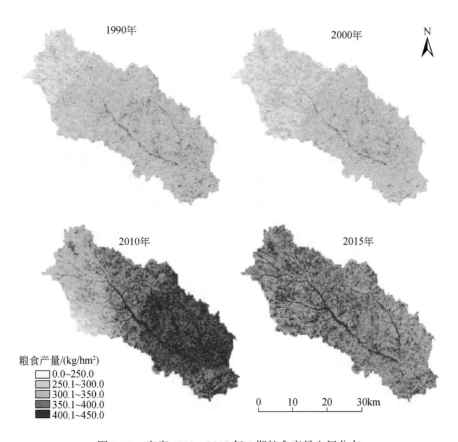

图 7-12 安塞 1990～2015 年 4 期粮食产量空间分布

7.4.4 区域生态系统服务权衡/协同状况

在安塞多种生态系统服务评估的基础上，应用区域生态系统服务评估与优化模型的"分析模块"，采用 Pearson 相关系数法对服务两两之间的权衡/协同关系进行分析，均方根偏差量化其权衡/协同程度，并用 k 均值聚类算法计算多种服务之间的生态系统服务簇。

7.4.4.1 两两服务关系分析

分别将计算得到的土壤保持服务、水源涵养服务、固碳服务和粮食生产服务四种服务的物质量栅格图层（行列数为 1980×1811）两两输入分析模块计算其相关系数，并将结果用 R 包作 t 检验，结果如图 7-13 所示。

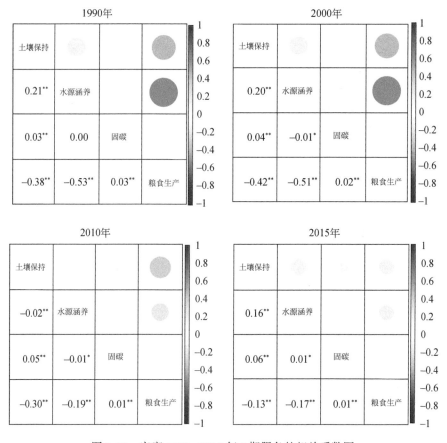

图 7-13　安塞 1990～2015 年 4 期服务的相关系数图

*代表相关性在 0.05 水平显著；**代表相关性在 0.01 水平显著

1990 年，粮食生产服务与土壤保持服务（$r=-0.38$，$p<0.01$）、水源涵养（$r=-0.53$，

$p<0.01$）呈负相关关系；土壤保持服务与水源涵养服务呈正相关（$r=0.21$，$p<0.01$）；固碳服务与其他三种服务相关性不强。2000 年，服务间相关关系与 1990 年基本一致，粮食生产服务与土壤保持服务（$r=-0.42$，$p<0.01$）、水源涵养（$r=-0.51$，$p<0.01$）之间呈现负相关关系，显著性较强；土壤保持服务与水源涵养服务之间呈现正相关关系（$r=0.20$，$p<0.01$）；固碳服务与其他服务之间相关性不强。2010 年，土壤保持服务与水源涵养服务之间转变为负相关关系（$r=-0.02$，$p<0.01$）。2015 年，粮食生产服务与土壤保持服务呈显著负相关关系（$r=-0.13$，$p<0.01$）；土壤保持服务与水源涵养服务呈正相关关系（$r=0.16$，$p<0.01$）；水源涵养服务与粮食生产服务呈负相关关系（$r=-0.17$，$p<0.01$），其他服务对虽呈现显著性关系，但 r 值过低，实际应用意义不大。

总体而言，呈协同关系的服务对有土壤保持–水源涵养（1990 年、2000 年、2015 年）；呈权衡关系的服务对有土壤保持–粮食生产（1990～2015 年）、水源涵养–粮食生产（1990～2015 年）；固碳服务与其他三项服务间无明显相关关系。水是植被生长的基础，水源涵养量的增加，有助于植被生长，间接导致土壤保持量的增加，所以土壤保持服务与水源涵养服务间呈协同关系。而耕地的固土和涵养水源能力弱于林地和草地，耕地面积增加会导致土壤保持量的减少，所以土壤保持服务、水源涵养服务与粮食生产服务间呈权衡关系。这四项服务不是相互独立的且不属于线性关系（Howe et al.，2014），影响这四项生态系统服务的主要因素有土地利用和降水，它们间的相互关系会随着气候和土地利用变化而发生改变。最为明显的是粮食生产服务与土壤保持服务、水源涵养服务之间的权衡关系逐渐降低，这说明管理良好的高产农田有利于研究区碳储量的累积和水源涵养（Xu et al.，2017），可以依靠土地利用调控和技术进步，缓解植被恢复对粮食生产的不利影响。

7.4.4.2 不同地类权衡程度分析

为了进一步研究权衡/协同关系，本研究基于不同土地利用类型计算均方根偏差（RMSD）来更好地理解服务间权衡的变化。RMSD 将权衡的意义从负相关系扩展到包括服务间同向变化的不均匀速率（Luo et al.，2018）。

从图 7-14 左下角可以看出，1990 年土壤保持服务–水源涵养服务的林地、灌丛和草地的 RMSD 相差不大，耕地几乎为零；土壤保持服务–固碳服务、水源涵养服务–固碳服务和固碳服务–粮食生产服务中林地 RMSD 明显高于其他三种地类；土壤保持–粮食生产和水源涵养服务–粮食生产服务中耕地 RMSD 高于其他地类，但总体相差不大。总体而言，草地生态系统服务间（除水源涵养服务–粮食生产服务外）的 RMSD 均低于林地，这表明林地提供的服务可能更具有倾向性和不均匀性，草地作为一种植被恢复措施，具有更小的 RMSD，因此可能支持更高水平的协同服务，而灌丛适中。与粮食生产有关的服务对中，耕地 RMSD 明显高于其他地类，表明耕地在这些服务的供给上具有明显的倾向性和不平衡性。

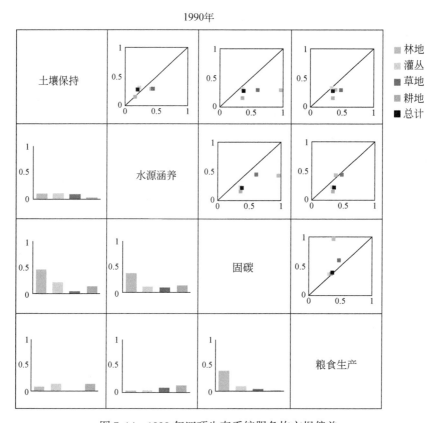

图 7-14　1990 年四项生态系统服务均方根偏差

从图 7-14 右上角图中可看出，土壤保持服务–固碳服务、水源涵养服务–固碳服务和固碳服务–粮食生产服务中各地类相对收益都更倾向于固碳服务，其中林地倾向性更明显。土壤保持服务–水源涵养服务中草地和林地的水源涵养服务的相对收益较大，灌丛和耕地的土壤保持服务的相对收益较大。土壤保持服务–粮食生产服务和水源涵养服务–粮食生产服务中各地类基本都是粮食生产服务的相对收益较大。

从图 7-15 左下角图中可以看出，2000 年各地类 RMSD 与 1990 年稍有不同，林地的 RMSD 整体有所降低，但仍高于草地 RMSD，灌丛处于适中位置，耕地 RMSD 变化不大。土壤保持服务–水源涵养服务和水源涵养服务–粮食生产服务对中草地 RMSD 高于林地。土壤保持服务–固碳服务中林地 RMSD 与 1990 年相比大幅下降。水源涵养服务–固碳服务和固碳服务–粮食生产服务中林地 RMSD 明显高于其他地类。

从图 7-15 右上角图中可以看出，在与碳固定相关的服务对中，各地类相对收益差别较大，林地的偏向性明显，更偏向于固碳服务，其次是草地。在土壤保持服务–水源涵养服务中，灌丛和耕地更偏向土壤保持服务，林地和草地偏向水源涵养服务。土壤保持服务–粮食生产服务和水源涵养服务–粮食生产服务中各地类相对偏向粮食生产服务，但不

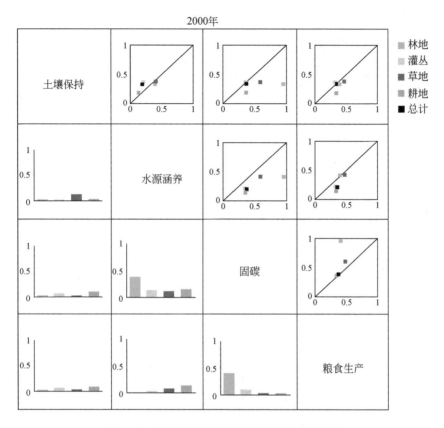

图 7-15 2000 年四项生态系统服务均方根偏差

明显。

从图 7-16 左上角的图中可以看出，2010 年各个地类的 RMSD 与 2000 年相比整体有所提高，林地 RMSD 增加，高于其他地类，占据主导地位；灌丛 RMSD 比 2000 年有所增加，但依然位于林地和草地中间；草地和耕地 RMSD 变化不大（图 7-24）。土壤保持服务–水源涵养服务中林地大幅增加占据主导地位，其他服务对中规律基本与 2000 年一致，但整体值有所增加，表明安塞各地类提供的服务的倾向性和不均匀性都有所增加。

从图 7-16 右上角的图中可以看出，与碳固定有关的服务对中各地类明显偏向于碳固定服务。土壤保持–水源涵养中各地类偏向土壤保持服务，与 2000 年相比林地和草地偏向性有变化。其他服务对之间地类偏向性无明显变化，其中水源涵养–粮食生产服务中地类偏向性向粮食生产方向有所增加。

从图 7-17 左下角的图中可以看出，2015 年林地 RMSD 在不同服务对之间有增有减，草地在个别服务对中有所下降，灌丛和耕地整体下降。在土壤保持服务–固碳服务、水源涵养服务–固碳服务和固碳服务–粮食生产服务中，林地 RMSD 高于其他地类，占主导地位，表明在与固碳服务有关的服务对中林地的供给具有更高的倾向性。在土壤保持服务–

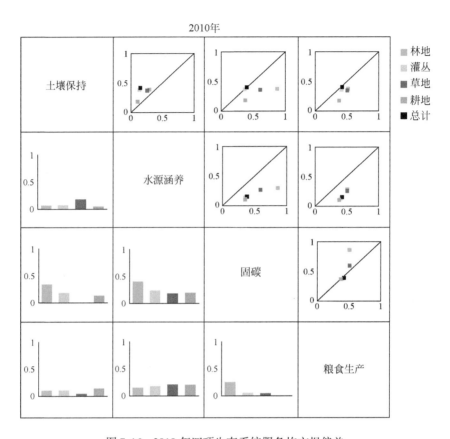

图 7-16　2010 年四项生态系统服务均方根偏差

水源涵养服务中，草地 RMSD 更高，更具有倾向性，其他服务对各地类相对均衡（图 7-17）。

从图 7-17 右上角的图中可以看出，整体而言 2015 年地类在服务对中的偏向性有所下降，分布比 2010 年密集。土壤保持服务–水源涵养服务中林地和草地更偏向水源涵养服务。土壤保持服务–粮食生产服务中林地、草地和耕地更偏向粮食生产服务。与固碳服务有关的服务对中，地类的偏向性无明显变化。

7.4.4.3　生态系统服务簇

生态系统服务簇可以通过对整个区域中生态系统服务进行分组而得到。在土地管理决策过程中，它们有助于划分关联服务，并考虑多种服务的权衡/协同效应（Li et al., 2019）。将安塞划分为 500m×500m 网格，共计 5609 个。采用 k 均值聚类算法对安塞进行聚类分析，识别了 6 种生态系统服务簇（图 7-18），分别是：①土壤保持型，功能类型较为单一，其中土壤保持服务最显著，其他服务较弱；②粮食生产型，粮食生产服务最为显著，其他服务较弱；③生态平衡型，各种生态系统服务服务值较高且占比均衡；④生态脆

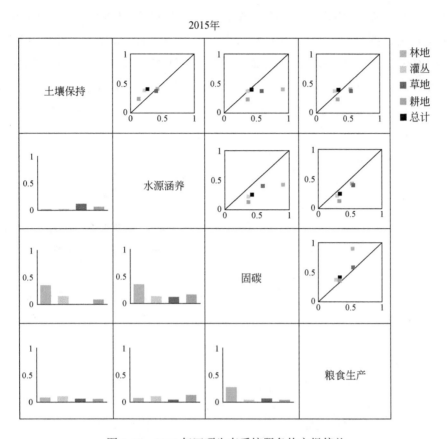

图 7-17 2015 年四项生态系统服务均方根偏差

弱型,单元格中各类服务占比均衡但值较低;⑤水源消耗型,水源涵养服务值最低,其他服务值均衡;⑥水源涵养型,水源涵养服务值最高,其他服务值均衡。

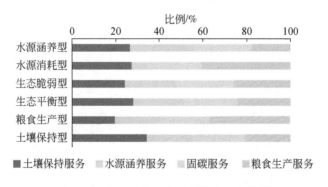

图 7-18 安塞生态系统服务簇分类占比图

生态系统服务簇重要性排序为粮食生产型≥生态平衡型≥土壤保持型=水源涵养型>水源消耗型≥生态脆弱型。具体而言,粮食生产型具有不可被其他服务替代的粮食供给功能；生态平衡型可用于保障区域可持续发展。从空间分布看，1990年主要类型为粮食生产型和水源消耗型（图7-19）。粮食生产型分布在地势平缓地区；水源消耗型分布在集水区中下游地势较陡地区；周边零散分布生态平衡型。2000年生态保育型数量大幅增加，表明安塞生态系统在这一时段十分脆弱。2010年主要类型为粮食生产型、水源消耗型和生态平衡型。粮食生产型分布依旧在地势平缓地区；水源消耗型分布在安塞中下游地势较陡地区；集水区上游集中分布生态平衡型。2015年主要类型增多，主要有土壤保持型、粮食生产型、生态平衡型和水源涵养型。粮食生产型分布未变，在地势平缓地区；土壤保持型主要分布在安塞中下游地势较陡地区；全域范围内零散分布生态平衡型；集水区上游集中分布着水源涵养型。从时间序列来看，土壤保持型呈增加趋势，在2015年数量最多（2793个），主要原因是退耕还林还草工程实施后，研究区林地、草地面积增加，使得土壤固土能力增加，土壤保持量也随之增加；粮食生产型和水源消耗型呈减少趋势，水源消耗型在2010年前为数量最多的类型，在2015年降为0个，生态平衡型逐渐增加，但数量低于其他类型，生态脆弱型逐渐减少，生态平衡型和水源消耗型的增加表明退耕还林还草工程使得安塞的生态系统结构逐渐发生变化，由原来的以粮食生产为主导转变为各服务均衡发展的结构。

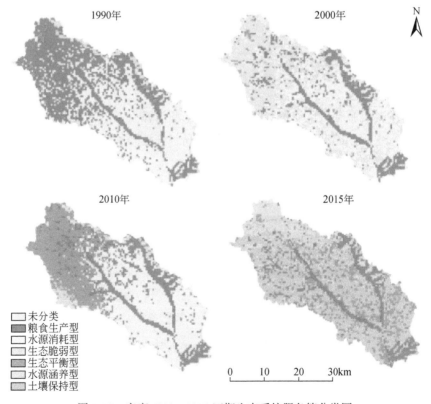

图7-19　安塞1990~2015四期生态系统服务簇分类图

7.4.5 基于 SOMES 模型的生态系统服务优化与调控

基于 SOMES 模型的优化模块,以提升土壤保持服务、水源涵养服务、固碳服务和粮食生产服务 4 种生态系统服务的物质量为目标,利用 NSGA-Ⅱ算法重新分配土地利用,为安塞规划和管理提供理论基础与科学依据。

7.4.5.1 优化目标

以提升多种生态系统服务物质量为目标的土地利用配置优化,根本挑战在于如何平衡不同服务间的权衡关系,达到更多目标的优化。7.4.4 节中评估了四种生态系统服务的变化,并分析了服务间的权衡关系,结果表明土壤保持服务和固碳服务呈上升趋势,水源涵养服务和粮食生产服务波动变化;在 2015 年,土壤保持服务–水源涵养服务属于协同关系,土壤保持服务–粮食生产服务和水源涵养服务–粮食生产服务呈权衡关系;而土壤保持服务–水源涵养服务的散点图分布在 1∶1 线两侧,证明虽然是协同关系,但仍存在相对收益的一方;生态系统结构逐渐趋向稳定,这都是源于退耕还林还草工程的实施。为了消除其他因素对生态系统服务的影响,本研究以 2015 年的气候数据为基础,对安塞的土地利用配置进行调控。

根据 NSGA-Ⅱ算法,在对土地利用配置进行重新调控时,一幅土地利用图为一个个体,土地利用类型编码为基因,那么一个个体即为一条染色体。在安塞空间优化问题中,将安塞划分为 30m×30m 的二维规则格网,每一种土地利用可以当作一个二维矩阵,染色体即为不同编码组合,建立基因与二维规则网格间的平行映射关系。

目标函数为土壤保持服务、水源涵养服务、固碳服务与粮食生产服务四种服务计算模型。排序算法选择非占有排序算法。选择算子,即把群体中适应度排名第一的土地利用情景不进行交叉变异直接复制到子代种群中。

7.4.5.2 优化情景

在优化模块中,我们设置优化目标为土壤保持服务、水源涵养服务、固碳服务与粮食生产服务四种服务。设置初始种群大小为 20,即初始土地利用图为 20 幅,分别设置最大进化代数为 20 代、50 代与 100 代,以保证最优结果。20 个初始种群的设计有三种来源(图 7-20)。

(1)历史土地利用:1990 年土地利用图;2000 年土地利用图;2005 年土地利用图;2010 年土地利用图;2015 年土地利用图。

(2)环境因子阈值:坡度大于 15°的耕地退为林地或灌丛或草地;坡度大于 20°的耕

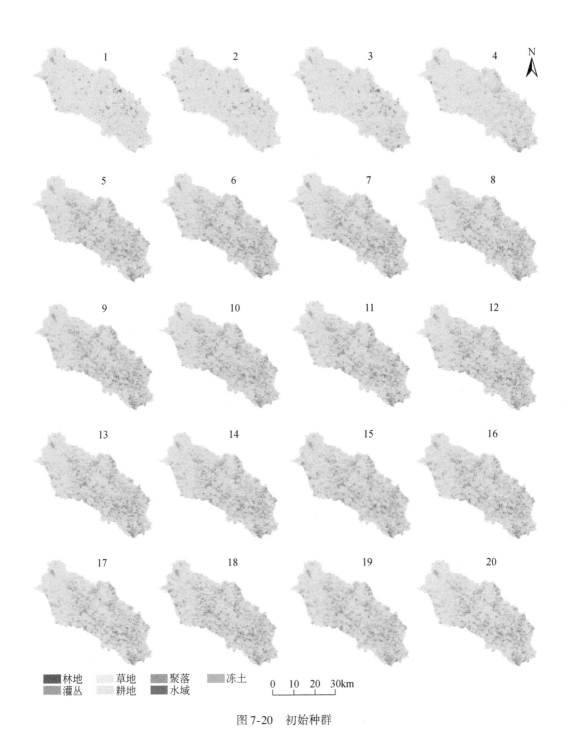

林地　　草地　　聚落　　冻土
灌丛　　耕地　　水域　　 0　10　20　30km

图 7-20　初始种群

地退为林地或灌丛或草地；坡度大于 25°的耕地退为林地或灌丛或草地。

（3）服务阈值：土壤侵蚀最严重的 25% 的耕地退为林地或灌丛或草地；土壤侵蚀最严重的 50% 的耕地退为林地或灌丛或草地。

7.4.5.3 优化方案

采用上述目标和初始情景，利用 NSGA-Ⅱ算法，迭代出最优方案。根据迭代结果，当进化至 30 代时，土地利用配置已不再进行变化，代表在以安塞为研究区，以土壤保持服务、水源涵养服务、固碳服务和粮食生产服务四项服务的物质量为目标的空间优化问题中，30 代时已经收敛到 Perato 前沿，最优土地利用配置已经不再变化。在 Perato 解集中选择排名前五的最优解。结果如下（图 7-21）。

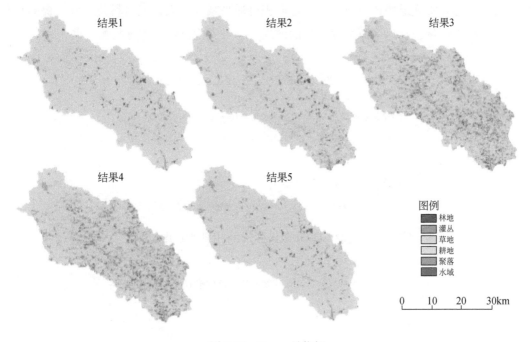

图 7-21　Perato 最优解

由于目标之间有权衡关系，所以无法达到所有目标同时最优，这五种结果各有优势（图 7-21）。从图 7-22 和图 7-23 可以看出，结果 1 和结果 5 中，耕地面积占比较大，粮食生产服务有优势，结果 2~4 中，草地面积占比较大，林地和灌丛面积也均有所增加，耕地面积减少；结果 2 中，四种目标值相差不大，但土壤保持服务为最大值；结果 3 和结果 4 中，土壤保持服务优势比其他服务明显，其次为固碳服务，但水源涵养服务和粮食生产服务过小。对于安塞而言，在以最大化粮食生产为主要目标的需求下，建议采用结果 1 或结果 5 的土地利用配置：林地面积 1%~3%，灌丛面积 1%~3%，草地面积 11%~50%，耕地面积 40%~80%；在以保持土壤、减少水土流失为主要目标的需求下，建议采用结果 3 或结果 4 的土地利用配置：林地面积 7%~8%，灌木面积 5%~8%，草地面积 80%~85%，耕地面积 1%~4%；在以生态系统均衡稳定发展为主要目标的需求下，建议采用结果 2 的土地利用配置：林地面积 2% 左右，灌木面积 4% 左右，草地面积 74% 左右，耕地面积 19% 左右。经过多目标优化后的土地利用方案只是给现实的生态系统管理提供一个理论参考，在具体决策时，还需要根据当地政府的资金、人力、物力等现实条件，以及不同目标来进行综合的考虑和权衡。目前，安塞耕地面积占全域面积的 30%，林地面积占 11%，草地面积占 58%（张苗，2020）。从生态系统服务均衡发展的角度出发，本研究推荐结果 2 的土地利用优化方案。在过去二十年，黄土高原大量耕地退为林地，但林地需水量高于草地，当产水量无法满足林地的需求时就出现了土壤干层现象（马建业等，2020）。所以对安塞建议实施退耕还草政策，林地面积可适当减少，大力发展科技兴农，提高单位面积内的粮食产量，在保证总粮食产量的前提下，各类生态系统服务均衡发展。

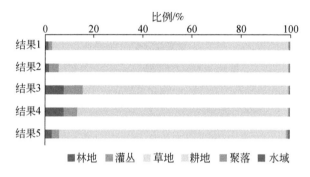

图 7-22　Perato 最优解土地利用类型占比

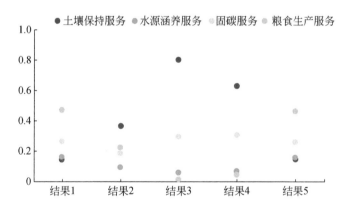

图 7-23　Perato 最优解四种目标值

7.5　小　　结

SOMES 模型使用 C#语言和 GDAL 库开发，采用 C/S 架构，将其划分为三层结构：表现层–逻辑层–数据层，最终设计并实现了用户管理、数据管理、模型计算和数据可视化四个功能模块。用户管理模块可提高系统安全性，模型计算可添加拓展功能，数据管理可提升系统可拓展性，数据可视化可提高系统可用性。基于构建的 SOMES 模型，以安塞为研究区，评估生态系统服务，分析权衡/协同关系，以及优化管理土地利用配置，具体如下。

1990~2015 年 4 期的生态系统服务评估发现，在时间序列上，土壤保持服务、水源涵养服务、固碳服务和粮食生产服务中的土壤保持服务和固碳服务先下降后上升，水源涵养和粮食生产服务呈波动变化。在空间分布上，土壤保持服务和固碳服务西北低、东南高，水源涵养服务与之相反，为西北高、东南低，粮食生产服务在坡度平缓地区高。土壤保持服务–水源涵养服务在 1990 年、2000 年和 2015 年呈显著正相关关系，土壤保持服务–粮食生产服务和水源涵养服务–粮食生产服务在 1990~2015 年呈显著负相关关系。由于土壤保持服务、水源涵养服务与粮食生产服务呈权衡关系，无法使所有目标达到最优，在结果中推荐采纳不同生态系统服务均衡的方案，以期实现安塞生态系统可持续管理。

本研究弥补了现有生态系统服务评估工具侧重物质量的评估而忽视关系分析和空间优化决策方面的不足，建立了中国本土化的生态系统服务评估模型——SOMES 模型。但是本研究依然存在许多可进一步改善之处。首先，模型的功能和用户体验可以进一步改善和优化；其次，在后续研究中，可继续集成不同种类服务，适应更多研究需求，使模型具有更好的普适性；最后，可以尝试采用多种分析方法探究生态系统服务之间的权衡/协同关系，引入其他多目标优化算法进行土地利用配置优化。

第8章 样地生态系统服务评估与权衡

生态系统服务是指通过能量和养分循环，以及降解和生产等生态系统过程为人类社会提供的产品和服务，包括供给服务（如食物、水、原材料）、调节服务（如洪水调控、固碳、水质净化）、文化服务（如精神、娱乐、地域感），以及支持服务（如养分循环、土壤形成）（Daily，1997）。不同类型的生态系统服务能为人类提供多方面的惠益，促进了多维度人类福祉的实现。目前，生态系统服务理论主要应用于土地利用规划与环境影响评价、绿色基础设施和生态网络规划、生态安全格局与生态红线划定等空间决策（李睿倩等，2020）。准确评估生态系统服务物质量及其时空变化特征对于政策制定和可持续生态管理具有重要的意义。

小尺度的生态学与地理学研究一般采用直接观测的方法，不仅有助于探索功能与过程的影响机理，而且可以为更大尺度的系统分析与模拟提供数据支持，甚至可以成为发展和建立模型的基础（傅伯杰，2014）。将径流小区作为定点监测样地，定点样地没有地理空间差异（海拔、坡向等因素相同），能够更为准确地反映土壤、植被、坡度、次降雨对生态系统服务及其权衡的影响，有利于厘清生态系统服务权衡的驱动机制与影响阈值。同时，利用集水区范围内调查的样地（样地随机分布于集水区内，海拔、坡向、降雨等因素存在差异）数据进行生态系统服务测算，揭示生态系统服务及其权衡的主控因素，能够为不同空间位置相应地块的生态恢复活动提供指导。样地是农户耕作与管理措施可以控制的尺度，得到的生态系统服务驱动规律容易在实践中应用。此外，样地实测数据还可以为模型参数本地化提供数据支持，有利于在大尺度上对生态系统服务进行科学评估。

8.1 基于定点监测的样地生态系统服务权衡分析

样地土壤保持、产流、碳储量等生态功能是集水区相应生态系统服务的基础。植被是坡面水土流失过程与碳储量的重要控制因素。植被能降低雨滴对土壤的直接打击（Durán and Rodríguez，2008），减少地表径流（Puigdefábregas，2010），减缓径流对土壤的冲刷（李勉等，2005），改善土壤理化性质（增加土壤有机质含量），提高水分入渗速率（Puigdefábregas et al.，1999），植被物理阻碍作用改变泥沙在地表的运移（Martínez et al.，2006）。植被覆盖及镶嵌格局改变了径流连通性（Mayor et al.，2008），在地表形成土壤侵蚀区与泥沙沉积区，从而减少输入河流的泥沙量。因此，设计一定的植被配置方式可以作为控制土壤侵蚀的重要手段。在研究区人多地少的情况下将坡耕地全面撂荒是不现实的，选择人工草地或将耕地与草地结合形成作物–草地植被镶嵌格局既能控制水土流失又具有一定生产意义。本节选择单一植被类型作物、柳枝稷、撂荒地，以及将柳枝稷与撂荒地配置于作物地坡脚或坡上的复合植被配置；实测径流量、泥沙量、植被生物量，以及土壤、降雨、植被盖度等环境因子；计算土壤保持量、产水量与植被碳储量；识别生态系统服务关系，揭示生态系统服务权衡的主控因素与临界值；期望为具体地块生态系统服务调控提供支撑。

8.1.1 研究区概况及样地设计

定点样地（径流小区）位于中国科学院水土保持研究所安塞水土保持综合试验站，定点样地靠近安塞集水区东南边缘，位于安塞县城西侧墩滩山（腰鼓山）的东北坡上（109°18′53″E，36°51′17″N）（图 3-1）。安塞站位于黄土高原中部典型黄土丘陵沟壑区。安塞属暖温带半干旱大陆性季风气候，干湿分明。该地区多年平均气温为 8.8℃，最高气温 37.3℃，最低气温–18.5℃。多年平均年降水量为 505.3mm，降水的年内分布具有典型大陆性特点，其中 6~9 月的降水一般占年降水量的 60% 以上。该地区光照充足，多年平均日照时数为 2446.6 小时，多年平均日照率为 55%，无霜期平均为 184 天。该地区沟壑纵横、梁峁起伏，水土流失极为严重。该区土层深厚，以黄绵土为主，质地较轻且疏松。

定点样地（径流小区）布设于 5°、15° 与 25° 坡地，坡向北偏东 82°，样地水平投影面积为 4m×10m。本研究设计了 10 种配置方式，分别为标准小区即裸地，通过定期翻耕除草维持地表裸露状态；单一植被配置方式包括作物、柳枝稷地、撂荒 E（撂荒时间相对较早，2006 年开始撂荒）、撂荒 L（撂荒时间相对较晚，2012 年开始撂荒）；复合植被配置方式包括 "作物–柳枝稷" "作物–撂荒 E" "作物–撂荒 L" "撂荒 E–作物" "撂荒 L–作物"。作物采用当地传统农作方式——谷子（*Setaria italica*）与糜子（*Panicum miliaceum*）轮作（第一年播种谷子，第二年播种糜子，依次交替），横坡种植；柳枝稷为多年生草本，第一年播种后，每年秋季刈割地上部分，第二年春季自然萌发生长；撂荒地由耕地撂荒而来，主要植物为早熟禾（*Poa annua*）、狗尾草（*Setaria viridis*）、茵陈蒿（*Artemisia capillaris*）；复合植被方式 "作物–柳枝稷" 为坡上配置 2/3 比例作物，坡下配置 1/3 比例柳枝稷，"作物–撂荒 E" 与 "作物–撂荒 L" 配置比例与之相同；"撂荒 E–作物" 与 "撂荒 L–作物" 为坡上配置 1/3 比例撂荒地，坡下配置 2/3 比例作物。样地四周用水泥板围埝，下方连接两个直径 60cm 的镀锌铁皮桶，用于监测径流量和土壤流失量。

8.1.2 数据获取与分析

8.1.2.1 数据获取与计算

1）小区定位监测指标与计算

（1）次降雨特征监测与计算。在径流小区附近安装精度 0.2mm 的自计雨量计，记录 2009~2014 年降雨过程数据。根据降雨过程数据计算每次降雨的降水量、降雨持续时间、平均雨强、最大 30min 雨强 I_{30}。按照 Foster（1981）的公式计算降雨动能 E，降雨动能与最大 30min 雨强的乘积（EI_{30}）表示降雨侵蚀力（Wischmeier and Smith，1978）。

（2）前期降雨指数计算。前期降雨指数间接表示前期土壤含水量，其计算公式如下：

$$\mathrm{API}_i(t) = \sum_{d=1}^{i} P_{t-d} k^d \tag{8-1}$$

式中，i 为限定的前期降雨天数范围（本研究 $i=15$）；k 为降雨影响的衰减常数，介于 0.80~0.98（本研究 $k=0.85$）；P_{t-d} 为第 $t-d$ 天的降雨（Heggen，2001）。

（3）径流量与土壤流失量监测。2009~2014 年每次降雨产流后，测定径流收集桶中径流体积即径流量，径流量与径流小区面积的比值为径流深（mm）。将径流收集桶中泥水混合物静置 24h，倒掉澄清水，65℃烘干至恒重称取泥沙重量（g），泥沙重量与径流小区面积的比值为土壤流失量（g/m²）。

（4）植被盖度与生物量指标测定。6~9 月每月中旬采用拍照法测定植被盖度代表该月植被盖度，以 6~9 月平均值代表该年植被盖度；采用样方法测定枯落物、藻结皮、苔藓结皮盖度。生长季末采用刈割法测定植被地上碳储量，径流小区需要多年连续研究，挖取地下生物量影响第二年观测，因此地下生物量通过地上地下生物量比估算（地上：地下取 0.21：1）（刘迎春等，2011）。

（5）土壤性质与地表粗糙度测定。环刀法测定各小区表层土壤容重与土壤毛管孔隙度；用 9cm 直径根钻钻取根系，测定根系密度；使用激光粒度分析仪（Malvern Instruments Ltd.，Worcestershire，UK）测定 0~5cm 土层土壤砂粒（>0.05mm）、粉粒（0.002~0.05mm）、黏粒（<0.002mm）的含量；通过重铬酸钾氧化法测定土壤有机质含量。地表粗糙度通过自制糙度计测定（触针法），即测量一个断面相对于参考线的相对高度，相对高度的标准差为地表粗糙度（Feng et al.，2017）。

2）生态系统服务评估

某种植被配置土壤保持服务（SEC）等于裸地土壤流失量（Soilloss_{裸地}）减去某种植被配置土壤流失量（Soilloss_{植被配置}），公式如下：

$$SEC = Soilloss_{裸地} - Soilloss_{植被配置} \qquad (8-2)$$

产水服务用径流深表示。

植被碳储量通过生物量与含碳率的乘积获得。本研究中，草本和枯落物含碳率分别为 0.40 和 0.39（刘迎春等，2011）。植被碳储量为植株与枯落物碳储量之和。

3）生态系统服务权衡量化

生态系统服务权衡量化方法同 5.4.2。

8.1.2.2 数据统计分析

利用 2012~2014 年定点监测数据，通过 SPSS 20.0 对植被碳储量、土壤保持量与产水量进行 Pearson 相关分析，识别生态系统服务之间关系。对生态系统服务及其权衡与环境因子（饱和导水率、土壤容重、毛管孔隙度、根系密度、地表粗糙度、植被盖度、藻结皮盖度、苔藓结皮盖度、枯落物盖度、土壤有机质含量及土壤粒径组成、降雨特征）进行 Pearson 相关分析。对生态系统服务权衡与单一环境因子进行非线性回归，揭示环境因子对生态系统服务权衡影响的临界点。

8.1.3 不同植被配置生态系统服务对比

利用 2009~2014 年径流小区数据开展分析。由图 8-1 可知，对于同一坡度，复合植被配置类型碳储量未表现出一致的趋势，而单一植被配置类型碳储量均表现为柳枝稷>撂荒 E>撂荒 L>作物。柳枝稷的生物量具有绝对优势，因此"作物–柳枝稷"复合配置的碳储量在所有植被类型中居于第三位。植被碳储量在坡度之间的趋势也不一致，如柳枝稷碳储

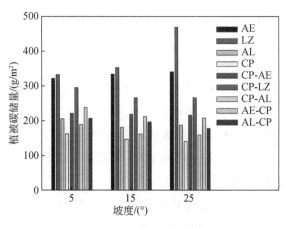

图 8-1 不同植被配置碳储量比较

AE、LZ、AL 与 CP 分别表示撂荒 E、柳枝稷、撂荒 L 与作物

量随坡度增加而增加，作物碳储量随坡度增加而降低，这是因为植被生物量还受坡度以外的其他因素影响。

由图 8-2 可知，各坡度土壤保持量均表现为摞荒 E>柳枝稷>摞荒 L>"作物–摞荒 E">"作物–柳枝稷">"作物–摞荒 L">"摞荒 E–作物">"摞荒 L–作物">作物。除了作物、"摞荒 L–作物"之外，其余植被配置的土壤保持量均表现为 25°>15°>5°。原因是随坡度增加土壤侵蚀量也增加，但是标准小区（裸地）增加的幅度更大，最终导致土壤保持量增加。但是作物、"摞荒 L–作物"与之不同，说明作物地土壤侵蚀随坡度增加的程度与裸地相当。坡度为 5°时，将摞荒地与柳枝稷地置于作物地坡脚组成的复合植被类型（"摞荒 E–作物""柳枝稷–作物""摞荒 L–作物"）与单一草地（柳枝稷）具有相近的土壤保持功能。但是随着坡度增加，复合植被类型与单一草地土壤保持功能的差距在拉大。这说明对于陡坡，需要增加复合植被类型中的草地比例，增加其泥沙拦截能力，提高土壤保持功能。

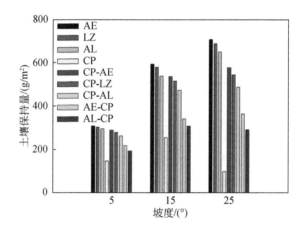

图 8-2　不同植被配置土壤保持量比较

AE、LZ、AL 与 CP 分别表示摞荒 E、柳枝稷、摞荒 L 与作物

很多研究认为植被覆盖是控制土壤侵蚀的主导因素（Zheng，2006；Wei et al.，2007）。黄土丘陵沟壑区相关研究表明草地能够直接拦截泥沙（于国强等，2010），无论是牧草地（焦菊英和王万忠，2001）还是摞荒地（靳婷等，2012），均比耕地具有更好的土壤保持功能。耕作活动使土壤团聚体遭到破坏，低植被覆盖导致裸露土壤直接受雨滴打击而剥离，使表层土壤更易被地表径流带走，因此相对于自然植被耕地土壤保持效果往往较差（Mohammad and Adam，2010），尤其在暴雨条件下易发生极端侵蚀事件。植被在坡面上的分布位置是植被控制土壤流失的重要因素（Francia et al.，2006）。植被格局将坡面分为土壤侵蚀区与泥沙沉积区，一般裸地斑块发生侵蚀，植被斑块发生沉积（Puigdefábregas，2010）。在西班牙东南部橄榄园配置 4m 宽大麦隔离带，与免耕无隔离带

相比，可以降低 92% 的土壤流失和 49% 的径流（Francia et al.，2006），而且不同植物种类隔离带对泥沙的拦截效应不同（Martínez et al.，2006；Xiao et al.，2011）。Zhang 等（2012）通过人工降雨研究了中国黄土高原茵陈蒿植被格局对土壤侵蚀的影响，研究表明棋盘状与横坡带状格局比顺坡带状格局具有更好的土壤侵蚀控制作用。本研究复合植被配置方式"作物-撂荒 E"、"作物-撂荒 L"与"作物-柳枝稷"将撂荒地与柳枝稷地配置于耕地坡脚，能够有效地拦截泥沙，因此复合植被配置方式比单一作物具有更高的土壤保持量。

由图 8-3 可知，除去"作物-撂荒 E"，不同植被配置产水量与土壤保持量呈现完全相反的趋势。5°坡面"作物-撂荒 E"的产水量低于单一柳枝稷与撂荒 L，说明了撂荒 E 具有较强的径流拦截与入渗能力，但这种能力随坡度增加而相对减弱。各植被配置产水量均随坡度增加，但坡度之间产水量的差异小于土壤保持量。

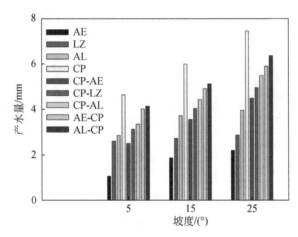

图 8-3 不同植被配置产水量比较

AE、LZ、AL 与 CP 分别表示撂荒 E、柳枝稷、撂荒 L 与作物

一般认为，不同植被配置方式导致植被覆盖及土壤性质的差异，进而产生不同的水文过程（Descheemaeker et al.，2006）。植被覆盖是控制径流产生的重要因素，植被可以直接拦截降雨，降低降雨动能（Descroix et al.，2001），减缓径流速度，增加径流入渗机会（Bochet et al.，1998）。此外，植被还可以增加土壤有机质含量，提高水分入渗速率（Puigdefábregas et al.，1999）。撂荒 E 与柳枝稷植被盖度最高，因此产水量最小。复合植被配置方式"作物-撂荒 E"、"作物-撂荒 L"与"作物-柳枝稷"不仅具有一定的植被覆盖，而且将撂荒地和柳枝稷地配置于坡脚能起到增加径流拦截与入渗的作用，因此复合植被配置方式比单一作物产水量小。

8.1.4 生态系统服务权衡分析

8.1.4.1 生态系统服务关系识别

由表 8-1 可知，植被碳储量与土壤保持量存在显著正相关关系，与产水量存在显著负相关关系。土壤保持量与产水量存在极显著负相关关系，且随着坡度增加相关系数增大。根据表 8-1，植被碳储量与土壤保持量之间为协同关系，而此两者与产水量为权衡关系。

表 8-1 植被碳储量、土壤保持量与产水量 Pearson 相关分析

坡度	服务类型	植被碳储量	土壤保持量	产水量
5°	植被碳储量	1	0.66*	-0.69*
	土壤保持量	0.66*	1	-0.88**
	产水量	-0.69*	-0.88**	1
15°	植被碳储量	1	0.67*	-0.82**
	土壤保持量	0.67*	1	-0.93**
	产水量	-0.82**	-0.93**	1
25°	植被碳储量	1	0.67*	-0.78*
	土壤保持量	0.67*	1	-0.95**
	产水量	-0.78*	-0.95**	1

*代表相关性在 0.05 水平显著；**代表相关性在 0.01 水平显著。

8.1.4.2 生态系统服务权衡关系对比

根据土壤保持服务与产水服务散点图 [图 8-4（a）（c）（e）]，撂荒 E、柳枝稷、撂荒 L、"作物–撂荒 E"均有利于土壤保持，而作物、"撂荒 L–作物""撂荒 E–作物"均有利于产水服务。"作物–柳枝稷"与"作物–撂荒 L"对两项生态系统服务的利弊随坡度变化。"作物–柳枝稷"在 5°坡面有利于产水服务，而在 15°与 25°坡面有利于土壤保持。"作物–撂荒 L"在 15°坡面有利于土壤保持，在其他坡度有利于产水服务。这说明随着坡度增加，"作物–柳枝稷"的土壤保持服务相对于产水服务持续增强，而"作物–撂荒 L"的土壤保持服务在 15°坡面超过产水服务，但在 25°又重新弱于产水服务，说明了撂荒 L 在泥沙拦截方面的局限性。

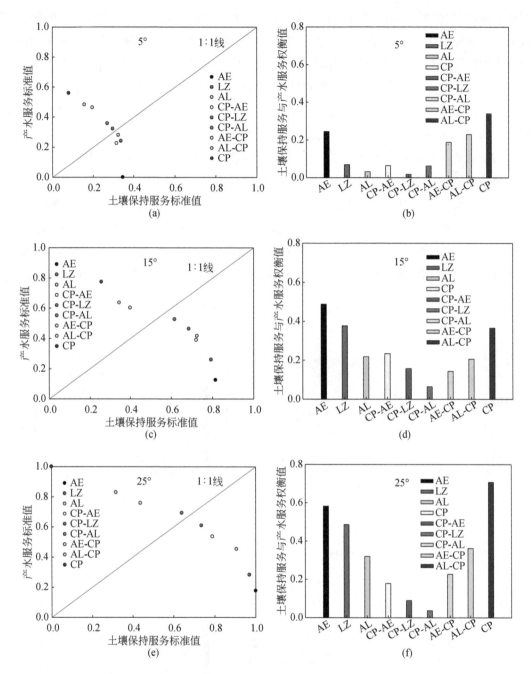

图 8-4   不同植被配置土壤保持服务与产水服务权衡关系对比

AE、LZ、AL 与 CP 分别表示撂荒 E、柳枝稷、撂荒 L 与作物

从生态系统服务权衡强度来看［图 8-4（b）（d）（f）］，作物与撂荒 E 权衡强度在各坡度均较高，分别强烈倾向于产水与土壤保持服务。而复合植被配置权衡强度往往较低，

但在各坡度存在差异。对于5°坡面，"作物–撂荒E""作物–撂荒L""作物–柳枝稷""撂荒L"权衡强度均较低；对于15°坡面，"作物–撂荒L""作物–柳枝稷""撂荒E–作物"权衡强度较低；对于25°坡面，"作物–撂荒E""作物–柳枝稷""作物–撂荒L"权衡强度较低。可以针对不同坡度进行植被配置设计，实现土壤保持服务与产水服务的协调。

由植被碳储量与产水服务散点图［图8-5（a）（c）（e）］可知，5°坡面，撂荒E、柳枝稷、"作物–柳枝稷"、"作物–撂荒E"有利于碳储量，其他植被类型有利于产水服务；15°与25°坡面，只有撂荒E与柳枝稷有利于碳储量。原因是随着坡度增加地表径流增加，但是植被碳储量与坡度的关系不大，导致更多的植被类型有利于产水服务。

从生态系统服务权衡强度来看［图8-5（b）（d）（f）］，在3个坡度，"作物–撂荒E"、"作物–柳枝稷"与撂荒L权衡强度均较低。结合土壤保持与产水服务权衡强度，5°坡面配置"作物–撂荒E"、"作物–柳枝稷"与撂荒L，15°坡面配置"作物–柳枝稷"，25°坡面配置"作物–撂荒E"与"作物–柳枝稷"能够实现3项生态系统服务较为协调。

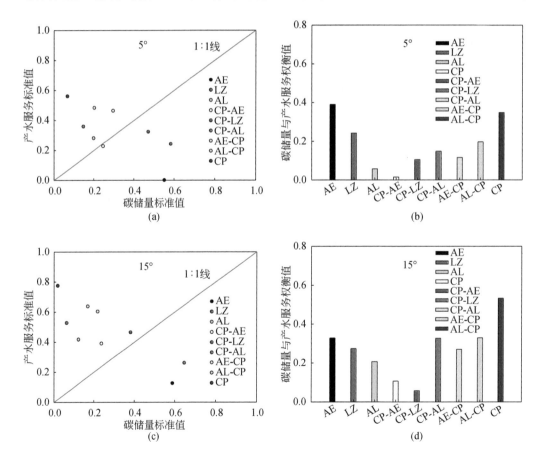

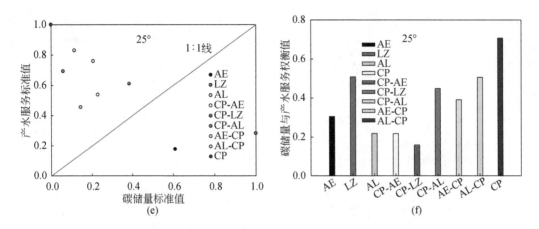

图 8-5 不同植被配置植被碳储量与产水服务权衡关系展示

AE、LZ、AL 与 CP 分别表示撂荒 E、柳枝稷、撂荒 L 与作物

次降雨条件不会影响植被碳储量，但次降雨是土壤侵蚀与产水的重要驱动力。探讨降雨对生态系统服务权衡的影响有助于针对降雨特征进行生态系统服务调控。因此，进一步分析不同降雨条件下土壤保持与产水服务之间关系。由图 8-6 可知，次降雨条件下，撂荒L、"作物–撂荒 E"与"作物–柳枝稷"3 个植被配置的土壤保持服务与产水服务权衡强度最低，这与前述基于径流与土壤保持平均值的分析（图 8-4）相似。从生态系统服务倾向性来看，撂荒 E 与柳枝稷均有利于土壤保持；撂荒 L、"作物–撂荒 E"、"作物–柳枝稷"土壤保持与产水服务散点图围绕 1：1 线上下波动；其他 4 个植被配置均有利于产水服务。作物倾向产水服务程度最大，权衡强度达到 0.119，撂荒 E 倾向于土壤保持的程度最大，但权衡强度仅为 0.059，柳枝稷次之，权衡强度仅为 0.044。这说明作物地生态系统服务冲突最严重，需要采取措施提高其土壤保持功能，而单一草地尽管倾向于土壤保持，但权衡强度不大。

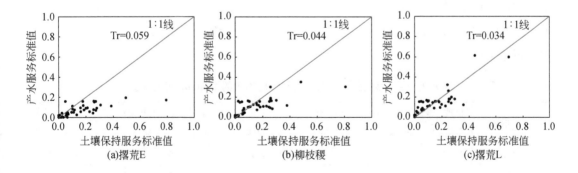

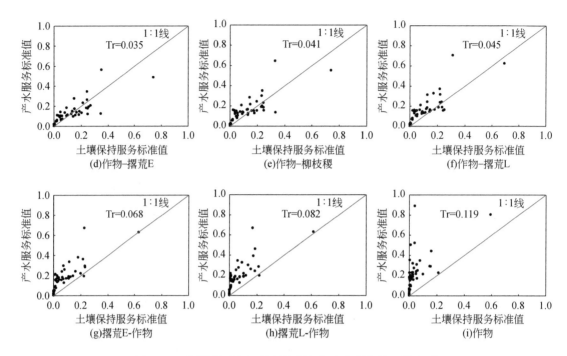

图 8-6　不同植被配置土壤保持服务与产水服务关系散点图

每个点代表 1 次降雨事件；Tr 为权衡强度

8.1.4.3　生态系统服务权衡与环境因子相关分析

1）权衡强度与土壤及植被因素相关分析

利用权衡与环境因子年均值数据进行相关分析，由表 8-2 可知，5°坡面植被碳储量与植被盖度、藻结皮盖度、苔藓结皮盖度、枯落物盖度、根系密度、毛管孔隙度、有机质含量、粉粒含量存在显著正相关，与土壤容重、砂粒含量呈显著负相关。植被与其他因子之间存在相互作用，但植被起着决定作用，植被条件较好会提高土壤有机质与团聚体含量，以及土壤通透性，有利于生物结皮形成与枯落物积累。15°与 25°与之相似，但相关系数显著的环境因子减少。

表 8-2　生态系统服务及其权衡与环境因子的 Pearson 相关分析

坡度	指标	植被盖度	苔藓结皮盖度	藻结皮盖度	枯落物盖度	根系密度	饱和导水率	毛管孔隙度	土壤容重	地表粗糙度	有机质含量	粉粒含量	砂粒含量	黏粒含量
5°	CAS	0.76	0.69	0.69	0.79	0.86	0.43	0.78	−0.84	−0.56	0.67	0.69	−0.68	0.64
	显著性	0.02	0.04	0.04	0.01	0.00	0.25	0.01	0.00	0.12	0.05	0.04	0.04	0.06

续表

坡度	指标	植被盖度	苔藓结皮盖度	藻结皮盖度	枯落物盖度	根系密度	饱和导水率	毛管孔隙度	土壤容重	地表粗糙度	有机质含量	粉粒含量	砂粒含量	黏粒含量
5°	SEC	0.83	0.75	0.57	0.68	0.75	0.43	0.59	-0.67	-0.46	0.69	0.57	-0.58	0.63
	显著性	0.01	0.02	0.11	0.05	0.02	0.25	0.10	0.05	0.22	0.04	0.11	0.10	0.07
	WY	-0.90	-0.68	-0.84	-0.88	-0.82	-0.75	-0.84	0.86	0.21	-0.92	-0.84	0.85	-0.87
	显著性	0.00	0.04	0.00	0.00	0.01	0.02	0.00	0.00	0.58	0.00	0.00	0.00	0.00
	SEC-WY	-0.28	-0.40	0.13	0.00	-0.21	0.24	0.10	0.01	0.49	-0.04	0.13	-0.12	0.05
	显著性	0.46	0.29	0.73	0.99	0.59	0.53	0.80	0.97	0.18	0.92	0.73	0.76	0.89
	CAS-WY	0.18	0.10	0.40	0.37	0.28	0.34	0.42	-0.39	0.02	0.37	0.40	-0.39	0.34
	显著性	0.65	0.80	0.29	0.33	0.46	0.37	0.26	0.30	0.96	0.33	0.29	0.30	0.38
15°	CAS	0.79	0.53	0.75	0.90	0.87	0.47	0.87	-0.81	-0.24	0.73	0.75	-0.74	0.63
	显著性	0.01	0.14	0.02	0.00	0.00	0.20	0.01	0.01	0.54	0.03	0.02	0.02	0.07
	SEC	0.82	0.72	0.54	0.77	0.78	0.60	0.72	-0.62	-0.50	0.68	0.54	-0.55	0.60
	显著性	0.01	0.03	0.14	0.02	0.01	0.09	0.03	0.08	0.17	0.04	0.14	0.12	0.09
	WY	-0.95	-0.78	-0.79	-0.92	-0.90	-0.77	-0.92	0.85	0.39	-0.84	-0.79	0.80	-0.82
	显著性	0.00	0.01	0.01	0.00	0.00	0.02	0.00	0.00	0.29	0.00	0.01	0.01	0.01
	SEC-WY	0.55	0.38	0.66	0.63	0.59	0.48	0.67	-0.68	-0.04	0.57	0.66	-0.66	0.59
	显著性	0.13	0.31	0.05	0.07	0.10	0.19	0.05	0.05	0.93	0.11	0.05	0.05	0.09
	CAS-WY	-0.26	-0.20	-0.06	-0.19	-0.21	-0.10	-0.15	0.10	0.21	-0.13	-0.06	0.07	-0.09
	显著性	0.50	0.61	0.87	0.63	0.59	0.80	0.70	0.80	0.59	0.73	0.87	0.86	0.83
25°	CAS	0.73	0.77	0.56	0.83	0.90	0.50	0.59	-0.83	-0.45	0.63	0.56	-0.58	0.66
	显著性	0.03	0.01	0.11	0.01	0.00	0.17	0.09	0.01	0.23	0.07	0.11	0.10	0.05
	SEC	0.86	0.83	0.51	0.83	0.83	0.69	0.37	-0.54	-0.64	0.93	0.51	-0.53	0.60
	显著性	0.01	0.03	0.14	0.01	0.01	0.09	0.03	0.08	0.17	0.05	0.14	0.12	0.09
	WY	-0.94	-0.89	-0.70	-0.95	-0.94	-0.83	-0.56	0.72	0.60	-0.89	-0.70	0.71	-0.78
	显著性	0.00	0.01	0.01	0.00	0.00	0.02	0.00	0.00	0.29	0.00	0.01	0.01	0.01
	SEC-WY	0.14	0.20	0.32	0.28	0.27	0.28	0.31	-0.33	-0.03	-0.26	0.32	-0.32	0.32
	显著性	0.13	0.31	0.05	0.47	0.10	0.19	0.05	0.05	0.93	0.11	0.05	0.05	0.09
	CAS-WY	-0.46	-0.30	-0.26	-0.32	-0.27	-0.39	-0.13	0.14	0.24	-0.78	-0.26	0.26	-0.27
	显著性	0.50	0.61	0.87	0.40	0.59	0.80	0.70	0.80	0.59	0.73	0.87	0.86	0.83

注：CAS，植被碳储量；SEC，土壤保持服务；WY，产水量；CAS-WY，植被碳储量与产水服务权衡；SEC-WY，土壤保持服务与产水服务权衡。

5°坡面，与植被碳储量相似，土壤保持服务与植被盖度、苔藓结皮盖度、枯落物盖度、根系密度、有机质含量存在显著正相关，与土壤容重呈显著负相关。15°与25°坡面与之相似。植被盖度有利于拦截降雨，降低降雨动能；生物结皮与枯落物覆盖地表，能够抵抗雨滴打击与径流冲刷；根系能够固结土壤；土壤有机质能够提高土壤抗蚀性，较低的土壤容重有利于径流入渗。因此，以上环境因子均与土壤保持服务密切相关。

除5°与15°地表粗糙度，25°毛管与地表粗糙度，各环境因子与产水量均存在显著相关性，但是相关系数的正负方向与植被碳储量及土壤保持相反。例如，较低的土壤容重有利于土壤保持，但是较高的土壤容重（土壤相对紧实，不利于径流入渗）有利于产水量。各环境因子与生态系统服务关系密切，可以通过控制环境因子对生态系统服务进行调控。

各环境因子与生态系统服务权衡的相关性均不显著。这是因为 Pearson 相关系数表示线性相关程度，而生态系统服务权衡与环境因子之间为非线性关系。例如，土壤保持与产水量之间，当植被盖度很低时，产水量高而土壤保持量低，权衡强度很高；当植被盖度很高时，产水量低而土壤保持量高，权衡强度同样很高；当植被盖度从低到高逐渐增加时，权衡强度会先降低再增加（存在权衡强度的最低点）。因此，需要对权衡与环境因子关系进行非线性分析。

2）权衡强度与降雨参数相关分析

利用次降雨条件下权衡与降雨数据进行相关分析，各植被配置权衡强度与降雨持续时间均未表现出显著相关（表 8-3）。除5°的撂荒 L 和15°的"作物–撂荒 L""撂荒 E–作物""撂荒 L–作物"这4种类型之外，权衡强度至少与一种降雨参数显著相关，且均表现为正相关。可见较高的前期降雨条件、降雨量、降雨强度、降雨动能及降雨侵蚀力，均容易导致较高的权衡强度。这是因为降雨量越大，径流量与土壤保持量也越大，生态系统服务倾向性也更为明显。

表 8-3　土壤保持–产水量权衡与降雨参数的 Pearson 相关分析

坡度	植被类型	API	P	T	I_{30}	E	EI_{30}
5°	撂荒 E	0.52*	0.67**	0.288	0.44	0.72**	0.62**
	柳枝稷	0.34	0.51*	0.248	0.33	0.52*	0.34
	撂荒 L	0.29	0.19	-0.168	0.35	0.27	0.17
	"作物–撂荒 E"	0.59*	0.51*	0.203	0.19	0.51*	0.27
	"作物–柳枝稷"	0.57*	0.39	0.023	0.47	0.49*	0.42
	"作物–撂荒 L"	0.57*	0.37	-0.005	0.58*	0.50*	0.51*
	"撂荒 E–作物"	0.39	0.30	0.04	0.64**	0.43	0.57*
	"撂荒 L–作物"	0.30	0.32	0.083	0.63**	0.44	0.57*
	作物	0.22	0.28	0.03	0.68**	0.40	0.57*

续表

坡度	植被类型	API	P	T	I_{30}	E	EI_{30}
15°	撂荒 E	0.46	0.63 **	0.398	0.60 *	0.68 **	0.83 **
	柳枝稷	0.41	0.63 **	0.419	0.57 *	0.67 **	0.83 **
	撂荒 L	0.29	0.55 *	0.274	0.49 *	0.58 *	0.63 **
	"作物–撂荒 E"	0.47	0.54 *	0.304	0.56 *	0.59 *	0.75 **
	"作物–柳枝稷"	0.51 *	0.42	0.26	0.45	0.45	0.58 *
	"作物–撂荒 L"	0.37	0.02	−0.05	0.21	0.07	0.10
	"撂荒 E–作物"	−0.08	−0.28	−0.42	0.25	−0.15	−0.10
	"撂荒 L–作物"	−0.01	−0.14	−0.32	0.32	−0.01	0.01
	作物	0.38	0.37	0.10	0.56 *	0.47	0.47
25°	撂荒 E	0.08	0.38	0.02	0.74 **	0.50 *	0.65 **
	柳枝稷	−0.13	0.25	−0.09	0.62 **	0.36	0.45
	撂荒 L	0.12	0.42	0.14	0.47	0.46	0.48 *
	"作物–撂荒 E"	0.30	0.52 *	0.32	0.39	0.51 *	0.52 *
	"作物–柳枝稷"	0.42	0.57 *	0.43	0.41	0.57 *	0.65 **
	"作物–撂荒 L"	0.51 *	0.59 *	0.38	0.51 *	0.65 **	0.79 **
	"撂荒 E–作物"	0.52 *	0.57 *	0.34	0.61 **	0.66 **	0.82 **
	"撂荒 L–作物"	0.64 **	0.65 **	0.34	0.62 **	0.75 **	0.85 **
	作物	0.64 **	0.69 **	0.35	0.67 **	0.78 **	0.85 **

注：API，前期降雨指数；P，降水量；T，降雨持续时间；I，平均雨强；I_{30}，最大 30 分钟雨强；E，降雨动能；EI_{30}，降雨侵蚀力。

*代表相关性在 0.05 水平显著；**代表相关性在 0.01 水平显著。

8.1.4.4 生态系统服务权衡与单个环境因子非线性回归

1）权衡强度与土壤及植被因素非线性回归

对生态系统服务权衡强度与单个环境因子进行非线性拟合，发现二次函数拟合效果最佳。拟合效果显著的方程见表 8-4，拟合方程均为开口向上的抛物线，即生态系统服务权衡随环境因子变化存在临界点，临界点权衡强度最低，临界点环境因子数据能够为生态系统服务关系调控提供指导。例如，在 5° 坡面，协调土壤保持服务与产水服务关系，植被盖度控制在 49.42% 最佳，而协调植被碳储量与产水服务关系，植被盖度控制在 44.34% 最佳。另外，枯落物盖度、土壤有机质含量、土壤容重、饱和导水率、根系密度等环境因子也存在使权衡强度最低的临界点，临界点随坡度及生态系统服务变化。因此，在生态功能调控中需要根据调控对象综合考虑坡度等环境因素。

表 8-4　生态系统服务权衡与环境因子非线性拟合

权衡类型	坡度	回归方程	决定系数 R^2	显著性	临界点
SEC-WY	5°	$Tr = 3.44 \times 10^{-4} Vec^2 - 3.40 \times 10^{-2} Vec + 8.93 \times 10^{-1}$	0.696	0.028	49.42%
	5°	$Tr = 3.74 \times 10^{-2} OM^2 - 5.08 \times 10^{-1} OM + 1.72$	0.825	0.005	6.79g/kg
	5°	$Tr = 5.67 \times 10^{-3} Lit^2 - 5.60 \times 10^{-2} Lit + 2.98 \times 10^{-1}$	0.758	0.014	4.94%
	15°	$Tr = 1.71 \times 10^{-1} Root^2 - 6.87 \times 10^{-1} Root + 8.53 \times 10^{-1}$	0.673	0.035	2.01kg/m³
	15°	$Tr = 6.09 \times 10^{-4} Vec^2 - 4.68 \times 10^{-2} Vec + 1.07$	0.758	0.014	38.42%
	25°	$Tr = 1.26 \times 10^{-3} Vec^2 - 9.67 \times 10^{-2} Vec + 2.06$	0.654	0.042	38.37%
	25°	$Tr = 5.47 \times 10^{-1} OM^2 - 5.38 OM + 13.37$	0.71	0.024	4.92g/kg
CAS-WY	5°	$Tr = 4.33 \times 10^{-4} Vec^2 - 3.84 \times 10^{-2} Vec + 9.45 \times 10^{-1}$	0.825	0.005	44.34%
	5°	$Tr = 2.71 \times 10^{-3} Lit^2 - 4.54 \times 10^{-2} Lit + 2.76 \times 10^{-1}$	0.739	0.018	8.38%
	5°	$Tr = 15.24 SHC^2 - 15.66 SHC + 4.06$	0.722	0.021	0.51mm/mim
	5°	$Tr = 143.10 BD^2 - 347.73 BD + 211.31$	0.787	0.01	1.21g/m³
	5°	$Tr = 3.20 \times 10^{-2} OM^2 - 4.04 \times 10 - 1 OM + 1.36$	0.626	0.05	6.31g/kg
	5°	$Tr = 1.47 Clay^2 - 10.89 Clay + 20.30$	0.663	0.038	3.70%
	5°	$Tr = 2.24 \times 10^{-1} Root^2 - 1.09 Root + 1.37$	0.823	0.006	2.43kg/m³
	15°	$Tr = 8.20 \times 10^{-3} Lit^2 - 1.16 \times 10^{-1} Lit + 5.20 \times 10^{-1}$	0.738	0.018	7.07%
	15°	$Tr = 2.46 \times 10^{-1} Root^2 - 1.17 Root + 1.52$	0.675	0.034	2.38kg/m³
	25°	$Tr = 8.72 \times 10^{-4} Alg^2 - 4.33 \times 10^{-2} Alg + 7.32 \times 10^{-1}$	0.668	0.037	24.83%
	25°	$Tr = 1.04 \times 10^{-1} OM^2 - 1.23 OM + 3.93$	0.641	0.046	5.91g/kg
	25°	$Tr = 3.13 \times 10^{-1} Root^2 - 1.39 Root + 1.72$	0.843	0.004	2.22kg/m³

注：SEC-WY，土壤保持与产水服务权衡；CAS-WY，植被固碳–产水服务权衡；Tr，权衡强度；Vec，植被盖度；Lit，枯落物盖度；OM，土壤有机质含量；Root，根系密度；SHC，饱和导水率；BD，土壤容重；Clay，土壤黏粒含量；Alg，藻结皮盖度。

值得注意的是，坡度越高，环境因子临界点越低。对于土壤保持服务与产水服务权衡，土壤有机质在 5°坡面的临界值为 6.79g/kg，而在 25°坡面为 4.92g/kg；植被盖度在 5°、15°、25°坡面的临界点依次为 49.42%、38.42%、38.37%。对于植被碳储量与产水服务权衡，土壤有机质在 5°与 25°坡面的临界点分别为 6.31g/kg 与 5.91g/kg；根系密度在 5°、15°、25°坡面的临界点依次为 2.43kg/m³、2.38kg/m³、2.22kg/m³。

以植被盖度对土壤保持服务与产水服务权衡的影响为例，进一步分析临界点随坡度降低的原因。如图 8-7 所示，在不同坡度下，分别对土壤保持服务、产水量与植被盖度进行函数拟合。随着植被盖度增加，土壤保持服务增加而产水量降低，拟合曲线存在交点，交点处为两项生态系统服务此消彼长的平衡点（临界点）。5°、15° 与 25°平衡点植被盖度分别为 47.54%、37.10% 与 37.17%。坡度增加，土壤保持与产水量随植被盖度的变化加剧（曲线或直线的倾斜程度变大），说明两项生态系统服务对植被盖度的敏感性增加，植被盖度可在两者关系调控中发挥重要作用。此外，坡度增加，土壤保持服务随植被盖度增加的程度大于产水服务降低的程度（7°～25°，曲线或直线倾斜程度的变化），说明植被盖度对土壤保持服务的控制能力高于其对产水服务的控制能力。因此，坡度增加，曲线斜率增加导致两条曲线交点前移是临界点降低的原因，其内在机理是坡度增加，产流量与土壤保持量均增加，植被盖度的控制作用变得更重要，导致盖度临界点提前出现。

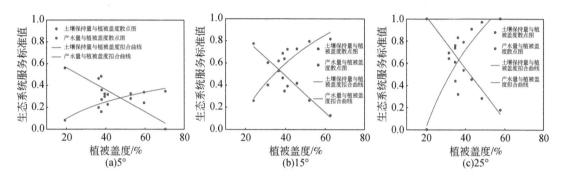

图 8-7　不同坡度土壤保持服务与产水服务随植被盖度变化情况

2）权衡与降水量非线性回归

对不同坡度不同植被配置土壤保持服务与产水服务权衡强度与降水量进行回归分析，函数类型包括线性函数、指数函数、二次函数、对数函数等，选择回归关系显著且决定系数最高的回归方程。回归关系不显著的植被配置说明生态系统服务权衡不受降雨影响。回归关系显著的植被配置见表 8-5。决定系数最高的回归方程形式包括线性函数、指数函数与二次函数，但以二次函数为主。指数和线性回归方程意味着随降水量增加权衡强度增加。二次函数（回归方程均为开口向上的抛物线）意味着权衡强度存在最低点，即权衡强度随降水量变化的临界点。对于 5°坡面，撂荒 E 存在临界点，但柳枝稷地和"作物-撂荒 E"不存在临界点。对于 15°坡面，撂荒 E、柳枝稷地、"作物-撂荒 E"、"作物-柳枝稷"存在临界点，且复合植被配置的临界点值高于单一植被配置，但撂荒 L 不存在临界点。对于 25°坡面，"作物-柳枝稷"、"作物-撂荒 L"、"撂荒 E-作物"、"撂荒 L-作物"、作物存在临界点，且作物、"作物-撂荒 L"临界值较低，"作物-撂荒 E"不存在临界点。对于不同坡度来说，15°坡面降雨临界点整体偏高。总的来说，不同坡度不同植被配置的临界点并不存在统一规律，说明生态系统服务权衡强度影响因素复杂，其复杂性远远高于环境因素对单一生态系统服务的影响。

表 8-5　土壤保持服务与产水服务权衡（Tr）与降水量（P）回归分析

坡度	植被配置	方程形式	回归方程	决定系数（R^2）	显著性	顶点坐标（P, Tr）
5°	撂荒 E	二次函数	$Tr = 1.25 \times 10^{-5} \times P^2 - 3.16 \times 10^{-4} \times P + 0.022$	0.51	0.007	12.61, 0.020
	柳枝稷	指数函数	$Tr = e^{0.031P + 0.003}$	0.354	0.012	无
	"作物–撂荒 E"	线性函数	$Tr = 4.65 \times 10^{-4} \times P + 6.02 \times 10^{-3}$	0.255	0.039	无
15°	撂荒 E	二次函数	$Tr = 4.71 \times 10^{-5} \times P^2 - 2.38 \times 10^{-3} \times P + 0.045$	0.525	0.005	25.22, 0.015
	柳枝稷	二次函数	$Tr = 3.32 \times 10^{-5} \times P^2 - 1.37 \times 10^{-3} \times P + 0.021$	0.491	0.009	20.55, 0.007
	撂荒 L	线性函数	$Tr = 4.66 \times 10^{-4} \times P + 7.21 \times 10^{-3}$	0.300	0.023	无
	"作物–撂荒 E"	二次函数	$Tr = 2.16 \times 10^{-5} \times P^2 - 1.37 \times 10^{-3} \times P + 0.039$	0.475	0.011	31.72, 0.017
	"作物–柳枝稷"	二次函数	$Tr = 1.67 \times 10^{-5} \times P^2 - 1.18 \times 10^{-3} \times P + 0.043$	0.344	0.052	35.33, 0.023
25°	"作物–撂荒 E"	线性函数	$Tr = 8.43 \times 10^{-4} \times P + 1.04 \times 10^{-2}$	0.258	0.042	无
	"作物–柳枝稷"	二次函数	$Tr = 1.48 \times 10^{-5} \times P^2 - 3.28 \times 10^{-4} \times P + 0.028$	0.364	0.042	11.07, 0.026
	"作物–撂荒 L"	二次函数	$Tr = 1.66 \times 10^{-5} \times P^2 - 2.22 \times 10^{-4} \times P + 0.027$	0.382	0.034	6.67, 0.026
	"撂荒 E–作物"	二次函数	$Tr = 2.34 \times 10^{-5} \times P^2 - 8.19 \times 10^{-4} \times P + 0.057$	0.389	0.032	17.48, 0.050
	"撂荒 L–作物"	二次函数	$Tr = 2.82 \times 10^{-5} \times P^2 - 8.40 \times 10^{-4} \times P + 0.070$	0.496	0.008	14.92, 0.064
	作物	二次函数	$Tr = 4.23 \times 10^{-5} \times P^2 - 6.33 \times 10^{-4} \times P + 0.089$	0.528	0.005	7.48, 0.087

8.2　基于随机采样的样地生态系统服务权衡分析

黄土高原强烈的土壤侵蚀威胁区域生态安全与农业可持续性（Lv et al., 2007）。为了控制水土流失，改善生态环境，国家在 1999 年开始实施退耕还林还草工程，大量陡坡耕地转换为林地与草地，植被覆盖显著提高（Lv et al., 2012）。2000～2008 年，黄土高原平均侵蚀模数从 3362t/（km²·a）降低到 2405t/（km²·a），土壤保持服务增强（Fu et al., 2011）；净初级生产力与净生态系统生产力也稳步提升，碳储量增加 96.1Tg，黄土高原 2000 年为碳源，到 2008 年转为碳汇（Feng Y et al., 2013）。尽管退耕还林还草工程总体上改善了区域生态环境，其负效应也越来越被重视。退耕还林还草工程工程引进高耗水植被引起土壤干燥化就是重要的负效应之一。土壤干燥化会导致植被生长缓慢（小老头树）、衰退，甚至死亡（Wang L et al., 2008），这种现象在黄土高原多地出现（王力等，2004；赵景波和李瑜琴，2005），而且在未来气候暖干化背景下有可能加剧。黄土高原土层深厚，地下水大都埋藏在 30～80m 深度，几乎不参与土壤-植物-大气连续体（SPAC）的水循环过程（邵明安等，2016）。地下水很难被植被所利用，因此土壤水分就成了维持植被生长的极其重要而稀缺的水资源（Chen et al., 2008；Yang et al., 2012）。可见，土壤水分是植被恢复的基础，而植被状况是土壤保持与碳储量的基础，在这个意义上，土壤水分可以作为一种支持服务；同时，在水分限制地区，土壤水分是许多生态系统过程最重要的调节变量（Asbjornsen et al.，2011），因此土壤水分又可以作为一种调节服务（Feng et al.，2018）。

可见，退耕还林在提高植被碳储量与土壤保持服务的同时消耗了土壤水分，土壤水分的持续降低又反过来限制植被生长，已经取得的土壤保持与碳储量的成果可能会再次失去。因此，如何协调土壤保持、碳储量与土壤水分之间关系成为重要的科学问题与实践问题。黄土高原已有研究对这 3 项生态系统服务之间关系及影响因素关注不够，生态系统服务权衡的定量化研究还比较少（Zheng et al.，2016）。本节通过样地调查，在土壤保持、碳储量与深层土壤水分（0~5m）评估的基础上量化生态系统服务权衡，揭示权衡的主控因素，探索协调这 3 项生态系统服务关系的途径，可以为集水区内具体地块的生态恢复活动提供指导，实现黄土高原可持续的植被恢复。

8.2.1　研究区概况及样地设计

研究区概况及样地设计同 4.1.1。

8.2.2　数据获取与分析

8.2.2.1　数据获取与计算

1）环境因子测定

采用拍照法测定各样地植被盖度，沿样地对角线间隔 3m 共设置 15 个拍摄点。乔、灌层为相机贴近地表垂直向上拍摄，草本层为 3m 高处垂直向下拍摄。基于获取的照片通过 ENVI 5.1 监督分类的方法计算乔、灌、草各层的盖度。

采用环刀法测定土壤容重，每个样地取 6 个 $100cm^3$ 环刀；五点取样法采集表层土样，激光粒度分析仪测定土壤砂粒（>0.02mm）、粉粒（0.002~0.02mm）、黏粒（<0.005mm）含量；土壤有机质含量通过重铬酸钾氧化法测定。

采用 GPS（Trimble GeoExplorer2008 Series GeoXH）测定采样点的经纬度、海拔；以正北为 0 度，坡向为顺时针旋转角度，用罗盘仪测定，对坡向进行正弦与余弦转换，cos 坡向表示坡向的南北变化（与太阳辐射相关），sin 坡向表示坡向的东西变化；采用坡度仪测定坡度；记录样地植被类型、坡位（坡顶、坡上、坡中、坡下）。

多年平均降水量（2006~2014 年）来自黄河水文年鉴。利用安塞集水区周边共 29 个降雨站点数据进行空间插值，然后利用野外调查时 GPS 获取的经纬度坐标提取各样地多年平均降水量。

2）生态系统服务评估方法

A. 土壤保持服务（SEC）

根据 USLE 模型与 RUSLE，实际土壤流失量（A）计算公式如下（Renard et al.，1997）：

$$A = R \times K \times L \times S \times C \times P \tag{8-3}$$

式中，A 为土壤流失量，t/（hm^2·a）；R 为降雨侵蚀力因子，MJ·mm/（hm^2·h·a）；K 为土壤可蚀性因子，t·hm^2·h/（hm^2·MJ·mm）；L 为坡度因子，无量纲；S 为坡长因子，无量纲；C 为植被覆盖与管理因子，无量纲；P 为水土保持措施因子，无量纲。

潜在土壤流失量（A_p）为无植被覆盖与水土保持措施条件下的土壤流失量，即 C 因子与 P 因子均为 1。潜在土壤流失量计算公式为

$$A_p = R \times K \times L \times S \tag{8-4}$$

土壤保持服务（SEC）为潜在土壤流失量与实际土壤流失量的差值：

$$SEC = A_p - A = R \times K \times L \times S(1 - C \times P) \tag{8-5}$$

土壤保持服务评估中需要的各因子计算方法如下。

利用黄河水文年鉴降水量数据估算降雨侵蚀力（R），再进行克里金空间插值，得到安塞集水区降雨侵蚀力空间分布图。根据 RUSLE 模型，降雨侵蚀力利用降雨过程数据，分别计算降雨动能和最大 30min 雨强，二者的乘积为降雨侵蚀力。由于在流域、区域尺度获取降雨过程数据十分困难，因此根据区域适用性，采用章文波和付金生（2003）提出的简化算法计算降雨侵蚀力。

$$F = \frac{\sum_{i=1}^{12} P_i^2}{P} \quad R = \alpha \cdot F^\beta \tag{8-6}$$

式中，P_i 为逐月降水量，mm；P 为年平均降水量，mm，F 为修正参数；R 为降雨侵蚀力，MJ·mm/（hm^2·h·a）；α 和 β 为模型参数，分别 0.1833 和 1.9957。

利用样地实测土壤粒径与有机质数据，采用 Williams 等（1984）在侵蚀/生产力影响模型（EPIC）中发展的方法计算 K 因子 [t·hm^2·h/（hm^2·MJ·mm）]。在 RUSLE 模型中，地形对土壤侵蚀的影响用坡长（L）和坡度（S）因子表示。本研究坡长因子（L）采用 Wischmeier 和 Smith（1978）提出的公式计算。McCool 等（1987）建立了坡度因子（S）的计算公式，但该公式是根据缓坡条件下天然径流小区观测资料建立的，研究表明该方法允许计算坡度的上限为 18%（约 10°）。Liu 等（1994）通过研究，对其进行改进，提出了陡坡条件下的坡度因子计算公式，符合安塞集水区的地形特点，本研究采用改进后的算法计算坡度因子。

植被覆盖与管理因子反映植被条件对土壤侵蚀的影响，本研究采用 RUSLE 的次因子法计算，其公式为 5 个次因子的乘积（Renard et al., 1997）：

$$C = PLU \times CC \times SC \times SR \times SM \tag{8-7}$$

式中，PLU 为前期土地利用次因子；CC 为冠层覆盖次因子；SC 为地表覆盖次因子；SR 为地表随机糙度次因子；SM 为土壤水分次因子。

B. 植被碳储量（CAS）

对于人工草地与天然草地，沿样地对角线 5m 间隔共设置 5 个小样方（1m×1m），割取地上生物量并收集地表枯落物，65℃烘干至恒重。对于柠条与沙棘地，基于样地中每个植株的株高与冠幅数据，选择 3 株标准株代表样地平均水平。割取地上部分并收集地表枯落物，烘干法测定生物量，根据植株密度计算地上总生物量。对于以上 4 种植被类型，通过已有研究给定的地上/地下生物量比，估算地下生物量，进而计算总生物量。本研究采用灌木的地上地下生物量比为 1.1∶1，草本的地上地下生物量比为 0.21∶1（刘迎春等，2011）。

对于农田，田内基本无枯落物，作物生长均匀一致。测定植株密度后，选取 3 株作物割取地上部分并挖出根系，烘干法测定总生物量。

对于刺槐林、野山桃林与人工果园，植株各部分生物量通过株高、胸径估算，公式见表 8-6（申家朋和张文辉，2014）。枯落物测定方法同人工草地。

表 8-6 刺槐各器官生物量（W）与胸径（D）、株高（H）的相对生长方程

植物器官	生长方程	R^2
树干	$\lg W = -0.269 + 0.406 \lg (D^2 H)$	0.982
树枝	$\lg W = -0.187 + 0.285 \lg (D^2 H)$	0.838
树叶	$\lg W = -1.370 + 0.478 \lg (D^2 H)$	0.837
树根	$\lg W = -0.637 + 0.472 \lg (D^2 H)$	0.889
树皮	$\lg W = -1.908 + 0.687 \lg (D^2 H)$	0.986

植被碳储量通过生物量与含碳率的乘积获得。含碳率参考已有文献，本研究乔木含碳率为 0.5；灌木含碳率为 0.49；草本和枯落物含碳率分别为 0.40 和 0.39（刘迎春等，2011）。植被碳储量为各植被类型乔、灌、草，以及枯落物碳储量之和。

C. 土壤含水量（SMC）

采样期间仅有一次较大降雨事件（采样后期的 8 月 6 日，降水量 50.6mm），其他降雨事件降水量均在 9.4mm 以下。因此，采样期间降雨对土壤水分的影响不大。

通过土钻采集 0～5m 深度土壤样品，20cm 间隔，烘干法测定土壤含水量，公式如下：

$$土壤含水量=\frac{烘干前铝盒及土样质量-烘干后铝盒及土样质量}{烘干后铝盒及土样质量-烘干空铝盒质量}×100\% \quad (8-8)$$

本研究将土层分为 5 个层次（0~1m、1~2m、2~3m、3~4m、4~5m），通过上述土壤水量数据计算各层土壤含水量。本研究同样分析了整体土壤含水量（0~5m）。

3）生态系统服务权衡量化

生态系统服务权衡量化方法同 5.4.2。

8.2.2.2 数据统计分析

利用 SPSS 20.0 对各生态系统服务进行描述性统计，通过相关分析识别生态系统服务之间关系。利用 CANOCO 5.0 软件，首先对生态系统服务及其权衡与环境因子进行 DCA 分析，用来判断数据适合采用哪种排序方法。如果 DCA 四个排序轴梯度长度最大值>4，采用单峰模型排序比较合适；如果梯度长度<3，选择线性模型；如果梯度长度介于 3~4，单峰模型与线性模型都是合适的。CANOCO 5.0 软件会根据排序轴梯度长度情况给出相应的建议，较 CANOCO 4.5 更易操作。本研究 DCA 排序轴梯度长度<3，因此采用冗余分析（RDA）研究生态系统服务及其权衡与环境因子的关系。通过 SigmaPlot 10 绘制图片。

8.2.3 生态系统服务评估

8.2.3.1 不同植被类型生态系统服务对比

如图 8-8 所示，不同植被类型土壤保持量平均值表现为刺槐>天然草地>野山桃>沙棘>人工草地>柠条>人工果园>农田，土壤保持量波动情况与之相似，刺槐数据变异最大，农田最低。可见天然草地的土壤保持能力优于小乔木与灌木林地。

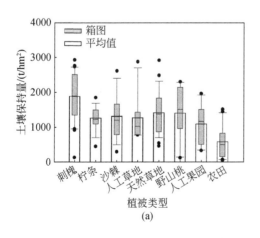
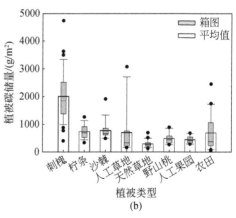

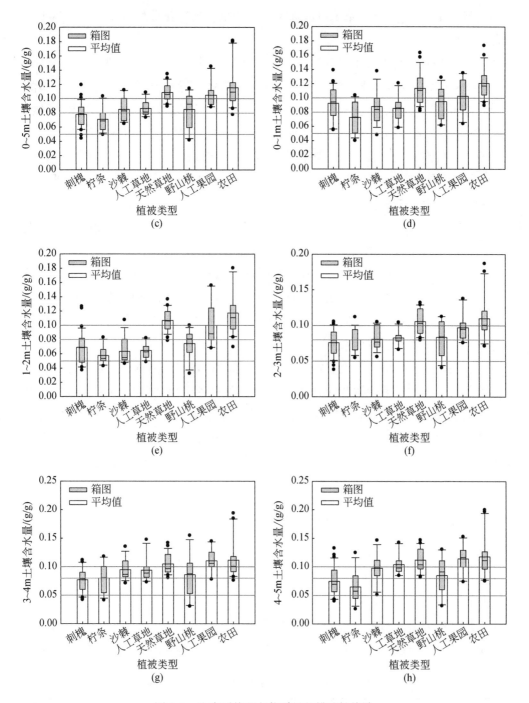

图 8-8　生态系统服务物质量的描述性统计

植被碳储量平均值表现为刺槐>沙棘>柠条>人工草地>农田>野山桃>人工果园>天然草地，但是人工草地的中值低于野山桃和人工果园。农田由于是人工栽培，因此具有较大的地上生物量（如玉米），天然草地以茵陈蒿、长芒草、狗娃花等低生物量草本为主，因此固碳能力最低。

王力等（2004）将土壤干层分为 3 级，土壤含水量低于 0.05g/g 为强烈干燥化土层，0.07～0.08g/g 为中等干燥化土层，0.08～010g/g 为弱干燥化土层。不同植被类型的土壤干燥化程度可以通过图中彩色分界线识别。0～5m 土层土壤含水量表现为农田＞天然草地＞人工果园＞人工草地＞沙棘＞野山桃＞刺槐＞柠条。农田一般位于梯田或缓坡，加之人工耕作，一般具有较高的土壤含水量，刺槐和柠条根系分布较深，带来土壤水分的大量消耗（土壤水分均值表现为中等干燥化，出现强烈干燥化样地），比较而言，天然草地有利于土壤水分的保持（绝大部分样地未出现土壤干燥化）。

将 0～5m 分为 5 个层次。在 0～1m 层次，人工草地耗水量仅次于柠条，人工草地 1～2m 层次土壤含水量为各层次最低，之后随着深度增加，人工草地耗水量相对于其他植被类型逐渐降低。与人工草地相反，刺槐和野山桃 0～1m 土壤含水量相对于其他植被类型处于中等水平，均值表现为弱干燥化，没有样地出现强烈干燥化。但是在 1m 以下，刺槐和野山桃土壤含水量相对处于较低水平，各层次均出现了强烈干燥化样地。但是柠条的土壤含水量在各个土层均处于较低水平。

可见，农田、天然草地与人工果园土壤水分条件较好，人工草地主要消耗浅层土壤水分，刺槐与野山桃主要消耗深层土壤水分，而柠条对各个层次的土壤水分均存在较大消耗，沙棘的表现较为折中，对深层水分消耗不大。本结果与同类研究相同，柠条与刺槐会带来土壤干燥化（Yang et al., 2014a；Fang et al., 2016；Liu et al., 2016）。深层土壤干燥化将阻碍上层土壤水分与地下水之间的运移，对正常水循环具有负效应（Wang S et al., 2013）。

8.2.3.2　生态系统服务的环境解释

由表 8-7 可知，各排序轴的置换检验达到显著水平，排序轴 1（横轴）对生态系统服务的解释率为 47.94%，前两个排序轴对生态系统服务的累计解释率为 60.67%。由图 8-9 可知，与排序轴 1 正相关较高的定量环境因子为植被盖度、坡度、土壤有机质含量，定性因子为土地利用类型（刺槐、柠条），与排序轴 1 负相关较密切的定量环境因子为海拔、粉粒含量、容重，定性环境因子为土地利用类型（天然草地、农田）与坡位（坡顶）。

表 8-7　生态系统服务与环境因子冗余分析结果

统计值	排序轴 1	排序轴 2	排序轴 3	排序轴 4
特征根	0.4794	0.1273	0.0846	0.1288
生态系统服务与环境因子相关性	0.9184	0.7388	0.6528	0
对生态系统服务变化的累计解释率/%	47.94	60.67	69.13	82.01

统计值	排序轴 1	排序轴 2	排序轴 3	排序轴 4
对生态系统服务-环境因子关系的累计解释率/%	69.35	87.76	100	
对所有排序轴的统计检验	$p=0.002$			

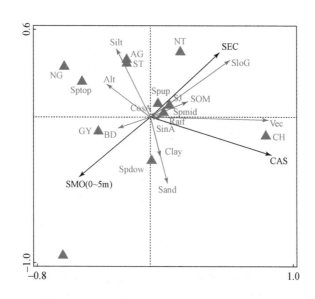

图 8-9 生态系统服务与环境因子 RDA 排序图

SEC：土壤保持量；CAS：植被碳储量；SMO：土壤水分；Vec：植被盖度；Raif：降水量；Alt：海拔；BD：容重；
SOM：土壤有机质含量；SloG：坡度；CosA：cos 坡向；SinA：sin 坡向；Clay、Silt、Sand 代表美国制的黏粒含量、粉
粒含量、砂粒含量；CH：刺槐；NT：柠条；SJ：沙棘；AG：人工草地；NG：天然草地；ST：野山桃；GY：人工果
园；CP：农田；Sptop：坡顶；Spup：坡上；Spmid：坡中；Spdow：坡下

　　环境因子对生态系统服务的简单效应（Simple Effects）表示每个环境因子单独的解释量（等同于只导入单个环境因子的限制性排序分析的解释量），条件效应（Conditional Effects）是按照解释量大小顺序不断加入环境因子后所增加的解释量，因此条件效应指的是剔除了其他因子影响的解释量。

　　对土壤保持服务影响显著的环境因子见表 8-8。坡度的简单效应最大，植被类型（农田）次之，简单效应分别达到了 36.9% 和 30.3%。植被类型中刺槐林土壤保持能力最强，农田与果园最低，因此三者对土壤保持服务的解释能力达到显著水平。植被盖度与植被类型存在密切关系，因此植被盖度的条件效应未达到显著水平。降雨对土壤保持服务的解释率最低。

表 8-8　环境因子对土壤保持服务的简单效应与条件效应　　　（单位:%）

环境因子	简单效应	条件效应
坡度	36.9	36.9
农田	30.3	11
盖度	13.9	—
刺槐	11	—
容重	5.2	—
海拔	5	—
降雨	3.8	1.6
坡上	—	1.6
果园	—	1.6

注:"—"为简单效应或条件效应不显著。

由表 8-9 可知，植被碳储量主要受植被盖度与植被类型控制，植被盖度对其解释率高达 50.2%，其他因素如土壤理化性质、海拔与坡度等也是通过植被类型来控制碳储量水平。

表 8-9　环境因子对植被碳储量的简单效应与条件效应　　　（单位:%）

环境因子	简单效应	条件效应
植被盖度	50.2	50.2
刺槐	46.1	19.5
天然草地	19	—
坡度	14	—
粉粒含量	11	—
海拔	10.6	—
坡顶	6.6	1.2
砂粒含量	5.1	—
有机质含量	3.8	—
农田	3.5	2.7
土壤容重	3.1	—
人工草地	—	1.8
沙棘	—	1.3
柠条	—	1.3

注:"—"表示简单效应或条件效应不显著。

由表 8-10 可知，环境因子对土壤含水量（0～5m）的解释能力远远低于其对土壤保持服务与植被碳储量的解释能力,解释率均在20%以下,植被盖度解释率最高,也仅为18.5%。海拔与cos坡向的条件效应达到显著水平,说明流域上下游与坡向的南北变化对土壤含水量存在显著影响。而坡度、黏粒含量、粉粒含量、有机质含量对土壤水分的影响与其他因素存在交互作用,因此它们的条件效应不显著。

表8-10 环境因子对土壤含水量的简单效应与条件效应 (单位:%)

环境因子	0~5m		0~1m		1~2m		2~3m		3~4m		4~5m	
	简单效应	条件效应	简单效应	条件效应	简单效应	条件效应	简单效应	条件效应	简单效应	条件效应	简单效应	条件效应
植被盖度	18.5	18.5	12.9	—	27.3	27.3	12.5	6.3	7.1	—	12.4	12.4
农田	16.9	—	13.2	13.2	23.1	9.7	12.7	3.9	8	—	9.1	—
砂粒含量	11.2	14.3	7.2	—	14.2	18.4	14.9	14.9	6.7	12	3.3	6.2
刺槐	10.4	6.6	—	—	7.1	—	10.7	18.3	11.7	11.7	11.7	11.5
天然草地	10.4	—	7.3	11.8	13.5	4.1	9.5	3	3.9	—	6.4	—
柠条	9.6	5.8	12.4	4.3	9.7	—	—	—	3.2	5.8	11	5.2
黏粒含量	8.1	—	10.9	8.1	11.1	—	10.2	—	2.8	—	—	—
坡度	7.4	—	4.9	—	5.8	—	2.9	—	6.1	—	8.2	—
粉粒含量	6.9	—	6.4	—	10.6	—	9.7	—	3.2	—	—	—
有机质含量	3.9	—	5.5	—	3.2	—	—	—	—	—	5.1	—
海拔	—	3.4	—	—	—	1.7	4.9	5.1	—	2.5	—	—
野山桃	—	3	—	—	—	—	—	—	—	3	—	3.8
人工草地	—	1.8	—	—	—	—	—	—	—	—	—	—
沙棘	—	1.4	—	—	4.6	—	—	—	—	—	—	1.7
cos坡向	—	1.4	—	—	—	1.1	—	—	—	—	—	—
坡下	—	—	7.7	—	—	—	—	—	—	—	—	—
坡上	—	—	—	—	3.1	—	—	—	—	—	—	—
果园	—	—	—	—	2.5	3.2	—	—	—	3	—	2.8
降雨	—	—	—	—	—	—	3.6	—	2.6	—	—	—
sin坡向	—	—	—	—	—	—	—	—	—	—	—	1.8

注:"—"为简单效应或条件效应不显著。

随着深度增加,不同植被类型对土壤含水量的解释率的顺序发生变化。对于条件效应来说,在0~1m和1~2m层次,植被类型中农田与天然草地的解释率最高,而刺槐不显著。在2~3m层次,植被类型中刺槐的解释率居于第一位(18.3%),农田与天然草地的影响尽管仍然显著,但影响力排名最末。在3~4m层次,农田与天然草地的影响不再显著,刺槐、柠条与野山桃的影响显著。在4~5m层次,植被类型的解释率顺序为刺槐>柠条>野山桃>沙棘。因此，在较浅的土层，草本植物控制土壤含水量，在较深土层，乔木、灌木与小乔木控制土壤含水量。

8.2.4 生态系统服务权衡分析

8.2.4.1 生态系统服务关系识别与量化

由表 8-11 可知，土壤保持量与植被碳储量之间存在显著正相关。土壤保持量与 0 ~ 5m、0 ~ 1m、1 ~ 2m 和 4 ~ 5m 土层土壤含水量显著负相关。除 0 ~ 1m 层次，植被碳储量与各层次土壤含水量均表现为显著负相关。

表 8-11 生态系统服务之间 Pearson 相关系数

	土壤保持量/ (t/hm²)	植被碳储量/ (g/m²)	0~5m 土壤含水量/ (g/g)	0~1m 土壤含水量/ (g/g)	1~2m 土壤含水量/ (g/g)	2~3m 土壤含水量/ (g/g)	3~4m 土壤含水量/ (g/g)	4~5m 土壤含水量/ (g/g)
土壤保持量/ (t/hm²)	1	0.40**	-0.18*	-0.18*	-0.21**	-0.09	-0.11	-0.17*
植被碳储量/ (g/m²)	0.40**	1	-0.20*	-0.04	-0.20*	-0.18*	-0.19*	-0.23**

*代表相关性在 0.05 水平显著；**代表相关性在 0.01 水平显著。

可见，土壤保持服务与固碳服务之间表现为协同关系，植被碳储量增加的同时，土壤保持能力也在增强；土壤保持服务与土壤含水量之间表现为权衡关系，权衡关系在 0 ~ 2m 土层表现较为强烈；固碳服务与土壤含水量同样为权衡关系，但权衡关系在浅层（0 ~ 1m）很弱，在深层（4 ~ 5m）最为强烈，说明植被碳储量的提升以降低深层土壤含水量为代价。

由图 8-10 可知，对土壤保持量与土壤含水量（0 ~ 5m）来说，天然草地与人工草地生态系统服务在 1∶1 线附近波动，两项服务比较协调。沙棘、柠条、野山桃与刺槐有利于土壤保持，两项服务存在权衡，土壤保持能力提高的同时消耗土壤水分，其中刺槐林最为严重。人工果园与农田是两种人工土地利用类型，不利于土壤保持，但土壤水分条件较好。

土壤保持量与土壤含水量（0 ~ 5m）权衡强度为刺槐>农田>野山桃>柠条>人工果园>沙棘>天然草地>人工草地。因此，仅考虑土壤保持与土壤水分条件，人工草地、天然草地与沙棘是较好的植被恢复物种。大面积营造乔木林并不合适，其中刺槐林的耗水影响与农田的土壤侵蚀相近。在农村经济发展与退耕还林（草）的抉择中，人工果园是折中的途径，可以通过增加秸秆覆盖与保水剂等农业管理措施提高其土壤保持服务的不足。

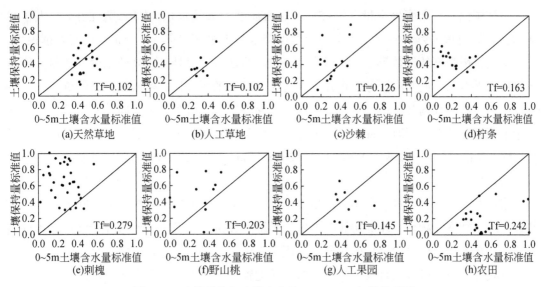

图 8-10　土壤保持与土壤含水量（0～5m）权衡关系图

Tf 为权衡强度

　　由图 8-11 可知，对植被碳储量与土壤含水量（0～5m）来说，天然草地、人工草地、沙棘、野山桃、人工果园与农田倾向于土壤含水量，植被碳储量相对较低。刺槐林地与之相反，倾向于植被碳储量。柠条地两类生态系统服务标准值在 1∶1 线附近波动。由于刺槐具有植被碳储量的绝对优势，因此其他土地类型碳储量标准值均偏低。

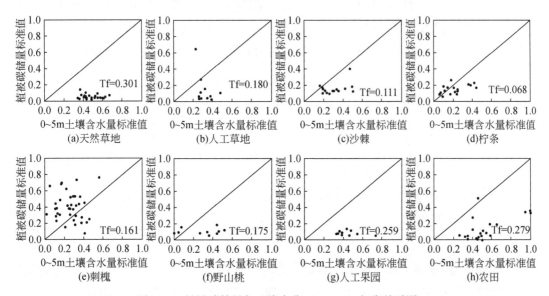

图 8-11　植被碳储量与土壤水分（0～5m）权衡关系图

Tf 为权衡强度

植被碳储量与土壤含水量（0~5m）权衡强度为天然草地>农田>人工果园>人工草地>野山桃>刺槐>沙棘>柠条。与前述土壤保持量与土壤含水量（0~5m）权衡差别很大，天然草地权衡强度从倒数第二位跃居为第一位。草地与农田具有较高的土壤含水量，但是生物量水平低，因此两类服务权衡强度高（土壤水分的提高以降低碳储量为代价）。

柠条与沙棘权衡强度最低，但是结合土壤保持量与土壤含水量之间关系，柠条严重偏向于土壤水分消耗。同时，许多研究者也发现柠条容易导致土壤干层，影响植被恢复的可持续性（Yang et al., 2014a; Fang et al., 2016; Liu et al., 2016），因此柠条不适合在该地区大面积种植。

综合考虑植被碳储量、土壤保持量与土壤含水量这3项生态系统服务之间关系，沙棘是较好的植被恢复物种，能够协调3项生态系统服务关系。天然草地适合土壤水分条件差的地区，在不考虑植被碳储量的情况下需优先考虑。人工果园与野山桃不会导致剧烈的生态系统服务权衡，可以结合人工管理措施灵活配置在其他土地利用类型之间。

8.2.4.2 土壤保持–土壤含水量权衡与环境因子关系

由表8-12可知，各排序轴的置换检验达到显著水平，排序轴1（横轴）对两项生态系统服务权衡的解释率为35.73%，前两个排序轴对两项生态系统服务权衡的累计解释率为37.68%。由图8-12可知，浅层土壤含水量（0~1m）与土壤保持权衡的箭头连线处于第一象限，而其他层次与土壤保持权衡的箭头连线处于第四象限，说明浅层水分特征的复杂性与相对独立性。与排序轴1正相关较高的定量环境因子为砂粒含量、黏粒含量、坡度，定性因子为土地利用类型（刺槐），与排序轴1负相关较密切的定量环境因子为粉粒含量、海拔，定性环境因子为坡位（上坡）与土地利用类型（天然草地、人工草地）。

表8-12 土壤保持–土壤含水量权衡与环境因子冗余分析结果

统计值	排序轴1	排序轴2	排序轴3	排序轴4
特征根	0.3573	0.0195	0.0057	0.0026
生态系统服务权衡与环境因子相关性	0.6549	0.4635	0.3522	0.3484
对生态系统服务权衡变化的累计解释率/%	35.73	37.68	38.25	38.51
对生态系统服务权衡–环境因子关系的累计解释率/%	92.51	97.55	99.02	99.7
对所有排序轴的统计检验	$p=0.002$			

对土壤保持–土壤含水量权衡影响显著的环境因子见表8-13。综合来看，条件效应显著的环境因子数量明显少于简单效应，这也说明了环境因子之间存在较强的交互作用。从整个土层来看（0~5m）：简单效应较大的是粉粒含量、植被类型、砂粒含量、海拔，解释能力在10%以上。条件效应较大的环境因子为粉粒含量，其他环境因子的解释能力均在

8%以下。

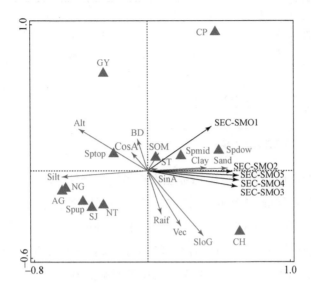

图 8-12　土壤保持–土壤含水量权衡与环境因子 RDA 排序图

SEC-SMO1 ~ SEC-SMO5：土壤保持量与从上到下各层土壤含水量权衡；Vec：植被盖度；Raif：降水量；Alt：海拔；BD：容重；SOM：土壤有机质含量；SloG：坡度；CosA：cos 坡向；SinA：sin 坡向；Clay、Silt、Sand 代表美国制的黏粒含量、粉粒含量、砂粒含量；CH：刺槐；NT：柠条；SJ：沙棘；AG：人工草地；NG：天然草地；ST：野山桃；GY：人工果园；CP：农田；Sptop：坡顶；Spup：坡上；Spmid：坡中；Spdow：坡下

表 8-13　环境因子对土壤保持–土壤水分权衡影响的简单效应与条件效应（单位:%）

环境因子	0 ~ 5m 简单效应	0 ~ 5m 条件效应	0 ~ 1m 简单效应	0 ~ 1m 条件效应	1 ~ 2m 简单效应	1 ~ 2m 条件效应	2 ~ 3m 简单效应	2 ~ 3m 条件效应	3 ~ 4m 简单效应	3 ~ 4m 条件效应	4 ~ 5m 简单效应	4 ~ 5m 条件效应
粉粒含量	14.5	14.5	7.8	6.2	10.7	10.7	11.7	—	16.7	16.7	17.3	17.3
刺槐	12.6	—	—	—	10	—	15.7	15.7	10.9	—	12.4	—
砂粒含量	12.4	—	6.3	—	9.3	—	9.6	—	15.3	—	14.7	—
海拔	10.3	—	—	—	7.7	—	9.6	—	10.5	—	12.1	—
坡上	9.5	7.9	8.3	4.6	8.6	7.3	8.8	9.1	9.3	7.6	6.6	5.2
坡度	8.1	7.4	—	—	6.1	5.9	8	3.5	7.3	6.3	7.2	5.6
黏粒含量	6.4	—	3.5	—	3.9	—	5.1	—	9	—	8.3	—
天然草地	6	3.9	3.2	—	7.2	5.1	4.2	—	4.1	2.9	5.2	4
坡下	5.2	—	4.2	—	5.3	—	5.5	—	6.2	—	4.6	—
植被盖度	3	—	—	—	—	—	3.4	—	—	—	2.9	—
坡中	2.7	—	—	—	—	—	—	—	—	—	—	—
人工草地	2.7	—	—	—	—	—	—	—	2.9	—	2.9	—

续表

环境因子	0~5m		0~1m		1~2m		2~3m		3~4m		4~5m	
	简单效应	条件效应	简单效应	条件效应	简单效应	条件效应	简单效应	条件效应	简单效应	条件效应	简单效应	条件效应
人工果园	—	3.4	—	—	—	—	—	—	—	2.7	—	4.2
农田	—	—	8.5	8.5	2.9	2.3	—	4.5	—	—	—	—
坡顶	—	—	—	—	—	—	—	—	—	—	—	1.5

注："—"表示简单效应或条件效应不显著。

从各个土层来看：环境因子对0~1m层次权衡的解释能力较低，均在9%以下，说明表层生态系统服务关系复杂，影响因素众多，选择的环境因子还远远不够。在1m以下各层次，权衡的主要控制因素相似（土壤粒径、海拔、刺槐林）。随着深度增加，环境因子对权衡的总体解释能力增强。不同环境因子影响力强弱随深度变化。例如，地形（海拔与坡度）的影响力在1m深度以下开始出现；农田的影响力在0~3m显著，3m深度以下不显著，这应该与作物根系分布较浅有关；坡顶的影响力只在4~5m显著，这应该与坡顶一般较为平坦，有利于水分向深层转移有关。环境因子首先对两类服务产生影响，然后进一步影响两类服务之间的关系，其内在机理更为复杂。

土壤保持-土壤含水量权衡的主控因素为植被类型、粉粒与砂粒含量，海拔、坡度与坡位次之。综合考虑冗余分析结果（图8-13）与评估结果（图8-9）：配置天然草地、人工草地、沙棘、人工果园能够降低生态系统服务权衡强度，以人工草地和天然草地的效果最好。坡上的权衡强度往往较低，而坡下的权衡强度较高。坡度、砂粒与黏粒含量越高，生态系统服务权衡越强烈。粉粒含量与海拔越高，生态系统服务权衡水平越低。各类环境因素之间存在较强的交互作用。因此，植被类型结合坡位、坡度与土壤粒径含量能够实现生态系统服务权衡的人工调控，如高海拔的坡上位置，坡度较小处配置天然草地、人工草地与沙棘，能够使两类服务权衡达到最低水平；权衡较为强烈的位置（坡下、农田、刺槐林），可以通过人工土壤改良措施提高粉粒含量降低砂粒与黏粒含量缓和生态系统服务冲突。此外，不同土层权衡强度与控制因素存在差异，权衡调控时要重点考虑冲突强烈的土层，调控对应的环境因素。

8.2.4.3 植被碳储量-土壤含水量权衡与环境因子关系

由表8-14可知，各排序轴的置换检验达到显著水平，排序轴1（横轴）对两类生态系统服务权衡的解释率为45.25%，前两个排序轴对两类生态系统服务权衡的累计解释率为48.09%。由图8-13可知，与土壤含水量和土壤保持权衡相似，浅层土壤水分（0~1m）与植被碳储量权衡的箭头连线处于第一象限，而其他层次与植被碳储量权衡的箭头连线处于第四象限，同样说明表层水分特征的复杂性与相对独立性。与排序轴 1 正相关较高的定量环境因子为黏粒与砂粒含量，定性因子为土地利用类型（天然草地、农田），与排序轴 1 负相关较密切的定量环境因子为植被盖度、土壤有机质，定性环境因子为土地利用类型（柠条、沙棘）。

表 8-14　植被固碳-土壤含水量权衡与环境因子冗余分析结果

统计值	排序轴 1	排序轴 2	排序轴 3	排序轴 4
特征根	0.4525	0.0284	0.0261	0.0065
生态系统服务权衡与环境因子相关性	0.7749	0.4692	0.5718	0.4828
对生态系统服务权衡变化的累计解释率/%	45.25	48.09	50.7	51.35
对生态系统服务权衡-环境因子关系的累计解释率/%	87.83	93.34	98.41	99.68
对所有排序轴的统计检验	$p=0.002$			

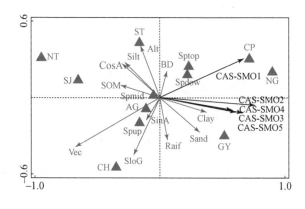

图 8-13　植被碳储量-土壤含水量权衡与环境因子 RDA 排序图

CAS-SMO1 ~ CAS-SMO5：植被碳储量与从上到下各层土壤含水量权衡；Vec：植被盖度；Raif：降水量；Alt：海拔；BD：容重；SOM：土壤有机质含量；SloG：坡度；CosA：cos 坡向；SinA：sin 坡向；Clay、Silt、Sand 代表美国制的黏粒含量、粉粒含量、砂粒含量；CH：刺槐；NT：柠条；SJ：沙棘；AG：人工草地；NG：天然草地；ST：野山桃；GY：人工果园；CP：农田；Sptop：坡顶；Spup：坡上；Spmid：坡中；Spdow：坡下

对植被碳储量-土壤含水量权衡影响显著的环境因子见表 8-15。条件效应显著的环境因子数量同样明显少于简单效应，同样说明了环境因子之间存在较强的交互作用。从整个土层来看（0~5m）：简单效应较大的环境因子是植被盖度、植被类型。条件效应较大的环境因子为植被盖度、砂粒含量、植被类型。总体来看，环境因子对植被碳储量-土壤含水量权衡的解释能力要远远高于其对土壤保持-土壤含水量权衡的解释能力。

随着深度增加，环境因子的总体解释能力表现为升高、降低、再升高的趋势。不同环境因子影响力强弱随深度变化。从条件效应的变化来看，植被盖度与植被类型的影响能力始终处于前列，但是在3m深度以上层次，草地与农田的影响力较高，3m深度以下层次，柠条和刺槐的影响能力相对较高。这与植被根系分布及耗水特点相一致。

表 8-15　环境因子对植被碳储量–土壤含水量权衡影响的简单效应与条件效应

（单位:%）

环境因子	0~5m		0~1m		1~2m		2~3m		3~4m		4~5m	
	简单效应	条件效应	简单效应	条件效应	简单效应	条件效应	简单效应	条件效应	简单效应	条件效应	简单效应	条件效应
植被盖度	20.9	20.9	33.5	33.5	25.6	25.6	13.9	—	12.3	12.3	16.2	16.2
天然草地	16.1	6.8	18.5	4.8	16.9	6.5	15.3	15.3	9.5	1.8	11.7	2.8
柠条	15.6	4.3	7.8	1.4	17.7	3.6	8.2	1.8	7.3	5.2	14	6.6
黏粒含量	8.9	—	4.7	3.2	10.3	—	11.3	8.3	3.6	—	—	—
农田	8.8	2.9	11	4.4	13.1	5.1	6	10.5	4	—	4	—
砂粒含量	7.1	9.7	—	—	8.4	—	7.5	—	3.3	4.7	2.9	4.7
cos 坡向	7.1	—	—	—	6.8	—	5.9	—	3.9	—	3.9	—
粉粒含量	5.8	—	—	—	8.1	12.6	6.8	—	—	—	—	—
有机质含量	5.7	—	3.4	—	5.3	—	3.8	—	3.3	—	7	—
沙棘	5.5	—	3	—	10.5	—	7.1	—	—	—	—	—
刺槐	2.7	—	13.3	1.9	—	—	—	—	7.5	4.1	5.5	4.1
海拔	—	2.9	—	—	2.9	3.6	4.1	3.6	—	3.2	—	2.3
人工果园	—	2.3	—	—	—	2.4	—	2.6	3.5	—	3	—
坡度	—	—	8.2	—	—	—	—	—	—	—	—	—
坡上	—	—	3.1	—	—	—	—	—	—	—	—	—
坡下	—	—	—	—	2.6	—	—	—	—	—	—	—
容重	—	—	—	—	—	—	—	—	—	2.8	—	—
野山桃	—	—	—	—	—	—	—	—	—	—	—	2.1

注："—"表示简单效应或条件效应不显著。

植被是碳储量与土壤水分产生冲突的原因。植被生物量大，碳累积量就大。而植被生物量大意味着蒸腾耗水也大，这在降雨充沛地区影响不大，能够实现根深叶茂与水源涵养的平衡。而对于干旱或半干旱区，降雨不足，植被生长只能以持续消耗土壤水分尤其是深层土壤水分为代价，而深层土壤水分难以通过降雨或地下水补给，深层土壤水分的不足会导致耗水植物大量衰退甚至死亡。这种现象在黄土高原延安以北地区已经出现，严重影响了植被恢复的可持续性。

8.2.4.4 生态系统服务权衡及其影响因素复杂性

土壤保持、土壤水分与植被碳储量在研究区是三个非常重要的生态系统服务。退耕还林（草）政策实施后，碳储量增加的同时，土壤保持服务也随之增加，但是高生物量植被往往带来土壤水分的过度消耗，导致土壤干燥化（Yang L et al., 2015）。土壤的持续干燥化会进一步导致植被衰退与死亡（Wang L et al., 2008），此时，碳储量与土壤保持服务都将难以保证。因此，就该地区来说，三项生态系统服务关系的协调至关重要。

不同生态系统服务依赖于不同的时间尺度。浅层土壤水分受降雨影响，随时间剧烈波动（Fang et al., 2016），深层土壤水分受长期水分消耗与补给的影响而相对稳定（Wang S et al., 2013; Fang et al., 2016）。植被类型对深层土壤水分及土壤干层的形成存在尺度效应，如苜蓿生长 2 年后土壤干层开始出现，而柠条需要 3 年；苜蓿生长 4 年后土壤干层比柠条更厚；而生长 31 年后柠条带来更厚的土壤干层（Wang et al., 2010）。碳储量在植物不同生长阶段（随时间进程）表现为非线性积累（史山丹等，2012）。土壤侵蚀在一定时期内变异很大，土壤流失总量往往取决于若干次极端侵蚀事件（Estrany et al., 2010; Feng et al., 2015）。

生态系统服务同样存在空间异质性。本研究不同植被类型土壤水分随深度变化，Fang 等（2016）将深层土壤水分分为三个层次：①降雨入渗层（80~220cm）；②入渗过渡层（220~400cm）；③稳定层（400~500cm）。本研究生态系统服务权衡随深度变化，如表层（0~1m）生态系统服务权衡位于第一象限，而其他层次（2~5m）生态系统服务权衡位于第四象限（图 8-12 和图 8-13）。生态系统服务关系同样存在水平变异，如刺槐林地土壤水分与土壤保持权衡变异强烈，由 38 个样地生态系统服务对绘制的散点覆盖了半张图片，总体来看刺槐林地有利于土壤保持，但仍然有 3 个样地有利于土壤水分（图 8-10）。此外，一般认为植被蒸散发对产水量具有负效应，但是植被蒸散发增加了空气湿度，在更大空间尺度上有利于降雨的发生（Ellison and Bishop, 2012）。安塞集水区东南部植被覆盖度高而西北部低，导致植被碳储量与土壤保持量的空间变异（Su et al., 2012）。

一项生态系统服务往往依赖于多个生态学过程，而一个生态学过程会影响多项生态系统服务（Howe et al., 2014）。例如，植被碳储量受植物生理过程、土壤侵蚀与水循环等多个生态过程控制，而土壤侵蚀过程影响碳储量、粮食产量、水质净化等多项生态系统服务。总之，生态系统服务及其关系依赖于不同的时空尺度，相关的生态学过程相互交织。因此，生态系统服务之间关系更加复杂，如何对其进行调控仍然是个挑战。

本研究中的 3 项生态系统服务及其权衡受多个环境因子影响：植被直接关系碳储量水平，水分消耗与涵养、土壤侵蚀控制（Fu et al., 2011; Feng X et al., 2012; Lv et al., 2012）；地形条件影响土壤颗粒与土壤水分迁移、太阳辐射，与土壤侵蚀和土壤水分关系密切（Kateb et al., 2013）；气象条件关系着土壤水分补给与蒸发，驱动土壤侵蚀的发生（Western and Blöschl, 1999；Feng et al., 2015）；土壤性质关系土壤水分养分的保蓄（Feng et al., 2016），进而影响 3 项生态系统服务。诸多环境因子对生态系统服务存在影响，进而对生态系统服务权衡产生影响。因此，需要结合生态系统服务及其权衡与环境因子关系进行生态系统服务管理，这也有益于加深对生态系统服务关系复杂性的理解。

就简单效应而言，对土壤保持服务影响力排在前三位的是坡度、农田与植被盖度；对土壤水分（0~5m）影响力排在前三位的是植被盖度、农田与砂粒含量；对土壤保持-土壤水分权衡影响力排在前三位的是粉粒含量、刺槐与砂粒含量。可见，环境因子对生态系统服务权衡的简单效应排序与单个服务不同，粉粒含量对权衡的解释率居于第一位，但其对土壤保持服务影响不显著，对土壤水分影响力居于第九位。坡位对权衡的影响显著，但是对两个服务的影响均不显著。环境因子对生态系统服务权衡的影响以其对单个服务的影响为基础，但是由于生态系统服务之间关系的复杂性，以及环境因子之间的交互作用，最终环境因子对权衡的影响力顺序变化较大，并且整体的解释能力降低，其内在机理需要进一步研究。生态系统服务与权衡条件效应的差异与简单效应相似，不再赘述。

植被碳储量、土壤水分，以及两项服务的权衡均主要受植被盖度与植被类型影响。对两项服务权衡简单效应显著的其他环境因子（除 cos 坡向和沙棘）对两项服务或其中一项的简单效应也显著。这说明植被碳储量与土壤水分之间关系复杂性较低，植被是权衡的核心，因为植被累积碳素的同时会带来土壤水分的消耗。

8.2.5　定点样地与随机样地生态系统服务权衡特征对比

本研究定点监测样地为 4m×10m 的径流小区，位置固定。不同植被配置方式控制着生态系统服务权衡强度，复合植被配置"作物-撂荒 L""作物-撂荒 E""作物-柳枝稷"能够抑制权衡强度。环境因子对生态系统服务权衡表现为非线性驱动。例如，土壤保持服务与产水服务之间，当植被盖度很低时，产水量高而土壤保持量低，权衡强度很高；当植被盖度很高时，产水量低而土壤保持量高，权衡强度同样很高；当植被盖度从低到高逐渐增加时，权衡强度会先降低再增加。权衡主控因素对权衡的解释率均超过 62.6%，最高达 84.3%。环境因子与权衡均表现为二次函数关系，存在使权衡值最小的环境因子临界点。例如，在 5°样地，植被盖度控制在 49.42% 时，土壤保持服务与产水服务权衡最弱；植被盖度控制在 44.34% 时，植被碳储量与产水服务权衡最弱。此外，土壤理化性质与生物结皮等因素也存在使权衡最小的临界点。临界点随坡度，以及生态系统服务的不同而变化。因此，生态系统服务调控中需要根据调控对象综合考虑坡度等环境因素。此外，次降雨是土壤侵蚀与产水量的重要驱动力（能够解释 25.7%~52.8% 的权衡变异），次降雨对权衡强度的影响存在临界点，临界点处权衡强度同样最低。但不同坡度不同植被配置类型的临界点并不存在统一的规律。

集水区调查样地大小为20m×20m，样地平行于等高线，随机分布于1334km^{2}的集水区内。环境因子与权衡强度之间不呈现非线性响应关系，利用冗余分析揭示权衡的主控因素。土壤保持–土壤水分权衡的主控因素为粉粒含量、刺槐、砂粒含量，海拔、坡度与坡位次之；天然草地、人工草地、沙棘、果园能够降低生态系统服务权衡强度；坡上权衡水平低而坡下权衡较高；坡度、砂粒与黏粒含量越高，生态系统服务权衡越强烈；粉粒含量与海拔越高，生态系统服务权衡水平越低；各类环境因素之间存在较强的交互作用；环境因子对权衡的解释能力不高，最高只有14.5%。植被碳储量–土壤水分权衡的主控因素是植被类型与植被盖度，土壤砂粒含量与海拔的作用次之；环境因子对植被碳储量–土壤水分权衡的解释能力（最高20.9%）要远远高于其对土壤保持–土壤水分权衡的解释能力。生态系统服务权衡的人工调控需要结合植被类型、坡位、坡度与土壤粒径。人工管理与改良措施对于实现生态系统服务关系协调也很重要，如修建梯田、增加地表覆盖等。

可见，定点样地面积小且位置固定，没有海拔与坡位等地理空间差异，植被固碳与水土流失过程相对简单，环境因子对生态系统服务的解释能力比较强。而面积扩大10倍的集水区调查样地，随机分布于集水区内，包含了不同海拔、坡位、坡度与植被类型的组合。尽管本研究选择了23个环境因子来分析权衡的影响因素，但权衡对环境因子响应关系不明确，而且环境因子解释率有限，这可能与土壤水分对植被响应的滞后效应有关，需要进一步研究。样地是有利于农户操作的空间尺度，样地权衡分析反映生态系统服务关系的影响机理，不仅可以为具体地块的生态恢复活动提供理论指导，还可以为更大尺度的模型模拟提供参数支持。

8.3 小 结

对于坡面定点监测的固定样地，植被碳储量与土壤保持之间为协同关系，此两者与产水量为权衡关系。综合考虑植被固碳、产水量与土壤保持，5°坡面配置"作物–撂荒E"、"作物–柳枝稷"与"撂荒L"，15°坡面配置"作物–柳枝稷"，25°坡面配置"作物–撂荒E"与"作物–柳枝稷"能够实现3项生态系统服务关系较为协调。单项生态系统服务与植被、土壤因素存在较强的线性相关关系，而生态系统服务权衡与环境因子间表现为非线性关系（二次函数关系）。环境因子对生态系统服务权衡的影响存在临界点，临界点处权衡强度最低。结合降雨与坡度条件，调节植被配置、盖度与土壤理化性质，可实现各项生态系统服务协调。

对于集水区范围内布设与调查的样地，土壤保持与固碳表现为协同关系，两者与土壤水分表现为权衡关系。土壤保持与土壤水分权衡的主控因素为粉粒含量、刺槐、砂粒含量，其次为海拔、坡度与坡位。天然草地、人工草地、沙棘、人工果园能够降低生态系统服务权衡强度。植被碳储量与土壤水分权衡的影响因素相对简单，植被盖度与植被类型是主要控制因素，柠条与沙棘权衡强度最低。综上，沙棘是较好的植被恢复物种，环境因子间存在较强交互作用，植被类型结合坡位、坡度与土壤理化性质能实现生态系统服务权衡的人工调控。

第9章 流域生态系统服务评估与权衡

生态系统服务评估模型中最具代表性的是 InVEST 模型，它是国内外生态系统服务研究中较为流行并且实用的评估工具，InVEST 模型具有功能齐全、原理科学、易于实现的优势。InVEST 模型现已应用于多个洲或国家（Hoyer and Chan，2014；Hamel et al.，2015；Sánchezcanales et al.，2015），被我国学者引进后，研究涉及的服务类型包括土壤保持（黄从红，2014；胡胜等，2015；陈姗姗等，2016）、碳储量（Tao et al.，2015；张影等，2016）、水源涵养（余新晓等，2012；包玉斌等，2016；张宏锋和袁素芬，2016）、生境质量（Wu et al.，2014；陈妍等，2016）等。随着生态系统服务评估工具的发展，生态系统服务权衡研究在世界范围内逐渐兴起，权衡分析提供了一个更综合而辩证的方式来认识生态系统服务之间关系。生态系统服务权衡包含了众多生态系统服务及利益相关者的时空关系，这使其成为土地规划与决策制定的依托手段。

9.1 模型关键因子与参数本地化

InVEST 模型研发于美国，评估结果的准确性在美国以外的地区难以保证。土壤保持服务评估需要植被覆盖与管理因子（C 因子）、土壤可蚀性因子（K 因子）、降雨侵蚀力因子（R 因子）；产水服务评估需要潜在蒸散发（ET_0）、土壤有效含水量（PAWC）；碳储量评估需要不同土地利用类型碳储量。本节基于野外实测数据构建了 C 因子、土壤属性估算公式，可为本研究模型关键因子与参数本地化提供数据支撑，也可为相关研究人员利用环境数据估算相关因子与参数提供支撑。

9.1.1 研究区概况及样地设计

研究区概况及样地设计同 4.1.1。

9.1.2 数据获取与分析

9.1.2.1 数据获取与计算

1) 植被覆盖与管理因子

A. C 因子估算思路设计

总结以往文献，C 因子估算共有 10 种方法。不同方法的适用尺度、应用范围不同，各有所长且存在各自的不足，详细情况见表 9-1（冯强和赵文武，2014）。手册查询法简单快捷但应用范围有限；标准小区法基于 C 因子定义，但该方法应用过程中需要统一标准；次因子法依赖于对次因子及相关参数的实测或查询，增加野外实测会提高 C 因子计算准确性；USLE/RUSLE 方程反用法逻辑合理，但工作量大，其他因子的测定与计算误差会进入 C 因子估算结果中；C 因子与植被盖度关系式法不仅应用于小区、坡面、小流域尺度，还应用于流域、区域尺度，均使 C 因子估算简单便捷，但植被盖度往往采用投影盖度，忽略了植被层次结构的减蚀作用，同时关系式的跨尺度应用存在尺度效应问题，因此该方法准确性难以保证；土地利用/覆盖类型直接赋值法简单易行，但提取的 C 因子图精度较差；通过 C 因子与遥感影像波段组合或植被指数关系式提取的 C 因子图更精细，但大部分植被指数无法反映地表枯落物信息；基于光谱混合分析的 C 因子估算能够全面反映 C 因子信息，但光谱混合分析方法本身存在一些缺点；地理统计学方法结合遥感影像进行 C 因子插值可获取精细的 C 因子图，并进行深入的空间统计分析，但工作量过大，应用困难。C 因子的本质是植被覆盖的水土保持作用，能够科学反映植被水土保持作用又方便测量的"植被指标"是 C 因子快速估算的基础，植被盖度经常成为这个"植被指标"。但是较高的植被盖度不一定代表良好的水土保持功能，针对这一问题，Wen 等（2010）提出结构化植被指数这一概念，结构化植被指数考虑了植被不同层次的水土保持作用；植被的林冠层、灌木层能够拦截降雨，使降雨再分配，改变降雨动能（Bulcock and Jewitt, 2012; Friesen et al., 2013）；草本层更加贴近地表，不仅能够减少降雨击溅侵蚀，同时能够减弱地表径流动能，降低径流对地表的冲刷，更加直接地保护地表土壤（de Koff et al., 2011）；枯枝落叶层直接覆盖地表，除截留降水外，还能够降低径流速度，增加水分入渗，减少土壤溅蚀，在水土保持中发挥主导作用（Li X et al., 2013; Neris et al., 2013）。结构化植被指数是对植被乔冠层、灌木层、草本层、枯落物层盖度的加权平均（权重基于不同植被层次对水土流失控制的贡献），是对植被分层盖度较为合理的表达，能够反映植被结构对水土流失的控制作用。但是 Wen 等（2010）未建立结构化植被指数与 C 因子的关系模型，无法直接应用于土壤侵蚀预报模型。但是这种植被分层盖度思想在 C 因子估算中值得借鉴。

表9-1 不同尺度 C 因子估算方法比较

尺度	估算方法	优缺点	应用范围
小区、坡面、小流域尺度	手册查询法	简单快捷，准确性难以保证	应用范围有限，适用于 USLE/RUSLE 构建区域（美国，尤其是落基山脉以东地区）
	标准小区法	按 C 因子定义确定 C 值，USLE/RUSLE 的基础方法，但需要建设标准小区并长期监测	在标准小区一致、研究方法统一的前提下，可广泛使用
	次因子法	通过反映植被减蚀作用的 5 个次因子估算 C 值，不依赖标准小区，结果可靠，但测定参数较多，部分不易测定的参数往往依赖手册查询表	参数实测的前提下可以广泛应用
	USLE/RUSLE 方程反用法	通过土壤流失方程反求 C 因子，逻辑合理，但需要测定除 C 因子以外的其他因子，工作量大，尺度越大，越难应用	可广泛应用，但受工作量的限制
	C 因子与盖度关系式法	只需测定植被盖度即可推算出 C 值，简单便捷，但盖度往往无法反映植被结构、地表枯落物、浅层根系等对 C 因子的贡献，关系式在不同研究区的适用性不确定	一般适用于构建关系式所在的地区
流域、区域尺度	土地利用/覆盖类型直接赋值法	简单易行，但无法反映同一土地利用类型内 C 因子的时空异质性，受土地利用/覆盖类型解译的限制	可广泛应用
	基于小区、坡面尺度 C 因子与植被盖度关系式估算流域、区域尺度 C 因子	简单便捷，但关系式的跨尺度应用需进行尺度效应分析与尺度转换研究	一般适用于构建关系式所在的地区
	通过遥感影像波段组合或植被指数估算 C 因子	确定的 C 因子图更精细，但大部分植被指数无法反映地表枯落物信息	可广泛应用
	基于光谱混合分析（SMA）的 C 因子估算	不依赖实测，直接提取 C 因子，不受土壤背景影响，考虑了地表枯落物、砾石等的贡献，但 SMA 方法本身存在一些限制	可广泛应用
	地理统计学方法结合遥感影像进行 C 因子插值	可获取精细的 C 因子图，能够反映不同空间位置 C 因子空间变异并进行不确定性分析，但工作量过大	可广泛应用，受工作量限制

归一化植被指数（NDVI）、增强型植被指数（EVI）、垂直植被指数（PVI）在表达植

被绿色覆盖信息方面具有优势，但不能反映地表枯落物信息。NDSVI、NDTI 等衰败植被指数可以反映林下枯枝落叶层信息（雷婉宁和温仲明，2009；张淼等，2011）。基于植被分层盖度思想，联合 NDVI 等绿度植被指数、NDSVI 等衰败植被指数，有望能更合理地利用遥感指数反映植被层次结构的减蚀作用，为探索大尺度 C 因子估算方法提供思路。

因此，在样地尺度，借鉴结构化植被指数思想度，设计反映植被结构的盖度指标，有望合理估算 C 因子。在流域或区域尺度，充分利用绿色植被指数反映植被绿色部分，继续增加衰败植被指数反映地表枯枝落叶层，两类遥感指数的结合有望在大尺度合理估计 C 因子。本研究建立的 C 因子估算方法试图更全面刻画 C 因子含义，能够为土壤侵蚀相关模型在黄土丘陵沟壑区的应用提供参数与方法的支撑。

B. C 因子测定

C 因子的测定采用 RUSLE 提供的次因子法，公式如下（Renard et al.，1997）：

$$C = \text{PLU} \times \text{CC} \times \text{SC} \times \text{SR} \times \text{SM} \tag{9-1}$$

式中，PLU 为前期土地利用次因子；CC 为冠层覆盖次因子；SC 为地表覆盖次因子；SR 为地表随机糙度次因子；SM 为土壤水分次因子。

PLU（前期土地利用次因子）反映前期人类活动对土壤侵蚀的抑制作用。主要需要测定的指标为根生物量，在样地内用直径9cm 根钻取20cm 深根系，沿着样地对角线间隔4m 取 1 钻，共取 5 钻。根系洗净后置于烘箱中，65℃烘至恒重测算根系密度。PLU 计算需要的其他参数参考 RUSLE 手册（Renard et al.，1997）。

CC（冠层覆盖次因子）影响冠层对降雨的截留再分配过程，降低降雨打击速度和到达地表的雨量，需要测定雨滴降落高度与植被盖度。采用拍照法测定乔、灌、草层的盖度，将数码相机置于冠层下，垂直向上拍摄照片测定乔木与灌木层的盖度，将相机置于3m 高，垂直向下拍摄照片测定草本层盖度。拍摄位置设定在样地对角线，3m 间隔，共 15 个拍摄点。基于获取的照片通过 ENVI 5.1 监督分类的方法计算乔、灌、草各层的盖度。

SC（地表覆盖次因子），地表枯枝落叶层的存在不仅能降低雨滴动能，还可以调节地表径流、改良土壤理化性质、增加水分入渗。SC 计算主要需要地表枯落物盖度与地表粗糙度。地表枯落物盖度采用样方法测定，沿样地对角线 5m 间隔共布设 5 个 1m×1m 的样方，再分成 0.1m×0.1m 的小样方，目测每个小样方的枯落物盖度进而得到1m×1m 样方的盖度。地表粗糙度通过自制糙度计测定（触针法），即测量一个断面相对于参考线的相对高度，相对高度的标准差为地表粗糙度，样地内共测定 10 个断面（Feng et al.，2017）。按照 RUSLE 手册，SC 因子计算还需要经验系数 b，本研究耕地与园地 b 值为 0.035，乔木林地、灌木林地与草地 b 值为 0.045（Renard et al.，1997）。

SR（地表随机糙度次因子），地表的凸凹不平可以减缓径流速度，引起泥沙沉积，降低侵蚀率。该因子测定方法同 SC 次因子中地表粗糙度的测定。

SM（土壤水分次因子），表层土壤含水量通过影响入渗和径流进而影响土壤侵蚀。本研究通过植被盖度与遥感指数进行 C 因子估算，不考虑土壤水分的影响。因此，SM 次因子赋值为 1。

C. 盖度指标计算

利用测定的乔、灌、草、枯各层盖度数据，本研究提出 4 种分层盖度指标。

绿色盖度（V_G），乔木层、灌木层、草本层各层分盖度之和。

整体盖度（V_T），乔木层、灌木层、草本层、枯落物层各层分盖度之和。

概率盖度（V_P），雨滴击打到绿色植被与枯落物的概率，公式如下：

$$V_P = 1 - \prod_{i=1}^{n}(1 - L_i) \tag{9-2}$$

式中，L_i 为乔木层、灌木层、草本层、枯落物层各层分盖度。

权重盖度（V_W），乔木层、灌木层、草本层、枯落物层各层分盖度加权求和，公式如下：

$$V_W = \sum_{i=1}^{n} a_i L_i \tag{9-3}$$

式中，a_i 为权重系数；L_i 为乔木层、灌木层、草本层、枯落物层各层分盖度。权重系数来自于黄土高原径流小区实验，本研究采用 Wen 等（2010）整理的权重系数值。权重盖度反映了植被层次结构的减蚀作用。

D. 遥感影像获取与植被指数计算

通过美国地质调查局（http://glovis.usgs.gov/）网站下载 2014 年 7 月与 12 月 Landsat 8 OLI 遥感影像。在 ENVI 5.1 平台对影像进行辐射校正与大气校正。

基于 2014 年 7 月遥感影像提取绿度植被指数，包括 NDVI、PVI 与 EVI；基于 2014 年 12 月遥感影像提取衰败植被指数，包括 NDTI 与 NDSVI。植被指数提取公式如下：

$$NDVI = \frac{\rho_{NIR} - \rho_{RED}}{\rho_{NIR} + \rho_{RED}} \tag{9-4}$$

$$PVI = \frac{\rho_{NIR} - a \times \rho_{RED} - b}{\sqrt{a^2 + 1}} \tag{9-5}$$

$$EVI = G \frac{\rho_{NIR} - \rho_{RED}}{\rho_{NIR} + C_1 \times \rho_{RED} - C_2 \times \rho_{BLUE} + L} \tag{9-6}$$

$$NDSVI = \frac{\rho_{SWIR1} - \rho_{RED}}{\rho_{SWIR1} + \rho_{RED}} \tag{9-7}$$

$$NDTI = \frac{\rho_{SWIR1} - \rho_{SWIR2}}{\rho_{SWIR1} + \rho_{SWIR2}} \tag{9-8}$$

式中，ρ 为对应波段的反射率；a 为土壤线的斜率；b 为土壤线的截距，基于野外调查中选择的 30 个裸地样点，通过 NIR 与 RED 波段土壤反射率的线性回归获得（图 9-1）；L 为冠层背景调整因子（$L=1$）；C_1 和 C_2 为气溶胶阻抗系数（$C_1=6$，$C_2=7.5$）；G 为增益因子（$G=2.5$）（Huete et al.，1997）。

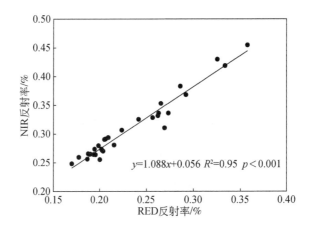

图 9-1　NIR 与 RED 波段土壤反射率的线性回归

最终，通过野外采样时的 GPS 坐标提取对应样地的植被指数。

2）土壤与气象因子

A. 土壤可蚀性因子（K）与土壤有效含水量（PAWC）

土壤砂粒（>0.02mm）、粉粒（$0.002 \sim 0.02$mm）、黏粒（<0.005mm）、有机质含量来自集水区调查数据。环境因子包括植被盖度、海拔、坡度、sin 坡向、cos 坡向、剖面曲率、平面曲率。对环境因子与土壤粒径及有机质含量进行逐步回归分析，建立土壤粒径、有机质含量与环境因子的关系方程。然后在 ArcGIS 平台，利用环境因子图层，生成土壤粒径与有机质含量图层。

采用 Williams 等（1984）在侵蚀/生产力影响模型（EPIC）中发展的方法计算 K 因子 $[t \cdot hm^2 \cdot h/(hm^2 \cdot MJ \cdot mm)]$，采用 Zhou 等（2005）提出的公式，利用土壤粒径与有机质数据计算土壤有效含水量 PAWC（$10^{-2}cm^3/cm^3$），公式如下：

$$PAWC = 54.509 - 0.132Sand - 0.003Sand^2 - 0.055Silt - 0.006Silt^2 - 0.738Clay + 0.007Clay^2$$
$$-2.688OM + 0.501OM^2 \tag{9-9}$$

式中，Sand 为砂粒含量，%；Silt 为粉粒含量，%；Clay 为黏粒含量，%；$SN_1 = 1 - Sand/100$；OM 为土壤有机质含量，%。

B. 降雨侵蚀力因子（R）与潜在蒸散发（ET_0）

降雨侵蚀力（R）与潜在蒸散发（ET_0）是土壤保持服务与产水服务评估的必要因子。降雨侵蚀力是土壤侵蚀的动力因素，与当地降雨特点密切相关。潜在蒸散发反映当地的气候状况，是指保持土壤充分湿润，大片平坦均匀的参考植被（如苜蓿地）通过蒸发与蒸腾作用所散失的水分。潜在蒸散发与降水量、气温、太阳辐射有关。

收集中国气象数据网（http://data. cma. cn/site/index. html）相关气象数据。利用章文波和付金生（2003）提出的简化算法计算降雨侵蚀力，再进行克里金插值，得到安塞集水区降雨侵蚀力空间分布图。利用 modified-Hargreaves 方程计算潜在蒸散发（ET_0，mm/d），在信息不确定的情况下该方程比 Pennman-Montieth 方法更有优势（Droogers and Allen，2002）。modified-Hargreaves 方程如下：

$$ET_0 = 0.0013 \times 0.408 \times RA \times (T_{av} + 17) \times (TD - 0.0123P)^{0.76} \tag{9-10}$$

式中，RA 为太阳大气顶层辐射，$MJ/(m^2 \cdot d)$，可利用气象站的太阳总辐射除以 50% 得到（即假定大气顶层辐射为 100%，那么经过大气过程中被吸收、散射和反射损失 50%，到达地面还剩 50%）；T_{av} 为日最高温均值与日最低温均值的平均值，℃；TD 为日最高温均值与日最低温均值的差值，℃；P 为月平均降水量，mm（Droogers and Allen，2002）。

9.1.2.2 数据统计分析

通过 SPSS 20.0 统计软件对不同土地利用类型 C 因子与分层盖度指标进行描述性统计。通过软件"曲线估计"工具，对 C 因子与分层盖度指标进行回归分析，函数类型包含指数函数、对数函数、线性函数、幂函数。选择决定系数最高的回归方程。对 C 因子与多种遥感指数进行逐步回归分析，以剔除遥感指数之间的多重共线性。

采用相关系数（R）、均方根误差（RMSE）、纳西系数（M_E）对 C 因子估算模型的性能进行验证。公式如下：

$$R = \frac{\sum_{i=1}^{n}(C_{obs} - \overline{C}_{obs})(C_{est} - \overline{C}_{est})}{\sqrt{\sum_{i=1}^{n}(C_{obs} - \overline{C}_{obs})^2 \sum_{i=1}^{n}(C_{est} - \overline{C}_{est})^2}} \tag{9-11}$$

$$RMSE = \sqrt{\frac{\sum_{i=1}^{n}(C_{obs} - C_{est})^2}{n-1}} \tag{9-12}$$

$$M_E = 1 - \frac{\sum_{i=1}^{n}(C_{obs} - C_{est})^2}{\sum_{i=1}^{n}(C_{obs} - \overline{C}_{obs})^2} \tag{9-13}$$

式中，C_{obs} 为验证点 C 因子实测值；C_{est} 为通过 C 因子估算模型得到的估计值；$\overline{C}_{obs}$ 为实测值的平均值；$\overline{C}_{est}$ 为估计值的平均值。

M_E 在 $-\infty \sim 1$ 变化，M_E 值接近于 1 表示模型性能很好，$M_E < 0$ 表示模型是无效的，因为 C 因子估计值带来的变异比观测值本身变异还要大。

9.1.3 植被覆盖与管理因子估算

植被覆盖与管理因子（C因子）定义为在一定地表覆盖和管理措施下土壤流失量与同等条件下适时翻耕、连续休闲对照地（标准小区）土壤流失量之比（Renard et al., 1997）。在 USLE 和 RUSLE 中，降雨侵蚀力因子（R）、土壤可蚀性因子（K）、坡度坡长因子（LS）依赖于自然地理条件，短期内水土保持活动不会改变这些因子，而水土保持措施（P）的建设需要大量的资金和人力投入，通过调整土地利用方式及改善管理措施（降低 C 因子）能够以最小的资金投入降低土壤侵蚀。C 因子是模型诸因子中变化幅度最大的，可相差 2~3 个数量级。研究认为 C 因子和 LS 因子对土壤侵蚀最敏感，对 USLE 整体有效性的作用最显著（Risse et al., 1993；Biesemans et al., 2000）。植被覆盖与管理因子不仅是 USLE/RUSLE 的重要参数，还可应用于其他土壤侵蚀模型，如非点源流域环境响应模型（ANSWERS）、水土资源评价工具（SWAT）、地中海区域土壤侵蚀预报模型（SEMMED）（Beasley et al., 1980；de Jong et al., 1994；Palazón and Navas, 2016）。因此，开展 C 因子估算对于评估植被恢复效果、预测土壤侵蚀，以及模型参数本地化都具有重要意义。

冯强和赵文武（2014）对 C 因子估算方法进行了系统的总结，本研究针对目前存在的问题，提出了基于分层盖度与遥感指数的 C 因子估算方法，试图在样地与流域尺度上全面刻画 C 因子（Feng et al., 2017）。

1）C 因子与分层盖度关系拟合

由图9-2可知，土地利用类型之间 C 因子趋势为灌木林地<乔木林地<草地<园地<耕地，土地利用类型之间 C 值差异很大，耕地 C 值是灌木林地的 104 倍。C 因子的标准差及变化幅度与 C 值相同。

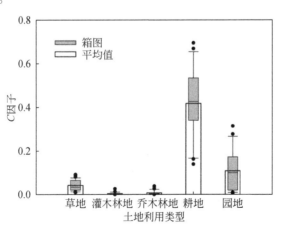

图9-2 不同土地利用类型 C 因子描述性统计

土地利用类型之间植被盖度指标的变化趋势与 C 因子不完全一致，概率盖度与整体盖度的趋势为耕地<草地<园地<灌木林地<乔木林地，绿色盖度与权重盖度的趋势为耕地<草地<园地<乔木林地<灌木林地（图9-3）。从图9-3中可见植被盖度数据的变化范围，本研究拟合的 C 因子估算关系式只能保证在该范围内适用。

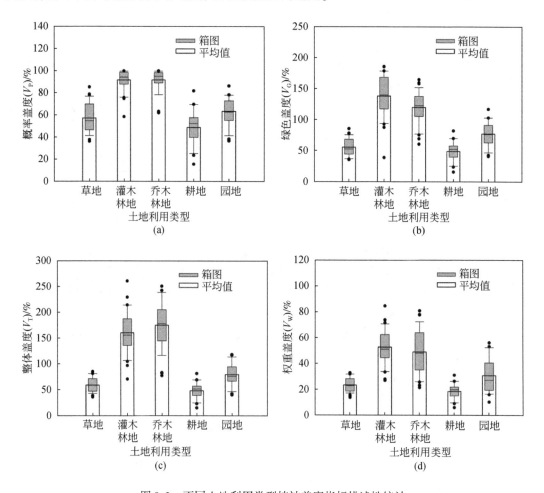

图9-3　不同土地利用类型植被盖度指标描述性统计

草地 C 因子与分层盖度的拟合方程见图9-4，C 因子与4种盖度指标均表现为指数函数关系。拟合方程的决定系数（R^2）反映因变量被自变量的解释程度，C 因子与不同盖度指标拟合方程决定系数趋势为整体盖度>权重盖度>概率盖度>绿色盖度。整体盖度、权重盖度与概率盖度的决定系数均超过90%，可见这3个盖度指标对草地 C 因子均具有较好的拟合效果。

通过实测数据验证 C 因子估算方程的准确性。纳西系数的趋势为整体盖度>权重盖度>概率盖度>绿色盖度，而均方根误差表现出相反的趋势。一般认为当纳西系数>0.5时，模型模拟效果较好（Saleh，2000；Santhi et al.，2001）。因此，4 个分层盖度指标均适用于草地 C 因子估算，但是整体盖度、权重盖度与概率盖度的估算效果要好于绿色盖度。

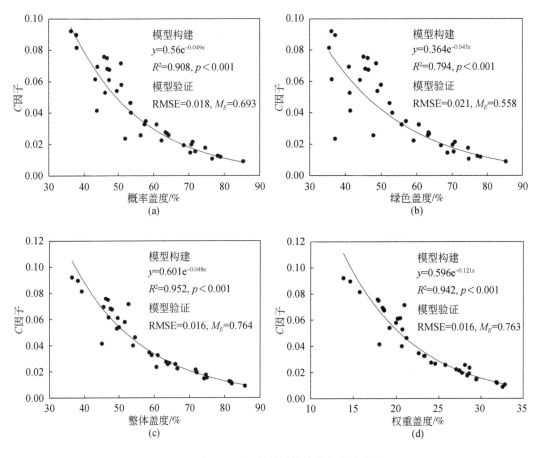

图 9-4 草地 C 因子与分层盖度指标拟合关系

灌木林地 C 因子与分层盖度的拟合关系见图 9-5，通过对数或指数函数拟合效果较好。C 因子与不同盖度指标回归方程决定系数的趋势为整体盖度>概率盖度>绿色盖度>权重盖度。其中，整体盖度与概率盖度的决定系数相差不大，权重盖度的决定系数甚至低于绿色盖度，可能是给定的灌木林各层权重并不适合本研究区域。纳西系数表明通过整体盖度与概率盖度构建的 C 因子估算模型性能较好，而基于绿色盖度的模型是无效的。该结果证明了忽视地表枯落物的盖度指标不能完全刻画 C 因子。基于权重盖度的模型有效性不如整体盖度与概率盖度，这再次说明给定的权重系数不适用于本研究区。

乔木林地 C 因子与分层盖度的拟合效果不如草地与灌木林地（图 9-6）。C 因子与不同盖度指标回归方程决定系数的趋势为权重盖度>整体盖度>绿色盖度>概率盖度，但前三者决定系数的差异不大。模型验证结果表明基于权重盖度的模型具有最优的 C 因子估算性能，权重盖度能够反映植被层次结构的减蚀作用。整体盖度的评估效果可以接受但不太理想。概率盖度的估算性能很差而绿色盖度更差。这说明 C 因子估算中必须考虑枯落物层，不同植被层次对于土壤保持的重要性程度也要考虑。

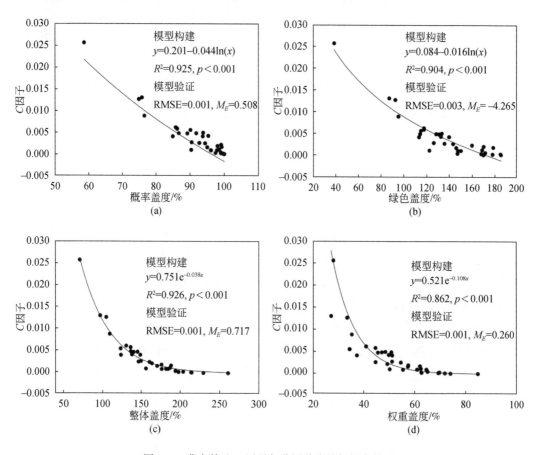

图 9-5 灌木林地 C 因子与分层盖度指标拟合关系

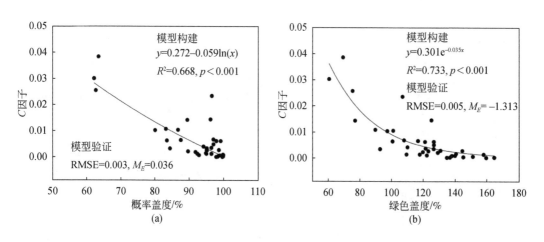

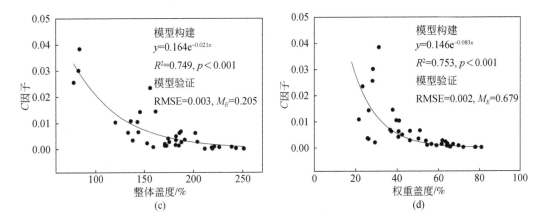

图 9-6　乔木林地分层盖度指标与 C 因子拟合关系

园地 C 因子与分层盖度的拟合效果与乔木林地相似，同样不如草地与灌木林地（图9-7）。拟合方程决定系数的趋势为权重盖度>整体盖度>绿色盖度>概率盖度。纳西系数表明基于权重盖度构建的模型具有最好的 C 因子估算性能。基于整体盖度与绿色盖度构建的模型的估算性能相似，原因可能是耕作活动导致园地枯落物覆盖度低，因而枯落物的作用变小。基于概率盖度构建的模型评估效果最差，模型无效。

对于乔木林地与园地，概率盖度对 C 因子的解释能力最低（66.8%与70.5%）。产生这种现象的可能原因是乔木林地与园地植物较高（2m 以上），植被截留的降雨可能会通过更大的水滴降落到地面。仅仅通过概率不能反映较高植物在抵抗侵蚀方面的缺点，但是权重盖度考虑了贴近地面植被在抵抗侵蚀方面的主导作用（赋予近地面植被更高的权重）。因此，对于乔木林地与园地，权重盖度对 C 因子的解释能力最强。但是，对于草地与灌木林地，概率盖度都具有较好的 C 因子估算效果（$R^2 > 0.9$，$M_E > 0.5$），原因是草地与灌木林地植株高度较低，截留雨滴再降落的影响很小。

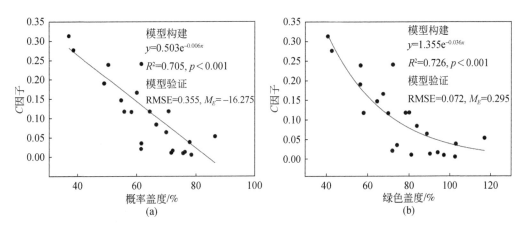

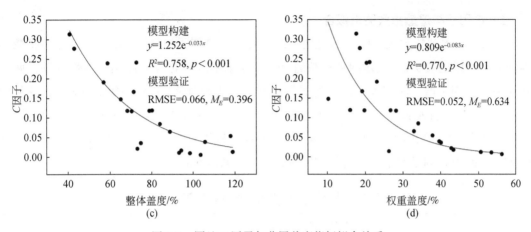

图 9-7 园地 C 因子与分层盖度指标拟合关系

耕地植被结构单一，缺少枯枝落叶层。除权重盖度外，其他 3 个盖度指标数值上相等。因此，4 个分层盖度指标与 C 因子的拟合效果也相同（图 9-8）。

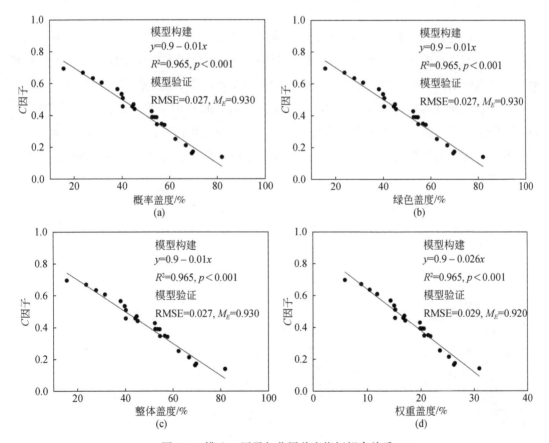

图 9-8 耕地 C 因子与分层盖度指标拟合关系

2）C 因子与遥感指数关系拟合

C 因子与遥感指数关系模型的建立有助于大尺度 C 因子估算。C 因子与各遥感指数的逐步回归结果见表9-2。表示绿色植被的 PVI 与表示枯落物的 NDSVI 引入线性模型，两者共同决定 C 因子值，能够解释57%的 C 因子变异。表示绿色植被的 NDVI 与表示枯落物的 NDSVI 及 NDTI 引入非线性模型，决定系数为0.618。无论是线性模型还是非线性模型，绿度植被指数的回归系数（0.52、5.47）低于衰败植被指数的回归系数（1.26、9.72 与14.67），说明 C 因子对地表枯落物的敏感性高于植被绿色部分。

表 9-2   C 因子与遥感指数关系模型的构建与验证

模型类型	模型构建（N=152）			模型验证（N=25）		
	方程	R^2	p 值	R	RMSE	M_E
线性	$C=0.68-0.52\mathrm{PVI}-1.26\mathrm{NDSVI}$	0.57	0.01	0.81**	0.08	0.52
非线性	$C=e^{-4.67-5.47\mathrm{NDVI}-14.67\mathrm{NDTI}-9.72\mathrm{NDSVI}}$	0.62	0.00	0.62**	0.09	0.30

**表示相关性达到极显著水平（$p<0.01$）。

通过构建的线性与非线性模型得到安塞集水区 C 因子图（图9-9）。通过实测值对模型的估算精度进行验证（表9-2），尽管非线性模型的拟合优度高于线性模型，但线性模型具有更高的纳西系数与相关系数，更低的均方根误差。基于线性模型与非线性模型估算的 C 因子值的描述性统计结果见表9-3，线性模型估算的 C 因子平均值高于非线性模型，结合不同土地利用类型 C 因子实测值与安塞集水区土地利用比例，线性模型的 C 因子值数据分布与土地利用类型比例更匹配。因此，综合来说，推荐在大尺度 C 因子估算实践中采用线性模型。

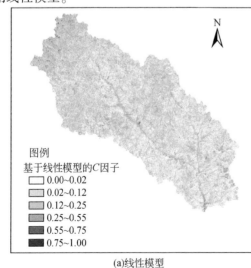
(a)线性模型

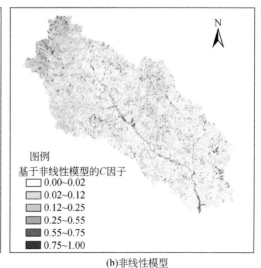
(b)非线性模型

图 9-9   基于线性模型与非线性模型的 C 因子图

表 9-3　基于线性与非线性模型估算的 C 因子值的描述性统计

模型类型	均值	标准差	安塞集水区不同 C 值范围的比例/%					
			0.00 ~ 0.02	0.02 ~ 0.12	0.9 ~ 0.25	0.27 ~ 0.55	0.57 ~ 0.75	0.77 ~ 1.00
线性	0.090	0.105	34.59	36.59	20.10	8.43	0.22	0.07
非线性	0.064	0.166	63.25	25.73	4.87	3.07	0.76	2.33

3）不同 C 因子估算方法对比分析

A. 分层盖度与投影盖度对 C 因子估算效果比较

以往研究中多是不同植被类型建立统一的 C 因子与盖度关系模型，模型类型包括指数、线性、对数等（表 9-4）。然而，不同植被类型具有不同的立体空间结构，如草地一般较低，结构相对简单，而乔木林地相对较高，具有相对复杂的植被层次结构。因此，统一的关系模型忽略了植被的结构特点，C 因子估算的准确性难以保证，针对不同土地利用类型建立各自的关系模型能够解决该问题。此外，以往盖度指标一般为投影盖度，不仅忽略了地上植被结构，也忽略了地表枯枝落叶层的作用。

利用安塞集水区 C 因子实测数据验证以往 C 因子估算模型（表 9-4）。各个模型的 M_E 均小于零，说明以往 C 因子估算模型对于安塞集水区是无效的。卜兆宏和刘绍清（1993）的模型估算的 C 因子值与实测值的正相关性达到了显著水平，说明该模型估计的 C 因子值与实测值存在系统误差，应用该模型需要当地的实测数据进行修正。刘秉正和刘世海（1999）的模型的 C 因子估计值与实测值呈显著负相关，说明采用该模型估计的 C 因子值与实测值差距很大。总的来说，投影盖度对 C 因子的估算效果不好，而且引用他人研究成果需要进行必要的验证和修正。

表 9-4　以往研究中 C 因子与投影盖度（V）（%）关系方程验证

文献来源	关系方程		基于安塞实测数据的验证		
	植被类型	关系方程	R	RMSE	M_E
金争平等（1992）	草地	$C = 0.992 \mathrm{e}^{-0.0344V}$	0.78	0.13	−15.18
刘秉正和刘世海（1999）	耕地	$C = -0.411 + 0.595 \lg V$	−0.96*	0.43	−16.63
江忠善和王志强（1996）	草地	$V > 5,\ C = \mathrm{e}^{-0.0418(V-5)}$ $V \leqslant 5,\ C = 1$	0.77	0.11	−11.09
	林地	$V > 5,\ C = \mathrm{e}^{-0.0085(V-5)^{1.5}}$ $V \leqslant 5,\ C = 1$	0.38	0.05	−60.97
卜兆宏和刘绍清（1993）	低矮灌丛草甸	$C = 0.4149 - 0.0052V$	0.68*	0.09	−7.47

文献来源	关系方程		基于安塞实测数据的验证		
	植被类型	关系方程	R	RMSE	M_E
蔡崇法等（2000）	作物、果园	$V=0$，$C=1$ $0<V<78.3$，$C=0.6508-0.3436\lg V$ $V>78.3$，$C=0$	-0.16	0.19	-2.16

＊表示相关性达到显著水平（$p<0.05$）。

不同区域土壤、植被等条件差别很大，导致他人研究成果不能在本研究区应用。因此，利用本研究的野外调查数据，构建 C 因子与投影盖度关系模型，探索投影盖度的表现（表 9-5）。耕地与草地结构简单，因此投影盖度能够较好地估算 C 因子（决定系数、相关系数与纳西系数均较高）。对于灌木林地与乔木林地，投影盖度对 C 因子的解释能力较低（决定系数分别为 44% 和 23%），纳西系数为负，说明模型是无效的，投影盖度不能反映植被层次结构对土壤侵蚀的控制作用。投影盖度对园地 C 因子的解释能力最差（决定系数仅为 4%），说明人工果园尽管有一定的冠层覆盖，但是由于人为修剪等管理措施，土壤侵蚀控制主要依赖地表覆盖（草地或枯落物）。

表 9-5　植被覆盖与管理因子（C）与投影盖度（V）（%）关系方程构建与验证

土地利用类型	模型构建			模型验证（$N=5$）		
	关系方程	R^2	p 值	R	RMSE	M_E
草地（$N=36$）	$C=0.364e^{-0.043V}$	0.79	<0.001	0.77	0.02	0.57
灌木林地（$N=33$）	$C=0.044-0.0093\ln V$	0.44	<0.001	-0.67	0.05	-1.63
乔木林地（$N=38$）	$C=0.067-0.014\ln V$	0.23	0.002	0.24	0.01	-1.34
园地（$N=22$）	$C=0.301-0.053\ln V$	0.04	0.368	-0.39	0.10	-796.65
耕地（$N=23$）	$C=0.900-0.01V$	0.97	<0.001	0.97^{**}	0.03	0.93

＊＊表示相关性达到极显著水平（$p<0.01$）。

综上，尽管投影盖度经常用于 C 因子估算，但其不仅忽略了地表枯落物层的水土保持作用，同时也忽略了植被层次结构的减蚀作用。因此，基于投影盖度的 C 因子估算模型难以令人满意。

相对于投影盖度，本研究提出的分层盖度指标反映了植被层次结构，能够较为全面地刻画 C 因子。但是对于不同植被类型，各分层盖度指标表现不同。对于草地与灌木林地，整体盖度与概率盖度对 C 因子的解释能力均较高。对灌木林地，权重盖度对 C 因子的解释能力最低，甚至低于绿色盖度，说明给定的权重有待改善。对于乔木林地与园地，由于其更复杂的立体结构，盖度指标对 C 因子的解释能力整体偏低。各盖度指标对 C 因子解释能力为权重盖度最高，概率盖度最低，说明植被高度增加，仅通过雨滴打击的概率难以反映植株高度对土壤侵蚀的影响，而权重盖度对这一过程刻画较好。

值得一提的是，权重系数的准确性对于权重盖度的计算十分重要，目前权重系数数据主要基于有限的径流小区实验，难以满足目前的研究需要。因此，应继续开展径流小区试验，在径流小区内科学设计各类植被层次，积累不同植被类型下林冠层、灌木层、草本层、枯落物层的权重数据。

B. 多种遥感指数与单一遥感指数对 C 因子估算效果比较

关于 C 因子与遥感信息（波段组合或植被指数）的关系模型，前人已经做过大量的研究，模型形式有线性的也有非线性的，具体见表 9-6。NDVI 经常用于 C 因子估算，NDVI 在高植被覆盖区易饱和。在植被稀疏的干旱区半干旱区，受土壤背景的影响，NDVI 准确性降低（雷婉宁和温仲明，2009）。NDVI 对植被生命力敏感，因为植被生长初期强烈的叶绿素活力，NDVI 会带来植被覆盖的高估，相反，NDVI 带来衰老植被覆盖的低估，而对于土壤侵蚀过程，初期植被和衰老植被的水土保持作用相差不大（冯强和赵文武，2014）。因此，C 因子与 NDVI 之间的回归方程效果不好（de Asis and Omasa，2007）。增强型植被指数（EVI）提高了对高生物量区植被的敏感度，同时通过削弱冠层背景信号和降低大气影响，改善了对植被的监测。垂直植被指数（PVI）与转换型土壤调整指数（TSAVI）能够消除土壤表面背景噪声的影响，增强植被信息（Richardson and Wiegand，1977）。NDVI、PVI、TSAVI、EVI 具有各自的特点，可以根据研究区的植被状况选择合适的植被指数进行 C 因子估算。

表 9-6　以往研究中植被覆盖与管理因子（C）与遥感指数关系方程验证

文献来源	前人的关系方程		基于安塞实测数据的验证（$N=25$）		
	遥感数据源	C 因子与遥感信息关系方程	R	RMSE	M_E
Yoshino 和 Ishioka（2005）	Landsat-7 ETM+	$C=1.005e^{-0.426(PVI+0.012)}$	0.25	0.87	-54.01
Kefi 等（2012）	MODIS	$C=e^{-7.291EVI}$	0.23	0.12	-0.07
Kefi 等（2011）	Landsat TM ETM+	1999 年：$C=1.012e^{-6.296TSAVI}$	0.26	0.13	-0.21
		2005 年：$C=1.002e^{-4.309TSAVI}$	0.30	0.15	-0.62
		2007 年：$C=1.013e^{-4.925TSAVI}$	0.28	0.14	-0.40
Suriyaprasita 和 Shrestha（2008）	Landsat TM	$C=0.227e^{-7.337NDVI}$	0.28	0.15	-0.54
de Jong（1994）	Landsat TM	$NDVI=-48.01C+159.75$	—	—	—
de Asis 和 Omasa（2007）	Landsat ETM+	$NDVI=0.4488C^{-0.0469}$	0.09	0.43	-12.87
Warren 等（2005）	Landsat TM	$C=0.002b_2-0.043$	—	—	—

续表

文献来源	前人的关系方程		基于安塞实测数据的验证（N=25）		
	遥感数据源	C 因子与遥感信息关系方程	R	RMSE	M_E
Wang 等（2002）	Landsat TM	线性回归模型： $C=-0.1249+0.0051b_1-0.0024b_2-0.0028b_3$ $-0.0014b_4-0.0011b_5+0.0036b_7$	—	—	—
		对数线性回归模型： $\lg C=-8.7998+0.1324b_1-0.1310b_2-0.0595b_3$ $-0.0127b_4+0.0039b_5+0.0543b_7$	0.00	0.15	-0.63

注：$b_1 \sim b_7$：TM 影像波段 1~7 反射率；—：估计值超出正常范围（0~1）。

利用安塞集水区 C 因子实测数据对以往模型进行验证，由表 9-6 可知，纳西系数均小于零，说明模型都是无效的。C 因子实测值与估算值相关系数均不显著，RMSE 均大于等于 0.12，最大达到了 0.87，可见 C 因子实测值与估计值差异非常大。尤其是利用 de Jong（1994）和 Warren 等（2005）的关系方程估算的 C 因子值超出了正常范围（0~1）。以上验证结果说明了两个问题：①以往 C 因子估算模型仅利用了绿度植被指数，没有考虑地表枯落物的作用，因此 C 因子估算效果不好；②用遥感方法建立的关系式具有很强的区域局限性，在一个地区可能运用得很好，在其他地区可能完全不适用。

为探究安塞集水区单一植被指数对 C 因子的估算效果，我们构建了单一绿度植被指数或单一衰败植被指数与 C 因子的估算模型，结果见表 9-7。衰败植被指数（NDTI 与 NDSVI）对 C 因子的解释能力均高于绿度植被指数（NDVI、PVI、TSAVI 与 EVI），其中 NDSVI 的解释能力最高（$R^2=0.59$）。模型验证结果表明，通过绿度植被指数构建的 C 因子估算模型均是无效的（纳西系数均小于零），仅通过 NDTI 构建的模型同样无效。通过 NDSVI 估算的 C 因子值与实测值具有最大的相关系数、最小的均方根误差、最大的纳西系数。尽管纳西系数仅仅为 0.30，模型不是很理想，但可以接受。以上结果说明，仅通过绿度植被指数只能反映有限的 C 因子信息，需要考虑在 C 因子估算模型中引入衰败植被指数。

结合表 9-2 可知，绿度指数与衰败指数相结合能够提高 C 因子的估算能力，C 因子对地表枯落物的敏感性高于植被绿色部分，证明了引入衰败植被指数的必要性。通过多种植被指数构建的模型在中国黄土高原地区具有一定意义，但是在其他地区应用效果如何尚需验证。本研究的思想方法是 C 因子估算的一个进步，可以指导其他地区构建适用当地的关系方程。但是，本研究利用冬季影像提取衰败植被指数的方法在常绿林区不适用。

表 9-7 *C* 因子与单一植被指数关系方程构建与验证

单一植被指数	模型构建 （*N*=152）				模型验证 （*N*=25）	
	关系方程	R^2	*p* 值	*R*	RMSE	M_E
绿度植被指数	$C=7.26e^{-10.315\text{NDVI}}$	0.42	<0.001	0.26	0.13	−0.24
	$C=1.553e^{-10.642\text{EVI}}$	0.36	<0.001	0.20	0.13	−0.25
	$C=0.320e^{-26.364\text{PVI}}$	0.29	<0.001	0.13	0.14	−0.34
	$C=0.593e^{-7.048\text{TSAVI}}$	0.38	<0.001	0.25	0.13	−0.23
衰败植被指数	$C=-0.364-0.509\ln(\text{NDSVI})$	0.59	<0.001	0.63**	0.10	0.30
	$C=3.713e^{-53.707\text{NDTI}}$	0.51	<0.001	0.26	0.19	−1.67

＊＊表示相关性达到极显著水平（*p*<0.01）。

此外，多种植被指数对 *C* 因子的解释能力仍然不高，线性模型与非线性模型分别仅为 57%与 62%，这也说明了普通光学遥感数据的不足。作物残茬光谱在接近 2100nm 具有明显吸收特征，基于高光谱数据的纤维素吸收指数 CAI 与作物残茬覆盖度线性相关（Daughtry and Hunt，2008）。微波数据也可以反映枯落物覆盖（McNairn et al.，2002）。将衰败植被指数、高光谱数据和微波数据应用于大尺度 *C* 因子估算有望能更合理地反映枯枝落叶层的减蚀作用，但目前还未见此类报道。

9.1.4 土壤与气象因子估算

9.1.4.1 土壤因子估算

对环境因子与土壤粒径、有机质含量进行逐步回归分析，建立土壤粒径、有机质含量与环境因子的关系方程（表 9-8）。土壤粉粒含量、砂粒含量、有机质含量与环境因子回归方程显著，而黏粒含量与环境因子的回归方程不显著，最终黏粒含量分布图通过粉粒含量与砂粒含量计算获得。通过回归方程的标准化回归系数可知，粉粒含量与砂粒含量主要受海拔与坡度影响，但影响方向相反，这符合安塞集水区粉粒含量的分布特点。土壤有机质含量主要受植被盖度与坡度控制，植被盖度越高，坡度越小，土壤有机质含量越高，这是植被的保土保肥与坡地土壤侵蚀共同作用的结果。最终，在 ArcGIS 平台，通过表 9-8 中公式得到安塞集水区土壤粒径与有机质含量空间分布图。

由图 9-10 可知，土壤可蚀性表现为东南低而西北高的趋势，山谷处易于有机质积累，黏粒含量高，因此土壤可蚀性低。而高海拔山顶处植被覆盖条件差，不利于有机质积累，土壤砂粒含量高，因此土壤可蚀性高。土壤有效含水量的分布趋势与土壤可蚀性不同，原因是土壤有机质与黏粒含量有利于提高田间持水能力，从而提高土壤有效含水量。

表9-8　土壤属性与环境因子的回归方程

	回归方程	决定系数 R^2	显著性
非标准化回归系数	Silt=88.209-0.023Alt+0.745Vec+0.069SloG-0.001Asp -0.282Cos-1.625Sin-0.045Pou-0.038Pin	0.23	<0.001
标准化回归系数	Silt=-0.401Alt+0.040Vec+0.160SloG-0.023Asp -0.019Cos-0.125Sin-0.011Pou-0.007Pin		
非标准化回归系数	Sand=4.252+0.025Alt-0.957Vec-0.070SloG+0.001Asp +0.532Cos+1.751Sin+0.126Pou+0.097Pin	0.22	<0.001
标准化回归系数	Sand=0.395Alt-0.047Vec-0.149SloG+0.010Asp +0.033Cos+0.122Sin+0.028Pou+0.015Pin		
非标准化回归系数	OM=15.389-0.006Alt+8.013Vec-0.080SloG-0.006Asp -0.326Cos-0.569Sin-0.465Pou-0.453Pin	0.22	<0.001
标准化回归系数	OM=-0.104Alt+0.439Vec-0.189SloG-0.101Asp -0.022Cos-0.044Sin-0.116Pou-0.080Pin		

注：Silt 为粉粒含量（%）；Sand 为砂粒含量（%）；OM 为土壤有机质含量（g/kg）；Vec 为植被盖度（%）；SloG 为坡度；Alt 为海拔；Asp 为坡向；Cos 与 Sin 分别为坡向余弦与正弦值；Pou 与 Pin 分别表示剖面曲率与平面曲率。

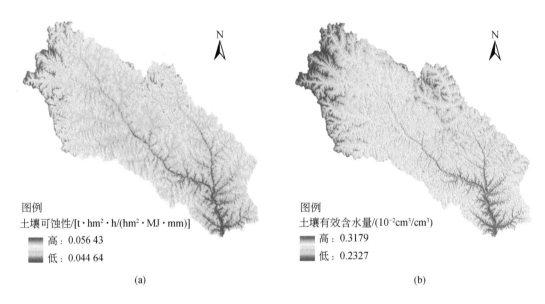

图例
土壤可蚀性/[t·hm²·h/(hm²·MJ·mm)]
■ 高：0.056 43
■ 低：0.044 64

(a)

图例
土壤有效含水量/(10⁻²cm³/cm³)
■ 高：0.3179
■ 低：0.2327

(b)

图9-10　安塞集水区土壤可蚀性与土壤有效含水量空间分布

9.1.4.2　气象因子估算

由图9-11可知，2014年降雨侵蚀力远远大于2000年，两年均表现为从南到北逐渐降低的趋势。由图 9-12 可知，2000 年潜在蒸散发表现为从西南到东北逐渐增加的趋势，但空间差异不大，最大差异仅为 14.02mm。2014 年潜在蒸散发表现为从东南到西北逐渐增加的趋势，空间差异小于等于 37.52mm。2000 年与 2014 年潜在蒸散发差异不大。

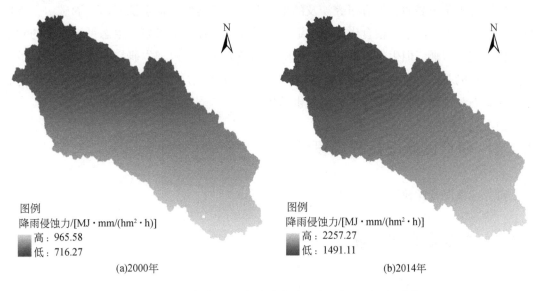

图 9-11 2000 年与 2014 年安塞集水区降雨侵蚀力空间分布

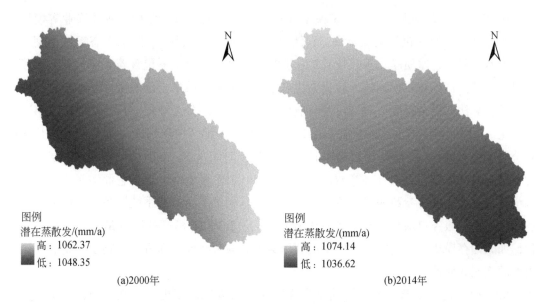

图 9-12 2000 年与 2014 年安塞集水区潜在蒸散发空间分布

9.2 生态系统服务及其环境解释

针对我国黄土高原，已有研究涉及的生态系统服务类型包括水源涵养、固碳、土壤保持、生物多样性、淡水与粮食供给等。退耕还林还草工程实施以来，生态系统服务的时空变化格局相对清晰，但生态系统服务的影响机制还需深入探讨。本研究在模型关键因子与参数本地化的基础上进行土壤保持、产水量与碳储量评估，揭示生态系统服务的影响因素，为生态系统服务关系的深入分析提供基础。

9.2.1 研究区概况及样地设计

研究区概况及样地设计同 4.1.1。

9.2.2 数据获取与分析

9.2.2.1 数据获取与计算

InVEST 模型包括海洋生态系统模型（包括波能发电、海岸保护、海洋渔业等模块）、陆地生态系统模型（包括生境质量、碳储存、土壤保持等模块）、淡水生态系统模型（包括水库水力发电、水质净化等模块）3 个子模型，每个子模型下包含若干子模块，子模块通过一定的生产函数将模型输入转化为生态系统服务的物质量与价值量（李双成，2014）。根据模型算法的复杂程度、时空尺度与应用范围，模型还分为 0 层、1 层、2 层、3 层共 4个层次。0 层模型输出生态系统服务相对值，有利于关键区域识别；1～3 层模型输出生态系统服务绝对值；1 层模型相对简单且较为成熟，时间尺度一般为年；2 层、3 层模型较为复杂，时间尺度为天或月（李双成，2014）。InVEST 模型的优点是它涵盖了大部分生态系统服务类型，模型参数相对简单，易于实现，有利于多项生态系统服务的空间展示，为后续生态系统服务权衡与自然资源管理提供支持。InVEST 模型的缺点是部分模块过于简化，如碳储存模块，只需给出每种土地利用类型的碳密度数据即可，忽略了土地利用类型内部的空间异质性。

InVEST 模型手册指出模型评估结果在子流域或流域尺度更有意义。因此，本研究首先利用 ArcGIS 水文模块将安塞集水区划分为 817 个子流域，最终得到子流域的土壤保持、产水量与碳储量评估结果。

1）土壤保持

本研究土壤保持服务评估采用 InVEST 2.5.6 版本，土壤保持模块（Sediment Retention

Model）以 RUSLE 为基础，土壤保持量为地块本身的土壤流失减少量与地块的泥沙拦截量之和。该模块首先计算潜在土壤流失量，公式如下：

$$S_{e0x} = R_x \cdot K_x \cdot LS_x \tag{9-14}$$

式中，S_{e0x} 为栅格 x 的潜在土壤流失量；R_x 为栅格 x 的降雨侵蚀力因子；K_x 为栅格 x 的土壤可蚀性因子；LS_x 为栅格 x 的坡度坡长因子。

然后，计算实际土壤流失量，公式如下：

$$USLE_x = R_x \cdot K_x \cdot LS_x \cdot C_x \cdot P_x \tag{9-15}$$

式中，$USLE_x$ 为栅格 x 的实际土壤流失量；C_x 是栅格 x 的植被覆盖与管理因子；P_x 为栅格 x 的水土保持措施因子。

土壤流失减少量（A_{dx}）即由潜在土壤流失量（S_{e0x}）减去实际土壤流失量（$USLE_x$）得到：

$$A_{dx} = S_{e0x} - USLE_x = R_x \cdot K_x \cdot LS_x \cdot (1 - C_x \cdot P_x) \tag{9-16}$$

InVEST 模型中土壤保持服务包含两部分：一是因植被覆盖和水土保持措施带来的土壤流失减少量；二是泥沙拦截量，用上坡来沙量与泥沙拦截率乘积表示，公式如下：

$$SEDR_x = SE_x \sum_{y=1}^{x-1} USLE_y \prod_{z=y+1}^{x-1} (1 - SE_z) \tag{9-17}$$

式中，$SEDR_x$ 为栅格 x 的泥沙拦截量；SE_x 为栅格 x 的泥沙拦截率；$USLE_y$ 为上坡栅格 y 产生的泥沙量；SE_z 为上坡栅格 z 的泥沙拦截率。

土壤保持服务（SEC_x）为土壤流失减少量（A_{dx}）与泥沙拦截量（$SEDR_x$）之和，表示为

$$SEC_x = A_{dx} + SEDR_x \tag{9-18}$$

2000 年与 2014 年土地利用数据分别通过 Landsat 5 TM 与 Landsat 8 OLI 遥感影像解译获取，遥感影像通过中国地质调查局网站（http://glovis.usgs.gov/）下载。Landsat 影像空间分辨率为 30m，与本研究的空间范围（1334km²）相对匹配，Landsat 影像免费获取，相关研究成果容易被他人验证与应用。土地利用分为乔木林地、灌木林地、草地、耕地、建设用地、水体六大类型。植被覆盖与管理因子（C 因子）、土壤可蚀性因子（K 因子）、降雨侵蚀力因子（R 因子）本地化方法见本章。水土保持措施因子（P 因子）参考黄土高原文献获得（钟德燕，2012）。DEM 数据在地理空间数据云（http://www.gscloud.cn/）下载。土地利用图、R 因子、K 因子、DEM 等数据分辨率均为 30m。

模型运行过程中，一些参数通过生物物理参数表读取，见表 9-9。

表 9-9　土壤保持模块生物物理参数表

土地利用类型	C 因子	P 因子	拦截率/%
乔木林地	0.0066	0.7	90.6

续表

土地利用类型	C 因子	P 因子	拦截率/%
灌木林地	0.0040	0.7	80.5
草地	0.0420	0.9	64.4
耕地	0.4174	0.5	40.3
建设用地	0.2000	0.0	5.0
水体	0.0000	0.0	0.0

2）产水量

InVEST 模型的产水模块基于水量平衡估算产水量，降水量减去实际蒸散发即为产水量，估算的产水量没有区分地表水、地下水与基流。

$$Y_{xj} = \left(1 - \frac{\mathrm{AET}_{xj}}{P_x}\right)P_x \tag{9-19}$$

式中，Y_{xj} 为栅格单元 x 中土地利用类型 j 的年产水量；AET_{xj} 为栅格单元 x 中土地利用类型 j 的实际蒸散发；P_x 为栅格单元 x 的降水量。

对于乔木林地、灌木林地、草地与耕地，实际蒸散发根据 Zhang 等（2001）基于 Budyko 水热耦合平衡假设提出的算法计算，公式如下：

$$\frac{\mathrm{AET}_{xj}}{P_x} = \frac{1 + \omega_x R_{xj}}{1 + \omega_x R_{xj} + \frac{1}{R_{xj}}} \tag{9-20}$$

$$\omega_x = Z\frac{\mathrm{AWC}_x}{P_x} \tag{9-21}$$

$$R_{xj} = \frac{k_{xj}\mathrm{ET}_0}{P_x} \tag{9-22}$$

式中，ω_x 为自然气候–土壤性质的非物理参数；R_{xj} 为 Bydyko 干燥指数；Z 为 Zhang 系数；AWC_x 为栅格单元 x 的植被可利用水量，通过土壤有效含水量、土壤深度与根系深度计算；k_{xj} 为栅格单元 x 中土地利用类型 j 的植被蒸散系数；ET_0 为潜在蒸散发。

对于水体与建设用地，实际蒸散发直接由潜在蒸散发计算，上限为降水量，公式如下：

$$\mathrm{AET}_{xj} = \min(K_{xj}\mathrm{ET}_0, P_x) \tag{9-23}$$

土地利用图与上述土壤保持模块相同。气象数据来自中国气象数据网（http://data.cma.cn/site/index.html），降水量通过研究区及周边雨量站点年降水量数据克里金插值获得，潜在蒸散量采用 modified-Hargreaves 公式计算（Droogers and Allen, 2002）。土壤深度参考联合国粮食及农业组织的世界土壤数据库，并结合野外调查中，土钻钻取深度进行修正。根系深度根据土地利用类型及物种类型查阅相关文献（包玉斌，2015）获得；土壤有效含水量通过土壤粒径与有机质数据计算（Zhou et al., 2005）。Zhang 系数通过集水区出口实际产水量率定，取 $Z = 5.02$，模型估计值与实测值的相对误差仅为 2.4%。产水模块需要的生物物理参数见表9-10。

表 9-10 产水模块的生物物理参数表

土地利用类型	植被蒸散系数 K	根系深度	植被与否
乔木林地	1.00	3000	1
灌木林地	0.75	2000	1
草地	0.65	500	1
耕地	0.65	400	1
建设用地	0.20	1	0
水体	1.00	1	0

注："植被与否"指：当土地利用类型为植被时，赋值为 1，否则赋值为 0。

3）碳储量

碳储量计算比较简单，总碳储量为生态系统中各部分碳储量之和，公式如下：

$$C_{总} = C_{地上} + C_{地下} + C_{土壤} + C_{枯} \tag{9-24}$$

式中，$C_{总}$ 为总碳储量；$C_{地上}$ 为地上碳储量；$C_{地下}$ 为地下碳储量；$C_{土壤}$ 为土壤碳储量；$C_{枯}$ 为枯落物碳储量。

碳储量模块运行需要土地利用数据与各组分碳储量数据。两期土地利用数据与土壤保持模块相同。乔木林地、灌木林地、草地与耕地各组分碳储量数据来自安塞集水区野外调查，建设用地与水体碳储量参考相关文献（包玉斌，2015）与模型参数库。碳储量参数见表9-11。

表 9-11 不同土地利用类型各组分碳储量 （单位：t/hm^2）

土地利用类型	$C_{地上}$	$C_{地下}$	$C_{土壤}$	$C_{枯}$
乔木林地	23.86	8.95	54.4	2.27
灌木林地	7.07	6.63	29.05	0.47
草地	2.75	4.06	20.05	0.16
耕地	5.80	1.10	15.12	0.00
建设用地	0.00	0.00	10.00	0.00
水体	3.25	0.00	0.00	0.00

注：$C_{地上}$、$C_{地下}$、$C_{土壤}$、$C_{枯}$ 分别表示地上、地下、土壤、枯落物的碳储量。

9.2.2.2 数据统计分析

用 CANOCO 5.0 软件对生态系统服务与环境因子进行 DCA 分析，用来判断数据适合采用哪种排序方法。DCA 排序轴最大梯度长度<3，因此选择采用冗余分析，揭示生态系统服务与环境因子的关系。

9.2.3 生态系统服务时空变异

生态系统服务评估结果在子流域或流域尺度更有意义。将安塞集水区划分为 817 个子流域，2000 年与 2014 年土壤保持、产水量、碳储量评估结果见图 9-13 和图 9-14。

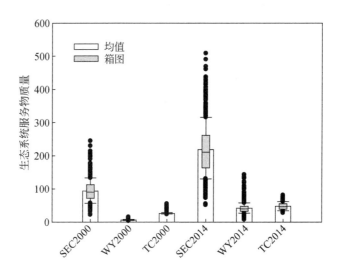

图 9-13 2000 年与 2014 年三项生态系统服务描述性统计

SEC、WY、TC 分别表示土壤保持、产水量、碳储量，单位分别为 t/hm^2、mm、t/hm^2；2000 与 2014 表示年份

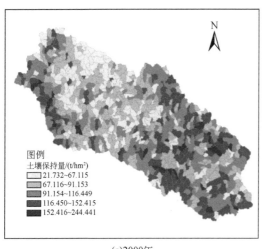

(a)2000年

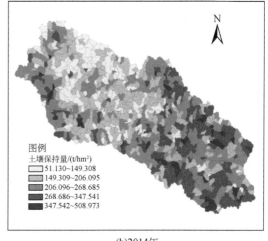

(b)2014年

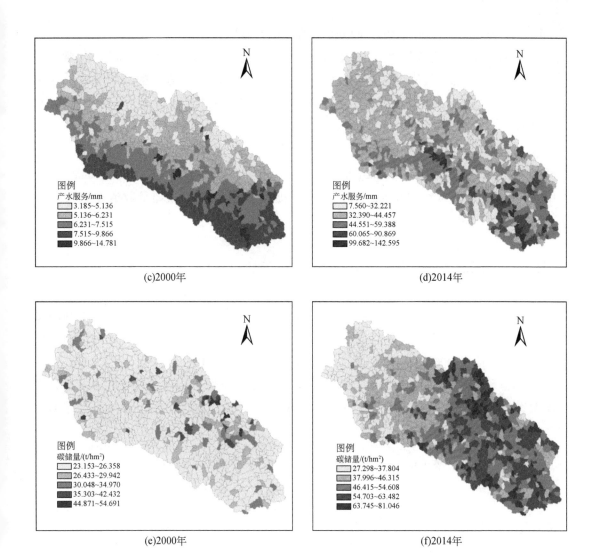

图 9-14　安塞集水区土壤保持、产水量与碳储量时空变化

　　从时间变化来看，2014 年 3 项生态系统服务均高于 2000 年，这与相关研究有所不同（Lv et al.，2012）。一般认为，退耕还林还草工程实施以后，土壤保持与碳储量增加，而产水量降低。本研究产水量增加的原因是 2014 年安塞集水区降水量远远大于 2000 年。为探讨土地利用变化对生态系统服务的影响，本研究专门论述了消除降水量与潜在蒸散发差异后的生态系统服务时间变异。

　　从空间变化来看，两期土壤保持服务空间分布相似，均表现为从东南（下游）到西北（上游）逐渐降低的趋势，但是在集水区上游西侧靠近分水岭附近，土壤保持服务较高。2000 年安塞集水区土壤保持量均值为 93.74t/hm²，数值在 21.732 ~ 244.441t/hm² 波动。2014 年土壤保持量均值为 218.51t/hm²，在 51.130 ~ 508.973t/hm² 波动。土壤保持服务的空间分布与土地利用、降水量的空间分布具有相似的趋势。

2000 年产水量表现为从西南到东北逐渐降低的趋势，这与降水量的空间分布一致。产水量均值为 6.18mm，数值在 3.185 ~ 14.781mm 波动。2014 年产水量的空间分布与 2000 年差异很大，整体上未表现出明显的空间布局。主河道两侧谷底宽阔平坦，多建设用地，降雨仅消耗于蒸发，因此产水量明显高于其他区域。

碳固定与植被类型关系密切，因此两期碳储量空间变异与土地利用分布基本一致。2000 年碳储量较低，均值为 26.05t/hm²，大部分区域碳储量在 23.17 ~ 26.36t/hm² 变化。2014 年碳储量均值为 47.42t/hm²，较 2000 年提高了 82.03%，碳储量数值在 27.298 ~ 81.046t/hm² 变动。

9.2.4　生态系统服务的环境解释

利用 ArcGIS 分区统计功能提取 817 个子流域的环境因子。植被因素包括土地利用比例与植被盖度；土壤因素包括砂粒含量、粉粒含量、黏粒含量、有机质含量；地形因素包括坡度、剖面曲率与平面曲率；气象因素包括降水量与潜在蒸散发。

对生态系统服务与环境因子进行冗余分析，由表 9-12 可知，各排序轴的置换检验均达到显著水平，排序轴 1（横轴）对生态系统服务的解释率为 56.19%，前两个排序轴对生态系统服务的累计解释率为 78.58%。

表 9-12　2000 年生态系统服务与环境因子冗余分析结果

统计值	排序轴 1	排序轴 2	排序轴 3	排序轴 4
特征根	0.5619	0.2239	0.0818	0.1317
对生态系统服务变化的累计解释率/%	56.19	78.58	86.76	99.93
对所有排序轴的统计检验	$p = 0.002$			

2000 年生态系统服务与环境因子的 RDA 排序结果见图 9-15，简单效应与条件效应显著的环境因子见表 9-13。土壤保持服务主要受坡度控制，坡度能够解释 61.3% 的土壤保持变异。其次，土地利用类型、植被盖度与降水量也在一定程度上影响土壤保持功能的发挥，耕地对土壤保持具有负效应，乔灌林地、降水量与植被盖度对土壤保持具有正效应。其他环境因子对土壤保持的影响很小，简单效应均在 1% 及以下。

碳储量主要受植被类型与植被盖度控制。乔木林地比例能够决定 87.4% 的碳储量变异；植被盖度的作用次之，简单效应达到 20%；耕地、灌木林地、草地的简单效应也都在 10% 以上。条件效应只有乔木林地、灌木林地、耕地与草地显著，说明诸多环境因子之间存在较强的交互作用。

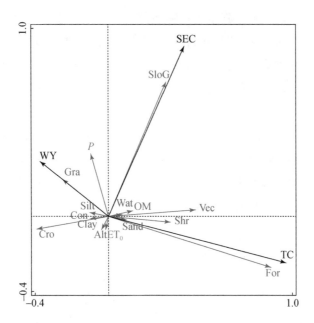

图 9-15　2000 年三项生态系统服务与环境因子 RDA 排序图

SEC：土壤保持；TC：碳储量；WY：产水量；Vec：植被盖度；P：降水量；ET$_0$：潜在蒸散发；Alt：海拔；OM：土壤有机质含量；SloG：坡度；Clay、Silt、Sand 为美国制黏粒含量、粉粒含量、砂粒含量；Cro：耕地比例；Shr：灌木林地比例；For：乔木林地比例；Gra：草地比例；Con：建设用地比例；Wat：水域比例

表 9-13　2000 年环境因子对生态系统服务的简单效应与条件效应　（单位：%）

土壤保持			碳储量			产水量		
环境因子	简单效应	条件效应	环境因子	简单效应	条件效应	环境因子	简单效应	条件效应
坡度	61.3	61.3	乔木林地	87.4	87.4	降水量	61.4	61.4
耕地	5.9		植被盖度	20		建设用地	28.2	20.3
降水量	5.3	0.4	耕地	10.8	<0.1	耕地	22.5	4.7
植被盖度	5.2		灌木林地	10.4	10.5	海拔	12.1	
灌木林地	1.3	0.3	草地	10.3	2	粉粒含量	11.5	
乔木林地	1.2	0.5	坡度	1.5		砂粒含量	11.2	8
海拔	1		降水量	1.3		有机质含量	8.4	<0.1
有机质含量	0.9	0.5	海拔	0.8		黏粒含量	8.3	
草地	0.9		粉粒含量	0.6		乔木林地	5.2	
建设用地	0.6		砂粒含量	0.5		灌木林地	5.1	<0.1
剖面曲率	0.5		潜在蒸散发	0.5		草地	4	4.9
平面曲率	0.5					植被盖度	2.5	
						潜在蒸散发	1.6	<0.1
总计	84.6	63	总计	144.1	99.9	总计	182	99.3

注：表中灰色阴影中的环境因子对生态系统服务具有负效应，表中土地利用类型表示该类型的面积比例。

产水量主要受降水量影响，降水量能够解释 61.4% 的产水量变异。建设用地没有植被耗水，耕地蒸腾耗水作用不强，因而两者对产水量具有很强的正效应。同样原因，草地具有较强的条件效应（正效应）。相反，乔木林地耗水作用强，不利于产水服务。植被盖度对产水量的影响其本质是土地利用类型在起作用，因而植被盖度的条件效应不显著。土壤有机质对产水量具有负效应，这是因为土壤有机质与土地利用类型密切相关，乔木林地、灌木林地土壤有机质往往较高，但植被耗水作用强，导致产水服务降低。海拔的简单效应较大且作用为负，但条件效应却不显著，原因可能是海拔对产水量的作用主要通过土地利用类型体现，建设用地与耕地主要分布于低海拔平坦地段，而林地分布位置相对较高。

条件效应剔除了因子之间的交互效应，因此条件效应之和可以代表环境因子对生态系统服务的总影响。2000 年，环境因子能够解释 63% 的土壤保持变异，99.9% 的碳储量变异与 99.3% 的产水量变异，说明本研究选择的环境因子较为全面，涵盖了大部分环境信息。

由表 9-14 可知，各排序轴的置换检验均达到显著水平，排序轴 1（横轴）对生态系统服务的解释率为 62.41%，前两个排序轴对生态系统服务的累计解释率为 86.89%。

表 9-14　2014 年生态系统服务与环境因子冗余分析结果

统计值	排序轴 1	排序轴 2	排序轴 3	排序轴 4
特征根	0.6241	0.2448	0.059	0.0372
对生态系统服务变化的累计解释率/%	62.41	86.89	92.79	96.51
对所有排序轴的统计检验	$p = 0.002$			

2014 年生态系统服务与环境因子排序结果见图 9-16，简单效应与条件效应显著的环境因子见表 9-15。与 2000 年相似，坡度对土壤保持的控制作用远远超过其他因子，简单效应达到 59.4%。降水量、植被盖度、乔木林地对土壤保持具有正效应，草地具有负效应但简单效应要高于 2000 年。土壤粉粒和有机质含量的提高有利于土壤团聚体的形成，提高土壤抗蚀性，因而有利于土壤保持服务，但其影响力较弱（1% 以下）。

乔木林、草地与植被盖度对碳储量的简单效应均在 50% 以上，对碳储量起着决定作用。土壤有机质、降水量与潜在蒸散发对碳储量的作用次之，简单效应在 30% 以上。土壤黏粒与粉粒有利于土壤养分保蓄，从而有利于植物固碳功能的发挥，而砂粒的作用相反，三者的简单效应也在 18% 以上。海拔对碳储量的影响与土地利用类型的空间分布具有一致性，2014 年安塞集水区土地利用类型从上游（高海拔）到下游（低海拔）表现为从草地向林地的过渡，从而碳储量表现出从低到高的空间变异。

建设用地对产水量的解释能力最强，潜在蒸散发、海拔、降水量的作用次之，再次是耕地与土壤粒径的作用，最后是其他土地利用类型、土壤有机质含量和植被盖度的作用。

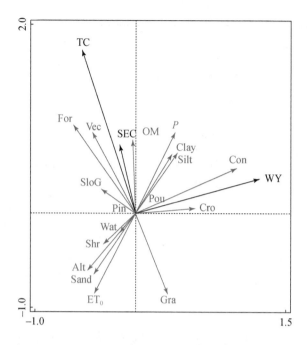

图 9-16　2014 年三项生态系统服务与环境因子 RDA 排序图

SEC：土壤保持；TC：碳储量；WY：产水量；Vec：植被盖度；P：降水量；ET_0：潜在蒸散发；Alt：海拔；OM：土壤有机质含量；SloG：坡度；Pin：平面曲率；Pou：剖面曲率；Clay、Silt、Sand 代表美国制的黏粒含量、粉粒含量、砂粒含量；Cro：耕地比例；Shr：灌木林地比例；For：乔木林地比例；Gra：草地比例；Con：建设用地比例；Wat：水域比例

各环境因子正负效应产生的原因与 2000 年相同。

环境因子总共能够解释 63.8% 的土壤保持变异，91.9% 的碳储量变异与 97.9% 的产水量变异。环境因子对碳储量的简单效应之和高达 408.8%，说明环境因子之间强烈的交互作用。

表 9-15　2014 年环境因子对生态系统服务的简单效应与条件效应　（单位:%）

土壤保持			碳储量			产水量		
环境因子	简单效应	条件效应	环境因子	简单效应	条件效应	环境因子	简单效应	条件效应
坡度	59.4	59.4	乔木林地	86	86	建设用地	44.5	44.5
潜在蒸散发	13.3	4.1	植被盖度	65	1	潜在蒸散发	14.4	<0.1
降水量	13.2		草地	63.5	0.4	海拔	14.3	
耕地	6.2		有机质含量	45.4		降水量	14.1	24.5
植被盖度	5.1		降水量	33	0.1	耕地	12.7	1.8
乔木林地	4.2		潜在蒸散发	32		粉粒含量	12.4	

续表

土壤保持			碳储量			产水量		
草地	1.8		黏粒	19.4		砂粒含量	12.3	0.3
灌木林地	1.3		砂粒	18.7		黏粒含量	10.3	
水域	1.1		粉粒含量	18.5		灌木林地	5.8	15.7
粉粒含量	0.5		海拔	15.1		乔木林地	3.6	11.1
剖面曲率	0.5		灌木林地	4.6	4.3	坡度	2.5	
有机质含量		0.3	坡度	3.5	0.1	水域	1.7	
			建设用地	2.6		有机质含量	1.5	
			水域	1.5		植被盖度	0.9	
						草地		<0.1
总计	106.6	63.8	总计	408.8	91.9	总计	151	97.9

注：表中灰色阴影中的环境因子对生态系统服务具有负效应，表中土地利用类型表示该类型的面积比例。

9.3 生态系统服务权衡及其影响因素

针对我国黄土高原，已有研究多侧重于生态系统服务关系的定性识别，权衡的定量化研究相对较少，生态系统服务权衡的影响机制并不清楚（如权衡强度对土地利用、降雨等因素的变化如何响应），生态系统服务调控尚缺少科学依据。厘清生态系统服务权衡的时空变化及驱动机制能够为黄土高原生态屏障建设提供理论支撑。集水区是当地政府容易操作的空间尺度，有利于相关政策的落实与跟踪。本节选择安塞集水区，在生态系统服务科学评估的基础上，识别生态系统服务关系，分析生态系统服务权衡强度的空间差异，揭示权衡的主控因素，探索权衡对环境因子响应的临界值，提出基于生态系统服务权衡的调控建议。

9.3.1 研究区概况及样地设计

研究区概况及样地设计同4.1.1。

9.3.2 数据获取与分析

9.3.2.1 数据获取与计算

1）生态系统服务替代度

借鉴土地利用动态度的研究思路，本研究提出生态系统服务替代度，即一定时期内某生态系统服务单位减少量引起的另一生态系统服务的增量。Zheng 等（2016）也将其作为一种生态系统服务权衡指标，公式如下：

$$TI = \frac{ES_{A(T+\Delta T)} - ES_{A(T)}}{ES_{B(T)} - ES_{B(T+\Delta T)}} \quad (9-25)$$

式中，TI 为生态系统服务替代度；随着时间从 T 到 $T+\Delta T$，生态系统服务 A（ES_A）增加，而生态系统服务 B（ES_B）降低。因此，TI 表示了 ES_B 的单位降低量带来多少 ES_A 的增加。

本研究的三项生态系统服务，从 2000～2014 年，土地利用变化（消除气候差异）引起产水服务降低，但是碳储量与土壤保持量增加，因此计算单位产水量降低带来的碳储量与土壤保持量的增量。

2）生态系统服务权衡强度

生态系统服务权衡强度的计算方法同 5.4.2。

9.3.2.2　数据统计分析

通过 ArcGIS 分区统计提取 817 个子流域的环境因子数据，包括不同土地利用类型面积比例、植被盖度、土壤粒径与有机质含量、平均坡度、降雨等。景观格局指数通过 Fragstats 3.3 软件计算。根据本研究典型生态系统服务与黄土丘陵沟壑区梁峁起伏、地形复杂、植被破碎的特点，选取 14 个景观格局指数。类型水平上包括斑块占景观面积比例（PLAD）、斑块密度（PD）、最大斑块占景观面积比例（LPI）、斑块平均面积（ARA）、周长面积比（PARA）、邻近度指数（CONTIG）、相似毗邻百分比（PLADJ）、景观凝结度指数（COHESION）、景观分割度（DIVISION）、聚集度指数（AI）；景观水平上包括景观丰富度（PR）、香农多样性指数（SHDI）、香农均匀度指数（SHEI）、聚集度指数（AI_{land}）。通过相关分析进行生态系统服务权衡或协同关系的识别，进一步通过冗余分析（DCA 排序轴梯度长度均小于 3）探索生态系统服务权衡与环境因子关系。最后，通过回归分析研究生态系统服务权衡与某一环境因子关系，探索权衡强度对环境因子响应的临界点。

9.3.3　生态系统服务权衡识别与量化

由表 9-16 可知，2000 年产水量与碳储量显著负相关，土壤保持与碳储量显著正相关，产水量与土壤保持的相关系数接近于零（表 9-16 中 0.00 为四舍五入后结果），说明两者之间无相关性。2014 年产水量与土壤保持、碳储量显著负相关，土壤保持与碳储量显著正相关。可见，产水量与土壤保持、碳储量之间为权衡关系，土壤保持与碳储量之间为协同关系，这与前人研究结果相同（Zheng et al.，2016；Feng et al.，2018）。但是，产水量与土壤保持之间相关系数仅为-0.10,相关系数过低,原因可能是产水量与土壤保持均受气象条件如降雨的控制(降雨对两项生态系统服务均为正效应)。降水量表现为从上游到下游逐渐增加的趋势,会使两项生态系统服务也倾向于这种趋势,加之土地利用等其他环境因子的共同作用,削弱了土壤保持与产水量间的负相关性。

表 9-16　安塞集水区 3 项生态系统服务之间 Pearson 相关系数

生态系统服务	WY2000	SEC2000	TC2000	WY2014	SEC2014	TC2014
WY2000	1	0.00	-0.33**			
SEC2000	0.00	1	0.18**			
TC2000	-0.33**	0.18**	1			
WY2014				1	-0.10**	-0.24**
SEC2014				-0.10**	1	0.28**
TC2014				-0.24**	0.28**	1

注:$N=817$;WY,产水服务;SEC,土壤保持服务;TC,碳储量;2000 与 2014 代表年份。

**代表相关性在 0.01 水平显著。

　　为进一步分析三类生态系统服务在上中下游之间的关系,本研究对安塞集水区进行了上中下游划分,见图 9-17。上中下游三项生态系统服务之间关系见表 9-17。

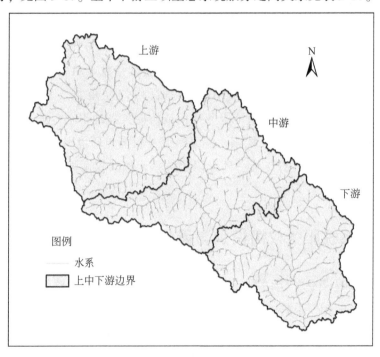

图 9-17　安塞集水区上中下游示意图

表 9-17 安塞集水区上中下游 3 项生态系统服务之间 Pearson 相关系数

安塞集水区	生态系统服务	WY2000	SEC2000	TC2000	WY2014	SEC2014	TC2014
上游 $N=314$	WY2000	1	0.20 **	-0.38 **			
	SEC2000	0.20 **	1	0.24 **			
	TC2000	-0.38 **	0.24 **	1			
	WY2014				1	0.04	-0.42 **
	SEC2014				0.04	1	-0.13 *
	TC2014				-0.42 **	-0.13 *	1
中游 $N=272$	WY2000	1	-0.19 **	-0.33 **			
	SEC2000	-0.19 **	1	0.17 **			
	TC2000	-0.33 **	0.17 **	1			
	WY2014				1	-0.23 **	-0.63 **
	SEC2014				-0.23 **	1	0.24 **
	TC2014				-0.63 **	0.24 **	1
下游 $N=231$	WY2000	1	-0.26 **	-0.39 **			
	SEC2000	-0.26 **	1	0.19 **			
	TC2000	-0.39 **	0.19 **	1			
	WY2014				1	-0.36 **	-0.55 **
	SEC2014				-0.36 **	1	0.24 **
	TC2014				-0.55 **	0.24 **	1

注：WY，产水服务；SEC，土壤保持服务；TC，碳储量；2000 与 2014 代表年份。

* 代表相关性在 0.05 水平显著；** 代表相关性在 0.01 水平显著。

安塞集水区中游和下游产水量与土壤保持、碳储量显著负相关，土壤保持与碳储量显著正相关，与前人研究相同。但是，2000 年上游产水量与土壤保持显著正相关，2014 年上游产水量与土壤保持无相关性（相关系数接近于零），说明上游受气象条件影响强烈，生态系统服务的空间差异主要由气象条件控制。

对生态系统服务进行标准化后绘制散点图，反映生态系统服务间关系（图 9-18）。对安塞集水区整体来说，2000 年产水量与土壤保持数据点在 1∶1 线两侧分布相对均衡，说明倾向于土壤保持服务与倾向于产水服务的小流域数量大致相等。产水量与碳储量数据点更倾向于产水服务。2014 年与 2000 年不同，大部分小流域倾向于土壤保持服务与碳储量，不利于产水服务。生态系统服务权衡强度表现为产水服务-碳储量权衡>产水服务-土壤保持服务权衡，且 2014 年大于 2010 年。

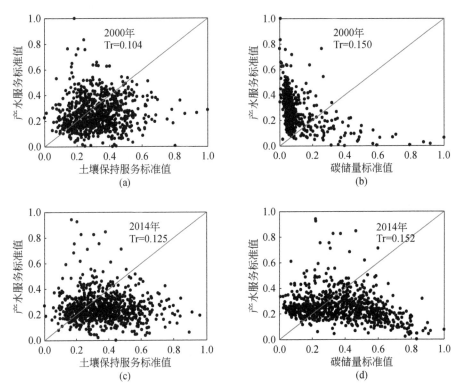

图 9-18　安塞集水区整体生态系统服务权衡情况

Tr 为权衡强度

　　按上中下游分别绘制生态系统服务散点图（图 9-19）。2000 年上游产水量与土壤保持数据点更倾向于土壤保持，而中游和下游无明显倾向；上中下游产水服务–碳储量权衡关系明显，绝大部分小流域有利于产水服务。2014 年生态系统服务倾向性明显，土壤保持服务和碳储量具有优势，这与植被条件改善有关。安塞集水区上游生态系统服务权衡低于中游和下游，这是因为上游植被条件不如中下游，产水与固碳（保土）的冲突没有那么强烈。

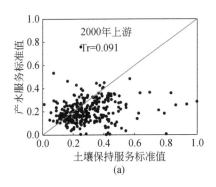

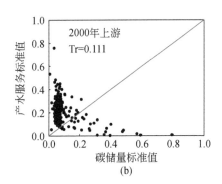

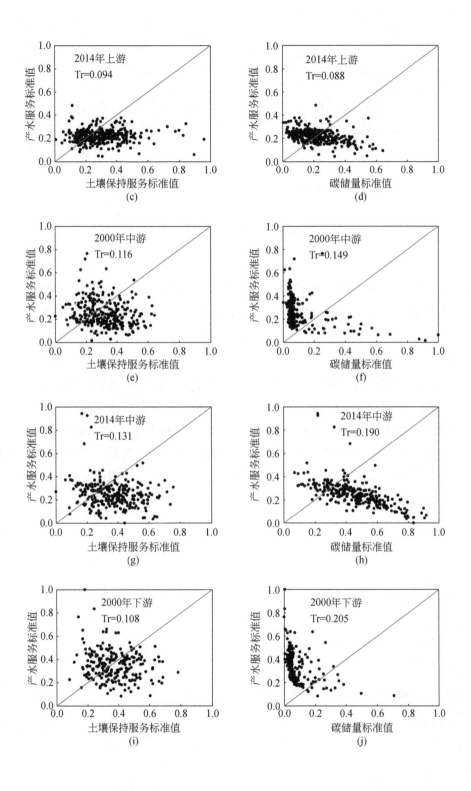

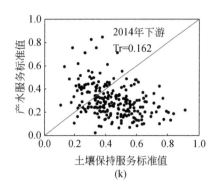 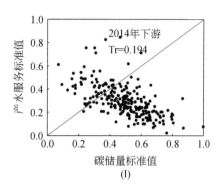

图9-19 安塞集水区上中下游生态系统服务权衡情况

Tr 为权衡强度

生态系统服务权衡强度空间分布见图9-20。2000年土壤保持服务–产水服务权衡高值区位于安塞集水区东北部与西北部边缘，权衡低值区在集水区中北部，呈连片分布。碳储量–产水服务权衡表现出从南到北逐渐减弱的趋势，权衡低值区在集水区北部，呈现大面积连片分布，而高值区在南部沿集水区边缘，呈带状分布。权衡强度的分布格局与产水量、土壤保持、碳储量的空间分布关系密切。土壤保持服务–产水服务权衡高值区为产水服务低值区与土壤保持服务高值区，而碳储量–产水服务权衡高值区为产水服务高值区与碳储量低值区。生态系统服务此消彼长的程度决定了权衡强度。2014年土壤保持服务–产水服务、碳储量–产水服务权衡空间分布相似，权衡强度从东南到西北逐渐降低，到西北部边缘又略有升高。东南部权衡高值区与低值区相互交错，未形成连片分布。中北部权衡

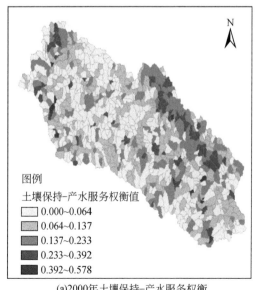

图例
土壤保持–产水服务权衡值
☐ 0.000~0.064
☐ 0.064~0.137
☐ 0.137~0.233
■ 0.233~0.392
■ 0.392~0.578

(a)2000年土壤保持–产水服务权衡

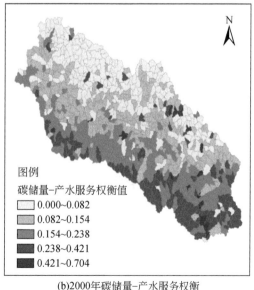

图例
碳储量–产水服务权衡值
☐ 0.000~0.082
☐ 0.082~0.154
☐ 0.154~0.238
■ 0.238~0.421
■ 0.421~0.704

(b)2000年碳储量–产水服务权衡

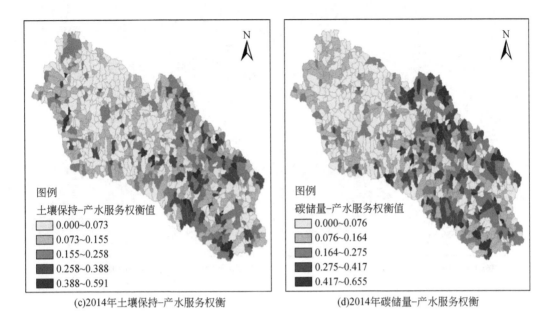

(c)2014年土壤保持–产水服务权衡 (d)2014年碳储量–产水服务权衡

图 9-20　生态系统服务权衡强度空间分布

低值区呈现连片分布。生态系统服务权衡强度与土地利用的空间分布具有一致性，集水区南部乔灌林地比例较高，有利于土壤保持与碳储量的提高，但不利于产水服务。对比生态系统服务及其权衡的高值与低值区，发现权衡强度同样取决于生态系统服务此消彼长的程度。

9.3.4　生态系统服务替代度

由于 2000 年与 2014 年气象条件存在差异，因此用两年的平均气象条件作为模型输入数据，得到平均气象条件下的土壤保持服务与产水服务，以此来研究仅存在土地利用变化时生态系统的时空变异，评估结果见图 9-21。土壤保持服务的空间分布与前述输入各自年份气象数据的模型输出结果相似。而 2000 年的产水量表现为从东南到西北逐渐降低的趋势（前述结果为从西南到东北逐渐降低），2014 年的产水量仍然表现为主河道附近较高，但这种空间分布更为明显。2000 年与 2014 年安塞集水区平均土壤保持量分别为 134.38t/hm² 与 158.28t/hm²，提高了 17.79%，平均产水量分别为 29.77mm 与 18.58mm，降低了 37.59%。2000 年平均碳储量为 26.05t/hm²，2014 年为 47.42t/hm²，提高了 82.03%。由此可见，15 年以来，土壤保持与碳储量的提高以降低产水服务为代价。

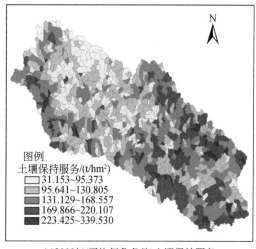

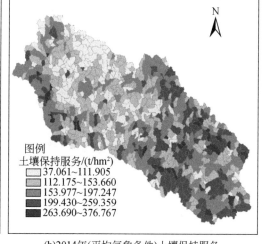

(a)2000年(平均气象条件)土壤保持服务　　　(b)2014年(平均气象条件)土壤保持服务

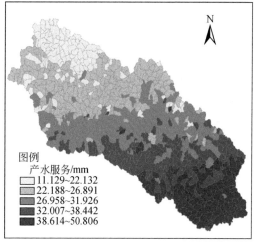

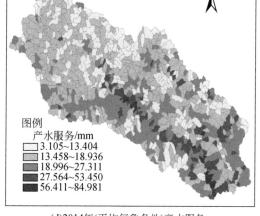

(c)2000年(平均气象条件)产水服务　　　　(d)2014年(平均气象条件)产水服务

图 9-21　平均气象条件下 2000 年和 2014 年两期土壤保持服务与产水服务空间分布

　　两项生态系统服务替代度空间分布见图 9-22，土壤保持服务–产水服务与碳储量–产水服务替代度空间分布相似，替代度的极低值区与极高值区均主要分布于主河道两侧。极低值区替代度为负值（图中颜色最浅部分），意味着随着时间演进，土壤保持服务与产水服务、碳储量与产水服务同时增加或减少，即出现了协同关系。817 个子流域中只有 42 个子流域出现了这种情况，其主要原因是随着建设用地比例增加产水量增加，但土壤保持与碳储量未降低反而也增加（子流域中乔灌林地的少量增加可导致此结果）。替代度的高值区在河道两侧呈零星分布，主要原因是成片的耕地转化为林地、草地与建设用地。林地与草地碳储量相对于耕地大大提高，但林草的减水效应相对于耕地被建设用地的产水效应抵消一部分，从而使这些子流域以较小产水服务降低的代价获得较大碳储量的提高。

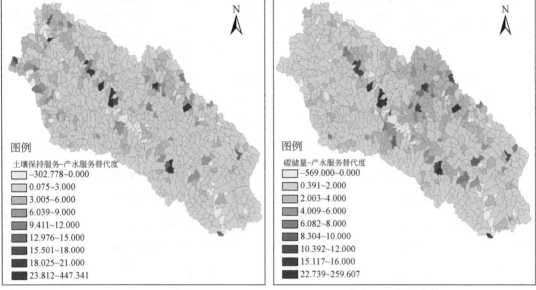

(a)土壤保持服务-产水服务替代度   (b)碳储量-产水服务替代度

图 9-22　两项生态系统服务替代度空间分布

　　为进一步分析生态系统服务替代度的影响机制，去掉 42 个出现协同关系的子流域，同时去掉替代度数值极高的离群点，对替代度与植被盖度和土地利用变化进行相关分析。由表 9-18 可知，土壤保持服务-产水服务替代度与植被盖度和乔木林地变化量显著负相关，植被盖度与乔木林地增加会导致土壤保持服务增加，产水服务降低，但土壤保持服务相对增加量要小于产水服务减少量，也就是说土壤保持服务的增加以更大的产水服务减少为代价。土壤保持服务-产水服务替代度与草地、耕地、建设用地变化量显著正相关。2000~2014 年土地利用变化的实际情况是草地与耕地减少，建设用地增加。草地与耕地的减少量越大，土壤保持服务-产水服务替代度越小，这与植被盖度和乔木林地变化量对土壤保持服务-产水服务替代度的影响具有一致性，即土壤保持增加量要小于产水量减少量。建设用地增加量越大，土壤保持服务-产水服务替代度也越大，说明土壤保持的增加量大于产水量的减少量。

　　碳储量-产水服务替代度与植被盖度和乔木林地变化量显著正相关，说明随着植被盖度与乔木林地增加，碳储量的相对增加量大于产水服务的减少量，这与上述土壤保持服务-产水服务替代度结果相反，碳储量增加以产水量减少为代价的效应在变小。碳储量-产水服务替代度与灌木林地、草地的变化量显著负相关，说明随着研究区灌木林地增加，碳储量的增加量小于产水服务的减少量，即相同耗水代价下碳储量增加较小。建设用地的情况与土壤保持服务–产水服务替代度相同。

表 9-18 生态系统服务替代度与植被盖度、土地利用变化的 Pearson 相关分析

生态系统服务替代度	Δcover	Δforest	Δshrub	Δgrass	Δcrop	Δjianshe	Δwater
SEC/WY	−0.29**	−0.27**	−0.09**	0.23**	0.11**	0.44**	−0.03
TC/WY	0.14**	0.27**	−0.22**	−0.25**	0.06	0.73**	−0.05

注：SEC/WY，土壤保持服务与产水服务替代度；TC/WY，碳储量与产水服务替代度；Δcover、Δforest、Δshrub、Δgrass、Δcrop、Δjianshe、Δwater 分别表示盖度、乔木林地、灌木林地、草地、耕地、建设用地、水体变化量。

**代表相关性在 0.01 水平显著。

植被盖度与乔木林地变化量增加会导致土壤保持服务–产水服务替代度的降低，以及碳储量–产水服务的替代度的增加，其实质是单位产水量的降低带来较少土壤保持服务及较多碳储量的增加。我们希望产水量的降低尽可能地提高其他生态系统服务，并保持各项生态系统服务之间的均衡。但是，植被盖度或土地利用的变化导致土壤保持服务–产水服务与碳储量–产水服务替代程度的非均衡性改变（变化的方向不一致）。回归分析发现两项生态系统服务替代度与植被盖度或土地利用变化呈现出指数函数关系（表 9-19），但函数单调递增或递减的方向相反。也就是说两个指数函数曲线存在交点，交点意味着在此植被盖度增量或土地利用变化量情况下，两项生态系统服务替代度相同，即此时单位产水量减少带来的土壤保持与碳储量的增量相等。回归曲线交点是两项生态系统服务替代度的临界点，该临界点对于协调多项生态系统服务关系具有指导价值，本研究认为在安塞集水区，相对 2000 年，植被盖度增加 29.49%，乔木林地比例增加 24.26%，草地降低 12.08% 能够实现生态系统服务此消彼长关系的"妥协"，实现碳储量与土壤保持服务的同步增加。

表 9-19 SEC/WY 与 TC/WY 替代度与植被盖度或土地利用变化关系

拟合方程	决定系数 R^2	显著性	临界值/%
$SEC/WY=4.920e^{-0.034cover}$	0.29	<0.001	cover=29.49
$TC/WY=1.093e^{0.017cover}$	0.26	<0.001	
$SEC/WY=2.542e^{-0.012forest}$	0.26	<0.001	forest=24.26
$TC/WY=1.420e^{0.012forest}$	0.28	<0.001	
$SEC/WY=2.124e^{0.011grass}$	0.22	<0.001	grass=−12.08
$TC/WY=1.648e^{-0.010grass}$	0.25	<0.001	

注：SEC/WY 与 TC/WY 分别表示土壤保持与产水量、碳储量与产水量替代度；cover，植被盖度（%）；forest，林地比例（%）；grass，草地比例（%）。

9.3.5 生态系统服务权衡与环境因子冗余分析

生态系统服务权衡与环境因子冗余分析结果见表9-20，各排序轴的置换检验均达到显著水平。2000年与2014年排序轴1（横轴）对生态系统服务权衡的解释率分别为44.00%和37.56%，前两个排序轴对生态系统服务权衡的累计解释率分别为57.80%和43.85%。

表9-20 生态系统服务权衡与环境因子冗余分析结果

年份	统计值	排序轴1	排序轴2	排序轴3	排序轴4
2000	特征根	0.4400	0.1380	0.2804	0.1416
	对生态系统服务变化的累计解释率/%	44.00	57.80	85.84	100
	对所有排序轴的统计检验	$p=0.002$			
2014	特征根	0.3756	0.0629	0.3789	0.1826
	对生态系统服务变化的累计解释率/%	37.56	43.85	81.74	100
	对所有排序轴的统计检验	$p=0.002$			

生态系统服务权衡与环境因子冗余分析结果见图9-23与图9-24，环境因子的简单效

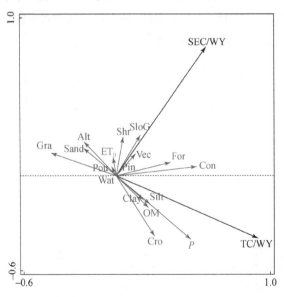

图9-23 2000年生态系统服务权衡与环境因子RDA排序图

SEC/WY：土壤保持服务与产水服务权衡；TC/WY：碳储量与产水服务权衡；Vec：植被盖度；P：降水量；ET_0：潜在蒸散发；Alt：海拔；OM：土壤有机质含量；SloG：坡度；Pin：平面曲率；Pou：剖面曲率；Clay、Silt、Sand代表美国制的黏粒、粉粒、砂粒含量；Cro：耕地比例；Shr：灌木林地比例；For：乔木林地比例；Gra：草地比例；Con：建设用地比例；Wat：水域比例

应与条件效应见表9-21。需要强调的是，本研究扩大了权衡含义，不仅包含生态系统服务此消彼长的反向变化，也包含增加（降低）速率不一致的同向变化。

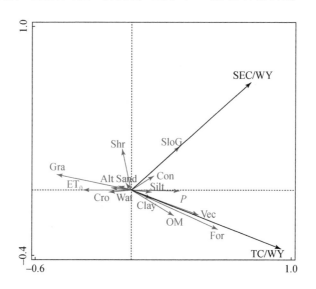

图 9-24　2014 年生态系统服务权衡与环境因子 RDA 排序图

字母含义同图 9-23

表 9-21　环境因子对生态系统服务权衡的简单效应与条件效应　　（单位：%）

年份	土壤保持服务与产水服务权衡			碳储量与产水服务权衡		
	环境因子	简单效应	条件效应	环境因子	简单效应	条件效应
2000	建设用地	12.1	12.1	降水量	36.1	36.1
	坡度	8.9	11.7	建设用地	20.6	15.4
	乔木林地	7.4	6	草地	19.4	
	灌木林地	4.9	4.3	耕地	14.1	4.9
	盖度	3.5		乔木林地	8.3	10
	耕地	2.8		海拔	7.6	
	草地	1.6		粉粒含量	7.4	
	潜在蒸散发	0.7		有机质含量	7.4	
	降水量		1.8	砂粒含量	7.3	
	剖面曲率		0.5	黏粒含量	5.9	
				砂粒含量		6.8
				潜在蒸散发		0.5
	总计	41.9	36.4	总计	134.1	73.7

续表

年份	土壤保持服务与产水服务权衡			碳储量与产水服务权衡		
	环境因子	简单效应	条件效应	环境因子	简单效应	条件效应
2014	坡度	19.9	19.9	乔木林地	42.7	42.7
	草地含量	10.1	10.8	草地	26.9	1.6
	乔木林地	7.7		盖度	24.5	
	降水量	6.2		有机质含量	11.7	
	潜在蒸散发	6.1		降水量	9.9	
	盖度	5.7		潜在蒸散发	9.7	
	建设用地	3.3	2.1	坡度	4.5	0.5
	灌木林地	1.9	0.4	灌木林地	2.5	
	耕地	1.5		黏粒含量	2.3	
	有机质含量	1.2		耕地	1.9	2.5
	粉粒含量	1		砂粒含量	1.8	
	砂粒含量	0.9		粉粒含量	1.8	
	水体	0.8		建设用地	1.3	
	黏粒含量		0.6	水体	1.2	
				海拔	1	1.4
	总计	66.3	33.8	总计	143.7	48.7

注：表中灰色阴影中的环境因子对生态系统服务具有负效应，表中土地利用类型表示该类型的面积比例。

对于 2000 年土壤保持服务与产水服务权衡，建设用地的解释能力最强，但仅有 12.1%，其次为坡度、乔灌木林地、植被盖度，均表现正相关，即引起权衡加剧。结合前述环境因子对各单项生态系统服务的作用可知，建设用地比例增加，产水服务增强，土壤保持服务降低；坡度、乔灌林地与植被盖度增加可导致土壤保持服务增强但产水服务下降，因此两项生态系统服务此消彼长程度加剧，即权衡关系加强。草地能够在一定程度上减弱土壤保持服务与产水服务权衡，这是因为草地对土壤保持与产水服务均有正效应，能够同时提高两项生态系统服务。值得思考的是耕地与草地具有相同的作用，这需要进一步研究。

对于 2000 年碳储量与产水服务权衡，降水量、建设用地、草地的单独效应处于前三位，解释率均在 19% 以上。降水量、建设用地、耕地、粉粒含量与产水量正相关但与碳储量负相关，而乔木林地、土壤有机质含量与碳储量正相关与产水量负相关，因而这些环境因素均导致权衡关系加剧。但是，草地、海拔与砂粒含量会降低碳储量与产水服务权衡强度，这符合草地、海拔、土壤粒径的空间分布特点。草地在高海拔分布较多，土壤砂粒含量高，降水量相对较低，因而碳储量与产水量均较低，属于低水平的作用关系。

对于 2014 年土壤保持服务与产水服务权衡，与 2000 年不同的是建设用地的简单效应从第 1 位降到第 7 位，而草地的作用升至第 2 位。环境因子对生态系统服务权衡的影响机制与前述相同，即环境因子促进两项生态系统服务此消彼长过程，或导致两项生态系统服务增加（降低）的速率不一致。与 2000 年相同，草地比例增加会降低生态系统服务权衡强度。

对于 2014 年碳储量与产水服务权衡，相对于 2000 年，乔木林地、草地、植被盖度的作用跃居前 3 位，降水量与建设用地的作用退至第 5 位与第 13 位，说明 15 年来的退耕还林还草工程使植被因素成为影响生态系统服务权衡的主导因素。草地、灌木林地、耕地，以及砂粒含量有利于生态系统服务权衡强度的降低。

2000 年与 2014 年环境因子对于土壤保持服务与产水服务权衡的总解释率只有 36.4%与 33.8%，远远小于环境因子对单项生态系统服务的解释率。环境因子对碳储量与产水服务权衡的总解释率有所提高，但也只有 73.7%与 48.7%，可见生态系统服务权衡的影响因素更加复杂。对多项生态系统服务产生影响的环境因子可以分为共同驱动因子（shared drivers）与非共同驱动因子（non-shared drivers）。当两项生态系统服务呈现"正共变"（positively covary）时，改变共同驱动因子可以使两项服务同时增加，实现"双赢"；当服务之间呈现"负共变"（negatively covary）时，改变共同驱动因子会加剧权衡关系。例如，海滩的入侵草地作为共同驱动变量，有助于海岸带保护服务，但抑制凤头麦鸡的筑巢（Biel et al.，2017）。对非共同驱动因子的调控可以改变某一生态系统服务而不影响另一生态系统服务，如改变生境质量与控制天敌作为非共同驱动因子，可以提高凤头麦鸡种群数量，但对海岸带防护不产生影响（Biel et al.，2017）。本研究土壤保持服务与产水服务存在"负共变"，建设用地、乔木林地、灌木林地、植被盖度均为共同驱动因子。坡度对于土壤保持服务起主导作用，但对产水服务影响很小或不显著，因此坡度为非共同驱动因子。类似地，碳储量与产水服务的共同驱动因子为耕地、乔木林地、植被盖度，非共同驱动因子为建设用地比例。

9.3.6 生态系统服务权衡对单个环境因子响应关系

为进一步分析各个环境因子对生态系统服务权衡的影响，进行了单个环境因子与权衡强度的回归分析，只选择决定系数在 0.1 以上的回归方程，结果见表 9-22。2000 年，建设用地、乔木林地和灌木林地与土壤保持服务–产水服务权衡回归效果较好，其中建设用地能够解释 69%的权衡变异。从回归系数可知，三种土地利用类型均能够增大权衡强度，建设用地的作用比乔木林地和灌木林地高一个数量级，乔木林地的作用约是灌木林地的 2倍。对于碳储量–产水服务权衡，降水量是一个重要环境变量，降水量增加，产水量增大，而碳储量变化不大，因而权衡强度增加。建设用地的作用同样比草地、耕地与乔木林地高一个数量级，乔木林地的作用是草地与耕地的 2 倍多，但只有草地能够降低权衡强度。

表 9-22　环境因子与生态系统服务权衡的回归分析

年份	回归方程	决定系数 R^2	显著性	临界点
2000	$SEC/WY = 6.10 \times 10^{-2} JS + 4.55 \times 10^{-2}$	0.69	<0.001	
	$SEC/WY = 2.88 \times 10^{-3} slope^2 - 8.93 \times 10^{-2} slope + 7.65 \times 10^{-1}$	0.15	<0.001	15.5°
	$SEC/WY = 5.30 \times 10^{-3} forest + 8.98 \times 10^{-2}$	0.24	<0.001	
	$SEC/WY = 2.59 \times 10^{-3} shrub + 1.15 \times 10^{-1}$	0.12	<0.001	
	$TC/WY = 5.78 \times 10^{-3} P - 1.690$	0.36	<0.001	
	$TC/WY = 5.57 \times 10^{-2} JS + 1.93 \times 10^{-1}$	0.59	<0.001	
	$TC/WY = -4.03 \times 10^{-3} grass + 3.72 \times 10^{-1}$	0.19	<0.001	
	$TC/WY = 4.06 \times 10^{-3} crop - 1.98 \times 10^{-2}$	0.14	<0.001	
	$TC/WY = 9.15 \times 10^{-3} forest + 8.31 \times 10^{-2}$	0.38	<0.001	
2014	$SEC/WY = 4.55 \times 10^{-3} slope^2 - 1.39 \times 10^{-1} slope + 1.128$	0.31	<0.001	15.16°
	$SEC/WY = -1.68 \times 10^{-3} grass + 1.89 \times 10^{-1}$	0.10	<0.001	
	$TC/WY = 1.26 \times 10^{-4} forest^2 - 5.54 \times 10^{-3} forest + 1.32 \times 10^{-1}$	0.62	<0.001	21.98%
	$TC/WY = 8.91 \times 10^{-5} grass^2 - 1.06 \times 10^{-2} grass + 3.91 \times 10^{-1}$	0.36	<0.001	59.48%
	$TC/WY = 5.53 \times 10^{-4} cover^2 - 5.79 \times 10^{-2} cover + 1.583$	0.38	<0.001	52.35%
	$TC/WY = 3.63 \times 10^{-2} OM - 2.08 \times 10^{-1}$	0.12	<0.001	

注：SEC/WY：土壤保持服务与产水服务权衡；TC/WY：碳储量与产水服务权衡；JS、grass、crop、forest、shrub、slope、P、cover 与 OM 分别表示建设用地比例、草地比例、耕地比例、乔木林地比例、灌木林地比例、坡度、降水量、盖度与土壤有机质含量。

2014 年，草地对土壤保持服务–产水服务权衡具有抑制作用。坡度与土壤保持服务–产水服务权衡强度拟合曲线为开口向上的抛物线，说明存在使权衡强度达到最小值的坡度临界点，为 15.16°。当坡度小于 15.16°时，权衡强度随着坡度增加而降低，当坡度大于15.16°时，权衡强度随坡度增加而增加。这与当地植被随坡度的分布有关，坡度越高，林地比例越高，耕地与建设用地越少，土壤保持服务大大增强，但产水量下降，因此权衡加剧。而小于 15°的坡面，平坦地段主要为耕地与建设用地，有利于产水服务但土壤保持作用差，因为权衡强度同样较高，缓坡地段会安排一定比例的草地与乔灌林地，会导致产水量的略微降低但土壤保持服务增加，因而两者权衡关系减弱，到 15.16°权衡强度减弱到最小。碳储量–产水服务权衡与乔木林地、草地、植被盖度拟合曲线均为开口向上的抛物线，存在土地利用比例与植被盖度的临界点（权衡强度最小）。在安塞集水区，对于一个小流域来说，当乔木林地比例小于 21.98% 时，产水量高而碳储量低，增加林地覆盖有利于两项生态系统服务的均衡。当林地比例大于 21.98% 时，生态系统服务关系发生反转，产水量变小而碳储量增加。因此，应控制乔木林地比例在 21.98% 左右。同样，草地比例的临界值为 59.48%。如果仅考虑碳储量与产水量，目前安塞集水区林地比例过高而草地比例过低，未来植被建设应重视草地而不是过于热衷林地。土壤有机质对碳储量–产水服务权衡存在正效应，这与土地利用关系密切，林地往往土壤有机质条件好，碳储量高但产水量低。

9.3.7 生态系统服务权衡与景观格局指数关系

由表 9-23 可知，对于类型水平的格局指数，碳储量–产水服务与土壤保持服务–产水服务权衡对景观格局指数的响应方向一致，因此以下统称为权衡。对于乔木林地来说，斑块占景观面积比例、最大斑块占景观面积比例、斑块平均面积、邻近度指数、相似毗邻百分比、景观凝结度指数、聚集度指数与生态系统服务权衡强度显著正相关，斑块密度、周长面积比、景观分割度与权衡强度显著负相关。对于草地来说，斑块占景观面积比例、最大斑块占景观面积比例、斑块平均面积、邻近度指数、相似毗邻百分比、景观凝结度指数、聚集度指数与生态系统服务权衡强度显著负相关，周长面积比、景观分割度与权衡强度显著正相关。对于建设用地，权衡强度与景观格局指数的正负响应方向与乔木林斑块基本一致。其他土地类型权衡强度与景观格局指数相关性较弱，灌木林地的斑块密度、景观分割度与权衡强度的相关性显著；水体斑块在安塞集水区分布很少，斑块密度与权衡强度出现显著负相关。对于景观水平的格局指数，其与权衡强度的相关性不如类型水平的格局指数，景观丰富度与权衡强度出现显著相关，且相关系数较小。

表 9-23　生态系统服务权衡强度与景观格局指数相关系数

景观格局指数	碳储量–产水服务权衡						土壤保持服务–产水服务权衡					
	11	13	20	30	40	50	11	13	20	30	40	50
PLAD	0.78 **	-0.34 **	-0.72 **	0.08	0.47 **	-0.24	0.58 **	-0.17	-0.56 **	0.00	0.47 **	-0.30 *
PD	-0.36 **	-0.30 **	0.12	0.01	0.20	-0.38 **	-0.47 **	-0.24 *	-0.13	-0.08	0.01	-0.38 **
LPI	0.74 **	-0.27 *	-0.586 **	0.09	0.43 **	-0.09	0.68 **	-0.19	-0.39 **	0.03	0.45 **	-0.11
ARA	0.67 **	-0.18	-0.44 **	0.17	0.40 **	0.14	0.72 **	-0.06	-0.29 **	0.18	0.46 **	0.18
PARA	-0.73 **	0.19	0.62 **	-0.15	-0.32 **	-0.07	-0.67 **	0.07	0.35 **	-0.19	-0.36 **	-0.12
CONTIG	0.74 **	-0.19	-0.63 **	0.15	0.33 **	0.05	0.68 **	-0.07	-0.36 **	0.18	0.36 **	0.10
PLADJ	0.73 **	-0.19	-0.62 **	0.15	0.32 **	0.16	0.67 **	-0.07	-0.35 **	0.19	0.36 **	0.19
COHESION	0.72 **	-0.16	-0.77 **	0.22	0.29 **	0.08	0.55 **	-0.08	-0.54 **	0.21	0.32 **	0.10
DIVISION	-0.73 **	0.26 *	0.48 **	-0.08	-0.44 **	0.08	-0.71 **	0.22 *	0.33 **	-0.00	-0.45 **	0.17
AI	0.72 **	-0.14	-0.61 **	0.06	0.26 *	0.14	0.68 **	0.00	-0.32 **	0.11	0.32 **	0.26
PR	-0.23 *						-0.35 *					
SHDI	-0.16						-0.20					

续表

景观格	碳储量–产水服务权衡						土壤保持服务–产水服务权衡					
局指数	11	13	20	30	40	50	11	13	20	30	40	50
SHEI	−0.05						−0.03					
AI$_{land}$	0.18						0.37 *					

注：类型水平上格局指数包括：斑块占景观面积比例（PLAD）、斑块密度（PD）、最大斑块占景观面积比例（LPI）、斑块平均面积（ARA）、周长面积比（PARA）、邻近度指数（CONTIG）、相似毗邻百分比（PLADJ）、景观凝结度指数（COHESION）、景观分割度（DIVISION）、聚集度指数（AI）；景观水平上格局指数包括：景观丰富度（PR）、香农多样性指数（SHDI）、香农均匀度指数（SHEI）、聚集度指数（AI$_{land}$）；11、13、20、30、40 与 50 分别表示乔木林地比例、灌木林地比例、草地比例、耕地比例、建设用地比例与水域比例。

* 代表相关性在 0.05 水平显著；** 代表相关性在 0.01 水平显著。

相关分析结果说明，不仅土地利用类型的面积比例对生态系统服务权衡存在影响，某种土地利用斑块在空间上的分布状态与格局也是影响权衡的重要因素。为了抑制生态系统服务权衡，可以降低乔木林地比例、缩小乔木林地斑块面积，减少其在空间上的大面积聚集，降低其邻近性，提高其斑块数量与空间复杂性，增加乔木林地边缘比例。这样能够降低乔木林地的耗水作用，增加林地拦截泥沙的边缘，同时也能保证一定的碳储量，有利于多项生态系统服务协调。对于草地的调控与乔木林地相反，可以增加草地比例与斑块面积，提高草地在空间上的聚集性与邻接性，减少草地斑块的破碎化。

9.4 小　结

运用 InVEST 模型对生态系统服务时空变化进行评估，本研究表明 2014 年三项生态系统服务均高于 2000 年，两期土壤保持服务均表现为从东南到西北逐渐降低的趋势。2000年产水量表现为从西南到东北逐渐降低的趋势。碳储量与植被类型关系密切，因此两期碳储量空间变异与土地利用分布基本一致。对于当前（2014 年）土地利用情况，土壤保持服务与产水服务、碳储量与产水服务权衡强度从东南到西北逐渐降低，到西北部边缘又略有升高。土壤保持服务与产水服务权衡的主控因素是坡度和草地。另外，增加草地比例对权衡具有抑制作用。碳储量与产水服务权衡的主控因素是林地与草地比例、植被盖度与土壤有机质含量；权衡强度与乔木林地与草地比例、植被盖度为二次函数关系，乔木林地比例控制在 21.98%，草地比例控制在 59.48%，植被盖度控制在 52.35% 能够实现权衡最小化。不仅土地利用类型比例对生态系统服务权衡存在影响，乔木与草地斑块的景观格局也是影响权衡的重要因素。乔木林景观格局调控方向是增加斑块复杂性与分割度、降低聚集度，这样可以增加林地拦截泥沙的边缘，同时也能保证一定的碳储量，有利于多项生态系统服务协调。草地调控方向则与乔木林地相反，为增加斑块面积，提高聚集度与邻接性，减少草地斑块破碎化。

第四篇

可 持 续 性

第 10 章 面向 SDGs 的黄土高原生态系统服务调控

可持续发展是 21 世纪的重大全球性研究议题，也是世界面临的优先发展事项。2015年，联合国通过了《变革我们的世界：2030 年可持续发展议程》（以下简称《2030 议程》），提出了 17 项可持续发展目标（SDGs）。17 项 SDGs 及其 169 项具体目标（Targets）涉及无贫穷、零饥饿、人口健康、性别平等、优质教育、资源安全、气候变化，以及生态系统保护等多个领域，指出了统筹社会、经济和生态环境三个方面的可持续发展路径。为解决我国发展不均衡、城乡差距大、环境污染等问题，我国根据国情和发展阶段将《2030 议程》与中长期发展战略有机结合，在中国《中华人民共和国国民经济和社会发展第十三个五年规划纲要》、《"健康中国2030"规划纲要》和《"十三五"脱贫攻坚规划》等多项规划中指出要积极落实 2030 年可持续发展议程，探索符合我国国情、符合我国社会经济发展阶段和生态文明建设需求的可持续发展之路（周全等，2019）。

生态系统服务支撑着社会经济发展和生态环境保育，其研究目的是通过合理的自然资源配置和生态系统管理利用，提高人类福祉，进而实现可持续发展。深化生态系统服务的研究，使其从分析时空格局和生态过程走向"可持续性"，首先需要厘清生态系统服务对可持续发展的影响及两者的关联机制。然而现有研究在深化"格局–过程–服务"进展的基础上，尚未有效衔接"生态系统服务"与"可持续性"。尽管有研究根据问卷调查、文本分析等方法初步探索了生态系统服务和可持续发展目标的关联（Geijzendorffer et al.，2017；Wood et al.，2018；Yang et al.，2020），但仍然缺乏生态系统服务与可持续发展动态衔接的机制分析。亟待基于《2030 议程》和 17 项 SDGs，探讨不同区域对生态系统服务需求的空间差异，分析不同类型生态系统服务供给与 SDGs 间的关系，明确实现SDGs 所需要的生态系统服务供给流动机理（Zhao et al.，2018b），建立生态系统服务供给和可持续发展之间的动态链接机制，进而有效支撑生态系统的科学管理，推进 SDGs进程。

黄土高原是我国典型的生态脆弱区、重要的生态安全屏障区。近几十年来，随着退耕还林还草等生态工程的广泛开展，该区域生态系统与社会经济状态发生了深刻的变化。目前，黄土高原生态系统服务综合研究主要关注于区域的社会–生态系统变化及其驱动机制（Wu et al.，2019）、生态系统格局与过程耦合（Feng et al.，2016；Fu et al.，2017；Wang et al.，2021）、退耕还林还草等生态工程的成效与环境效应（Feng X M et al.，2013）、生态系统服务的时空变化与影响因素（Feng et al.，2017，2020；Yang et al.，2019）等。但是关于黄土高原的可持续发展状况还缺乏系统的评估，生态系统服务对可持续发展的影响尚未明晰。因此，本章评估黄土高原 2000～2019 年生态系统服务和可持续发展水平的时空演变特征及其驱动因素，分析黄土高原地区社会、经济和生态环境维度的可持续发展动态变化趋势，探讨生态系统服务对区域可持续发展的影响。对黄土高原生态保护与可持续发展、支撑黄河流域生态保护和高质量发展具有重要科学意义和实践价值。

10.1 黄土高原可持续发展评估

基于 SDGs 指标，本节构建了黄土高原可持续发展评估指标体系，收集了 2000～2019 年黄土高原 44 个市（州）的可持续发展数据。评估了 2000～2019 年黄土高原地区的可持续发展水平，分析了黄土高原可持续发展水平时空动态；探究了不同 SDGs 指标间的相互作用特征，识别社会、经济、生态环境不同类型 SDGs 之间的耦合关系，并分析了黄土高原可持续发展的特征及其驱动机制。

10.1.1 研究区概况

研究区概况同 2.2.1。

10.1.2 数据获取与分析

10.1.2.1 数据来源

数据收集的时间范围为 2000～2019 年，数据收集单位为黄土高原 44 个市（州），以统计年鉴数据为主。由于本研究要求指标数据具有可靠性、普遍适用性及时效性，本研究主要选用黄土高原地区各部门官方的统计资料。优先收集国家和市（州）统计局的官方发布数据，包括国民经济和社会发展统计公报、统计年鉴、生态环境状况公报等；其次选取经济社会普查数据及规划文本中的总结数据，如第六次全国人口普查数据、妇女儿童发展状况监测统计报告等；最后采用各市官方口径的公告、新闻等。

10.1.2.2 数据分析

1）指标归一化及权重设置

A. 指标无量纲化处理

各评价指标受单位及数值大小影响而具有不可公度性，因此，需先进行去除数据量纲的标准化处理，其原理是将数据按比例缩放，使之落入一个小的特定区间，将数据转化为无量纲的纯数值，便于不同单位或量级的指标进行比较和确定权重。指标性质的正负方向表示该指标对黄土高原地区可持续发展的贡献方向，正向指标（"+"）代表数据越大对区域可持续发展的促进作用越强，负向指标（"-"）代表数据越小越有利于区域可持续发展。为了对指标数据进行无量纲处理并使其正负性得以统一，本研究使用极差归一化法，经处理后数据始终在 [0，1]。

$$正向指标：Y_{tn} = \frac{X_{tn} - X_{n,\min}}{X_{n,\max} - X_{n,\min}} \tag{10-1}$$

$$负向指标：Y_{tn} = \frac{X_{n,\max} - X_{tn}}{X_{n,\max} - X_{n,\min}} \tag{10-2}$$

式中，Y_{tn} 为归一化计算后第 t 年的第 n 个指标的数值；$X_{n,\max}$ 和 $X_{n,\min}$ 为第 n 个指标的最大值和最小值。

B. 指标权重

具体指标在总体目标中发挥作用的程度不同，因此需对各指标赋予相应的权重值。确定指标权重常采用主成分分析法、熵值法、变异系数法等客观赋权方法，也有研究采用层次分析法（AHP）、德尔菲法（Delphi）等主观赋权方法。依据《2030 议程》确定 17 项 SDGs 的原则，各项目标所强调社会、经济、生态等方面的发展不可分割，对可持续发展议程具有同等不可忽视的作用。故本研究将 17 项 SDGs 赋予相同的权重。每项 SDGs 下具体指标的数量不同，故按照算术平均等权重的思路，为每项 SDGs 下不同数量的具体指标赋予权重，指标数量越多，则每个单一指标所占的权重越小。

2）可持续发展水平评估模型

可持续发展水平评估模型由指标权重和指标得分共同决定，计算公式如下。

$$c_{ti} = F(x_{nti}) = \sum_{n=1}^{l} w_n x_{nti} \tag{10-3}$$

式中，c_{ti} 为黄土高原第 i 个市级行政区第 t 年的可持续发展指数；$F(x_{nti})$ 为可持续发展函数；l 为指标数量；w_n 为第 n 个指标的权重；x_{nti} 为第 i 个市级行政区第 t 年第 n 个指标数值。

$$c_t = F'(c_{ti}) = 100 \frac{1}{j} \sum_{i=1}^{j} c_{ti} \tag{10-4}$$

式中，c_t 为 t 年黄土高原地区的综合可持续发展指数；$F'(c_{it})$ 为系统综合可持续发展函数；j 为指标个数。

3）空间自相关分析

空间自相关分析是探究地理现象空间分布特征及其空间依赖关系的重要方法。本研究利用空间自相关分析反映黄土高原地区各市（州）可持续发展水平的聚集程度，即地理邻接的市（州）是否具有相似的可持续发展水平。全局莫兰指数（Globe Moran's I）可用于反映空间邻近或邻接区域的属性值在全局层面上的相关程度，其取值范围为 [-1，1]。I >0，表明相似的属性值在空间上聚集，即空间正相关；I<0，表明相异的属性值在空间上聚集，即空间负相关；I=0 则表明属性值在空间单元上随机分布，无空间相关性。全局莫兰指数的计算公式为

$$I = \frac{n \sum\limits_{i} \sum\limits_{j} W_{ij}(X_j - \bar{X})}{[\sum\limits_{i} \sum\limits_{j} W_{ij}(X_j - \bar{X})]^2} \tag{10-5}$$

式中，I 为全局莫兰指数值；n 为市（州）总数；W_{ij} 为空间权重；X_j 为市（州）i 的指标值，$i \neq j$；$\bar{X}$ 为样本 i 的平均值。

为了探究黄土高原地区可持续发展水平的局部具体分布情况，利用局部莫兰指数（Local Moran's I）进行局部空间自相关性分析，并根据局部莫兰指数 I_1 及其显著性情况绘制 LISA 聚集图。其计算公式为

$$I_1 = \frac{n(y_i - \bar{y}) \sum\limits_{j=1}^{n} W_{ij}(y_j - \bar{y})}{\sum\limits_{i=1}^{n} (y_i - \bar{y})^2} \tag{10-6}$$

式中，n 代表总城市数；y_i 和 y_j 分别表示 i 和 j 城市的可持续发展指标的观测值；$\bar{y}$ 表示各城市的可持续发展的期望值；W_{ij} 为空间权重。

4）区域 SDGs 指标体系构建

依据科学性、易获取性、客观性等原则，本研究基于 17 项 SDGs 选取了包括黄土高原地区 44 个地市（州）的 71 个具体指标（表 10-1）。SDG 1 包括贫困发生率以及与城乡低保及保险等相关的 6 个指标；SDG 2 包括与粮食及农林牧渔产值等相关的 6 个指标；SDG 3 包括涉及医疗卫生和人口伤亡情况等的 7 个指标；SDG 4 包括与优质教育相关的 5 个具体指标；SDG 5 包括与女性权利保障相关的 4 个指标；SDG 6 包括与水资源与环境卫生等相关的 4 个指标；SDG 7 为与能源相关的 3 个指标；SDG 8 包括与经济发展与人口就业等相关的 5 个指标；SDG 9 包括与创新、网络基础设施等相关的 8 个具体指标；SDG 10 包括涉及城乡发展差距的 5 个具体指标；SDG 11 包括涉及城镇化和公共设施等的 3 个指标；SDG 12 包括涉及废物处理、可持续性水资源消耗等的 3 个指标；SDG 13 包括涉及大气环境质量的 4 个指标；SDG 15 包括涉及生态建设的 4 个指标；SDG 16 包括涉及政府信息公开、司法公正的 2 个指标；SDG 17 包括涉及对外经济往来等的 2 个指标。由于黄土高原地区居于内陆，远离海洋，故本研究未考虑 SDG 14（保护和可持续利用海洋和海洋资源以促进可持续发展）。

表 10-1　黄土高原地区可持续发展评估指标体系

SDGs	指标	性质	单位	数据来源
SDG 1：在全世界消除一切形式的贫困	贫困发生率（1.1）	−	%	国民经济和社会发展统计公报
	城市中每万人享受最低生活保障的居民人数（1.2）	−	人	国民经济和社会发展统计公报
	农村中每万人享受最低生活保障的居民人数（1.3）	−	人	国民经济和社会发展统计公报
	失业保险参保率（1.4）	+	%	中国城市统计年鉴、国民经济和社会发展统计公报
	工伤保险参保率（1.5）	+	%	国民经济和社会发展统计公报
	医疗保险参保率（1.6）	+	%	中国城市统计年鉴、国民经济和社会发展统计公报
SDG 2：消除饥饿，实现粮食安全，改善营养状况和促进可持续农业	每万人农林牧渔业增加值（2.1）	+	元	各市（省）统计年鉴
	每万人粮食产量（2.2）	+	t	各市（省）统计年鉴
	每万人有效灌溉面积（2.3）	+	hm²	各市（省）统计年鉴
	每万人农业机械总动力（2.4）	+	kW	各市（省）统计年鉴
	农产品抽检合格率（2.5）	+	%	各市公告、新闻
	平均预期寿命（2.6）	+	年	各市（省）统计年鉴
SDG 3：确保健康的生活方式，促进各年龄段人群的福祉	每万人卫生机构数（3.1）	+	个	各市（省）统计年鉴
	每万人执业医生数（3.2）	+	人	各市统计年鉴、国民经济和社会发展统计公报
	每万人护士数（3.3）	+	人	各市统计年鉴、国民经济和社会发展统计公报
	每万人医疗机构床位数（3.4）	+	张	各市统计年鉴、国民经济和社会发展统计公报
	孕产妇死亡率（3.5）	−	%	妇女儿童发展状况监测统计报告、各市妇幼保健院公布数据
	5 岁以下儿童死亡率（3.6）	−	%	妇女儿童发展状况监测统计报告、各市妇幼保健院公布数据
	每万人交通事故发生数（3.7）	−	件	各市（省）统计年鉴、国民经济和社会发展统计公报

SDGs	指标	性质	单位	数据来源
SDG 4：确保包容和公平的优质教育，让全民终身享有学习机会 4 QUALITY EDUCATION	公共财政教育支出占财政预算支出的比例（4.1）	+	%	中国城市统计年鉴
	成人文盲率（4.2）	−	%	各省人口普查资料
	九年义务教育巩固率（4.3）	+	%	国民经济和社会发展统计公报、"十一五""十二五""十三五"规划完成情况公报
	高中阶段毛入学率（4.4）	+	%	国民经济和社会发展统计公报
	每万人高等教育在校学生数（4.5）	+	人	中国城市统计年鉴
SDG 5：实现性别平等，增强所有妇女和女童的权能 5 GENDER EQUALITY	每万人妇幼保健院数（5.1）	+	个	各市（省）统计年鉴
	生育保险参保率（5.2）	+	%	国民经济和社会发展统计公报
	市级政府领导班子配有女干部的班子比例（5.3）	+	%	"十一五""十二五""十三五"规划完成情况公报
	女童文盲率（5.4）	−	%	各省人口普查资料
SDG 6：为所有人提供水和环境卫生并对其进行可持续管理 6 CLEAN WATER AND SANITATION	城市供水普及率（6.1）	+	%	中国城市建设统计年鉴
	城镇污水处理率（6.2）	+	%	中国城市统计年鉴
	每万人公厕数（6.3）	+	个	中国城市建设统计年鉴
	万元 GDP 水耗（6.4）	−	m^3/万元	各市（省）统计年鉴
SDG 7：确保人人获得负担得起的、可靠和可持续的现代能源 7 AFFORDABLE AND CLEAN ENERGY	燃气普及率（7.1）	+	%	中国城市建设统计年鉴
	每万人天然气用气人数（7.2）	+	人	中国城市建设统计年鉴
	万元 GDP 能耗（7.3）	−	tce/万元	各市统计年鉴
SDG 8：促进持久、包容和可持续经济增长，促进充分的生产性就业和人人获得体面工作 8 DECENT WORK AND ECONOMIC GROWTH	规模以上工业增加值上涨比例（8.1）	+	%	各市统计年鉴
	城镇登记失业率（8.2）	−	%	各市统计年鉴
	人均 GDP 增长率（8.3）	+	%	各市统计年鉴
	全员劳动生产率（8.4）	+	元/人	中国城市统计年鉴
	每万人安全生产事故死亡人数（8.5）	−	人	各市统计年鉴、国民经济和社会发展统计公报

续表

SDGs	指标	性质	单位	数据来源
SDG 9：建造具备抵御灾害能力的基础设施，促进具有包容性的可持续工业化，推动创新	每万人发明专利授权数（9.1）	+	件	中国城市统计年鉴
	互联网接入用户（9.2）	+	户	各市统计年鉴、国民经济和社会发展统计公报
	第二产业生产总值占地区生产总值的比例（市辖区）（9.3）	+	%	中国城市统计年鉴
	第三产业生产总值占地区生产总值的比例（市辖区）（9.4）	+	%	中国城市统计年鉴
	研究与发展（R&D）经费支出占地区生产总值的比例（9.5）	+	%	各市统计年鉴
	国家级科创孵化器数量（9.6）	+	个	中国火炬统计年鉴，并经作者手动筛选
	在孵企业数量（9.7）	+	个	
	毕业企业数量（9.8）	+	个	
SDG 10：减少国家内部和国家之间的不平等	城市人均可支配收入增长率（10.1）	+	%	各市统计年鉴、国民经济和社会发展统计公报
	农村人均可支配收入增长率（10.2）	+	%	各市统计年鉴、国民经济和社会发展统计公报
	工资占 GDP 总额（10.3）	+	%	中国城市统计年鉴
	城镇恩格尔（10.4）	−	%	各市统计年鉴、国民经济和社会发展统计公报
	农村恩格尔（10.5）	−	%	各市统计年鉴、国民经济和社会发展统计公报
SDG 11：建设包容、安全、有抵御灾害能力和可持续的城市和人类住区	人均城市道路面积（11.1）	+	m²	中国城市建设统计年鉴
	城镇化率（11.2）	+	%	各市统计年鉴
	每万人公交车数（11.3）	+	辆	中国城市统计年鉴
SDG 12：采用可持续的消费和生产模式	城市人均日生活用水量（12.1）	−	L	中国城市建设统计年鉴
	生活垃圾无害化处理率（12.2）	+	%	中国城市统计年鉴
	一般工业固废综合利用率（12.3）	+	%	中国城市统计年鉴

续表

SDGs	指标	性质	单位	数据来源
SDG 13：采取紧急行动应对气候变化及其影响 13 CLIMATE ACTION	空气达标天数（13.1）	+	天	各市（省）生态环境状况公报
	PM$_{2.5}$年平均浓度（13.2）	−	mg/m^3	各市（省）生态环境状况公报
	每十万人中受灾人数（13.3）	−	人	各市统计年鉴
	单位 GDP 碳排放（13.4）	−	t/万元	中国城市 CO$_2$ 排放数据集
SDG 15：保护、恢复和促进可持续利用陆地生态系统，可持续管理森林，防治荒漠化，制止和扭转土地退化，遏制生物多样性的丧失 15 LIFE ON LAND	造林面积（15.1）	+	hm^2	各市统计年鉴、国民经济和社会发展统计公报
	建成区绿化覆盖率（15.2）	+	%	各市统计年鉴、中国城市统计年鉴
	人均公园绿地面积（15.3）	+	m^2	中国城市建设年鉴
	森林覆盖率（15.4）	+	%	各市统计年鉴、国民经济和社会发展统计公报
SDG 16：创建和平、包容的社会以促进可持续发展，让所有人都能诉诸司法，在各级建立有效、负责和包容的机构 16 PEACE, JUSTICE AND STRONG INSTITUTIONS	政府主动信息公开数（16.1）	+	条	各市政府信息公开年报
	每万人刑事案件发生数（16.2）	−	件	各市统计年鉴、国民经济和社会发展统计公报
SDG 17：加强执行手段，重振可持续发展全球伙伴关系 17 PARTNERSHIPS FOR THE GOALS	一般公共预算收入占生产总值比例（17.1）	+	%	中国城市统计年鉴
	进出口总额（17.2）	+	万美元	各市统计年鉴、国民经济和社会发展统计公报

参考文献：朱婧等，2018。

10.1.3 黄土高原可持续发展水平的时空趋势

10.1.3.1 黄土高原可持续发展水平的时间趋势

基于黄土高原地区可持续发展评估指标体系，利用可持续发展水平评估模型计算区域可持续发展指数值，并探究其时间演变趋势。

如图 10-1 所示，综合黄土高原地区全域的可持续发展指数发现，2000～2019 年，黄土高原全域可持续发展水平总体呈上升趋势，总体趋势的线性拟合斜率为 0.751（R^2 = 0.7717），总体上升趋势中表现出局部波动。2000～2010 年是黄土高原地区可持续发展水平大幅上升的时期，期间少数年份也经历了明显的波动。2000～2002 年，黄土高原可持续发展指数由 30.11 下降至 25.77；而在 2002～2010 年，黄土高原地区的可持续发展水平逐渐上升，并在 2010 年大幅提高至 39.68。自 2010 年开始，黄土高原地区可持续发展水平趋于平稳，波动幅度减小。2010～2013 年，全域可持续发展水平经历了短时下降，在 2013～2019 年期间，可持续发展水平呈现出先上升再下降的趋势。总体而言，黄土高原地区可持续发展态势总体良好，2000～2010 年和 2011～2019 年两个阶段表现出相似的演变态势，即可持续发展水平指数先大幅提升后趋于平稳。

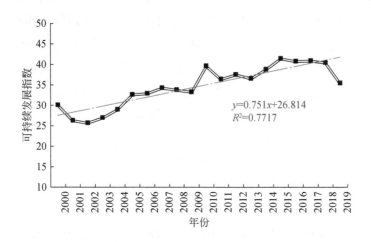

图 10-1　2000～2019 年黄土高原地区可持续发展水平变化趋势

21 世纪初，随着西部大开发战略的实施，黄土高原地区各项社会经济事业取得快速发展。2004 年后，国家制定了强农富农政策，全面取消征收农业税。黄土高原地区作为我国历史悠久的传统农耕区，其农业发展和粮食安全长久影响着区域的经济社会发展。国家在 21 世纪初实行的农业惠农措施对提升黄土高原地区农民收入，缩小城乡居民差距发挥了重要作用。"十一五"期间，为解决区域发展不平衡、城乡差距大的矛盾，国家实施了

"工业反哺农业、城市支持农村"的发展战略,黄土高原地区城乡居民收入差距缩小,城乡居住环境显著改善,医疗卫生条件也不断提升。此外,过去 20 余年来,黄土高原地区也是我国生态修复和水土流失治理的重点区域。为了协调黄土高原地区社会经济发展和生态环境保护,黄土高原陆续开展退耕还林还草等生态建设工程,有效改善产业结构,其经济发展模式整体上减小了对生态环境的破坏。区域发展依托自身生态资源禀赋,通过特色产业培育和加强市场运作,探索出"资源变股权、资金变股金、农民变股民"的路径,黄土高原地区农林牧渔服务业产值在 2010～2017 年增长了 118.50%,生态经济已初见成效。

10.1.3.2　黄土高原可持续发展水平的空间特征

本节探讨了黄土高原地区可持续发展水平的空间分布特征。首先,分别计算 44 个市(州)的 2000～2019 年平均 SDGs 指数值,以分析整体研究时段内区域可持续发展水平的空间分布格局;其次,将 2000～2019 年划分为每五年为一期的四期数据,以探究黄土高原地区在 2000～2004 年、2005～2009 年、2010～2014 年、2015～2019 年四期时间序列上的可持续发展水平的空间演变趋势。计算每期序列的全局莫兰指数,并绘制莫兰散点图,以探究时间序列上的可持续发展水平的空间自相关性和聚集特征。

1)　黄土高原地区可持续发展水平的空间分布格局

黄土高原地区各市(州)20 年的平均 SDGs 指数显示(图 10-2),可持续发展水平在黄土高原存在显著的地区差异,整体上呈现出东部较高、西部较低的空间分布格局,SDGs 指数高值呈零散点状分布。首先,西安、太原、郑州、兰州和鄂尔多斯等市的可持续发展水平较高,SDGs 指数得分在 40 以上。以上城市分别为陕西、山西、河南、甘肃的省会和内蒙古的资源、经济重地,其可持续发展能力远高于周边中小城市,导致黄土高原地区可持续发展水平呈现出"多头独大"的不平衡空间分布格局。SDGs 指数较低的城市主要为海北、海南、海东、黄南,以及定西、忻州等市,其 SDGs 指数介于 28～33 之间,集中于青海、甘肃、山西等省。整体来看,可持续发展水平较低的城市主要在黄土高原中部零散分布,并在黄土高原西部连片分布。

黄土高原地区可持续发展水平的空间分异是自然禀赋、社会经济发展和宏观政策等多种因素作用的结果。其中,地形地貌等自然地理条件对区域生态承载力、产业布局存在重要指示作用。由于黄土高原特殊的生态环境本底条件,地形是驱使区域可持续发展水平产生空间分异的重要因素。在黄土高原丘陵沟壑区和西南部山区,地貌破碎化严重,地形起伏大,导致基础设施建设落后,土地承载能力有限且开发难度大,驱使人口、产业和资本向自然本底条件优越的地区流动;而平原谷地地区土层深厚、资源禀赋较好,吸引了人口的集聚,矿产能源产业在经济发展中占有重要地位,这些地区具有较高的城镇化水平和社会经济可持续发展能力。

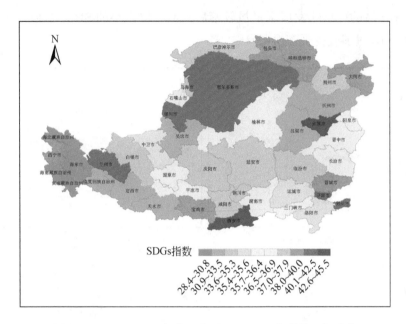

图 10-2　2000～2019 年黄土高原地区 SDGs 指数的空间分布

除了自然本底条件，加剧区域内可持续发展水平空间分异的因素还包括：

（1）黄土高原地区地处我国中西部内陆，大多中小城市交通等基础设施不完善，经济市场化进程迟缓，产业创新发展能力有限，传统的能源化工和农业发展转型发展艰难；而省会城市和资源型城市是区域社会、经济和创新发展的中心，吸引着资本、人才和服务业的聚集，加剧了可持续发展水平空间分布不平衡、大中小城市差距大的局面。

（2）在区域发展战略和传统管理体制下，黄土高原地区的城镇化和工业化主要依赖于能源、矿产资源开发，如鄂尔多斯、大同等市，而其产业链延伸和资源深加工能力有限，对周边城市的带动不足，致使工业反哺农业和城市支持农村的成效不突出。

2）黄土高原地区可持续发展水平的空间演变趋势及聚集特征

A. 黄土高原地区可持续发展水平的空间演变趋势

将 2000～2019 年分为四期，分别计算黄土高原地区五年平均 SDGs 指数，并进行空间可视化，以探究黄土高原可持续发展水平的时空演变趋势。如图 10-3 所示，2000～2019年，黄土高原可持续发展水平在全域范围内稳步提升，SDGs 指数在 2000～2004 年均低于40，而在 2016～2019 年全部达到 36 以上。在黄土高原可持续发展整体向好的趋势下，区域内部发展不平衡问题突出。2000～2004 年区域可持续发展水平差距约为 20，在 2005～2014 年，SDGs 指数差值高达 30，2015～2019 年稍有回落。其中，太原、西安、郑州、兰州等省会城市可持续发展水平相对较高，与周边低可持续发展水平的城市对比明显，呈现出"核心-边缘"的空间分布格局。除了少数省会及资源型城市 SDGs 指数显著高于周边区域外，其余区域的可持续发展水平虽较落后，但相似大小的 SDGs 指数集中连片分布，空间范围内 SDGs 进展较为平衡协调。

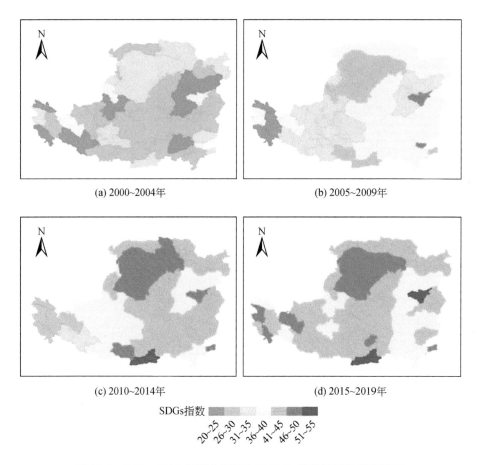

(a) 2000~2004年　　　　　　　　　　(b) 2005~2009年

(c) 2010~2014年　　　　　　　　　　(d) 2015~2019年

SDGs指数　20-25　26-30　31-35　36-40　41-45　46-50　51-55

图 10-3　2000~2019 年黄土高原地区 SDGs 指数的时空演变趋势

由图 10-3 可知：①2000~2004 年，太原、银川、兰州和济源较高，形成四个发展核心，而其邻近的城市，如太原周边的忻州、吕梁和兰州周边的临夏、定西，却呈现出 SDGs 指数低值的聚集分布。②2005~2009 年，黄土高原东部的大片区域具有相对适中的可持续发展水平，西部的连片区域可持续发展水平较低。其中，只有太原和济源仍保持着高可持续发展水平，宁夏的大部分城市 SDGs 指数仍为区域内的低值。可持续发展水平的差距持续拉大。值得注意的是，鄂尔多斯和西安在这一时期表现出可持续发展的积极态势。③2010~2014 年，以西安为首，西安、太原、鄂尔多斯成为区域可持续发展的核心区。东部的大片区域具有较高的可持续发展水平，西部的连片区域可持续发展水平较低，表现出与上一时期相似的空间分布格局。④2015~2019 年，黄土高原地区 SDGs 指数高值区明显增多，以西安和太原为首，西安、太原、鄂尔多斯、兰州、西宁等城市表现出较高的可持续发展水平。宁夏、甘肃的大多城市可持续发展水平明显提升，区域发展差距收缩。

21 世纪以来，黄土高原地区可持续发展最显著的空间特征在于，整体趋势向好但内部发展不平衡问题突出。山西、陕西、内蒙古、河南、宁夏、甘肃、青海七省（自治区）的省会（首府）城市是黄土高原地区可持续发展的重要增长极，在区域发展中的中心性持续增长。尤其是西部大开发战略实施以来，在国家和区域政策的支持下，黄土高原地区省会（首府）城市的社会公共事业和基础设施建设不断完善，产业结构进行了优化调整，鄂尔多斯、大同等资源型城市的环境污染问题受到国家环境部门的严格管控，区域环境质量明显改善，社会经济可持续发展水平显著提升。然而，对周边城市的辐射带动能力不足。在医疗条件和公共卫生事业方面，山西、甘肃和宁夏大多城市低于全区平均水平，其中甘肃的每万人医疗机构床位数仅为 43.68 张；在教育方面，甘肃、青海和宁夏的人均受教育时间低于区域平均年数，其中青海地区的人均受教育年限仅为 6.4 年，为全研究区最低；在住房上，青海地区的人均住房面积不到 20m²，为黄土高原地区最小，且青海、甘肃和宁夏等地区人口抚养的社会压力较大。在我国社会主要矛盾发生转变的趋势下，黄土高原地区中小城市的社会公共事业服务能力和基础设施水平仍然较落后，难以完全满足区域人口日益增长的美好生活需要，就业收入、基础设施、医疗卫生等方面的发展水平需要进一步提升。

B. 黄土高原地区可持续发展水平的空间聚集特征

利用黄土高原地区 SDGs 指数空间位置和属性值的相关性测度不同城市间 SDGs 指数的空间分布模式，分析 SDGs 指数的空间聚集和分散情况。本部分基于四期研究时段，利用全局空间自相关识别 SDGs 指数在整体空间分布上是聚集还是分散，利用局部空间自相关测度 SDGs 指数的空间异质性。

结果显示，2000~2019 年，黄土高原地区 SDGs 指数得分的空间聚集特征呈现出一定的差异。在全局层面上（表 10-2），2005~2004 年、2005~2009 年和 2010~2014 年分阶段的全局莫兰指数，以及 2000~2019 年全时段的全局莫兰指数均接近 0，且 $p>0.1$，表明统计结果不显著，黄土高原地区 SDGs 指数的空间分布不存在相关性，不同市（州）可持续发展水平的空间差距较大。而 2015~2019 年全局莫兰指数为 0.19（$p<0.1$），统计结果较显著，说明黄土高原 SDGs 指数存在空间正相关特征，即 SDGs 高值区周边的地区也具有较高的 SDGs 指数值，SDGs 低值区周边的地区也具有较低的 SDGs 指数值。相比于前三期结果，2015~2019 年黄土高原地区可持续发展水平的差距趋于减小且相似值在空间上聚集。

表 10-2　黄土高原地区 2000~2019 年 SDGs 的全局莫兰指数

时间段	全局莫兰指数	p
2000~2004 年	−0.03	0.443
2005~2009 年	−0.09	0.235
2010~2014 年	0.09	0.125

时间段	全局莫兰指数	p
2015~2019 年	0.19	0.054
2000~2019 年	−0.05	0.362

在局部层面上，计算局部莫兰指数并绘制 LISA 图以观察局部聚集特征（图 10-4）。结果显示，2000~2004 年，黄土高原东北部的朔州呈现出低-低（LL）聚集，大同市呈高-低（HL）聚集。2005~2009 年 SDGs 指数值的空间聚集特征与上一期相似，黄土高原东北部以朔州为核心，呈现出 LL 聚集，以大同和呼和浩特为核心，呈现 HL 聚集。2010~2014 年，黄土高原东北部形成了 HL 和低-高（LH）两种分散值聚集的格局；而在东南部出现了以洛阳市和晋城市为核心的高-高（HH）聚集群；在黄土高原西部的宁夏地区，形成了 HL 和 LL 两种聚集类型。2016~2019 年，黄土高原地区 HH 聚集类型增多，即可持续发展高值区周边的地区也呈现出较高的可持续发展水平，区域东北部以 HH 和 HL 两种聚集类型为主；南部的西安和渭南为 HH 聚集的中心；西部宁夏地区呈现出 LL 聚集和 HL 聚集类型。

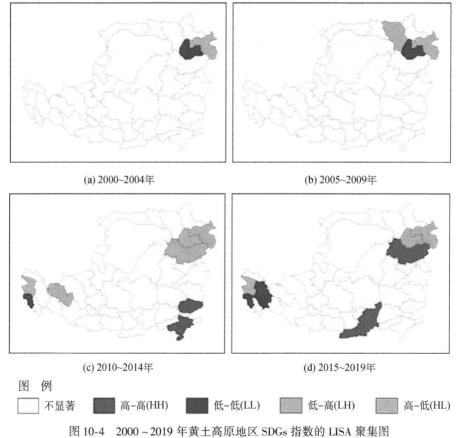

（a）2000~2004 年　　　　　　　　　　（b）2005~2009 年

（c）2010~2014 年　　　　　　　　　　（d）2015~2019 年

图　例

不显著　　高-高(HH)　　低-低(LL)　　低-高(LH)　　高-低(HL)

图 10-4　2000~2019 年黄土高原地区 SDGs 指数的 LISA 聚集图

如图 10-4 所示，从时间趋势上来看，黄土高原地区 SDGs 指数的局部空间聚集趋势逐渐加强，且 HH 聚集类型逐渐出现，说明可持续发展水平较高的城市逐渐增多且集中分布。然而，HL 和 LH 集聚仍在 20 年中占主导，说明黄土高原内部可持续发展水平的差距仍十分突出。从空间位置上看，黄土高原地区 SDGs 指数的局部空间聚集主要集中在东北、东南和西部，分布在太原、郑州、西安、兰州、西宁等可持续发展水平高的城市周边，这进一步说明了大城市强、周边中小城市弱的可持续发展失衡问题。尽管 21 世纪以来黄土高原地区的可持续发展水平呈现快速增长态势。但对区域可持续发展的空间相关性分析显示，黄土高原地区整体存在着显著的高值-低值空间集聚效应，而且这种效应呈增强趋势，表明各区域间的可持续发展水平差异也在逐渐扩大。黄土高原地区可持续发展水平的冷热点分布呈现出典型的"中心-外围"空间分布结构，内蒙古鄂尔多斯、山西太原和陕西西安等地的单组团式极化格局在 2000～2019 年加速形成，而 SDGs 指数空间聚集的冷点区由分散型趋于集中连片分布，集中于黄土高原地区的中部、南部和西北部。

10.1.3.3 黄土高原地区 SDGs 进展及社会-经济-环境可持续发展特征

前文具体讨论了在时空序列上具体讨论黄土高原可持续进展后，本部分具体评估黄土高原地区 16 项 SDGs 的进展并探究 2000～2019 年黄土高原地区社会-经济-环境的耦合发展关系。

2000～2019 年，黄土高原 16 项 SDGs 的进展明显，但各项 SDGs 间的进展差异显著，SDGs 指数大小不均匀分布于 11～77（图 10-5）。进展突出的可持续发展目标为 SDG 13 和 SDG 12，SDGs 指数分别为 77 和 66。SDG 6、SDG 7 的可持续发展指数超过 60，SDG 1 和 SDG 4 等目标的 SDGs 指数大于等于 50，可持续发展状况较好。

长期以来，由于生态本底脆弱、毁林开荒和过度开垦等原因，黄土高原地区水土流失和生态系统退化严重，危及区域人口生计和生产生活，也对国家生态安全造成了不利影响。1999 年，国家对黄土高原地区的经济发展和生态建设提出"退耕还林、封山绿化、以粮代赈、个体承包"的方针，这为新时期黄土高原的经济和生态转型发展指明了方向。退耕还林（草）政策的实施显著提升了区域生态环境质量，黄土高原地区的植被覆盖度由 1999 年的 31.6% 提高至 2013 年的 59.6%，增长幅度超过 88%。人们对黄土高原地区退耕还林后的效益进行了大量研究，结果表明，退耕还林提高了黄土高原地区的植被覆盖度，进而涵养水源，调节了区域气候状况，沙尘暴、大风等极端天气显著减少，有利于遏制气候干旱化的趋势。因而，2000 年以来，黄土高原地区 SDG 13、SDG 6 等目标进展明显。生态建设也推动了区域产业结构和产业布局的调整，改善了大气、水、土壤环境质量，推动了太阳能、天然气等能源工程的建设，促进了 SDG 12、SDG 7 和 SDG 1 等目标的进展。

评估的黄土高原地区 16 项 SDGs 中，SDG 17 的进展较为缓慢、落实成效不突出，其

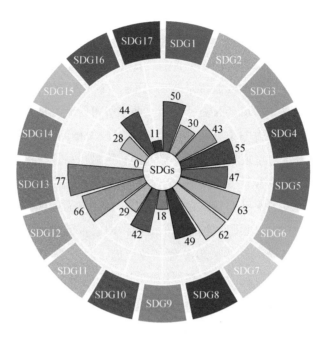

图 10-5　2000～2019 年黄土高原地区 16 项 SDGs 进展得分情况

由于黄土高原地区居于内陆，远离海洋，本研究未考虑 SDG 14

次为 SDG 9。而粮食和农业、城市建设、陆地生物保护、性别平等、健康与福祉等方面的目标（SDG 2、SGD11、SGD15、SGD5、SGD3）进展较为协调，SDGs 指数分布于 30～50（图 10-5）。

　　由于黄土高原深居内陆，区域地形破碎化且地形起伏较大，陆上交通及水运不发达，除了西安、郑州等大省会对外经济往来总量较大以外，黄土高原大多数地区以内部经济联系为主，进出口总额小，故在 SDG 17 等对外经济联系目标上发展程度较弱。SDG 9 进展缓慢的原因在于，黄土高原地区农业现代化进程缓慢，农业经济仍以传统的小农经济为主；且黄土高原地区交通不便，经济市场化程度较低，工业现代化和创新发展水平滞后，传统第一产业和能源化工等资源型产业转型升级慢，现代服务业发展缓慢，致使黄土高原地区在可持续性工业、基础设施和创新方面的可发展水平较低。

　　图 10-6 显示了黄土高原地区各项 SDGs 在 2000～2019 年的时间演变过程，结果显示，16 项 SDGs 中，约 93.8% 的目标进展在 20 年呈上升趋势，可持续发展态势良好。其中，SDG 6、SDG 7 和 SDG 12 可持续发展水平较高且逐年进展最明显，呈阶梯型上升趋势，SDGs 指数由 50 上升至约 70。

　　SDG 1 经过了 2000～2004 的短期调整后，在后续 15 年中保持稳步上升。在国家脱贫攻坚和精准扶贫战略的帮助下，黄土高原贫困山区、旱区的贫困发生率持续下降，大多数地区的贫困发生率在 2019 年下降至 0%。SDG 2、SDG 3 与 SDG 4 在四期研究时段中呈稳步上升趋势，粮食产量、医疗卫生机构和人口素质不断提高，体现出黄土高原地区在推动社会公共事业发展上取得了较大进步。SDG 5 在 2010 年前发展滞缓，而在 2010 年后 SDGs 指数显著提升，表明随着社会观念和国家治理体系的完善，女性在社会事业和政府机构中发挥的作用越来越突出。

SDG 8 的 SDGs 指数在经历了前期的大幅增长后，在 2010 年后增幅缩减，表明能源矿产密集型的工业发展模式和小农经济的农村农业模式的发展能力疲软，黄土高原地区的经济发展和产业结构进入调结构、稳增长的阶段。在 2000～2019 年，SDG 11 和 SDG 15 呈现出稳定且阶梯式上升的可持续发展趋势，表明在生态文明理念的指导下，生态建设和环境治理的成效凸显。

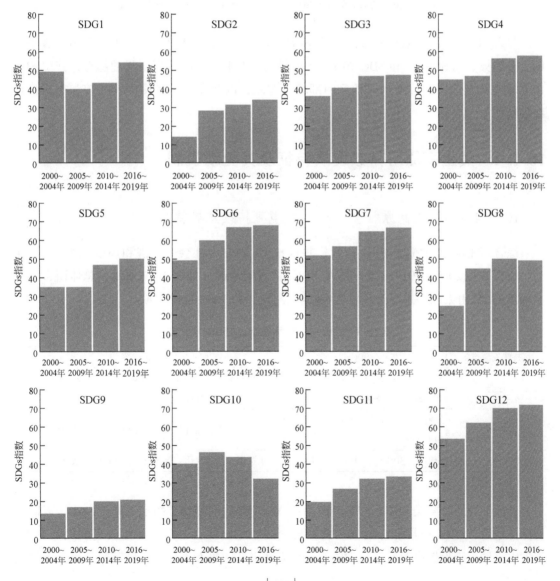

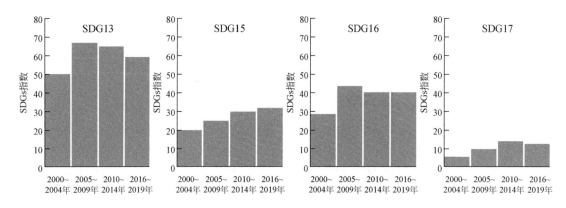

图 10-6 2000~2019 年黄土高原地区 16 项 SDGs 进展的时间演变趋势

尽管 SDG 17 和 SDG 9 的可持续发展指数较低，总体进展落后，但也呈现出积极平稳的上升趋势。而 SDG 13 和 SDG 10 在 20 年间呈早期上升、中后期下降的趋势，其中 SDG 10 的演变趋势表明，黄土高原地区内部城乡差距，以及发展不平衡的问题较为突出且仍在加剧。

10.1.4 黄土高原可持续发展特征及其驱动机制

10.1.4.1 黄土高原社会-经济-环境可持续发展特征

综合黄土高原全域的 SDGs 指数，并将 SDGs 划分为社会、经济和环境三类（表 10-3），以探究在 2000~2019 年不同维度 SDGs 的进展情况。如图 10-7 所示，总体而言，三类 SDGs 指数由大到小排序为环境类 SDGs>经济类 SDGs>社会类 SDGs。

表 10-3 社会-经济-环境维度的 SDGs 分类

可持续发展维度	SDGs	目标内容
社会	SDG 2、SDG 3、SDG 4、SDG 5、SDG 10、SDG 11、SDG 16、SDG 17	粮食安全、健康与福祉、教育、性别平等、地区平等、城市和住区、管理机构、执行手段与国际合作
经济	SDG 1、SDG 7、SDG 8、SDG 9、SDG 12	减贫、能源、经济发展、工业和创新、消费与生产
环境	SDG 6、SDG 13、SDG 14、SDG 15	水资源、气候变化、海洋资源、陆地生态系统

具体而言，社会类 SDGs 进展最小，在 2000~2002 年经历了短期下降，2002 年以后进展保持稳定，SDGs 指数维持在 20~30。黄土高原地区社会公共事业建设进展较为有限，许多中小城市未设置高等院校，大学生在校人数极低。每万人妇幼保健院数、每万人执业

医生数较小, 医疗卫生条件在省会城市较好而在中小城市较为落后。交通、医疗、教育机构, 以及社区便民设施等基础设施建设仍需完善。

经济类 SDGs 的进展在 2000~2019 年呈现出显著上升趋势, 其中在 2007 年出现突然下降, 这可能与 2008 年经济危机下国内外经济发展疲软有关。总体而言, 自西部大开发战略实施以来, 黄土高原地区的产业结构得以优化调整, 经济发展整体大幅上升, 鄂尔多斯等资源型城市依赖于丰富的矿产能源成为区域经济发展重心。

环境类 SDGs 在 20 年经历了大幅上升趋势, 并且在 2001 年和 2005~2019 年, 其进展迅速超过社会类 SDGs 和经济类 SDGs, 这得益于退耕还林(草)、水土保持等生态修复政策和工程的实施, 黄土高原地区的发展中心正在由农业和产业经济发展向生态建设、生态经济和脱贫致富转移。由于本研究的研究时段在 2000 年后, 而黄土高原地区大规模的生态修复亦开始于 2000 年前后, 故在研究期内环境类 SDGs 的进展显著高于社会类 SDGs、经济类 SDGs 的进展。

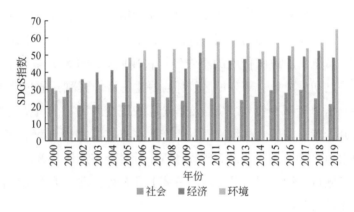

图 10-7　2000~2019 年黄土高原地区社会、经济和环境类 SDGs 落实进展

基于黄土高原地区社会类、经济类和环境类 SDGs 的进展情况, 最为突出的特征是环境类 SDGs 的进展出现迅速大幅上涨, 这与 1999 年开始实施的退耕还林(草)政策有密切关系, 值得注意的是, 经济类 SDGs 也存在明显的进展。对此, 对黄土高原社会-经济-环境可持续发展特征提出以下基本认知。

(1) 黄土高原地区生态本底脆弱, 近年来其社会-经济-生态系统发生了深刻变化。以农业发展为例, 黄土高原地区历史时期的农业发展以毁林开荒、耕种扩张为主; 中华人民共和国成立初期, 大力推进农田水利工程建设与粮食增产。黄土高原地区是我国农业文明的主要历史发源地, 在保障区域乃至国家粮食安全上发挥了重要作用。但因土壤结构疏松、易受侵蚀, 加上毁林开荒、过度垦殖等高强度的人类生产活动, 黄土高原地区水土流失严重, 农业发展面临不可持续的危机, 黄土高原地区成为我国社会-经济-环境发展矛盾最突出的区域之一。改革开放后, 以增产为主的农业发展模式逐步关注农业生态工程和农业可持续性；而在 2000 年后，农业发展逐渐发展为植被恢复与生态治理，得益于国家的生态保护战略、区域产业结构调整，黄土高原地区在 21 世纪以来进入了生态系统大规模修复和重建的阶段。

（2）黄土高原地区生态治理从单一措施转为系统治理，生态治理效益显著。中华人民共和国成立后，黄土高原地区的生态治理以开垦梯田、植树造林为主，生态治理的主要目的在于控制土壤侵蚀、增加粮食产量；而在 20 世纪末以后，黄土高原地区由单一措施转向侧重于生态系统综合治理，将退耕还林还草、治沟造地、山水林田湖综合治理和乡村振兴工程等区域发展战略有机结合。这不仅带来了植被变绿、生产力上升、固碳能力增加、土壤侵蚀量下降、河流产沙量锐减等生态环境效益，还通过生态补偿、优化土地利用结构，以及调整产业结构等配套措施，提高了农民收入，促进了生态环境与社会经济的协同进步。

（3）生态修复助推经济发展，生态经济初见成效。退耕还林还草等生态建设工程直接影响了黄土高原地区土地利用结构，从而倒逼农业种植和产业结构的调整，推动了旱作农业生产效率的提高，以及新品种的应用，进而优化了区域经济结构和土地利用模式。退耕还林政策实施后，黄土高原地区传统的小农经济快速向集约化和产业化农业转变。此外，黄土高原生态经济已初见成效，部分地区依托自身生态资源禀赋，通过特色产业培育和加强市场运作，探索出"资源变股权、资金变股金、农民变股民"的可持续发展路径，区域粮食产量稳步提升，黄土高原农林牧渔服务业产值在 2010~2017 年增长了 118.50%，"绿水青山就是金山银山"的生态文明理念得以体现。社会经济产值显著提高，多种生态经济模式初步显现，区域可持续发展水平表现出整体上升态势，进入了生态保护、农业发展和产业经济协同进步的新阶段。

环境可持续性是社会进步和经济发展的基础，经济可持续性是促进社会经济和生态环境建设的物质保障，社会可持续性是实现人口福祉和社会平等公正的更高层次发展需求，社会、经济和环境维度的共同进步是实现可持续发展的根本。黄土高原地区社会、经济和环境三类 SDGs 的落实进展不平衡问题突出，由大到小排序为环境类 SDGs>经济类 SDGs>社会类 SDGs。环境类 SDGs 在 20 年经历了大幅上升趋势，并且在 2001 年和 2005~2019 年，其进展迅速超过社会类 SDGs 和经济类 SDGs，这得益于退耕还林（草）、水土保持等生态修复政策和工程的实施，黄土高原地区的发展中心正在由农业增收和提升经济总量向生态建设、生态经济和优化产业结构转移。

10.1.4.2 黄土高原可持续发展的空间变化特征

社会经济发展需求和自然资源供给、生态系统服务的匹配耦合存在地域差异性，决定了黄土高原地区可持续发展水平的空间分布格局。在黄土高原全域可持续发展整体向好的趋势下，区域内部发展不平衡问题突出。2000～2019 年区域可持续发展水平差距由 20 升至 30，后回落至 20，SDGs 指数整体上呈现出东中部平原相对较高、西部山区较低的空间分布格局。西安、太原、郑州、兰州和鄂尔多斯等省会城市和资源型城市的可持续发展水平最高，导致 SDGs 指数高值在黄土高原地区呈零散点状分布、呈现出多个"核心-边缘"的不平衡空间分布格局。而海北、海南、海东、黄南，以及定西、忻州等市的 SDGs 指数较低，可持续发展水平较低的城市主要在黄土高原中部零散分布，并在黄土高原西部连片分布。

自然地理环境是塑造可持续发展格局的基础，自然资源禀赋是可持续发展的有力保障。黄土高原地区从东南向西北过渡的环境分布梯度，以及西北高、东南低的地形走向，驱动着社会经济活动的聚集和城镇化格局的演变，进而塑造了可持续发展水平的聚集和分散格局。在全局层面上，2000～2019 年不同时间段的全局莫兰指数先接近 0（$p>0.1$），后为 0.19（$p<0.1$），表明黄土高原地区 SDGs 指数在前期和中期不存在空间相关性，在后期表现出显著的空间正相关，可持续发展水平差距趋于减小且相似值在空间上集聚。在局部层面上，黄土高原地区 SDGs 指数的局部空间聚集趋势逐渐加强，且 HH 聚集类型逐渐出现，说明可持续发展水平较高的城市逐渐增多且集中分布。然而，部分区域呈现 HL 和 LH 集聚特征，说明黄土高原内部大城市强、周边中小城市弱的可持续发展失衡问题仍十分突出。

黄土高原地区可持续发展水平在空间上分布不平衡，西安、太原、郑州、兰州和鄂尔多斯等省会城市和资源型城市为区域可持续发展水平高值区，周边可持续发展水平较低的中小城市形成低值集群，主要呈现出"核心-边缘"、SDGs 指数高值区与低值区交错分布的空间分布模式。而在时间序列上，2000～2019 年黄土高原内部的可持续发展水平差距经历了增大—减小的历程，而地区内 SDGs 指数高值区与低值区的分布未发生显著转移。空间相关性分析结果显示，部分城市的 SDGs 指数值呈 HL 和 LH 空间聚集类型，这体现出黄土高原地区城市和产业经济的空间布局缺乏统筹，不同规模和发展水平的城市之间相对孤立，尚未形成互相支撑和协同发展的整体格局。

黄土高原地区内可持续发展水平的空间分异是区域内不同城市（州）社会-经济-环境不均衡发展的直接体现，反映了不同地区间经济发展水平、社会事业建设和生态环境质量的分化与差距。随着城镇化、人口聚集、利益导向、政策倾向等因素成为区域社会经济发展和生态建设的主要驱动力，区域社会、经济和环境维度的可持续发展差距与鸿沟也反过来制约着区域整体的可持续发展。长期以来，黄土高原地区的可持续发展面临着生态环境脆弱、社会公共事业和基础设施落后与产业结构不合理、创新转型难等困境，其内部发展差距较大。作为我国粮食、能源矿产生产的重点区域，以及全国主体功能区划中的主要生态屏障，实现黄土高原内部可持续且协调的发展对于缓和我国区域发展不平衡不充分的矛盾、促进黄河流域的生态保护和高质量发展具有关键性作用。

10.1.4.3 黄土高原可持续发展的时间演变模式

根据黄土高原地区 2000~2019 年可持续发展水平的时间演变过程，其演化模式可划分为低区蓄势、快速增长、回落调整和平稳增长四个阶段（图 10-8）。

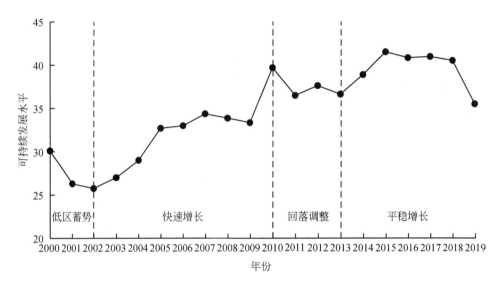

图 10-8 黄土高原可持续发展演化模式

1) 低区蓄势阶段（2000~2002 年）

该阶段黄土高原地区的可持续发展水平呈下降趋势，由 2000 年的 30.11 下降到 2002 年的 25.77。2000 年，国家实施西部大开发战略，在政策和资金的推动下，黄土高原的经济发展迅速。然而，生态环境脆弱、水土流失严重等问题仍然突出，人口文化素质低、贫困人口聚集、发展不平衡、产业结构不合理、城乡差距大、基础设施不完善等问题限制着区域的可持续发展。经济的发展难以带动社会和生态环境的改变，不同维度发展不平衡的问题导致了可持续发展水平的下降，形成发展低谷区，为后续的调整提升提供了空间。

2) 快速增长阶段（2002~2010 年）

该阶段时间跨度最长，可持续发展水平从 2002 年的 25.77 上升到 2010 年的 39.68，提升幅度为 54%，是黄土高原地区可持续发展水平的快速增长阶段。针对黄土高原生态系统退化与水土流失等问题，2002 年退耕还林（草）政策实施，加上水土保持工程、三北防护林工程、淤地坝工程、旱作节水农业项目等生态环境综合治理措施，黄土高原的植被覆盖率显著增加，水土流失得以有效治理，开展农业生产和生态经济的自然条件持续改善，为减贫、减小自然状况制约和推动社会经济可持续发展起到了重要作用。2010 年，黄土高原地区在《全国主体功能区规划》中被确定为全国经济发展、农业生产和生态保护与修复的重点区域。这一阶段，黄土高原地区的社会、经济、环境等不同维度的发展均得到重视和提升，形成了协调可持续的快速发展阶段。

3）回落调整阶段（2010～2013 年）

这一阶段黄土高原的可持续发展水平有所回落，由 2010 年的 39.68 下降至 2013 年的 36.62。这一阶段，国内外社会经济形势低迷，国际经济形势严峻，国内改革发展稳定的任务繁重。人民币贬值，美、欧、日等国家和区域经济疲软，石油等资源波动大，复杂的国内外发展大环境也深刻影响着国内的区域可持续发展。这一时期黄土高原的进出口、国际合作关系也受到宏观经济背景的制约，国内面临调结构、稳增长等发展难题，造成了区域可持续发展水平的短期小幅下降。

4）平稳增长阶段（2014～2019 年）

该阶段黄土高原可持续发展水平趋于平稳，增速放缓，由 2013 年的 36.62 逐步上升并超过 40，又于 2019 年回落至 35.51。由于国家脱贫攻坚、小康社会建设、"一带一路"倡议、多规合一等战略实施，黄土高原地区的社会、经济、人民生活和对外商贸往来都进入了提质增效的阶段。该时期黄土高原地区的贫困发生率持续下降，大多数城市的贫困发生率在 2019 年已降至 0。城市建设、工业化和农业现代化协调发展，基础设施逐渐完善，城乡人口收入不断增长，城镇化处于较高水平，形成了多个国家重点培育的城市群，如关中平原城市群、呼包鄂榆城市群、晋中城市群等，逐渐带动了周边落后地区的发展。

10.2 黄土高原生态系统服务评估与权衡/协同分析

基于样带调查和遥感数据，本节评估并分析了黄土高原地区 2000～2020 年产水量、土壤保持、土壤侵蚀和 NPP 的生态系统服务时空分布，分析了生态系统服务间的权衡/协同关系，利用生态系统服务权衡与环境因子冗余分析来识别影响生态系统服务间权衡/协同关系的因素。

10.2.1 研究区概况

研究区概况同 2.2.1。

10.2.2 数据获取与分析

生态系统服务权衡量化方法同 8.1.2。利用 SPSS 20.0 对各生态系统服务进行描述性统计，通过相关分析识别生态系统服务之间关系。利用 CANOCO 5.0 软件，首先对生态系统服务及其权衡与环境因子进行 DCA 分析,判断数据适合采用哪种排序方法。如果 DCA 四个排序轴梯度长度最大值>4,采用单峰模型排序比较合适;如果梯度长度<3,选择线性模型;如果梯度长度介于 3 ~ 4,单峰模型与线性模型都是合适的(Liu et al., 2012)。CANOCO 5.0 软件会根据排序轴梯度长度情况给出相应的建议,较 CANOCO 4.5 更易操作。本研究 DCA 排序轴梯度长度<3,因此采用冗余分析,研究生态系统服务及其权衡与环境因子的关系。

10.2.3 生态系统服务空间分析

10.2.3.1 数量特征及变化

图 10-9 ~ 图 10-12 显示了 2000 ~ 2020 年黄土高原产水量、土壤保持、土壤侵蚀和 NPP 的生态系统服务时空分布,各项生态系统服务发生了不同程度的变化(表 10-4)。黄土高原地区 2000 年产水量总量为 2.73 万亿 mm,2010 年产水量总量为 3.01 万亿 mm;2020 年

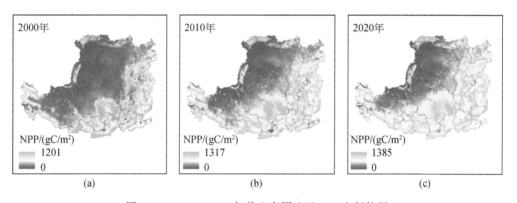

图 10-9 2000 ~ 2020 年黄土高原地区 NPP 空间格局

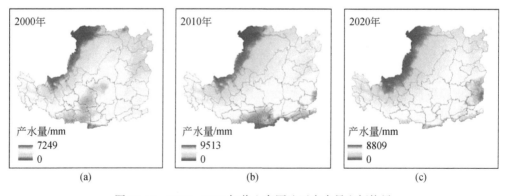

图 10-10 2000 ~ 2020 年黄土高原地区产水量空间格局

产水量总量为 3.39 万亿 mm，该地区年产水量平均值在 100mm 以上，水源涵养服务总体较好。与 2000 年相比，2020 年黄土高原地区产水量增加了 0.66 万亿 mm（表 10-4），增加了 24%，产水量总体增加，水源涵养服务增大。

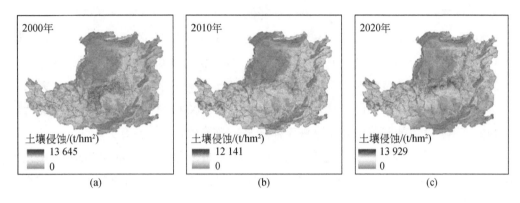

图 10-11　2000~2020 年黄土高原地区土壤侵蚀空间格局

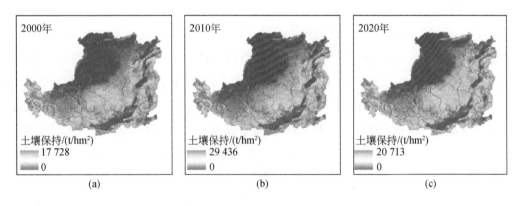

图 10-12　2000~2020 年黄土高原地区土壤保持空间格局

表 10-4　黄土高原地区各类生态系统服务统计表

类型	2000 年		2010 年		2020 年	
	单位面积量 /km²	总量	单位面积量 /km²	总量	单位面积量 /km²	总量
产水量/mm	4.26×10^6	2.73×10^{12}	4.70×10^6	3.01×10^{12}	5.29×10^6	3.39×10^{12}
NPP/(gC/m²)	3.4×10^5	2.18×10^{11}	4.6×10^5	2.95×10^{11}	5.73×10^5	3.67×10^{11}
土壤保持/t	3.09×10^5	1.98×10^{11}	3.95×10^5	2.53×10^{11}	5.31×10^5	3.40×10^{11}
土壤侵蚀/t	2.31×10^5	1.48×10^{11}	1.79×10^5	1.15×10^{11}	1.81×10^5	1.16×10^{11}

2000 年，黄土高原地区生态系统土壤侵蚀总量约为 1480 亿 t，平均土壤侵蚀量为

214.186t/hm²，2010 年，黄土高原地区生态系统土壤侵蚀总量约为 1150 亿 t，平均土壤侵蚀量为 166.24t/hm²。2020 年，黄土高原地区生态系统土壤侵蚀总量约为 1160 亿 t，平均土壤侵蚀量为 168.69t/hm²，与 2000 年相比，2020 年土壤侵蚀量下降了 320 亿 t，主要是黄土高原植被绿化效果显著，导致土壤侵蚀降低。

2000 年，黄土高原地区生态系统土壤保持总量约为 1980 亿 t，平均土壤保持量为 286t/hm²，最小值 0t/hm²，最大值 17 728t/hm²，标准差为 410.42。2010 年，黄土高原地区生态系统土壤保持总量约为 2530 亿 t，而 2020 年，黄土高原地区生态系统土壤保持总量约为 3400 亿 t，平均土壤保持量为 491.24t/hm²。与 2000 年相比，2020 年土壤保持量增加了 1420 亿 t，这可能与黄土高原退耕还林（草）政策的有效实施有关。

2000 年，黄土高原地区 NPP 总量为 2180 亿 gC，2010 年 NPP 总量为 2950 亿 gC，2020 年 NPP 总量为 3670 亿 gC。与 2000 年相比，2020 年黄土高原地区 NPP 总量增加了 1490 亿 gC，NPP 总量有上升的趋势。

10.2.3.2 空间结构

黄土高原地区 2000 年、2010 年和 2020 年生态系统服务空间格局如图 10-9 所示。黄土高原地区 NPP 在空间上呈现南高北低的空间格局。其中，天水、延安、运城、晋城和吕梁等城市较高，植被覆盖状况较好。2000～2010 年，NPP 在延安、庆阳、榆林和临汾等地区有明显的增加，随后在 2010～2020 年，定西、平凉、天水、临汾、运城和延安等城市 NPP 增加明显。产水量在空间上呈现南高北低的空间格局。其中，西安、咸阳、宝鸡、洛阳、晋城和长治等城市较高，水源涵养状况较好。2000～2010 年，黄土高原东南部水源涵养有明显的增加，随后在 2010～2020 年，延安、吕梁、临汾、长治、太原等区域的水源涵养增加明显。土壤侵蚀呈现黄土高原中部较高，其余地区土壤侵蚀量较少的空间格局。2000～2010 年土壤侵蚀在庆阳、延安和榆林等城市有明显的增加，随后在 2010～2020 年，榆林、沂州、呼和浩特的土壤侵蚀增加明显。土壤保持服务在空间上呈现南高北低的空间格局。其中，庆阳、延安、临汾、吕梁、太原、长治和晋城较高，土壤保持状况较好。2000～2010 年土壤保持量在西安、运城、长治和晋中等城市有明显的增加，随后在 2010～2020 年，庆阳、延安、吕梁、太原和忻州等城市的土壤保持量增加明显。

10.2.4 生态系统服务权衡与协同

为了使各项服务的值呈现较好的可比性，按照极差标准化的方法进行归一化以缩小值域范围，使得不同年份之间的变化趋势能够呈现出明显的对比。从图 10-13 中可以看出，随时间推移，土壤保持服务和 NPP 表现出总体上升的趋势，产水量呈下降趋势。2000～

2020 年, 产水量服务表现出先下降后上升的趋势。NPP 持续增加, 土壤保持服务在 2000 ～ 2019 年基本不变, 而 2010 ～ 2020 年有所提升, 可反映出退耕还林还草工程的实施是多种生态系统服务发生变化的主要原因。就变化幅度而言, NPP 增幅最大, 这反映了气候变化和土地利用变化的综合作用。

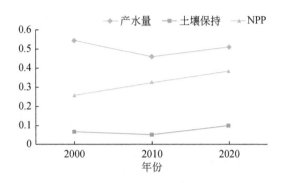

图 10-13 2000 ～ 2020 年黄土高原地区生态系统服务的时间变化

不同服务之间的相关性可以表征服务间的权衡及协同关系。由表 10-5 可知, 2000 年、2010 年、2020 年的产水量、NPP 和土壤保持量都呈正相关关系, 2000 ～ 2020 年产水量与 NPP 的相关系数分别为 0.50、0.63、0.69, 说明两者之间有较强的相关性。2000 ～ 2020 年 NPP 与土壤保持量间的相关系数为 0.80、0.75、0.7, 说明两者之间有较强的相关性。产水量与 NPP、NPP 与土壤保持服务之间是协同关系, 降水量增加会导致产水量和 NPP 呈现增加趋势, 植被长势变好会加强土壤保持能力, 使得区域土壤保持量也相应增加。

表 10-5 黄土高原地区主要生态系统服务之间 Pearson 相关系数统计表

生态系统服务	WY2020	WY2010	WY2000	SES2020	SES2010	SES2000	NPP2010	NPP2000	NPP2020
WY2020	1	0.941**	0.832**	0.542**	0.574**	0.547**	0.648**	0.574**	0.695**
WY2010	0.941**	1	0.871**	0.494**	0.569**	0.555**	0.637**	0.583**	0.677**
WY2000	0.832**	0.871**	1	0.459**	0.497**	0.555**	0.576**	0.500**	0.603**
SES2020	0.542**	0.494**	0.459**	1	0.873**	0.864**	0.704**	0.679**	0.701**
SES2010	0.574**	0.569**	0.497**	0.873**	1	0.954**	0.754**	0.749**	0.737**
SES2000	0.547**	0.555**	0.555**	0.864**	0.954**	1	0.803**	0.803**	0.783**
NPP2010	0.648**	0.637**	0.576**	0.704**	0.754**	0.803**	1	0.959**	0.967**
NPP2000	0.574**	0.583**	0.500**	0.679**	0.749**	0.803**	0.959**	1	0.925**
NPP2020	0.695**	0.677**	0.603**	0.701**	0.737**	0.783**	0.967**	0.925**	1

注：WY, 产水服务；SES, 土壤保持服务；NPP, 净初级生产力。

*代表相关性在 0.05 水平显著；**代表相关性在 0.01 水平显著。

以均方根误差表征多种服务之间的权衡度，进而反映综合视角下多种服务之间的权衡，有助于为区域生态管理提供科学的调控建议。根据计算结果，2000 年、2010 年和 2020 年的权衡度较为接近，分别是 0.373、0.299 和 0.323。图 10-14 清晰地展示了不同年份各项服务之间的数量关系，为实现流域各项服务之间的对比，以具体年份某项服务的数量与所有年份某项服务的均值做标准化处理。从玫瑰图中观察不同年份各项服务的相对大小，产水量最明显且主导地位，高于其余服务，各项服务都有一定的增加。

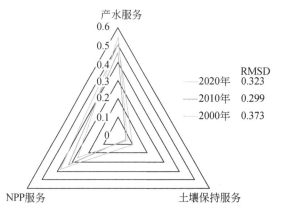

图 10-14　2000～2020 年 3 种服务间权衡时间动态

对生态系统服务进行标准化后绘制散点图，反映生态系统服务之间关系，见图 10-15。对黄土高原地区整体来说，产水量与 NPP 数据点相对集中在 1∶1 线两侧，分布相对均衡，说明倾向产水服务与倾向于 NPP 服务的面积大致相等。产水量与土壤保持量的数据点更倾向于土壤保持服务，而土壤保持量与 NPP 的数据点更倾向于土壤保持服务。生态系统服务权衡与协同强度表现为产水服务–土壤保持服务>土壤保持服务–NPP>产水服务–NPP。

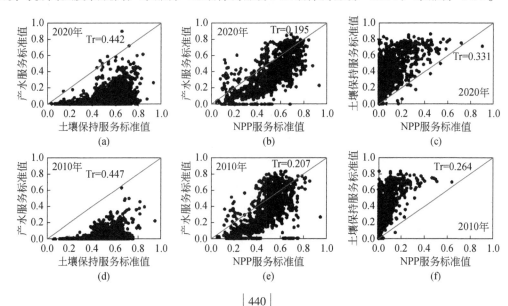

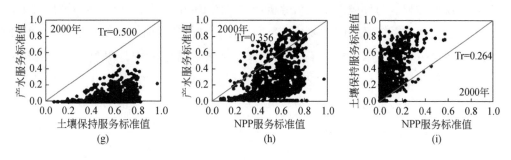

图 10-15　黄土高原整体生态系统服务权衡情况

Tr：权衡强度

10.2.5　生态系统服务权衡/协同影响因素分析

生态系统服务权衡与环境因子冗余分析结果见表 10-6，各排序轴的置换检验均达到显著水平。2000 年排序轴 1、排序轴 2、排序轴 3 和排序轴 4 对生态系统服务的累计解释率分别为 56.71%、75.63%、77.07% 和 95.01%，特征根分别为 0.567、0.189、0.014 和 0.179。2010 年排序轴 1、排序轴 2、排序轴 3 和排序轴 4 对生态系统服务的累计解释率分别为 66.06%、76.11%、77.50% 和 96.01%，特征根分别为 0.660、0.101、0.014 和 0.185。2020 年排序轴 1、排序轴 2、排序轴 3 和排序轴 4 对生态系统服务的累计解释率分别为 67.03%、75.26%、77.78% 和 96.73%，特征根分别为 0.670、0.082、0.025 和 0.189。

表 10-6　生态系统服务权衡与环境因子冗余分析结果

年份	统计值	排序轴 1	排序轴 2	排序轴 3	排序轴 4
2000	特征根	0.567	0.189	0.014	0.179
	对生态系统服务变化的累计解释率/%	56.71	75.63	77.07	95.01
	对所有排序轴的统计检验	$p=0.002$			
2010	特征根	0.660	0.101	0.014	0.185
	对生态系统服务变化的累计解释率/%	66.06	76.11	77.50	96.01
	对所有排序轴的统计检验	$p=0.002$			
2020	特征根	0.670	0.082	0.025	0.189
	对生态系统服务变化的累计解释率/%	67.03	75.26	77.78	96.73
	对所有排序轴的统计检验	$p=0.002$			

　　生态系统服务权衡与环境因子冗余分析结果见图10-16~图10-18，本研究扩大了权衡含义，不仅包含生态系统服务此消彼长的反向变化，也包含增加（降低）速率不一致的同向变化。各年度生态系统服务的解释程度类似，土壤保持服务中，DEM、土壤有机质含量、土壤的黏粒含量、粉粒含量、砂粒含量的解释能力最强。产水服务中，降水量和降雨侵蚀力因子的解释能力最强。NPP中植被覆盖度和植被指数的解释能力最强。

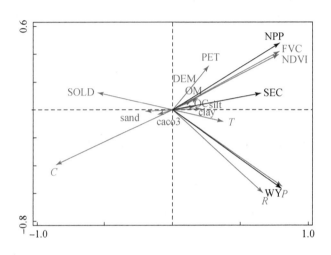

图 10-16　2000 年生态系统服务与环境因子 RDA 排序图

SEC：土壤保持；WY：产水服务；NPP：初级净生产力；FVC：植被盖度；P：降水量；T：温度；R：降雨侵蚀力；

C：植被覆盖因子；NDVI：植被覆盖度；SOLD：太阳辐射；PET：潜在蒸散发；DEM：海拔；OM：土壤有机质含量；

OC：有机碳；clay、silt、sand、caco3 分别为土壤黏粒含量、土壤粉粒含量、土壤砂粒含量、土壤碳酸钙含量

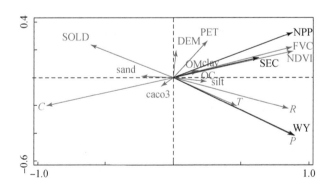

图 10-17　2010 年生态系统服务与环境因子 RDA 排序图

字母含义同图 10-16

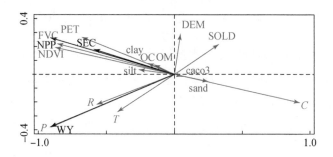

图 10-18　2020 年生态系统服务与环境因子 RDA 排序图

字母含义同图 10-16

10.3　黄土高原生态系统服务与可持续发展目标链接

本节基于主成分分析、相关性分析及线性回归方法，遴选可持续发展目标中的关键指标，分析黄土高原生态系统服务与 SDGs 之间的匹配关系；采用线性回归方法，探讨生态系统服务对黄土高原可持续发展水平的影响。

10.3.1　研究区概况

研究区概况同 2.2.1。

10.3.2　数据获取与分析

10.3.2.1　SDGS 主要指标遴选

利用主成分分析方法对多个可持续发展指标降维，遴选对黄土高原可持续发展水平贡献较大的指标。通过主成分分析提取主成分实现降维，经过提取的每个主成分都是原始变量的线性组合，并能反映原始变量的绝大部分信息，信息不重叠无冗余，将反映黄土高原可持续发展水平的各项指标归纳为多个主成分。将涉及贫困、粮食安全、水资源、能源、陆地生态系统、气候行动等目标的 16 个 SDGs 进行标准化处理，利用 R 软件确定公因子个数。依据模型相关系数矩阵的特征根，以及主成分累计方差贡献率，提取累计解释率大于 80% 的 SDGs 主成分向量，累计贡献率大于 80% 的前几个主成分将代替该研究所涉及的全部 SDGs。

10.3.2.2 生态系统服务与可持续发展的相关性分析

基于固碳、粮食供给、防风固沙、水源涵养、洪水调蓄、土壤保持等生态系统服务，分区统计黄土高原市级层面的生态系统服务值，与各市 SDGs 指数进行相关性分析，判断黄土高原可持续发展水平与生态系统服务的相关性及权衡关系。通过计算 Spearman 秩次相关系数 rs (X_i, Y_i)，并根据系数大小来判断生态系统服务和可持续发展指数两个变量之间的关系强弱。

10.3.2.3 生态系统服务对可持续发展水平的影响分析

基于普通最小二乘法，采用线性回归和分段线性回归，探讨黄土高原可持续发展水平和生态系统服务的变化趋势，分析各项生态系统服务对区域可持续发展水平的影响，为后续探讨优化生态系统服务、推动可持续发展提供基础认知。

10.3.3 黄土高原 16 项可持续发展目标的主成分选取

由于本研究纳入 16 项 SDGs 及其 71 个具体指标，指标数量多可能造成变量间存在较强相关性，以及信息量冗余，进而降低 SDGs 和生态系统服务拟合的效率。因此，本研究首先对 16 项 SDGs 进行主成分分析。主成分分析可以总结和可视化由多个相互关联的定量变量描述的数据集中的信息，并将此信息表示为一组称为主成分（PCs）的新变量。这些新变量对应原变量的线性组合，即主成分分析将多变量数据的维度降低到两个或三个主要成分，这些成分可以图形化可视化，同时使信息损失最小。

如图 10-19（a）所示，黄土高原 16 项 SDGs 中，所提取主成分（PCs）的贡献率存在明显差异，由 PC1 至 PC16，贡献率持续下降，变化程度未达到稳定，即变量降维后，每个 PC 均保留着一定的信息量。如图 10-19（b）所示，PC1 贡献率占 19.3%，PC2 贡献率占比 13.1%，16 项 SDGs 之间相关性较弱，存在较低的信息量冗余，因此变量分散分布于 PC1 与 PC2 的二维空间中。因此，在黄土高原 16 项 SDGs 中，各个目标能客观衡量区域可持续发展水平，无需降维提取出主要成分。

图 10-20 展示了 16 项 SDGs 无法降维提取主成分的原因。PC1 与 SDG 2~7、SDG 9~11、SDG 13~16 的相关性较强；而 PC2 与 SDG 1、SDG 7、SDG 11~13、SDG 16~17 具有较强的相关性；直到 PC5，主成分仍能代表 SDGs 较大的信息量，如 SDG 5、SDG 11。因此，随着主成分的增多，信息量无法显著降低。这表明黄土高原 16 项 SDGs 中，每个目标均具有一定的重要性，未因目标数量多而过度拟合黄土高原可持续发展水平。因此，在后文探究黄土高原生态系统服务与 SDGs 的相关关系时，我们将 16 个 SDGs 均纳入考虑。

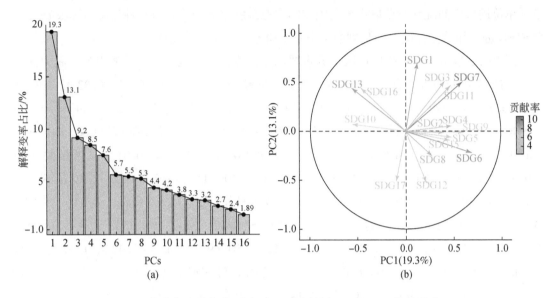

图 10-19　主成分贡献率碎石图（a）和变量对 PC1 和 PC2 的贡献率（b）

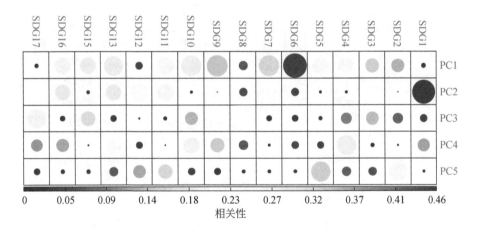

图 10-20　黄土高原 SDGs 与主成分的相关性

10.3.4　黄土高原可持续发展目标和生态系统服务的关联

10.3.4.1　黄土高原可持续发展目标和生态系统服务的相关性分析

本研究考虑了黄土高原地区 6 种生态系统服务，包括固碳、粮食供给、防风固沙、水源涵养、洪水调蓄及土壤保持。数据来源于 2010 年全国生态系统服务评估结果（Ouyang et al.，2015；https://www.sciencedb.cn/dataSet/handle/73）。6 种服务均为栅格数据，以市为单位进行空间统计，获取市域范围内的生态系统服务均值。将 6 种生态系统服务与 16 项 SDGs 进行相关性分析，初步判断生态系统服务与 SDGs 间的关联。

图 10-21 显示，黄土高原地区部分重要的生态系统服务与 SDGs 显著相关，而大部分 SDGs 与生态系统服务未直接表现出相关关系。固碳服务与 SDG 7（Coef. =0.33）、SDG 15（Coef. =0.34）、SDG 5（Coef. =0.52）、SDG 6（Coef. =0.57）、SDG 13（Coef. =−0.38）和 SDG 17（Coef. =−0.32）显著相关（$p<0.05$）；粮食生产服务与 SDG 7（Coef. =0.38）、SDG 9（Coef. =0.45）、SDG 3（Coef. =0.34）和 SDG 8（Coef. =−0.31）显著相关（$p<0.05$）；防风固沙服务与 SDG 2（Coef. =0.56）、SDG 11（Coef. =0.35），以及 SDG 5（Coef. =−0.39）显著相关（$p<0.05$）；水源涵养服务与 SDG 15（Coef. =0.31）、SDG 1（Coef. =0.44）、SDG 4（Coef. =0.47），以及 SDG 12（Coef. =0.33）显著相关（$p<0.05$）；洪水调蓄服务与 SDG 7（Coef. =−0.42）、SDG 9（Coef. =−0.42），以及 SDG 17（Coef. =0.38）显著相关（$p<0.05$）；土壤保持服务与 SDG 2（Coef. =−0.37）、SDG 17（Coef. =0.33），以及 SDG 12（Coef. =0.34）显著相关（$p<0.05$）。

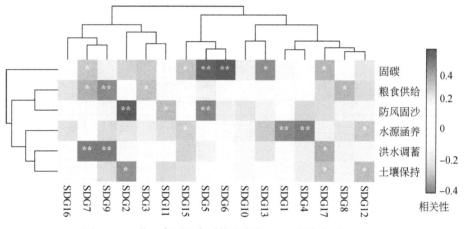

图 10-21　黄土高原生态系统服务与 SDGs 间的相关性分析

＊代表显著性水平为 0.05；＊＊代表显著性水平为 0.01

生态系统服务，如粮食和水供给、生物多样性和自然遗产保护，以及气候调节，支撑着多个 SDGs 的实现。人类的大多数基本需求（如粮食、水、生物能源、药品和原材料），以及文化和精神需求都是由多样化的生态系统服务提供的，生态系统的调节服务也是调节气候和维持生物多样性的关键。通过调节服务、供给服务、支持服务和文化服务，生态系统服务支撑了多项 SDGs 的实现，其中 SDG 15、SDG 14、SDG 2、SDG 6 对生态系统服务的依赖性最强，其次是 SDG 1、SDG 11 和 SDG 3（图 10-22）。

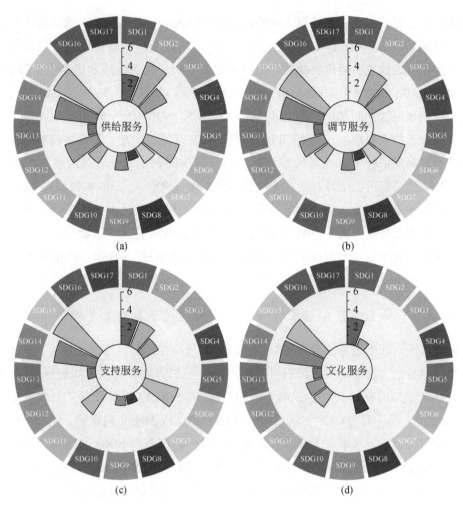

图 10-22　生态系统服务（供给服务、调节服务、支持服务、文化服务）
所支撑的 SDGs 的指标数量（Yin et al., 2021）

　　生态系统服务可以直接或间接地贡献于所有 SDGs。例如，对生态系统每投资 1 美元，就可以从生态系统服务中获得 3 ~ 75 美元的经济效益；修复 3.5 亿 hm² 退化的生态系统，预计可以在未来 10 年吸收 130 亿 ~ 260 亿 t 的温室气体。生态系统修复、可持续利用生态系统服务和保护野生动物栖息地可以直接惠及水下和陆地生物（SDG 14、SDG 15）。稳定的生态系统和生物多样性确保了较高的初级生产力，生态系统服务在减贫和供应粮食方面也发挥着重要作用（SDG 1、SDG 2）。生态系统服务，以及良性人类干预措施可以塑造健康和宜居的生活环境（SDG 3、SDG 11），提供工作机会并增加人口收入（SDG 1、SDG 5、SDG 8、SDG 10、SDG 16），确保清洁水的供应（SDG 6）和有机农业（SDG 2、SDG 12）的发展；优化生态系统服务的使用和管理也是教育、创新和跨部门合作（SDG 4、SDG 7、SDG 9、SDG 17）的重要内容。

另外，生态退化和生态系统服务降低也阻碍着 SDGs 的进展。未来的气候变化和生态系统退化使 SDGs 的进展面临巨大阻碍（SDG 13 ~ 15）；全球变暖伴随着极端天气事件的频发和旱涝格局的改变，阻碍着减贫、粮食和农业安全、人类健康和供水安全等 SDGs 的进展（SDG 1 ~ 3、SDG 6）；并使城市基础设施的安全面临威胁（SDG 9、SDG 11）；生态系统退化可能加剧性别间和国家间的不平等（SDG 5、SDG 10），特别是在人口生计依赖于生态系统服务的农村地区，妇女难以平等获得自然资源、土地、教育等权利；由于低收入国家的发展高度依赖于农业等气候敏感部门，这些国家也承受着最沉重的气候变化压力。能源和生产消费可持续性、经济增长和体面工作（SDG 7、SDG 8 和 SDG 12）的进展将受到自然资本流失和生态系统服务退化的阻碍，全球约 32 亿人已经受到土地退化的不利影响，气候相关自然灾害在 2018 年造成的损失就达 1550 亿美元。此外，生态危机可能加剧移民和自然资源竞争，全球因此引发的冲突目前已超过 2500 起，严重危及和平与社会的发展（SDG 16、SDG 17）。

10.3.4.2 黄土高原生态系统服务对可持续发展目标的影响

将黄土高原六项生态系统服务和 16 个 SDGs 进行线性回归，筛选出显著（$p<0.1$）的回归结果，以辨别生态系统服务影响可持续发展水平的方向和程度。固碳服务对 SDG 2、SDG 3、SDG 5、SDG 6、SDG 7、SDG 13、SDG 15 和 SDG 17 在统计意义上具有显著相关性（图 10-23）。固碳对 SDG 2、SDG 3、SDG 13、SDG 17 具有负向影响，随着固碳效应的增强，城市可持续发展水平呈下降趋势。然而，对固碳服务和 SDGs 的回归拟合具有较低的 R^2，表明固碳服务对 SDGs 的影响较微弱，但固碳服务对 SDG 13 的影响较强。固碳服务对 SDG 5、SDG 6、SDG 7、SDG 15 具有正向影响，随着固碳效应的增强，城市可持续发展水平呈上升趋势。其中，固碳服务与 SDG 6 的拟合具有相对较高的 R^2，表明固碳服务对 SDG 6 的影响较强。

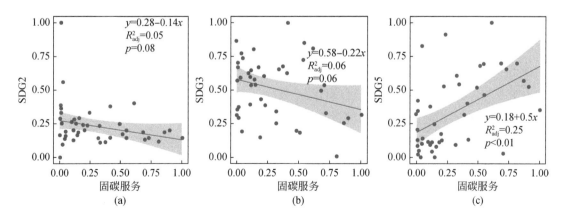

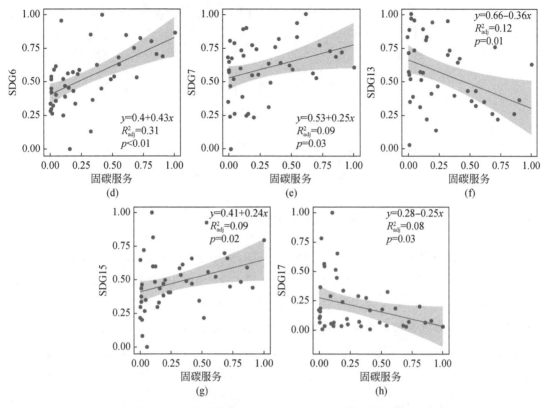

图 10-23　固碳服务对黄土高原可持续发展水平的影响

洪水调蓄服务对 SDG 7、SDG 9、SDG 13、SDG 15 和 SDG 17 在统计意义上具有显著相关性（图 10-24）。洪水调蓄服务对 SDG 7、SDG 9、SDG 15 具有负向影响，随着洪水调蓄效应的增强，城市可持续发展水平呈下降趋势。洪水调蓄对 SDG 13、SDG 17 具有正向影响，随着洪水调蓄效应的增强，城市可持续发展水平呈上升趋势。其中，对洪水调蓄和 SDGs 的回归拟合具有较低的 R^2，表明洪水调蓄对 SDGs 的影响较微弱。

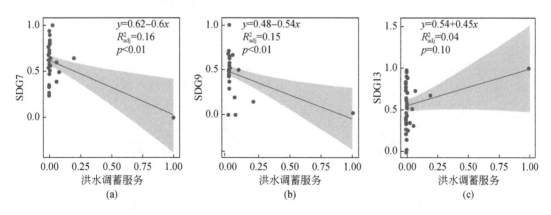

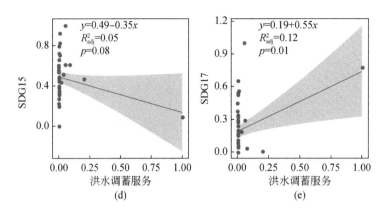

图 10-24　洪水调蓄服务对黄土高原可持续发展水平的影响

　　粮食生产服务对 SDG 3、SDG 7、SDG 8、SDG 9 和 SDG 16 在统计意义上具有显著相关性（图 10-25）。粮食生产对 SDG 3、SDG 7、SDG 9、SDG 16 具有正向影响，随着粮食生产服务的提升，城市可持续发展水平呈上升趋势。粮食生产服务对 SDG 8 具有负向影响，但两者的拟合具有较低的 R^2，表明粮食生产服务对 SDG 8 的影响不明显。

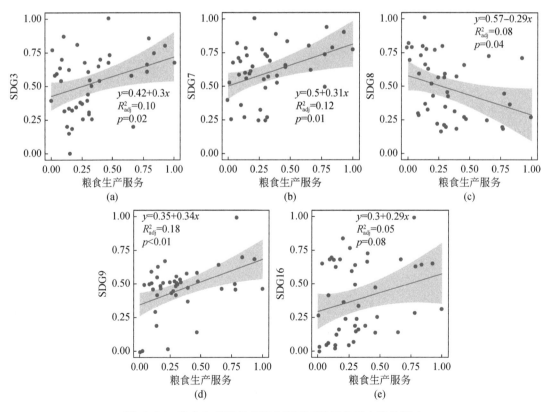

图 10-25　粮食生产服务对黄土高原可持续发展水平的影响

防风固沙服务对 SDG 2、SDG 4、SDG 5 和 SDG 11 在统计意义上具有显著相关性（图 10-26）。防风固沙服务对 SDG 2、SDG 11 具有正向影响，随着防风固沙服务的增强，城市可持续发展水平呈上升趋势。碳固定对 SDG 4、SDG 5 具有负向影响，但其回归拟合具有较低的 R^2，表明防风固沙服务对 SDGs 影响较微弱。

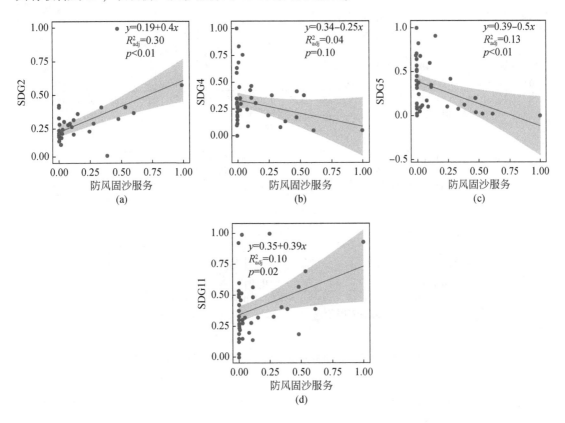

图 10-26　防风固沙服务对黄土高原可持续发展水平的影响

土壤保持服务对 SDG 2、SDG 11、SDG 12、SDG 15 和 SDG 17 在统计意义上具有显著相关性（图 10-27）。土壤保持服务对 SDG 2、SDG 11 具有负向影响，随着土壤保持服务的增强，城市可持续发展水平呈下降趋势。土壤保持服务对 SDG 12、SDG 15、SDG 17 具有正向影响，随着土壤保持服务的增强，城市可持续发展水平呈上升趋势。但土壤保持服务与 SDGs 的回归拟合具有较低的 R^2，表明这种相互作用较弱。

水源涵养服务对 SDG 1、SDG 8、SDG 11、SDG 12、SDG 13 和 SDG 15 在统计意义上具有显著相关性（图 10-28）。水源涵养服务对 SDG 1、SDG 8、SDG 11、SDG 12、SDG 15 具有正向影响，随着水源涵养服务的增强，城市可持续发展水平呈上升趋势。水源涵养服务对 SDG 13 具有负向影响，随着水源涵养服务的增强，城市可持续发展水平呈下降趋势。其中，水源涵养服务与 SDG 1 的拟合具有相对较高的 R^2，表明水源涵养服务对 SDG 1 的影响较强。

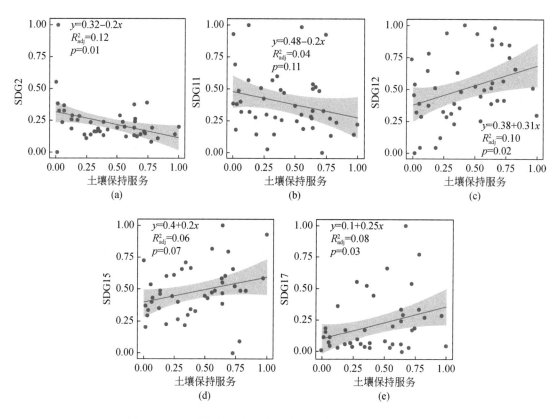

图 10-27 土壤保持服务对黄土高原可持续发展水平的影响

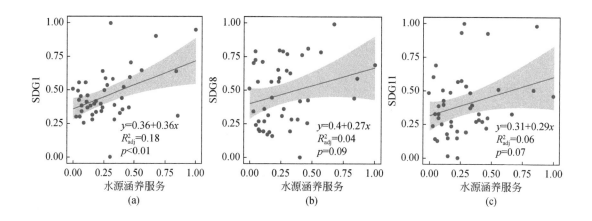

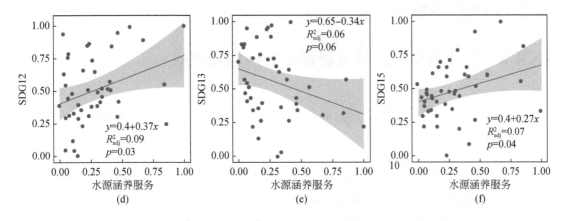

图 10-28　水源涵养服务对黄土高原可持续发展水平的影响

生态系统服务不仅能为区域可持续发展提供物质性产品，如粮食、药材、水源等，也能提供无形的服务功能，如环境净化、气候调节、美学价值等。固碳服务、粮食供给服务和水源涵养服务对黄土高原可持续发展的贡献最为直观，是满足人们基本物质需求和维持区域生态过程的基础。在区域尺度下，供给服务往往对当地居民福祉具有重要贡献，研究发现粮食生产服务和水源供给服务对黄土高原地区的农户福祉具有重要影响（杨莉等，2010）。调节服务（如水源涵养服务、固碳服务、土壤保持服务等）为人类的生存发展提供了适宜的环境条件，对区域安全和人口健康福祉有着重要影响。防风固沙服务是绿洲-荒漠交错带的居民认为对当地最为重要的生态系统服务（唐琼，2017）。生态系统服务不仅可推动当地可持续发展，还会通过生态系统服务流使其他区域受益。Ouyang 等（2020）发现，省内产生的生态系统服务可能输送到省外区域惠益其他省份。生态系统服务与区域可持续发展的定量研究处于初步阶段，生态系统服务对居民福祉的影响机制仍不明晰。解析生态系统服务与居民福祉的耦合机制，将居民福祉和区域可持续发展需求纳入生态管理和科学决策，科学核算生态系统服务和生态资产，建立健全生态补偿和生态产品价值实现机制，能够为黄土高原可持续发展乃至黄河流域高质量发展提供有力支撑（李昂等，2021）。

10.4　面向 SDGs 的生态系统服务调控

基于黄土高原生态系统服务对可持续发展的重要贡献，面向以 SDGs 为导向的生态系统服务综合评估与优化等目标，本节基于对黄土高原生态系统服务与可持续发展水平评估分析结果，系统分析黄土高原可持续发展面临的问题与挑战，探讨面向可持续发展目标综合提升的生态系统服务优化提升方案，为筑牢黄土高原生态安全屏障、实现区域生态保护与可持续发展提供科学依据。

10.4.1 黄土高原可持续发展面临的问题与挑战

10.4.1.1 发展不平衡问题突出，区域发展面临生态承载力和经济需求双重约束

研究时段内，黄土高原地区 16 项 SDGs 的落实进展存在显著差异，可持续发展面临着发展不平衡、城市发展差距大的突出问题，空间上区域中心城市对周边区域的辐射带动能力不足。可持续发展水平低的城市主要集中于西部山区和传统农牧产区，其生态环境承载力有限，在生态保护优先、治理水土流失为重的发展战略下，城市可持续发展受到自然条件和社会经济发展规模的双重约束，成为限制黄土高原地区实现整体可持续发展的关键因素。在未来的区域发展战略中，需要采取产业转型与转移、加强基础设施建设、提升农牧业生产技术和能力等途径发挥省会城市和资源型城市的辐射带动能力，加强不同级别城市间在就业、产业、生态建设等方面的互补和协调促进作用，以缩小发展不平衡的问题，推动整体层面上黄土高原的可持续发展。

10.4.1.2 生态系统脆弱，生态建设面临新问题

生态建设需要消耗大量水资源，在黄土高原植被恢复和变绿的过程中，出现土壤水分过耗与土壤干化、径流下降、水资源承载力逼近阈值等现象，黄河流域水资源短缺的风险加剧。黄土植被覆盖度增加，但尚未逆转生态系统脆弱的总体态势，由于人工造林的树种结构单一、密度偏大，林分质量还不高，生物多样性依旧存在下降风险。气候干旱，部分地段水土流失仍然较严重，生态系统在环境变化和灾害下的抗性和恢复力不够，生态系统仍然十分脆弱。

10.4.1.3 生态经济发展效益不优

退耕还林（草）政策深刻影响着区域土地利用结构，倒逼产业结构优化和人口就业转型，一定程度上促进了生态经济的创新和发展。然而，黄土高原许多中小城市社会经济发展水平低，产业基础薄弱，发展潜力有限，导致劳动力流失严重，年轻劳动力非农化趋势加速，乡村经营主体多为超龄和兼业农户，依赖于政策扶持。此外，区域资金技术短缺，创新发展和产业转型能力不足，2017 年黄土高原地区的农业机械动力投入低于全国平均水平的 2/3，农业现代化进程较慢。农民就业和收入不稳已经成为退耕还林（草）工程成效的主要挑战。

10.4.2 面向 SDGs 的生态系统服务调控对策

党的十八大以来，国土空间规划、生态文明建设、"一带一路"倡议、乡村振兴和新型城镇化、经济发展新常态等发展战略和政策的实施，显著推动了黄土高原地区的可持续发展，然而黄土高原地区仍面临着区域发展空间不平衡、生态承载力有限、生态环境保护与经济发展需求矛盾等问题。为解决以上问题及提升黄土高原地区可持续发展水平，需要着重在以下几方面采取可持续发展行动。

10.4.2.1 协调经济社会发展，匹配生态环境基底

当前黄土高原地区不同规模城市间的城镇化率失调，经济产业发展高压带来短期内难以平衡的社会、生态环境成本，省会城市和资源型城市经济发展水平和规模大，吸引着区域人力、资金等资源集聚，中小城市的可持续发展面临被边缘化的困境。亟须推动以SDGs 为框架的系统变革，协同推动区域社会、经济和环境平衡发展。这需要在价值观念、政策、教育、技术、经济、协作、环境等方面进行系统性变革。综合协调短期利益与长期利益，避免由短期和既得利益驱动及现有基础设施和已投入资本的惯性，阻碍面向绿色转型和环境保护等方面的投资与变革。随着城市化进程，黄土高原地区需要加强城市规划，增强城市弹性；遵循基于自然的解决方案的理念，既要保障区域人口良好生存空间和发展需求，也要增强应对旱涝灾害频发、水土流失等生态环境问题的能力，具体措施包括向低碳经济转型、促进可持续消费和生产、扩大绿色基础设施等。黄土高原地区可持续发展关键在于生态与经济的协同进步。因地制宜构建适宜当地自然禀赋的可持续发展模式，需要首先基于自然背景、生态承载能力和自然资源禀赋，在环境承载能力范围内，合理引导人口空间集聚，以及产业类型、土地利用类型等要素配置，根据当地资源禀赋、产业基础和历史文化基底探索绿色经济发展模式，形成经济社会发展匹配生态环境基底的可持续发展模式。

10.4.2.2 优化城镇发展体系，共筑生态安全屏障

科学布局城镇用地是平衡优化可持续发展空间格局的关键，也是实现经济产业格局和生态环境结构耦合协调的重要途径。目前，黄土高原地区可持续发展水平呈现出以省会城市和资源型城市为 SDGs 高值核心，向外 SDGs 低值区域连片分布的空间分布格局。中小城市数量多但规模有限，经济基础和基础设施水平滞后；大城市聚集资源能力强，但对周边城市的辐射带动能力不足。在不超出生态环境承载力的基础上，黄土高原地区应优化不同等级城市之间，以及城乡之间的发展体系。对于西安、鄂尔多斯、郑州等可持续发展水

平较高的大城市，应适度控制其城市规模和空间扩张，提升其经济发展质量，维护生态健康和环境质量，提高人口公共服务水平；对于海北、海南、海东、黄南，以及定西、忻州等市可持续发展能力有限的城市，应在政策上予以倾斜，引导劳动力、资金等资源流动并吸引产业集聚，同时结合自身资源优势积极挖掘自身发展潜力。为了避免城市间的割裂发展，应重点优化区域网络系统，改善中小城市的交通条件，完善区域交通和通信网络，增强城市间的联系能力，构建以省会城市和资源型大城市为核心的城镇组团网络结构，为黄土高原地区资源流动、社会经济合作，以及共筑生态安全屏障提供联系渠道。

10.4.2.3 以国家生态文明政策为导向，提升生态建设和环境保护的质量

黄土高原地区作为"两屏三带"生态安全格局的重要屏障，近些年面临着关键的国家宏观政策背景，如倡导山水林田湖草沙生命共同体的系统思维和"绿水青山就是金山银山"的发展观念；编制"三线一单"（生态保护红线、环境质量底线、资源利用上线和环境准入负面清单）；开展自然资源资产清查与核算工作，尝试将生态系统服务和自然资本的价值纳入国民核算体系；建设国家可持续发展议程创新示范区，打造在社会、经济和环境维度上特色高效的可持续发展范本。为了协同环境变化和可持续发展两大挑战，需要探索并落实基于自然的解决方案，减轻多维环境脆弱性，最大限度地减少权衡并促进协同。通过实施基于自然的解决方案，如海绵城市、农林复合和水土保持等工程，不仅可以发挥固碳释氧、保护生物多样性、涵养和净化水源等多种作用，在减排和控制气候变暖中做出35%~40%的贡献，也能够产生多种社会经济效益。维护生物多样性需要融入对解决贫困、改善生计，以及可持续利用粮食、能源等资源的系统变革中。市场转型和消费观念的提升有利于保护生物多样性，使其免受贸易和供需链的影响，如取消对不可持续性农业、渔业、采矿业的补贴，严格生产标准管理、产品溯源和认证，并加强消费引导与教育。控制环境污染，需要加强法律法规管控，以及科学研究成果与政策的衔接。黄土高原地区的生态环境部门需要加强环境影响评价和环境科学研究，为环境保护决策提供科学基础；加强法律法规管控并发展净化技术，减少污染物排入大气、土壤和水域。总体而言，在国家宏观发展战略的背景下，黄土高原地区已经进入了生态文明建设和社会经济提质增效的发展新阶段。

10.4.2.4 提高粮食、能源和水系统的环境友好性与可持续性

黄土高原地区是我国粮食安全和能源安全的重要保障基地，也面临着严峻的水资源短缺的问题，提高粮食–能源–水系统的可持续性对于优化黄土高原地区人与自然之间的关系至关重要。第一，建设有弹性、可持续的农业系统，需要对粮农产业进行合理的补贴和投资，为绿色消费模式和可持续农业实践提供动力；提高农业结构多样性，形成多功能农业

景观，开发适应盐碱土等条件的品种，加强对有机农业、农林复合、水土保持、病虫害和灌溉等方面的投资与管理。第二，实现可持续用水，需要提高水利用效率、增加储存水量、促进水源地保护；优化对城市用水和其他用水主体的管理，完善法律法规以减少水污染、改善水质、可持续开采地下水；加强对供水基础设施和废水资源回收项目的投资；在区域间公平分配水资源还需要跨区协议和政策的引导。第三，能源生产和消费需向清洁能源和低碳模式转型。开发风能和太阳能等可再生能源，促进能源利用技术创新，提高能源利用效率，是能源转型的关键举措。政府应完善政策法规和激励措施，加快淘汰发电和交通运输等领域的化石燃料使用。此外，需要审慎规划陆地、水域上的大规模可再生能源装置，以免对生态系统，以及粮食和水安全产生不利影响。

10.5 小 结

本章基于联合国 SDGs，构建了黄土高原地区包括 71 个具体指标的可持续发展评估指标体系，评估了 2000 ~ 2019 年黄土高原地区 44 个市（州）的可持续发展水平及其时空演变趋势。研究发现，黄土高原的可持续发展水平在局部波动中显著提升且存在显著的空间差异；黄土高原地区 SDGs 指数的全域空间相关性不显著，局部集聚特征明显；黄土高原地区社会-经济-环境维度的 SDGs 落实进展不均衡，可持续发展水平演化阶段性特征明显。基于可持续发展的研究结果，进行生态系统服务与可持续发展的链接，发现黄土高原生态系统服务支撑了多种 SDGs 的进展，其中受益于固碳服务的 SDGs 最多。

针对上述问题和结论，总结了黄土高原可持续发展面临的问题与挑战并提出了调控对策。面临的问题与挑战包括：发展不平衡问题突出，区域发展面临生态承载力和经济需求双重约束；生态系统脆弱，生态建设面临新问题；生态经济发展效益不优。面向 SDGs 的生态系统服务调控对策包括：协调经济社会发展，匹配生态环境基底；优化城镇发展体系，共筑生态安全屏障；以国家生态文明政策为导向，提升生态建设和环境保护的质量；深化保障国家资源安全的作用，提高粮食、能源和水系统的环境友好性与可持续性。

黄土高原地区的快速城镇化、高强度资源开发和污染物排放威胁着生态环境安全和可持续发展。未来的研究需①创新发展不同时空尺度的社会-生态系统研究框架并构建发展模型，开展自然过程与人文过程中的多要素、多尺度、多过程、多学科和多源数据集成；②在不同的社会经济发展路径和气候变化情景下，探讨社会-生态系统的脆弱性、恢复力、适应性、承载边界等问题；③重点关注生态系统服务等连接自然-社会经济系统的纽带，量化其在黄土高原的供需变化，以揭示人地耦合关系演变的机制；④在不同发展路径和情景下，预警黄土高原土地利用/覆被变化等人类发展需求超越地球界限及社会界限的可能性，并提出调控优化策略。基于国家可持续发展需求，黄土高原地区的生态系统服务和可持续发展研究要注重科学研究对决策的支撑，加强与生态-社会系统研究动态和议程的衔接，结合可持续发展目标，探索符合黄土高原区域情况的人与自然可持续发展路径。

参 考 文 献

包玉斌, 李婷, 柳辉, 等. 2016. 基于 InVEST 模型的陕北黄土高原水源涵养功能时空变化. 地理研究, 35 (4): 664-676.

包玉斌. 2015. 基于 InVEST 模型的陕北黄土高原生态服务功能时空变化研究. 西安: 西北大学.

毕红杰. 2015. 基于 AHP 对吉林省粮食综合生产能力评价与分析. 中国农机化学报, 36 (6): 329-333.

卜兆宏, 刘绍清. 1993. 用于土壤流失量遥感监测的植被因子算式的初步研究. 遥感技术与应用, 8 (4): 16-22.

蔡崇法, 丁树文, 史志华, 等. 2000. 应用 USLE 模型与地理信息系统 IDRISI 预测小流域土壤侵蚀量的研究. 水土保持学报, 14 (2): 19-24.

蔡国英, 尹小娟, 赵继荣. 2014. 青海湖流域人类福祉认知及综合评价. 冰川冻土, (2): 469-478.

陈聪, 沈欣炜, 夏天, 等. 2019. 计及效率的综合能源系统多目标优化调度方法. 电力系统自动化, 43 (12): 60-67.

陈国建. 2006. 退耕还林还草对土地利用变化影响程度研究——以延安生态建设示范区为例. 自然资源学报, 21 (2): 274-279.

陈利顶, 刘洋, 吕一河, 等. 2008. 景观生态学中的格局分析: 现状, 困境与未来. 生态学报, 28 (11): 11.

陈姗姗, 刘康, 李婷, 等. 2016. 基于 InVEST 模型的商洛市水土保持生态服务功能研究. 土壤学报, (3): 800-807.

陈妍, 乔飞, 江磊. 2016. 基于 InVEST 模型的土地利用格局变化对区域尺度生境质量的评估研究——以北京为例. 北京大学学报 (自然科学版), 52 (3): 553-562.

陈月红, 余新晓, 谢崇宝. 2009. 黄土高原吕二沟流域土地利用及降雨强度对径流泥沙影响初探. 中国水土保持科学, 7 (1): 8-12.

陈志强, 陈志彪. 2013. 南方红壤侵蚀区土壤肥力质量的突变——以福建省长汀县为例. 生态学报, 33 (10): 3002-3010.

程积民, 程杰, 高阳. 2011. 半干旱区退耕地紫花苜蓿生长特性与土壤水分生态效应. 草地学报, 19 (4): 565-576.

代光烁, 娜日苏, 董孝斌, 等. 2014. 内蒙古草原人类福祉与生态系统服务及其动态变化——以锡林郭勒草原为例. 生态学报, 34 (9): 2422-2430.

戴尔阜, 王晓莉, 朱建佳, 等. 2015. 生态系统服务权衡/协同研究进展与趋势展望. 地球科学进展, 30 (11): 1250-1259.

戴尔阜, 王晓莉, 朱建佳, 等. 2016. 生态系统服务权衡: 方法、模型与研究框架. 地理研究, 35 (6):

1005-1016.

董玉红，刘世梁，王军，等.2017. 基于景观格局的土地整理风险与固碳功能评价. 农业工程学报，33（7）：246-253.

方炫.2011. 黄土高原乡级尺度土地利用格局动态变化与生态功能区研究. 北京：中国科学院研究生院（教育部水土保持与生态环境研究中心）.

冯强，赵文武.2014. USLE/RUSLE 中植被覆盖与管理因子研究进展. 生态学报，34（16）：4461-4472.

冯舒，赵文武，陈利顶，等.2017. 2010 年来黄土高原景观生态研究进展. 生态学报，37（12）：10.

傅斌，徐佩，王玉宽，等.2013. 都江堰市水源涵养功能空间格局. 生态学报，33（3）：126-134.

傅伯杰.2014. 地理学综合研究的途径与方法：格局与过程耦合. 地理学报，69（8）：1052-1059.

傅伯杰.2018. 新时代自然地理学发展的思考. 地理科学进展，37（1）：1-7.

傅伯杰，张立伟.2014. 土地利用变化与生态系统服务：概念，方法与进展. 地理科学进展，33（4）：441-446.

傅伯杰，于丹丹.2016. 生态系统服务权衡与集成方法. 资源科学，38（1）：1-9.

傅伯杰，陈利顶，马克明.2001. 景观生态学原理及应用. 北京：科学出版社.

傅伯杰，陈利顶，王军，等.2003. 土地利用结构与生态过程. 第四纪研究，23（3）：247-255.

傅伯杰，赵文武，陈利顶，等.2006. 多尺度土壤侵蚀评价指数. 科学通报，51（16）：1936-1943.

傅伯杰，徐延达，吕一河.2010. 景观格局与水土流失的尺度特征与耦合方法. 地球科学进展，25（7）：673-681.

傅伯杰，于丹丹，吕楠.2017. 中国生物多样性与生态系统服务评估指标体系. 生态学报，37（2）：341-348.

高晓东.2013. 黄土丘陵区小流域土壤有效水时空变异与动态模拟研究. 北京：中国科学院大学.

龚时慧，温仲明，施宇.2011. 延河流域植物群落功能性状对环境梯度的响应. 生态学报，31（20）：6088-6097.

巩杰，柳冬青，高秉丽，等.2020. 西部山区流域生态系统服务权衡与协同关系——以甘肃白龙江流域为例. 应用生态学报，31（4）：1278-1288.

郭忠升，邵明安.2003. 半干旱区人工林草地土壤旱化与土壤水分植被承载力. 生态学报，23（8）：1640-1647.

和继军，蔡强国，刘松波.2012. 次降雨条件下坡度对坡面产流产沙的影响. 应用生态学报，23（5）：1263-1268.

胡胜，曹明明，张天琪，等.2015. 基于 InVEST 模型的小流域沉积物保留生态效益评估–以陕西省营盘山库区为例. 资源科学，37（1）：76-84.

黄从红.2014. 基于 InVEST 模型的生态系统服务功能研究——以四川宝兴县和北京门头沟区为例. 北京：北京林业大学.

黄麟，刘纪远，邵全琴，等.2016. 1990—2030 年中国主要陆地生态系统碳固定服务时空变化. 生态学报，36（13）：3891-3902.

贾玉华.2013. 坡面土壤水分时空变异的试验研究. 北京：中国科学院大学.

江忠善，王志强．1996. 黄土丘陵区小流域土壤侵蚀空间变化定量研究．水土保持学报，2（1）：1-9.

焦菊英，王万忠．2001. 人工草地在黄土高原水土保持中的减水减沙效益与有效盖度．草地学报，9（3）：176-182.

焦菊英，焦峰，温仲明．2006. 黄土丘陵沟壑区不同恢复方式下植物群落的土壤水分和养分特征．植物营养与肥料学报，5：667-674.

金争平，史培军，侯福昌，等．1992. 黄河皇甫川流域土壤侵蚀系统模型和治理模式．北京：海洋出版社．

靳婷，赵文武，赵明月，等．2012. 坡面尺度土地利用空间配置的产沙效应——以陕北黄土丘陵沟壑区为例．中国农学通报，28（18）：160-167.

雷婉宁，温仲明．2009. 基于 TM 遥感影像的陕北黄土区结构化植被因子指数提取．应用生态学报，20（11）：2736-2742.

冷疏影，宋长青．2005. 陆地表层系统地理过程研究回顾与展望．地球科学进展，（6）：600-606.

李昂，杨琰瑛，师荣光，等．2021. 居民福祉及其与生态系统服务的关系研究进展．农业资源与环境学报：1-14.

李锋，王如松，赵丹．2014. 基于生态系统服务的城市生态基础设施：现状、问题与展望．生态学报，34（1）：190-200.

李晶，李红艳，张良．2016. 关中-天水经济区生态系统服务权衡与协同关系．生态学报，36（10）：3053-3062.

李军，陈兵，李小芳．2008. 黄土高原不同植被类型区人工林地深层土壤干燥化效应．生态学报，28：1429-1436.

李勉，姚文艺，李占斌．2005. 黄土高原草本植被水土保持作用研究进展．地球科学进展，20（1）：74-80.

李明贵，李明品．2000. 呼盟黑土丘陵区不同土地利用水土流失特征研究．中国水土保持，10（2）：23-25.

李睿倩，李永富、胡恒．2020. 生态系统服务对国土空间规划体系的理论与实践支撑．地理学报，75（11）：2417-2430.

李双成．2014. 生态系统服务地理学．北京：科学出版社．

李双成，王珏，朱文博，等．2014. 基于空间与区域视角的生态系统服务地理学框架．地理学报，69（11）：1628-1639.

李天宏，郑丽娜．2012. 基于 RUSLE 模型的延河流域 2001—2010 年土壤侵蚀动态变化．自然资源学报，27（7）：1164-1175.

李婷，吕一河．2018. 生态系统服务建模技术研究进展．生态学报，38（15）：21-30.

李文华，李芬，李世东，等．2006. 森林生态效益补偿的研究现状与展望．自然资源学报，21（5）：677-688.

李晓赛，朱永明，赵丽，等．2015. 基于价值系数动态调整的青龙县生态系统服务价值变化研究．中国生态农业学报，（3）：373-381.

李新宇，唐海萍. 2006. 陆地植被的固碳功能与适用于碳贸易的生物固碳方式. 植物生态学报，30（2）：200-209.

李玉山. 2002. 苜蓿生产力动态及其水分生态环境效应. 土壤学报，39：404-411.

林峰，陈兴伟，姚文艺，等. 2020. 基于 SWAT 模型的森林分布不连续流域水源涵养量多时间尺度分析. 地理学报，75（5）：1065-1078.

刘秉正，刘世海. 1999. 作物植被的保土作用及作用系数. 水土保持研究，6（2）：32-36.

刘春利，胡伟，贾宏福，等. 2012. 黄土高原水蚀风蚀交错区坡地土壤剖面饱和导水率空间异质性. 生态学报，32（4）：1211-1219.

刘慧敏，范玉龙，丁圣彦. 2016. 生态系统服务流研究进展. 应用生态学报，27（7）：2161-2171.

刘慧敏，刘绿怡，丁圣彦. 2017. 人类活动对生态系统服务流的影响. 生态学报，37（10）：3232-3242.

刘沛松，贾志宽，李军，等. 2010. 不同草粮轮作方式对退化苜蓿草地水分恢复的影响. 农业工程学报，26（2）：95-102.

刘沛松，郝卫平，李军，等. 2011. 宁南旱区苜蓿草地土壤水分和根系动态分布拟合曲线特征. 河北农业大学学报，34（4）：29-34.

刘任涛，柴永青，徐坤，等. 2014. 荒漠草原区柠条固沙人工林地表草本植被季节变化特征. 生态学报，34（2）：500-508.

刘婷，周自翔，朱青，等. 2021. 延河流域生态系统土壤保持服务时空变化. 水土保持研究，28（1）：93-100.

刘艳丽，赵志轩，孙周亮，等. 2019. 基于水利益共享的跨境流域水资源多目标分配研究——以澜沧江湄公河为例. 地理科学，39（3）：387-393.

刘迎春，王秋凤，于贵瑞，等. 2011. 黄土丘陵区两种主要退耕还林树种生态系统碳储量和固碳潜力. 生态学报，31（15）：4277-4286.

刘月，赵文武，贾立志. 2019. 土壤保持服务：概念、评估与展望. 生态学报，39（2）：432-440.

柳冬青. 2019. 流域生态系统服务时空权衡与协同关系研究. 兰州：兰州大学.

鲁绍伟，毛富玲，靳芳，等. 2005. 中国森林生态系统水源涵养功能. 水土保持研究，12（4）：227-230.

吕一河，陈利顶，傅伯杰. 2007. 景观格局与生态过程的耦合途径分析. 地理科学进展，（3）：10.

吕一河，刘国华，冯晓明. 2011. 土壤水蚀的环境效应：影响因素、研究热点与评价指标的评述. 生态与农村环境学报，27（1）：94-99.

吕一河，胡健，孙飞翔，等. 2015. 水源涵养与水文调节：和而不同的陆地生态系统水服务. 生态学报，35（15）：5191-5196.

马建业，李占斌，马波，等. 2020. 黄土区小流域植被类型对沟坡地土壤水分循环的影响. 生态学报，40（8）：2698-2706.

马琳，刘浩，彭建，等. 2017. 生态系统服务供给和需求研究进展. 地理学报，72（7）：1277-1289.

莫菲，李叙勇，贺淑霞，等. 2011. 东灵山林区不同森林植被水源涵养功能评价. 生态学报，31（17）：209-216.

欧阳志云，王效科，苗鸿. 1999. 中国陆地生态系统服务功能及其生态经济价值的初步研究. 生态学报，

19（5）：607-613.

欧阳志云，郑华，谢高地，等.2016.生态资产、生态补偿及生态文明科技贡献核算理论与技术.生态学报，36（22）：7136-7139.

彭建，胡晓旭，赵明月，等.2017.生态系统服务权衡研究进展：从认知到决策.地理学报，72（6）：960-973.

秦大河，Thomas Stocker.2014.IPCC第五次评估报告第一工作组报告的亮点结论.气候变化研究进展，10（1）：1-6.

秦大河，丁一汇，王绍武，等.2002.中国西部生态环境变化与对策建议.地球科学进展，3：314-319.

仇瑶，常顺利，张毓涛，等.2015.天山林区六种灌木生物量的建模及其器官分配的适应性.生态学报，（23）：7842-7851.

饶恩明，肖燚，欧阳志云，等.2013.海南岛生态系统土壤保持功能空间特征及影响因素.生态学报，33（3）：746-755.

饶丽，李斌斌.2016.土壤水蚀预报模型研究进展.亚热带水土保持，28（2）：34-38.

邵明安，郭忠升，夏永秋，等.2009.黄土高原土壤水分植被承载力研究.北京：科学出版社.

邵明安，贾小旭，王云强，等.2016.黄土高原土壤干层研究进展与展望.地球科学进展，31（1）：14-22.

申家朋，张文辉.2014.黄土丘陵区退耕还林地刺槐人工林碳储量及分配规律.生态学报，34（10）：2746-2754.

沈永平，王国亚.2013.IPCC第一工作组第五次评估报告对全球气候变化认知的最新科学要点.冰川冻土，35（5）：1068-1076.

沈悦，刘天科，周璞.2017.自然生态空间用途管制理论分析及管制策略研究.中国土地科学，31（12）：17-24

施宇，温仲明，龚时慧.2011.黄土丘陵区植物叶片与细根功能性状关系及其变化.生态学报，31（22）：6805-6814.

史山丹，赵鹏武，周梅，等.2012.大兴安岭南部温带山杨天然次生林不同生长阶段生物量及碳储量.生态环境学报，21（3）：428-433.

史伟达，崔远来.2009.农业非点源污染及模型研究进展.中国农村水利水电，（5）：60-64.

史志华，宋长青.2016.土壤水蚀过程研究回顾.水土保持学报，30（5）：1-10.

孙然好，孙龙，苏旭坤，等.2021.景观格局与生态过程的耦合研究：传承与创新.生态学报，41（1）：7.

唐琼.2017.绿洲—荒漠交错带生态系统服务的重要性及其对农户福祉的影响.兰州：兰州大学.

仝兆远，张万昌.2008.基于MODIS数据的渭河流域土壤水分反演.遥感应用，（1）：66-73.

王飞，陈安磊，彭英湘，等.2013.不同土地利用方式对红壤坡地水土流失的影响.水土保持学报，27（1）：22-26.

王劲峰，廖一兰，刘鑫.2010.空间数据分析教程.北京：科学出版社.

王晶，赵文武，刘月，等.2019.植物功能性状对土壤保持影响研究述评.生态学报，39（9）：1-10.

王力，邵明安，王全九.2004.黄土区土壤干化研究进展.农业工程学报，20：27-31.

王森，王海燕，谢永生，等.2019.延安市退耕还林前后土壤保持生态服务功能评价.水土保持研究，26（1）：280-286.

王晓学，沈会涛，李叙勇，等.2013.森林水源涵养功能的多尺度内涵、过程及计量方法.生态学报，33（4）：1019-1030.

王学春，李军，方新宇，等.2011.半干旱区草粮轮作田土壤水分恢复效应.农业工程学报，27（1）：81-88.

邬建国.2004.景观生态学中的十大研究论题.生态学报，24（9）：3.

吴发启.2003.水土保持原理.杨凌：西北农林科技大学出版社.

肖晓伟，肖迪，林锦国，等.2011.多目标优化问题的研究概述.计算机应用研究，28（3）：805-808.

肖玉，谢高地，安凯，等.2012.基于功能性状的生态系统服务研究框架.植物生态学报，36（4）：354-362.

肖玉，谢高地，鲁春霞，等.2016.基于供需关系的生态系统服务空间流动研究进展.生态学报，36（10）：3096-3102.

谢高地，张钇锂，鲁春霞，等.2001.中国自然草地生态系统服务价值.自然资源学报，16（1）：47-53.

谢高地，肖玉，鲁春霞.2006.生态系统服务研究：进展、局限和基本范式.植物生态学报，30（2）：191-199.

谢高地，张彩霞，张昌顺，等.2015.中国生态系统服务的价值.资源科学，37（9）：1740-1746.

谢红霞，李锐，杨勤科，等.2009.退耕还林（草）和降雨变化对延河流域土壤侵蚀的影响.中国农业科学，42（2）：569-576.

谢涛，陈火旺.2002.多目标优化与决策问题的演化算法.中国工程科学，4（2）：61-70.

谢余初，巩杰，齐姗姗，等.2017.甘肃白龙江流域生态系统粮食生产服务价值时空分异.生态学报，37（5）：1719-1728.

辛福梅，刘济铭，杨小林，等.2017.色季拉山急尖长苞冷杉叶片及细根性状随海拔的变异特征.生态学报，（8）：2719-2728.

杨莉，甄霖，李芬，等.2010.黄土高原生态系统服务变化对人类福祉的影响初探.资源科学，32（5）：849-855.

杨莉，甄霖，潘影，等.2012.生态系统服务供给—消费研究：黄河流域案例.干旱区资源与环境，26（3）：131-138.

杨胜天，刘昌明，王鹏新.2003.黄河流域土壤水分遥感估算.地理科学进展，22（5）：454-462.

杨文治，邵明安.2000.黄土高原土壤研究.北京：科学出版社.

游松财，李文卿.1999.GIS支持下的土壤侵蚀量估算——以江西省泰和县灌溪乡为例.自然资源学报，（1）：63-69.

于国强，李占斌，李鹏，等.2010.不同植被类型的坡面径流侵蚀产沙试验研究.水科学进展，21（5）：593-599.

余强毅，吴文斌，唐华俊，等.2011.基于粮食生产能力的APEC地区粮食安全评价.中国农业科学，44

（13）：2838-2848.

余新晓，周彬，吕锡芝，等.2012. 基于 InVEST 模型的北京山区森林水源涵养功能评估. 林业科学，48
（10）：1-5.

翟睿洁，赵文武，贾立志.2020. 基于 RUSLE、InVEST 和 USPED 的土壤侵蚀量估算对比研究——以陕北
延河流域为例. 农业现代化研究，41（6）：1059-1068.

张光辉.2002. 坡面薄层流水动力学特性的实验研究. 水科学进展，13（2）：159-165.

张宏锋，袁素芬.2016. 东江流域森林水源涵养功能空间格局评价. 生态学报，36（24）：8120-8127.

张科利，彭文英，杨红丽.2007. 中国土壤可蚀性及其估算. 土壤学报，44：7-13.

张良德，徐学选.2011. 延安燕沟流域刺槐根系分布特征. 西北林学院学报，26：9-14.

张苗.2020. 基于能值的黄土丘陵区农业–环境系统可持续性分析. 西安：西安科技大学.

张淼，李强子，蒙继华，等.2011. 作物残茬覆盖度遥感监测研究进展. 光谱学与光谱分析，31（12）：
3200-3205.

张骁，赵文武，刘源鑫.2017. 遥感技术在土壤侵蚀研究中的应用述评. 水土保持通报，37（2）：
228-238.

张岩，刘宝元，史培军，等.2001. 黄土高原土壤侵蚀作物覆盖因子计算. 生态学报，21（7）：
1050-1056.

张影，谢余初，齐姗姗，等.2016. 基于 InVEST 模型的甘肃白龙江流域生态系统碳储量及空间格局特征.
资源科学，38（8）：1585-1593.

张永红，葛徽衍.2006. 陕西省作物气候生产力的地理分布与变化特征. 中国农业气象，27（1）：38-40.

张瑜.2014. 黄土高原降水梯度带典型植物适宜盖度空间分布特征. 杨凌：西北农林科技大学.

张玉斌，郑粉莉，武敏.2007. 土壤侵蚀引起的农业非点源污染研究进展. 水科学进展，18（1）：
124-132.

章文波，付金生.2003. 不同类型雨量资料估算降雨侵蚀力. 资源科学，25（1）：35-41.

章文波，谢云，刘宝元.2002. 利用日雨量计算降雨侵蚀力的方法研究. 地理科学，22（6）：705-711.

赵景波，李瑜琴.2005. 陕西黄土高原土壤干层对植树造林的影响. 中国沙漠，25（3）：370-373.

赵明松，李德成，张甘霖，等.2016. 基于 RUSLE 模型的安徽省土壤侵蚀及其养分流失评估. 土壤学报，
53（1）：28-38.

赵文武，王亚萍.2016.1981–2015 年我国大陆地区景观生态学研究文献分析. 生态学报，36（23）：
7886-7896.

赵文武，傅伯杰，陈利顶.2002. 尺度推绎研究中的几点基本问题. 地球科学进展，17（6）：905-911.

赵文武，傅伯杰，陈利顶，等.2004. 黄土丘陵沟壑区集水区尺度上土地利用格局变化的水土流失效应.
生态学报，24（7）：1358-1364.

赵文武，傅伯杰，郭旭东.2008. 多尺度土壤侵蚀评价指数的技术与方法. 地理科学进展，27（2）：
47-52.

赵文武，刘月，冯强，等.2018. 人地系统耦合框架下的生态系统服务. 地理科学进展，37（1）：
139-151.

郑颖，温仲明，宋光，等．2015．延河流域森林草原区不同植物功能型适应策略及功能型物种数量随退耕年限的变化．生态学报，35（17）：5834-5845．

钟莉娜，赵文武，吕一河，等．2014．黄土丘陵沟壑区景观格局演变特征——以陕西省延安市为例．生态学报，34（12）：3368-3377．

周斌．2011．基于生态服务功能的北京山区森林景观优化研究．北京：北京林业大学．

周灿煌，郑杰辉，荆朝霞，等．2018．面向园区微网的综合能源系统多目标优化设计．电网技术，42（6）：1687-1696．

周佳雯，高吉喜，高志球，等．2018．森林生态系统水源涵养服务功能解析．生态学报，38（5）：1679-1686．

周全，董战峰，吴语晗，等．2019．中国实现2030年可持续发展目标进程分析与对策．中国环境管理，11（1）：23-8．

朱婧，孙新章，何正．2018．SDGs框架下中国可持续发展评价指标研究．中国人口·资源与环境，28：9-18．

朱元骏，王云强，邵明安．2010．利用土壤表面灰度值反演表层土壤含水率．地球科学，40（12）：1733-1739．

卓静，邓凤东，刘安麟，等．2008．延安丘陵沟壑区土地利用类型坡度分异研究．气象科技，36（2）：219-222．

Adhikari K，Hartemink A E. 2016. Linking soils to ecosystem services-aglobal review. Geoderma，262：10-111.

Aerts R，Chapi F S. 2000. The mineral nutrition of wild plants revisited：a re-evaluation of processes and patterns. Advances in Ecological Research，30：1-67.

Agata N，Artemi C，Carmelo D，et al. 2015. Effectivenessof carbon isotopic signature for estimating soil erosion and deposition rates in Sicilian vineyards. Soil and Tillage Research，152：1-7.

Aithal B H，Sanna D D. 2012. Insights to urban dynamics through landscape spatial pattern analysis. International Journal of Applied Earth Observation and Geoinformation，18：329-343.

Akbarzadeh A，Ghorbani-Dashtaki S，Naderi-Khorasgani M，et al. 2016. Monitoring and assessment of soil erosion at micro-scale and macro-scale in forests affected by fire damage in northern Iran. Environmental Monitoring & Assessment，188（12）：699.

Alatorre L C，Beguería S，García-Ruiz J M. 2010. Regional scale modeling of hillslope sediment delivery：A case study in the Barasona Reservoir watershed（Spain）using WATEM/SEDEM. Journal of Hydrology，391（1-2）：109-123.

Alatorre L，Beguería S，Lana-Renault N，et al. 2012. Soil erosion and sediment delivery in a mountain catchment under scenarios of land use change using a spatially distributed numerical model. Hydrology and Earth System Sciences，16（5）：1321-1334.

Alewell C，Schaub M，Conen F. 2009. A method to detect soil carbon degradation during soil erosion. Biogeosciences，6（11）：2541-2547.

Allison G，Hughes M. 1983. The use of natural tracers as indicators of soil-water movement in a temperate semi-arid region. Journal of Hydrology, 60 (1-4): 157-173.

Amin A, Zuecco G, Geris J, et al. 2020. Depth distribution of soil water sourced by plants at the global scale: A new direct inference approach. Ecohydrology, 13 (2): e2177.

Amundson R. 2001. The carbon budget in soils. Annual Review of Earth and Planetary Sciences, 29: 535-562.

Arnold J R, Williams J D, Nicks A, et al. 1990. A Basin Scale Simulation Model for Soil and Water Resources Management. Texas: A & M Press.

Arya L, Leij F, van Genuchten M, et al. 1999. Scaling parameter to predict the soil water characteristic from particle-size distribution data. Soil Science Society of America Journal, 63 (3): 510-519.

Asbjornsen H, Goldsmith G R, Alvarado-Barrientos M S, et al. 2011. Ecohydrological advances and applications in plant water relations research: a review. Journal of Plant Ecology, 4: 3-22.

Ascough II J C, Baffaut C, Nearing M A, et al. 1997. The WEPP watershed model: I. Hydrology and erosion. Transactions of the ASAE, 40 (4): 921-933.

Ayanu Y Z, Conrad C, Nauss T, et al. 2012. Quantifying and mapping ecosystem services supplies and demands: A review of remote sensing applications. Environmental Science & Technology, 46 (16): 8529-8541.

Bagchi T P. 1999. The Nondominated Sorting Genetic Algorithm: NSGA. Boston: Springer US.

Bagstad K J, Johnson G W, Voigt B, et al. 2013. Spatial dynamics of ecosystem service flows: A comprehensive approach to quantifying actual services. Ecosystem Services, 4: 117-125.

Bagstad K J, Villa F, Batker D, et al. 2014. From theoretical to actual ecosystem services: Mapping beneficiaries and spatial flows in ecosystem service assessments. Ecology & Society, 19 (2): 706-708.

Bai Y, Zheng H, Ouyang Z Y, et al. 2013. Modeling hydrological ecosystem services and tradeoffs: A case study in Baiyangdian watershed, China. Environmental Earth Sciences, 70 (2): 709-718.

Bakker M M, Govers G, Kosmas C, et al. 2005. Soil erosion as a driver of land-use change. Agriculture Ecosystem Environment, 105 (3): 467-481.

Balvanera P, Pfisterer A B, Buchmann N, et al. 2006. Quantifying the evidence for biodiversity effects on ecosystem functioning and services. Ecology Letters, 9 (10): 1146-1156.

Barnett A, Fargione J, Smith M P. 2016. Mapping trade-offs in ecosystem services from reforestation in theMississippi Alluvial Valley. BioScience, 66 (3): 224-237.

Baroni G, Oswald S. 2015. A scaling approach for the assessment of biomass changes and rainfall interception using cosmic-ray neutron sensing. Journal of Hydrology, 525: 264-276.

Baroni G, Ortuani B, Facchi A, et al. 2013. The role of vegetation and soil properties on the spatio-temporal variability of the surface soil moisture in a maize-cropped field. Journal of hydrology, 489: 148-159.

Beasley D B, Huggins L F, Monke E J. 1980. ANSWERS: A model for watershed planning. Transactions of the ASAE, 23 (4): 938-944.

Bellot J, Chirino E. 2013. Hydrobal: An eco-hydrological modelling approach for assessing water balances in different vegetation types in semi-arid areas. Ecological Modelling, 266: 30-41.

Benard R, Silayo G F, Abdalah K J. 2015. Preference sources of information used by seaweeds farmers in Unguja,

Zanzibar. International Journal of Academic Library and Information Science, 3 (4): 106-116.

Bennett E M, Peterson G D, Gordon L J. 2009. Understanding relationships among multiple ecosystem services. Ecology Letters, 12 (12): 1394-1404.

Berendse F, van Ruijven J, Jongejans E, et al. 2015. Loss of plant species diversity reduces soil erosion resistance. Ecosystems, 18 (5): 881-888.

Berhe A A, Barnes R T, Six J, et al. 2018. Role of soil erosion in biogeochemical cycling of essential elements: Carbon, nitrogen, and phosphorus. Annual Review of Earth and Planetary Sciences, 46 (1): 521-548.

Berhe A A, Torn M S. 2017. Erosional redistribution of topsoil controls soil nitrogen dynamics. Biogeochemistry, 132 (1): 37-54.

Bethanna J, Timothy P, Fergus S, et al. 2013. Polyscape: A GIS mapping framework providing efficient and spatially explicit landscape-scale valuation of multiple ecosystem services. Landscape and Urban Planning, 112: 74-88.

Bi H X, Li X Y, Liu X, et al. 2009. A case study of spatial heterogeneity of soil moisture in the Loess Plateau, western China: A geostatistical approach. International Journal of Sediment Research, 24 (1): 63-73.

Biel R G, Hacker S D, Ruggiero P, et al. 2017. Coastal protection and conservation on sandy beaches and dunes: context-dependent tradeoffs in ecosystem service supply. Ecosphere, 8 (4): 1-19.

Biesemans J, Meirvenne M V, Gabriels D. 2000. Extending the RUSLE with the Monte Carlo error propagation technique to predict long-term average off-site sediment accumulation. Journal of Soil & Water Conservation, 55 (1): 35-42.

Bisson P A. 2011. Clean water and family forest management: Some emerging issues. Northwest Woodlands. (Summer), 12-15.

Biswas A. 2014. Landscape characteristics influence the spatial pattern of soil water storage: Similarity over times and at depths. Catena, 116: 68-77.

Biswas A, Si B C. 2011. Scales and locations of time stability of soil water storage in a hummocky landscape. Journal of Hydrology, 408 (1-2): 100-112.

Blake W H, Ficken K J, Taylor P, et al. 2012. Tracing crop-specific sediment sources in agricultural catchments. Geomorphology, 139: 322-329.

Bochet E, Rubio J L, Poesen J. 1998. Relative efficiency of three representative matorral species in reducing water erosion at the microscale in a semi-arid climate (Valencia, Spain). Geomorphology, 23 (2-4): 139-150.

Boerema A, Rebelo A J, Bodi M B, et al. 2017. Are ecosystem services adequately quantified? Journal of Applied Ecology, 54: 358-370.

Booth P, Law S, Ma J, et al. 2014. Implementation of EcoAIM—A multi-objective decision support tool for ecosystem services at Department of Defense installations, v. 1. 0. Alexandria (VA): Environmental Security Technology Certification Program.

Bouma J. 2014. Soil science contributions towards sustainable development goals and their implementation: Linking soil functions with ecosystemservices. Journal of Plant Nutrition and Soil Science, 177 (2): 111-120.

Boumans R, Roman J, Altman I, et al. 2015. The multiscale integrated model of ecosystem services (MIMES): Simulating the interactions of coupled human and natural systems. Ecosystem Services, 12: 30-41.

Bracken L J, Turnbull L, Wainwright J, et al. 2015. Sediment connectivity: A framework for understanding sediment transfer at multiple scales. Earth Surface Processes & Landforms, 40 (2): 177-188.

Bradford J B, D'Amato A W. 2012. Recognizing trade-offs in multi-objective land management. Frontiers in Ecology & the Environment, 10 (4): 210-216.

Brandt C, Dercon G, Cadisch G, et al. 2018. Towards global applicability? Erosion source discrimination across catchments using compound-specific delta C-13 isotopes. Agriculture Ecosystems & Environment, 256: 114-122.

Brown D G, Verburg P H, Pontius Jr R G, et al. 2013. Opportunities to improve impact, integration, and evaluation of land change models. Current Opinion in Environmental Sustainability, 5 (5): 452-457.

Brundtland G H. 1985. World commission on environment and development. Environmental Policy & Law, 14 (1): 26-30.

Bulcock H H, Jewitt G P W. 2012. Field data collection and analysis of canopy and litter interception in commercial forest plantations in the Kwazulu-Natal midlands, South Africa. Hydrology & Earth System Sciences Discussions, 16 (10): 3717-3728.

Burel F, Lavigne C, Marshall E J P. 2013. Landscape ecology and biodiversity in agricultural landscapes. Agriculture, Ecosystems & Environment, 166: 1-125.

Burkhard B, Kandziora M, Hou Y, et al. 2014. Ecosystem service potentials, flows and demands: Concepts for spatial localisation, indication and quantification. Landscape Online, 34 (1): 1-32.

Burrough P A. 1989. Fuzzy mathematical met hods for soil survey and land evaluation. Journal of Soil Science, 40: 477-492.

Burylo M, Hudek C, Rey F. 2011. Soil reinforcement by the roots of six dominant species on eroded mountainous marly slopes (Southern Alps, France). Catena, 84: 70-78.

Cantón Y, Solé-Benet A, de Vente J, et al. 2011. A Review of Runoff Generation and Soil Erosion Across Scales in Semiarid South-eastern Spain. Journal of Arid Environments, 75 (12): 1254-1261.

Cantón Y, Solé-Benet A, Domingo F. 2004. Temporal and spatial patterns of soil moisture in semiarid badlands of SE Spain. Journal of Hydrology, 285: 199-214.

Chapin F S. 2003. Effects of plant traits on ecosystem and regional processes: A conceptual framework for predicting the consequences of global change. Annals of Botany, 91: 455-463.

Chen Y M, Cao Y. 2014. Response of tree regeneration and understory plant species diversity to stand density in mature Pinus tabulaeformis plantations in the hilly area of the Loess Plateau, China. Ecological Engineering, 73: 238-245.

Chen L D, Messing I, Zhang S R, et al. 2003. Land use evaluation and scenario analysis towards sustainable planning on the Loess Plateau in China—case study in a small catchment. Catena, 54 (1-2): 303-316.

Chen H S, Shao M A, Li Y Y. 2008. The characteristics of soil water cycle and water balance on steep grassland under natural and simulated rainfall conditions in the Loess Plateau of China. Journal of Hydrology, 360 (1-4): 242-251.

Chen L D, Huang Z L, Gong J, et al. 2007. The effect of land cover/vegetation on soil water dynamic in the hilly area of the Loess Plateau, China. Catena, 70 (2): 200-208.

Chen Y P, Wang K B, Lin Y S, et al. 2015. Balancing green and grain trade. Nature Geoscience, 8: 739-741.

Chen Y P, Xia J B, Zhao X M, et al. 2019. Soil moisture ecological characteristics of typical shrub and grass vegetation on Shell Island in the Yellow River Delta, China. Geoderma, 348: 45-53.

Cohen S, Kettner A J, Syvitski J P. 2014. Global suspended sediment and water discharge dynamics between 1960 and 2010: continental trends and intra-basin sensitivity. Global and Planetary Change, 115: 44-58.

Cosh M H, Jackson T J, Moran S, et al. 2008. Temporal persistence and stability of surface soil moisture in a semi-arid watershed. Remote Sensing of Environment, 112 (2): 304-313.

Costanza R. 2008. Ecosystem services: Multiple classification systems are needed. Biological Conservation, 141: 350-352.

Costanza R, d'Arge R, de Groot R, et al. 1998. The value of the world's ecosystem services and natural capital. Ecological economics, 25 (1): 3-15.

Costanza R, Groot R D, Sutton P, et al. 2014. Changes in the global value of ecosystem services. Global Environmental Change, 26 (1): 152-158.

Cumming G S, Buerkert A, Hoffmann E M, et al. 2014. Implications of agricultural transitions and urbanization for ecosystem services. Nature, 515: 50-57.

Dade M C, Mitchell M G E, Mcalpine C A, et al. 2018. Assessing ecosystem service trade-offs and synergies: The need for a more mechanistic approach. AMBIO: A Journal of the Human Environment, 48 (10): 1116-1128.

Daily G C. 1997. Nature's Services: Societal Dependence on Natural Ecosystems. Washington DC: Island Press.

Daughtry C S T, Hunt J E R. 2008. Mitigating the effects of soil and residue water contents on remotely sensed estimates of crop residue cover. Remote Sensing of Environment, 112 (4): 1647-1657.

de Asis A M, Omasa K. 2007. Estimation of vegetation parameter for modeling soil erosion using linear spectral mixture analysis of landsat TM data. ISPRS Journal of Photogrammetry & Remote Sensing, 62 (4): 309-324.

de Baets S, Poesen J, Gyssels G, et al. 2006. Effects of grass roots on the erodibility of topsoils during concentrated flow. Geomorphology, 76: 54-67.

de Bello F, Lavorel S, Díaz S, et al. 2010 Towards an assessment of multiple ecosystem processes and services via functional traits. Biodiversity and Conservation, 19: 2873-2893.

de Jong S M. 1994. Derivation of vegetative variables from a Landsat TM image for modelling soil erosion. Earth Surface Processes & Landforms, 19 (2): 165-178.

de Koff J P, Moore P A, Formica S J, et al. 2011. Effects of pasture renovation on hydrology, nutrient runoff, and forage yield. Journal of Environmental Quality, 40 (2): 320.

de Queiroz M G, da Silva T G F, Zolnier S, et al. 2020. Spatial and temporal dynamics of soil moisture for surfaces with a change in land use in the semi-arid region ofBrazil. Catena, 188: 104457.

de Roo A P J, Wesseling C G, Ritsema C J, et al. 2015. LISEM: A single-event physically based hydrological and soil erosion model for drainage basins; I: Theory, input and output. Hydrological Processes, 10 (8): 1107-1117.

de Souza A, Luana L, Frazao L A, et al. 2021. Soil carbon and nitrogen stocks and the quality of soil organic matter under silvopastoral systems in the Brazilian Cerrado. Soil Tillage Research, 205: 104785.

Deb K, Agrawal S, Pratap A, et al. 2000. Afast elitist non-dominated sorting genetic algorithm for multi-objective optimization: NSGA-II. Evolutionary Computation, 1917: 849-858.

Delgado L E, Marín V H. 2016. Well-being and the use of ecosystem services by rural households of the Río Cruces watershed, southern Chile. Ecosystem Services, 21: 81-91.

Dercon G, Mabit L, Hancock G, et al. 2012. Fallout radionuclide-based techniques for assessing the impact of soil conservation measures on erosion control and soil quality: An overview of the main lessons learnt under an FAO/IAEA coordinated research Project. Journal of Environmental Radioactivity, 107: 78-85.

De Roo. 1966. The lisem project: An introduction. Hydrological Processes, 10 (8): 1021-1025.

Descheemaeker K, Nyssen J, Poesen J, et al. 2006. Runoff on slopes with restoring vegetation: A case study from the Tigray highlands, Ethiopia. Journal of Hydrology, 331 (1): 219-241.

Descroix L, Viramontes D, Vauclin M, et al. 2001. Influence of soil surface features and vegetation on runoff and erosion in the Western Sierra Madre (Durango, Northwest Mexico). Catena, 43 (2): 115-135.

Dobriyal P, Qureshi A, Badola R, et al. 2012. A review of the methodsavailable for estimating soil moisture and its implications for water resource management. Journal of Hydrology, 458: 110-117.

Doetterl S, Berhe A A, Nadeu E, et al. 2016. Erosion, deposition and soil carbon: A review of process-level controls, experimental tools and models to address C cycling in dynamic landscapes. Earth-Science Reviews, 154: 102-122.

Dou H Q, Han T C, Gong X N, et al. 2014. Probabilistic slope stability analysis considering the variability of hydraulic conductivity under rainfall infiltration redistribution conditions. Engineering Geology, 183: 1-13.

Droogers P, Allen R G. 2002. Estimating reference evapotranspiration under inaccurate data conditions. Irrigation & Drainage Systems, 16 (1): 33-45.

Durán Z V H, Rodríguez P C R, 2008. Soil-erosion and runoff prevention by plant covers. A review. Agronomy for Sustainable Development, 28 (1): 65-86.

Dymond J R, Simon V S. 2018. An event-based model of soil erosion and sediment transport at the catchment scale. Geomorphology, 318: 240-219.

Eghball B, Hergert G W, Lesoing G W, et al. 1999. Fractal analysis of spatial and temporal variability. Geoderma, 88 (3-4): 349-362.

Ellison D, Futter M N, Bisho K. 2012. On the forest cover-water yield debate: from demand-to supply-side thinking. Global Change Biology, 18 (3): 806-820.

Entin J K, Robock A, Vinnikov K Y, et al. 2000. Temporal and spatial scales of observed soil moisture variations in the extratropics. Journal of Geophysical Research: Atmospheres, 105 (D9): 11865-11877.

Erickson M, Alex M, Jeffrey H. 2002. Multi- objective optimal design of groundwater remediation systems: application of the niched Pareto genetic algorithm (NPGA) - ScienceDirect. Advances in Water Resources, 25 (1): 51-65.

Estrany J, Garcia C, Batalla R J. 2010. Hydrological response ofa small Mediterranean agricultural catchment. Journal of Hydrology, 380 (1): 180-190.

Famiglietti J, Ryu D, Berg A, et al. 2008. Field observations of soil moisture variability across scales. Water Resources Research, 44 (1): w 01423.

Fan J, Gao Y, Wang Q J, et al. 2014. Mulching effects on water storage in soil and its depletion by alfalfa in the Loess Plateau of northwestern China. Agricultural Water Management, 138: 10-16.

Fang J Y, Piao S L, Field C B, et al. 2003. Increasing net primary production in China from 1982 to 1999. Frontiers in Ecology & the Environment, 1 (6): 294-297.

Fang X N, Zhao W W, Fu B J, et al. 2015. Landscape service capability, landscape service flow and landscape service demand: A new framework for landscape services and its use for landscape sustainability assessment. Progress in Physical Geography, 39 (6): 817-836.

Fang X N, Zhao W W, Wang L X, et al. 2016. Variations of deep soil moisture under different vegetation types and influencing factors in a watershed of the Loess Plateau, China. Hydrology and Earth System Sciences, 20: 3309-3323.

Fedoroff N V, Battisti D S, Beachy R N, et al. 2010. Radically rethinking agriculture for the 21st century. Science, 327 (5967): 833-834.

Feng Q, Zhao W W, Qiu Y, et al. 2013. Spatial heterogeneity of soil moisture and the scale variability of its influencing factors: a case study in the loess plateau of China. Water, 5 (3): 1226-1242.

Feng Q, Guo X, Zhao W W, et al. 2015. A comparative analysis of runoff and soil loss characteristics between "extreme precipitation year" and "normal precipitation year" at the plot scale: A case study in the Loess Plateau in China. Water, 7: 3343-3366.

Feng Q, Zhao W W, Fu B J, et al. 2017. Ecosystem service trade-offs and their influencing factors: A case study in the Loess Plateau of China. Science of the Total Environment, 607: 1250-1263.

Feng Q, Zhao W W, Ding J Y, et al. 2018. Estimation of the cover and management factor based on stratified coverage and remote sensing indices: A case study in the Loess Plateau of China. Journal of Soils & Sediments, 18 (3): 775-790.

Feng Q, Zhao W, Hu X, et al. 2020. Trading- off ecosystem services for better ecological restoration: A case study in the Loess Plateau of China. Journal of Cleaner Production, 257: 120469.

Feng X, Vico G, Porporato A. 2012. On the effects of seasonality on soil water balance and plant growth. Water Resources Research, 48 (5): W05543.

Feng X M, Sun G, Fu B J, et al. 2012. Regional effects of vegetation restoration on water yield across the Loess Plateau, China. Hydrology & Earth System Sciences, 16 (8): 2617-2628.

Feng X M, Fu B J, Lu N, et al. 2013. How ecological restoration alters ecosystem services: an analysis of carbon sequestration in China's Loess Plateau. Scientific Reports, 3 (1): 2846.

Feng X M, Fu B J, Piao S L, et al. 2016. Revegetation in China's Loess Plateau is approaching sustainable water resource limits. Nature Climate Change, 6 (11): 1019-1022.

Ferdinando V, Kenneth J B, Brian V, et al. 2014. A methodology for adaptable and robust ecosystem services assessment. PLoS One, 9 (3): e91001.

Fernández-Raga M, Palencia C, Keesstra S, et al. 2017. Splash erosion: A review with unanswered questions. Earth-Science Reviews, 171: 463-477.

Ferreira A G, Singer M J. 1985. Energy dissipation for water dropimpact into shallow pools. Soil Science Society of America Journal, 49 (6): 1537-1542.

Fisher B, Turner R K, Morling P. 2009. Defining and classifying ecosystem services for decision making. Ecological Econmics, 68 (3): 644-653.

Flanagan D C, Ascough J C, Nearing M A, et al. 2001. The water erosion prediction project (WEPP) model// Harmon R S, Doe W W. Landscape Erosion and Evolution Modeling. Boston: Springer.

Fonseca C M, Fleming P J. 1993. Multi objective genetic algorithms. IEE Colloquium on Genetic Algorithms for Control Systems Engineering.

Foster G R, Mccool D K, Renard K G, et al. 1981. Conversion of the universal soil loss equation to SL metric units. Journal of Soil & Water Conservation, 36 (6): 355-359.

Foster G R, Mccool D K, Renard K G, et al. 1981. Conversion of the Universal Soil Loss Equation to SL metric units. Journal of Soil & Water Conservation, 36 (6): 355-359.

Francia M J R, Durán Zuazo V H, Martínez R A. 2006. Environmental impact from mountainous olive orchards under different soil-management systems (SE Spain). Science of the Total Environment, 358 (1-3): 46-60.

Frank S, Fürst C, Witt A, et al. 2014. Making use of the ecosystem services concept in regional planning-trade-offs from reducing water erosion. Landscape Ecology, 29 (8): 1377-1391.

Friesen P, Park A, Sarmiento-Serrud A A. 2013. Comparing rainfall interception in plantation trials of six tropical hardwood trees and wild sugar cane Saccharum spontaneum L. Ecohydrology, 6 (5): 765-774.

Fu B J, Wei Y P. 2018. Editorial overview: Keeping fit in the dynamics of coupled natural and human systems. Current Opinion in Environmental Sustainability, 33: A1-A4.

Fu B J, Wang J, Chen L S, et al. 2003. The effects of land use on soil moisture variation in the Danangou catchment of the Loess Plateau, China. Catena, 54 (1-2): 197-213.

Fu B J, Liu Y, Lu Y H, et al. 2011. Assessing the soil erosion control service of ecosystems change in the Loess Plateau of China. Ecological Complexity, 8 (4): 284-293.

Fu B J, Wang S, Liu Y X, et al. 2017. Hydrogeomorphic ecosystem responses to natural and anthropogenic changes in the Loess Plateau of China. Annual Review of Earth and Planetary Sciences, 45 (1): 223-243.

Galicia L, López-Blanco J, Zarco-Arista A, et al. 1999. The relationship between solar radiation interception and soil water content in a tropical deciduous forest in Mexico. Catena, 36 (1-2): 153-164.

Gamfeldt L, Snäll T, Bagchi R, et al. 2013. Higher levels of multiple ecosystem services are found in forests with more tree species. Nature Communications, 4（1）: 1-8.

Gao L, Shao M A. 2012. Temporal stability of soil water storage in diverse soil layers. Catena, 95: 24-32.

Gao X D, Wu P T, Zhao X N, et al. 2013. Estimating the spatial means and variability of root-zone soil moisture in gullies using measurements from nearby uplands. Journal of Hydrology, 476: 28-41.

García-Ruiz J M, Beguería S, Nadal-Romero E, et al. 2015. A meta-analysis of soil erosion rates across the world. Geomorphology, 239: 160-173.

Garnier E, Navas M L. 2012. A trait-based approach to comparative functional plant ecology: concepts, methods and applications for agroecology. A review. Agronomy for Sustainable Development, 32（2）: 365-399.

Garnier E, Stahl U, Laporte M A, et al. 2017. Towards a thesaurus of plant characteristics: an ecological contribution. Journal of Ecology, 105（2）: 298-309.

Geijzendorffer I R, Cohen-Shacham E, Cord A F, et al. 2017. Ecosystem services in global sustainability policies. Environmental Science & Policy, 74: 40-48.

Geng Q H, Ma X C, Liao J H, et al. 2021. Contrasting nutrient-mediated responses between surface and deep fine root biomass to N addition in poplar plantations on the east coast of China. Forest Ecology and Management, 490: 119152.

Geris J, Tetzlaff D, Mcdonnell J, et al. 2015. The relative role of soil type and tree cover on water storage and transmission in northern headwater catchments. Hydrological Processes, 29（7）: 1844-1860.

Gissi E, Gaglio M, Reho M. 2016. Sustainable energy potential from biomass through ecosystem services trade-off analysis: The case of the Province of Rovigo（Northern Italy）. Ecosystem Services, 18: 1-19.

Gogichaishvili G P. 2012. Erodibility of arable soils in Georgia during the period of storm runoff. Eurasian Soil Science, 45（2）: 189-193.

Goldstein J H, Caldarone G, Duarte T K, et al. 2012. Integrating ecosystem-service tradeoffs into land-use decisions. Proceedings of the National Academy of Sciences of the United States of America, 109（19）: 7565-7570.

Gottschalk P, Smith J U, Wattenbach M, et al. 2012. How will organic carbon stocks in mineral soil evolve under future climate? Global projections using RothC for a range of climate scenarios. Biogeosciences, 9（1）: 3151-3171.

Groot R S D, Alkemade R, Braat L, et al. 2010. Challenges in integrating the concept of ecosystem services and values in landscape planning, management and decision making. Ecological Complexity, 7（3）: 260-272.

Groot J C J, Yalew S G, Rossing W A H. 2018. Exploring ecosystem services trade-offs in agricultural landscapes with a multi-objective programming approach. Landscape & Urban Planning, 172: 29-36.

Gustafson E J. 2013. Using expert knowledge in landscape ecology. Landscape Ecology, 28（2）: 1-2.

Gyssels G, Poesen J, Bochet E, et al. 2005. Impact of plant roots on the resistance of soils to erosion by water: a review. Progress Physical Geography, 29: 189-217.

Gómez-Plaza A, Alvarez-Rogel J, Albaladejo J, et al. 2000. Spatial patterns and temporal stability of soil moisture across a range of scales in a semi-arid environment. Hydrological Processes, 14 (7): 1261-1277.

Haber W. 2004. Landscape ecology as a bridge from ecosystems to human ecology. Ecological Research, 19 (1): 99-106.

Hamel P, Chaplin-Kramer R, Sim S, et al. 2015. A new approach to modeling the sediment retention service (InVEST 3.0): Case study of the Cape Fear catchment, North Carolina, USA. Science of the Total Environment, 524-525: 166-177.

Han F, Zheng J, Zhang X. 2009. Plant root system distribution and its effect on soil nutrient on slope land converted from farmland in the Loess Plateau. Transactions of the Chinese Society of Agricultural Engineering, 25 (2): 50-55.

Han T C, Dou H Q, Gong X N, et al. 2014. A Rainwater Redistribution Model to Evaluate Two-Layered Slope Stability after a Rainfall Event. Environmental & Engineering Geoscience, 20 (2): 163-176.

Hao C L, Yan D H, Xiao W, et al. 2013. Research framework & key issues for non-point source pollution in agriculture induced by water-loss and soil-erosion. Advanced Materials Research, 726: 3855-3866.

Hassett E M, Stehman S V, Wickham J D. 2012. Estimating landscape pattern metrics from a sample of land cover. Landscape Ecology, 27 (1): 133-149.

He F H, Huang M B, Dang T. 2003. Distribution characteristic of dried soil layer in Wangdonggou watershed in gully region of the Loess Plateau. Journal of Natural Resources, 18: 30-36.

Heggen R J. 2001. Normalized antecedent precipitation index. Journal of Hydrologic Engineering, 6 (5): 377-381.

Hernandez M, Nearing M A, Al-Hamdan O Z, et al. 2017. The Rangeland Hydrology and Erosion Model: A Dynamic Approach for Predicting Soil Loss on Rangelands. Water Resources Research, 53: 9368-9391.

Howe C, Suich H, Vira B, et al. 2014. Creating win-wins from trade-offs? Ecosystem services for human well-being: A meta-analysis of ecosystem service trade-offs and synergies in the real world. Global Environmental Change, 28 (1): 263-275.

Hoyer R, Chan H. 2014. Assessment of freshwater ecosystem services in the Tualatin and Yamhill basins under climate change and urbanization. Applied Geography, 53: 402-416.

Hu H T, Fu B J, Lv Y H, et al. 2015. SAORES: A spatially explicit assessment and optimization tool for regional ecosystem services. Landscape Ecology, 30 (3): 547-560.

Hu S L, Jia Z K, Wan S M. 2009. Soil moisture consumption and ecological effects in alfalfa grasslands in Longdong area of Loess Plateau. Transactions of the Chinese Society of Agricultural Engineering, 25 (8): 48-53.

Huang Z, Liu Y F, Cui Z, et al. 2019. Natural grasslands maintain soil water sustainability better than planted grasslands in arid areas. Agriculture Ecosystems Environment, 286: 106683.

Ishibuchi H, Nakashima T, Murata T. 1995. Fuzzy classifier system that generates fuzzy if-then rules for pattern classification problems: Evolutionary Computation. IEEE International Conference.

Iverson A L, Marín L E, Ennis K K, et al. 2015. Do polycultures promote win-wins or trade-offs in agricultural ecosystem services? A meta-analysis. Journal of Applied Ecology, 51 (6): 1594-1602.

Jackson B, Pagella T, Sinclair F, et al. 2013. Polyscape: A GIS mapping framework providing efficient and spatially explicit landscape-scale valuation of multiple ecosystem services. Landscape and Urban Planning, 112: 74-88.

Jesus M, Rinaldo A, Rodrıguez-Iturbe I. 2015. Point rainfall statistics for ecohydrological analyses derived from satellite integrated rainfall measurements. Water Resources Research, 51 (4): 2974-2985.

Jia Y H, Shao M A. 2014. Dynamics of deep soil moisture in response to vegetational restoration on the Loess Plateau of China. Journal of Hydrology, 519: 523.

Jian S Q, Zhao C Y, Fang S M, et al. 2015. Effects of different vegetation restoration on soil water storage and water balance in the Chinese Loess Plateau. Agricultural and Forest Meteorology, 206: 85-96.

Jobbagy E G, Jackson R B. 2000. The vertical distribution of soil organic carbon and its relation to climate and vegetation. Ecological Applications, 10: 423-436.

Jones L, Norton L, Austin Z, et al. 2016. Stocks and flows of natural and human-derived capital in ecosystem services. Land Use Policy, 52: 151-162.

Jong S M D, Paracchini M L, Bertolo F, et al. 1999. Regional assessment of soil erosion using the distributed model SEMMED and remotely sensed data. Catena, 37 (3-4): 308.

Jordán A, Martínez-Zavala L. 2008. Soil loss and runoff rates on unpaved forest roads in southern Spain after simulated rainfall. Forest Ecology and Management, 255 (3): 913-919.

Kang H, Seely B, Wang G, et al. 2016. Evaluating management tradeoffs between economic fiber production and other ecosystem services in a Chinese-fir dominated forest plantation in Fujian Province. Science of the Total Environment, 557-558: 80-90.

Kareiva P, Tallis H, Ricketts T H, et al. 2011. Natural Capital: Theory and Practice of Mapping Ecosystem Services. Oxford: Oxford University Press.

Karhu K, Wall A, Vanhala P, et al. 2011. Effects of afforestation and deforestation on boreal soil carbon stocks—Comparison of measured C stocks with Yasso07 model results. Geoderma, 164 (1-2): 45.

Karlberg L, Ben-Gal A, Jansson P E, et al. 2006. Modelling transpiration and growth in salinity-stressed tomato under different climatic conditions. Ecological Modelling, 190 (1-2): 15-40.

Karydas C G, Panagos P, Gitas I Z. 2014. A classification of water erosion models according to their geospatial characteristics. International Journal of Digital Earth, 7 (3): 229-250.

Kateb H E, Zhang H, Zhang P, et al. 2013. Soil erosion and surface runoff ondifferent vegetation covers and slope gradients: A field experiment in Southern Shaanxi Province, China. Catena, 105 (5): 1-10.

Kefi M, Yoshino K, Setiawan Y, et al. 2011. Assessment of the effectsof vegetation on soil erosion risk by water: A case of study of the Batta watershed in Tunisia. Environmental Earth Sciences, 64 (3): 707-719.

Kefi M, Yoshino K, Setiawan Y. 2012. Assessment and mapping of soil erosion risk by water in Tunisia using time series MODIS data. Paddy & Water Environment, 10 (1): 59-73.

Kim K, Owens G, Naidu R. 2010. Effect of root-induced chemical changes on dynamics and plant uptake of heavy metals in rhizosphere soils. Pedosphere, 20 (4): 494-504.

Kinnell P I A. 2010. Event soilloss, runoff and the Universal Soil Loss Equation family of models: A review. Journal of Hydrology, 385 (1): 384-397.

Klaus D P, Doleire-Oltmanns S R, Johannes B, et al. 2014. Soil erosion in gully catchments affected by land-levelling measures in the Souss Basin, Morocco, analysed by rainfall simulation and UAV remote sensing data. Catena, 113: 24-40.

Kooyman R M, Westoby M. 2009. Costs of height gain in rainforest saplings: main-stem scaling, functional traits and strategy variation across 75 species. Annals of Botany, 104 (5): 987-993.

Kou M, Garcia-Fayos P, Hu S, et al. 2016. The effect of Robinia pseudoacacia afforestation on soil and vegetation properties in the Loess Plateau (China): A chronosequence approach. Forest Ecology Management, 375: 146-158.

Kroll F, Müller F, Haase D, et al. 2012. Rural-urban gradient analysis of ecosystem services supply and demand dynamics. Land Use Policy, 29 (3): 521-535.

Kumagai T, Porporato A. 2012. Drought-induced mortality of a Bornean tropical rain forest amplified byclimate change. Journal of Geophysical Research Biogeosciences, 117 (G2): G02032.

Lal R. 1998. Soil Erosion impact on agronomic productivity and environment quality. Critical Reviews in Plant Sciences, 17 (4): 319-464.

Lal R. 2003. Soil erosion and theglobal carbon budget. Environment International, 29 (4): 437-450.

Lal R. 2009. Soils and food sufficiency: A review. Agronomy for Sustainable Development, 29 (1): 114-133.

Lal R. 2011. Sequestering carbon in soils of agro-ecosystems. Food Policy, 36 (S1): S34-S39.

Larcher W. 2003. Physiological Plant Ecology: Ecophysiology and Stress Physiology of Functional Groups. Berlin: Springer Science & Business Media.

Lautenbach S, Volk M, Strauch M, et al. 2013. Optimization-based trade-off analysis of biodiesel crop production for managing an agricultural catchment. Environmental Modelling & Software, 48 (10): 98-112.

Legates D R, Mahmood R, Levia D F, et al. 2011. Soil moisture: A central and unifying theme in physical geography. Progress in Physical Geography, 35: 65-86.

Lesschen J P, Schoorl J M, Cammeraat L H. 2009. Modelling runoff and erosion for a semi-arid catchment using a multi-scale approach based on hydrological connectivity. Geomorphology, 109 (4): 174-183.

Lester S E, Costello C, Halpern B S, et al. 2013. Evaluating tradeoffs among ecosystem services to inform marine spatial planning. Marine Policy, 38 (1): 80-89.

Li H D, Shen W S, Zou C X, et al. 2013. Spatio-temporal variability of soil moisture and its effect on vegetation in a desertified aeolian riparianecotone on the Tibetan Plateau, China. Journal of Hydrology, 479: 215-225.

Li P F, Mu X M, Holden J, et al. 2017. Comparison of soil erosion models used to study the Chinese Loess Plateau. Earth-Science Review, 170: 17-30.

Li R, Hou X Q, Jia Z K, et al. 2013. Effects on soil temperature, moisture, and maize yield of cultivation with ridge and furrow mulching in the rainfed area of the Loess Plateau, China. Agricultural Water Management,

116: 101-109.

Li R, Hou X, Jia Z, et al. 2013. Effects on soil temperature, moisture, and maize yield of cultivation with ridge and furrow mulching in the rainfed area of the Loess Plateau, China. Agricultural Water Management, 116: 101-109.

Li S Y, Gao J X, Zhu Q S, et al. 2015. A dynamic root simulation model in response to soil moisture heterogeneity. Mathematics and Computers in Simulation, 113: 40-50.

Li T, Lü Y H, Fu B J, et al. 2019. Bundling ecosystem services for detecting their interactions driven by largescale vegetation restoration: Enhanced services while depressed synergies. Ecological Indicators, 99: 332-342.

Li Z, Fang H. 2016. Impacts of climate change on water erosion: A review. Earth- Science Reviews, 163: 94-117.

Liang H B, Xue Y Y, Li Z S, et al. 2018. Soil moisture decline following the plantation of R. pseudoacacia forests: Evidence from the Loess Plateau. Forest Ecology and Management, 412: 62-69.

Liski J, Palosuo T, Peltoniemi M, et al. 2005. Carbon and decomposition model Yasso for forest soils. Ecological Modelling, 189 (1-2): 168-182.

Liu B Y, Nearing M A, Risse L M. 1994. Slope gradient effects on soil loss for steep slopes. Transactions of the ASAE, 37 (6): 1835-1840.

Liu B Y, Zhang K L, Xie Y. 2002. An empirical soil loss equation. proceedings-process of soil erosion and itsenvironment effect. Beijing: The 12th International Soil Conservation Organization Conference.

Liu J G, Li S X, Ouyang Z Y, et al. 2008. Ecological and socioeconomic effects of China's policies for ecosystem services. Proceedings of the National Academy of Sciences of the United States of America, 105 (28): 9477-9482.

Liu J, Hull V, Batistella M, et al. 2013. Framing sustainability in a telecoupled world. Ecology and Society, 18 (2): 26.

Liu S Y, Hu N K, Zhang J, et al. 2018. Spatiotemporal change of carbon storage in the Loess Plateau of northern Shaanxi, based on the InVEST Model. Sciences in Cold and Arid Regions, 10 (3): 240-250.

Liu W, Zhang X C, Dang T, et al. 2010. Soil water dynamics and deep soil recharge in a record wet year in the southern Loess Plateau of China. Agricultural Water Management, 97: 1133-1138.

Liu Y, Fu B J, Lv Y H, et al. 2012. Hydrological responses and soil erosion potential of abandoned cropland in the Loess Plateau, China. Geomorphology, 138 (1): 404-414.

Liu Y, Zhao W, Wang L, et al. 2016. Spatial variations of soil moisture under *Caragana Korshinskii* kom. from different precipitation zones: field based analysis in the Loess Plateau, China. Forests, 7 (2): 31.

Liu Y X, Zhao W W, Wang L X, et al. 2016. Spatial variations of soil moisture under Caragana korshinskii Kom. from different precipitation zones: Field based analysis in the Loess Plateau, China. Forests, 7 (2): 31.

Liu Y X, Zhao W W, Zhang X, et al. 2016. Soil water storage changes within deep profiles under introduced

· shrubs during the growing season: Evidence from semiarid loess plateau, China. Water, 8（10）: 475.

Locatelli B, Imbach P, Wunder S. 2014. Synergies and trade-offs between ecosystem services in Costa Rica. Environmental Conservation, 41（1）: 27-36.

Lu N, Akuj Rvi A, Wu X, et al. 2015. Changes in soil carbon stock predicted by a process-based soil carbon model（Yasso07）in the Yanhe watershed of the Loess Plateau. Landscape Ecology, 30（3）: 399-413.

Lu N, Fu B, Jin T, et al. 2014. Trade-off analyses of multiple ecosystem services by plantations along a precipitation gradient across Loess Plateau landscapes. Landscape Ecology, 29（10）: 1697-1708.

Luo G, Kiese R, Wolf B, et al. 2013. Effects of soil temperature and moisture on methane uptake and nitrous oxide emissions across three different ecosystem types. Biogeosciences, 10（5）: 3205-3219.

Luo Y, Lv Y H, Fu B J, et al. 2018. Half century change of interactions among ecosystem services driven by ecological restoration: Quantification and policy implications at a watershed scale in the Chinese Loess Plateau. Science of the Total Environment, 651（2）: 2546-2557.

Lv N, Fu B J, Jin T T, et al. 2014. Trade-off analyses of multiple ecosystem services by plantations along a precipitation gradient across Loess Plateau landscapes. Landscape Ecology, 29（10）: 1697-1708.

Lv N, Akuj Rvi A, Wu X, et al. 2015. Changes in soil carbon stock predicted by a process-based soil carbon model（Yasso07）in the Yanhe watershed of the Loess Plateau. Landscape Ecology, 30（3）: 399-413.

Lv Y H, Fu B J, Chen L D, et al. 2007. Nutrient transport associated with water erosion: Progress and prospect. progress in Physical Geography, 31（6）: 607-620.

Lv Y H, Fu B J, Feng X M, et al. 2012. A policy-driven large scale ecological restoration: quantifying ecosystem services changes in the Loess Plateau of China. PloS One, 7（2）: e31782.

MacDonald D H, Bark R H, Coggan A. 2014. Is ecosystem service research used by decision-makers? A case study of the Murray-Darling Basin, Australia. Landscape Ecology, 29（8）: 1447-1460.

Mahat V, Tarboton D. 2014. Representation of canopy snow interception, unloading and melt in a parsimonious snowmelt model. Hydrological Processes, 28（26）: 6320-6336.

Mahmood T, Vivoni E. 2014. Forest ecohydrological response to bimodal precipitation during contrasting winterto summer transitions. Ecohydrology, 7（3）: 998-1013.

Manfreda S, McCabe M, Fiorentino M, et al. 2007. Scaling characteristics of spatial patterns of soil moisture from distributed modelling. Advances in Water Resources, 30（10）: 2145-2150.

Manzoni S, Vico G, Palmroth S, et al. 2013. Optimization of stomatal conductance for maximum carbon gain under dynamic soil moisture. Advances in Water Resources, 62: 90-105.

Mark E, Alex M, Jeffrey H. 2002. Multi-objective optimal design of groundwater remediation systems: application of the niched Pareto genetic algorithm（NPGA）- ScienceDirect. Advances in Water Resources, 25（1）: 51-65.

Marshall J M. 2014. Influence of topography, bare sand, and soil pH on the occurrence and distribution of plant species in a lacustrinedune ecosystem. Journal of the Torrey Botanical Society, 141（1）: 29-38.

Martínez R A, Durán Z V H, Francia F R. 2006. Soil erosion and runoff response to plant-cover strips on semiarid slopes (SE Spain) . Land Degradation & Development, 17 (1): 1-11.

Martín-López B, Iniesta-Arandia I, García-Llorente M, et al. 2012. Uncovering Ecosystem Service Bundles through Social Preferences. PLoS One, 7 (6): e38970.

Mascaro G, Vivoni E, Deidda R. 2011. Soil moisture downscaling across climate regions and its emergent properties. Journal of Geophysical Research: Atmospheres, 116 (D22): D22114.

Mayor Á G, Bautista S, Small E E, et al. 2008. Measurement of the connectivity of runoff source areas as determined by vegetation pattern and topography: A tool for assessing potential water and soil losses in drylands. Water Resources Research, 44 (10): 2183-2188.

McCool D K, Brown L C, Foster G R, et al. 1987. Revised slope steepness factor for the Universal Soil Loss Equation. Transactions of the ASAE, 30: 1387-1396.

McGill B J, Enquist B J, Weiher E, et al. 2006. Rebuilding community ecology from functional traits. Trends in Ecology Evolution, 21 (4): 178-185.

McLaren J R, Turkington R. 2010. Ecosystem properties determined by plant functional group identity. Journal of Ecology, 98 (2): 459-469.

McNairn H, Duguay C, Brisco B, et al. 2002. The effect of soil and crop residue characteristics on polarimetric radar response. Remote Sensing of Environment, 80 (2): 308-320.

MEA. 2005. Ecosystems and Human Well-Being. Washington, DC: Island Press.

Mentaschi L, Vousdoukas M I, Pekel J F, et al. 2018. Global long-term observations of coastal erosion and accretion. Scientific Reports, 8 (1): 12876.

Miettinen K. 1998. Nonlinear Multiobjective Optimization. Birkhaüser Verlag: Springer Science & Business Media.

Milne E, Banwart S A, Noellemeyer E, et al. 2015. Soil carbon, multiple benefits. Environmental Development, 13: 33-38.

Mina M, Bugmann H, Cordonnier T, et al. 2017. Future ecosystem services from European mountain forests under climate change. Journal of Applied Ecology, 54 (2): 389-401.

Mitchell M, Lockwood M, Moore S A, et al. 2015. Incorporating governance influences into social-ecological system models: a case study involving biodiversity conversation. Journal of Environmental Planning & Management, 58 (11) .

Mohammad A G, Adam M A. 2010. The impact of vegetative cover type on runoff and soil erosion under different land uses. Catena, 81 (2): 97-103.

Mohammadi M, Vanclooster M. 2011. Predicting the soil moisture characteristic curve from particle size distribution with a simple conceptual model. Vadose Zone Journal, 10 (2): 594-602.

Montenegro S, Ragab R. 2012. Impacts of possible climate and land use changes in the semi-arid regions: a case study from North Eastern Brazil. Journal of Hydrology, 434: 55-68.

Moran M S, Peterslidard C D, Watts J M, et al. 2004. Estimationg soil moisture at the watershed scale with satellite-based radar and land surface models. Canadian Journal of Remote Sensing, 54 (12): 805-826.

Morgan R P C, Quinton J N, Smith R E, et al. 1998. The European Soil Erosion Model (EUROSEM): A

Dynamic Approach for Predicting Sediment Transport from Fields and Small Catchments. Earth Surface Processes and Landforms, 23 (6): 527-544.

Morvan X, Naisse C, Malam I O, et al. 2014. Effect of ground-cover type on surface runoff and subsequent soil erosion in Champagne vineyards in France. Soil Use and Management, 30 (3): 372-381.

Mouchet M A, Lamarque P, Martín-López B, et al. 2014. An interdisciplinary methodological guide for quantifying associations between ecosystem services. Global Environmental Change, 28: 298-308.

Mouillot D, Villéger S, Schererlorenzen M, et al. 2011. Functional structure of biological communities predicts ecosystem multifunctionality. Plos One, 6 (3): e17476.

Muneepeerakul C, Muneepeerakul R, Miralles-Wilhelm F, et al. 2011. Dynamics of wetland vegetation under multiple stresses: a case study of changes in sawgrass trait, structure, and productivity under coupled plant-soil-microbe dynamics. Ecohydrology, 4 (6): 757-790.

Murata T, Ishibuchi H, Gen M. 1999. Multi objective fuzzy scheduling with the OWA operator for handling different scheduling criteria and different job importance. IEEE International Fuzzy Systems Conference Proceedings.

Nearing M A, Norton L D, Bulgakov D A, et al. 1997. Hydraulics and erosion in eroding rills. Water Resources Research, 33 (4): 865-876.

Nearing M A, Simanton J R, Norton L D, et al. 2015. Soil erosion by surface water flow on a stony, semiarid hillslope. Earth Surface Processes & Landforms, 24 (8): 677-686.

Neris J, Tejedor M, Rodríguez M, et al. 2013. Effect of forest floor characteristics on water repellency, infiltration, runoff and soil loss in Andisols of Tenerife (Canary Islands, Spain). Catena, 108 (9): 50-57.

Norman J. 1998. Climate Change and the Global Harvest: Potential Impacts of the Greenhouse Effect on Agriculture. Oxford: Oxford University Press.

Núnez D, Nahuelhual L, Oyarzún C. 2006. Forests and water: The value of native temperate forests in supplying water for human consumption. Ecological Economics, 58: 606-616.

Odum H T. 1986. Emergy in ecosystems//Polunin N. Ecosystem Theory and Application. New York: John Wiley & Sons.

Oelofse M, Birch-Thomsen T, Magid J, et al. 2016. The impact of black wattle encroachment of indigenous grasslands on soil carbon, Eastern Cape, South Africa. Biological Invasions, 18 (2): 445-456.

Oken K L, Essington T E. 2016. Evaluating the effect of a selective piscivore fishery on rockfish recoverywithin marine protected areas. Ices Journal of Marine Science, 73 (9): 2267-2277.

Ola A, Dodd I C, Quinton J N. 2015. Can we manipulate root system architecture to control soil erosion? Soil Discussions, 2 (1): 265-289.

Oliveira P T S, Wendland E, Nearing M A. 2012. Rainfall erosivity in Brazil: A review. Catena, 100: 139-147.

Ouyang Z Y, Zheng H, Xiao Y, et al. 2016. Improvements in ecosystem services from investments in natural capital. Science, 352 (6292): 1455-1459.

Ouyang Z, Song C, Zheng H, et al. 2020. Using gross ecosystem product (GEP) to value nature in decision making. Proceedings of the National Academyof Sciences, 117 (25): 14593-14601.

Palazón L, Navas A. 2016. Land use sediment production response under different climatic conditions in an alpine-prealpine catchment. Catena, 137: 244-255.

Pan Y, Wu J, Xu Z. 2014. Analysis of the tradeoffs betweenprovisioning and regulating services from the perspective of varied share of net primary production in an alpine grassland ecosystem. Ecological Complexity, 17: 79-86.

Panagos P, Borrelli P, Poesen J, et al. 2015. The new assessment of soil loss by water erosion in Europe. Environmental Science & Policy, 54: 438-447.

Parnell A C, Inger R, Bearhop S, et al. 2010. Source partitioning using stable isotopes: coping with too much variation. PLoS One, 5 (3): e9672.

Paudel S, Yuan F. 2012. Assessing landscape changes and dynamics using patch analysis and GIS modeling. International Journal of Applied Earth Observation and Geoinformation, 16: 66-76.

Peng C, Jiang H, Apps M J, et al. 2002. Effects of harvesting regimes on carbon and nitrogen dynamics of boreal forests in central Canada: a process model simulation. Ecological Modelling, 155 (2-3): 177-189.

Peng S L, Li P, You W H. 2013. Time Lag Effects and Rainfall Redistribution in Subtropical Evergreen Broad-Leaved Forest in Eastern Coastal China. Advanced Materials Research, 864: 2224-2231.

Potschin-Young M, Haines-Young R, Görg C, et al. 2018. Understanding the role of conceptual frameworks: Reading the ecosystem service cascade. Ecosystem Services, 29: 428-440.

Power A G, Godfray H C J, Beddington J R, et al. 2010. Ecosystem services and agriculture: Tradeoffs and synergies. Philosophical Transactions of the Royal Society of London, 365 (1554): 2959-2971.

Prosdocimi M, Cerdà A, Tarolli P. 2016. Soil water erosion on Mediterranean vineyards: A review. Catena, 141: 1-21.

Puigdefábregas J. 2010. The role of vegetation patterns in structuring runoff and sediment fluxes in drylands. Earth Surface Processes & Landforms, 30 (2): 133-147.

Puigdefábregas J, Sole A, Gutierrez L, et al. 1999. Scales and processes of water and sediment redistribution in drylands: results from the Rambla Honda field site in Southeast Spain. Earth-Science Reviews, 48 (1): 39-70.

Qi J, Chen J, Wan S, et al. 2012. Understanding the coupled natural and human systems in Dryland East Asia. Environmental Research Letters, 7 (1): 015202.

Qiu Y, Fu B J, Wang J, et al. 2001a. Soil moisture variation in relation to topography and land use in a hillslope catchment of the Loess Plateau, China. Journal of Hydrology, 240 (3-4): 243-263.

Qiu Y, Fu B J, Wang J, et al. 2001b. Spatial variability of soil moisture content and its relation to environmental indices in a semi-arid gully catchment of the Loess Plateau, China. Journal of Arid Environments, 49 (4): 723-750.

Qiu Y, Fu B J, Wang J, et al. 2010. Spatial prediction of soil moisture content using multiple-linear regressions in a gully catchment of the Loess Plateau, China. Journal of Arid Environments, 74 (2): 208-220.

Quinton J N, Govers G, van Oost K, et al. 2010. The impact of agricultural soil erosion on biogeochemical cycling. Nature Geoscience, 3 (5): 311-314.

Raclot D, Le Bissonnais Y, Annabi M, et al. 2017. Main issues for preserving Mediterranean soil resources from water erosion under global change. Land Degration and Development, 29 (3): 789-799.

Raudsepp-Hearne C, Peterson G D, Mooney E M. 2010. Ecosystem service bundles for analyzing tradeoffs in diverse landscapes. Proceedings of the National Academy of Sciences of the United States of America, 107 (11): 5242-5247.

Redhead J W, Stratford C, Sharps K, et al. 2016. Empirical validation of the InVEST water yield ecosystem service model at a national scale. Science of the Total Environment, 569-570: 1418-1426.

Reitsma S, Slaaf D W, Vink H, et al. 2002. A typology for the classification, description and valuation of ecosystem function, goods and services. Ecological Economics, 41 (3): 394-408.

Renard K G, Ferreira V A. 1993. RUSLE Model Description and Database Sensitivity. Journal of Environmental Quality, 22 (3): 458.

Renard K G, Foster G R, Weesies G A, et al. 1997. Predicting Soil Erosion by Water: A Guide to Conservation Planning with the Revised Universal Soil Loss Equation (RUSLE) . Washington D. C. : US Department of Agriculture.

Richardson A J, Wiegand C L. 1977. Distinguishing vegetation from soil background information. Photogrammetric Engineering and Remote Sensing, 43: 1541-1552.

Rickson R J, Deeks L K, Graves A, et al. 2015. Input constraints tofood production: The impact of soil degradation. Food Security, 7 (2): 351-364.

Rillig M C, Mummey D L. 2006. Mycorrhizas and soil structure. New Phytologist, 171: 41-53.

Risse L M et al. 1993. Error assessment in the universal soil loss equation. Soil Science Society of America Journal, 57 (3): 825-833.

Robinson D, Campbell C, Hopmans J, et al. 2008. Soil moisture measurement for ecological and hydrological watershed-scale observatories: A review. Vadose Zone Journal, 7 (1): 358-389.

Rodríguez J P, Beard Jr T D, Bennett E M, et al. 2006. Trade-offs across space, time, and ecosystem services. Ecology & Society, 11 (1): 709-723.

Roelof B, Joe R, Irit A, et al. 2015. The Multiscale Integrated Model of Ecosystem Services (MIMES): Simulating the interactions of coupled human and natural systems. Ecosystem Services, 12: 30-41.

Routschek A, Schmidt J, Kreienkamp F. 2014. Impact of climate change on soil erosion—A high-resolution projection on catchment scale until 2100 in Saxony/Germany. Catena, 121: 99-109.

Ruiz-Sinoga J D, Gabarrón Galeote M A, Martinez Murillo J F, et al. 2011. Vegetation strategies for soil water consumption along a pluviometric gradient in southern Spain. Catena, 84 (1-2): 12-20.

Rutgers M, van Wijnen H J, Schouten A J, et al. 2012. A method to assess ecosystem services developed from soil attributes with stakeholders and data of four arable farms. Science of the Total Environment, 415 (2): 39-48.

Saleh A A. 2000. Application of SWAT for the upper north Bosque watershed. Transactions of theAsae, 43 (5): 1077-1087.

Sandifer P A, Sutton-Grier A E, Ward B P. 2015. Exploring connections among nature, biodiversity, ecosystem services, and human health and well-being: Opportunities to enhance health and biodiversity conservation. Ecosystem Services, 12: 1-15.

Santhi C, Arnold J G, Williams J R, et al. 2001. Validation of the SWAT model on a large river basin with point and nonpoint sources. Journal of the American Water Resources Association, 37 (5): 1169-1188.

Sauer T J, Norman J M, Sivakumar M V K. 2011. Sustaining soil productivity in response to global climate change: Science, policy, and ethics. Vadose Zone Journal, 11 (2): 531.

Schirpke U, Scolozzi R, Marco C D, et al. 2014. Mapping beneficiaries of ecosystem services flows from natural 2000 sites. Ecosystem Services, 9: 170-179.

Schröter M, Barton D N, Remme R P, et al. 2014. Accounting for capacity and flow of ecosystem services: A conceptual model and a case study for Telemark, Norway. Ecological Indicators, 36 (1): 539-551.

Schulze E D. 2006. Biological control of the terrestrial carbon sink. Biogeosciences, 3: 147-166.

Serna-Chavez H M, Schulp C J E, van Bodegom P M, et al. 2014. A quantitative framework for assessing spatial flows of ecosystem services. Ecological Indicators, 39 (4): 24-33.

Shangguan Z P. 2007. Soil desiccation occurrence and its impact on forest vegetation in the Loess Plateau of China. International Journal of Sustainable Development and World Ecology, 14: 299-306.

Sharp R, Tallis H T, Ricketts T, et al. 2015. InVEST 3.2.0 User's Guide. PaloAlto: The Natural Capital Project, Stanford.

Sherrouse B C, Clement J M, Semmens D J. 2011. A GIS application for assessing, mapping, and quantifying the social values of ecosystem services. Applied Geography, 31 (2): 748-760.

Shi Y G, Wu P T, Zhao X N, et al. 2013. Statistical analyses and controls of root-zone soil moisture in a large gully of the Loess Plateau. Environmental Earth Sciences, 71 (11): 4801-4809.

Shipley B, de Bello F, Cornelissen J H C, et al. 2016. Reinforcing loose foundation stones in trait-based plant ecology. Oecologia, 180 (4): 923-931.

Srinivasan V, Seto K C, Emerson R, et al. 2013. The impact of urbanization on water vulnerability: A coupled human-environment system approach for Chennai, India. Global Environmental Change, 23: 229-239.

Stafford-Smith M, Cook C, Sokona Y, et al. 2018. Advancing sustainability science for the SDGs. Sustainability Science, 13 (6): 1483-1487.

Stewart K J, Grogan P, Coxson D S, et al. 2014. Topography as a key factor driving atmospheric nitrogen exchanges inarctic terrestrial ecosystems. Soil Biology & Biochemistry, 70 (2): 96-112.

Stokes A, Atger C, Bengough A G, et al. 2009. Desirable plant root traits for protecting natural and engineered slopes against landslides. Plant and Soil, 324: 1-30.

Stürck J, Poortinga A, Verburg P H. 2014. Mapping ecosystem services: The supply and demand of flood regulation services in Europe. Ecological Indicators, 38 (3): 198-211.

Su C H, Fu B J. 2013. Evolution of ecosystem services in the Chinese Loess Plateau under climatic and land use changes. Global & Planetary Change, 101 (1): 119-128.

Su C H, Fu B J, He C S, et al. 2012. Variation of ecosystem services and human activities: A case study in the Yanhe Watershed of China. Acta Oecologica, 44 (2): 46-57.

Sun W Y, Shao Q Q, Liu J Y, et al. 2014. Assessing the effects of land use and topography on soil erosion on the Loess Plateau in China. Catena, 121: 151-163.

Suriyaprasita M, Shrestha D P. 2008. Deriving land use and canopy cover factor from remote sensing and field data in inaccessible mountainous terrain for use in soil erosion modelling. The International Archives of the Photogrammetry, Remote Sensing and Spatial Information Sciences, 37: 1747-1750.

Svoray T, Atkinson P M. 2013. Geoinformatics and water-erosion processes. Geomorphology, 183: 1-4.

Swinton S M, Lupi F, Robertson G P, et al. 2007. Ecosystem services and agriculture: Cultivating agricultural e-cosystems for diverse benefits. Ecological Economics, 64 (2): 245-252.

Sánchezcanales M, Lópezbenito A, Acuña V, et al. 2015. Sensitivity analysis of a sediment dynamics model applied in a Mediterranean river basin: global change and management implications. Science of the Total Environment, 502: 602-610.

Tanabe R, Ishibuchi H. 2019. A Review of Evolutionary Multi-model Multi-objective Optimization. IEEE Transactions on Evolutionary Computation, 24 (1): 193-200.

Tang Q, Xu Y, Bennett S J, et al. 2015. Assessment of soil erosion using RUSLE and GIS: A case study of the Yangou watershed in the Loess Plateau, China. Environmental Earth Sciences, 73 (4): 1715-1724.

Tao Y, Li F, Liu X, et al. 2015. Variation in ecosystem services across an urbanization gradient: a s tudy of terrestrial carbon stocks from Changzhou, China. Ecological Modelling, 318 (1): 210-216.

Templeton R, Vivoni E, Méndez-Barroso L, et al. 2014. High-resolution characterization of a semiarid watershed: Implications on evapotranspiration estimates. Journal of Hydrology, 509: 306-319.

Tetzlaff D, Birkel C, Dick J, et al. 2014. Storage dynamics in hydropedological units control hillslope connective, runoff generatio, and the evolution of catchment transit time distributions. Water Resources Research, 50 (2): 969-985.

Tilman D, Cassman K G, Matson P A, et al. 2002. Agricultural sustainability and intensive production practices. Nature, 418 (6898): 671-677.

Togelius J, Preuss M, Yannakakis G N. 2010. Towards multi objective procedural map generation. Proceedings of the ACM Foundations of Digital Games.

Toy T J, Foster G R, Renard K G. 2002. Soil Erosion: Processes, Prediction, Measurement, Control. New York: John Wiley & Sons.

Tress B, Tress G, Décamps H, et al. 2001. Bridging human and natural sciences in landscape research. Landscape and Urban Planning, 57: 137-141.

Tuller M, Or D, Dudley L. 1999. Adsorption and capillary condensation in porous media: Liquid retention and in-terfacial configurations in angular pores. Water Resources Research, 35 (7): 1949-1964.

Tuomi M, Ki J R, Repo A, et al. 2011. Soil carbon model Yasso07 graphical user interface. Environmental Modelling & Software, 26 (11): 1358-1362.

Turner B L, Matson P A, Mccarthy J J, et al. 2003. Illustrating the coupled human-environment system for vulnerability analysis: Three case studies. Proceedings of the National Academy of Sciences of the United States of America, 100 (14): 8080-8085.

Tyler S, Wheatcraft S. 1990. Fractal processes in soil water retention. Water Resources Research, 26 (5): 1047-1054.

Ulgiati S, Brown M T. 2009. Emergy and ecosystem complexity. Communications in Nonlinear Science & Numerical Simulation, 14 (1): 310-321.

United Nations. 2015. Transforming our world: the 2030 Agenda for Sustainable Development. Working Papers, A/RES/70/1.

Vaezi A R, Ahmadi M, Cerdà A. 2017. Contribution of raindrop impact to the change of soil physical properties and water erosion under semi-arid rainfalls. Science of The Total Environment, 583: 382-392.

van Genuchten M T. 1980. A closed-form equation for predicting hydraulic conductivity in unsaturated soils. Soil Science Society of America Journal, 44 (5): 892-898.

van Oost K, Govers G, Desmet P. 2000. Evaluating the effects of changes in landscape structure on soil erosion by water and tillage. Landscape Ecology, 15: 577-589.

Vanmaercke M, Poesen J, Maetens W, et al. 2011. Sediment yield as a desertification risk indicator. Science of the Total Environment, 409 (9): 1715-1725.

Vannoppen W, Vanmaercke M, De Baets S, et al. 2015. A review of the mechanical effects of plant roots on concentrated flow erosion rates. Earth-ScienceReviews, 150: 666-678.

Vannoppen W, De Baets S, Keeble J, et al. 2017. How do root and soil characteristics affect the erosion-reducing potential of plant species? Ecological Engineering, 109: 186-195.

Vauhkonen J, Ruotsalainen R. 2017. Assessing the provisioning potential of ecosystem services in a Scandinavian boreal forest: Suitability and tradeoff analyses on grid-based wall-to-wall forest inventory data. Forest Ecology & Management, 389: 272-284.

Vereecken H, Huisman J, Bogena H, et al. 2008. On the value of soil moisture measurements in vadose zone hydrology: A review. Water Resources Research, 44 (4): 253.

Vermaat J E, Wagtendonk A J, Brouwer R, et al. 2016. Assessing the societalbenefits of river restoration using the ecosystem services approach. Hydrobiologia, 769 (1): 121-135.

Vente J, Poesen J. 2005. Predicting soil erosion and sediment yield at the basin scale: Scale issues and semiquantitative models. Earth-Science Reviews, 71 (1-2): 95-125.

Viedma O, Moreno J M, Gungoroglu C, et al. 2017. Recent land-use and land-cover changes and its driving factors in a fire-prone area of southwestern Turkey. Journal of Environment Management, 197: 719-731.

Villa F, Bagstad K, Johnson G, et al. 2011. Scientific instrumentsfor climate change adaptation: Estimating and optimizing the efficiency of ecosystem services provision. Economia Agrariay Recursos Naturales, 11 (1):

54-71.

Villa F, Bagstad K J, Voigt B, et al. 2014. A Methodology for Adaptable and Robust Ecosystem Services Assessment. Plos One, 9 (3): e91001.

Vivoni E R, Rinehart A J, Méndez-Barroso L A, et al. 2008. Vegetation controls on soil moisture distribution in the Valles Caldera, New Mexico, during the North American monsoon. Ecohydrology, 1 (3): 225-238.

Vivoni E, Tai K, Gochis D. 2009. Effects of Initial Soil Moisture on Rainfall Generation and Subsequent Hydrologic Response during the North American Monsoon. Journal of Hydrometeorology, 10 (3): 644-664.

Vogdrup-Schmidt M, Strange N, Olsen S B, et al. 2017. Trade-off analysis of ecosystem service provision in nature networks. Ecosystem Services, 23: 165-173.

Volk M. 2015. Modelling ecosystemservices: Current approaches, challenges and perspectives. Sustainability of Water Quality & Ecology, 5: 1-2.

Wang B, Zhang G H. 2017. Quantifying the binding and bonding effects of plant roots on soil detachment by overland flow in 10 typical grasslands on the Loess Plateau. Soil Science Society of America Journal, 81: 1567-1576.

Wang B, Wen F, Wu J, et al. 2014. Vertical Profiles of Soil Water Content as Influenced by Environmental Factors in a Small Catchment on the Hilly-Gully Loess Plateau. PloS one, 9 (10): e109546.

Wang B, Tang H, Xu Y. 2017. Integrating ecosystem services and human well-being into management practices: insights from a mountain-basin area, China. Ecosyst. Serv. 27: 58-69.

Wang D, Fu B J, Chen L D, et al. 2007. Fractal analysis on soil particle size distributions under different land-use types: a case study in the loess hilly areas of the Loess Plateau, China. Acta Ecologica Sinica, 27 (7): 3081-3089.

Wang F, Mu X M, Li R, et al. 2015. Co-evolution of soil and water conservation policy and human-environment linkages in the Yellow River Basin since 1949. Science of the Total Environment, 508: 166-177.

Wang G, Wente S, Gertner G Z, et al. 2002. Improvement in mapping vegetation cover factor for the universal soil loss equation by geostatistical methods with landsat thematic mapper images. International Journal of Remote Sensing, 23 (18): 3649-3667.

Wang J, Wang K L, Zhang M Y, et al. 2015. Impacts of climate change and human activities on vegetation cover in hilly southern China. Ecologica Engineering, 81: 451-461.

Wang J, Zhao W, Wang G, et al. 2021. Effects of long-term afforestation and natural grassland recovery on soil properties and quality in Loess Plateau (China). Science of the Total Environmentl, 2021, 770 (14): 144833.

Wang J G, Li Z X, Cai C F, et al. 2012. Predicting physical equations of soil detachment by simulated concentrated flow in Ultisols (subtropical China). Earth Surface Process and Landforms, 37: 633-641.

Wang L, Wang Q J, Wei S P, et al. 2008. Soil desiccation for loess soils on natural and regrown areas. Forest Ecology & Management, 255 (7): 2467-2477.

Wang L, Wei S, Horton R, et al. 2011. Effects of vegetation and slope aspect on water budget in the hill and gully region of the Loess Plateau of China. Catena, 87 (1): 90-100.

Wang S, Fu B J, Gao G Y, et al. 2013. Responses of soil moisture in different land cover types to rainfall events in a re-vegetation catchment area of the Loess Plateau, China. Catena, 101, 122-128.

Wang X, Muhammad T, Hao M, et al. 2011. Sustainable recovery of soil desiccation in semi-humid region on the Loess Plateau. Agricultural Water Management, 98 (8): 1262-1270.

Wang X, Zhao X, Zhang Z X, et al. 2016. Assessment of soil erosion change and its relationships with land use/cover change in China from the end of the 1980s to 2010. Catena, 137: 256-268.

Wang Y, Shao M A, Liu Z, et al. 2015. Characteristics of Dried Soil Layers Under Apple Orchards of Different Ages and Their Applications in Soil Water Managements on the Loess Plateau of China. Pedosphere, 25 (4): 546-554.

Wang Y P, Shao M A, Zhang X C. 2008. Soil moisture ecological environment of artificial vegetation. Acta Ecologica Sinica, 28 (8): 3769-3778.

Wang Y Q, Shao M A, Shao H B. 2010. A preliminary investigation of the dynamic characteristics of dried soil layers on the Loess Plateau of China. Journal of Hydrology, 381 (1-2): 9-17.

Wang Y Q, Shao M A, Zhu Y J, Liu Z. 2011. Impacts of land use and plant characteristics on dried soil layers in different climatic regions on the Loess Plateau of China. Agricultural and Forest Meteorology, 151 (4): 437-448.

Wang Y Q, Shao M A, Liu Z P, et al. 2012. Regional spatial pattern of deep soil water content and its influencing factors. Hydrological Sciences Journal, 57 (2): 265-281.

Wang Y Q, Shao M A, Liu Z P. 2013. Vertical distribution and influencing factors of soil water content within 21-m profile on the ChineseLoess Plateau. Geoderma, 193: 300-310.

Wang Z Q, Liu B Y, Zhang Y. 2009. Soil moisture of different vegetation types on the Loess Plateau. Journal of Geographical Sciences, 19 (6): 707-718.

Warren S D, Mitasova H, Hohmann M G, et al. 2005. Validation of a 3-D enhancement of the Universal Soil Loss Equation for prediction of soil erosion and sediment deposition. Catena, 64: 281-296.

Watanabe M D B, Ortega E. 2014. Dynamic emergy accounting of water and carbon ecosystem services: A model to simulate the impacts of land-use change. Ecological Modelling, 271: 114-131.

Watson J, Venter O. 2019. Mapping the Continuum of Humanity's Footprint on Land. One Earth, 1: 175-180.

Wei H, Liu H, Xu Z, et al. 2018. Linking ecosystem services supply, social demand and human well-being in a typical mountain-oasis-desert area, Xinjiang, China. Ecosyst. Serv. 31: 44-57.

Wei W, Chen L, Fu B, et al. 2007. The effect of land uses and rainfall regimes on runoff and soil erosion in the semi-arid loess hilly area, China. Journal of Hydrology, 335 (3): 247-258.

Wei W, Chen L D, Fu B J. 2009. Effects of rainfall change on water erosion processes in terrestrial ecosystems: A review. Progress inPhysical Geography, 33 (3): 307-318.

Wei W, Chen D, Wang L, et al. 2016. Global synthesis of the classifications, distributions, benefits and issues of terracing. Earth-Science Reviews, 159: 388-403.

Wen X. 2020. Temporal and spatial relationships between soil erosion and ecological restoration in semi- arid regions: A case study in northern Shaanxi, China. GIScience Remote Sens, 57 (4): 572-590.

Wen Z, Lees B G, Jiao F, et al. 2010. Stratified vegetation cover index: A new way to assess vegetation impact on soil erosion. Catena, 83 (1): 87-93.

Western A W, Blöschl G. 1999. On the spatial scaling of soil moisture. Journal of Hydrology, 217 (3- 4): 203-224.

Western A W, Zhou S L, Grayson R B, et al. 2004. Spatial correlation of soil moisture in small catchments and its relationship to dominant spatial hydrological processes. Journal of Hydrology, 286: 113-134.

White E D, Feyereisen G W, Veith T L, et al. 2009. Improving daily water yield estimates in the little river watershed: SWAT adjustments. Transactions of the ASABE, 52 (1): 69-79.

White C, Halpern B S, Kappel C V. 2012. Ecosystem service tradeoff analysis reveals the value of marine spatial planning for multiple ocean uses. Proceedings of the National Academy of Sciences of the United States of America, 109 (12): 4696-4701.

Wilcox B P, Dowhower S L, Teague W R, et al. 2006. Water Balance in a Semiarid Shrubland. Rangeland Ecology & Management, 59 (6): 600-606.

Williams J R, Jones C A, Dyke P T. 1984. A modeling approach to determining the relationship between erosion and productivity. Transactions of the ASAE, 27: 129-144.

Wischmeier W H, Smith D D. 1978. Predicting rainfall erosion losses: A guide to conservation planning. Agriculture Handbook (USA) 537. Department of Agriculture, Science and Education Administration.

Wood S L R, Jones S K, Johnson J A, et al. 2018. Distilling the role of ecosystem services in the Sustainable Development Goals. Ecosystem Services, 29: 70-82.

Woziwoda B, Kopec D. 2014. Afforestation or natural succession? Looking for the best way to manage abandoned cut- over peatlands for biodiversity conservation. Ecological Engineering, 63: 143-152.

Wu C F, Lin Y P, Chiang L C, et al. 2014. Assessing highway's impacts on landscape patterns and ecosystem services: A case study in Puli Township, Taiwan. Landscape & Urban Planning, 128 (128): 60-71.

Wu H, Li X Y, Li J, et al. 2016. Differential soil moisture pulse uptake by coexisting plants in an alpine Achnatherum splendens grassland community. Environmental Earth Sciences, 75 (10): 914.

Wu X, Akuj Rvi A, Lu N, et al. 2015. Dynamics of soil organic carbon stock in a typical catchment of the Loess Plateau: comparison of model simulations with measurements. Landscape Ecology, 30 (3): 381-397.

Wu X, Wang S, Fu B, et al. 2019. Socio- ecological changes on the Loess Plateau of China after Grain to Green Program. Science of the Total Environment, 678: 565-573.

Xia Y Q, Shao M A. 2008. Soil water carrying capacity for vegetation: A hydrologic and biogeochemical process model solution. Ecological Modelling, 214 (2-4): 112-124.

Xiao B, Wang Q H, Wang H F, et al. 2011. The effects of narrow grass hedges on soil and water loss on sloping lands with alfalfa (Medicago sativa L.) in Northern China. Geoderma, 167: 91-102.

Xiao Q F, McPherson E G. 2011. Rainfall interception of three trees in Oakland, California. Urban Ecosystems,

14 (4): 755-769.

Xiong W, Holman I, Lin E, et al. 2012. Untangling relative contributions of recent climate and CO2 trends to national cereal production in China. Environmental Research Letters, 7 (4), 044014.

Xiong M Q, Sun R H, Chen L D. 2018. Effects of soil conservation techniques on water erosion control: A global analysis. Science of The Total Environment, 645: 754-760.

Xu J X. 2003. Sediment flux to the sea as influenced by changing human activities and precipitation: Example of the Yellow River, China. Environmental Management, 31 (3): 328-341.

Xu X L, Ma K M, Fu B J, et al. 2008. Relationships between vegetation and soil and topography in a dry warm river valley, SW China. Catena, 75: 138-145.

Xu Y D, Fu B J, He C S, et al. 2012. Watershed discretization based on multiple factors and its application in the Chinese Loess Plateau. Geology; Water Rescources, 16 (1): 59-68.

Xu Y, Tang H, Wang B, et al. 2016. Effects of land-use intensityon ecosystem services and human well-being: a case study in Huailai County, China. Environmental Earth Sciences, 75 (5): 416.

Yan B, Fang N F, Zhang P C, et al. 2013. Impacts of land use change on watershed streamflow and sediment yield: An assessment using hydrologic modelling and partial least squares regression. Journal of Hydrology, 484: 26-37.

Yan R, Zhang X P, Yan S J, et al. 2018. Estimating soil erosion response to land use/cover change in a catchment of the Loess Plateau, China. Int. Soil Water Conservation Research: 6, 13-22.

Yan W P, Deng L, Zhong Y Q W, et al. 2015. The Characters of Dry Soil Layer on the Loess Plateau in China and Their Influencing Factors. PLoS One, 10 (8): e0134902.

Yang L, Wei W, Chen L D, et al. 2012. Spatial variations of shallow and deep soil moisture in the semi-arid Loess Plateau, China. Hydrology and Earth System Sciences, 16 (9): 3199-3217.

Yang L, Chen L D, Wei W, et al. 2014a. Comparison of deep soilmoisture in two re-vegetation watersheds in semi-arid regions. Journal of Hydrology, 513 (1): 314-321.

Yang L, Wei W, Chen L D, et al. 2014b. Response of temporal variation of soil moisture to vegetation restoration in semi-arid Loess Plateau, China. Catena, 115: 123-133.

Yang L, Chen L D, Wei W. 2015. Effects of vegetation restoration on the spatial distribution of soil moisture at the hillslope scale in semi-arid regions. Catena, 124 (1): 138-146.

Yang S, Zhao W, Pereira P, et al. 2019. Socio-cultural valuation of rural and urban perception on ecosystem services and human well-being in Yanhe watershed of China. Journal of Environmental Management, 251: 109615.

Yang S, Zhao, W, Liu Y, et al. 2020. Prioritizing sustainable development goals and linking them to ecosystem services: A global expert's knowledge evaluation. Geography and Sustainability, 1: 321-330.

Yang W Z, Ma Y X, Han S F, et al. 1994. Soil Water Ecological Regionalization of afforestation in Loess Plateau. Journal of Soil and Water Conservation, 8 (1): 1-9.

Yang W, Shao M, Peng X, et al. 1999. On the relationship between environmental aridization of the Loess

Plateau and soil water in loess. Science in China Series D: Earth Sciences, 42 (3): 240-249.

Yang X M, Wang F, Bento C P M, et al. 2015. Short-term transport of glyphosate with erosion in Chinese Loess soil-a flume experiment. Science of the Total Environment, 512: 406-414.

Yao X L, Fu B J, Lü Y H, et al. 2012. The multiscale spatial variance of soil moisture in the semi-arid Loess Plateau of China. Journal of Soils and Sediments, 12 (5): 694-703.

Yao X L, Fu B J, Lü Y H. 2013. Comparing of four spatial interpolation methods for estimating soil moisture in a complex terrain catchment. PLoS One, 8 (1): 1-13.

Yin C, Zhao W, Cherubini F, Pereira P. 2021. Integrate ecosystem services into socioeconomic development to enhance achievement of sustainable development goals in the post-pandemic era. Geography and Sustainability, 2: 68-73.

Yin J, Porporato A, Albertson J. 2014. Interplay of climate seasonality and soil moisture-rainfall feedback. Water Resources Research, 50 (7): 6053-6066.

Yoshino K, Ishioka Y. 2005. Guidelines for soil conservation towards integrated basin management for sustainable development: a new approach based on the assessment of soil lossrisk using remote sensing and GIS. Paddy & Water Environment, 3 (4): 235-247.

Yu Y, Wei W, Chen L D, et al. 2015. Responses of vertical soil moisture to rainfall pulses and land uses in a typical loess hilly area, China. Solid Earth, 6 (2): 595-608.

Yu Y, Zhao W, Martinez-Murillo J, et al. 2020. Loess Plateau: from degradation to restoration. Science of the Total Environment, 738: 140206

Yu Z, Liu X, Zhang J, et al. 2018. Evaluating the net value of ecosystem services to support ecological engineering: Framework and a case study of the Beijing Plains afforestation project. Ecological Engennering, 112: 148-152.

Zabaleta A, Meaurio M, Ruiz E, et al. 2014. Simulation climate change impact on runoff and sediment yield in a small watershed in the Basque Country, Northern Spain. Journal of Environmental Quality, 43 (1): 235-245.

Zavaleta E S, Tilman G D. 2010. Sustaining multiple ecosystem functions in grassland communities requires higher biodiversity. Proceedings of the National Academy of Sciences of the United States of America, 107 (4): 1443.

Zehe E, Gräff T, Morgner M, et al. 2010. Plot and field scale soil moisture dynamics and subsurface wetness control on runoff generation in a headwater in the Ore Mountains. Hydrology and Earth System Sciences, 14 (6): 873-889.

Zeng Q C, Darboux F, Man C, et al. 2018. Soil aggregate stability under different rain conditions for three vegetation types on the Loess Plateau (China). Catena, 167: 276-283.

Zhang B, Yang Y S, Zepp H. 2004. Effect of vegetation restoration on soil and water erosion and nutrient losses of a severely eroded clayey Plinthudult in southeastern China. Catena, 57: 77-90.

Zhang F, Zhang L W, Shi J J, et al. 2014. Soil Moisture Monitoring Based on Land Surface Temperature-Vegetation Index Space Derived from MODIS Data. Pedosphere, 24 (4): 450-460.

Zhang G, Liu G, Guo L. 2012. Effects of canopy and roots of patchy distributed Artemisia capillaris on runoff, sediment, and the spatial variability of soil erosion at the plot scale. Soil Science, 177 (6): 409-415.

Zhang G, Tang K, Ren Z, et al. 2013. Impact of grass root mass density on soil detachment capacity by concentrated flow on steep slopes. Transactions of the ASABE, 56 (3): 927-934.

Zhang L, Dawes WR, Walker G R. 2001. Response of mean annual evapotranspiration to vegetation changes at catchment scale. Water Resources Research, 37 (3): 701-708.

Zhang L, Wang J M, Bai Z K, et al. 2015. Effects of vegetation on runoff and soil erosion on reclaimed land in an opencast coal-mine dump in a loess area. Catena, 128: 44-53.

Zhang N. 2006. Scale issues in ecology: concepts of scale and scale analysis. Acta Ecologica Sinica, 26 (7): 2340-2355.

Zhang P P, Shao M A, Zhang X C. 2016. Temporal stability of soil moisture on two transects in a desert area of northwestern China. Environmental Earth Sciences, 75 (2): 161.

Zhang Q D, Wei W, Chen L D, et al. 2019. The joint effects of precipitation gradient and afforestation on soil moisture across the Loess Plateau of China. Forests, 10: 285.

Zhang S L, Lovdahl L, Grip H, et al. 2007. Modelling the effects of mulching and fallow cropping on water balance in the Chinese Loess Plateau. Soil & Tillage Research, 93 (2): 283-298.

Zhang X, Zhao W W, Liu Y X, et al. 2017. Spatial variations and impact factors of soil water content in typical natural and artificial grasslands: A case study in the Loess Plateau of China. Journal of Soils Sediments, 17: 157-171.

Zhao J, Du J, Chen B. 2007. Dried earth layers of artificial forestland in the Loess Plateau of Shaanxi Province. Journal of Geographical Sciences, 17 (1): 114-126.

Zhao J, Xu Z X, Singh V P. 2016. Estimation of root zone storage capacity at thecatchment scale using improved Mass Curve Technique. Journal of Hydrology, 540: 959-972.

Zhao S, Wu X, Zhou J, et al. 2021. Spatiotemporal tradeoffs and synergies in vegetation vitality and poverty transition in rocky desertification area. Science of the total environment, 752: 141770.

Zhao W W, Fu B J, Chen L D. 2012. A comparison between soil loss evaluation index and the C-factor of RUSLE: A case study in the Loess Plateau of China. Hydrology and Earth System Sciences, 16 (8): 2739-2748.

Zhao W W, Wei H, Jia L Z, et al. 2018a. Soil erodibility and its influencing factors on the Loess Plateau of China: A case study in the Ansai watershed. Solid Earth, 9 (6): 1507-1516.

Zhao W W, Liu Y, Daryanto S, et al. 2018b. Metacoupling supply and demand for soil conservation service. Current Opinion in Environmental Sustainability, 33: 136-141.

Zheng F L. 2006. Effect of vegetation changes on soil erosion on the Loess Plateau. Pedosphere, 16 (4): 420-427.

Zheng H, Wang L, Wu T. 2019. Coordinating ecosystem service trade-offs to achieve win-win outcomes: A review of the approaches. Journal of Environmental Sciences, 82 (8): 105-114.

Zheng Z M, Fu B J, Feng X M. 2016. GIS-based analysis for hotspot identification of tradeoff between ecosystem services: A case study in Yanhe Basin, China. Northeast Institute of Geography and Agroecology, 26 (4): 466-477.

Zhou W Z, Liu G L, Pan J J, et al. 2005. Distribution of available soil water capacity in China. Journal of Geographical Sciences, 15 (1): 3-12.

Zhou Z C, Shangguan Z P. 2005. Soil anti-scouribility enhanced by plant roots. Journal Integrative Plant Biology, 47: 676-682.

Zhu H D, Shi Z H, Fang N F, et al. 2014. Soil moisture response to environmental factors following precipitation events in a small catchment. Catena, 120: 73-80.

Zhu H X, Fu B J, Wang S, et al. 2015. Reducing soil erosion by improving community functional diversity in semi-arid grasslands. Journal of Applied Ecology, 52: 1063-1072.

Zhu Y J, Shao M A. 2008. Variability and pattern of surface moisture on a small-scale hillslope in Liudaogou catchment on the northern Loess Plateau of China. Geoderma, 147 (3-4): 185-191.

Zhuang Y, Du C, Zhang L, et al. 2015. Research trends and hotspots in soil erosion from 1932 to 2013: a literature review. Scientometrics, 105 (2): 744-758.

Zoderer B M, Stanghellini P S L, Tasser E, et al. 2016. Exploring socio-cultural values of ecosystem service categories in the central Alps: The influence of socio-demographic factors and landscape type. Regional Environmental Change, 16 (7): 2034-2044.